Optimierung von
Deponieabdichtungssystemen

Springer

*Berlin
Heidelberg
New York
Barcelona
Budapest
Hong Kong
London
Mailand
Paris
Santa Clara
Singapur
Tokio*

Hans August   Ulrich Holzlöhner   Tamás Meggyes
(Hrsg.)

Optimierung von Deponieabdichtungssystemen

Mit 142 Abbildungen und 31 Tabellen

Springer

Dr.-Ing. Hans August
Dr.-Ing. Ulrich Holzlöhner
Dr. Tamás Meggyes Ph.D.

Bundesanstalt für Materialforschung und -prüfung
Unter den Eichen 87
D-12205 Berlin

ISBN-13: 978-3-642-72063-5   e-ISBN-13: 978-3-642-72062-8
DOI: 10.1007 / 978-3-642-72062-8

Die Deutsche Bibliothek - CIP-Einheitsaufnahme

Optimierung von Deponieabdichtungssystemen / Hrsg.: Hans August... - Berlin; Heidelberg; New York; Barcelona; Budapest; Hong Kong; London; Mailand; Paris; Santa Clara; Singapur; Tokio: Springer 1998
ISBN-13:978-3-642-72063-5

Umschlaggestaltung: E. Kirchner, Heidelberg
Satz: Reproduktionsfertige Vorlage von den Herausgebern

SPIN: 10560727 30/3136 - 5 4 3 2 1 0 - Gedruckt auf säurefreien Papier

Danksagung

Dieser Bericht gibt die Ergebnissen der Forschungsarbeiten im Verbundforschungsvorhaben 'Weiterentwicklung von Deponieabdichtungssystemen' wieder. Für die langjährige intensive Arbeit sei allen Teilnehmern des Verbundforschungsvorhabens herzlichst gedankt. Unser Dank gilt Herrn Dr. W. Müller und Herrn Dr. M. Brune (BAM) für wertvolle Anregungen. Die Beiträge der Diskussionsteilnehmer der Arbeitstagungen haben ebenfalls die in diesem Bericht dargestellten Erkenntnisse bereichert. Für die langjährige Unterstützung sei der Amtsleitung der BAM, insbesondere Herrn Dr. K.-H. Habig und Herrn Dipl.-Verw. R. Neumeyer von der Finanzverwaltung der BAM, für Fachgespräche Frau Dr. B. Jacobs, Herrn Dipl.-Geol. H.-J. Schmitz und Herrn Dr. H.-J. Stietzel vom Projektträger Abfallwirtschaft und Altlastensanierung sowie Herrn Dipl.-Ing. K. Stief und Herrn Dr. B. Engelmann vom Fachgebiet Verfahren der Vorbehandlung und Ablagerung im Umweltbundesamt gedankt. Frau M. Athner und Herrn W. Wuttke danken wir für ihre Sorgfalt bei der Herstellung des Manuskriptes und Herrn Dipl.-Ing. W. Schossig für die computertechnische Unterstützung.

Das diesem Bericht zugrundeliegende Vorhaben wurde mit Mitteln des Bundesministers für Bildung, Wissenschaft, Forschung und Technologie (BMBF) unter dem Förderkennzeichen 1440 569A und 1440 569I gefördert. Die Verantwortung für den Inhalt dieser Veröffentlichung liegt bei den Autoren.

Autorenverzeichnis

Amann, P., Grundbau-Institut Prof. Dr.-Ing. Amann,
Oberramstädter Str. 42, D-64367 Mühltal

Arslan, U., TH Darmstadt, FB 13, Institut für Geotechnik,
Petersenstraße 13, D-64287 Darmstadt

August, H., BAM Berlin, OE IV.3, Unter den Eichen 87, D-12205 Berlin

Averesch, U., RWTH Aachen, Lehrstuhl und Institut für Baumaschinen und
Baubetrieb, Mies-van-der-Rohe-Str. 1, D-52074 Aachen

Baumgartl, T., Christian-Albrechts-Universität zu Kiel, Institut für Pflanzenernährung und
Bodenkunde, Olshausenstraße 40, D-24118 Kiel

Beitzel, H., Fachhochschule Rheinland-Pfalz, Abt. Trier, FB Bauingenieurwesen,
Schneidershof, D-54293 Trier

Berger, K., Universität Hamburg, Institut für Bodenkunde,
Allende-Platz 2, D-20146 Hamburg

Beyer, S., DYWIDAG Umweltschutztechnik GmbH,
Postfach 810280, D-81902 München

Bjelanovic, M., Fachhochschule Rheinland-Pfalz, Abt. Trier, FB Bauingenieurwesen, Schneidershof, D-54293 Trier

Boehm, W., TU Berlin, Institut für Bergbauwissenschaften,
Straße des 17. Juni 135, D-10623 Berlin

Bohne, K., Universität Rostock, Fachbereich Landeskultur und Umweltschutz
Justus-von-Liebig-Weg 6, D-18059 Rostock

Brauns, J., Universität Karlsruhe, Institut für Boden- und Felsmechanik,
Abt. Erddammbau und Deponiebau, Richard-Willstätter-Allee, D-76131 Karlsruhe

Bredel-Schürmann, S., TU Berlin, Institut für Bergbauwissenschaften,
Straße des 17. Juni 135, D-10623 Berlin

Breithor, A., Institut für Abfallentsorgung und Altlastensanierung,
Knesebeckstr. 20 - 21, D-10623 Berlin

Brummermann, K., Universität Hannover, Institut für Grundbau, Bodenmechanik und Energiewasserbau, Appelstr. 9A, D-30167 Hannover

Burger, K., Universität Hamburg, Institut für Bodenkunde,
Allende-Platz 2, D-20146 Hamburg

Collins, H.-J., TU Braunschweig, Leichtweiß-Institut für Wasserbau,
Postfach 3329, D-38023 Braunschweig

Dietrich, T., TH Darmstadt, FB 13, Institut für Geotechnik,
Petersenstraße 13, D-64287 Darmstadt

Döll, P., TU Berlin, Institut für Ökologie, Salzufer 11-12, D-10587 Berlin

Dornbusch, J., RWTH Aachen, Lehrstuhl und Institut für Baumaschinen und Baubetrieb,
Mies-van-der-Rohe-Str. 1, D-52074 Aachen

Düllmann, H., Geotechnisches Büro Prof. Dr.-Ing. H. Düllmann,
Neuenhofstraße 112, D-52078 Aachen

Echle, W., RWTH Aachen, Institut für Mineralogie und Lagerstättenkunde,
Wüllnerstraße 2, D-52062 Aachen

Edelmann, L., TH Darmstadt, FB 13, Institut für Geotechnik,
Petersenstraße 13, D-64287 Darmstadt

Eichmeyer, H., Osthofener Weg 19, D-14129 Berlin

El Khafif, M., RWTH Aachen, Lehrstuhl und Institut für Baumaschinen und Baubetrieb,
Mies-van-der-Rohe-Str. 1, D-52074 Aachen

Finsterwalder, K., DYWIDAG Umweltschutztechnik GmbH,
Postfach 810280, D-81902 München

Förstner, U., TU Hamburg-Harburg, Arbeitsbereich Umweltschutztechnik,
Eißendorfer Str. 40, D-21073 Hamburg

Gerth, J., Naturwissenschaftlich-umwelttechnisches Büro und Labor Dr. R. Wienberg, Go-
tenstr. 4, D-20097 Hamburg

Gorantonaki, A., RWTH Aachen, Institut für Mineralogie und Lagerstättenkunde, Wüllnerstraße 2, D-52062 Aachen

Gottheil, K.-M., Universität Karlsruhe, Institut für Boden- und Felsmechanik,
Abt. Erddammbau und Deponiebau, Richard-Willstätter-Allee, D-76131 Karlsruhe

Göttner, J. J., Institut für Abfallentsorgung und Altlastensanierung,
Knesebeckstr. 20 - 21, D-10623 Berlin

Gräsle, W., Christian-Albrechts-Universität zu Kiel, Institut für Pflanzenernährung und Bodenkunde, Olshausenstraße 40, D-24118 Kiel

Gutwald, J., TH Darmstadt, FB 13, Institut für Geotechnik,
Petersenstraße 13, D-64287 Darmstadt

Hahn, H., von Witzke GmbH & Co KG, Joachimstraße 72, D-45309 Essen

Hanert, H. H., TU Braunschweig, Institut für Mikrobiologie - Technische Ökologie, Spielmannstr. 7, D-38106 Braunschweig

Harborth, P., TU Braunschweig, Institut für Mikrobiologie - Technische Ökologie, Spielmannstr. 7, D-38106 Braunschweig

Heibrock, G., Ruhr-Universität Bochum, Institut für Grundbau und Bodenmechanik, Postfach
102148, D-44721 Bochum

Holzlöhner, U., BAM Berlin, OE VII.24, Unter den Eichen 87, D-12205 Berlin

Horn, R., Christian-Albrechts-Universität zu Kiel, Institut für Pflanzenernährung und Bodenkunde, Olshausenstraße 40, D-24118 Kiel

Hornung, U., SCHI Scientific Hornung Institute,
Postfach 1222, D-85579 Neubiberg

Jessberger, H. L., Ruhr-Universität Bochum, Institut für Grundbau und Bodenmechanik, Postfach 102148, D-44721 Bochum

Katzenbach, R., TH Darmstadt, FB 13, Institut für Geotechnik,
Petersenstraße 13, D-64287 Darmstadt

Kayser, J., TU Braunschweig, Institut für Grundbau und Bodenmechanik,
Gaußstraße 2, D-38106 Braunschweig

Kessler, D., STUVA Studiengesellschaft für unterirdische Verkehrsanlagen e.V.,
Mathias-Brüggen-Straße 41, D-50827 Köln

Lerke, J., Institut für Abfallentsorgung und Altlastensanierung,
Knesebeckstr. 20 - 21, D-10623 Berlin

Lüders, G., BAM Berlin, OE IV.3, Unter den Eichen 87, D-12205 Berlin

Mallwitz, K., TU Berlin, Institut für Grundbau u. Baubetrieb,
Straße des 17. Juni 135, D-10623 Berlin

Meggyes, T., BAM Berlin, OE VII.24, Unter den Eichen 87, D-12205 Berlin

Melchior, S., Universität Hamburg, Institut für Bodenkunde,
Allende-Platz 2, D-20146 Hamburg

Miehlich, G., Universität Hamburg, Institut für Bodenkunde,
Allende-Platz 2, D-20146 Hamburg

Müller-Kirchenbauer, H., Universität Hannover, Institut für Grundbau, Bodenmechanik und
Energiewasserbau, Appelstr. 9A, D-30167 Hannover

Münnich, K., TU Braunschweig, Leichtweiß-Institut für Wasserbau,
Postfach 3329, D-38023 Braunschweig

Obernosterer, I., Geotechnisches Büro Prof. Dr.-Ing. H. Düllmann,
Neuenhofstraße 112, D-52078 Aachen

Oltmanns, W., TU Braunschweig, Institut für Grundbau und Bodenmechanik,
Gaußstraße 2, D-38106 Braunschweig

X

Onnich, K., Ruhr-Universität Bochum, Institut für Grundbau und Bodenmechanik, Postfach 102148, D-44721 Bochum

Plagge, R., TU Berlin, Institut für Ökologie, Salzufer 11-12, D-10587 Berlin

Preetz, H., Institut für Abfallentsorgung und Altlastensanierung, Knesebeckstr. 20 - 21, D-10623 Berlin

Reimann, S., Institut für Abfallentsorgung und Altlastensanierung, Knesebeckstr. 20 - 21, D-10623 Berlin

Renger, M., TU Berlin, Institut für Ökologie, Salzufer 11-12, D-10587 Berlin

Richards, B. G., P.O.Box. 883, 2643 Moggil Road, Pinjarra Hills, Queensland, Australia

Rodatz, W., TU Braunschweig, Institut für Grundbau und Bodenmechanik, Gaußstraße 2, D-38106 Braunschweig

Rödel, A., PROGEO, Geotechnologiegesellschaft mbH, Huttenstr. 31, D-10553 Berlin

Rogner, J., Universität Hannover, Institut für Grundbau, Bodenmechanik und Energiewasserbau, Appelstr. 9A, D-30167 Hannover

Savidis, S., TU Berlin, Institut für Grundbau u. Baubetrieb, Straße des 17. Juni 135, D-10623 Berlin

Scheller, M., Institut für Abfallentsorgung und Altlastensanierung, Knesebeckstr. 20 - 21, D-10623 Berlin

Schlötzer, C., Universität Hannover, Institut für Grundbau, Bodenmechanik und Energiewasserbau, Appelstr. 9A, D-30167 Hannover

Schmidt, M., Universität Rostock, Fachbereich Landeskultur und Umweltschutz Justus-von-Liebig-Weg 6, D-18059 Rostock

Schneider, W., Institut für Abfallentsorgung und Altlastensanierung, Knesebeckstr. 20 - 21, D-10623 Berlin

Schossig, W., BAM Berlin, OE VII.24, Unter den Eichen 87, D-12205 Berlin

Schreyer, J., STUVA Studiengesellschaft für unterirdische Verkehrsanlagen e.V., Mathias-Brüggen-Straße 41, D-50827 Köln

Schulz, W., Amtliche Materialprüfanstalt für Werkstoffe des Maschinenwesens und Kunststoffe, Appelstr. 11A, D-30167 Hannover

Schumacher, S., SCHI Scientific Hornung Institute, Postfach 1222, D-85579 Neubiberg

Steinert, B., Universität Hamburg, Institut für Bodenkunde, Allende-Platz 2, D-20146 Hamburg

Steinmetzer, D., TH Darmstadt, FB 13, Institut für Geotechnik,
    Petersenstraße 13, D-64287 Darmstadt

Stoffregen, H., TU Berlin, Institut für Ökologie, Salzufer 11-12, D-10587 Berlin

Turk, M., TU Braunschweig, Leichtweiß-Institut für Wasserbau,
    Postfach 3329, D-38023 Braunschweig

Türk, M., Universität Hamburg, Institut für Bodenkunde,
    Allende-Platz 2, D-20146 Hamburg

Voigt, T., TU Braunschweig, Institut für Grundbau und Bodenmechanik,
    Gaußstraße 2, D-38106 Braunschweig

Wessolek, G., TU Berlin, Institut für Ökologie, Salzufer 11-12, D-10587 Berlin

Wienberg, R., Naturwissenschaftlich-umwelttechnisches Büro und Labor Dr. R. Wienberg,
    Gotenstr. 4, D-20097 Hamburg

Witte, R., Amtliche Materialprüfanstalt für Werkstoffe des Maschinenwesens und Kunststoffe, Appelstr. 11A, D-30167 Hannover

Wittmaier, M., TU Braunschweig, Institut für Mikrobiologie - Technische Ökologie, Spielmannstr. 7, D-38106 Braunschweig

Wuttke, W., BAM Berlin, OE VII.24, Unter den Eichen 87, D-12205 Berlin

Ziegler, F., BAM Berlin, OE VII.24, Unter den Eichen 87, D-12205 Berlin

Inhaltsverzeichnis

Abkürzungsverzeichnis

AK GWS	Arbeitskreis Grundwasserschutz
AMPA	Amtliche Materialprüfanstalt
ANS	American Nuclear Society
ASTM	American Society for Testing and Materials
ATV	Abwassertechnische Vereinigung
BAM	Bundesanstalt für Materialforschung und -prüfung
BMBF	Bundesministerium für Bildung, Wissenschaft, Forschung und Technologie
BMU	Bundesministerium für Umwelt, Naturschutz und Reaktorsicherheit
BSB_5	biologischer Sauerstoffbedarf (5 Tage)
CFK	carbonfaserverstärkter Kunststoff
CKW	chlorierte Kohlenwasserstoffe
CSB	chemischer Sauerstoffbedarf
DEV	Deutsche Einheitsverfahren
DGGT	Deutsche Gesellschaft für Geotechnik
DIN	Deutsche Industrienorm
DKS	Diffusion, Konvektion und Sorption
DSDMA	Distearyldimethylammonium
DVS	Deutscher Verband für Schweißtechnik
DWM	Dichtwandmasse
EP	Epoxid
EPA	Environmental Protection Agency (USA)
ETH	Eidgenössische Technische Hochschule
FA	Flugasche
FE	finite Elemente
FEM	Methode der finiten Elemente
FKW	fluorierte Kohlenwasserstoffe
GC/MS	Gaschromatographie/Massenspektrometrie
GDA	Geotechnik der Deponien und Altlasten
HELP	Hydrological Evaluation of Landfill Performance
HOZ	Hochofenzement
KAK	Kationenaustauschkapazität
KD	Kompressionsdurchlässigkeitsgerät
KDB	Kunststoffdichtungsbahn

LAGA	Länderarbeitsgemeinschaft Abfall
LGA	Landesgewerbeanstalt (Nürnberg)
LUA	Landesumweltamt
LWA	Landesamt für Wasser und Abfall (Nordrhein-Westfalen)
MAK	maximale Arbeitsplatzkonzentration
MD	mineralische Dichtung
MVA	Müllverbrennungsanlage
NRW	Nordrhein-Westfalen
NS	Niedersachsen
OECD	Organisation for Economic Cooperation and Development
OIT	oxidation induction time
OK	Oberkante
ÖNORM	Österreichische Norm
OU	Schluff mit organischen Beimengungen und organogener Schluff
PA	Polyamid
PASIC	Polyamid mit Siliciumcarbid
PE	Polyethylen
PEHD	Polyethylen hoher Dichte
PELD	Polyethylen niedriger Dichte
PP	Polypropylen
PVC	Polyvinylchlorid
QM	Qualitätsmanagement
QS	Qualitätssicherung
SI	Schrumpfindex
SOM	synthetische organische Mischsäure
STUVA	Studiengesellschaft für unterirdische Verkehrsanlagen
SUMMIT	Simulation of Unsaturated Moisture Movement under the Influence of Temperature
SW	Sickerwasser
TA	ausgeprägt plastischer Ton
TA	Technische Anleitung
TDR	time domain reflectometry
TG	Textilglas
TL	leichtplastischer Ton
TM	mittelplastischer Ton
TRK	technische Richtkonzentration

TS	Trockensubstanz
UBA	Umweltbundesamt
UK	Unterkante
UL	leichtplastischer Schluff
UM	mittelplastischer Schluff
UU	undrainiert und unkonsolidiert
VOB	Verdingungsordnung für Bauleistungen
WS	Wassersäule
ZTV	Zusätzliche Technische Vorschriften

1 Einleitung

1.1 Ausgangspunkt für das Verbundforschungsvorhaben

Die übergeordneten Ziele der Abfallpolitik sind im Kreislaufwirtschafts- und Abfallgesetz (1994) beschrieben. Die im Gesetz geforderte Nachhaltigkeit der Wirtschaftsführung verringert Menge und Schädlichkeit der zu entsorgenden Abfälle. Das Deponieren von Abfall ist jedoch nach wie vor unumgänglich und wichtig.

Für Deponien hat sich in Deutschland das Multibarrierenkonzept durchgesetzt (Stief 1986). Die einzelnen voneinander unabhängigen Barrieren sind hierbei: der Deponiestandort, das Deponiebasisabdichtungssystem, das Oberflächenabdichtungssystem, der Deponiekörper, der Deponiebetrieb und die Nachsorge. Der Grundgedanke ist der Erhalt einer hohen Redundanz beim Schutz der Umwelt vor Emissionen durch die verschiedenen Barrieren.

Der Gesetzgeber fordert, daß technische Maßnahmen des Menschen nicht zu einer Grundwasserkontamination führen dürfen. Er gibt allerdings keine Grenz- oder Orientierungswerte für die maximalen oder "gerade noch duldbaren Schadstoffraten". Auch für die Abdichtungssysteme bestehen also heute noch keine von der Bauart unabhängigen Anforderungen. Um dem sehr hohen Anspruch im Rahmen des Vorsorgeprinzips zu genügen, sind die Technische Anleitung TA Siedlungsabfall (1993) und die TA Abfall (1991) darauf gerichtet, die Barrieren Deponiekörper und Abdichtungssysteme zu optimieren und zu verbessern. Für die Abdichtungssysteme heißt das, daß in den Technischen Anleitungen für jede Deponieklasse Regelabdichtungen hinsichtlich der stofflichen Zusammensetzung, des Einbaus und der Qualitätssicherung der Dichtungselemente – auch als Maßstab für alternative Abdichtungssysteme – festgelegt sind. Alternative Systeme sind möglich und insbesondere dann erwünscht, wenn sie bei gleicher technischer Wirksamkeit wirtschaftlich vorteilhaft sind.

Die Technischen Anleitungen beziehen die klimatischen, geologischen, technischen, wirtschaftlichen und rechtlichen Verhältnisse in Deutschland mit ein. Die Abfälle werden nach ihrem Gefahrenpotential klassifiziert und damit den Deponieklassen zugeordnet. Nach dieser Zuordnung richtet sich die bauliche Gestaltung, insbesondere die Auswahl und die Ausführung der Abdichtungen sowie die Betriebsführung.

Das Verbundforschungsvorhaben "Weiterentwicklung von Deponieabdichtungssystemen" geht von dieser Situation aus. Die Themen des Verbundvorhabens spiegeln den Stand der Technik bei Beginn der Arbeiten, insbesondere die derzeitigen Wissenslücken wider: Einerseits werden die Regelabdichtung bzw. ihre Komponenten untersucht und weiterentwickelt – das Gesamtsystem, einzelne Bauelemente, Herstellung, Qualitätsanforderungen, Betrieb und Überwachung der Bauteile, die Performance unter den möglichen Beanspruchungen – andererseits sind alternative Abdichtungssysteme – wie Kapillarsperren, kontrollierbare Abdichtungen, stoffliche Besonderheiten neuer Abdichtungsmaterialien – miteinbezogen. Darüber hinaus wurde untersucht, wie Emissionsraten aus Deponien quantitativ abgeschätzt werden könnten, um einen objektiveren Vergleichsmaßstab für konkurrierende Systeme zu erhalten. Einige bearbeitete Probleme betreffen nachträglich erstellte, umfassende Wände und Basisabdichtungen für die Altlastensicherung.

Da in Deutschland Deponien immer sowohl mit einer Oberflächen- als auch einer Basisabdichtung versehen werden, beziehen sich die Themen auf beide Abdichtungssysteme und ihre Komponenten: Kombinationsdichtung, Erdstoffabdichtungsschicht, Kunststoffdichtungsbahn,

Schutzschichten für Kunststoffdichtungsbahnen, Drainageschichten, alternative Basisabdichtungssysteme, Kapillarsperre als Oberflächenabdichtungssystem, umfassende Dichtwände.

Eine herausgehobene Bedeutung hat hierbei die Kombinationsdichtung, weil sie die Regelabdichtung für Sonderabfalldeponien und Siedlungsabfalldeponien der Deponieklasse II sowohl für die Basis als auch für die Oberfläche ist. In diesen Deponien werden Abfälle entsprechend den Kriterien des Anhangs D der TA Abfall bzw. des Anhangs B der TA Siedlungsabfall abgelagert. Die Kombinationsdichtung besteht aus einer mehrlagig eingebrachten mineralischen Dichtungsschicht und einer mindestens 2,5 mm dicken Kunststoffdichtungsbahn, die direkt im "Preßverbund" auf der mineralischen Dichtungsschicht verlegt wird. Zu Beginn des Verbundvorhabens bestanden in der Fachwelt Zweifel, ob die hohen Qualitätsanforderungen bei der Herstellung in der Praxis erfüllt werden können. Deshalb wurden Bauverfahren und die erreichbare Qualität sowohl hinsichtlich des Planums der mineralischen Abdichtungsschicht als auch hinsichtlich der faltenfreien Verlegung an einer Vielzahl von Baustellen untersucht. Zur Qualitätsabdichtung gehört auch der anschließende Schutz der verlegten Kunststoffdichtungsbahn vor Beschädigungen durch den groben Kies der Dränageschicht.

Deponieabdichtungssysteme unterscheiden sich von anderen Bauteilen und Bauwerken durch die Notwendigkeit ihrer extrem langen Funktionsdauer. Auch nach der "Nachsorgephase", die sich nach deutschen Vorstellungen über mehrere Jahrzehnte oder sogar Jahrhunderte nach Schließung der Deponie erstreckt, wird erwartet, daß das Abdichtungssystem noch wirksam ist. Das Langzeitverhalten der Abdichtungskomponenten und -systeme bildete deshalb einen Schwerpunkt des Verbundvorhabens: Zur langfristigen Funktionsfähigkeit von Erdstoff-Abdichtungsschichten wurden die Themen Austrocknung infolge eines Temperaturgradienten in der Basisabdichtung, insbesondere bei tiefliegendem Grundwasserspiegel, Dehnungen infolge von Setzungen des Untergrundes oder des abgelagerten Abfalls und Selbstheilung von Abdichtungserdstoffen bezüglich etwaiger Risse bearbeitet. Zu den untersuchten Langzeitproblemen gehören ferner: Alterung von Kunststoffdichtungsbahnen, physikalische, chemische und biologische Einwirkungen auf Abdichtungsstoffe und auf Entwässerungs- und Schutzsysteme.

Eine weitere Deponiebesonderheit ist, daß Wartung und Reparatur der Basisabdichtung kaum möglich sind. Deshalb sind herausragend zuverlässige und redundante Systeme erforderlich. Zu diesem Komplex wurden die Themen Vermeidung von Herstellungsmängeln, Qualitätssicherung, Leckortungssysteme und Sicherheitskonzepte bearbeitet. Da bei der Sicherung von Altlasten kein Multibarrierensystem aufgebaut werden kann, ist auch hier die Kontrollier- und Reparierbarkeit der Sicherungssysteme von großer Bedeutung.

Das Verbundforschungsvorhaben ist mehr als die Summe der einzelnen Projekte. Die 27 Teilprojekte wurden so ausgewählt, daß die dringendsten Wissenslücken auf dem Gesamtgebiet der Deponieabdichtungen bearbeitet wurden. Bei der Durchführung wurde auf Abstimmung und Erfahrungsaustausch unter den Forschungspartnern durch Herstellung von Kontakten, Ermutigung zur Zusammenarbeit und durch Bildung von kleinen Gruppen besonderer Wert gelegt. Ferner wurden 3 Arbeitstagungen durchgeführt, in denen die Fachöffentlichkeit Kritik und Anregungen äußerte, die in den laufenden Arbeiten berücksichtigt werden konnten. Die Autoren hoffen, daß diese Vorgehensweise – die Betrachtung des Themenkomplexes als Ganzes – sich im vorliegenden Bericht zum Vorteil des Lesers widerspiegelt.

1.2 Struktur des Schlußberichts

Das Verbundforschungsvorhaben hat eine Fülle von Ergebnissen gebracht, die in den ausführlichen Schlußberichten der 27 Teilprojekte auf mehreren tausend Seiten niedergelegt sind. Es ist für Außenstehende kaum möglich, alle Berichte durchzulesen. Sicherlich ist auch nicht jeder an allen Themen gleichermaßen interessiert. Deshalb sahen wir es als eine Hauptaufgabe an, in diesem zusammenfassenden Schlußbericht eine Übersicht zu geben und den Zugang zu speziellen Themen, zu denen der Leser vielleicht gerade Informationen benötigt, möglichst leicht zu machen. Dieser Zugang geschieht stufenweise:

- Liste aller Teilprojekte mit Themen und Projektleitern

- Darstellung der wichtigsten Ergebnisse des Verbundforschungsvorhabens im Kap. 3

- Zusammenfassung der Projekte zu 9 Sachgebieten. Für jedes Sachgebiet sind in zusammenfassenden Kapiteln Ausgangspunkt, Ziele, Ergebnisse in Hinblick auf die Praxis und die erarbeiteten Empfehlungen dargestellt

- Kurzfassungen der Schlußberichte aller Teilprojekte, die von den jeweiligen Teilprojektleitern geschrieben wurden

Wir hoffen, daß der Leser auf diese Weise mit wenig Mühe die wichtigsten Informationen zu Zielen, Arbeitsmethoden und Ergebnissen erhalten kann. Zum vertieften Studium von speziellen Problemen sind die in den zusammenfassenden Kapiteln und den Kurzfassungen zitierten Veröffentlichungen und insbesondere die ausführlichen Schlußberichte der Teilprojekte geeignet. Diese Schlußberichte kann man bei der Bundesanstalt für Materialforschung und -prüfung (Fachgruppe IV.3, Deponietechnik und Altlastensanierung, D-12200 Berlin, Fax: 030 8104 1437) gegen ein geringes Entgelt beziehen.

Die zusammenfassenden Kapitel erschienen uns aus fachlichen und auch aus formalen Gründen notwendig. Die Kapitel stellen die Beziehung zwischen einzelnen Teilprojekten dar. Sie gaben uns auch Gelegenheit, auf nicht bearbeitete Themen und nicht gelöste Probleme innerhalb eines Teilgebiets einzugehen und noch offene Fragen zu nennen, die künftig erforscht werden sollten. Die Kapitel geben unsere Bewertung und Akzentsetzung der Ergebnisse als Projektleiter, die nicht mit denen der einzelnen Forscher übereinstimmen müssen, wieder. Wir haben uns dabei bemüht, auch die umfangreichen, nicht allgemein zugänglichen Diskussionsbeiträge der drei im Rahmen des Verbundforschungsvorhabens durchgeführten Arbeitstagungen mit einzubeziehen. Formal ermöglicht die einheitliche straffe Gliederung der Kapitel eine bessere Übersicht als die 27 einzelnen Kurzberichte, die jeweils individuell gegliedert sind.

1.3 Technische Hinweise

Den einzelnen Teilprojekten wurden bei der Antragstellung Nummern zugeordnet. Sie wurden in diesem Bericht beibehalten, weil sie auch die ausführlichen Schlußberichte bezeichnen. Obwohl sie keinen fachlichen Zusammenhang wiedergeben und die Reihe der Nummern lückenhaft ist, wird auf diese Weise das Zitieren erleichtert und eindeutig.

Die zusammenfassenden Kapitel haben zum Schluß einen Abschnitt "Literatur". Dort sind die im Kapitel zitierten Quellen dokumentiert. Hierdurch sind einige Quellen mehrfach angegeben.

Die Ausdrücke "Mineralische" Abdichtung und "Erdstoff"-Abdichtung sind dem internationalen Sprachgebrauch entsprechend als Synonyme verwendet. "Erdstoff" betont den bodenmechanischen Charakter des Materials, "mineralisch" weist auf die mineralogische Struktur und Zusammensetzung hin und wird oft auch gebraucht, um den Gegensatz im Material zur Abdichtungskomponente Kunststoffdichtungsbahn zu betonen.

Einige wichtige Regelwerke und Normen sind im Anhang zusammengestellt.

Literatur

Kreislaufwirtschafts- und Abfallgesetz – KrW-/AbfG (1994): Gesetz zur Förderung der Kreislaufwirtschaft und Sicherung der umweltverträglichen Beseitigung von Abfällen vom 27. September 1994. Abfallgesetz. Deutscher Taschenbuch Verlag. ISBN 3 423 05569 3 (dtv)

Stief, K. (1986): Das Multibarrierenkonzept als Grundlage von Planung, Bau, Betrieb und Nachsorge von Deponien. Müll und Abfall **1**, S. 15 - 20

TA Abfall (1991): Zweite Allgemeine Verwaltungsvorschrift zum Abfallgesetz, Teil 1: Technische Anleitung zur Lagerung, chemisch/physikalischen und biologischen Behandlung, Verbrennung und Ablagerung von besonders überwachungsbedürftigen Abfällen. In: Schmeken, W.: TA Abfall. Köln: Deutscher Gemeindeverlag, W. Kohlhammer. Und in: Müll-Handbuch. Band 1, **0670**. Berlin: Erich Schmidt. S. 1-136

TA Siedlungsabfall (1993): Dritte Allgemeine Verwaltungsvorschrift zum Abfallgesetz: Technische Anleitung zur Verwertung, Behandlung und sonstigen Entsorgung von Siedlungsabfällen. In: Schmeken, W.: TA Abfall, TA Siedlungsabfall. 3. Aufl. Köln: Deutscher Gemeindeverlag, W. Kohlhammer. Und in: Müll-Handbuch. Band 1, **0675**. Berlin: Erich Schmidt. S. 1-52

2 Liste der Teilprojekte mit Thema und Projektleiter

[01] Jessberger, H. L.; Heibrock, G. (1995): Entwicklung eines Sicherheitskonzeptes für Deponieabdichtungssysteme. Fkz. 1440569A5-01
o. Prof. Dr.-Ing. H. L. Jessberger, Ruhr-Universität Bochum, Institut für Grundbau und Bodenmechanik, Postfach 102148, D-44721 Bochum

[08] Arslan, U.; Dietrich, T.; Gutwald, J.; Steinmetzer, D. (1995): Einfluß mechanischer Beanspruchungen auf die Funktionsfähigkeit mineralischer Deponieabdichtungen. Fkz. 1440569A5-08
Prof. Dr.-Ing. T. Dietrich, TH Darmstadt, Fachbereich 13, Institut für Geotechnik, Petersenstraße 13, D-64287 Darmstadt
Prof. Dr.-Ing. R. Katzenbach, TH Darmstadt, FB 13, Institut für Geotechnik, Petersenstraße 13; D-64287 Darmstadt

[09] Katzenbach, R.; Amann, P.; Edelmann, L. (1995): Untersuchung von Schadensgrenzen mineralischer Barrieren durch Simulation von Verformungszuständen im Maßstab 1:1. Fkz. 1440569A5-09
o. Prof. Dr.-Ing. P. Amann, Grundbau-Institut Prof. Dr.-Ing. Amann, Oberramstädter Str. 42, D-64367 Mühltal
Prof. Dr.-Ing. R. Katzenbach, TH Darmstadt, FB 13, Institut für Geotechnik, Petersenstraße 13; D-64287 Darmstadt

[11] Dornbusch, J.; Averesch, U.; El Khafif, M. (1995): Bauverfahrenstechnik bei der Herstellung von Kombinationsabdichtungen. Fkz. 1440569A5-11
Prof. Dipl.-Ing. J. Dornbusch, RWTH Aachen, Lehrstuhl und Institut für Baumaschinen und Baubetrieb, Mies-van-der-Rohe-Str. 1, D-52074 Aachen
Prof. Dr.-Ing. H. Düllmann, Geotechnisches Büro Prof. Dr.-Ing. H. Düllmann, Neuenhofstraße 112, D-52078 Aachen

[14] Schreyer, J.; Kessler, D. (1995): Erarbeitung von Vorschlägen zur Ausbildung von Deponieabdichtungen - theoretische und versuchstechnische Untersuchung. Fkz. 1440569A5-14
Dr.-Ing. A. Haack, STUVA Studiengesellschaft für unterirdische Verkehrsanlagen e.V., Mathias-Brüggen-Straße 41, D-50827 Köln

[15] Echle, W.; Gorantonaki, A.; Düllmann, H.; Obernosterer, I. (1994): Redoxabhängige mineralogische und chemische Stoffumsätze in tonigen Deponiebasisabdichtungen und ihre bodenmechanischen Auswirkungen. Fkz. 1440569A5-15
Prof. Dr. W. Echle, RWTH Aachen, Institut für Mineralogie und Lagerstättenkunde, Wüllnerstraße 2, D-52062 Aachen
Prof. Dr.-Ing. H. Düllmann, Geotechnisches Büro Prof. Dr.-Ing. H. Düllmann, Neuenhofstraße 112, D-52078 Aachen

[16] Collins, H.-J.; Turk, M.; Hanert, H. H.; Harborth, P.; Wittmaier, M. (1995): Erhaltung der Funktionsfähigkeit von Deponieentwässerungssystemen. Fkz. 1440569A5-16
Prof. Dr.-Ing. H.-J. Collins, TU Braunschweig, Leichtweiß-Institut für Wasserbau, Postfach 3329, D-38023 Braunschweig
Prof. Dr. H. H. Hanert, TU Braunschweig, Institut für Mikrobiologie - Technische Ökologie, Spielmannstr. 7, D-38106 Braunschweig

[18] Savidis, S.; Mallwitz, K. (1995): Selbstheilungsvermögen mineralischer Dichtmassen hinsichtlich Durchlässigkeit in gestörten Dichtschichten/Dichtungssystemen an Deponien. Fkz. 1440569 A5-18
o. Prof. Dr.-Ing. S. Savidis, TU Berlin, Institut für Grundbau u. Baubetrieb, Straße des 17. Juni 135, D-10623 Berlin

[20] Holzlöhner, U.; Schossig, W.; Wuttke, W.; Ziegler, F. (1996): Langzeitverhalten von Erdstoffschichten in Deponieabdichtungen, Feuchtehaushalt unter Temperatureinwirkung. Fkz. 440569A5-20
Dr. U. Holzlöhner, BAM Berlin, OE VII.24, Unter den Eichen 87, D-12205 Berlin

[23] Gottheil, K.-M.; Brauns, J. (1995): Thermische Einflüsse auf die Dichtwirkung von Kombinationsdichtungen - Messungen an einem Testfeld. Fkz. 1440569A5-23
apl. Prof. Dr.-Ing. J. Brauns, Universität Karlsruhe, Institut für Boden- und Felsmechanik, Abt. Erddammbau und Deponiebau, Richard-Willstätter-Allee, D-76131 Karlsruhe

[24] Döll, P.; Stoffregen, H.; Renger, M.; Wessolek, G.; Plagge, R. (1995): Anisotherme Wasser- und Wasserdampfbewegung unter Deponien: Laborexperimente und Simulationsrechnungen zur Austrocknung mineralischer Dichtschichten.
Fkz. 1440569A5-24
Prof. Dr. M. Renger, TU Berlin, Institut für Ökologie, Salzufer 11-12, D-10587 Berlin

[24a] Göttner, J. J.; Breithor, A.; Lerke, J.; Preetz, H.; Reimann, S.; Scheller, M.; Schneider, W. (1995): Diffusion von Wasser in wasserteilgesättigten Böden und Abdichtungsmaterialien - Transportmechanismen und Strukturparameter. Fkz. 1440569A5-24
Dr. J. J. Göttner, Institut für Abfallentsorgung und Altlastensanierung, Knesebeckstr. 20 - 21, D-10623 Berlin (ohne Kurzbericht)

[25] Jessberger, H. L.; Onnich, K.; Finsterwalder, K.; Beyer, S. (1995): Versuche und Berechnungen zum Schadstofftransport durch mineralische Abdichtungen und daraus resultierende Materialentwicklungen. Fkz. 1440569A5-25
o. Prof. Dr.-Ing. H. L. Jessberger, Ruhr-Universität Bochum, Institut für Grundbau und Bodenmechanik, Postfach 102148, D-44721 Bochum
Dr.-Ing. K. Finsterwalder, DYWIDAG Umweltschutztechnik GmbH, Postfach 810280, D-81902 München

[27] Eichmeyer, H.; Boehm, W.; Bredel-Schürmann, S. (1994): Untersuchung der Eignung bergmännischer Verfahren zur nachträglichen Sohlabdichtung von Deponien.
Fkz. 1440569A5-27
Prof. em. Dr. Sc. h. c. H. Eichmeyer, Osthofener Weg 19, D-14129 Berlin

[32] Collins, H.-J.; Münnich, K. (1994): Hydraulische Unterhaltung eines
      Deponieabdichtungssystemes. Fkz. 1440569A5-32
      Prof. Dr.-Ing. H.-J. Collins, TU Braunschweig, Leichtweiß-Institut für Wasserbau,
      Postfach 3329, D-38023 Braunschweig

[35] Brummermann, K. (1995): Kunststoffdichtungsbahnen unter Punktlasten.
      Fkz. 1440569A5-35
      Prof. Dr.-Ing. W. Blümel, Prof. Dr.-Ing S. Kohlhase, Dr.-Ing F. Saathoff; Universität
      Hannover, Institut für Grundbau, Bodenmechanik und Energiewasserbau, Appelstr. 9A,
      D-30167 Hannover

[36] August, H.; Lüders, G. (1995): Untersuchung der Langzeitbeständigkeit von
      Schutzmaterialien für Kunststoffdichtungsbahnen von Deponiebasisabdichtungen.
      Fkz. 1440569A5-36
      Prof. Dr. H. August, BAM Berlin, OE IV.3, Unter den Eichen 87, D-12205 Berlin

[37] Witte, R. (1995): Praxisnahe Untersuchungen zur Weiterentwicklung von geotextilen
      Schutzschichtsystemen auf Kunststoffdichtungsbahnen unter dem Gesichtspunkt ihrer
      Langzeitschutzwirkung. Fkz. 1440569A5-37
      Dipl.-Ing. R. Witte, Amtliche Materialprüfanstalt für Werkstoffe des Maschinenwesens
      und Kunststoffe, Appelstr. 11A, D-30167 Hannover

[38] Schulz, W.; Witte, R. (1996): Untersuchungen über den Einfluß von Drainageöffnungen
      an Sickerwasserrohren aus Kunststoff mit dem Ziel einer Optimierung ihrer Langzeit-
      standfestigkeit im Einbauzustand. Fkz. 1440569A5-38
      Dipl.-Ing. W. Schulz, Dipl.-Ing. R. Witte; Amtliche Materialprüfanstalt für Werkstoffe
      des Maschinenwesens und Kunststoffe, Appelstr. 11A, D-30167 Hannover

[39] Steinert, B.; Melchior, S.; Burger, K.; Berger, K.; Türk, M.; Miehlich, G. (1995):
      Dimensionierung von Kapillarsperren zur Oberflächenabdichtung von Deponien und
      Altlasten. Fkz. 1440569A5-39
      Prof. Dr. rer. nat. G. Miehlich, Universität Hamburg, Institut für Bodenkunde, Allende-
      Platz 2, D-20146 Hamburg

[45] Horn, R.; Richards, B. G.; Baumgartl, T.; Gräsle, W.; Bohne, K.; Plagge, R.; Schmidt,
      M. (1995): Bedeutung von Auflast und Entwässerungsgrad für die Bodenwasser-
      charakteristik von mineralischen Abdichtungen. Fkz. 1440569A5-45
      Prof. Dr. R. Horn, Christian-Albrechts-Universität zu Kiel, Institut für
      Pflanzenernährung und Bodenkunde, Olshausenstraße 40, D-24118 Kiel

[45a] Hornung, U.; Schumacher, S. (1994): Austrocknung des Deponie-Untergrundes durch
      Wasser-Dampf-Transport. Fkz. 1440569A5-45
      Prof. Dr. U. Hornung, SCHI Scientific Hornung Institute, Postfach 1222,
      D-85579 Neubiberg (ohne Kurzbericht)

[47] Rodatz, W.; Kayser, J. (1993): Spannungs-Verformungs-Verhalten feststoffreicher
      Dichtwandmassen für den Grundwasserschutz bei Deponien und Altlasten, Erarbeitung
      praxisnaher Prüfmethoden und Bewertungskriterien. Fkz. 1440569A5-47
      Prof. Dr.-Ing. W. Rodatz, TU Braunschweig, Institut für Grundbau und
      Bodenmechanik, Gaußstraße 2, D-38106 Braunschweig

[48] Beitzel, H.; Bjelanovic, M. (1992): Verfahrenstechnische Optimierung des Herstellungs-
     prozesses mineralischer Abdichtungssysteme im Deponiebau. Fkz. 1440569A5-48
     Prof. Dr.-Ing. H. Beitzel, Fachhochschule Rheinland-Pfalz, Abt. Trier,
     FB Bauingenieurwesen, Schneidershof, D-54293 Trier

[51] Rodatz, W.; Oltmanns, W. (1994): Durchlässigkeit und Spannungs-Verformungs-
     Verhalten faserbewehrter Böden für Deponieabdichtungssysteme. Fkz. 1440569A5-51
     Prof. Dr.-Ing. W. Rodatz, TU Braunschweig, Institut für Grundbau und
     Bodenmechanik, Gaußstraße 2, D-38106 Braunschweig

[52] Rodatz, W.; Voigt, T. (1994): Untersuchungen zur Frostempfindlichkeit mineralischer
     Deponieabdichtungen, möglicher Standsicherheitsprobleme und Schutzmaßnahmen.
     Fkz 1440569A5-52
     Prof. Dr.-Ing. W. Rodatz, TU Braunschweig, Institut für Grundbau und
     Bodenmechanik, Gaußstraße 2, D-38106 Braunschweig

[59] Müller-Kirchenbauer, H.; Schlötzer, C.; Rogner, J. (1995): Einfluß von Filtratwachstum
     und Feststoffverlagerungen auf die Qualität, die Herstellbarkeit und die Kosten von
     Dichtungsschlitzwänden. Fkz. 1440569A5-59
     o. Prof. Dr.-Ing. H. Müller-Kirchenbauer, Universität Hannover, Institut für Grundbau,
     Bodenmechanik und Energiewasserbau, Appelstr. 9A, D-30167 Hannover

[60] Förstner, U.; Wienberg, R.; Gerth, J. (1995): Biochemische Dauerbeständigkeit und
     Schadstofftransport bei innovativen Baustoffen für die Altlastensanierung.
     Fkz. 1440569A5-60
     Dr. R. Wienberg, Naturwissenschaftlich-umwelttechnisches Büro und Labor Dr. R.
     Wienberg, Gotenstr. 4, D-20097 Hamburg

[61] Hahn, H.; Rödel, A. (1995): Entwicklung eines Verfahrens zur Leckdetektion und
     -ortung an Deponieabdichtungen. Fkz. 1440569A5-61
     Dr.-Ing. H. Hahn, von Witzke GmbH & Co KG, Joachimstraße 72, D-45309 Essen
     Dipl.-Ing. A. Rödel, PROGEO, Geotechnologieges.mbH, Huttenstr. 31, D-10553 Berlin

3 Die wichtigsten Ergebnisse des Verbundforschungsvorhabens

3.1 Mechanische Beanspruchung von mineralischen Abdichtungsschichten, Setzungsschäden

Abdichtungserdstoffe werden mit steigendem Wassergehalt flexibler. Bei $w \approx w_{opt}$ können die heute üblichen Materialien erhebliche Dehnungen überstehen und dabei ausreichend dicht bleiben. Sie können in der Feuchte des Einbauwassergehalts erhebliche Untergrundsetzungen ertragen, ohne durchlässigkeitserhöhende Schädigungen zu erfahren. An der Basis kann es kaum so große Setzungsdifferenzen des Untergrundes geben, daß die Flexibilität der Abdichtungsschicht erschöpft wäre. Große, in Triaxialproben eingeprägte Längsdehnungen (5 - 10 %) führen zu keinen Durchlässigkeitserhöhungen, wenn die Auflast ausreicht, bei dem herrschenden Wassergehalt ein Scherversagen (und kein Zugversagen) zu erzeugen. Es hat sich deutlich gezeigt, daß die Schließung von Rissen weniger durch Quellung als durch Wiederplastischwerden des Erdstoffs geschieht. Zur effektiven Rißschließung ist eine ausreichende Vertikalspannung notwendig, sie ist jedoch in Oberflächenabdichtungen nicht verfügbar. Die Zugabe von Fasern zu dem Erdstoff erhöht die Festigkeit. Dies ist zwar nicht eindeutig günstig, die zugehörige Bruchdehnung erwies sich jedoch bei Faserbewehrung immer größer als ohne. Eine Glasfaserzugabe erhöhte die Durchlässigkeit nie, bei getrockneten und gestauchten Proben ergaben sich sogar kleinere Durchlässigkeiten.

3.2 Wasserhaushalt, Austrocknungsgefährdung mineralischer Abdichtungsschichten

In Zukunft sollen für jede Deponie Wasserhaushaltsprobleme und die Austrocknungsgefährdung unter Verwendung gemessener Bodenkennwerte rechnerisch untersucht werden. Zur Ermittlung der gesättigten und der ungesättigten Wassertransportkoeffizienten wurden Meßmethoden entwickelt. Die Transportkennwerte müssen auch für den umgebenden Boden bestimmt werden, da er den Feuchtezustand der Erdstoffabdichtungsschicht stark beeinflußt. Die Auflast hat insbesondere an der Deponiebasis einen erheblichen Einfluß auf die Transporteigenschaften. Zum Wassertransport wurde ein zweidimensionales Rechenprogramm entwickelt, das auch die Bodenverformung berücksichtigt. Mit dem Rechenprogramm für eindimensionalen Wasser- und Wärmetransport kann der langzeitige Wassergehalt von verschieden aufgebauten Basisabdichtungen berechnet werden. Die Austrocknung kann die Langzeitfunktionsfähigkeit von Erdstoffabdichtungsschichten beeinträchtigen. Die Auflast muß mindestens so groß wie die Wasserspannung sein, wenn Austrocknungsrisse vermieden werden sollen. Bei Oberflächenabdichtungen ist jedoch die Auflast gegenüber möglichen Wasserspannungen klein. Man kann heute keine herkömmliche, rein mineralische Abdichtung spezifizieren, bei der die Austrocknung nicht auftreten würde, es sei denn, man sieht wesentlich dickere Rekultivierungsschichten als 1 m vor. Für die Praxis ist zu empfehlen, den Erdstoff möglichst nicht feuchter einzubauen, als er der minimal während der Betriebszeit der Deponie zu erwartenden Feuchte entspricht. Man sollte keine Drainageschicht zwischen Basisabdichtungsschicht und Untergrund vorsehen, da sie die Austrocknung fördert. Die Versickerung des reinen Niederschlagswassers in der Deponieumgebung und eine künstliche Bewässerung würden sich günstig auswirken. Kapillarsperren unter Hangbedingungen stellen leistungsfähige Barrieren für Oberflächenabdichtungen v. a. auf stärker belasteten und gasbildenden Deponien und Altlasten dar. Kapillarschicht und -block sollten aus eng gestuftem Sand bzw. Kies bestehen, der Korngrößenunterschied soll bei Einhaltung der Filterstabilität möglichst groß sein.

3.3   Schadstofftransport, Grundlagen und Maßnahmen zur Minimierung

Für die Bestimmung der Diffusionskoeffizienten in Abdichtungserdstoffen wurde ein spezielles Permeameter entwickelt. Chloridionen sind besonders gut geeignet zur Wertbestimmung, da sie mit dem Boden kaum in Wechselwirkung treten. Zur Abschätzung und Optimierung des Barriereverhaltens von Dichtungen nach TA Abfall und TA Siedlungsabfall stehen - als Ergebnis der Untersuchungen - Diffusionskennwerte für die unterschiedlichsten Prüfflüssigkeiten zur Verfügung. Es ist nicht zu empfehlen, mineralische Abdichtungsschichten allein auf konvektive Dichtigkeit zu optimieren. Die Gesamtheit der Einflüsse - Diffusion, Sorption, Konvektion - ist für eine Minimierung des Schadstoffaustrages entscheidend sowohl in rein mineralischen als auch in Kombinationsdichtungen. Für die inverse Strömung zur Reduzierung des Schadstoffaustrages wird ein Anwendungspotenial bei den Dichtwänden gesehen.

3.4   Physikalische, chemische und biochemische Einwirkungen auf mineralische Abdichtungsschichten

Über die Langzeitbeständigkeit der mineralischen Materialien von Deponieabdichtungen und Dichtwänden wurden wichtige positive Erkenntnisse gewonnen: Die chemischen Einwirkungen der Sickerwässer, die Frosteinwirkung und die biochemischen Faktoren haben zwar eine Auswirkung, sie ist jedoch einerseits selbst bei längerer Einwirkungszeit meistens nicht schwerwiegend, andererseits läßt sie sich, insbesondere was die Frosteinwirkung betrifft, durch geeignete Maßnahmen minimieren oder sogar verhindern. Schrumpf- und Durchlässigkeitsverhalten weisen keine signifikanten Änderungen unter Sickerwassereinfluß auf. Der Anteil von Sulfiden und Sulfaten sollte durch die Vorschriften beschränkt werden, der Grenzwert für den Carbonatgehalt kann jedoch gelockert werden. Die nach Frosteinwirkung gemessene Minderung der Trockendichte und der Scherfestigkeit, und die Zunahme des Wassergehaltes und der Durchlässigkeit sind in situ niedriger als im Laborversuch. Abdichtungsmaterialien mit einer abgestuften Kornverteilung und einem geringen Wassergehalt sind kaum frostgefährdet. Fertiggestellte mineralische Dichtschichten sollten trotzdem einer längeren Frosteinwirkung nicht ausgesetzt werden oder durch provisorische Wärmedämmung geschützt werden. Die in Dichtwandmassen verwendeten organischen Additive (Distearyldimethylammonium und Propylsilan) weisen eine hohe biochemische Dauerbeständigkeit auf. Der mikrobielle Abbau ist - verglichen mit rein chemischen Einwirkungen - nicht die kritische Gefährdung der Langzeitbeständigkeit von Dichtwandmassen. Die Tortuosität stellt einen wichtigen retardierenden Faktor in der Schadstoffausbreitung dar.

3.5   Bauverfahren, Qualitätssicherung

Der Bau von Kombinationsdichtungen erfordert die Zusammenarbeit und Abstimmung der beteiligten Fachfirmen sowie der Überwachungsinstanzen und der Aufsichtsbehörde. Witterungseinflüsse bestimmen den Deponiebau mindestens in gleicher Weise wie die Auswahl und Umsetzung der richtigen Verfahrenstechnik, deshalb muß sich die Planung nach den günstigen Wetterperioden richten. Die für die geforderte Qualität wichtige Homogenität der mineralischen Abdichtungsschicht kann mit dem entwickelten mobilen Mischsystem, v. a. bei kornabgestuften Materialien, vorteilhaft gesichert werden. Eine Untersuchung der verwendeten Bautechniken auf einer großen Anzahl von Depeoniebaustellen hat gezeigt, daß der von der BAM geforderte Preßverbund zwischen der mineralischen Schicht und der Kunststoffdichtungsbahn in hoher Qualität, z. B. mit der Riegelbauweise, herstellbar ist. Nach Meinung von Fachleuten im Ausland sind gute Vorschriften und Richtlinien in Deutschland entwicklungsfördernd. Für die nachträgliche Sohlabdichtung von Altlasten und Deponien stehen technisch ausgereifte bergmännische Verfahren zur Verfügung; ihr Einsatz ist jedoch wegen der hohen Kosten nur im Falle einer hohen Gefährdung der Umwelt denkbar. Der Qualität in der Herstellung von Deponieabdichtungen muß eine größere Bedeutung beigemessen werden als bisher. Die nachträgliche Qualitätskontrolle in Form der heute praktizierten Qualitätssicherung muß durch Qualitätsmanagementsysteme in allen beteiligten Organisationen ergänzt werden.

3.6 Dichtwände

Für die Ermittlung der Standsicherheit und des Langzeitverhaltens von Dichtwänden sind Festigkeitsuntersuchungen ausschlaggebend. Einphasendichtwandmassen reagieren wie ein rein kohäsiver Boden - ein Reibungsanteil wurde kaum festgestellt. Ca-Dichtwandmassen weisen wesentlich höhere Festigkeiten auf als Na-Dichtwandmassen. Im Ödometerversuch erfuhr das Dichtwandmaterial bei einer Grenzspannung einen Strukturzusammenbruch. Im Vergleich zu Erdstoffen sind die Steifigkeitswerte von Dichtwandmassen groß und die zugehörigen Bruchstauchungen klein, deshalb kann die Forderung an ein identisches Spannungs-Verformungs-Verhalten nicht erfüllt werden. Während des Bauprozesses treten Sedimentation, Filtration und Penetration in den Dichtwänden auf. Die Penetration verursacht zwar erhebliche Suspensionsverluste, der Penetrationsbereich im umgebenden Boden stellt jedoch eine zusätzliche Sicherheit dar. Der im Schlitz wachsende Filtratkuchen erschwert die Bewegung des Greifers, gleichzeitig erhöht sich aber die Schlitzwandstabilität. Fertiggestellte Dichtwände können erhebliche Lasten ertragen; während der Aushärteperiode muß jedoch die Belastung gering gehalten werden. Zum Langzeitverhalten und zur Optimierung der Dichtwände sind weitere Untersuchungen notwendig. Reaktive Wände stellen einen neuen Entwicklungstrend in der Einkapselungstechnik dar.

3.7 Sicherheit, Systembetrachtung

Im entwickelten Sicherheitskonzept - im Gegensatz zur klassischen Methode - wurde das vermutete Verhalten des Abdichtungssystems mit Hilfe von Modellen und Versuchen sowie von zur Verfügung stehenden Daten und Informationen aus Expertenbefragungen beschrieben. Dieses vermutete Verhalten ist anhand eines Monitoringsystems zu verifizieren. Es wurde festgestellt, daß eine sorgfältig geplante und eingebaute Kombinationsdichtung gegenüber der rein mineralischen Dichtung erhebliche Sicherheitsreserven bietet. Dies gilt v. a. in den ersten 30 - 80 Jahren nach Inbetriebnahme der Deponie, wenn die Schadstoffkonzentrationen besonders hoch sind. Für die minimale Lebensdauer der Kunststoffdichtungsbahn aus PE-HD ergaben sich 45 Jahre bei 40 °C und 300 Jahre bei 20 °C. Eine Reduzierung der Dicke der mineralischen Abdichtung von 1,5 auf 1 m bewirkt für Kombinationsabdichtungen keine Änderung des Emissionsverhaltens gegenüber perseveranten Schadstoffen. Monitoringmaßnahmen, die Einwirkungen und das Verhalten von Abdichtungssystemen dokumentieren, sollten intensiviert werden. Das im Rahmen der exemplarischen Anwendung des Sicherheitskonzeptes beschriebene Emissionsverhalten einer Kombinationsabdichtung kann für Gleichwertigkeitsbetrachtungen herangezogen werden. Setzungs- und Zugversuche an PEHD- und PELD- Bahnen mit beidseitiger Reibung, unterschiedlichen Oberflächenrauhigkeiten und verschiedenen Stützschichten haben Informationen über die Dehnungsverteilung in der Kunststoffdichtungsbahn geliefert. Die Vergleichbarkeit von Reibungswerten aus Versuchen in Rahmenschergeräten unterschiedlicher Größe wurde analysiert. Es wurde ein Online-Überwachungssystem entwickelt, das mittels Widerstandsmessung zwischen je einer Elektrodenschar unter- und oberhalb der Kunststoffdichtungsbahn die flächendeckende Überwachung von Abdichtungssystemen und die Ortung von Schadstellen ermöglicht. Damit steht für die von der TA Abfall geforderte Überwachung der Wirksamkeit und Langzeitstabilität von Deponieabdichtungssystemen ein technisch reifes System zum Einsatz bereit.

3.8 Geotextile Schutzschichtsysteme für Kunststoffdichtungsbahnen

Die Wirksamkeit geotextiler Schutzschichten wird erheblich von der Kornverteilung des Drainmaterials, der Last, der Temperatur, der Zeit und dem Schutzschichttyp (Material, Flächengewicht, Struktur) beeinflußt. Eine ausreichende Schutzwirkung rein geotextiler Schutzlagen, insbesondere bei Verwendung des praxisüblichen, groben Drainagekieses 16 - 32 mm, ist nur bei sehr kleinen, in der Praxis kaum sinnvollen Auflasten gegeben. Bei der Kombination von Vliesstoffen mit Brechkorn 0 - 8 mm beeinträchtigt eine Alterung der Vliesstoffe, einhergehend mit einem erheblichen mechanischen Festigkeitsverlust, die Schutzwirkung des Verbundes nicht. Sandgefüllte Schutzsysteme weisen eine bei weitem ausreichende Schutzwirkung auf, selbst bei hohen Auflasten und Verwendung von grobem Drainagekies. Belastungsversuche mit 16/32er Kiesschüttungen und Strukturplatten führen zu vergleichbaren Dehnungen. Bei Verwendung von Strukturplatten gegenüber freien Kiesschüttungen ist die Streuung geringer, und das Verfahren ist durch den hohen Grad der Standardisierung reproduzierbar. Der Einfluß quellender, in geringerem Ausmaß aber auch spannungsrißauslösender und oxidierender Medien, kann die Schädigung der Kunststoffdichtungsbahn nur in den Fällen vergrößern, in denen der mechanische Schutz nicht ausreichend ist. PE-Werkstoffe weisen eine bessere chemische Stabilität auf als PP-Formmassen. Ungeachtet der höheren Festigkeit der PP-Fasern ist die Verwendung von PE insbesondere dort angezeigt, wo es auf hohe Beständigkeit ankommt: erosionssichernde Verpackungstextilien oder Trennvliese für mineralisches Schutzmaterial.

3.9 Sickerwasserdrainage

Die Rücklösung durchoxidierter und reduzierter Inkrustationen in Sickerwasserdrainagen ist mit Peressigsäure, HNO_3, HCl und $HClO_4$ möglich. Neben der größten Rücklösekraft führt die Peressigsäure zu keiner Salzbelastung der Umwelt und ihre Zerfallsprodukte werden in der Kläranlage vollständig abgebaut. Für die Desinfektion von Drainschichten ist ebenfalls Peressigsäure am günstigsten, aber auch Wasserstoffperoxid kann zum Einsatz kommen. Oxidierende Substanzen haben bei Desinfektion den positiven Nebeneffekt, daß es durch eine unspezifische Oxidation von Sickerwasserinhaltsstoffen zu einer zusätzlichen Reinigung der Sikkerwässer kommt. Zum Erhalt der Funktionsfähigkeit von Entwässerungssystemen können sowohl diskontinuierliche als auch kontinuierliche Pflegemaßnahmen unter Einsatz von Säuren und Desinfektionsmitteln durchgeführt werden. Bei den MVA-Schlacke- und Aschedeponien wurde keine durch Mikroorganismen bedingte Inkrustationsbildung, bei sehr hohen Temperaturen jedoch starke Salzauskristallisation beobachtet. In Klärschlammdeponien herrschen gute Milieubedingungen für Mikroorganismen, die Zusammensetzung der Inkrustationen gleicht denen aus Siedlungsabfalldeponien. Die Verschwächung von Sickerwasserrohren lag unter Scheitelbelastung und bei erheblichen Öffnungsweiten von bis zu 500 cm² je Meter Rohrlänge (3,8 % der Rohraußenfläche) maximal bei 0,8, d. h. die Ringsteifigkeiten haben maximal um 20% abgenommen. Die Schlitzung mittels Scheibenfräser ist im Vergleich zur Fingerfräserschlitzung bei gleicher Öffnungsweite für die Ringsteifigkeit deutlich kritischer. Bei den PEHD- bzw. PP-Rohren und unterschiedlichen Lochgeometrien konnten weder eine Rißentstehung noch eine Rißfortpflanzung festgestellt werden. Eine FE-Analyse ergab, daß die aus normierten Versuchen gewonnenen Verschwächungsbeiwerte den Festigkeitsabfall aufgrund der Perforationen zutreffend beschreiben. Eine wesentlich weitergehende Aussage über die Spannungsspitzen aufgrund der Öffnungsgeometrie liefern die realitätsnahen, aber sehr aufwendigen Großversuche auch nicht. Bei "üblichen" Müllauflasten an der Deponiebasis muß bei der Rohrauslegung mit Ringstauchwerten von 5 % gerechnet werden.

4 Zusammenfassende Darstellung der Forschungsarbeiten nach Sachgebieten

4.1 Mechanische Beanspruchung von mineralischen Abdichtungsschichten, Setzungsschäden

U. Holzlöhner

4.1.1 Teilprojekte zum Thema

Das Thema "Mechanische Beanspruchung" wurde in 4 Teilprojekten behandelt:

[08]   Einfluß mechanischer Beanspruchungen auf die Funktionsfähigkeit mineralischer Deponieabdichtungen, Schlußbericht s. Arslan et al. (1996)

[09]   Untersuchung von Schadensgrenzen mineralischer Barrieren durch Simulation von Verformungszuständen im Maßstab 1:1, Schlußbericht s. Katzenbach et al. (1995)

[18]   Selbstheilungsvermögen mineralischer Dichtmassen hinsichtlich Durchlässigkeit in gestörten Dichtschichten/Dichtungssystemen an Deponien, Schlußbericht s. Savidis & Mallwitz (1995)

[51]   Durchlässigkeit und Spannungs-Verformungs-Verhalten faserbewehrter Böden für Deponieabdichtungssysteme, Schlußbericht s. Rodatz & Oltmanns (1994)

4.1.2 Ausgangspunkt und Problematik

Die mechanische Beanspruchung von mineralischen Abdichtungsschichten gehört zu dem übergeordneten Thema ihrer Langzeitfunktionsfähigkeit. Eine Übersicht über die gegenüber anderen Teilgebieten besonderen geotechnischen Anforderungen an Erdstoffabdichtungsschichten im Deponiebau findet sich bei Holzlöhner et al. (1994). Der Nachweis der ausreichenden Dichtigkeit wird beim Einbau durch Untersuchungen entnommener Proben und in situ an der gerade eingebauten Abdichtungsschicht erbracht. Erforderlich ist jedoch, daß die Abdichtungsschicht nicht nur kurz nach dem Einbau sondern über lange Zeiträume bzw. auf Dauer dicht bleibt oder daß wenigstens die Durchlässigkeit nicht wesentlich größer wird, als nach dem Einbau gefordert. In der Bauart der Kombinationsdichtung ist die Langzeitdichtigkeit der mineralischen Schicht besonders wichtig, weil sie - nach Jahrzehnten oder Jahrhunderten - das Haupt- (oder einziges) Dichtelement bleiben wird. Während der Zeit davor stellt sie eine Barriere gegen den diffusiven Transport dar und wird bei unplanmäßigen Schwachstellen der Kunststoffdichtungsbahn gebraucht.

Neben der Austrocknung - s. Kap. 4.2 - sind mechanische Beanspruchungen die Hauptursache für eine mögliche Schädigung der Erdstoffschicht. Mechanische Beanspruchungen werden durch unterschiedliche Setzungen hervorgerufen - bei Basisabdichtungen: Untergrundsetzungen, bei Oberflächenabdichtungen: Setzungen des deponierten Mülls. Aber auch Spannungen, wie Spreizspannungen in der Basis, Spannungen im Böschungsbereich und bei Übergängen zu Einbauten und Durchdringungen können zu großen Dehnungen und möglicherweise zu Rissen führen.

Erdstoffe können diese durch Untergrundsetzungen und Spannungen erzeugten Dehnungen bis zu einem gewissen Grad rißfrei überstehen. Eine wichtige Rolle spielt hierbei der Wassergehalt: je feuchter der Erdstoff, desto flexibler reagiert er. In der Bodenmechanik wird dieser Sachverhalt durch die Konsistenzgrenzen - das sind bestimmte Grenzwassergehalte - beschrieben. Oft wird beim Einbau $w \approx w_{opt}$ (w_{opt} = hinsichtlich der Verdichtbarkeit optimaler Wassergehalt im Proctorversuch) gewählt, dann liegt der Wassergehalt in der Nähe der Ausrollgrenze, dem Übergang von der "plastischen" zur "halbfesten" Konsistenz vor. Das Dehnungsverhalten des Erdstoffs bei mechanischen Beanspruchungen hängt also eng mit der Austrocknung, s. Kap. 4.2, zusammen.

In den Vorschriften findet man zu diesem Thema nur qualitative Hinweise wie: "Trotz Verformungen soll die Erdstoffschicht dicht bleiben". Obwohl in einzelnen Richtlinien schon Angaben zur Verformungsbeanspruchung gemacht werden, z. B. Krümmungsradius $R = 200$ m in der LWA-Richtlinie (1993), fehlen bisher Erfahrungen zur tatsächlichen Verformbarkeit und Prüfvorschriften für den Abdichtungserdstoff.

4.1.3   Ziele und Aufgabenstellung

Das Hauptziel ist die Untersuchung des Einflusses von mechanischen Beanspruchungen auf die Durchlässigkeit. Hierzu wurden Versuche und Geräte entwickelt, um im Labor definierte Dehnungen auf Bodenproben und -körper einzuprägen und die Auswirkung auf die Durchlässigkeit zu untersuchen [08].

In einem Großversuch wurden Untergrundsetzungen unter einem Abdichtungssystem simuliert, um zulässige Grenzverformungen für verschiedene übliche Abdichtungsmaterialien festzustellen [09]. Ein weiteres untersuchtes Thema ist die Frage nach der Selbstheilung, d. h., ob und unter welchen Bedingungen der Erdstoff in der Lage ist, einmal eingetretene Risse wieder dicht zu schließen [18]. Schließlich wird die Möglichkeit untersucht, durch Untermischen von kurzen Fasern die Festigkeit und die Bruchdehnung zu erhöhen, so daß die Durchlässigkeit auch bei größeren mechanischen Beanspruchungen nicht ansteigt [51].

4.1.4   Materialien

Grundsätzlich wurden Tone und Schluffe untersucht, wie sie heute in der Praxis verwendet werden. Das Selbstheilungsvermögen wurde zusätzlich auch für gezielte Mischungen aus Kaolin, Illit und Lößlehm untersucht, außerdem auch Böden, denen 1 - 3 % Bentonit zugemischt waren [18]. In einem Teilprojekt wurden den Erdstoffen 0,5 - 1,5 % Fasern aus Polyamid 6, Polypropylen oder 0,5 - 3 % Glasfasern zugemischt. Die Faserlänge betrug für die Kunststoffe 25 oder 50 mm, für Glas 6 oder 12 mm [51]. Einer der hierbei untersuchten Erdstoffe war ein mit 6 % Tonmehl vergüteter Sand.

Bei der Untersuchung von Erdstoffen ist immer die Aufbereitung von Bedeutung. Um die Fasern gleichmäßig untermischen zu können, wurden die bindigen Erdstoffe zunächst auf 0,5 w_{opt} getrocknet. Dann wurde auf w_{opt} angefeuchtet und Proben mit 95 % Proctordichte hergestellt. Manche Proben wurden vor der mechanischen Beanspruchung auf 0,5 w_{opt} heruntergetrocknet, um auch das Verhalten trockener Proben zu untersuchen [51]. Im Teilprojekt [08] wurden die untersuchten Proben z. T. aus eingebauten Deponieabdichtungen entnommen, z. T. künstlich hergestellt. Hierzu wurden sie zunächst beim 1,5fachen der Fließgrenze mittels Rühren homogenisiert und anschließend in 12 Lastschritten konsolidiert.

Für den großmaßstäblichen Deponieverformungssimulator wurden die verwendeten Tone und Schluffe vor dem Einbau zerkleinert und homogenisiert und mit praxisnahen Methoden eingebaut. Die Triaxialproben des Projektes [18] wurden im Proctortopf bei w_{opt} verdichtet hergestellt.

4.1.5 Untersuchungen

In allen Teilprojekten wurden experimentelle Untersuchungen durchgeführt, im Teilprojekt [08] auch eine theoretische Studie. Diese diente dazu, die mechanischen Beanspruchungen der Erdstoffabdichtungsschicht einer Basisabdichtung zu ermitteln. Aufgrund der Ergebnisse wurden die Beanspruchungen der untersuchten Proben festgelegt.

Zur Einprägung der Spannungen oder der Dehnungen wurden sowohl übliche bodenmechanische Geräte wie Triaxialgerät, Kompressions-Durchlässigkeits-Gerät (KD-Gerät) und direktes Schergerät verwendet als auch neue Geräte entwickelt. In den Teilprojekten [18] und [51] wurde auch der Spaltungsversuch verwendet, um einen Riß zu erzeugen bzw. die Spaltungsfestigkeit festzustellen. Im Teilprojekt [08] wurden neben dem Triaxial- und KD-Gerät auch das neuentwickelte "Darmstadter Dehnungsgerät" eingesetzt. Hiermit können in einer horizontalen Richtung Dehnungen bis zu 35 % eingeprägt werden. Die Abmessungen der Probe sind 35 cm in der Länge (Dehnungsrichtung), 70 cm in der Breite (quer zur Dehnungsrichtung), und 40 cm in der Höhe. Auf die Oberfläche der Probe kann entsprechend der Beanspruchung eine Auflast aufgebracht werden.

Den Teilprojekten [08], [18] und [51] ist gemeinsam, daß die Proben erst mechanisch beansprucht wurden, auch bis zum Auftreten von Scherfugen und Rissen, um anschließend die Durchlässigkeit zu bestimmen. Zum Vergleich wurde jeweils auch an der nicht vorbeanspruchten Probe die Durchlässigkeit bestimmt.

Der Versuchsablauf mit dem KD-Gerät gestaltete sich im Teilprojekt [08] wie folgt:

- Durchlässigkeitsmessung an der unverformten Probe

- Ausbau der Probe und Abschälen auf einen kleineren Durchmesser

- Wiedereinbau und Aufbringen einer Auflast derart, daß der Ringspalt geschlossen wurde

- Durchlässigkeitsmessung an den bis zu 6 % horizontal gedehnten Proben

Im Triaxialgerät wurde die Dehnung in Form einer vertikalen Stauchung eingeprägt. Nach dem Stauchen mußten die gestörten Randbereiche der Probe gelegentlich abgeschnitten werden. Es wurden vertikale Stauchungen bis zu insgesamt 10 % eingeprägt, wobei die ganze beschriebene Prozedur ggf. einmal wiederholt wurde. Die Triaxialversuche und die anschließenden Durchlässigkeitsversuche wurden im Teilprojekt [51] ganz ähnlich an bis zu 15 % gestauchten Proben durchgeführt. An den im "Darmstädter Dehnungsgerät" gedehnten Bodenkörpern wurde die Durchlässigkeit an entnommenen Proben im Triaxialgerät bestimmt.

Im Teilprojekt [18] wurde die Probe so vorbeansprucht, daß ein Riß oder eine Fuge entstand. Diese Schädigung wurde bei Triaxialproben auf 3 verschiedene Arten erzeugt:

- Herstellen einer senkrechten Trennfuge mit einem Sägeblatt

- Scherbruch und Trennbruch, mit einem Spaltzuggerät erzeugt

- Damit die geschädigten Proben wieder einigermaßen dicht wurden, wurden sie im anschließenden Durchlässigkeitsversuch mit äußeren Spannungen von 50, 100, 200 kPa isotrop belastet

Im Triaxialversuch wurde auch der Einfluß von anisotropen Spannungszuständen untersucht. An Ödometerproben wurden Trocknungsrisse hergestellt und untersucht, ob und in welchem Ausmaß die Ausgangsdichtigkeit wieder erreicht werden konnte.

Bei den 3 Teilprojekten [08], [18] und [51] wurden folgende Parameter variiert:

- Bodenart

- Wassergehalt

- Art der Vordehnung bzw. Vorschädigung und

- Spannungszustand beim anschließenden Durchlässigkeitsversuch

Im Teilprojekt [51] kam als weiterer Parameter noch die Art der Vergütung hinzu.

Beim Durchlässigkeitsversuch wurden Gefälle von i = 30 - 50 verwendet.

Die Durchlässigkeitsversuche wurden sowohl im KD-Gerät (Ödometer) als auch im Triaxialgerät durchgeführt.

Im Teilprojekt [51] wurden auch Festigkeiten der Bodenproben untersucht. Meistens ist eine hohe Festigkeit eher nachteilig in Hinblick auf die Art der Risse, falls diese auftreten. In einigen Fällen können jedoch Zugspannungen entstehen, die von der Abdichtungsschicht aufgenommen werden müssen, z.B. in der Basisabdichtung Spreizspannungen und Spannungen im Böschungsbereich und bei Übergängen zu Einbauten und Durchdringungen. Es wurden deshalb die Zugfestigkeit und das Spannungs-Dehnungs-Verhalten in Abhängigkeit von der Vergütungsart untersucht.

Im Teilprojekt [09] wurden die Beanspruchungen der Erdstoffabdichtungsschicht in einem großmaßstäblichen Versuch simuliert. Die 60 cm dicke Schicht wurde in 12 Schichten mit je 5 cm Dicke in den "Deponieverformungssimulator" von 4,2 m Durchmesser mit $w > w_{opt}$ eingebaut. Die Untergrundsetzungen konnten in Form von kugelkalottenförmigen Mulden eingeprägt werden. Die Abdichtungsschicht war mit 60 cm Wasser ständig überstaut, wobei die durchsickernde Wassermenge registriert wurde. Damit konnte eine eventuell mit der Verformung ansteigende Durchlässigkeit festgestellt werden. Mit Hilfe von TDR (Time Domain Reflectometry)-Sonden, die in der Stützschicht unter der Abdichtungsschicht eingebaut waren, konnten die Schädigungszonen geortet werden. Es wurden verschiedene, heute übliche Typen von Abdichtungsmaterialien untersucht.

4.1.6 Modelle, Rechenverfahren

Der Schwerpunkt der Untersuchungen lag auf Experimenten. Im Teilprojekt [08] wurde jedoch parallel zu Versuchen auch eine numerische Studie durchgeführt, um den in der Praxis zu erwartenden Beanspruchungsbereich abschätzen zu können. Das geschah mit 2 Strukturmodellen:

Im Modell I wurde die gesamte Deponie, einschließlich Untergrund, abgebildet, wobei der Deponierungsprozeß simuliert wurde. Das Spannungs-Dehnungs-Verhalten des Abfalls wurde durch ein Materialgesetz abgebildet, wobei die zeitabhängige Volumenabnahme infolge von Umsetzungsprozessen berücksichtigt wurde. Im Rechenbeispiel wurde eine konkrete Deponie (Städtische Deponie Wiesbaden) betrachtet und die berechnete Setzung von Oberflächenpunkten mit Messungen verglichen und kalibriert.

Im Modell II wurde als Ausschnitt lediglich ein Teilbereich der Abdichtungsschicht abgebildet, wobei die mit dem Modell I errechneten Spannungen und Verformungen als Randbedingungen verwendet wurden. Dieser Bereich betraf den Rand der Setzungsmulde an der Basis. Der Erdstoff wurde hierbei als Dreiphasengemisch (Feststoff-Wasser-Luft) behandelt. Es wurde eine maximale Horizontaldehnung von 4 % errechnet. In den parallel durchgeführten Versuchen wurden Dehnungen dieser Größenordnung eingeprägt.

4.1.7 Ergebnisse im Hinblick auf die Praxis

Wie nicht anders zu erwarten, ergaben die Untersuchungen, daß Abdichtungserdstoffe mit steigendem Wassergehalt flexibler werden. Bei $w \approx w_{opt}$ können die heute üblichen Materialien erhebliche Dehnungen überstehen und dabei ausreichend dicht bleiben. Am flexibelsten erwiesen sich mittelplastische Tone (TM), die auch die größte im Deponieverformungssimulator einprägbare relative Setzung schadlos überstanden. Aber auch der "Schluff Mittelhessen" (TL), 20 % Ton, 40 % Schluff, 10 % Feinsand, überstand Verformungen bis zu einem Krümmungsradius von 40 - 70 m (einaxial) ohne Durchlässigkeitsanstieg [09]. Die Untersuchungen im "Darmstädter Dehnungsgerät" bestätigten diese Ergebnisse [08]. Die Ergebnisse gelten auch dann, wenn keine nennenswerte Auflast wirkt, so daß sie auch auf Oberflächenabdichtungen anwendbar sind. Eine Auflast wirkt immer günstig hinsichtlich Rißvermeidung und -überdrückung, so daß bei gleicher Verformung an der Basis eine größere Wahrscheinlichkeit für eine nicht geschädigte Abdichtungsschicht besteht.

Große, in Triaxialproben eingeprägte, Längsdehnungen (5 - 10 %) führten zu keinen Durchlässigkeitserhöhungen [08]. Diese Dehnungen waren erzeugt worden, indem bei konstantem Seitendruck die Vertikalspannungen, soweit notwendig, erhöht worden waren. Dabei entstanden keine Zugrisse sondern homogene Dehnungen oder Scherzonen. Auch bei bis zum Bruch belasteten Bodenproben "heilten" die Proben besser, wenn der Bruch durch Überschreiten der Scherfestigkeit entstanden war, im Vergleich zu Zugrissen und künstlichem Durchsägen [18].

Neben dem Wassergehalt ist die Vertikalspannung ein sehr wichtiger Parameter. Aus den Probenuntersuchungen [08] und [51] kann man nicht generell schließen, daß die Abdichtungsschichten sich bei entsprechender Beanspruchung 5 oder sogar 10 % dehnen und ihre niedrige Durchlässigkeit behalten. Dieser Schluß gilt vielmehr nur dann, wenn die herrschende Auflast ausreicht, um bei dem vorhandenen Wassergehalt ein Scherversagen (und kein Zugversagen) zu erzeugen. Das ist in Kap. 4.2 näher ausgeführt.

Wenn der Abdichtungserdstoff zu trocken ist, können Zugrisse entstehen. Sie können bei gleichbleibender Vertikalspannung nur geschlossen werden, wenn wieder Wasser zur Verfügung steht und der Erdstoff sich dann wieder plastisch verformen kann. In den Selbstheilungsversuchen [18] wurden insofern günstigere Bedingungen gewählt, als im Triaxialversuch die allseitigen, umschließenden Spannungen die Bodenprobe, die durch Riß oder Scherzonen geschädigt sein kann, zusammendrücken. Dadurch konnte es kaum zu einer Erosion der Rißufer oder einem Zuschlämmen des Risses mit gröberen Bodenpartikeln kommen. Beide Effekte könnten in der Praxis eine ausreichende Rißheilung erschweren oder sogar verhindern. Im Ödometer wurden die Proben von unten vorsichtig wieder vernäßt; dann erst wurde der Durchlässigkeitsversuch bei verschiedenen Vertikalspannungen durchgeführt. Trotz der günstigeren Bedingungen zeigten die durchgeführten Versuche, daß eine umschließende bzw. vertikale Spannung von 50 kPa meistens nicht ausreicht, um die Risse wieder dicht zu schließen. Das war erst ab 200 kPa der Fall. Ferner ergab sich, daß ein ein- bis dreiprozentiger Zusatz von Bentonit die Selbstheilung eher verschlechtert [18]. Dieses Ergebnis ist tonminearalogisch nicht nachvollziehbar und könnte auf einer unzureichenden Durchmischung des Probenmaterials beruhen. Es zeigt sich jedenfalls deutlich, daß die Rißschließung weniger durch Quellung als durch das Wiederplastischwerden des Erdstoffs geschieht.

Auch die Versuche im "Darmstädter Dehnungsgerät" zeigten den großen Einfluß der Vertikalspannungen. "Odenwald-Schluff" (UL) zeigte bei σ_v = 18 kPa noch bis zu Dehnungen von 1 - 2 % keine Risse, während bei σ_v = 85 kPa Dehnungen bis zu 7 % rißfrei überstanden wurden. Noch etwas günstiger reagierte ein Abdichtungston (TL), [08].

Der deutlichste Effekt der Faserbewehrung ist die Erhöhung der Festigkeit des Erdstoffs. Auf den ersten Blick mag dies als kontraproduktiv erscheinen, weil eine möglichst verschwindende Zugfestigkeit günstig wäre - s. auch Kap. 4.2. Es ist jedoch zweierlei zu beachten. Zum einen gibt es Fälle wie z. B. den der Spreizspannungen, wo die Zugfestigkeit notwendig ist, um Spannungen aufzunehmen; zum anderen muß man die Festigkeit im Zusammenhang mit der dazugehörigen Bruchdehnung sehen. Diese erwies sich in allen Fällen bei Bewehrung größer als ohne. Die Faserbewehrung macht also den Erdstoff flexibler. Nachteilig ist, daß bei längeren Kunststoffasern und kleinen horizontalen Spannungen die Durchlässigkeit größer ist als die unbewehrter Proben. Bei 200 kPa erhöht sich jedoch in keinem Boden die Durchlässigkeit. Praktisch wichtiger ist noch, daß sich bei Bewehrung mit Glasfasern nie eine Durchlässigkeitserhöhung sondern oft eine verbesserte Dichtigkeit ergab. Die Vorteile der Faserbewehrung zeigten sich besonders bei trockenen Proben. Proben, die auf w = 0,5 w_{opt} getrocknet und dann 10 % gestaucht wurden, erzielten im Triaxialversuch mit Bewehrung kleinere Durchlässigkeiten [51]. Wegen des schwer abschätzbaren und oft kaum zu verhindernden Trockenwerdens ist eine solche Verbesserung für die Praxis interessant.

4.1.8 Zusammenfassende Empfehlungen

Aus den Untersuchungen kann man insgesamt schließen, daß die Abdichtungsschicht aus heute verwendeten Erdstoffen in der Feuchte des Einbauwassergehalts erhebliche Untergrundsetzungen überstehen kann, ohne durchlässigkeitserhöhende Schädigungen zu erfahren. An der Basis kann es kaum so große Setzungsdifferenzen des Untergrundes geben, als daß die Flexibilität der Abdichtungsschicht erschöpft wäre. So wird in der LWA-Richtlinie (1993) der moderate Wert R = 200 m für den anzunehmenden Krümmungsradius einer Setzungsmulde gefordert, während selbst beim - verglichen mit heute verwendeten Abdichtungserdstoffen - wenig plastischen "Schluff Mittelhessen" erst bei Krümmungsradien von 73 bzw. 44 m Risse auftraten. Der Deponieverformungssimulator ermöglicht Versuche, mit denen die Grenzwerte in den Vorschriften begründet und überprüft werden können.

Auch an der Oberfläche werden meistens die Differenzsetzungen des Abfalls nicht die Ursache für ein mögliches Versagen sein. Die Gefahr droht hier vielmehr von der größeren Austrocknungsgefährdung der Oberflächenabdichtung im Vergleich zur Basisabdichtung. Hinzu kommt die kleine Vertikalspannung bei Oberflächenabdichtungen, die für eine Rißschließung bei Wiedervernässung nicht ausreicht, s. auch Kap. 4.2.

Das "Darmstädter Dehnungsgerät" kann verwendet werden, um die Eignung von potentiellen Abdichtungsmaterialien unter wählbaren Bedingungen, wie Wassergehalt und Vertikal-spannung, in Hinblick auf den Einfluß einer eingeprägten Dehnung auf die Durchlässigkeit zu prüfen. Das Gerät kann den Dehnungszustand, der infolge von Setzungen in der Abdichtungsschicht auftritt, besonders gut nachvollziehen. Bei den herkömmlichen Geräten, wie z.B. dem Triaxialgerät, treten Scherfugen auf, die weitgehend gerätebedingt sind. Bei homogener Verzerrung ist der Einfluß auf die Durchlässigkeit noch kleiner als bei Scherfugen. Noch nicht ausreichend geklärt ist, inwieweit das Mikrogefüge des Erdstoffs und die Inhomogenitäten die Bildung von Scherfugen beeinflussen. Selbst bei Scherfugen steigt jedoch die Durchlässigkeit kaum an. Bei dem entwickelten Gerätetyp handelt es sich z. Z. um ein Unikat. Eine allgemeine Einführung wird sicherlich durch seine Komplexität erschwert. Mit dem aufwendigeren Großversuch im Deponieverformungssimulator können insbesondere Oberflächenabdichtungssysteme untersucht und optimiert werden. Auch für den Einzelfall wurde der Deponieverformungssimulator schon eingesetzt (Edelmann et al. 1997). Die Kosten hierfür sind sicher kleiner als für Versuche in situ, die außerdem weniger präzise sind.

Die in den Geräten der beiden Teilprojekte [08] und [09] insgesamt untersuchten Erdstoffe reichen noch nicht aus, um eine Korrelation zwischen üblichen bodenmechanischen Kenngrößen und dem ertragbaren Krümmungsradius angeben zu können.

Aus der Selbstheilungsuntersuchung ist hauptsächlich zu schließen, daß man die Abdichtungssysteme möglichst so konstruieren und bauen sollte, daß Risse gar nicht erst auftreten. Eine Selbstheilung gelingt nur in Sonderfällen befriedigend. Auch ein Bentonitzusatz von 1 - 3 % bringt keine Verbesserung. Sollte dieses aus Probenunter-suchungen gefundene Ergebnis auf einer unzureichenden Durchmischung beruhen, so wird man eine bessere Durchmischung auf der Deponiebaustelle erst recht nicht erreichen. Über andere Abdichtungserdstoffe mit hohem Bentonitanteil ist hiermit nichts ausgesagt. Wenn man von Bentoniten absieht, sind die Quelleigenschaften auch bei hochplastischen Tonen nur bei der Schließung sehr feiner Risse von Vorteil. Der eigentliche Mechanismus der Rißschließung ist das Wiederplastischwerden verbunden mit einer ausreichenden Auflast, s. auch Kap. 4.2.

Das Zumischen von kurzen Fasern, insbesondere von Glasfasern, verbessert die Eigenschaften bzgl. Festigkeit und Flexibilität. Glasfasern sind aus verschiedenen Gründen vorzuziehen: Sie lassen sich am besten untermischen, die Durchlässigkeit wird eher kleiner gegenüber unbewehrtem Material und die Fasern werden wegen ihrer geringen Länge durch die Knetvorgänge beim Einbau kaum beansprucht. Ob diese Methode angewendet wird, wird hauptsächlich von den zusätzlichen Kosten abhängen. Man könnte sich aber vorstellen, daß die Fasern bei besonderen Beanspruchungen in Teilbereichen und in Sonderfällen eingesetzt werden. Mögliche Einsatzgebiete sind: Übergang starres Bauwerk-Erdstoffabdichtungsschicht, für Zwischenabdichtungen, die besonders bei steilen Böschungen große Setzungen der Altablagerungen und temperaturinduziertes Schrumpfen überstehen müssen, Ertüchtigung von speziellen Tonarten, die beim Verdichten zu Scherbrüchen neigen. Die Hauptbeanspruchungen werden vermutlich abgeklungen sein, bevor sich die Tatsache auswirkt, daß die Kunststoffasern sicherlich eine kürzere Lebensdauer als die Kunststoffdichtungsbahn haben. Man muß jedoch hierbei berücksichtigen, daß die Alterung des Kunststoffs neben einer Versprödung häufig auch mit einer Schrumpfung verbunden ist. Als Folge von Umläufigkeiten im Faserbereich könnte dann die Durchlässigkeit zunehmen. Deshalb erscheint der Einsatz von PA-6-Fasern als besonders kritisch, da sie wegen des hohen Wasseraufnahmevermögens von ca. 7 % allein durch Wassergehaltsänderungen relativ hohe Schrumpfungen aufweisen können. Bei Verwendung von Glasfasern hätte man diese Schwierigkeit nicht.

Grundsätzlich hat der faserbewehrte Erdstoff ein günstigeres Rißverhalten als unbewehrter Erdstoff, d. h., bei Faserbewehrung übersteht der Erdstoff größere Dehnungen mit kleineren Rissen. Obwohl beim Mischprozeß der Erdstoff in den meisten Fällen nicht vorgetrocknet werden und auch - wie ohnehin erforderlich - nur auf Kieskorngröße zerkleinert werden muß, ist der Mischprozeß aufwendiger.

Die Berechnungen haben gezeigt, daß bei der Verformung des Abfalls auch die Abbauprozesse berücksichtigt werden können. Die Schwierigkeiten bestehen hier nicht in bezug auf die rechentechnischen Möglichkeiten sondern hinsichtlich der Kenntnis der verschiedenen Abbauvorgänge, insbesondere, was ihre zeitliche Erstreckung betrifft. Das Ende der Gasentwicklung zeigt beispielsweise nicht das Ende aller Abbauprozesse an. Diese Probleme werden im Rahmen des BMBF-Verbundforschungsvorhabens "Deponiekörper" untersucht. Eine Übersicht über den Wissensstand geben die BMBF-Statusseminare Deponiekörper (1995 und 1997). Die praktisch interessierenden Differenzsetzungen können durch Variation der Eingangsparameter ermittelt werden.

Literatur

Arslan, U.; Dietrich, T.; Gutwald, J.; Steinmetzer, D. (1996): Einfluß mechanischer Beanspruchungen auf die Funktionsfähigkeit mineralischer Deponieabdichtungen. Schlußbericht. BMBF-Verbundforschungsvorhaben Weiterentwicklung von Deponieabdichtungssystemen. Fkz. 1440569A5-08

BMBF-Statusseminar Deponiekörper (1995): Vortragsband der Veranstaltung am 25.-26. April 1995, Wuppertal

Edelmann, L.; Katzenbach, R.; Amann, P. (1997): New Experimental Investigations for the Determination of Serviceability of Soil Liners for Landfills. Paper accepted for the XIV. International Conference of Soil Mechanics and Foundation Engineering. 6. - 12. September 1997, Hamburg

Holzlöhner, U., August, H., Meggyes, T., Brune, M. (1994): Deponieabdichtungssysteme; Statusbericht, Forschungsbericht 201 der BAM (Bundesanstalt für Materialforschung und -prüfung), Berlin

Katzenbach, R.; Amann, P.; Edelmann, L. (1995): Untersuchung von Schadensgrenzen mineralischer Barrieren durch Simulation von Verformungszuständen im Maßstab 1:1. Schlußbericht. BMBF-Verbundforschungsvorhaben Weiterentwicklung von Deponieabdichtungssystemen. Fkz. 1440569A5-09

LWA-Richtlinie (1993): Landesamt für Wasser und Abfall (LWA) Nordrhein-Westfalen, Richtlinie Nr. 18. Mineralische Deponieabdichtungen. Schriftenreihe des Landesumweltamtes Nordrhein-Westfalen, Düsseldorf

Rodatz, W.; Oltmanns, W. (1994): Durchlässigkeit und Spannungs-Verformungs-Verhalten faserbewehrter Böden für Deponieabdichtungssysteme. Schlußbericht. BMBF-Verbundforschungsvorhaben Weiterentwicklung von Deponieabdichtungssystemen. Fkz. 1440569A5-51

Savidis, S.; Mallwitz, K. (1995): Selbstheilungsvermögen mineralischer Dichtmassen hinsichtlich Durchlässigkeit in gestörten Dichtschichten/Dichtungssystemen an Deponien. Schlußbericht. BMBF-Verbundforschungsvorhaben Weiterentwicklung von Deponieabdichtungssystemen. Fkz. 1440569A5-18

Verbundvorhaben Deponiekörper (1997): 2. Statusseminar am 4. und 5. Februar 1997, Wuppertal

4.2 Wasserhaushalt, Austrocknungsgefährdung mineralischer Abdichtungsschichten

U. Holzlöhner

4.2.1 Teilprojekte zum Thema

Zum Thema "Wasserhaushalt und Austrocknungsgefährdung" umfaßt das Verbundforschungsvorhaben folgende Teilprojekte:

[20]   Langzeitverhalten von Erdstoffschichten in Deponieabdichtungen, Feuchtehaushalt unter Temperatureinwirkung, Schlußbericht s. Holzlöhner et al. (1996)

[23]   Thermische Einflüsse auf die Dichtwirkung von Kombinationsdichtungen - Messungen an einem Testfeld - , Schlußbericht s. Gottheil & Brauns (1995)

[24]   Anisotherme Wasser- und Wasserdampfbewegung unter Deponien: Laborexperimente und Simulationsrechnungen zur Austrocknung mineralischer Dichtschichten, Schlußbericht s. Döll et al. (1995)

[39]   Dimensionierung von Kapillarsperren zur Oberflächenabdichtung von Deponien und Altlasten, Schlußbericht s. Steinert et al. (1996)

[45]   Bedeutung von Auflast und Entwässerungsgrad für die Bodenwassercharakteristik von mineralischen Abdichtungen, Schlußbericht s. Horn et al. (1995)

Zusätzlich sind zu Unterprojekten folgende Ergänzungsbände erstellt worden:

[24a]   Diffusion von Wasser in wasserteilgesättigten Böden und Abdichtungsmaterialien - Transportmechanismen und Strukturparameter, Schlußbericht s. Göttner et al. (1995) (ohne Kurzbericht)

[45a]   Austrocknung des Deponie-Untergrundes durch Wasser-Dampf-Transport, Schlußbericht s. Hornung & Schumacher (1994) (ohne Kurzbericht)

4.2.2 Ausgangspunkt und Problematik

Die Überprüfung des Durchlässigkeitskoeffizienten von mineralischen Dichtungen wird heute während des Einbaus durchgeführt. Die Eigenschaften können sich jedoch langfristig ändern. Für die Dichtigkeit von Erdstoffabdichtungsschichten ist ihr Wassergehalt eine wichtige Zustandsgröße. Witterungseinflüsse, Abdeckung, Gravitation und die in der Deponie erzeugte Wärme verursachen Wassergehaltsänderungen in den Erdstoffabdichtungsschichten. Als Folge hiervon können sich Risse bilden, die sich bei erneutem Wasserzutritt eventuell nicht mehr vollständig schließen.

Die Problematik ist sehr komplex. Sie umfaßt Wasser- und Wärmetransport und Bodendeformation, einschließlich der Wechselwirkungen zwischen diesen Prozessen.

Hinsichtlich des Wärme- und Wassertransports gibt es viele grundlegende Arbeiten aus der Bodenphysik, s. Holzlöhner et al. (1994). Auch Anwendungen auf praktische Probleme lagen vor Beginn des Verbundforschungsvorhabens bereits vor. In der Bodenkunde ist der Feuchtehaushalt von natürlichen und Kulturböden intensiv untersucht worden. Von der Bodenmechanik her wurden insbesondere in Gebieten mit trockenerem Klima der Wassertransport in Hinblick auf Standsicherheit von Böschungen und Setzungen von Bauwerksgründungen untersucht.

Die deponiespezifischen Fragestellungen waren aus mehreren Gründen Neuland: Es müssen - entsprechend den vorgesehenen Betriebszeiten der Deponie und der anschließenden nachsorgefreien Periode - sehr lange Zeiträume betrachtet werden. Wegen der hohen Anforderungen an die Dichtigkeit müssen die Rißbildung und Selbstheilung sehr genau untersucht werden, und das Zusammenwirken von Transport- und Verformungsprozessen ist nicht einfach. Weitere besondere Schwierigkeiten sind die Be- und Entwässerungszyklen, denen die Abdichtungsschicht im Laufe der Betriebszeit besonders im Bereich von Oberflächenabdichtungen unterliegt und die Vorentwässerung beim herkömmlichen Einbauverfahren. Wegen der Vielfalt der ungeklärten Fragen gibt es in der heutigen Deponiepraxis für die unterschiedlichen Dichtungsmaterialien und Randbedingungen noch kein eingeführtes Verfahren zum Nachweis der Rißgefährdung und zum Entwurf konstruktiver Vorbeugemaßnahmen.

4.2.3 Ziele und Aufgabenstellung

Ausgehend vom Stand der Technik wurden in den Teilprojekten folgende Fragestellungen bearbeitet:

- Probenuntersuchungsverfahren zur Bestimmung von Wassertransportkenngrößen

- Experimentelle Untersuchung der Wechselwirkung von Feuchteentzug durch Wassertransport und Bodenverformung

- Entwicklung von Rechenverfahren zur Bestimmung von Austrocknung und Bodenverformung

- Untersuchung der Rißentstehung in Abhängigkeit von der Zusammensetzung des Dichtmaterials

- Entwicklung von Kriterien zur Abschätzung der Rißgefährdung

- Optimierung von Abdichtungssystemen

- Feldversuche zur Austrocknung der mineralischen Basisabdichtungsschicht unter einer Kunsttstoffdichtungsbahn bei erhöhter Temperatur an der Oberfläche der Kombinationsdichtung

Hinzu kommt die Untersuchung zur Heilung von Rissen, die im Kap. 4.1 dargestellt wird

Folgende Ziele wurden angesteuert:

- Rationale Behandlung der Austrocknung und der Rißgefährdung in der Deponiepraxis. Wie üblicherweise in der Geotechnik sollen geeignete Kennwerte an Bodenproben ermittelt werden. Hierzu sind Untersuchungsgeräte und -verfahren zu entwickeln und zu erproben. Der nächste Schritt ist eine nachvollziehbare Berechnung des Feuchtetransports und der Bodenverformung bis hin zur Abschätzung der Rißgefährdung. Diesbezüglich sind die in der Literatur beschriebenen Rechenmodelle zu sichten, auf das Deponieproblem anzuwenden und weiterzuentwickeln

- Untersuchungen zum Verhalten von Abdichtungssystemen in Großversuchen

- Empfehlungen für die Auswahl der Abdichtungsmaterialien, die Einstellung der Einbauparameter des Abdichtungsmaterials und die konstruktive Ausbildung von Abdichtungssystemen, so daß in Abhängigkeit der örtlichen Randbedingungen eine Rißgefährdung ausgeschlossen werden kann

4.2.4 Materialien

Für die Funktionsfähigkeit der Abdichtungsschicht sind nicht nur Abdichtungsmaterialien sondern auch die des Untergrundes interessant. Der Untergrund hat einen großen Einfluß auf den Feuchtehaushalt der Abdichtungsschicht, weil er, je nach Körnung, in unterschiedlicher Weise den kapillaren Aufstieg von Grundwasser ermöglicht. Andererseits wird bei Vorhandensein von groben Poren der dampfförmige Wassertransport infolge eines Temperaturgradienten erleichtert. Da dieser an der Basis zum kühleren Grundwasser gerichtet ist, kommt hierdurch eine verstärkte Austrocknung zustande.

Insgesamt wurden in den Teilprojekten etwa 10 verschiedene Abdichtungsmaterialien und 3 Böden, die als Untergrund anzutreffen sind, untersucht. Bei den Untergrundmaterialien handelt es sich um einen Löß, wie er im Bereich der Deponie Karlsruhe-Ost ansteht, um einen Sand/Schluff und um einen Sand. Die Abdichtungsmaterialien, die z. T. in mehreren Teilprojekten untersucht wurden, wurden in konkreten Deponien eingebaut. Das Abdichtungs- und Untergrundmaterial, das bei dem im Teilprojekt [23] durchgeführten Feldversuch anstand, wurde besonders intensiv in mehreren Teilprojekten untersucht, um Kennwerte für eine begleitende Berechnung zu erhalten.

Eine Sonderstellung nehmen die Materialien der Kapillarsperre ein. Obwohl diese eine Dichtfunktion hat, sind die verwendeten Materialien sehr durchlässig. Für die Kapillarschicht wurden hauptsächlich verschiedene Mittel- und Grobsande, für den Kapillarblock Fein- und Mittelkiese eingesetzt.

4.2.5 Untersuchungen

Für folgende Probleme wurden Untersuchungen an Bodenproben durchgeführt und Verfahren entwickelt:

- Ermittlung der Diffusionskoeffizienten D_0 und D_T infolge eines Feuchte- bzw. eines Temperaturgradienten [20]

- Ermittlung der ungesättigten Leitfähigkeit K_u und des Dampfdiffusionskoeffizienten [24]

- Einfluß der Auflast auf die Wasserspannungs-Wassergehalts-Charakteristik [20], [45]

- Bodenverformung infolge der simultanen Einwirkung von Auflast und Wasserspannung [20], [45]

- Rißerkennung [20], Rißentstehung, Einfluß von Ent- und Bewässerungszyklen auf Struktur, Rißbildung und Durchlässigkeit [45]

- Wiederschließen von Rissen bei Wasserzutritt (Selbstheilung) [18]. (Dieses Teilprojekt ist dem Kap. 4.1 zugeordnet.)

Die Untersuchungsverfahren zur Bestimmung von Transportkoeffizienten waren mit unterschiedlich anspruchsvoller Meßtechnik ausgerüstet. So sind für die Bestimmung von D_θ und D_T nach [20] nur genaue elektronische Waagen unerläßlich. In den Versuchen des Teilprojektes [24] wurden auch Tensiometer und TDR (Time Domain Reflectometry)-Sonden verwendet. Bei Tensiometern muß man beachten, daß nur im Unterdruckbereich, d. h. bis etwa 0,8 bar Wasserspannung, gemessen werden kann, während in Abdichtungsschichten auch höhere Wasserspannungen auftreten können. Die TDR-Sonde hat sich als das gebräuchlichste Gerät zur Wassergehaltsmessung erwiesen, weil der Einfluß der Ionenkonzentration im Porenwasser mitberücksichtigt wird [24], [20]. Die Anwendung der TDR-Sonde erfordert große Erfahrung in elektronischer Meßtechnik und Datenverarbeitung. Auch ist eine sorgfältige Kalibrierung des Meßgerätes auf die jeweils untersuchte Bodenart notwendig. Bei der Auswertung der Versuche zur Bestimmung von Transportkoeffizienten werden Programme für Wassertransportberechnungen benötigt. Die entwickelten und angewendeten Untersuchungsmethoden sind geeignet, die für Transportberechnungen notwendigen Kennwerte zu liefern.

Jeder Kennwertermittlung liegt ein physikalisches Modell zugrunde. Die Theorien können sich voneinander unterscheiden, so daß die Kennwerte unterschiedliche Formen haben können.

Die Rißerkennung ist weder in der Bodenmechanik noch in der Bodenphysik ein Standardthema. Deshalb wurden in den Teilprojekten Versuchsaufbauten entwickelt, die an die Deponiebedingungen angepaßt sind [20], [45]. Hierbei wurde auch die Bodenstruktur und die Tonmineralogie berücksichtigt.

Folgende Untersuchungen wurden an Abdichtungssystemen durchgeführt:

- Feldversuch zur Wirkung eines Temperaturgradienten an der Basisabdichtung, [23]

- Dimensionierung von Kapillarsperren als Oberflächenabdichtung, [39]

Der Feldversuch wurde auf dem Gelände der Deponie Karlsuhe-Ost durchgeführt. Anstelle der Wärmeentwicklung in einer realen Deponie wurde die Oberseite einer Kombinationsdichtung künstlich beheizt. Die Gesamtfläche von 18 m · 12 m wurde in 2 gleich große Teile aufgeteilt. In einer Teilfläche liegt die Abdichtungsschicht direkt auf dem Untergrund, in der anderen liegt zwischen Abdichtungsschicht und Untergrund eine Drainschicht (2/32 mm), wie sie verschiedentlich zu Kontrollzwecken zwischen Abdichtungsschicht und Untergrund vorgeschlagen und eingebaut wird. Die zeitlichen Änderungen von Temperatur, Wasserspannung und Wassergehalt in Dichtungserdstoff und Untergrund wurden gemessen und mit berechneten verglichen.

Die Untersuchung der Kapillarsperre für Oberflächenabdichtungen ist zwar nicht direkt ein Austrocknungsproblem, sie gehört aber doch zum übergreifenden Thema des Wassertransports in Erdschichten. An der Deponieoberfläche ist die Rißgefährdung von reinen Erdstoffabdichtungen besonders groß, wie langjährige Untersuchungen gezeigt haben (Melchior 1993). Der Grund hierfür ist einmal die geringe Auflast, zum anderen vielleicht auch der häufige Wechsel von Austrocknung und Wiederbefeuchtung. Deshalb bietet die Kapillarsperre, deren grundsätzliche Eignung schon vor Beginn des Verbundforschungsvorhabens erwiesen war, einen Ausweg, weil dieses System nicht rißanfällig ist. Im

Teilprojekt wurde untersucht, wie die angestrebte Undurchlässigkeit quer zur Abdichtungsebene und ausreichender Abfluß in der Kapillarschicht in Hangneigungsrichtung zu optimieren sind [39].

4.2.6 Modelle, Rechenverfahren

In den Teilprojekten [20], [23], [24] und [45] wurden Rechenverfahren für den Wassertransport in Erdstoffen angewendet bzw. entwickelt. Es zeigte sich hierbei, daß verschiedene in der Literatur beschriebene physikalische Modelle als Grundlage verwendet werden können. Insbesondere können die Transportkenngrößen sowohl in Form von Diffusionskoeffizienten D_θ und D_T als auch in Form von ungesättigter Leitfähigkeit K_u und Dampfdiffusionskoeffizienten angegeben werden. Der Diffusionskoeffizient D_θ und die ungesättigte Leitfähigkeit sind über die Wasserspannungs-Wassergehalts-Charakteristik ineinander überführbar. Die einzelnen Theorien unterscheiden sich hauptsächlich in ihrer Differenzierung und in welchem Ausmaß die Kenngrößen auf allgemeinere physikalische Größen und Zusammenhänge zurückgeführt werden können. Eine Differenzierung ist z. B. die getrennte Behandlung von flüssigem und dampfförmigem Wassertransport.

Die Rechenverfahren wurden bei der Auswertung von Probenuntersuchungen [20], [24], begleitend zum Feldversuch [23] und auch an Demonstrativbeispielen von Deponieabdichtungen eingesetzt [24], [45]. Es wurden ein- und zweidimensionale Rechenverfahren entwickelt, um sie in der Praxis einzusetzen.

Auch die Bodendeformationen werden in einem Rechenverfahren des Teilprojektes [45] mitberechnet. Das zugehörige zweidimensionale Rechenmodell ist auch wegen der Berücksichtigung der Wechselwirkung von Wassertransport und Bodenverformung sehr anspruchsvoll.

4.2.7 Ergebnisse in Hinblick auf die Praxis

Die Arbeiten in den Teilprojekten haben wesentlich dazu beigetragen, Wasserhaushaltsprobleme und speziell die Austrocknungsgefährdung rational zu behandeln. Analog zur statischen Berechnung, mit der Spannungen und Deformationen von Bauwerken ermittelt werden, muß auch die Austrocknungsgefährdung in Zukunft rechnerisch abgeschätzt werden. Die einzelnen Voraussetzungen zu einem solchen rechnerischen Nachweis sind:

- Die zugrundeliegenden physikalischen Zusammenhänge müssen ausreichend zutreffend abgebildet sein. Vereinfachende Annahmen (Randbedingungen) müssen bei der Interpretation der Rechenergebnisse berücksichtigt werden

- Die Ermittlung der Materialkennwerte muß an hinreichend homogenen Erdstoffen erfolgen und zuverlässig sein

- Die Beanspruchungen und die Randbedingungen müssen bekannt und beschreibbar sein

- Das technische Problem muß in ein rechnerisches abbildbar und numerisch lösbar sein

- Hinsichtlich aller 4 Punkte wurden in den Teilprojekten für die Praxis nützliche Ergebnisse erarbeitet

Zur Physik des Wasser- und Wärmetransports gibt es zwar noch offene Fragen; für die Deponieprobleme erscheinen jedoch die vorhandenen Grundlagen als ausreichend. Die bestehenden und in den Teilprojekten entwickelten theoretischen Modelle zum Wasser- und Wärmetransport erscheinen auf den ersten Blick als sehr vielfältig; sie basieren jedoch alle auf denselben theoretischen Grundlagen, nämlich der Potentialtheorie der Bodenphysik. Die Unterschiede betreffen vorwiegend den Grad der Vereinfachung der komplexen Zusammenhänge, die Wahl der Feldgrößen - Wasserspannung oder Wassergehalt - und die Formulierung. Zur gegenseitigen Beeinflussung von Wassertransport und Bodenverformung bestanden schon vor dem Verbundforschungsvorhaben umfangreiche theoretische Konzepte. Die Schwierigkeiten bestehen hier mehr in deren Anwendung auf die Deponietechnik und zwar zum einen darin, die notwendigen Materialkennwerte routinemäßig zu ermitteln und zum anderen, die Komplexität der gegenseitigen Abhängigkeiten in praktisch handhabbaren Rechenverfahren umzusetzen.

Die Ermittlung von Materialkennwerten geschah sowohl mit Routineverfahren, als auch in den Teilprojekten neu- und weiterentwickelten Verfahren. Zur Messung von Wassertranportkoeffizienten im ungesättigten Erdstoff wurden im Teilprojekt [20] einfache Versuchsaufbauten entwickelt, die als einziges etwas aufwendigeres Meßinstrument eine elektronische Waage erfordern. Der im Teilprojekt [24] entwickelte Versuchsstand zur Messung der ungesättigten Leitfähigkeit erfordert Minitensiometer und TDR-Sonden. In diesem Bereich besteht eine Normung bevor.

Es sei besonders hervorgehoben, daß die Transportkennwerte auch für den umgebenden Boden - Deponieuntergrund, Rekultivierungsschicht - bestimmt werden müssen. Der umgebende Boden beeinflußt den Feuchtezustand der Erdstoffabdichtungsschicht oft mehr als die Eigenschaften der Erdstoffschicht selbst. Deshalb wurden in den Teilprojekten mehrere Erdstoffe, wie sie als Untergrund angetroffen werden können, untersucht.

In den Teilprojekten [20] und [45] wurde das Zusammenwirken von Wasserspannung und Bodenspannungen und -deformationen untersucht. Insbesondere an der Deponiebasis hat die Auflast einen erheblichen Einfluß auf die Transporteigenschaften. Mit den in den Teilprojekten entwickelten Geräten kann die Wasserspannungs-Wassergehalts-Charakteristik auch bei gleichzeitiger Einwirkung einer Auflast bestimmt werden. Die Berücksichtigung der Auflast bei der Ermittlung der Transportkennwerte ist jedoch schwieriger und wird daher z. Z. noch nicht für Routineuntersuchungen empfohlen.

Die Rechenprogramme beziehen sich auf rißfreie Erdstoffe. Das Transportverhalten in gerissenem Boden wurde daher nicht untersucht. Es ist jedoch bekannt, daß in Rissen der dampfförmige Wassertransport stark ansteigt und damit etwaige Austrocknungserscheinungen beschleunigt und verstärkt werden. Zudem hat das Teilprojekt [18] (s. Kap. 4.1) gezeigt, daß die Selbstheilung von Rissen meist nicht vollständig gelingt. Aus diesen Gründen sollte der Entwurf des Abdichtungssystems so sein, daß Risse auch auf Dauer vermieden werden.

Prinzipiell wird zuerst eine Wassertransportberechnung durchgeführt und anhand der errechneten Wasserspannungen beurteilt, ob bei der vorhandenen Auflast eine Rißgefahr besteht. In dem zweidimensionalen Rechenprogramm des Teilprojektes [45] werden Wasserspannung und Bodenverformung zusammen behandelt. Die entwickelten eindimensionalen Rechenprogramme haben sich bei der Auswertung von Probenuntersuchungen und bei der Nachrechnung eines Feldversuchs bewährt. Mit dem Rechenprogramm SUMMIT für eindimensionale Wasser- und Wärmetransportberechnungen wurde der langzeitige Wassergehalt von verschieden aufgebauten Basisabdichtungen berechnet. Dieses Rechenprogramm ist allgemein erhältlich (Döll 1996). Ein Vergleich der Rechenergebnisse mit dem

Austrocknungsverhalten bestehender Deponieabdichtungen ist z. Z. nicht möglich, weil es bisher zu wenig ausreichend dokumentierte Messungen an Deponien gibt.

In den Teilprojekten [20] und [45] wurde das Zusammenwirken von Auflast und Wasserspannung bei der Rißbildung experimentell untersucht. Die Rißerkennung erfordert viel Fingerspitzengefühl und ist somit noch nicht standardmäßig einsetzbar. Es wurden jedoch Kriterien entwickelt, unter welchen Bedingungen Risse auftreten ([20]; Stoffregen et al. 1997).

Ob ein bestimmter Austrocknungsgrad eine Rißbildung verursacht, hängt v. a. von der Auflast ab. Bei den verwendeten Rißkriterien wurde davon ausgegangen, daß keine Zugspannung vom Erdstoff aufgenommen werden kann. Nach dem Rißkriterium [20] muß die Auflast mindestens so groß wie die Wasserspannung sein, wenn Risse vermieden werden sollen. Dies wurde von den Versuchen im Teilprojekt [20] als konservative Abschätzung bestätigt.

Bei Wassertransport, Austrocknung und Beginn der Rißbildung werden Bodenart, Bodenstruktur und Tonmineralogie bisher noch zu wenig berücksichtigt [45]. Auch Erdstoffe mit hoher Trockendichte können reißen. Be- und Entwässerungszyklen führen auch unter Auflast zu irreversibler Strukturbildung (Aggregierung) und Rißempfindlichkeit. Einmal entstandene Risse öffnen sich bei jeder Entwässerung erneut. Das Wasser sickert vorwiegend entlang der Aggregatgrenzen durch die Abdichtungsschicht. Auch die Selbstheilungseffekte gehen zurück. Außer der Dichte hat auch der Herstellungsprozeß (Proctorverdichtung) einen Einfluß auf das Schrumpfen. Der Erdstoff ist zwar nach der Verdichtung nicht ganz wassergesättigt, im Porenwasser herrscht jedoch keine Zugspannung sondern zunächst ein leichter Überdruck. Bei nur geringer Wassergehaltsänderung kann der Überdruck in Zug übergehen und Schrumpfen erzeugen. Es besteht damit eine gewisse Wahrscheinlichkeit, daß die intensive Verdichtung eine ungünstige Struktur fördert [45].

Hinsichtlich der Vermeidung von Austrocknungsrissen ist ein Abdichtungserdstoff mittlerer Heterogenität bzgl. Kornverteilung bei einem hohen Anteil quellfähiger Tone am besten geeignet [45]. Günstig ist auch eine geringe mechanische Stabilität, weil dann bei Wiederbefeuchtung eine Verdichtung und weitgehende Rißschließung unter Auflast als möglich erscheint.

Der Testfeldversuch [23] hat gezeigt, daß es möglich ist, über mehrere Jahre hinweg die relevanten Größen - Temperatur, Wassergehalt und Wasserspannung - unter einer Deponiebasisabdichtung zu messen. Die beobachtete Austrocknung bestätigte prinzipiell die im Verbundforschungsvorhaben für den Wärme- und Wassertransport verwendeten physikalischen Modelle und Rechenverfahren. Praktisch wichtig war besonders, daß eine Kontrolldrainageschicht unter der Abdichtungsschicht die Austrocknung fördert und beschleunigt, also negativ beeinflußt. Auch dieser Effekt wird von den Berechnungen vorausgesagt. Er beruht darauf, daß die Drainageschicht den kapillaren Aufstieg von Feuchtigkeit aus dem Untergrund verhindert. Wegen des - im Vergleich zu den Testfeldabmessungen - großen Grundwasserabstandes war das untersuchte System nicht näherungsweise eindimensional wie bei vielen Deponien. Die Feuchtigkeit des Untergrundes wurde weitgehend vom in der Umgebung versickernden Niederschlag bestimmt. Man kann deshalb die Ergebnisse nicht direkt wie einen Modellversuch sondern nur mittels Berechnung übertragen.

Die mit den verschiedenen Materialien für Kapillarschicht und Kapillarblock durchgeführten Versuche wurden auch rechnerisch simuliert. Es zeigte sich, daß ein frei verfügbares Finite-Element-Programm für den ungesättigten Wassertransport keine befriedigende Übereinstimmung mit den Meßergebnissen ergab. Die Rechenmodelle müssen den Vorgängen in der Kapillarsperre angepaßt werden. Die für die Berechnung benötigte ungesättigte

Leitfähigkeit sollte experimentell und nicht über die Wasserspannungs-Wassergehalts-Charakteristik bestimmt werden.

Die Kapillarsperre ist anwendbar, wenn die Kapillarschicht aus ausreichend wasserleitfähigen Sanden besteht. Für den Kapillarblock sollte ein maximaler Porensprung zur Kapillarschicht angestrebt werden, wobei Filterstabilität gewahrt sein muß. Aufgrund der Untersuchungen werden weitere Vergleiche zwischen gemessenem und berechnetem Verhalten empfohlen. Als Eignungsprüfung für die Materialien hat sich die im Teilprojekt [39] verwendete Kipprinne bewährt.

4.2.8 Zusammenfassende Empfehlungen

Die Austrocknung kann die Langzeitfunktionsfähigkeit von Erdstoffabdichtungsschichten stark beeinträchtigen. Es ist daher notwendig, daß in Zukunft für jede Deponie ein entsprechender Nachweis - analog zu einer statischen Berechnung - geführt wird. Ergibt sich hierbei eine Rißgefährdung, müssen der Entwurf des Abdichtungssystems oder auch die Randbedingungen geändert werden. Eine Typenberechnung, derart, daß man Rand-bedingungen angeben könnte, unter denen eine Austrocknung nicht zu besorgen sei, ist - zumindest z. Z. - nicht möglich. Selbst wenn man überall dasselbe Abdichtungssystem verwenden würde, wäre doch die Umgebung, insbesondere der Untergrund und die Temperaturentwicklung des abgelagerten Mülls deponiespezifisch. Auch fehlt es einfach an Erfahrung bezüglich Austrocknungsberechnungen, so daß gegenwärtig nichts anderes übrig bleibt, als jeden Einzelfall zu untersuchen. Auch bei der Standortauswahl sollte die eventuelle Austrocknungsgefährdung mitberücksichtigt werden.

Vielleicht sind gerade die Vereinfachungen - bis hin zur Betrachtung des stationären Falls, bei dem das ständige Einwirken der ungünstigsten Bedingungen, z. B. hinsichtlich der Temperatur angenommen wird - geeignet, das Verständnis für die Probleme zu fördern. Auch in der Grundbaustatik wird viel mit sehr einfachen Modellen erfolgreich gearbeitet. Rechenverfahren und -programme sind anwendbar und stehen mindestens für den eindimensionalen Fall zur Verfügung. Ein derartiges Programm von Döll (1996) ist erhältlich. Da die Austrocknungsberechnung grundlegende Kenntnisse zur Wasserbewegung in teilgesättigten Böden voraussetzt, ist jedoch zu diskutieren, ob diese Programme von jedermann angewendet werden sollten. Berücksichtigt werden müßte eine räumliche Variabilität der Transportkennwerte, insbesondere im Untergrund.

Unbefriedigend ist, daß es heute noch kaum Vergleiche zwischen Rechen- und Meßergebnissen gibt. Es ist daher für die Zukunft zu empfehlen, daß zeitliche und räumliche Temperatur- und Feuchteverteilungen so gemessen werden, daß sie zu Vergleich und Kalibrierung von Rechenverfahren verwendet werden können.

Möglich ist heute folgende Vorgehensweise, die für die Praxis empfohlen wird:

- Eindimensionale Berechnung des Wassertransports. Die eindimensionale Betrachtung ist für den größten Flächenanteil von Basis- und Oberflächenabdichtung angemessen

- Beurteilung der Rißgefährdung anhand der errechneten minimalen Wassergehalte und der herrschenden Auflast

Schwierigkeiten treten hinsichtlich der Beanspruchungen und Randbedingungen auf. Ein Teil der Schwierigkeiten erwächst aus der langen Dauer, für die Voraussagen gemacht werden sollen. Man kann oft kaum die langfristigen Änderungen von Temperatur und Feuchtigkeit in der Deponie und die eventuell sich ändernden Materialeigenschaften (Alterung) abschätzen. Gegenwärtig kann niemand sagen, mit welchen Temperaturen und mit welcher Einwirkungszeit an den Innenflächen der Abdichtungen zu rechnen ist. Günstig wird sich die Vorschrift auswirken, in Zukunft nur noch einen kleinen Anteil organischen Abfalls zur Ablagerung zuzulassen. Allerdings können auch rein mineralisierte Abfälle bei Wasserzutritt erhebliche Temperaturen entwickeln (Turk 1994).

Die Randbedingungen sind in manchen Fällen klar, in anderen nicht. Eindeutig sind die Randbedingungen an der Deponiebasis, insbesondere bei einer Kombinationsdichtung. Wenn unten Grundwasser ansteht, ist dort die Wasserspannung gleich Null. An der Oberkante bewirkt die Kunsttstoffdichtungsbahn die Randbedingung Fluß gleich Null. Bei einer reinen Erdstoffabdichtung hängt die Flußrichtung durch die obere Fläche der Abdichtungsschicht von Feuchtigkeit und Temperatur in der Deponie ab, die sich zeitlich verändern können.

Für die reine Erdstoffabdichtungsschicht als Oberflächenabdichtung kann noch keine routinemäßige Berechnung empfohlen werden, weil die Wirkung der Drainageschicht über der Abdichtungsschicht als Randbedingung nicht zuverlässig beschreibbar ist. Die Verdunstung an der Oberfläche hängt sowohl von Witterungsfaktoren und der Aufnahmefähigkeit der Luft als auch vom Transportvermögen der Rekultivierungsschicht ab, Holzlöhner (1996). Hierbei ist der Einfluß der Pflanzenwurzeln auf die Austrocknung rechnerisch quantitativ nur schwer erfaßbar. Wegen dieser Schwierigkeiten beziehen sich fast alle veröffentlichten Berechnungsbeispiele auf die Basisabdichtung.

Die Berechnung erfordert Kennwerte, die durch Versuche an Bodenproben zur Bestimmung von Transportkoeffizienten und der Wasserspannungs-Wassergehalts-Charakteristik (pF-Kurve) gewonnen werden. Die Ermittlung der pF-Kurve wird von bodenphysikalischen Instituten standardmäßig durchgeführt. Oft werden hieraus die Transportkoeffizienten rechnerisch ermittelt. Die Untersuchungen in den Teilprojekten haben jedoch gezeigt, daß hierbei große Fehler auftreten können. Die Transportkoeffizienten müssen also gesondert ermittelt werden. Entsprechende Geräte wurden entwickelt und sind in dafür ausgerüsteten Instituten einsetzbar. Spezielle Kenntnisse und Erfahrungen sind erforderlich. Die Auflast, die insbesondere an der Deponiebasis und im Untergrund einen großen Einfluß hat, kann in den Versuchen noch nicht routinemäßig berücksichtigt werden.

Ob eine Austrocknung eine Rißbildung verursacht, hängt v. a. von der Auflast ab. Diese muß mindestens so groß wie die Wasserspannung sein, wenn Risse vermieden werden sollen. Bei Oberflächenabdichtungen ist die Auflast gegenüber möglichen Wasserspannungen klein.

Die Rißgefährdung braucht im Einzelfall nicht an Proben untersucht zu werden. Man kann hier vorerst Kriterien zur Abschätzung verwenden. In den einzelnen Teilprojekten und in der sonstigen Fachliteratur sind verschiedene Rißkriterien entwickelt worden. Eine Auflast wirkt sich hierbei in jedem Fall günstig aus. Die fortschreitende Austrocknung wirkt sich in zweierlei Weise aus: Sie übt eine Druckspannung auf die feste Phase im Boden aus, wodurch Schrumpfen oder - bei Behinderung des Schrumpfens - Zugspannungen im Korngerüst erzeugt werden, und sie führt zu einer größeren Zugfestigkeit. Die einzelnen Rißkriterien unterscheiden sich hauptsächlich darin, ob dieser Festigkeitszuwachs in Rechnung gestellt werden sollte. Hier wird empfohlen, keine Zugfestigkeit auf Dauer in Rechnung zu stellen, weil es einfach unwahrscheinlich ist, daß eine flächig weit ausgedehnte Bodenschicht wie eine Erdstoffabdichtung für immer Zug übertragen kann. Es ist viel wahrscheinlicher, daß eine etwaig vorhandene Zugspannung an unvermeidlichen Schwächezonen der Abdichtungsschicht Risse initiiert. Die Abdichtungssysteme sollten so gestaltet, konstruiert und ausgeführt werden, daß ein Austrocknungsriß gar nicht erst auftritt, weil eine Selbstheilung bei erneutem Wasserzutritt mangelhaft ist.

Einen wesentlichen Einfluß auf die Rißbildung hat auch das Schrumpfverhalten des Erdstoffs. Das Dywidag-Mineralgemisch wird beispielsweise trocken und in hoher Dichte eingebaut. Hier gibt es, zumindest so lange keine Be- und Entwässerungszyklen auftreten, kein Schrumpfen.

Da es sich bei der Austrocknung um einen langzeitigen Vorgang handelt, ist es schwierig, die Berechnungen durch Feldmessungen zu überprüfen. Bei dem Teilprojekt [23] hat sich gezeigt, daß es nicht reicht, allein den Wassergehalt zu überprüfen, weil sich auch bei nur wenig variierendem Wassergehalt die Wasserspannung stark ändern kann. Die Wasserspannungsmessungen sind insofern problematisch, als die hierzu in Deutschland üblicherweise verwendeten Tensiometer nur Drücke bis minimal 0,2 bar absolut (= 0,8 bar Unterdruck) registrieren können. Trotz allem sind langjährige Messungen an Deponien zu empfehlen, um das angewendete Rechenverfahren kalibrieren zu können. Sonst besteht nur noch die Möglichkeit, das Rechenmodell anhand von Säulenversuchen zu validieren.

Die Basisabdichtung ist grundsätzlich weniger als die Oberflächenabdichtung durch Austrocknung gefährdet. Ungünstig sind hohe Temperaturen in der Deponie und großer Grundwasserabstand; günstig wirkt die hohe Auflast infolge des auflagernden Abfalls. Oft wird die Meinung vertreten, daß die Basisabdichtung nur in der Bauart der Kombinationsdichtung austrocknen könne, weil die aufliegende Kunststoffdichtungsbahn die Bewässerung durch das Sickerwasser verhindere. Abgesehen davon, daß die Kunststoffdichtungsbahn günstig wirkt, weil sie das Einsickern von Schadstoffen in die Erdstoffabdichtungsschicht, die deren mechanische Verformbarkeit herabsetzen könnte, verhindert, ist zu beachten, daß die Basisabdichtung nicht immer und nicht auf allen ihren Teilflächen von Sickerwasser überstaut ist, so daß es u. U. sogar zu einem Feuchteverlust in die Deponie hinein kommen kann.

Insgesamt variieren an der Basis die Verhältnisse zeitlich wenig. Die Oberflächenabdichtung unterliegt dagegen durch die Rekultivierungsschicht abgeschwächten Witterungseinflüssen. Diese variieren sowohl tages- als auch jahreszeitlich. Es kann hier zu zyklischen Feuchteänderungen kommen, über deren Einfluß auf Risse noch zu wenig bekannt ist. Es kann deshalb z. Z. nur empfohlen werden, für die Basisabdichtung eine Wassertransportberechnung durchzuführen und eine Abschätzung der Rißgefährdung anzuschließen.

Für die Oberflächenabdichtung ist die Austrocknung der wesentliche Lastfall (Holzlöhner 1996). Das aufsteigende Deponiegas führt zwar zunächst der Abdichtung Feuchtigkeit zu; wenn jedoch kein Gas mehr produziert wird und auch kein Temperaturgradient nach außen mehr besteht, kann die Abdichtungsschicht auch in die Deponie hinein an Feuchtigkeit verlieren. Wie Melchior (1993) in langjährigen Feldversuchen gefunden hat, reagieren herkömmliche, rein mineralische Abdichtungen auf die jahreszeitlich variablen Wetterbedingungen mit entsprechenden Schwankungen der Wasserspannung, die zu feinen Rissen und hohen Durchlässigkeiten führen. Obwohl die Rekultivierungsschicht in den Versuchen mit nur 75 cm kleiner als die heute nach der TA Siedlungsabfall vorgeschriebene Mindestdicke von 1 m war, kann man heute keine herkömmliche, rein mineralische Abdichtung spezifizieren, bei der die Austrocknung nicht auftreten würde, es sei denn, man sieht wesentlich dickere Rekultivierungsschichten als 1 m vor. Einige Fachleute setzen ihre Hoffnung hierbei auf bessere Homogenisierung des Abdichtungserdstoffs und eine verbesserte Qualitätssicherung insbesondere bei der Aufbereitung. Wie schon erwähnt ist es jedoch fragwürdig, die dadurch möglicherweise erreichte Zugfestigkeit des Erdstoffs beim Rißnachweis anzusetzen. Die in den Feldversuchen von Melchior (1993) beobachtete zunehmende Durchlässigkeit konnte nicht mit Fehlern beim Einbau erklärt werden. Eine besondere Austrocknungsgefährdung der rein mineralischen Oberflächenabdichtung ergibt sich durch die geringe Auflast, eine andere aus dem die Austrocknung verstärkenden Einfluß der Pflanzenwurzeln.

Für die Praxis ist zu empfehlen, den Erdstoff möglichst nicht feuchter einzubauen, als er der minimal während der Betriebszeit der Deponie zu erwartenden Feuchte entspricht. Mit dem heute zur Verfügung stehenden Maschinenpark ist man mindestens bei Basisabdichtungen in der Lage, auch Erdstoff mit einem Wassergehalt kleiner als das Proctoroptimum einzubauen und eine ausreichende Dichtigkeit zu erzielen. Ferner sollte man keine Drainageschicht zwischen Basisabdichtungsschicht und Untergrund vorsehen und reines Niederschlagswasser in der Umgebung der Deponie versickern lassen. Günstig würde sich auch eine künstliche Bewässerung auswirken, s. Kap. 4.3. Derartige Verfahren wie die "inverse Strömung" sind jedoch hauptsächlich wegen der ständig notwendigen Wartung der Einrichtungen bisher allenfalls bei Dichtwänden angewendet worden.

Als eine Alternative zur rein mineralischen Oberflächenabdichtung bietet sich die Kapillarsperre an. Hinsichtlich der Dimensionierung wurden durch das Teilprojekt [39] Fortschritte gemacht. Obwohl man noch nicht über Langzeiterfahrungen verfügt, wird die Bauweise zunehmend eingesetzt. Eine der wichtigen Fragen ist die nach den Herstellungskosten. Hauptkostenfaktor ist das grobkörnige Material für den Kapillarblock. Der Einsatz von bestimmten Recyclingmaterialien, wie Schmelzkammergranulate oder Kunststoffschnitzel, erscheint möglich. An der Schichtdicke von 30 cm wird man aus praktischen Gründen bei der Bauausführung kaum sparen können. Die Kapillarsperre bleibt bei Setzungen, wie sie bei heute angelegten Deponien an der Oberfläche zu erwarten sind, funktionsfähig. Die Kapillarsperre kann auch als Gasdrainageschicht genutzt werden. Sogar die feinkörnige Kapillarschicht ist hinsichtlich der Durchlässigkeit hierfür geeignet. Ein Vorteil der Kapillarsperre ist, daß mit ihr die in den Regelwerken verschiedentlich geforderte Kontrollierbarkeit in die Tat umgesetzt werden kann. Insbesondere, wenn sie unter einer anderen Abdichtungsschicht eingebaut wird, kann das durchtretende Wasser aufgefangen und gemessen werden. Dann gibt es auch wegen des kleineren und gleichmäßigeren Wasseranfalls, selbst bei langen Hängen, keine Kapazitätsprobleme.

Die Kombinationsdichtung hat sich auch hinsichtlich der Austrocknung insgesamt als geeignete Bauweise herausgestellt. An der Basis herrschen eindeutige Randbedingungen, an der Oberfläche kann nur die Kunststoffdichtungsbahn eine Austrocknung der Erdstoffabdichtungsschicht verhindern (Vielhaber 1995). Hier stellt sich allerdings die Frage, ob die Erdstoffabdichtungsschicht überhaupt noch die ihr zugedachte langzeitige Abdichtungsaufgabe erfüllen kann, wenn sie nur durch eine intakte Kunststoffdichtungsbahn feucht und funktionsfähig gehalten werden kann.

Literatur

In den einzelnen Forschungsberichten befinden sich ausführliche Literaturhinweise. Hier sind deshalb nur ergänzende Arbeiten aufgeführt. Besonders hingewiesen sei auf den Aufsatz von Stoffregen et al. (1997), der zusammenfassende Empfehlungen auf der Grundlage der im Rahmen des Verbundforschungsvorhabens zum Thema Wasserhaushalt und Austrocknung durchgeführten Untersuchungen enthält.

Döll P.; Stoffregen, H.; Renger, M.; Wessolek, G.; Plagge, R. (1995): Anisotherme Wasser- und Wasserdampfbewegung unter Deponien: Laborexperimente und Simulationsrechnungen zur Austrocknung mineralischer Dichtschichten. BMBF-Verbundforschungsvorhaben 'Weiterentwicklung von Deponieabdichtungssystemen'. Schlußbericht. Fkz. 1440569A5-24

Döll, P. (1996): Modeling of moisture movement under the influence of temperature gradients: Desiccation of mineral liners below landfills. Inst. für Ökologie, Techn. Univ. Berlin, Heft 20

Gottheil, K.-M.; Brauns, J. (1995): Thermische Einflüsse auf die Dichtwirkung von Kombinationsdichtungen - Messungen an einem Testfeld - BMBF-Verbundforschungsvorhaben 'Weiterentwicklung von Deponieabdichtungssystemen'. Schlußbericht. Fkz. 1440569A5-23

Göttner, J. J.; Breithor, A.; Lerke, J.; Preetz, H.; Reimann, S.; Scheller, M.; Schneider, W. (1995): Diffusion von Wasser in wasserteilgesättigten Böden und Abdichtungsmaterialien - Transportmechanismen und Strukturparameter. BMBF-Verbundforschungsvorhaben 'Weiterentwicklung von Deponieabdichtungssystemen'. Schlußbericht. Fkz. 1440569A5-24a

Holzlöhner, U. (1996): Rechnerische Abschätzung der Austrocknungsgefährdung von mineralischen Abdichtungsschichten in Deponieabdichtungssystemen, VDI-Seminar, Karlsruhe

Holzlöhner, U.; August, H.; Meggyes, T.; Brune, M. (1994): Deponieabdichtungssysteme; Statusbericht. Forschungsbericht 201 der BAM (Bundesanstalt für Materialforschung und -prüfung), Berlin

Holzlöhner, U.; Schossig, W.; Wuttke, W.; Ziegler, F. (1996): Langzeitverhalten von Erdstoffschichten in Deponiebasisabdichtungen, Feuchtehaushalt unter Temperatureinwirkung. BMBF-Verbundforschungsvorhaben 'Weiterentwicklung von Deponieabdichtungssystemen'. Schlußbericht. Fkz. 1440569A5-20

Horn, R.; Richards, B. G.; Baumgartl, T.; Gräsle, W.; Bohne, K.; Plagge, R.; Schmidt, M. (1995): Bedeutung von Auflast und Entwässerungsgrad für die Bodenwassercharakteristik von mineralischen Abdichtungen. BMBF-Verbundforschungsvorhaben 'Weiterentwicklung von Deponieabdichtungssystemen'. Schlußbericht. Fkz. 1440569A5-45

Hornung, U.; Schumacher, S. (1994): Austrocknung des Deponie-Untergrundes durch Wasser-Dampf-Transport. BMBF-Verbundforschungsvorhaben 'Weiterentwicklung von Deponieabdichtungssystemen'. Schlußbericht. Fkz. 1440569A5-45a

Melchior, S. (1993): Wasserhaushalt und Wirksamkeit mehrschichtiger Abdecksysteme für Deponien und Altlasten, Institut für Bodenkunde, Hamburg, Band 22

Steinert, B.; Melchior, S.; Burger, K.; Berger, K.; Türk, M.; Miehlich, G. (1996): Dimensionierung von Kapillarsperren zur Oberflächenabdichtung von Deponien und Altlasten. BMBF-Verbundforschungsvorhaben 'Weiterentwicklung von Deponieabdichtungssystemen'. Schlußbericht. Fkz. 1440569A5-39

Stoffregen, H.; Döll, P.; Wessolek, G.; Melchior, S.; Vielhaber, B.; Holzlöhner, U.; Horn, R.; Baumgartl, T.; Gräsle, W.; Gottheil, K.-M.; Brauns, J.; Bohne, K.; Schmidt, M. (1998): Rißgefährdung von Kombinationsabdichtung durch temperaturabhängige Austrocknung - Bedeutung für Deponieplanung und Deponiebau -. Müll & Abfall, erscheint in Kürze

Turk, M. (1994): Maßnahmen zur Unterhaltung und Sanierung von Sickerwassersystemen. In: 7. Aachener Kolloquium Abfallwirtschaft - Siedlungsabfalldeponien. Fortbildungsveranstaltung des Landesumweltamtes NRW und des Instituts für Siedlungswasserwirtschaft der RWTH Aachen am 1. 12. 1994

Vielhaber, B. (1995): Temperaturabhängiger Wassertransport in Deponieoberflächenabdichtungen. Institut für Bodenkunde, Hamburg, Band 29

4.3 Schadstofftransport, Grundlagen und Maßnahmen zur Minimierung

U. Holzlöhner, H. August und T. Meggyes

4.3.1 Teilprojekte zum Thema

Das Thema "Schadstofftransport" wurde im Verbundforschungsvorhaben in 2 Teilprojekten behandelt:

[25] Versuche und Berechnungen zum Schadstofftransport durch mineralische Abdichtungen und daraus resultierende Materialentwicklungen, Schlußbericht s. Jessberger et al. (1995)

[32] Hydraulische Unterhaltung eines Deponieabdichtungssystemes, Schlußbericht s. Collins & Münnich (1995)

4.3.2 Ausgangspunkt und Problematik

Wenn in den technischen Regelwerken die Dichtigkeit von Erdstoffen zur Abdichtung von Deponien und Altlasten behandelt wird, ist in der Regel die konvektive Dichtigkeit gemeint. Diese wird durch den Durchlässigkeitsbeiwert k_f charakterisiert, für den beispielsweise die TA Abfall und die TA Siedlungsabfall in Abhängigkeit von Deponieklasse und Art der Abdichtung Höchstwerte vorschreiben. Der Hauptzweck, insbesondere der Basisabdichtung, ist jedoch, den Schadstoffaustrag aus der Deponie möglichst gering zu halten. Hierbei ist die Konvektion nur einer der auftretenden Transportprozesse. Mit der Entwicklung von Abdichtungserdstoffen, d. h. mit immer kleinerem k_f-Wert in Verbindung mit der Verbesserung der Einbau- und qualitätssichernden Maßnahmen, gewinnt der diffusive Schadstofftransport als wesentlicher Ausbreitungsmechanismus für die Betrachtung der Restdurchlässigkeit auch für reine mineralische Abdichtungen zunehmend an Wichtigkeit.

Bei der Kombinationsdichtung, bei der die Kunststoffdichtungsbahn die Konvektion ganz verhindert, ist die Diffusion ohnehin der einzige Transportprozeß in der Abdichtung. Auch wenn - nach den heutigen Vorschriften in Deutschland nicht zulässig - der Grundwasserspiegel über dem des eingestauten Sickerwassers in der Basisdränage liegt, ist bei der Kombinationsdichtung eine Konvektion in die Deponie hinein nicht möglich. Trotzdem gehen die Anforderungen an die Erdstoffe der gegenwärtigen Regelwerke nur indirekt auf diffusive Prozesse ein, z. B. durch die Forderung im Anhang E der Technischen Anleitungen TA Abfall (1991) und TA Siedlungsabfall (1993) nach einem Feinstkornanteil (< 2 μm) von mindestens 20 %, der gewisse nicht näher definierte Sorptionseigenschaften der Abdichtung gewährleisten soll. Zur Sorption heißt es lediglich sehr allgemein: "Der Anteil und die Art an Tonmineralien ist auf das im Einzelfall erforderliche Adsorptionsvermögen abzustimmen (mindestens 10 Gew.-%)". Vom Untergrund fordern die Technischen Anleitungen ein "hohes Schadstoffrückhaltepotential", das notfalls in einer 3 m dicken Schicht durch technische Verbesserungsmaßnahmen zu gewährleisten sei. Die Sorptionsanforderungen werden also auch hier nicht näher beschrieben und quantifiziert.

Im Statusbericht "Deponieabdichtungssysteme" (Holzlöhner et al. 1994) sind die Grundlagen zum Schadstofftransport und der Wissensstand dargestellt. In der Empfehlung E-6 (1993) des Arbeitskreises "Geotechnik der Deponien und Altlasten"-GDA sind Stofftransportmodelle als Instrument zur Beurteilung der Barrierewirkung der mineralischen Abdichtungsschichten zusammengestellt. Die Darstellung umfaßt nicht nur die theoretischen Grundlagen aller relevanten Transportprozesse, sondern auch Methoden zur experimentellen Kennwertbestimmung, soweit sie damals bekannt waren.

4.3.3 Ziele und Aufgabenstellung

Die Ziele der Teilprojekte sind die Entwicklung von handhabbaren Verfahren für präzise Prognosen der zeitlichen Schadstoffbewegung durch mineralische Abdichtungen [25]. Die Verfahren beinhalten nicht nur die Weiterentwicklung der theoretischen Konzepte und Rechenverfahren, sondern auch die Entwicklung von Probenuntersuchungsgeräten zur Kennwertbestimmung. Hierbei werden auch die Möglichkeit und Grenzen einfacher gängiger Verfahren berücksichtigt. Es sollen - sowohl theoretisch als auch experimentell - die maßgebenden Stofftransportprozesse (Konvektion, Diffusion, Sorption) aufgezeigt werden [32]. Beide Teilprojekte beschränken sich nicht nur auf die Beschreibung und die Erfassung vorhandener Erdstoffe und Abdichtungssysteme, sondern wenden die Erkenntnisse auch gezielt auf die Verbesserung der Abdichtungstechnik an: Im Teilprojekt [32] wird die Effektivität der "inversen Strömung" im Labormaßstab untersucht. Bei diesem Verfahren soll ein hydraulisches Gefälle vom Untergrund oder von der Umgebung in die Deponie hinein erzeugt werden, so daß der konvektive Fluß von außen durch die Basisabdichtung oder die umschließende Dichtwand hindurch erfolgt und damit dem diffusiven Schadstoffaustrag entgegenwirken soll. Beim Teilprojekt [25] liegt der Schwerpunkt auf der Entwicklung von Untersuchungsgeräten und von speziellen Abdichtungserdstoffen sowie auf der experimentellen Ermittlung der Transportparameter, mit dem Ziel, den Schadstoffaustrag in Deponiebasisabdichtungen rechnerisch zu erfassen, zu prognostizieren und zu minimieren. Hierzu wird ein hoher Feststoffanteil, also ein kleiner Porenanteil angestrebt, der sowohl die konvektive Durchlässigkeit herabsetzt als auch die Diffusion erschwert. Das Schadstoffrückhaltevermögen wird durch einen hohen Tongehalt erhöht. Durch Untersuchung von unterschiedlichen Materialien soll eine breitgestreute Datenbasis geschaffen werden, die es ermöglicht, geeignete Erdstoffmischungen zu entwerfen und deren Emissionsverhalten voraussagen zu können. In beiden Teilprojekten werden nur reine Erdstoffabdichtungsschichten betrachtet, d. h. die Reduzierung des Schadstoffaustrages durch Vermeidung der Konvektion als auch Verminderung der Diffusion durch den Werkstoffverbund Erdstoff-Kunststoff in der heute üblichen Kombinationsdichtung, wird hier nicht behandelt.

4.3.4 Materialien

Die Materialien betreffen einerseits Abdichtungserdstoffe und andererseits Prüfflüssigkeiten.

Im Teilprojekt [25] werden insgesamt 9 Mineralgemische und 2 Naturtone untersucht, wobei das Schwergewicht auf den Mineralgemischen lag. Sie sind nach dem "Schlupfkorn-Prinzip" aufgebaut, wodurch sie einen hohen Festkornanteil aufweisen. Typischerweise bestehen sie zu rund zwei Drittel aus Quarzsand, zu gut 20 % aus Quarzmehl, das in einem Fall durch Flugasche ersetzt ist und aus 14 % oder mehr Tonbestandteilen: Na- und Ca-Bentonite oder Kaoline. Die Mineralgemische umfassen sowohl das Dywidag-Mineralgemisch als auch eine Dynagrout-Feststoffmasse. Die insgesamt 414 Prüfflüssigkeiten lassen sich 4 Gruppen zuordnen: eine mit anorganischen Salzen mit einwertigen Kationen und Anionen, eine zweite mit anorganischen Salzen mit zweiwertigen Schwermetallionen und Anionen, eine dritte mit abgepufferten organischen Säuren und schließlich Gemische und künstliche Sickerwässer.

Im Teilprojekt [32] werden 2 natürliche Tone und 4 Sande untersucht. Zwecks Vergleichs wurden dieselben beiden natürlichen Tone wie im Teilprojekt [25] verwendet. Die Sande werden untersucht, weil - zunächst vielleicht überraschenderweise - die "inverse Strömung" am effektivsten ist, wenn die hydraulische Durchlässigkeit nicht zu klein ist. Als Prüfflüssigkeiten wurden Ammoniumchlorid- und Zinkchloridlösungen sowie Essigsäure verwendet.

4.3.5 Untersuchungen

Im Teilprojekt [25] wurde ein neues Versuchsgerät zur simultanen Untersuchung von **D**iffusion, **K**onvektion und **S**orption, das DKS-Permeameter, entwickelt, das in leicht abgewandelter Form auch im Teilprojekt [32] verwendet wurde. Das DKS-Gerät gestattet, Bodenproben einer einstellbaren Auflast auszusetzen und sie von beiden Seiten anzuströmen. Wahlweise kann ein hydraulisches Gefälle unterschiedlicher Richtung eingestellt werden. Die Konzentrationen der Prüfflüssigkeiten bzw. des Wassers werden auf beiden Seiten der Erdstoffprobe ständig gemessen. Die wesentlichen Randbedingungen (Konzentrationen, hydraulisches Gefälle, Temperatur 20 °C) können über die Versuchsdauer reproduzierbar eingestellt und konstant gehalten werden.

Bei Versuchsende wird zusätzlich die vom Boden adsorbierte Schadstoffmenge festgestellt. Hierbei wurde versucht, auch die Verteilung der Stoffe über die Probendicke in etwa festzustellen. Auf diese Weise kann eine Stoffbilanzierung durchgeführt werden.

Eine typische Schwierigkeit bei der Untersuchung von Diffusionsvorgängen ist die oft lange Zeitspanne, die abgewartet werden muß, bis ein Sorptionsgleichgewicht (stationärer Zustand) erreicht ist. Deshalb wurde im DKS-Gerät die Probendicke mit 2 cm bewußt gering gewählt. Parallel dazu wurden einige Erdstoffe auch im Technikumsmaßstab mit 5fach dickeren Proben untersucht [25], um die Übertragbarkeit der Laborergebnisse auf einen größeren Maßstab festzustellen. In dem für diesen Zweck gebauten Groß-DKS-Permeameter waren die Randbedingungen (Auflast, Lösungskonzentrationen und hydraulische Gradienten) mit denen der Kleinversuche vergleichbar, so daß lediglich der Maßstabeffekt untersucht wurde. Das Abdichtungsmaterial war in einer Fläche von 2 m² eingebaut, die Probendicke betrug 100 mm, und die Einbaubedingungen waren praxisähnlich. Da die Zeiten für Diffusionsvorgänge mit dem Quadrat der Schichtdicke anwachsen, ergaben sich hierbei sehr lange Zeiträume (ca. 8 Monate). Als "schnelle" Untersuchungsmethode zur Ermittlung von Sorptionskennwerten ist seit langem der Batchversuch bekannt, der ebenfalls begleitend eingesetzt wurde.

4.3.6 Modelle, Rechenverfahren

Die Grundgleichungen für Diffusionsvorgänge sind schon seit mehr als hundert Jahren bekannt. Die Anwendung auf Schadstoffbewegung im Boden ist trotzdem immer noch problematisch. Die Diffusionskoeffizienten einer Vielzahl von Stoffen im Wasser können zwar aus Tabellen entnommen und mit einer Reihe von Faktoren an die Anwendung auf das Wasser im Boden angepaßt werden (s. Holzlöhner et al. 1994). Zusätzlich treten Schwierigkeiten auf, weil der Boden, in dessen Porenwasser die Vorgänge stattfinden, in vielfältiger Weise mit den Inhaltsstoffen des Wassers in Wechselwirkung treten kann. Im Transportmodell wird "Sorption" pauschal behandelt. Die Sorption besteht jedoch aus einer Vielzahl von Mechanismen, die zudem noch in unterschiedlichem Ausmaß reversibel sind [25]. Hierzu kommen die synergistischen Effekte infolge der gleichzeitigen Einwirkung mehrerer Stoffe auf den Boden, so daß es sich insgesamt um sehr komplexe, schwer vorhersagbare Vorgänge handelt, die rechnerisch schwierig zu behandeln sind.

In den Teilprojekten wurden Rechenmodelle entwickelt. In das Programm "Depotrans" wurde die Sorptionsisotherme von Langmuir eingearbeitet, die eine abklingende Sorptionsrate mit zunehmender adsorbierter Menge beschreibt [25]. In einer Beispielrechnung - fiktive Monodeponie mit Bleiakkurückständen - wurde die Emission über lange Zeiträume für verschiedene Abdichtungsmaterialien miteinander verglichen [25]. Für das gleichzeitige Auftreten von Diffusion und Konvektion, einschließlich des Falls der inversen Strömung, wurde eine Formel für den Gesamtmassefluß entwickelt [32].

4.3.7 Ergebnisse im Hinblick auf die Praxis

Die beiden Teilprojekte zeigen Wege auf, wie der Schadstoffaustrag durch mineralische Basisabdichtungen aus der Deponie mit Hilfe von Rechenverfahren näherungsweise vorausgesagt werden kann, wobei die verschiedenen Transportmechanismen berücksichtigt sind. Zur Wertebestimmung der hierfür notwendigen Transportkennwerte ist das in [25] entwickelte DKS-Permeameter geeignet. Eine grundsätzliche Schwierigkeit bleibt die Sorption. Um die Diffusionskoeffizienten möglichst unbeeinflußt von der Sorption zu untersuchen, können Chloridionen in der Prüfflüssigkeit verwendet werden, die mit dem Boden kaum in Wechselwirkung treten [32]. Mit Batchversuchen kann man zwar schnell eine Übersicht über die zu erwartenden Sorptionsvorgänge und die maximal adsorbierten Mengen bekommen; der Versuch zeigt jedoch wenig über die Zeiten und naturgemäß gar nichts über den Einfluß der Bodenstruktur und ist daher lediglich für einen groben Überblick geeignet. Beispielsweise kann es bei manchen Mineralgemisch- / Schadstoff - Kombinationen zur Kontraktion und damit zur Erhöhung des durchflußwirksamen Porenraums kommen [25]. Bei der Sorption sind synergistische Effekte maßgebend und so vielfältig, daß sie nur im Einzelfall untersucht werden können. Insgesamt ergab die Anwendung der DKS-Permeameter für eine Vielzahl von Prüfflüssigkeiten eine gute Übersicht über die zu erwartenden Vorgänge und deren quantitative Verläufe.

In beiden Teilprojekten wurde der Auswahl der Prüfflüssigkeiten große Bedeutung beigemessen. Bei der Vielzahl und der zeitlichen Veränderung der Sickerwässer kommt man um eine Typisierung nicht herum. So sind Chloridionen besonders geeignet, um obere Grenzen für Diffusionskoeffizienten schnell zu bestimmen, weil sie nur wenig mit der

Bodenstruktur in Wechselwirkung treten und deshalb das Eintreten des stationären Diffusionsprozesses nicht durch Sorptionsvorgänge verzögern [32]. Im Teilvorhaben [25] bewährten sich die 3 ausgewählten Prüfflüssigkeitstypen. Es erwies sich als notwendig, sowohl eine Flüssigkeit mit einwertigen als auch eine mit zweiwertigen Metallionen zu verwenden, weil diese 2 Typen unterschiedlich auf die Mineralgemische, insbesondere auf Na-Bentonite, einwirken.

Die Übertragbarkeit der Laborergebnisse wurde in Klein- und Technikumsversuchen mit 0,5-molaren Ammoniumnitrat- und Kaliumnitratlösungen untersucht. Beim Ammoniumnitrat-transport lag die im Groß-DKS-Permeameter am Abdichtungsmaterial sorbierte Ammonium-menge mit 0,52 g/kg zwischen denen von 2 parallelen Kleinversuchen (jeweils 0,48 und 0,62 g/kg). In den Versuchen mit Kaliumnitrat wurde im Technikumsversuch 0,96 g/kg sorbiert, und 1,05 bzw. 1,18 g/kg in den Kleinversuchen. Hier war jedoch der Porenraum im Groß-DKS-Permeameter um 20 % geringer. Die Technikumsversuche lieferten keine höheren Sorptionsmengen als die kleinen DKS-Permeameter. Die gute Übereinstimmung der Ergebnisse der Klein- und Großversuche hat die Übertragbarkeit der Laborergebnisse auf einen größeren Maßstab nachgewiesen.

Mit dem Abschluß der Teilprojekte stehen zur Abschätzung und Optimierung des Barriere-verhaltens von Dichtungen nach TA Abfall und TA Siedlungsabfall Diffusionskennwerte für die unterschiedlichsten Prüfflüssigkeiten zur Verfügung, z. B. Monolösungen und Gemische der Chloride, Nitrate und Sulfate, zahlreiche Metalle und ein "künstliches" Sickerwasser.

4.3.8. Zusammenfassende Empfehlungen

Es ist nicht zu empfehlen, mineralische Abdichtungsschichten allein auf konvektive Dichtigkeit zu optimieren. Die Gesamtheit der Einflüsse - Diffusion, Sorption, Konvektion - ist für eine Minimierung des Schadstoffaustrages entscheidend, gleichgültig ob die mineralische Dichtung allein oder in dem wirkungsvolleren Verbund mit einer Kunststoff-dichtungsbahn zum Einsatz kommt. Das DKS-Permeameter ermöglicht die Bestimmung der effektiven Transportkoeffizienten mit wirtschaftlich vertretbarem Aufwand in relativ kurzen Zeiträumen. Dadurch ist es möglich, die mineralische Abdichtungsschicht gezielt auf das Minimum des Gesamtschadstoffaustrages zu optimieren, sofern die Deponie-Inhaltsstoffe bekannt sind und die Erdstoffdichtung großtechnisch ausreichend homogen hergestellt werden kann und keine großen Schwankungen in den für den Transportmechanismus relevanten Kennwerten aufweist. Besonders aufwendig zusammengesetzte Abdichtungsmaterialien, eventuell auch in mehreren, unterschiedlich aufgebauten Schichten sollten mit Emissions-berechnungen auf ihre Wirtschaftlichkeit geprüft werden [25].

Das DKS-Permeameter hat den großen Vorteil, daß der stationäre Zustand der Diffusion relativ schnell eintritt. Das geht aber nur, weil mit sehr hohen Schadstoffkonzentrationen gearbeitet wurde: Sie betrugen bei den Untersuchungen zum Teil etwa das 1000fache der Konzentration realer Sickerwässer. Bei diesen hohen Konzentrationen treten auch andere Schadstoffrückhaltemechanismen (z. B. Ausfällung) als mit Sickerwasserkonzentrationen auf, und die maximale Sorption ist schneller erreicht. Im Teilprojekt [25] wurden deshalb zum Vergleich Batchversuche mit realitätsnäheren Konzentrationen durchgeführt. Im Batch-versuch wird ständig eine große Oberfläche der Tonminerale angeboten, wodurch aber auch dieser Versuch der Praxis wenig entspricht. Hier sind sicherlich noch grundsätzliche Untersuchungen notwendig, um die Ergebnisse der verschiedenen Versuchstypen und die unter praxisnäheren Bedingungen zu erwartenden Werte besser miteinander zu korrelieren. In jedem Fall wird sich jedoch mit der in [25] erarbeiteten Methode ein relativer Vergleich und eine näherungsweise Abschätzung des absoluten Schadstoffaustrags durchführen lassen.

Die inverse Strömung ist zur Reduzierung des Schadstoffaustrages prinzipiell anwendbar. Grundsätzlich besteht hier aber folgender Zielkonflikt: Einerseits möchte man die Abdichtung möglichst dicht hinsichtlich Konvektion machen, andererseits haben gerade Materialien mit niedriger Konvektivität - das sind in der Regel Tone - sehr wenig Porenraum, der konvektiv durchströmt wird. Auch müßte bei einem sehr niedrigen k_f-Wert das hydraulische Gefälle so hoch sein, daß es in der Praxis kaum aufgebracht werden kann. Damit die inverse Strömung effektiv betrieben werden kann, ist ein k_f-Wert von 10^{-10} bis 10^{-9} m/s oder noch größer notwendig. Es ist ferner eine möglichst gleichmäßige Durchströmung des Porenraums der Erdstoffschicht (und nicht entlang bevorzugter Bahnen) notwendig. Die inverse Strömung ist bei Abdichtungsschichten aus Sand effektiver als aus Ton. Allerdings sind bei größerer Durchlässigkeit auch die zu reinigenden Wassermengen größer. Eine Nullemission ist praktisch nicht erreichbar, weil die in die Deponie durch inverse Strömungsvorgänge gelangenden und zu reinigenden Wassermengen zu groß würden.

Grundsätzlicher Vorteil der inversen Strömung ist die Reduzierung der transportierten Schadstoffmenge; der Nachteil ist die große anfallende und zu reinigende Wassermenge. Das muß im Einzelfall gegeneinander abgewogen werden und zwar sowohl bei Basisabdichtungen als auch bei Dichtwänden.

Allgemein wird das größere Anwendungspotential bei der Umschließung von Altlasten mit Dichtwänden gesehen. Wenn man eine echte Schadstoffbilanz durchführt, d. h. nicht nur wie bisher einen möglichst kleinen k_f-Wert anstrebt sondern sowohl konvektiven als auch diffusiven Transport berücksichtigt, würde deutlich werden, daß die inverse Strömung den Schadstoffaustrag minimiert. Wenn diese Schutzmaßnahme nur eine begrenzte Zeit aufrechterhalten werden muß, könnte sie trotz größerer abzupumpender und zu behandelnder Wassermengen insgesamt vorteilhaft sein. Das Abpumpen innerhalb des umschlossenen Bereichs ist heute durchaus üblich; neu ist, daß dieser Prozeß gesteuert und optimiert werden kann.

Die Anwendung auf Basisabdichtungen ist problematischer. In der heute üblichen Bauart der Kombinationsdichtung ist die inverse Strömung nicht durchführbar und wäre auch unnötig. Daher wird in den meisten Fällen der langzeitige Schutz vor diffusivem Transport durch eine Kunststoffdichtungsbahn sicherlich preiswerter und effektiver erreichbar sein. Außerdem ist das Fernziel der "nachsorgefreien" Deponie nicht mit der Notwendigkeit vereinbar, ständig Wasser abpumpen zu müssen. Die Verfechter der inversen Strömung verweisen in diesem Zusammenhang auf neue Bauarten: Man kann entweder eine doppelte Basisabdichtung mit zwischenliegender Dränageschicht, die auch Kontrollzwecken dient, vorsehen, oder - heute allerdings in Deutschland nicht zulässig - die Oberkante der Basisabdichtungsschicht unterhalb des Grundwasserspiegels vorsehen. Wenn man - notfalls künstlich durch Anordnung einer zweiten Abdichtungsschicht - den Wasserspiegel in der Drainageschicht über das Niveau der Basisabdichtung anstaut und das eindringende Wasser in freier Vorflut in ein niedriger gelegenes Gelände abfließen läßt, wäre auch kein ständiges Pumpen erforderlich. Man hätte zusätzlich die Möglichkeit, das abfließende Wasser auf Schadstoffe zu kontrollieren und, soweit erforderlich, zu reinigen. Bei allen Varianten besteht zusätzlich der Vorteil, daß die Erdstoffabdichtungsschicht immer ausreichend feucht ist und dadurch vor Austrocknungsrissen geschützt ist [32].

International wird gegenwärtig die Sorption in der Altlastensanierung und Einkapselungstechnik zunehmend positiv beurteilt (Proceedings 1997 International Containment

Technology Conference and Exhibiton). In den deutschen Vorschriften zu Deponie-basisabdichtungen wird hingegen die Sorption nicht beachtet. Bei den reaktiven Wänden soll die Schadstoffausbreitung nicht durch eine größtmögliche Herabsetzung der Diffusion und Konvektion verhindert werden, vielmehr sollen die Schadstoffe physikalisch, chemisch oder biologisch behandelt werden. Unter diesen Behandlungsmethoden nimmt die Sorption eine wichtige Position ein. Zur Erhöhung der Sorptionskapazität wurden z. B. Aktivkohle, Attapulgit, anorganische Oxide, Flugasche, eisen- und humushaltige Materialien, Na- und Ca-Chabasit, organophile Tone und Zeolite erfolgreich eingesetzt. Eisen im Fe^0-System, Magnetit (Fe_3O_4), Troilit (FeS), Wustit (FeO), Eisenfeilspäne, Eisenpulver und organischer Kohlenstoff haben sich als effektive Reduktionsmittel bewährt. Die Komplexität der Sanierungs- und Einkapselungsprobleme führt zu einem breiten Spektrum von Verfahrensvarianten, an die interdisziplinär herangegangen werden sollte. Die Teilprojekte [25] und [32] haben auch in dieser Richtung Fortschritte erzielt.

Zusammenfassend ist festzustellen, daß es möglich ist, mit Hilfe von wenigen Typen von Sickerwässern alle relevanten Diffusions- und Sorptionsvorgänge im Einzelfall zu untersuchen und die notwendigen Kennwerte zu bestimmen. Es stehen dann Rechenverfahren zur Verfügung, die es gestatten, den zeitlichen Verlauf der Schadstoffemission durch Erdstoffabdichtungen zu berechnen und damit Varianten der Abdichtungsschicht zu beurteilen. Inzwischen stehen auch Methoden zur Verfügung, um die relevanten Kennwerte für Kunststoffdichtungsbahnen zuverlässig zu berechnen (s. Müller et al. 1997a). Die Verbindung der Verfahren für mineralische Dichtungen und Kunststoffdichtungsbahnen erlaubt auch Abschätzungen für die Kombinationsdichtung (s. Müller et al. 1997b). Voraussetzung für Emissionsberechnungen ist allerdings, daß der Gesamtschadstoffinhalt der Deponie in etwa bekannt ist und die Erdstoffabdichtung ausreichend gleichmäßig hergestellt wurde. Zu einer quantitativen Abschätzung ist man z. Z. kaum in der Lage. Hierbei müßten insbesondere die Milieubedingungen, die Bindungsenergien der Schadstoffe im Abfall und ihr mobilisierbarer Anteil bekannt sein und berücksichtigt werden.

Die genauen Wirkungsweisen der Kombinationsdichtung und der Kombinationsdichtwände, insbesondere unter Extrembeanspruchung mit konzentrierten organischen Prüfflüssigkeiten, wird an der Bundesanstalt für Materialforschung und -prüfung (BAM) weiter untersucht. Der Schwerpunkt liegt hierbei neben Fragen des Stofftransports auf Fragen der Material-veränderung bei solchen langzeitigen, extremen Einwirkungen. Hinsichtlich der Erdstoffe ist zu beachten, daß sich die meisten Zahlenangaben auf wassergesättigte Erdstoffe beziehen. Über das Verhalten bei Teilsättigung bestehen noch Wissenslücken.

Literatur

Collins, H.-J., Münnich, K. (1995): Hydraulische Unterhaltung eines Deponieabdichtungs-systemes. Schlußbericht. BMBF-Verbundforschungsvorhaben Weiterentwicklung von Deponieabdichtungssystemen. Fkz. 1440569A5-32

EA-GDA (1993): Empfehlungen des Arbeitskreises "Geotechnik der Deponien und Altlasten" - GDA. DGEG (Hrsg.), 2. Auflage, Berlin: Ernst & Sohn

Holzlöhner, U., August, H., Meggyes, T., Brune, M. (1994): Deponieabdichtungssysteme; Statusbericht, Forschungsbericht 201 der BAM (Bundesanstalt für Materialforschung und -prüfung), Berlin

Jessberger, H. L., Onnich, K., Finsterwalder, K., Beyer, S. (1995): Versuche und Berechnungen zum Schadstofftransport durch mineralische Abdichtungen und daraus resultierende Materialentwicklungen. Schlußbericht. BMBF-Verbundforschungsvorhaben Weiterentwicklung von Deponieabdichtungssystemen. Fkz. 1440569A5-25

Müller, W., Jakob, I., Tatzky-Gerth, R., August, H. (1997a): Stofftransport in Deponieabdichtungssystemen, Teil 1: Diffusions- und Verteilungskoeffizienten von Schadstoffen bei der Permeation in PEHD-Dichtungsbahnen. Bautechnik 74, H. 3, S. 176-195

Müller, W., Büttgenbach, B., Tatzky-Gerth, R., August, H. (1997b): Stofftransport in Deponieabdichtungssystemen, Teil 2: Permeation in der Kombinationsdichtung. Bautechnik 74, H. 5, S. 331-344

Proceedings 1997 International Containment Technology Conference and Exhibiton. 9.-12. Februar 1997. St. Petersburg, Florida, USA. Florida State University

TA Abfall (1991): Zweite Allgemeine Verwaltungsvorschrift zum Abfallgesetz, Teil 1: Technische Anleitung zur Lagerung, chemisch/physikalischen und biologischen Behandlung, Verbrennung und Ablagerung von besonders überwachungsbedürftigen Abfällen. In: Schmeken, W.: TA Abfall. Köln: Deutscher Gemeindeverlag, W. Kohlhammer. Und in: Müll-Handbuch. Band 1, 0670. Berlin: Erich Schmidt. S. 1-136

TA Siedlungabfall (1993): Dritte Allgemeine Verwaltungsvorschrift zum Abfallgesetz: Technische Anleitung zur Verwertung, Behandlung und sonstigen Entsorgung von Siedlungsabfällen. In: Schmeken, W.: TA Abfall, TA Siedlungsabfall. 3. Aufl. Köln: Deutscher Gemeindeverlag, W. Kohlhammer. Und in: Müll-Handbuch. Band 1, **0675**, 1-52. Erich Schmidt, Berlin

4.4 Physikalische, chemische und biochemische Einwirkungen auf mineralische Abdichtungsschichten

U. Holzlöhner und T. Meggyes

4.4.1 Teilprojekte zum Thema

Zum Thema "Physikalische, chemische und biochemische Einwirkungen auf mineralische Abdichtungsschichten" umfaßt das Verbundforschungsvorhaben folgende Projekte:

[15] Redoxabhängige mineralogische und chemische Stoffumsätze in tonigen Deponiebasisabdichtungen und ihre bodenmechanischen Auswirkungen, Schlußbericht s. Echle et al. (1994)

[52] Untersuchungen zur Frostempfindlichkeit mineralischer Deponieabdichtungen, möglicher Standsicherheitsprobleme und Schutzmaßnahmen, Schlußbericht s. Rodatz & Voigt (1994)

[60] Biochemische Dauerbeständigkeit und Schadstofftransport bei innovativen Baustoffen für die Altlastensanierung, Schlußbericht s. Wienberg et al. (1995)

4.4.2 Ausgangspunkt und Problematik

Die Forderung, daß Deponieabdichtungen und umschließende Dichtwände über lange Zeit ihre Funktionsfähigkeit beibehalten sollen, gilt insbesondere für die mineralische Komponente, von der man eine Langzeitbeständigkeit im geologischen Sinn erwartet. Da sowohl während des Einbaus als auch in der Betriebsphase ungünstige Einflüsse z. B. durch Sickerwässer, Frost und biologischen Abbau auftreten können, ist es wichtig zu wissen, ob diese Einwirkungen die Funktionstüchtigkeit und Standsicherheit beeinträchtigen (Holzlöhner et al. 1994).

Bindige Erdstoffe enthalten neben Tonmineralen i. d. R. auch andere Bestandteile, die unter Umständen mit Inhaltsstoffen der Sickerwässer reagieren können. Hier sind v. a. Carbonate, Organika, Eisenoxide und -hydroxide, Sulfate und Sulfide zu nennen. Um eventuellen ungünstigen Veränderungen vorzubeugen, müssen für diese Bestandteile Grenzwerte in den Regelwerken festgeschrieben und in der Praxis eingehalten werden. Die einschlägigen Richtlinien, wie z. B. TA Abfall (1991), TA Siedlungsabfall (1993), die LWA-Richtlinie Nr. 18. (1993) und die Niedersachsenrichtlinie (1988) schreiben (allerdings unterschiedliche) Werte für Carbonate und organische Substanzen fest. Sulfide, Sulfate, Metalloxide und -hydroxide werden lediglich in der Richtlinie Nr. 18 des Landesumweltamtes Nordrhein-Westfalen erwähnt. Dieses uneinheitliche Vorgehen spiegelt die Unsicherheit über die Auswirkungen dieser Stoffe in den Erddichtungsstoffen wider.

Mineralische Abdichtungsschichten können während des Einbaus oder unmittelbar nach Fertigstellung Frosteinwirkungen ausgesetzt sein. Dieser Fall sollte zwar durch sorgfältige Planung vermieden werden, kommt aber immer wieder vor. Da die verwendeten Erdstoffe mit erheblichem Wassergehalt eingebaut werden, sind sie frostgefährdet. In Bereichen der Abdichtungsschicht, wo die Temperatur unter den Gefrierpunkt sinkt, können sich Eislinsen bilden, die durch ihre Volumenänderung die Struktur und dadurch die Eigenschaften des Erdstoffes verändern. Die wichtigsten Einflußfaktoren sind der Erdstoff selbst, der Wassergehalt, die Wasserzufuhr, das Wetter, die Auflast und die Zeit der Frosteinwirkung. Für Deponieabdichtungen ist es von größter Bedeutung, daß die Festigkeit und die Durchlässigkeit nicht durch den Frost beeinträchtigt werden.

Wie in anderen Zweigen der Bauindustrie, werden im Deponiebau zunehmend organische Zusatzstoffe verwendet. Organosilan-Hydrogele und quaternäre Ammoniumalkylverbindungen verbessern die chemische und physikalische Beständigkeit, das Sorptionsvermögen und die Dichtigkeit der Baustoffe. Es wurde jedoch noch nicht geklärt, ob diese Zusatzstoffe selbst durch biochemischen Abbau gefährdet sind.

4.4.3 Ziele und Aufgabenstellung

In den einschlägigen Teilprojekten sollten die physikalischen, chemischen und biochemischen Einflüsse auf die Abdichtungserdstoffe untersucht werden, wobei den Fragen der Langzeitfunktionsfähigkeit und der Standsicherheit besondere Bedeutung beigemessen werden muß. Ziel der chemischen Untersuchungen [15] ist es, das Langzeitverhalten und die tonmineralogischen Veränderungen zu ermitteln, die durch den Einfluß von Sickerwässern in carbonat-, organika-, eisenoxid-/hydroxid- und gipshaltigen Erdstoffen entstehen. Aus bodenmechanischem Blickwinkel interessieren v. a. die Festigkeitseigenschaften und die Durchlässigkeit. Die Ergebnisse sollen wissenschaftlich fundierte Grundlagen für die Festsetzung von Grenzwerten in den Richtlinien schaffen. Zur Untersuchung der Frosteinwirkung [52] sollten zunächst die physikalischen Grundlagen geklärt werden. Für die Experimente sind Testfelder anzulegen und spezielle Kühlaggregate zu bauen, in denen die physikalischen Vorgänge experimentell untersucht werden. Auch hier sollen vornehmlich die Änderungen der Festigkeit und der Durchlässigkeit ermittelt werden. Das Teilprojekt [60] hat das Ziel, die Beständigkeit von Organosilanen und Alkylammoniumverbindungen gegenüber biochemischem Abbau zu untersuchen und den Einfluß von Sorption und Tortuosität (Behinderung der Diffusion durch die Porengeometrie) auf die Retardation beim Schadstofftransport in organisch modifizierten Baustoffen zu ermitteln. Hierfür sind die Grundlagen für die Sorption, Diffusion und die biochemischen Umsetzungsprozesse zu klären sowie Versuchsmethodiken zu entwickeln und Apparaturen zu bauen. In den Experimenten soll der biochemische Abbau unter extremen und praxisrelevanten Bedingungen untersucht werden. Die Sorption soll durch die Sorptionsisothermen gekennzeichnet, und die Diffusion mit möglichst unterschiedlichen Methoden untersucht werden. Mit Hilfe der gemessenen Sorptions- und Diffusionsparameter soll die Schadstoffausbreitung rechnerisch ermittelt werden, wobei der Einfluß der Konvektion mit zu berücksichtigen ist.

4.4.4 Materialien

In allen 3 Teilprojekten wurden mineralische Materialien untersucht, wobei großer Wert auf das Verhalten von Beimengungen und Additiven gelegt wurde. In den Teilprojekten [15] und [52] wurden mineralische Abdichtungsmaterialien untersucht, das Teilprojekt [60] befaßte sich mit organisch modifizierten Dichtwandmassen.

Das Thema des Teilprojekts [15] war, inwieweit Carbonate, organische Substanzen, Eisenoxide und -hydroxide sowie Sulfate und Sulfide in den Erdstoffen durch Sickerwässer beeinträchtigt werden. Deshalb wurden 4 Abdichtungsmaterialien (Oberkreidemergel,

Posidonienschiefer, Bohnerz und Reuverton/Gipskeuper) untersucht, die jeweils hohe Gehalte an diesen Komponenten aufwiesen. Der kennzeichnende Bestandteil des untersuchten Oberkreidemergels war 40 % Calcit, der Posidonienschiefer enthielt 15 % organische Substanz, im Bohnerz waren 15 % Goethit (FeOOH) enthalten und die Mischung Reuverton/Gipskeuper wies 10 % Gips auf. Drei Prüfflüssigkeiten wurden verwendet: ein Sickerwasser aus einer heterogen zusammengesetzten, bereits stillgelegten Sonderabfalldeponie mit pH = 7 - 9, einer elektrischen Leitfähigkeit von 110 - 210 mS/cm und hohem organischem Gehalt, ein aus einer in Betrieb befindlichen Haus- und Gewerbeabfalldeponie stammendes Sickerwasser (pH = 7,5 - 8,5 und 11 - 25 mS/cm elektrische Leitfähigkeit) und eine synthetische organische Mischsäure, die die Auswirkung der sauren Gärung der Deponie simuliert. Um das reduzierende Milieu an der Basisabdichtung möglichst genau zu simulieren, wurde allen Prüfflüssigkeiten Natriumdithionit zugegeben und dadurch ein negatives Redoxpotential von - 200 mV eingestellt. Der Sauerstoffzutritt wurde durch eine Argonatmosphäre verhindert.

Im Teilprojekt [52] wurden folgende Auswahlkriterien an die verwendeten Materialien gestellt: Sie sollten die Anforderungen für eine mineralische Abdichtung erfüllen, aus der Deponiebaupraxis stammen, möglichst unterschiedliche tonmineralogische Zusammensetzung aufweisen und ein breites Spektrum umfassen. Einige Materialien, die für Bauprojekte eingesetzt waren, erfüllten nicht immer sämtliche Anforderungen der TA Abfall (1991) und TA Siedlungsabfall (1993). Sie wurden trotzdem für Laborversuche ausgewählt, um eine Rückkopplung zu den Feldversuchen zu gestatten. In den Feldversuchen wurden ein Ton, ein Geschiebelehm, ein Geschiebemergel und ein aufbereiteter Tonstein verwendet. In den Laborversuchen wurden zusätzlich ein kaolinitischer und ein montmorillonitischer Ton untersucht.

Ein sehr breites Spektrum von Dichtwandmaterialien wurde mit 10 Materialtypen im Teilprojekt [60] abgedeckt: eine feststoffangereicherte Einphasenmasse mit Organosilan, 3 konventionelle Na-Bentonit-Einphasenmassen (in einer Masse wurde 3 % und in der anderen 30 % des Na-Bentonits durch einen organisch modifizierten Bentonit ersetzt), eine feststoffangereicherte Einphasenmasse, eine Einphasenmasse auf Na-Bentonitbasis, eine betonähnliche Zweiphasenmasse mit Kalksplitt und -mehl, und 3 zementfreie Zweiphasenmassen mit Organosilan-Hydrogel (in 2 von ihnen war Sand und Kies durch Feinsand ersetzt, wobei eine dieser beiden einen geringeren Feststoffanteil hatte). Für die Abbauversuche wurden auch Einzelkomponenten der Dichtwandmassen wie Bentonit und Wasserglas und als Trägermaterialien Normsand, Quarzsand und Kompost verwendet. Die Sorptions- und Diffusionsversuche wurden mit ^{14}C-markierter 2,4-Dichlorphenoxyessigsäure, Toluol, 1,1,2-Trichlorethan, 1,2-Dichlorbenzol und Anthracen, die Ermittlung der Tortuosität mit Lithiumbromid und Natriumchlorid (^{36}Cl) durchgeführt. Die radioaktiv markierten Stoffe ermöglichten trotz niedriger Konzentrationen eine hohe analytische Genauigkeit. Der biochemische Stoffabbau wurde an Distearyldimethylammonium (DSDMA) und Propylsilan ebenfalls mit Hilfe von radioaktiv markierten Kohlenstoffatomen untersucht.

4.4.5 Untersuchungen

In allen 3 Teilprojekten standen experimentelle Untersuchungen im Vordergrund, wobei die bekannten theoretischen Grundlagen der physikalischen, chemischen und biochemischen Vorgänge zugrundegelegt wurden.

Das Dilemma zwischen Durchströmungs- und Batchversuchen wurde in den Teilprojekten [15] und [60] in der Form gelöst, daß beide Versuchstypen durchgeführt wurden. Im Teilprojekt [15] wurden die ausgewählten 4 Bodenarten mit jeweils 3 Prüfflüssigkeiten dynamisch (Batchversuch) und statisch (Durchströmung) beaufschlagt, wobei der Schwerpunkt der Untersuchungen auf der Langzeitdurchströmung lag. Die Batchversuche wurden bei einem Feststoff-Lösung-Verhältnis von 1:10 und einer Dauer von 6 Wochen durchgeführt, zwischengeschaltete Prüfungen fanden nach 1 und 3 Wochen statt. Die statischen Untersuchungen fanden in Form von einaxialen Durchströmungsversuchen bei einem hydraulischen Gradienten von 17 statt, Prüfungen wurden nach 6, 12 und 18 Monaten (Endtermin) vorgenommen. Vom Probenmaterial wurden störende Sickerwasserteile vor den mineralogisch-geochemischen Untersuchungen in einem Waschvorgang entfernt. Die folgenden wichtigsten Untersuchungen wurden für jede Bodenart durchgeführt: mineralogische Zusammensetzung (Röntgenbeugungsanalyse), chemische Zusammensetzung (Röntgenfluoreszenzanalyse), Bindungsformen von Eisen (sequentielle Extraktion), Kohlenstoffgehalt (LECO CR 12-Kohlenstoffanalysator), organische Bestandteile (Soxhlet-Extraktion), Gesamtschwefelgehalt (Infrarotspektroskopie), Korngrößenverteilung, Fließgrenze, Ausrollgrenze, Plastizitätszahl, Schrumpfgrenze, Wasseraufnahmevermögen, Glühverlust, Schrumpfmaß und Naßoxidation.

In den Untersuchungen über Frostempfindlichkeit [52] wurden Feld- und Laborversuche mit dem Ziel durchgeführt, die zu erwartenden Temperaturbelastungen, die Randbedingungen und die Materialveränderungen zu ermitteln. Die Feldversuche wurden an 4 Standorten durchgeführt. Kombinationen aus einer mineralischen Schicht, Kunststoffdichtungsbahn, Schutzvlies und Drainschicht simulierten verschiedene Dichtungsaufbauten und unterschiedliche Schutzeffekte gegen Frost. Die folgenden Parameter wurden gemessen: Temperatur in verschiedenen Tiefen der mineralischen Schicht, Lufttemperatur, Windgeschwindigkeit, Globalstrahlung und Luftfeuchte. Vor und nach den Winterperioden wurden Ausstechzylinderproben aus der mineralischen Schicht genommen. An den Proben wurden das Gefüge, die Dichte, der Wassergehalt, die Wasserdurchlässigkeit und die Scherfestigkeit ermittelt. In den Laborversuchen wurden die gleichen Erdstoffe getestet wie in den Feldversuchen und zusätzlich 2 Tone. Die folgenden Randbedingungen wurden ein-gestellt: eindimensionale Gefrierung von oben, gleichmäßige Eindringung der Frostfront, definierte Temperaturgradienten und keine Wasserzufuhr oder Wasserverlust zur/aus der Probe. Zwei Typen von Laborversuchen wurden durchgeführt: Bei einem Versuchstyp wurden großmaßstäbliche Proben (25 cm Durchmesser und 20 cm Höhe) Gefriereinwirkungen ausgesetzt und die Änderungen an Ausstechzylinderproben untersucht. Im zweiten Versuchstyp wurden 16 Normproctorproben gekühlt und untersucht. Die Kühlung der Proben erfolgte mit Kaltluft. In beiden Laborversuchstypen wurde das Probengefüge beobachtet, und die Trockendichte, der Wassergehalt, die Frostdauer, die Wasserdurchlässigkeit und die Scherfestigkeit gemessen.

Im Teilprojekt [60] wurde die biochemische Dauerbeständigkeit von organisch modifizierten Dichtwandmaterialien untersucht, wozu die Menge des im Abbauprozeß durch Mikoorganismen produzierten CO_2 mit Hilfe von ^{14}C gemessen wurde. Zur Sorptions-untersuchung wurden die Sorptionsparameter von ausgewählten Schadstoffen ermittelt. Diffusionsuntersuchungen wurden nach 3 Methoden durchgeführt: nach der amerikanischen Norm NS-16.01 (out-diffusion), Diffusion mit ummanteltem Probekörper (in-diffusion) und Diffusionsversuche nach der Halbzellenmethode. Die Diffusionsversuche wurden mit inaktivem Bromid, ^{36}Chlor oder mit tritiiertem Wasser durchgeführt.

4.4.6 Ergebnisse im Hinblick auf die Praxis

Die Ergebnisse der Teilprojekte [15], [52] und [60] haben wichtige und positive Erkenntnisse über die Langzeitbeständigkeit der mineralischen Materialien von Deponieabdichtungen und Dichtwänden geliefert: Die chemischen Einwirkungen der Sickerwässer, die Frosteinwirkung und die biochemischen Faktoren haben zwar eine Auswirkung auf die mineralischen Materialien, sie ist jedoch einerseits selbst bei längerer Einwirkungszeit meistens nicht schwerwiegend, andererseits läßt sie sich, insbesondere was die Frosteinwirkung betrifft, durch geeignete Maßnahmen minimieren oder sogar verhindern.

Unter den verwendeten 3 Prüfflüssigkeiten hatte die synthetische organische Mischsäure die stärkste Auswirkung auf das Calcit [15], obwohl die Anlösung von Calcit auch hier relativ schwach war. Kleinere Calcitkörner wurden wegen ihrer größeren Oberfkäche stärker durch das Sickerwasser angegriffen als größere Konkretionen. Der Gesamtgehalt der organischen Komponenten blieb trotz der Einwirkung durch die Prüfflüssigkeiten unverändert oder nahm sogar geringfügig zu. Zwar nahm die Konzentration bestimmter Kohlenwasserstoffe ab, aber einige polare Verbindungen wurden aus den Prüfflüssigkeiten aufgenommen. Die stark redoxabhängigen Eisenoxid/hydroxide wurden nur wenig angegriffen. Eine geringfügige Abnahme des Eisengehaltes wurde nur bei dem aus der Sonderabfalldeponie stammenden Sickerwasser festgestellt. Im Gegensatz zu den anderen untersuchten Mineralien zeigte Gips gegenüber allen Prüfflüssigkeiten eine erhebliche Empfindlichkeit. Zu seiner Anlösung haben Chloridionen, Alkalien, ein niedriges Redoxpotential, der saure Charakter der synthetischen Prüfflüssigkeit und bakterielle Aktivitäten beigetragen. Bei den Empfehlungen bezüglich der Grenzen der einzelnen Beimengungen wurden lange Zeiträume (100 Jahre und mehr) betrachtet. Ein explizites Zeitraffungsmodell lag jedoch nicht vor. Im Verformungsverhalten sind keine negativen Änderungen infolge der Sickerwassereinwirkung zu erwarten. Eine Plastizitätserhöhung kann insbesondere in dem Fall auftreten, wenn die Beimengungen als Bindemittel vorhanden sind und ihre Anlösung die spezifische Oberfläche erhöht. Üblicherweise werden Dichtungsmaterialien mit Wassergehalten in der Nähe der Ausrollgrenze eingebaut. Da bei den untersuchten Materialien Ausroll- und Schrumpfgrenze nahe beieinander lagen, gelangen sie bei Wassergehaltsabnahme schnell in einen volumenstabilen Bereich, so daß die Gefahr der Schrumpfrißbildung gering ist. Ein Einfluß der Sickerwässer auf das Schrumpfverhalten ist nur bei mehrmaliger Vernässung und Austrocknung zu erwarten. Das wichtigste Ergebnis für die Deponietechnik ist, daß das Durchlässigkeitsverhalten keine signifikanten Änderungen aufwies. Im Schlußbericht (Echle et al. 1994) sind die praktischen Auswirkungen der Ergebnisse ausführlich dargestellt.

Bei der Einwirkung von Frost auf Abdichtungserdstoffe erhöht der induzierte Gefriersog den Wassergehalt in den betroffenen Bereichen [52]. Die Wassergehaltserhöhung ist größer bei höheren Temperaturgradienten, höherem Ausgangswassergehalt, größerer Trockendichte, größerer Durchlässigkeit, längerer Gefrierzeit und kleinerer Frosteindringgeschwindigkeit. Gleichzeitig reduzieren die Auflockerung durch die Eiskristallbildung und der größere Anteil an Wasser die Trockendichte. Im vom Frost nicht betroffenem Bereich nimmt jedoch der Wassergehalt ab und die Trockendichte zu. Die Frostvorgänge prägen ein charakteristisches Bodengefüge ein, und zwar um so stärker, je höher der Ausgangswassergehalt, je länger die Frosteinwirkung und je größer die Frost-Tau-Wechselzahl ist. Die für die Abdichtungstechnik besonders wichtige Durchlässigkeit nimmt durch diese Strukturänderungen um einen Faktor von 5-10 zu. Bei der Scherfestigkeit wurde eine Abnahme festgestellt, die jedoch gewisse Reversibilität aufwies. Alle im Grunde ungünstigen Parameteränderungen konnten durch eine spätere Rekonsolidierung zum großen Teil rückgängig gemacht werden. Außerdem waren die im Feld gemessenen Änderungen kleiner als die Laborwerte. Die Beeinträchtigung durch den Frost war am stärksten an dem Testfeld, in dem die mineralische Schicht durch keinerlei Abdeckung geschützt war. Hier waren sogar eindeutige Wasserwegsamkeiten entstanden. Die Frosteinwirkung war bei größerem Tongehalt eindeutig stärker. Die in zwei relativ milden Wintern durchgeführten Feldversuche haben bei einer Abdeckung durch eine Kunststoffdichtungsbahn oder eine Kunststoffdichtungsbahn-Vlies-Kombination eine 30 cm tiefe Frosteindringung gezeigt; eine zusätzliche Kiesaufschüttung von mehr als 40 cm hat die mineralische Schicht vor Frost weitgehend geschützt. Bei Frostgefährdung ist zu empfehlen, die mineralische Schicht durch die vorgesehene Kunststoffdichtungsbahn, Schutzvlies und Kiesschicht abzudecken; als provisorische Maßnahmen wurden Abdeckungen durch Erde, Kompost, Stroh, Rindenmulch, Folien, Hartschaumplatten, Kunstschnee usw. empfohlen.

Im Teilprojekt [60] wurde die biochemische Dauerbeständigkeit von 2 Additiven, dem DSDMA und dem Propylsilan getestet. Im DSDMA wiesen sowohl die Alkylketten, als auch die Methylgruppen einen niedrigen mikrobiellen Abbau auf. Der Einbau in Tonmineral-zwischenschichten schützt DSDMA vor mikrobiellem Abbau besonders gut. Während der Versuchsdauer von 100 Tagen wurde kein relevanter Abbau erkannt. Da die Versuchs-bedingungen extrem günstig für den biologischen Abbau gewählt waren, kann man die Additive als biochemisch dauerbeständig bezeichnen, wenn auch kein explizites Zeitraffungsmodell besteht. Das Sorptionsverhalten der gewählten Modellschadstoffe war unterschiedlich. Die Sorption von 2,4-Dichlorphenoxyessigsäure und Toluol war bei allen Dichtwandmaterialien sehr gering. Bei 1,2-Dichlorbenzol erhöhte Organoton die sonst auch niedrige Sorptivität um einen Faktor 10. Anthracen wurde stärker sorbiert, Organoton und Organosilan-Hydrogel erhöhten die Sorptivität auch hier sehr stark. In den meisten Fällen war die Sorption reversibel, mit der Ausnahme von Anthracen in mit Organosilanen modifizierten Dichtwandmaterialien. Die mit Batchversuchen ermittelte Sorptionskapazität lag bei den meisten Schadstoffen im Bereich 100 - 1000 mg/kg Dichtwandmaterial, bei Anthracen nur um 1 - 10 mg/kg. Für die Tortuosität wurden sehr niedrige Werte ermittelt, die Tortuosität stellt einen wichtigen retardierenden Faktor dar. Deshalb lagen die Diffusionskoeffizienten drei Größenordnungen unter den Werten in reinem Wasser. Ausbreitungsrechnungen für Toluol ergaben unter der Annahme sonst konstanter Eigenschaften (keine Alterung) Durchbruchszeiten zwischen 100 und 1000 Jahren mit der Ausnahme von konventionellen Na-Bentonit-Dichtwandmassen, bei denen der Durchbruch rechnerisch innerhalb von 10 Jahren erfolgte. Eine inverse Strömung hat den Schadstofftransport bei fast allen Materialien unterdrückt, s. auch Kap. 4.3.

4.4.7 Zusammenfassende Empfehlungen

Die chemischen Einwirkungen betreffen Oberflächenabdichtungen, Basisabdichtungen und umschließende Dichtwände. In jeder dieser 3 Abdichtungselementen hat das Problem eine spezifische Ausprägung. Die Oberflächenabdichtung unterliegt als reine Erdstoffabdichtung einer unbegrenzten Sauerstoffzufuhr. Niedrige pH-Werte des einsickernden Niederschlags-wassers sind kein großes Problem, weil auch etwaiger "saurer Regen" nach Durchsickerung der Rekultivierungsschicht keinen extrem niedrigen pH-Wert mehr aufweisen wird und weil das Drainagewasser zum größten Teil schnell abfließt, so daß die Erdstoffdichtung nicht ständig dem schwach sauren Wasser ausgesetzt ist. Wegen des Zutritts von Sauerstoff sollte der Anteil von Sulfiden und Sulfaten im Erdstoff nur wenige Prozent betragen. Dann kann keine Schwefelsäure entstehen, die weitere schädliche Reaktionen in Gang setzen könnte. Unter den Milieubedingungen der Oberflächenabdichtung ist wegen der immer ausreichend vorhandenen Calciumionen im Laufe der Zeit die vollständige Umwandlung von Natriumbentonit in Calciumbentonit zu erwarten. Die Zeit, in der die gesamte vorhandene Menge umgewandelt ist, hängt natürlich stark von der Schichtdicke ab. Hierüber gibt es keine quantitativen Angaben. Es sei betont, daß auch der Calciumbentonit ausgezeichnete Abdichtungseigenschaften besitzt. Insgesamt ist die chemische Einwirkung an der Oberfläche weniger problematisch als die an der Deponiebasis.

Die Beanspruchung der Basisabdichtung ist durch die Einwirkung des Sickerwassers gegeben. Bei einer jungen Deponie hat das Sickerwasser niedrige pH-Werte, und es herrscht ein reduzierendes Milieu. Hierdurch besteht die Möglichkeit, daß etwaige vorhandene Eisen-(III)-Verbindungen in Eisen-(II)-Verbindungen umgewandelt werden und damit löslich und abtransportiert werden können. Für organische Bestandteile ist reduzierendes Milieu eher günstig, weil keine Oxidationen stattfinden. Es ist allerdings damit zu rechnen, daß sich auf lange Sicht auch an der Basis ein oxidierendes Milieu einstellt. Dann besteht auch hier die Gefahr, daß Sulfide und Sulfate zu Schwefelsäure oxidiert werden könnten. Allerdings konnte im Teilprojekt [15] dieser Prozeß trotz des hohen Anteils (5 - 10 %) an Pyrit in keinem der untersuchten Abdichtungserdstoffe nachgewiesen werden. In jedem Fall sollte aber der Anteil von Sulfiden und Sulfaten durch Vorschriften beschränkt werden. Bisher enthält nur die LWA-Richtlinie (1993) einen entsprechenden Grenzwert (< 5 %). Beschränkt ist dagegen in der Regel der Gehalt an organischen Bestandteilen, z. B. in der TA Abfall (1991) und der TA Siedlungsabfall (1993) auf ≤ 5 %, die LWA-Richtlinie Nr. 18 (1993) auf ≤ 10 % und die Niedersachsenrichtlinie (1988) auf ≤ 15 %. Derartige Grenzwerte sind wahrscheinlich entstanden, weil man keinerlei Holzstücke und ähnliches haben wollte, die nach dem Zersetzen Schwächezonen in der Abdichtungsschicht hinterlassen würden. Etwas ganz anderes sind aber organische Bestandteile in manchen natürlichen Gesteinen, die sich über geologische Zeiträume hinweg als stabil erwiesen haben. Hier wäre es wünschenswert, zwischen den Arten der organischen Bestandteile bezüglich ihrer Widerstandsfähigkeit im Milieu der Abdichtungsschicht zu unterscheiden. Hinzu kommt, daß in den Regeln zwar der Grenzwert für die organischen Bestandteile vorgeschrieben ist, nicht aber die Bestimmungsmethode. Wie im Teilprojekt [15] festgestellt wurde, ergeben die verschiedenen Verfahren - Glühverlust bei verschiedenen Temperaturen, Naßoxidation, TOC-Bestimmung - Unterschiede bis zu mehreren Zehnerpotenzen, so daß man sich hier erst auf ein verbindliches Verfahren einigen müßte.

Auch der Carbonatanteil wird in den Vorschriften begrenzt, z. B. auf < 5 % nach TA Siedlungsabfall (1993). Die Befürchtung ist hier, daß Carbonate im sauren Milieu herausgelöst werden könnten. Grundsätzlich verschwinden die herausgelösten Anteile nicht einfach sondern führen auch wieder zu Ausfällungen, wobei auch Schadstoffe eingebunden werden können. Wie bei den Tonmineralien können auch allgemein stark reaktive Bestandteile für die Schadstoffrückhaltung (Adsorption, Ausfällung usw.) positiv sein. Immer wieder wird die Frage aufgeworfen, ob für die Abdichtungsschichten in der Deponie und die umschließenden Dichtwände primär eine niedrige konvektive Durchlässigkeit oder ein hohes Schadstoffrückhaltevermögen angestrebt werden sollte. Da beide Funktionen oft nur schwer in Einklang zu bringen sind, sind zweischichtige mineralische Abdichtungssysteme entwickelt worden, bei denen eine Schicht die Schadstoffe adsorbiert und die andere für eine geringe Durchlässigkeit sorgt. Hierbei sollte man allerdings mittels einer Schadstoffbilanzierung ermitteln, ob die erzielbare Verringerung des Schadstoffaustrags den Mehraufwand der adsorbierenden Schicht rechtfertigt.

Das eigentliche Ziel jeglicher Abdichtungsmaßnahmen ist die Minimierung des Schadstoff-austrags aus der Deponie. Dieser wird durch die konvektive und diffusive Dichtigkeit und durch die Schadstoffrückhaltung bestimmt. Für die Schadstoffrückhaltung gibt es noch keine allgemein anerkannten Bewertungs- oder Bemessungsgrundsätze. In einigen deutschen Bundesländern wird die Kationenaustauschkapazität (KAK) als maßgebende Größe und 10-Milli-Äquivalent als Richtwert verwendet.

Wegen der Komplexität der geochemischen Vorgänge haben die TA Abfall (1991) und die TA Siedlungsabfall (1993) mit dem Vorschreiben der Kombinationsdichtung als Regelabdichtung für Deponien der Klasse II einen sicheren Weg beschritten, indem dort der Größtteil der Schadstoffe, insbesondere der anorganischen, von der Kunststoffdichtungsbahn zurückgehalten werden und die Erdstoffabdichtungsschicht vor Sickerwassereinwirkung geschützt wird. Grenzwerte werden nur für die konvektive Dichtigkeit vorgeschrieben, weil nur hier Einigkeit über die Bewertungsgrundsätze besteht.

Den Grenzwert für den Carbonatanteil sollte man vielleicht differenzierter betrachten. Wie im Teilprojekt [15] und auch in anderen Forschungsarbeiten festgestellt wurde, löst sich bei ständiger Einwirkung von sauren Lösungen (pH = 4,5) auch bei stark karbonathaltigem (40 - 50 %) Abdichtungsmaterial kaum etwas heraus. Da es andererseits in manchen Gegenden schwierig ist, auf wirtschaftliche Weise carbonatarmes Abdichtungsmaterial bereitzustellen, sollte man überlegen, ob dieser Grenzwert in manchen Fällen nicht wesentlich überschritten werden sollte. Zum Beispiel wird im alkalischen Milieu einer Bauschuttdeponie das Sickerwasser kaum niedrige pH-Werte aufweisen, so daß die befürchteten Lösungsvorgänge nicht auftreten werden. Auch unter einer Kunststoffdichtungsbahn ist die mineralische Abdichtungsschicht für viele Jahrzehnte vor Sickerwasser geschützt - also gerade in der Phase, in der dieses besonders niedrige pH-Werte aufweist.

Wie das Teilprojekt [15] gezeigt hat, sind auch bei ungewöhnlicher Zusammensetzung der Abdichtungsschicht (bis zu 10 % Gips) und starker chemischer Einwirkung Änderungen hinsichtlich der Durchlässigkeit und der Plastizitätsgrenzen nur dann zu erwarten, wenn hochaktive Tonminerale in erheblichem Anteil vorhanden sind.

Bei den Dichtwänden wird - stärker als bei Basisabdichtungen - neben der konvektiven Dichtigkeit und der Diffusion dem Schadstoffrückhaltevermögen eine große Bedeutung beigemessen. Das liegt auch daran, daß die "inverse Strömung" in den kontaminierten Bereich hinein (s. Kap. 4.3) bei Dichtwänden leichter realisiert werden kann und verschiedentlich angewendet wird, wodurch Diffusions- und Sorptionsvorgänge wichtiger werden. Organophile Bentonite sind besonders gut geeignet, organische Schadstoffe zurückzuhalten. Sie können keine Schwermetallionen zurückhalten; das ist allerdings auch nicht notwendig, weil diese Funktion von den anderen Bestandteilen der Dichtwandmassen übernommen wird. Ebenso wie die modifizierte Wasserglasmischung "Dynagrout" enthalten die organophilen Bentonite organische Zusätze, wodurch sich grundsätzlich die Frage der geochemischen Beständigkeit stellt. Hierbei kommt es stark auf die biologischen Randbedingungen an: Das hochalkalische Milieu der zementgebundenen Dichtwandmassen, denen oft organophiler Bentonit zugemischt wird, ist derart lebensfeindlich, daß trotz extrem fördernder Bedingungen in den Versuchen des Teilprojektes [60] kein relevanter mikrobieller Abbau zu erkennen war. Obwohl es nicht möglich ist, aus den Versuchszeiträumen auf eine Mindestlebensdauer zu schließen, konnte nachgewiesen werden, daß der mikrobielle Abbau - verglichen mit rein chemischen Einwirkungen - nicht die kritische Gefährdung der Langzeitbeständigkeit von Dichtwandmassen ist. Bei organophilem Bentonit und bei mit Organosilanen modifiziertem Wasserglas sind es gerade die organischen Zusätze, die zu einer Verbesserung des Abdichtungsmaterials führen.

Die Frosteinwirkung unterscheidet sich von den chemischen und geochemischen Ein-wirkungen grundsätzlich dadurch, daß sie nur während der Bauzeit zu befürchten ist. Kritisch ist der Fall, daß die Abdichtungsschicht fertiggestellt und im wesentlichen nur mit einer

30 cm dicken Drainageschicht abgedeckt ist. Das ist bei langandauernden Perioden starken Frosts zu wenig. Die Gefahr besteht dann insbesondere an der Böschung: Wenn sich dort Eislinsen bilden, wird die Scherfestigkeit beim Auftauen erheblich herabgesetzt und die Standsicherheit ist gefährdet. Zwar erfolgt nach einiger Zeit eine Rekonsolidation, wodurch sich ein Großteil der Scherfestigkeit wieder einstellt. Die Zeitspanne zwischen Auftauen und Rekonsolidation ist jedoch kritisch. An der Basis kann man dagegen mit dem Auffüllen des Mülls solange warten, bis die dabei entstehenden Spreizspannungen von der Abdichtungsschicht aufgenommen werden können.

Die bleibende Schädigung hinsichtlich der Durchlässigkeit ist dagegen sekundär. Insbesondere büßen hochquellfähige Tonminerale ihr Quellvermögen nicht durch Gefrieren und Auftauen ein, obwohl gerade in diesen Materialien die Eislinsenbildung am stärksten ausgeprägt ist. Die Rekonsolidierung gelingt zwar zu einem hohen Prozentsatz; es stellen sich aber, wie bei der Scherfestigkeit, nicht ganz die Werte des Einbauzustandes wieder her. Hier stellt sich die Frage nach den Schadensgrenzen, die noch tolerierbar sind bzw. nach deren Überschreiten Teile der Abdichtungsschicht ausgebaut und ersetzt werden müssen. Diese Schadensgrenzen - als Eindringungstiefe der Schädigung oder als Prozentsatz der maßgebenden Kennwerte formuliert - existieren z. Z. noch nicht. Eine Festlegung durch ein geeignetes Gremium erscheint als unbedingt notwendig.

Die Frostgefährdung hängt von der Art des Abdichtungsmaterials ab. Wenig gefährdet sind Mischungen mit einer abgestuften Kornverteilung wie Bentokies und die Dywidag-Trockenmischung. Wenig Feinteile sind ebenfalls günstig, allerdings ist die Dywidag-Trockenmischung trotz des hohen Bentonitanteils von etwa 8 % kaum frostgefährdet, weil sie mit einem Wassergehalt von nur etwa 1 % eingebaut wird und nur langsam wenig weiteres Wasser aufnimmt. In Regionen mit starkem Frost wie nördliche Regionen von Nordamerika unterliegen die Oberflächenabdichtungen in jedem Jahr einem Frost-Tau-Wechsel, so daß es dort wahrscheinlich Erfahrungen über geeignete Materialien und deren Verhalten gibt.

Wie im Straßenbau ist der Einfluß eines kapillaren Nachschubs aus dem Untergrund für die Eislinsenbildung wichtig. Obwohl der Mechanismus, der zur Eislinsenbildung führt, bekannt ist und praktische Erfahrungen und Bemessungsregeln in Form von Frostschutzkriterien vorliegen, kann man die komplexen Vorgänge noch nicht rechnerisch abbilden und für Voraussagezwecke nutzen.

Die Berechnung der Temperaturen in der mineralischen Abdichtungsschicht bei gegebenem Verlauf der Außentemperatur und anderen Randbedingungen ist dagegen möglich. Auch bei der Abschätzung der Austrocknungsgefährdung muß die Temperaturverteilung ermittelt werden, s. Kap. 4.2. Mit Hilfe dieser Berechnungen kann man dann etwaige zusätzliche provisorische Isolierschichten so dimensionieren, daß die Erdstoffabdichtung frostfrei bleibt. Hierbei muß man auch den Wind berücksichtigen, dessen ungünstige Wirkung durch eine abdeckende Folie verringert werden kann. Damit kann die Vorschrift umgesetzt werden, daß die Abdichtungsschicht vor Frosteinwirkung zu schützen sei. In der Praxis müßte man die Logistik der Baustelle darauf einrichten, daß bei einer plötzlich einbrechenden Frostperiode die benötigten Schutzmaterialien rechtzeitig und in ausreichender Menge zur Verfügung stehen. Noch besser wäre es, wenn der Bauablauf und die Deponieverfüllung zeitlich so aufeinander abgestimmt werden, daß die mineralische Abdichtungsschicht während der Frostperiode abgedeckt ist.

Literatur

Echle, W.; Gorantonaki, A.; Düllmann, H.; Obernosterer, I. (1994): Redoxabhängige mineralogische und chemische Stoffumsätze in tonigen Deponiebasisabdichtungen und ihre bodenmechanischen Auswirkungen. Schlußbericht. BMBF-Verbundforschungsvorhaben Weiterentwicklung von Deponieabdichtungssystemen. Fkz. 1440569A5-15

Holzlöhner, U.; August, H.; Meggyes, T.; Brune, M. (1994) (Hrsg.): Deponieabdichtungssysteme. Statusbericht. Forschungsbericht 201. Bundesanstalt für Materialforschung und -prüfung. Berlin. S. 194. Wirtschaftsverlag NW. Verlag für Neue Wissenschaft GmbH Bremerhaven. ISBN 3-89429-475-2

LWA-Richtlinie (1993): Landesamt für Wasser und Abfall (LWA) Nordrhein-Westfalen, Richtlinie Nr. 18. Mineralische Deponieabdichtungen. Schriftenreihe des Landesumweltamtes Nordrhein-Westfalen, Düsseldorf

Niedersachsenrichtlinie (1988): Runderlaß des Ministeriums für Umwelt vom 24.6.1988 - 207-62812/21 - GültL 30/36 - Durchführung des Abfallgesetzes; Abdichtung von Deponien für Siedlungsabfälle

Rodatz, W.; Voigt, T. (1994): Untersuchungen zur Frostempfindlichkeit mineralischer Deponieabdichtungen, möglicher Standsicherheitsprobleme und Schutzmaßnahmen. Schlußbericht. BMBF-Verbundforschungsvorhaben Weiterentwicklung von Deponieabdichtungssystemen. Fkz 1440569A5-52

TA Abfall (1991): Zweite Allgemeine Verwaltungsvorschrift zum Abfallgesetz, Teil 1: Technische Anleitung zur Lagerung, chemisch/physikalischen und biologischen Behandlung, Verbrennung und Ablagerung von besonders überwachungsbedürftigen Abfällen. In: Schmeken, W.: TA Abfall. Köln: Deutscher Gemeindeverlag, W. Kohlhammer. Und in: Müll-Handbuch. Band 1, **0670**. Berlin: Erich Schmidt. S. 1-136

TA Siedlungsabfall (1993): Dritte Allgemeine Verwaltungsvorschrift zum Abfallgesetz: Technische Anleitung zur Verwertung, Behandlung und sonstigen Entsorgung von Siedlungsabfällen. In: Schmeken, W.: TA Abfall, TA Siedlungsabfall. 3. Aufl. Köln: Deutscher Gemeindeverlag, W. Kohlhammer. Und in: Müll-Handbuch. Band 1, **0675**. Berlin: Erich Schmidt. S. 1-52

Wienberg, R.; Gerth, J.; Förstner, U. (1995): Biochemische Dauerbeständigkeit und Schadstofftransport bei organisch modifizierten Baustoffen für die Herstellung von Dichtwänden zur Altlastensanierung. Schlußbericht. BMBF-Verbundforschungsvorhaben Weiterentwicklung von Deponieabdichtungssystemen. Fkz. 1440569A5-60

4.5 Bauverfahren, Qualitätssicherung

T. Meggyes

4.5.1 Teilprojekte zum Thema

Zum Thema "Bauverfahren" umfaßt das Verbundforschungsvorhaben folgende Teilprojekte:

[11] Bauverfahrenstechnik bei der Herstellung von Kombinationsabdichtungen, Schlußbericht s. Dornbusch et al. (1995)

[27] Untersuchung der Eignung bergmännischer Verfahren zur nachträglichen Sohlabdichtung von Deponien, Schlußbericht s. Eichmeyer et al. (1994)

[48] Verfahrenstechnische Optimierung des Herstellungsprozesses mineralischer Abdichtungssysteme im Deponiebau, Schlußbericht s. Beitzel & Bjelanovic (1992)

4.5.2 Ausgangspunkt und Problematik

Bei der Bauverfahrenstechnik stehen auf einer Seite die Erkenntnisse aus der Forschung, auf der anderen Seite die Umsetzbarkeit dieser Erkenntnisse in die technische Ausführung und die Kosten. Die Bauverfahrenstechnik spiegelt deshalb nicht nur die technisch-wissenschaftlichen Erkenntnisse sondern auch die aktuelle Wirtschaftslage des Landes wieder. Im Deponiebau betrifft die Bauverfahrenstechnik die Materialaufbereitung, den Einbau und die Verdichtung des mineralischen Dichtungsmaterials, die Verlegung und Fügung der Kunststoffdichtungsbahnen sowie die Herstellung von Entwässerungseinrichtungen, d. h. das gesamte Deponieabdichtungssystem, siehe hierzu auch Meggyes (1994). Am häufigsten wird die Bauart der Kombinationsdichtung, bestehend aus einer mineralischen Dichtschicht und einer Kunststoffdichtungsbahn im Preßverbund, eingesetzt.

Der Qualität und der Qualitätssicherung kommt im Deponiebau aus 2 Gründen eine besonders große Bedeutung zu: Es bestehen hohe Anforderungen, auch sehr geringe Schadstoffmengen langfristig zurückzuhalten und viele Bauteile der Abdichtungssysteme (das Basisabdichtungssystem vollständig) sind nach Befüllen und Abdecken der Deponie nicht mehr oder nur mit großem Aufwand zugänglich. Die Basisabdichtung gilt deshalb beim Auftreten eventueller Fehler als praktisch nicht reparierbar.

Nach DIN ISO 8402 ist die Qualität die Gesamtheit von Merkmalen einer Einheit bezüglich ihrer Eignung, festgelegte und vorausgesetzte Erfordernisse zu erfüllen. Sie bezeichnet das Maß für die Einhaltung geforderter Eigenschaften von Materialien, Produkten, Systemen und Leistungen. Die Qualität der Deponie setzt die ordnungsgemäße Qualität der Einzelbauteile voraus. Die Qualitätssicherung hat hierbei sicherzustellen, daß die entsprechend dem Stand der Technik festgelegten Qualitätskriterien eingehalten werden. Sie muß sich sowohl auf die Qualität der eingesetzten Materialien als auch auf die Qualität der Ausführung beziehen. Die Qualitätssicherung im Deponiebau erfolgt in 3 Stufen: Eigenprüfung, Fremdprüfung und Überwachung durch die zuständige Behörde.

Die der Qualität und Qualitätssicherung beigemessene Bedeutung spiegelt sich in den Anforderungen an die Planung und Herstellung von Kombinationsdichtungen in Regelwerken, wie z. B. TA Abfall (1991), TA Siedlungsabfall (1993) und Richtlinie der BAM (1992). Die Einhaltung der Anforderungen bezüglich Material- und Einbauparameter[1], die Herstellung des Preßverbundes, der Fügenähte und übriger Arbeiten gemäß Qualitätssicherungsplan sind die Voraussetzungen für eine langfristige Funktionstüchtigkeit des Abdichtungssystems.

Bei dem Bau der mineralischen Dichtungsschicht kommen verschiedene Verfahrenstechniken zum Einsatz. Charakteristisch für den Deponiebau ist, daß die Geräte und Maschinen aus dem Erd- und Straßenbau übernommen wurden, obwohl sich die bindigen Erdstoffe von den dort verwendeten Baumaterialien unterscheiden und einer völlig anderen bauverfahrenstechnischen Behandlung bedürfen. Auch die Anforderungen sind sehr unterschiedlich. Im Straßenbau wird die Tragfähigkeit, im Deponiebau die Dichtigkeit optimiert. Die Wirksamkeit der anzuwendenden Einbautechnik muß in einem Versuchsfeld nachgewiesen werden.

Heute wird zur Erzielung ausreichender Homogenität und des damit verbundenen kleinen Durchlässigkeitsbeiwertes mit Wassergehalten auf dem "nassen" Ast der Proctorkurve, d. h. oberhalb des für die Verdichtung optimalen Wassergehaltes gearbeitet. In der Praxis zeigen sich aber beim Bau von mineralischen Abdichtungsschichten aus vielfachen Gründen häufig Inhomogenitäten, deren Auftreten durch die Weiterentwicklung der Einbautechniken beseitigt werden muß.

In den Regelwerken wird verlangt, daß eine nahezu vollständige Planlage der Kunststoffdichtungsbahn auf der mineralischen Dichtungsschicht als Voraussetzung für einen Preßverbund unter Auflast des Abfallkörpers erreicht wird (Bundesanstalt für Materialforschung und -prüfung 1992). Die Oberfläche der mineralischen Dichtschicht ist nach Fertigstellung vor Austrocknung, Wasseranstau, Überflutung oder Durchfrostung zu schützen. Witterungseinflüsse bilden einen entscheidenden baubetrieblichen Parameter.

Altlasten und Altablagerungen stellen wegen ihres häufig sehr hohen Schadstoffgehaltes besonders schwierige Probleme bezüglich einer möglichen Schadstoffausbreitung dar. In den Fällen, in denen die üblichen Sicherungsmaßnahmen wie die Oberflächenabdichtung, die Dichtwand oder die In-situ-Immobilisierung die Ausbreitung der Kontamination nicht wirksam unterbinden können, kann die Herstellung einer nachträglichen Basisabdichtung in Betracht kommen. Dies kann durch den Einsatz bergmännischer Verfahren erreicht werden.

4.5.3 Ziele und Aufgabenstellung

Die Teilprojekte [11], [27] und [48] haben verschiedene wichtige Aspekte der Herstellung von Deponieabdichtungen untersucht, wobei der Schwerpunkt auf der mineralischen Schicht der Basisabdichtung lag. Die Untersuchungen beinhalteten umfassende Analysen der Bauverfahrenstechnik, Erarbeitung von Vorschlägen für die Einführung von Qualitätsmanagementsystemen, Verbesserung der Homogenität und der Qualität der mineralischen Dichtschicht und eine vergleichende Bewertung von bautechnischen und bergmännischen Verfahren.

---

[1] Körnung, Tonanteil, Homogenität, Wassergehalt, Verdichtungsgrad, Durchlässigkeit, Schicht- und Lagendicke, sowie Beschaffenheit der PE-HD-Bahn, wie sie im Zulassungsverfahren gefordert wird.

Ziel des Teilprojektes [11] war, systematisch geordnete Kenntnisse über den Einfluß der Verfahrenstechniken auf die Qualität von Kombinationsabdichtungen zusammenzustellen. Aufgrund der Untersuchungsergebnisse sollten Vorschläge zur Einbeziehung dieser Kenntnisse in technische Regelwerke erarbeitet werden. Die Erfassung der baubetrieblichen Randbedingungen, insbesondere Witterungseinflüsse, ist sehr wichtig, da sie die Qualität der Deponieabdichtungen stark beeinflussen können. Es war auch beabsichtigt, Vorschläge zur Anpassung der Geräte für den Bau von Deponieabdichtungen zu erarbeiten. Ansätze für eine verfahrenstechnische Optimierung des Baubetriebes sollten ebenfalls entwickelt werden. Basierend auf den Vorgaben aus den DIN ISO Normen 9000 ff. zum Aufbau von Qualitätsmanagementsystemen, sollten Grundlagen für die Sachteile von Qualitäts-management (QM)-Handbüchern erarbeitet werden.

Der Homogenität der eingebauten mineralischen Dichtschicht wurde sowohl im Teilprojekt [11], als auch im Teilprojekt [48] große Bedeutung beigemessen. Das wichtigste Ziel des Teilprojektes [48] war, das Mischen des mineralischen Abdichtungsmaterials direkt am Einbauort zu untersuchen. Durch diese Maßnahme soll ein höherer Homogenisierungsgrad und damit verbunden, die Verbesserung der Dichtungseigenschaften erreicht werden.

Anhand vergleichender Analysen sollten bautechnische und bergmännische Verfahren in den Teilprojekten [11] und [27] bewertet werden. Teilprojekt [11] befaßte sich mit "herkömmlichen" Bauverfahren, die Untersuchungen im Projekt [27] hatten das Ziel, bergmännische Verfahren zur nachträglichen Sohlabdichtung von Deponien und Altlasten zu ermitteln, die angebotenen Verfahren auf ihre Tauglichkeit hin zu untersuchen und vergleichend zu bewerten.

Die Kosten der in Frage kommenden bautechnischen und bergmännischen Verfahren sollten in den Teilprojekten [27] und [48] ermittelt und verglichen werden, wobei es sich im Teilprojekt [27] um die nachträgliche Sohlabdichtung, im Teilprojekt [48] um die Mischverfahren zum Einbau mineralischer Dichtungsmaterialien handelte.

4.5.4 Materialien

In der Praxis werden Tone, Schluffe und kornabgestufte Mineralgemische als mineralische Dichtungsmaterialien angewendet. Als Kunststoffdichtungsbahnmaterial haben sich einige Typen aus Polyethylen hoher Dichte (PE-HD) bewährt. Diese Materialien kamen auf den untersuchten Baustellen [11] und in den analysierten bergmännischen Verfahren [27] in Betracht. Im Teilprojekt [27] wurden außerdem eine Dynagrout-Mischung (17,8 Gew.-% kaolinitisches Tonmehl, 34,5 Gew.-% 0-2 mm Sand, 34,6 Gew.-% 2-8 mm Kies, 10,5 Gew.-% Wasser, 2,09 Gew.-% Wasserglas, 0,16 Gew.-% Dynagrout DWR-A und 0,32 Gew.-% Dynagrout DWR-B) und ein kaolinitischer Ton auf ihre Pump- bzw. Schleuderfähigkeit hin untersucht, da das in einigen Verfahrenskonzepten vorgeschlagene Einbringen des mineralischen Dichtmaterials in vertikalen Scheiben durch Verpumpen oder Verschleudern eine Schwachstelle dargestellt hat.

Im Teilprojekt [48] wurde eine große Bandbreite der im Deponiebau eingesetzten Materialien untersucht: ein kornabgestuftes Mineralgemisch aus Sand und tonigem Schluff, ein toniger Schluff (beide mit Bentonitvergütung) und ein schluffiger Ton. Für die Vergütung wurde aktivierter Natrium-Bentonit mit über 500 % Wasseraufnahmefähigkeit verwendet. Das kornabgestufte Mineralgemisch enthielt < 20 Gew.-% Feinstkorn (< 0,002 mm) und wies bei

5 Gew.-% Bentonitzugabe und bei einem hydraulischen Gefälle i = 30, 100 % Proctordichte und Einbauwassergehalt w_{opt} einen Durchlässigkeitskoeffizienten von $5 \cdot 10^{-11}$ m/s auf. Die Proctordichte betrug je nach Materialschwankung 2,00 - 1,87 g/cm³ und der Einbauwassergehalt 10 - 14 Gew.-%. Bei dem tonigen Schluff lag der Anteil < 0,06 mm zwischen 87 und 98 Gew.-%, der Anteil < 0,002 zwischen 25 und 32 Gew.-%, die Fließgrenze zwischen 40 und 44,7 %, die Ausrollgrenze zwischen 16 und 20 % und die Plastizitätszahl zwischen 20,0 und 28,7 %. Bei einer Bentonitvergütung von 2 Gew.-% betrug der Durchlässigkeitskoeffizient $4 - 6 \cdot 10^{-11}$ m/s (i = 30, Proctordichte, w_{opt}). Die Proctordichte schwankte zwischen 1,79 und 1,67 g/cm³ und der Einbauwassergehalt zwischen 17,9 und 19,8 Gew.-% (Bodengruppe nach DIN 18196: UM - TL). Der schluffige Ton enthielt > 32 Gew.-% Feinstkorn (< 0,002 mm), die Fließgrenze lag zwischen 47,8 und 53,2 %, die Ausrollgrenze zwischen 22,6 und 26,6 %, die Plastizitätszahl zwischen 25,0 und 30,6 %, die Proctordichte zwischen 1,78 und 1,67 g/cm³ und der Einbauwassergehalt zwischen 18,2 und 23,2 % (Bodengruppe nach DIN 18196: TL - TM). Die gemessene Durchlässigkeit betrug $3 \cdot 10^{-11}$ m/s bei 100 % Proctordichte und w_{opt}.

4.5.5 Untersuchungen

In den sich mit Bauverfahrenstechnik befassenden Teilprojekten wurden unterschiedliche Untersuchungsmethoden angewendet. Teilprojekt [11] untersuchte die Bautechnologie von ausgewählten Deponiebaustellen durch systematische Dokumentation. Diese Untersuchungen wiesen eine Besonderheit auf: Der Status quo der Bautechnologie wurde nicht nur in Deutschland (Nordrhein-Westfalen, Rheinland-Pfalz und Hessen), sondern mit Hilfe der Projektleitung auch in England (Kent und West Yorkshire), insgesamt auf 25 Deponiebaustellen, erfaßt. Baustellen mit neuen Verfahrenstechniken und innovativen Materialien wurden bevorzugt beobachtet. Alle Verfahrensschritte der praktizierten Bauverfahrenstechniken und andere den Bauablauf beeinflussende Faktoren wurden durch schriftliche Dokumentation, Photo- und Videoaufnahmen bekundet: die Aufbereitung, der Einbau und die Verdichtung des mineralischen Materials, die Verlegung und die Vernetzung der Kunststoffdichtungsbahnen sowie der Einbau der Schutz- und Entwässerungsschichten. Die eingesetzten Baugeräte und Verfahrenstechniken wurden einander gegenübergestellt. Die Untersuchungsergebnisse wurden aus Gründen der Vertraulichkeit in anonymisierter Form wiedergegeben. Anschließend wurden Ansätze für Qualitätsmanagementsysteme im Deponiebau erarbeitet und ein QM-Handbuch zusammengestellt.

Zum Einbau und zur Verdichtung der im Deponiebau verwendeten bindigen Erdstoffe werden am häufigsten Planierraupen, Grader, Hydraulikbagger, Schürfkübelraupen, Walzenzüge, Kompaktoren usw. benutzt. Die Verdichtung des mineralischen Materials erfolgt mit dynamischen Verdichtungsverfahren, abweichend von den im Erd- und Straßenbau eingesetzten Methoden. Für das Verdichtungsergebnis und die Dichtigkeit der mineralischen Abdichtung sind die schwingende Masse, die Amplitude, die Frequenz, die Fahrgeschwindigkeit, die Anzahl und die Geometrie der vibrierenden Bandagen, sowie die Lagendicke und die Anzahl der Übergänge entscheidend. Der Einsatz einer material- und standortspezifisch angepaßten Geräte- und Verfahrenstechnik, die sorgfältige Koordinierung der Betriebsabläufe und die Sicherstellung eines kontinuierlichen Materialflusses sind entscheidend für den technischen und wirtschaftlichen Erfolg einer Baumaßnahme.

Teilprojekt [27] erfaßte zunächst die in Frage kommenden bergmännischen Technologien, und untersuchte sie auf Machbarkeit, Sicherheit, Aufbau des Abdichtungssystems und Kosten hin. Für diesen Zweck wurde ein Arbeitskreis gegründet, in dem Experten auch außerhalb des Teilprojektes mitgewirkt haben. Nach mehrmaligem Sichten wurde die Anzahl der erfolgversprechenden Verfahren auf fünf reduziert, die gründlich analysiert und verglichen wurden. Im Teilprojekt [27] wurden auch experimentelle Untersuchungen durchgeführt: Das Verpumpen und Verschleudern von mineralischem Dichtmaterial wurde getestet und die Durchlässigkeit des verpumpten bzw. verschleuderten Dichtmaterials gemessen.

Im Teilprojekt [48] wurde in Anlehnung an den herkömmlichen Transportbetonmischer eine neuartige Mischerkonstruktion entwickelt. Zur Kennzeichnung der verwendeten mineralischen Materialien wurden mit in der Bodenmechanik üblichen Untersuchungsmethoden die Korngrößenverteilung, der Durchlässigkeitskoeffizient, die Proctordichte, der Wassergehalt, die Fließgrenze, die Ausrollgrenze und die Plastizitätszahl bestimmt. Eigens für die Ermittlung der Homogenität wurde ein Auszählverfahren entwickelt, in dem eine Inhomogenitätszahl als das Verhältnis der Fläche der Toneinschlüsse in einer aufgeschnittenen Probe zur gesamten Probenfläche definiert und bestimmt wurde.

Die den Mischprozeß beeinflussenden Parameter wurden in kleinmaßstäblichen Mischversuchen ermittelt und optimiert [48]. In den Tests wurde hohe Homogenität erzielt: Die Schwankung des Wassergehaltes lag beim kornabgestuften Mineralgemisch und tonigen Schluff unter 3 Gew.-%, beim schluffigen Ton unter 6 Gew.-%. Die Homogenität lag zwischen 80 und 93 %. Beim schluffigen Ton sind durch Adhäsion jedoch erhebliche Probleme in der Mischtrommel aufgetreten. Aus den hergestellten Mischungen wurden in baustellenmaßstäblichen Versuchen Abdichtungen in einem Versuchsfeld eingebaut, mit verschiedenen Methoden verdichtet und die Qualität nach Einbau getestet. Aufgrund der festgestellten Adhäsion beim schluffigen Ton wurden baustellenmaßstäbliche Mischversuche nur mit dem kornabgestuften Mineralgemisch und dem tonigen Schluff durchgeführt. Beim kornabgestuften Mineralgemisch waren die aus Ausstechzylinder ermittelten Trockendichten (2,0 und 1,87 g/cm^3 bei 10 - 14 % Wassergehalt) mit den in Proctorversuchen ermittelten Werten identisch, die k-Werte (4,1 - 4,5 · 10^{-11} m/s) sogar geringfügig niedriger als beim vorherigen Laborversuch. Beim tonigen Schluff betrug die anhand von Ausstechzylinderproben ermittelte Trockendichte 1,79 - 1,67 g/cm^3 bei 17,9 - 20,0 % Wassergehalt und die k-Werte 3,2 - 5,0 · 10^{-11} m/s. Der Restinhalt der Trommel stieg beim kornabgestuften Mineralgemisch auf 20 Gew.-% und beim tonigen Schluff auf 48 % an.

In den Teilprojekten [48] und [27] wurden kostenvergleichende Analysen durchgeführt, in denen die Kosten des Mixed-in-plant-, Mixed-in-mobile-plant- und Mixed-in-place-Verfahrens, bzw. der untersuchten bergmännischen Verfahren, letztere anhand einer Modelldeponie, ermittelt und verglichen wurden.

4.5.6 Ergebnisse im Hinblick auf die Praxis

Der Bau von Kombinationsdichtungen erfordert die Zusammenarbeit und Abstimmung der beteiligten Fachfirmen. Die Praxis zeigt, daß die Schnittstellen zwischen den Firmen Probleme bereiten und häufig Ursache für Schäden am Abdichtungssystem sind. Wichtig ist weiterhin die Abstimmung zwischen den Instanzen der Eigen- und Fremdüberwachung, der Aufsichtsbehörde sowie den ausführenden Unternehmen. Die Fachbauleitung und die überwachende Instanz müssen ständig auf der Baustelle vertreten sein, um die Koordination zu sichern und wenn nötig, eingreifen zu können. Treten Verzögerungen zwischen den einzelnen Arbeitsschritten auf, müssen fertiggestellte Teile der mineralischen Schicht vor Regen, Austrocknung durch Sonneneinstrahlung und Wind sowie Frosteinflüssen geschützt werden. Witterungseinflüsse bestimmen den Deponiebau mindestens in gleicher Weise wie die Auswahl und Umsetzung der richtigen Verfahrenstechnik.

Für das Verlegen der Kunststoffdichtungsbahn sind ebenfalls günstige Witterungsbedingungen erforderlich. Die Zulassungsrichtlinie der Bundesanstalt für Materialforschung und -prüfung (1992) gestattet die Verlegung nur während der Monate April bis einschließlich Oktober und nur bei Lufttemperaturen > 5 °C. Bei Niederschlägen aller Art und auf Flächen mit stehendem Wasser, sowie bei Wind und starker Sonneneinstrahlung darf die Kunststoffdichtungsbahn nicht verlegt und geschweißt werden. Diese terminlichen Bedingungen müssen bei der Planung und Vertragsgestaltung berücksichtigt werden, so dürfen Baumaßnahmen im Herbst nicht begonnen werden. Eine Zeltabdeckung für die Gewährleistung von günstigen Arbeitsbedingungen ist aus Kostengründen fragwürdig.

Ein besonderer Aspekt bei der Sicherung der geforderten Qualität ist die Homogenität der mineralischen Abdichtungsschicht, die weder in den Richtlinien noch in der Baupraxis eine angemessene Anwendung findet, aber Voraussetzung für eine gleichbleibende Dichtwirkung ist. Die TA Abfall (1991) fordert nur eine punktuelle Prüfung des Wassergehaltes, der Dichte, der Kornverteilung, der Wasserdurchlässigkeit und anderer Kenngrößen in einem sehr groben Raster. Da die Durchlässigkeitsbeiwerte erst nach mehrwöchigen Laborversuchen zur Verfügung stehen, ist eine Berücksichtigung der Labormessungen in der laufenden Arbeit nicht möglich. Wenn die Dichtungsschicht mit erheblichen Inhomogenitäten eingebaut wird, können große Unterschiede in den Durchlässigkeitsbeiwerten im Labor und Feld auftreten. Die Entwicklung von Einbau- und Meßverfahren zur Gewährleistung und Ermittlung der Homogenität könnte der Qualitätssicherung ein wirksames, heute leider noch nicht verfügbares Instrument liefern. Mit Blick auf dieses Ziel wurde durch das im Teilprojekt [48] entwickelte Mischverfahren ein Beitrag geleistet. In dem entwickelten Gegenstrommischer wird der Mischeffekt dadurch erzielt, daß das Material mittels einer Außenwendel zum Trommelboden und mittels einer gegenläufigen Innenwendel kontinuierlich in Richtung Trommelöffnung gefördert wird. Die Wasserzugabe erfolgt über Düsen an der Innenwendel. Die Betriebsparameter werden über eine Rechnereinheit gesteuert. Das Fahrzeug kann die Materialien trocken zur Einbaustelle transportieren, was weite Transportwege ermöglicht. Der größte Vorteil des mobilen Mischsystems ist es, daß die Homogenisierung direkt am Einbauort erfolgt.

Die Untersuchung der Bauverfahrenstechniken [11] hat gezeigt, daß trotz der vielen Schwierigkeiten die Kombinationsdichtung mit Preßverbund in hoher Qualität herstellbar ist. Die erforderliche vollflächige Glattlage der Kunststoffdichtungsbahn kann mit der von Schicketanz und Lotze (1992) beschriebenen "Riegelbauweise" erreicht werden. Hierbei wird der im Vergleich zum Stahl um den Faktor 20 höhere Wärmedehnungskoeffizient der Kunststoffdichtungsbahn genutzt. Das Verschweißen der Bahnen soll frühestens bei abnehmender Tagestemperatur begonnen werden, und nach wiederholtem Ausrichten sollen Streifenlasten ("Ankerriegel") aus Filterkies auf dem Geotextil an den Enden der Bahnen aufgebracht werden. Mit dieser Einspannung wird eine Straffung der Dichtungsbahn erreicht.

Für die ebenfalls schwierige Aufgabe, eine Altlast mit einer nachträglichen Sohlabdichtung zu versehen, wurde eine große Anzahl von bergmännischen Verfahren konzipiert und im Teilprojekt [27] untersucht. Die Verfahren können in 2 Gruppen geteilt werden. Die erste Gruppe verwendet den klassischen Langfrontbau aus dem Steinkohlenbergbau: Zwischen 2 tunnelartigen Abbaustrecken wird der Abbauraum auf einer langen Front vorgetrieben, in welcher die Abdichtung eingebaut wird. Zu dieser Gruppe gehört das Paurat-Verfahren, das den Strebbau verwendet und als Abdichtungssystem eine mineralische Dichtung, eine Flächendränage sowie Kontrolldränagen unterhalb der Dichtschicht vorsieht. Beim Schwerteinbauverfahren wird ein Stahlkörper, das "Schwert" vorgezogen, das die Abbau- und Fördereinrichtungen enthält. Das Abdichtungssystem besteht aus 2 eingepreßten Lagen mineralischer Dichtung mit darin eingebetteter Kunststoffdichtungsbahn. Die zweite Gruppe von Verfahren folgt der tunnelbauartigen Vorgehensweise. Hier werden ineinandergreifende Tunnel unter der Altlast aufgefahren und mit Dichtmaterial aufgefüllt. Beim Heitkamp - Verfahren erfolgt der Vortrieb mit einem Messerschild, in dem eine Teilschnittmaschine, die Fördereinrichtungen und die Arbeitskammer untergebracht sind. Das Abdichtungssystem besteht aus einer Kombinationsdichtung entsprechend der TA Abfall. Das BAK-Verfahren (Basisabdichtung Kunz) verwendet einen Tunnelvortriebsschild und sieht eine rein mineralische Abdichtung vor, die durch Filterlanzen und Kontrollgänge ergänzt wird. Das Richter-Verfahren verwendet eine Schildvortriebsmaschine mit einer mehrdimensional gekrümmten schüsselförmigen Unterfahrt. Eine Kombinationsdichtung ist vorgesehen, die mineralische Dichtung wird in vertikalen Scheiben eingebaut und verdichtet.

Für die Bewertung der Verfahren waren Arbeitssicherheit, technische Realisierbarkeit, Aufbau des Abdichtungssystems und die Kosten maßgebend. Die Bewertung der Verfahren muß jeweils im Zusammenhang mit dem geplanten Einsatzfall und dessen Randbedingungen gesehen werden. Die Technik des Erdaushubs ist bei allen Verfahren gut gelöst. Das langfrontartige Vorgehen ist arbeitssicherheitlich fragwürdig und nur im standfesten Gestein anwendbar. Die tunnelbauartigen Verfahren haben den Vorteil, daß sich die Arbeitsräume gegenüber der Umgebung besser abschotten lassen und in allen geologischen Formationen einsetzbar sind. Die Verfahren von Kunz und Paurat sehen keine Kombinationsabdichtung vor, das BAK-Verfahren ist technisch am ausgereiftesten. Das Paurat-Verfahren ist am kostengünstigsten, braucht die kürzeste Bauzeit und hat prinzipielle Vorteile bei sehr großen zu unterfahrenden Flächen. Die Heitkamp-, Richter- und das Schwerteinbauverfahren bieten eine Kombinationsabdichtung, beim Schwerteinbauverfahren entspricht der Dichtungsaufbau aber nicht exakt den Anforderungen der TA Abfall. Neuesten Informationen zufolge beabsichtigt die Firma Heitkamp ihr Verfahren nicht mehr öffentlich anzubieten. Versuche zum Verpumpen und Verschleudern des mineralischen Dichtungsmaterials im Teilprojekt [27] zur Überprüfung des Einbringens in vertikalen Scheiben haben die prinzipielle Machbarkeit, aber gleichzeitig einen Entwicklungsbedarf aufgezeigt.

In den kostenvergleichenden Analysen wurden in Teilprojekten [48] und [27] die Kosten des Mixed-in-plant-, Mixed-in-mobile-plant- und Mixed-in-place-Verfahrens, bzw. der unter-suchten bergmännischen Verfahren, letztere anhand einer Modelldeponie, ermittelt und verglichen. Die Untersuchungen zeigten, daß die Installationskosten des mobilen Mischsystems gering sind; die Anlage arbeitet besonders bei kleineren Baumaßnahmen kostengünstig. Da das eingesetzte Mischsystem eine modifizierte Version eines im Betonbau üblichen Mischsystems darstellt, kann es aufgrund der Ergebnisse des Teilprojektes [48] im Deponiebau verwendet werden, wodurch mittelständische Unternehmen ein neues Einsatzfeld für ihre Maschinen finden können. Die Kosten der bergmännischen Verfahren liegen für eine Modelldeponie von 51.500 m² zwischen 200 und 300 Mio DM [27], die sich ggf. verdoppeln, wenn der Aushub dekontaminiert werden muß. Am kostengünstigsten ist das Paurat-Verfahren. Die Auswahl des geeignetsten Verfahrens muß jedoch fallbezogen erfolgen, wobei die jeweiligen Randbedingungen berücksichtigt werden müssen.

Die Untersuchungen [11], [27] und [48] haben aufgezeigt, daß der Qualität in der Herstellung von Deponieabdichtungen eine größere Bedeutung beigemessen werden muß als bisher. Ursachen mangelnder Qualität liegen in allen Phasen des Abdichtungsbaus. Die nachträgliche

Qualitätskontrolle in Form der heute praktizierten Qualitätssicherung (Eigenprüfung, Fremdüberwachung und Kontrollüberwachung) muß durch Qualitätsmanagementsysteme in allen beteiligten Organisationen ergänzt werden [11]. Das Qualitätsmanagement umfaßt alle Tätigkeiten, welche die Qualitätspolitik, Ziele und Verantwortungen festlegen sowie diese durch Qualitätsplanung, Qualitätslenkung, Qualitätssicherung und Qualitätsverbesserung verwirklichen. Hauptziel ist es, eine präventive Fehlervermeidung in der Planung, Ausführung und Koordinierung zu gewährleisten. Der Kern des Qualitätsmanagementsystems ist das QM-Handbuch, in dem die Qualitätspolitik dargelegt und das QM-System einer Organisation beschrieben ist. Im projektunabhängigen Teil des QM-Handbuchs sind die unternehmens-internen Tätigkeiten festgelegt, die projektabhängigen Unterlagen enthalten QM-Pläne und gezielte Anweisungen. Im QM-Plan sind die spezifischen qualitätsbezogenen Arbeitsweisen und Hilfsmittel sowie der Ablauf der Tätigkeiten im Hinblick auf ein einzelnes Produkt, ein einzelnes Projekt oder einen einzelnen Vertrag dargelegt. In Anlehnung an die Normen DIN ISO 9000 ff, die allgemeine Hinweise zu den QM-Systemen enthalten, wurden im Teilprojekt [11] die QM-Elemente für Auftragnehmer und deren Nachunternehmer im Deponiebau sowie für die Eigen- und Fremdüberwachung erfaßt und katalogisiert und ein Zuordnungssystem geschaffen. Beispielhaft wurde der Sachteil eines QM-Handbuchs sowie Verfahrens- und Arbeitsanweisungen ebenso Checklisten für den Deponiebau erarbeitet, die deponiebau-spezifische Abläufe und Tätigkeiten beschreiben. Die so geschaffenen Grundlagen ermöglichen, das QM-System für den Deponiebau umzusetzen.

4.5.7 Zusammenfassende Empfehlungen

Durch umfangreiche Analyse der praktizierten Bauverfahrenstechniken auf einer großen Anzahl von Deponiebaustellen in Deutschland und in England hat das Teilprojekt [11] ein klares Bild über den Kenntnisstand und die Praxis im Deponiebau geschaffen. Dieses Bild stellt den tatsächlichen Entwicklungsstand der Deponiebautechnik dar und deutet auf Entwicklungs- und Verbesserungsmöglichkeiten hin. Da die Deponiebautechnik eine verhältnismäßig junge Bauverfahrenstechnik ist, bedarf die branchenspezifische Infrastruktur einer Weiterentwicklung. Entwicklungsbedarf besteht hinsichtlich der Anwendung der neuesten Forschungsergebnisse, der Anpassung der aus dem Straßen- und Erdbau stammenden Geräte, der branchenspezifischen Organisation - einschließlich Ausschreibung und Vergabe von Verträgen - und der Anwendung von Qualitätsmanagement.

Es stellte sich jedoch auch heraus, daß die Deponiebautechnik bereits heute einen guten Entwicklungsstand erreicht hat und Deponieabdichtungen guter Qualität hergestellt werden können. Ein gutes Beispiel für den erreichten Stand im Deponiebau ist die Herstellung des Preßverbundes zwischen der mineralischen Schicht und der Kunststoffdichtungsbahn. Um den wegen der synergistischen Effekte der Kombinationsdichtung unentbehrlichen von der BAM (1992) verlangten Preßverbund erreichen zu können, sind hohe Materialqualität sowohl in der mineralischen Abdichtungsschicht als auch in der Kunststoffdichtungsbahn, große Sorgfalt und gute Koordinierung in der Bauausführung, wirksame Abstimmung zwischen Baufirmen und Prüfinstanzen und die geschickte Nutzung günstiger Witterungsbedingungen notwendig. Die im Deponiebau tätigen Baufirmen hatten lange Zeit den Preßverbund als in der Praxis nicht erreichbar dargestellt. Die systematischen Beobachtungen und Videoaufnahmen im Teilprojekt [11] haben belegt, daß erfahrene Baufirmen durchaus in der Lage sind, Kombinationsdichtungen in der verlangten Güte herzustellen. Bei sorgfältiger Anwendung der Riegelbauweise ist es möglich, die Kunststoffdichtungsbahn in vollständiger Glattlage zu verlegen und zu vernetzen. Das Durchsetzen der Anforderungen der BAM-Richtlinien (1992) liefern ein Beispiel für die Meinung von Fachleuten im Ausland: Gute Vorschriften und Richtlinien in Deutschland sind entwicklungsfördernd (Discharge Your Obligations 1993).

In allen 3 Teilprojekten [11], [27] und [48] spielten die baubetrieblichen Randbedingungen eine wichtige Rolle. Wenn auch das Ausmaß dieser Rolle unterschiedlich ist, werden sowohl das gesamte Abdichtungssystem als auch die mineralische Schicht und der durch bergmännische Methoden hergestellten nachträglichen Sohlabdichtung durch Randbedingungen stark beeinflußt. Außer den Materialkennwerten, die in der Kombinationsdichtung v. a. in der nicht industriell hergestellten mineralischen Komponente relativ großen Schwankungen unterliegen, sind die Witterungseinflüsse besonders zu nennen, die, wie es sich aus den Untersuchungen des Teilprojektes [11] herausgestellt hat, in gleichem Maße die Qualität beeinflussen, wie die Auswahl der geeigneten Verfahrenstechnik und der einzusetzenden Geräteketten. Dieser Umstand wird durch die nutzbare Zeit in einem Kalenderjahr belegt: Die tatsächlichen jährlichen Arbeitstage überschreiten im Deponiebau kaum 120 Tage. Dies ist im Vergleich zur sonstigen Bauindustrie sogar außerordentlich niedrig. Die gesamte Planung und die Ausschreibung müssen zeitlich so ablaufen, daß mit dem Bau der Abdichtungsschichten zum günstigsten Zeitpunkt, im Frühjahr, begonnen werden kann. Die Einschränkung der möglichen Arbeitszeit hat natürlich erhebliche Auswirkungen auf die Baukosten, was sich auch in den Preisen der Abfallentsorgung niederschlägt. Bei den bergmännischen Methoden zur Herstellung einer nachträglichen Sohlabdichtung [27] wirken sich die Folgen von Kontaminationen im Untergrund und die geologischen Verhältnisse häufig nachteilig aus, allerdings spielen hier Witterungseinflüsse keine Rolle.

Durch den Einsatz von Film- und Videotechniken im Teilprojekt [11] konnten die praktizierten Bauverfahrenstechniken dokumentiert werden. Diese Art Dokumentation hat die Aufmerksamkeit der Fachleute auf falsche Vorgehensweise (z. B. unkontrolliertes Abrollen von Kunststoffdichtungsbahnrollen auf Böschungen) gerichtet und diente als Informationsaustausch der Verbreitung der richtigen Techniken. Die Vorführung der im Teilprojekt [11] gefertigten Videofilme hatte bereits während der Laufzeit der Forschungsarbeit eine nachhaltige Wirkung. Falsche Praktiken wurden zunehmend durch richtige Techniken ersetzt. Auf diese Weise konnten Fortschritte in der Deponiebautechnik wirksam umgesetzt werden.

Die Homogenität, die der entscheidende Parameter für die Dichtwirkung von mineralischen Dichtmaterialien ist, wird in der derzeitigen Bau- und Prüfpraxis nicht angemessen berücksichtigt. Die Ergebnisse des Teilprojektes [48] haben gezeigt, daß der Homogenitätsgrad der mineralischen Dichtschicht durch geeignete Mischverfahren verbessert werden kann. In dem entwickelten fahrbaren Mischer konnten kornabgestufte Mineralgemische problemlos homogenisiert werden. Die Adhäsionsprobleme bei tonigen und schluffigen Materialien zeigen jedoch, daß das Mischsystem in der jetzigen Form im Deponiebau nur bedingt einsatzfähig ist. Zur Behebung der Adhäsionsprobleme ist das Verfahren weiterzuentwickeln. Die Entwicklung von Verfahren zur Homogenisierung und ihrer Überprüfung ist wünschenswert.

Die Untersuchung der nachträglichen Sohlabdichtung im Teilprojekt [27] hat gezeigt, daß ausgereifte Verfahrenskonzepte für die nachträgliche Herstellung von Basisabdichtungen unter Deponien und Altlasten prinzipiell zur Verfügung stehen. Sie sind allerdings in der Praxis noch nicht verwirklicht worden. Die Kosten dieser Verfahren sind erheblich, so daß ein praktischer Einsatz nur in Einzelfällen denkbar ist. Nachteilig ist, daß die im Bergbau tätigen Firmen relativ wenig Erfahrung mit dem Einbau einer hochwertigen Dichtung haben. Hinzu kommt, daß in der letzten Zeit auf dem Gebiet der Injektionstechnik ein erheblicher

Fortschritt zu verzeichnen ist, und wirksame Injektionsmethoden für die Herstellung von sowohl vertikalen als auch horizontalen Dichtungen entwickelt worden sind (Proceedings 1997 International Containment Technology Conference and Exhibiton). Da hier kein direkter Kontakt mit kontaminierten Böden notwendig ist, bereiten die Arbeitssicherheit und die Entsorgung wesentlich kleinere Probleme. Somit weisen die Injektionsmethoden erhebliche Kostenvorteile auf. Erfahrungen mit der Langzeitwirksamkeit liegen jedoch vor.

Zusammenfassend kann festgestellt werden, daß sowohl für die Herstellung von Abdichtungen für neu anzulegende Deponien als auch für die nachträgliche Sohlabdichtung von Altlasten ausgereifte Methoden zur Verfügung stehen. Der Deponiebau basiert auf erheblicher Erfahrung. Nachträgliche Sohlabdichtungen wurden jedoch noch nicht ausgeführt, hauptsächlich wegen der hohen Kosten. Die Kombinationsdichtung stellt den am umfassendsten wissenschaftlich untersuchten Abdichtungstyp dar, sie ist das einzige Abdichtungssystem, das eine nachweislich langfristige Beständigkeit und Wirksamkeit aufweist und wird daher am häufigsten eingesetzt. Der Preßverbund ist bei großer Sorgfalt und guter Koordination herstellbar. Die Homogenität der mineralischen Schicht ist sowohl in rein mineralischen Abdichtungen als auch in Kombinationsdichtungen von großer Bedeutung und kann z. B. durch Mischverfahren verbessert werden. Für die geforderte hohe Qualität des Abdichtungssystems ist die Optimierung der Bauverfahrenstechnik und die Einführung des Qualitätsmanagements, beginnend bei den Regelwerken, den ausschreibenden Stellen und Ingenieurbüros, zwingend erforderlich.

Literatur

Beitzel, H.; Bjelanovic, M. (1992): Verfahrenstechnische Optimierung des Herstellungsprozesses mineralischer Abdichtungssysteme im Deponiebau. BMBF-Verbundforschungsvorhaben 'Weiterentwicklung von Deponieabdichtungssystemen'. Schlußbericht. Fkz. 1440569A5-48

Bundesanstalt für Materialforschung und -prüfung, BAM (1992): Richtlinie für die Zulassung von Kunststoffdichtungsbahnen als Bestandteil einer Kombinationsdichtung für Siedlungs- und Sonderabfalldeponien sowie für Abdichtungen von Altlasten. Berlin

Discharge Your Obligations (1993): Proceedings of a Conference on Cost Effective Application of New Technology in the Landfill Industry. CPL Scientific Ltd. Newbury, Berks, UK

DIN ISO 8402: Qualitätsmanagement und Qualitätssicherung, Begriffe (Entwurf). Hrsg.: Deutsches Institut für Normung e. V. März 1992

Dornbusch, J.; Averesch, U.; El Khafif, M. (1995): Bauverfahrenstechnik bei der Herstellung von Kombinationsabdichtungen. BMBF-Verbundforschungsvorhaben 'Weiterentwicklung von Deponieabdichtungssystemen'. Schlußbericht. Fkz. 1440569A5-11

Eichmeyer, H.; Boehm, W.; Bredel-Schürmann, S. (1994): Untersuchung der Eignung bergmännischer Verfahren zur nachträglichen Sohlabdichtung von Deponien. BMBF-Verbundforschungsvorhaben 'Weiterentwicklung von Deponieabdichtungssystemen'. Schlußbericht. Fkz. 1440569A5-27

Meggyes, T. (1994): Bauverfahrenstechnik. In: Holzlöhner, U.; August, H.; Meggyes, T.; Brune, M. (Hrsg.): Deponieabdichtungssysteme. Statusbericht. Forschungsbericht 201. Bundesanstalt für Materialforschung und -prüfung. Berlin. S. 194. Wirtschaftsverlag NW. Verlag für Neue Wissenschaft GmbH Bremerhaven. ISBN 3-89429-475-2

Proceedings 1997 International Containment Technology Conference and Exhibiton. 9.-12. Februar 1997. St. Petersburg, Florida, USA. Florida State University

Schicketanz, R.; Lotze, E. (1992): Erfahrungen mit der Fremdprüfung von Kombinationsdichtungen. In: Fehlau K.-P., Stief, K: Fortschritte der Deponietechnik 1991. Seminar Haus der Technik, Essen. Erich Schmidt, Berlin. S. 307-342

TA Abfall (1991): Zweite Allgemeine Verwaltungsvorschrift zum Abfallgesetz, Teil 1: Technische Anleitung zur Lagerung, chemisch/physikalischen und biologischen Behandlung, Verbrennung und Ablagerung von besonders überwachungsbedürftigen Abfällen. In: Schmeken, W.: TA Abfall. Köln: Deutscher Gemeindeverlag, W. Kohlhammer. Und in: Müll-Handbuch. Band 1, **0670**. Berlin: Erich Schmidt. S. 1-136

TA Siedlungsabfall (1993): Dritte Allgemeine Verwaltungsvorschrift zum Abfallgesetz: Technische Anleitung zur Verwertung, Behandlung und sonstigen Entsorgung von Siedlungs-abfällen. In: Schmeken, W.: TA Abfall, TA Siedlungsabfall. 3. Aufl. Köln: Deutscher Gemeindeverlag, W. Kohlhammer. Und in: Müll-Handbuch. Band 1, **0675**. Berlin: Erich Schmidt. S. 1-52

4.6 Dichtwände

T. Meggyes und U. Holzlöhner

4.6.1 Teilprojekte zum Thema

Zum Thema "Dichtwände" umfaßt das Verbundforschungsvorhaben folgende Teilprojekte:

[47] Spannungs-Verformungs-Verhalten feststoffreicher Dichtwandmassen für den Grundwasserschutz bei Deponien und Altlasten, Erarbeitung praxisnaher Prüfmethoden und Bewertungskriterien, Schlußbericht s. Rodatz & Kayser (1993)

[59] Einfluß von Filtratwachstum und Feststoffverlagerungen auf die Qualität, die Herstellbarkeit und die Kosten von Dichtungsschlitzwänden, Schlußbericht s. Müller-Kirchenbauer et al. (1995)

4.6.2 Ausgangspunkt und Problematik

Die Dichtwände dienen der Unterbindung einer horizontalen Schadstoffausbreitung im Untergrund. Zu den Dichtwänden s. ausführlicher Meggyes (1994). Von den wichtigsten Bauvarianten Schlitzwand, Schmalwand, Stahlspundwand, Bohrpfahlwand, Injektionswand, Gefrierwand und den speziellen Dichtwandsystemen wie kombinierter Dichtwand, Dichtwandkammersystem, doppelwandiger Stahlspundwand und poröser Gasdrainage werden Einphasenschlitzwände am häufigsten eingesetzt. Die Schlitzwände werden durch das Abteufen schlitzförmiger Hohlräume unter Verwendung von stützenden Flüssigkeiten gebaut, die sich entweder selbst verfestigen und die Schlitzwand bilden (Einphasenschlitzwand) oder die nach dem Abteufen des Schlitzes durch erhärtende Dichtwandbaustoffe ersetzt werden (Zweiphasenschlitzwand). Vor diesem Hintergrund wurde das Einphasenverfahren in 2 Teilprojekten untersucht: Teilprojekt [59] hat sich mit Problemen bei der Herstellung von Einphasenschlitzwänden und Teilprojekt [47] mit den mechanischen Eigenschaften der erhärteten Einphasendichtwandmassen beschäftigt.

Der Abdichtungserfolg einer Dichtwand wird entscheidend von den Eigenschaften der eingesetzten Dichtwandmasse (DWM) bestimmt. Die mineralischen Dichtwandmassen bestehen i. allg. aus Bentonit, Zement, Füllstoffen und Wasser. In Sonderfällen werden chemische Additive zugegeben. Die kennzeichnendste Komponente der Dichtwandmasse ist der Ca- oder Na-Bentonit, je nach seinem Hauptmineral, dem Ca- oder Na-Montmorillonit. Na-Bentonite adsorbieren viel mehr Wasser, quellen wesentlich stärker und weisen bei gleichem Feststoffgehalt der Bentonitsuspension eine höhere Viskosität auf als Ca-Bentonite. Im Feld wandelt sich Na-Bentonit über längere Zeit immer in Ca-Bentonit um. Dieser Prozeß ist mit einem gewissen Schrumpfen verbunden.

Während der Herstellung der Dichtwand und in den Abbindephasen der Dichtsuspensionen können verschiedene Feststoffverlagerungen auftreten. Die wichtigsten Verlagerungsarten sind: Sedimentation von Feststoffen der Dichtwandmasse und von Partikeln aus dem umgebenden Boden, Penetration der Suspension in den Porenraum des anstehenden Erdstoffs und die Filtration an den Grenzflächen des Schlitzes. Penetration dominiert unter den Verlagerungsmechanismen, wenn die Porenengstellen im umgebenden Boden größer sind als die größten Feststoffpartikel in der Suspension und die Druckdifferenz zwischen dem Schlitz und dem Boden Partikel aller Größen in das Bodengerüst preßt. Filtration herrscht vor, wenn die größten Poren des Bodens kleiner sind als die kleinsten Feststoffpartikel in der Suspension, so daß lediglich das Filtratwasser in den Boden eindringen kann. Die Feststoffpartikel bilden unter diesen Umständen einen Filterkuchen auf der Schlitzwandfläche, der die Greiferbewegung im Schlitz während der Dichtwandherstellung hindert, er trägt aber zur Schlitzwandstabilität erheblich bei. Die Praxis bewegt sich meistens zwischen diesen beiden Grenzsituationen, so daß beide Vorgänge, insbesondere bei geschichteten Böden, parallel auftreten. Die Feststoffverlagerungen können sowohl den Baubetrieb, als auch die Homogenität der Feststoffverteilung innerhalb der Dichtwand beeinflussen. Eine ggf. inhomogene Feststoffverteilung wird bei der Festlegung der Dichtsuspensionsrezeptur und der Charakterisierung der späteren abdichtungstechnischen Eigenschaften derzeit nicht berücksichtigt. Feststoffverlagerungen können auch bei der Herstellung von Dichtungsschmalwänden auftreten.

Einphasendichtwandmassen müssen gegensätzlichen Anforderungen gerecht werden: Während der Aushubphase muß die Verarbeitbarkeit gewährleistet sein, nach der Aushärtung muß jedoch eine hohe Festigkeit und gute Dichtigkeit erreicht werden. Die mechanischen Eigenschaften der erhärteten Dichtwandmassen sind vom hydraulischen Bindemittel, dem Feststoffgehalt und der Zeit abhängig. In der Praxis wird die einaxiale Druckfestigkeit erhärteter Dichtwandmassen nach DIN 18136 (Ermittlung der Druckfestigkeit von Bodenproben) bestimmt. Dabei wird davon ausgegangen, daß die Dichtwandmassen erdstoffähnliche Eigenschaften aufweisen.

Die Dichtwände müssen über eine lange Zeit hinweg funktionsfähig bleiben. Im eingebauten Zustand unterliegen sie mechanischen, hydraulischen und chemischen Beanspruchungen. An die Dichtigkeit, die chemische Beständigkeit und das Langzeitverhalten der umschließenden Dichtwände von Deponien und Altlasten werden erheblich höhere Anforderungen gestellt als bei sonstigen Anwendungen im Tief- und Wasserbau, da auch das Austreten von sehr geringen Schadstoffmengen aus kontaminierten Standorten unterbunden werden muß. Wegen der besonders hohen Anforderungen an die chemische Beständigkeit werden immer häufiger feststoffreiche Dichtwandmassen verwendet. Diese Dichtwandmaterialien verursachen jedoch häufig Verarbeitungsschwierigkeiten.

4.6.3 Ziele und Aufgabenstellung

Aufgabenstellung des Teilprojektes [59] war es, die verschiedenen Bewegungsmechanismen von Feststoffpartikeln durch geeignete Laborversuchsmethoden abzubilden. Dazu waren zunächst geeignete Versuchsmethoden zu entwickeln, um die Feststoffverlagerungen qualitativ beschreiben und um Kennwerte für quantitative Auswertungen gewinnen zu können. Durch die Ermittlung abdichtungstechnischer Parameter sollte in nachgeordneten Untersuchungen das Ausmaß der Beeinflussung der Dichtwände durch Feststoffverlagerungen abgeschätzt werden.

Auf der Basis der Ergebnisse dieser Laboruntersuchungen sollte abgeschätzt werden, inwieweit die Grundsätze für die Dichtsuspensionsrezepturen zu modifizieren sind und welche Bewegungsmechanismen dabei berücksichtigt werden müssen. Eine für die Praxis wichtige Aufgabe ist die Optimierung der Dichtsuspensionsrezeptur unter Berücksichtigung der Feststoffverlagerungen. Neben der Herstellbarkeit und der Wirksamkeit der Dichtelemente sind auch die durch Suspensionsverluste verursachten Kosten zu berücksichtigen.

Die erhärtete Dichtwandmasse muß eine Mindestdruckfestigkeit zur Aufnahme von Normalspannungen, eine ausreichende Scherfestigkeit zur Aufnahme von Schubspannungen, eine geeignete Steifigkeit und gleichzeitig Verformbarkeit aufweisen. Für die Praxis ist es wichtig, das Spannungs- und Verformungsverhalten der Standarddichtwandmassen realistischer als bisher zu charakterisieren. Um den gestellten höheren Anforderungen gerecht zu werden, wurden die Untersuchungsmethoden der mechanischen Eigenschaften im Teilprojekt [47] weiterentwickelt. Wie bei der bisher verwendeten Untersuchungsmethode, der Ermittlung der einaxialen Druckfestigkeit von Bodenproben, wurde von einem erdstoffähnlichen Verhalten der Dichtwandmassen ausgegangen. Dabei war es auch Ziel der Untersuchungen, festzustellen, ob diese Arbeitshypothese gilt.

Die Untersuchungen wurden auf die am häufigsten verwendeten feststoffreichen Dichtwandmassen konzentriert.

4.6.4 Materialien

Im Teilprojekt [59] wurden 5 Dichtwandsuspensionen untersucht: eine konventionelle Na- und eine Ca-Bentonit-Suspension aus dem Damm- und Talsperrenbau, eine feststoffreiche, chemisch resistente Ca-Bentonit-Suspension, eine Schmalwandmasse und eine Fertigmischung auf Na-Bentonit-Basis. Bei den verwendeten Dichtsuspensionen - wie i. allg. bei den Einphasendichtwandsuspensionen - handelt es sich um Binghamsche Flüssigkeiten mit ausgeprägter Strukturviskosität. Für die Filtrationsuntersuchungen wurden ein fein- und ein grobsandiger Mittelsand, für die Penetrationsversuche ein feinkiesiger Grobsand verwendet. Die chemische Beanspruchbarkeit wurde mit einem synthetischen Sickerwasser getestet, das Magnesiumchlorid-Hexahydrat, Calciumchlorid, Ammoniumnitrat, Natriumsulfat und Natriumchlorid enthielt. Bezüglich der Materialien und Zusammensetzungen fand zwischen den beiden Teilprojekten ein Informationsaustausch statt.

Im Teilprojekt [47] wurden konventionelle Dichtwandmassen mit Na- und Ca-Bentonit hergestellt, an feststoffreichen DWM wurden Rezepturen z. T. mit Verflüssigerzugabe und konventionelle DWM mit Feststoffanreicherung (zur Simulation von Sandeintrag im Schlitz) untersucht. Als hydraulisches Bindemittel wurde Hochofenzement, als Füllmaterial Opalinustonmehl bzw. Quarzsand und als Verflüssiger Dynagrout DWR-C verwandt.

4.6.5 Untersuchungen

In beiden Teilprojekten wurden experimentelle Untersuchungen durchgeführt.

Im Teilprojekt [59] wurden Versuchsmethoden für die Untersuchung der Penetration und der Filtration von Dichtsuspensionen in Anlehnung an die chemische Verfahrenstechnik entwickelt. Zur Kennzeichnung der Dichtsuspensionen wurden suspensionsspezifische

Kennwerte bestimmt: Auslaufzeit aus dem Marsh-Trichter, Wichte, Fließgrenze, Fließkurve und Filtratwasserabgabe. Die Sedimentation wurde in Versuchszylindern anhand von Absetzversuchen durch visuelle Beobachtung der Wasserabscheidung und an abgebundenen Suspensionproben untersucht. Für die Penetrationsversuche wurden das Penetrationsmedium (feinkiesiger Grobsand) und darüber die Dichtsuspension in einen Acrylglaszylinder gefüllt. Die Penetration erfolgte unter einem Luftdruck von 50 und 200 kPa. Die Filtrationsversuche wurden ebenfalls in einem Acrylglaszylinder durchgeführt, in dem auf einer filterfesten Stützschicht fein- bzw. grobsandiger Mittelsand eingebaut wurde. Die Dichtsuspension wurde auf den Sand eingefüllt, und unter Einwirkung der Drücke von 50, 100, 150 und 200 kPa erfolgte die Filtration, wobei die Filtratwasserabgabe gemessen wurde. Nach Abschluß der Sedimentations-, Penetrations- und Filtrationsversuche wurden bodenmechanische Parameter (die Dichte- und Wassergehaltsverteilung, die einaxiale Druckfestigkeit, die Bruchstauchung und die Durchlässigkeit) und die chemische Beständigkeit an abgebundenen Suspensionsproben und an abgebundenen Proben aus den Sedimentations-, Penetrations- und Filtrationszonen bestimmt. Die Durchlässigkeit wurde in triaxialen Durchlässigkeits-untersuchungen mit Wasser ermittelt. Die chemische Beanspruchbarkeit wurde in Lagerungsversuchen mit ein-, zwei- und dreidimensionalem Schadstoffeintrag untersucht, wobei der eindimensionale Fall für Dichtwände am praxisnächsten ist. Der Einfluß der Filtration auf die Diffusion der Schadstoffe wurde mit synthetischem Sickerwasser an Filterkuchenproben untersucht. Letztlich wurden in einer großmaßstäblichen hydraulischen Rinne (300 × 600 × 1750 mm) Penetrations- und Filtrationsvorgänge an einem homogenen und einem geschichteten Erdkörper untersucht.

Das mechanische Verhalten der Dichtwandmasse wird durch die Festigkeitseigenschaften und die Last-Setzungs-Eigenschaften bestimmt. Außer den, in der Dichtwandtechnologie bereits eingesetzten, einaxialen Druckversuchen wurden deshalb im Teilprojekt [47] triaxiale Scherversuche und direkte Scherversuche zur Ermittlung der Festigkeitseigenschaften verwendet. Das Last-Setzungs-Verhalten wurde anhand von Kompressions (KD)-Versuchen untersucht.

4.6.6 Ergebnisse im Hinblick auf die Praxis

Dichtwände werden zur Begrenzung von Schadstoffausbreitungen vielerorts eingesetzt, da immer noch eine große Anzahl von kontaminierten Bereichen zu sanieren ist. Im Teilprojekt [59] wurden Probleme untersucht, die von grundsätzlicher Bedeutung für die Herstellbarkeit und die Funktionsfähigkeit von Dichtwänden sind. Die Festigkeitsuntersuchungen im Teilprojekt [47] sind für die Ermittlung der Standsicherheit und des Langzeitverhaltens ausschlaggebend. Erkenntnisse über das mechanische Verhalten der Dichtwandmassen finden auf internationalen Tagungen, wie z. B. an der 1997 International Containment Technology Conference and Exhibition, ein immer stärkeres Interesse.

Ein Ziel der Untersuchungen [47] war es, die DWM mit bodenmechanischen Probenuntersuchungsgeräten zu untersuchen. Hierbei wurde vorausgesetzt, daß die Dichtwandmasse ein erdstoffähnliches Verhalten zeigt. Das ist jedoch nur bedingt der Fall: Bei den durchgeführten Kurzzeitversuchen reagiert die Dichtwandmasse wie ein rein kohäsiver Boden. Eine gewisse Parallele besteht zum Verhalten von wassergesättigtem Ton im undrainierten Versuch. Ein Reibungsanteil der Dichtwandmasse wurde kaum festgestellt: In den direkten Scherversuchen wurde kein Einfluß der Vertikalspannung beobachtet. Es zeigte sich ferner, daß die Scherfuge nicht der durch das Gerät vorgegebenen Lage folgte, wodurch z. T. schwer interpretierbare Ergebnisse entstanden. Hier macht sich wahrscheinlich die Struktur der aushärtenden Dichtwandmasse bemerkbar. Der Triaxialversuch erwies sich als besser geeignet. Auch hier zeigte sich der geringe Einfluß des Seitendrucks, d. h. ein Reibungsanteil der Festigkeit war nicht vorhanden. Wenn man nur undrainierte und unkonsolidierte (UU) Triaxialversuche durchführt wie in [47], erscheint der bisher übliche einaxiale Druckversuch als ein geeigneter und ausreichender Versuchstyp zur Charakterisierung der Festigkeit. Mit beiden Versuchstypen wurden für Ca-DWM wesentlich höhere Festigkeiten festgestellt als für Na-DWM: Aus den Triaxialversuchen ergab sich ein Faktor 1,5 gegenüber 2,0 aus den einaxialen Druckversuchen. Die Ergebnisse für die einaxiale Druckfestigkeit wurden auch im Teilprojekt [59] bestätigt. Auch den Einfluß des Probenalters auf die Festigkeit kann man mit beiden Versuchstypen untersuchen. Die Überlegenheit des Triaxialversuchs würde sich wahrscheinlich bei drainierten Versuchen, die das Langzeitverhalten besser wiedergeben, erweisen. Zu derartigen Versuchen ist es im Teilprojekt [47] leider nicht gekommen.

Bemerkenswert sind die Ergebnisse der Druck-Setzungs-Versuche im Ödometer. Wie bei Erdstoffen stieg zunächst der Steifemodul mit der Belastung an; nach Erreichen einer Grenzspannung wurde das Material jedoch weicher und drückte sich bei weiterer Laststeigerung erheblich zusammen. Obwohl dieser "Strukturzusammenbruch" erst bei hohen Grenzspannungen auftritt, s. auch Abschn. 4.6.7, ist das Phänomen als solches interessant und sollte bei allen Dichtwandmassen, insbesondere bei neuen Rezepturen, untersucht werden, auch deshalb, weil es ein Indikator für das Langzeitverhalten sein könnte. Im Druck-Setzungs-Versuch zeigte sich ebenfalls für Ca-DWM eine wesentlich höhere Festigkeit als für Na-DWM.

Gegenüber Erdstoffen sind die für Dichtwandmassen ermittelten Steifigkeitswerte groß und die zugehörigen Bruchstauchungen klein. Die Folge hiervon ist, daß bei gemeinsamer Belastung der Dichtwand und des umgebenden Bodens die Dichtwand die Last auf sich zieht. Dieser Effekt muß im praktischen Einzelfall berücksichtigt werden, s. auch Abschn. 4.6.7.

Über das Langzeitverhalten von Dichtwänden ist bisher noch nicht viel bekannt. Es ist daher zu begrüßen, daß im Rahmen von [47] aus einer 5 Jahre alten Dichtwand Proben entnommen und die Festigkeit untersucht wurden. Hierbei zeigte sich keine Änderung gegenüber mit der gleichen Rezeptur im Labor hergestellten und ausreichend ausgehärteten Proben.

Im Teilprojekt [59] wurden die Sedimentation, Filtration und Penetration und ihre Auswirkungen auf die Qualität, Herstellbarkeit und Kosten der Dichtwände untersucht. Die experimentellen Untersuchungen haben gezeigt, daß die Filtration und Penetration die wesentlichen Feststoffverlagerungsmechanismen sind. Für die Laboruntersuchung dieser Partikelbewegungen wurden einfache und in der Praxis einsetzbare Versuchsmethoden entwickelt. Die Auswirkung der Sedimentation wird in den gebräuchlichen Richtlinien bereits berücksichtigt.

In den durchgeführten Penetrationsversuchen drang die Suspension unter den gewählten Versuchsbedingungen in wenigen Minuten über die gesamte Länge der Penetrationssäule von 1 m ein, Kolmation wurden nicht festgestellt. Mit Hilfe dieser Versuche kann das Ausmaß der Suspensionsverluste während der Herstellung abgeschätzt werden: Es liegt in der Größenordnung des Gesamtvolumens der Dichtwand, was erhebliche Mehrkosten verursacht. Der Penetrationsbereich stellt jedoch im umgebenden Boden eine zusätzliche Sicherheit dar: Die Durchlässigkeit wird um mehrere Größenordnungen herabgesetzt, und eventuelle schadstoffhaltige Flüssigkeiten werden aus den Poren verdrängt. Die teilweise Porenverfüllung durch die Suspension reduziert auch den effektiven Diffusionskoeffizienten.

Die chemische Beanspruchbarkeit der Dichtwandmassen wird durch die Penetration nicht nachteilig beeinflußt.

Die Filtratwasserabgabe, wie aus der chemischen Verfahrenstechnik bekannt, nahm mit zunehmendem Druck und Zeit zu. Die Filtratwasser-Zeit-Zusammenhänge, wie sie im Teilprojekt [59] und in weiterführenden Untersuchungen ermittelt wurden, stellen ein nützliches Instrumentarium für die Planung von Dichtwänden dar. Schmalwandmassen zeigen eine niedrigere Filtratwasserabgabe aufgrund ihrer besonders hohen Feststoffgehalts als Einphasendichtwandmassen. Wenn die Filtration besonders ausgeprägt ist, kann es am für den Abbindeprozeß notwendigen Hydratwasser, insbesondere im ungesättigten Bodenbereich, mangeln. Um eventuellen Qualitätsbeeinträchtigungen vorzubeugen, ist es ratsam, zusätzlich Wasser, z. B. durch Überstau des Dichtwandkopfes bis zum Abklingen des Festigkeitszuwachses, zuzuführen. Die Erkenntnisse über das Wachstum des Filterkuchens, wiederum im Einklang mit der chemischen Verfahrenstechnik, sind im Dichtwandbau verwendbar.

Das Zusammenwirken von verschiedenen Feststoffverlagerungsarten kann, insbesondere bei geschichteten Böden, zu feststoffarmen Bereichen in einer Dichtwand führen, was ggf. eine ernsthafte Beeinträchtigung der Dichtwandqualität zur Folge hat.

Durch in der großmaßstäblichen hydraulischen Rinne durchgeführten Versuche wurde die komplexe Zusammenwirkung aller Verlagerungsarten anschaulich dargestellt und die Übertragbarkeit der Laboratoriumsergebnisse nachgewiesen.

Hervorzuheben ist, daß das Teilprojekt [59] zu allgemeingültigen Erkenntnissen über die Feststoffverlagerungen gelangte, die bei der Planung von Einkapselungen, insbesondere bei der Festlegung der Dichtsuspensionsrezeptur berücksichtigt werden sollten. Aufgrund der Komplexität der Feststoffbewegungen und deren Parameterabhängigkeiten müssen Planungsarbeiten trotzdem projektspezifisch durchgeführt werden. Hierbei können die im Teilprojekt [59] entwickelten Versuchsmethoden verwendet werden.

4.6.7 Zusammenfassende Empfehlungen

Bei einer Dichtwand, die der Schadstoffrückhaltung dienen soll, sind verschiedene Aspekte wichtig: die Herstellung, die mechanische Beanspruchung in Abhängigkeit von der Zeit, und das Langzeitverhalten, insbesondere im Hinblick auf die Schadstoffrückhaltung. Die Herstellung muß besonders sorgfältig geplant und kontrolliert werden, weil das Entstehen und der Endzustand der Wand nicht unmittelbar in Augenschein genommen werden kann. Die Bildung von Filtrat an den Wänden behindert die Herstellung besonders stark. Eine Optimierung der Dichtwandmassen ist jedoch nur bedingt möglich, da sie in erster Linie im Hinblick auf die Schadstoffrückhaltung zusammengestellt und ausgewählt werden. Die deshalb heute meistens verwendeten feststoffreichen Dichtwandmassen haben die günstige Eigenschaft, wegen ihrer Additive einen dünneren Filterkuchen zu bilden als die konventionellen feststoffärmeren Natrium- und Calcium-Bentonit-Massen. Die im Rahmen des Teilprojekts entwickelten Laborversuche zur Filtration und Penetration sollten insbesondere dann eingesetzt werden, wenn neue Rezepturen entwickelt werden. Die Penetration der Dichtwandmasse in den umgebenden Boden hat zwar erhebliche Massenverluste zur Folge; andererseits stellt die penetrierte Schicht eine zusätzliche Behinderung der Schadstoffausbreitung dar. Um die volle Aushärtung der Dichtwand zu erreichen, muß genügend Wasser für den Hydratisierungsprozeß zur Verfügung gestellt werden, z. B. durch Überstau des Dichtwandkopfs. Weitere Forschungsaktivitäten sollten sich auf die Optimierung der Dichtwandmassen konzentrieren, wobei neben der Herstellbarkeit auch die chemische Beständigkeit und das Schadstoffrückhaltevermögen einbezogen werden sollten.

Damit die Dichtwand möglichst gering mechanisch beansprucht wird, wird oft gefordert, daß die Wand das gleiche Spannungs-Verformungs-Verhalten haben sollte wie der umgebende Boden. Die Untersuchungen [47] haben gezeigt, daß diese Forderung nicht eingehalten werden kann. Die Dichtwandmasse ist näherungsweise ein rein kohäsives Material, wobei die Kohäsion im ausgehärteten Zustand so hoch liegt, daß in der Praxis der umgebende Boden weicher ist als die Wand. Das ist solange kein Problem, wie die Wand und der umgebende Boden nicht durch äußere Lasten belastet wird. Wird dagegen die Dichtwand z. B. mit einem Damm überschüttet, wird sich der umgebende Boden relativ zur Wand setzen und über negative Mantelreibung erhebliche Druckkräfte in die Wand einleiten. In diesem Fall muß man durch eine statische Berechnung nachprüfen, ob es zu Schubversagen, Rißbildung und zu erheblich erhöhter Durchlässigkeit der Wand kommen kann. Um die Eigenschaften der Dichtwand denen des umgebenden Bodens anzunähern und damit einer unproportionalen Lastübernahme durch die Dichtwand entgegenzuwirken, wird z. B. in England die Festigkeit der Dichtwände nach oben begrenzt (Jefferis 1997).

Im Teilprojekt [47] wurden gute Festigkeitswerte an Proben aus einer 5 Jahre alten Dichtwand ermittelt. Untersuchungen außerhalb des Verbundforschungsvorhabens an Proben aus einer 8 Jahre alten Dichtwand fanden jedoch Qualitätssminderungen in der Dichtwandmasse, insbesondere im Dichtwandkopf, was v. a. Witterungseinflüssen zugeordnet werden kann (Tedd et al. 1993). Obwohl dies nicht als typischer Fall angesehen werden kann, sind bei fertiggestellten Dichtwänden geeignete Schutzmaßnahmen zu treffen.

Der festgestellte Strukturzusammenbruch der Dichtwandmassen im Ödometer tritt bei ausgehärteten Massen erst bei sehr hohen Spannungen auf. Die damit verbundene Herabsetzung der Durchlässigkeit mag zunächst als positiver Effekt gewertet werden; es ist jedoch z. Z. noch nicht klar, ob die Scherfestigkeit des Materials hierbei erhalten bleibt oder ob eine Schwächezone in der Wand entsteht.

Wenn die Festigkeiten im ausgehärteten Zustand auch meistens so hoch liegen, daß es weder zu Schubversagen noch zum Strukturzusammenbruch kommt, so müssen doch auch die Bauzustände berücksichtigt werden. Die Untersuchungen [47] haben gezeigt, daß die Festigkeiten langsam ansteigen. Andererseits können im Bauzustand erhebliche Lasten, z. B. durch überfahrende Fahrzeuge, auftreten. Es ist also darauf zu achten, daß die Wand nicht in den ersten Tagen und Wochen nach Herstellung nachhaltig geschädigt wird. Zusammenfassend ist festzustellen, daß in den meisten Fällen die Dichtwand die mechanische Beanspruchung schadlos überstehen wird, zumal bei den Untersuchungen [47] die günstigen langfristigen Wirkungen wie Konsolidation und Kriechen nicht berücksichtigt wurden; es ist jedoch zu empfehlen, das Verhalten der Wand in allen Phasen mit einer statischen Beanspruchung nachzuweisen. Obwohl im Teilprojekt [47] aus den dort vorgestellten Probenuntersuchungen noch keine Routineprüfung erarbeitet werden konnte, muß weiterhin das Ziel verfolgt werden, Versuche zu entwickeln, um die für die grundbauliche Berechnung des Dichtwand-Boden-Systems erforderlichen Kennwerte für das Dichtwandmaterial zu bestimmen.

Zu berücksichtigen ist, hinsichtlich künftiger Entwicklungen, daß das Einkapselungsprinzip gegenwärtig durch die Einführung der durchlässigen reaktiven Wände flexibler gestaltet wird (Proceedings 1997 International Containment Technology Conference and Exhibiton). Die reaktiven Wände kombinieren die Umschließung mit der In-situ-Behandlung. Sie werden im

Wege der Kontaminationsfahne unter Anwendung der Schlitzwandtechnik, Injektions-verfahren oder Soilfracturing gebaut und die Schadstoffe durch den Einsatz von reaktiven Materialien (z. B. Aktivkohle, Tone, anorganische Oxide, Flugasche, humus- und eisenhaltige Materialien, Bakteriumkulturen usw.) physikalisch, chemisch oder biologisch behandelt. Die reaktiven Wände werden wahrscheinlich einen erheblichen Einfluß auf die Anwendung der Dichtwandtechnik haben.

Weitere wichtige Entwicklungstendenzen zeichnen sich ab auf dem Gebiet der Stahl-spundwände (Wieners 1995)(v. a. infolge der Vervollkommnung der Schlösser) und der Injektionstechnik, die sowohl für vertikale Dichtwände als auch für nachträgliche horizontale Sohlabdichtungen mit zunehmendem Erfolg eingesetzt wird, wobei die Langzeitbeständigkeit weiterer Untersuchung bedarf. Für die Weiterentwicklung der Dichtwandtechnik bietet auch die Erdöltiefbohrtechnik mit ihren Erfahrungen von mehr als hundert Jahren ein wertvolles Kenntnispotential an.

Der Einsatz des Qualitätsmanagements hat in der letzten Zeit zur Erhöhung des Standards der Dichtwandqualität erheblich beigetragen. Die Einkapselungstechnologie kann als sehr ausgereift bezeichnet werden.

Literatur

Jefferis (1997): Podiumdiskussion auf der 1997 International Containment Technology Conference and Exhibiton

Meggyes, T. (1994): Dichtwände. In: Holzlöhner, U.; August, H.; Meggyes, T.; Brune, M. (Hrsg.): Deponieabdichtungssysteme. Statusbericht. Forschungsbericht 201. Bundesanstalt für Materialforschung und -prüfung. Berlin. S. 194. Wirtschaftsverlag NW. Verlag für Neue Wissenschaft GmbH Bremerhaven. ISBN 3-89429-475-2

Müller-Kirchenbauer, H.; Schlötzer, C.; Rogner, J. (1995): Einfluß von Filtratwachstum und Feststoffverlagerungen auf die Qualität, die Herstellbarkeit und die Kosten von Dichtungsschlitzwänden. Schlußbericht. BMBF-Verbundforschungsvorhaben Weiter-entwicklung von Deponieabdichtungssystemen. Fkz. 1440569A5-59

Proceedings 1997 International Containment Technology Conference and Exhibiton. 9.-12. Februar 1997. St. Petersburg, Florida, USA. Florida State University

Rodatz, W.; Kayser, J. (1993): Spannungs-Verformungs-Verhalten feststoffreicher Dichtwandmassen für den Grundwasserschutz bei Deponien und Altlasten, Erarbeitung praxisnaher Prüfmethoden und Bewertungskriterien. Schlußbericht. BMBF-Verbundforschungsvorhaben Weiterentwicklung von Deponieabdichtungssystemen. Fkz. 1440569A5-47

Tedd, P.; Paul, V.; Lomax, C. (1993): Investigation of an eight year old slurry trench cut-off wall. Proceedings Green '93 Conference. Bolton, England

Wieners, A. (1995): Vermeidung und Eingrenzung von Umweltschäden durch dauerhafte Einkapselung kontaminierter Bereiche mit Stahlspundbohlen. Sonderdruck "Stahlspundwände - Planung und Anwendung" 1. Auflage. Stahl-Informations-Zentrum, Düsseldorf

4.7 Sicherheit, Systembetrachtung

H. August

4.7.1 Teilprojekte zum Thema

Das Thema "Sicherheit, Systembetrachtung" wurde in 3 Teilprojekten behandelt:

[01]   Entwicklung eines Sicherheitskonzeptes für Deponieabdichtungssysteme, Schlußbericht s. Jessberger & Heibrock (1996)

[14]   Erarbeitung von Vorschlägen zur Ausbildung von Deponiedichtungen - theoretische
und versuchstechnische Untersuchung, Schlußbericht s. Schreyer & Kessler (1995)

[61]   Entwicklung eines Verfahrens zur Leckdetektion und -ortung an Deponieabdichtungen, Schlußbericht s. Hahn & Rödel (1995)

4.7.2 Ausgangspunkt und Problematik

Die Sicherheit von Deponien hängt von vielen Faktoren ab, deren Einfluß man auch nach über 20 Jahren Deponietechnik noch nicht quantifizieren kann. Einen Schwerpunkt in der Sicherheitsbetrachtung nehmen die Dichtungssysteme ein. Zunehmende ökonomische Zwänge erfordern, daß preiswertere, zu der Regeldichtung der TA Abfall (1991), alternative Abdichtungen eingesetzt werden können. Um trotzdem das heute erreichte Sicherheitsniveau beibehalten zu können (Gleichwertigkeit), müssen die Zusammenhänge zwischen Sicherheit der Abdichtfunktion, dem Aufbau eines bestimmten Abdichtungssystems und sein Verhalten im Deponiemilieu geklärt werden. Welche Anforderungen sind an die einzelnen Komponenten des Dichtungssystems zu stellen und welches Verhalten werden sie in ihrem Zusammenspiel unter den über die langen Zeiträume wechselnden Umgebungsbedingungen[2] zeigen? Wird ein langfristiger Grundwasserschutz, vielleicht über mehrere hundert Jahre, bis der Abfallkörper sich durch Abbau- und Immobilisierungsvorgänge in einen weitgehend inerten Körper gewandelt hat, gewährleistet sein? Konkrete Einzelanforderung an Dichtungs-systeme, etwa in Form maximal zulässiger Schadstoffemissionsraten, gibt es nicht. Statt dessen schreibt die TA Abfall (1991) ersatzweise eine Regeldichtung vor, die als Leistungs-maßstab für Anforderungen an gleichwertige - im Sinne von gleich gute - Dichtungen dient.

Zur Überprüfung von Annahmen in Verbindung mit Prognosen zum Langzeitsystemverhalten werden dringend langfristig funktionsfähige Monitoringsysteme benötigt, um Aussagen zur Barrierefunktion, zur zeitlichen Veränderung der Materialeigenschaften (Alterung), wie beispielsweise des Feuchtegehaltes in der mineralischen Dichtungskomponente objektiv mit ausreichender örtlicher Auflösung zu gewinnen.

Die Deponieabdichtungssysteme sind i. d. R. mehrschichtig aus Erdstoffschichten, Geotextilien, Drainwerkstoffen und Kunststoffdichtungsbahnen (KDB) aufgebaut und

---

2   Temperatur, Druck, biologisch-chemische Wirkungen der Sickerwasserinhaltsstoffe

teilweise auf Böschungen verlegt. Für diese Bauwerke muß in Verbindung mit einer Sicherheitsbetrachtung der Nachweis der Standfestigkeit erbracht werden. Unsicherheiten bestehen prinzipiell wegen streuender Bodenkennwerte und insbesondere überall dort, wo sich durch einen mehrschichtigen Aufbau offensichtlich im Übergang der Materialien Gleitflächen ausbilden können. In den vergangenen Jahren zeigten wiederholt auftretende Rutschungen und unzulässige Verschiebungen in Böschungen, daß Standsicherheitsnachweise im Deponiebau nicht ausgereift sind. Ursache hierfür sind neben den genannten Gründen sicher auch Probleme, die sich im Zusammenspiel der wasserundurchlässigen KDB mit weitgehend wassergesättigten bindigen Erdstoffdichtungen[3] in der Kombinationsdichtung ergeben, was zur Verminderung der zur Verfügung stehenden Reibungskräfte führt. Derartige Effekte können durch Laborversuche nur bedingt erfaßt werden, weil sie v. a. aus einer Fehleinschätzung der Standortgegebenheiten erwachsen. Eine "Sicherheitsanalyse im Planungsstadium" könnte hier Abhilfe schaffen, indem beispielsweise rechtzeitig die Frage untersucht wird, was bei plötzlicher Regeneinwirkung in der Bauphase geschehen kann.

4.7.3   Ziele und Aufgabenstellung

Vor dem Hintergrund des Multibarrierenkonzepts (Stief) berühren Sicherheitsbetrachtungen der Deponietechnik eine Vielzahl von Fragen, die sich auf den Standort, den eigentlichen Deponiebetrieb, den Deponiekörper und die Abdichtungssysteme beziehen. Da zwischen den genannten einzelnen Barrieren Abhängigkeiten bestehen, müssen bei einer umfassenden Behandlung der Sicherheit einer Deponie die Fragestellungen im Zusammenhang behandelt werden. Wegen der Schwierigkeit, diese komplexe Aufgabe zu lösen, wurde in dem Teilprojekt [01] ein erster Schritt getan, indem für die technischen Rückhaltebarrieren, die zweifellos einen Schwerpunkt in der Sicherheitsbetrachtung darstellen, ein Sicherheitskonzept entwickelt wurde. Es sollten Arbeitsschritte vorgeschlagen werden, die eine Analyse der Sicherheit eines Deponieabdichtungssystems erlauben. Ziel war es, mit dem Sicherheitskonzept ein objektives Mittel zur Bewertung von alternativen Abdichtungen zu erhalten und damit die Forderung der TA Abfall / TA Siedlungsabfall, neben der Regeldichtung auch "gleichwertige" Abdichtungen zuzulassen, mit Leben zu erfüllen. Das Sicherheitskonzept sollte im Rahmen des Teilprojektes [01] beispielhaft auf die Regeldichtung angewendet werden. Wegen fehlender Daten - Mangel an dokumentiertem Wissen - mußte eine Expertenbefragung durchgeführt werden, deren Ergebnisse statistisch erfaßt und bezüglich ihrer Verwendbarkeit beurteilt wurden. Diese Daten bezogen sich auf
- die möglichen Lastfälle[4], denen die KDB ausgesetzt ist
- das Verhalten der KDB unter den Lastfällen und
- die Qualität des Einbaus der KDB, wie beispielsweise die Gleichmäßigkeit des Preßverbundes und die Zahl und Größe möglicher Fehlstellen.

Die Überprüfung der Standsicherheit einer Deponieabdichtung ist ein wichtiger Schritt für den Nachweis ihrer Sicherheit. Damit verbunden müssen auch Reibungsparameter in Rahmenschergeräten ermittelt werden. Wegen der Mannigfaltigkeit der Stoffkombinationen, der vielfältigen Nuancen in der Vorbereitung der Bodenproben und Versuchsdurchführung in Rahmenschergeräten unterschiedlicher Größe, sollte das Teilprojekt [14] Klarheit in die

---

3   Infolge Konsolidierung oder anstehendem Wasser auch durch plötzlich auftretende starke Niederschläge.
4   Mechanische, chemische, biologische und thermisch Belastungen, verursacht durch die wenig definierten Baustellenbelastungen beim Einbau und aus der anschließenden Umgebung der Dichtung.

Methodenvielfalt bringen, um so in der Praxis eine Vergleichbarkeit der von unterschiedlichen Institutionen ermittelten Reibungsparameter zu erreichen.

Darüber hinaus sollten die Kenntnisse über den Einfluß der beidseitigen Reibung auf das geomechanische Verhalten der KDB in der Kombinationsdichtung besser verstanden und erweitert werden. Die Erkenntnisse und Untersuchungsergebnisse sollten in einem "Leitfaden für den Planer und Praktiker" zu Empfehlungen zusammengefaßt werden.

Ein wesentliches Ziel des Teilprojekts [61] war es, ein Meßsystem zur flächendeckenden Überwachung von Abdichtungssystemen sowie zur Ortung von Schadstellen in der Kunststoffdichtung von Kombinationsdichtungen möglichst bis zur Anwendungsreife zu entwickeln und im praxisrelevanten Maßstab zu erproben. Die Methode sollte von der Technik und den eingesetzten Materialien her so gewählt sein, daß sie nicht nur zur Abnahme bei der Herstellung des Dichtungssystems, sondern auch langfristig über die Betriebszeit hinaus in die Nachsorgephase reichend, die Barrierefunktion der Abdichtung überwachen (Monitoring) kann.

4.7.4 Materialien

Im Rahmen des zu erarbeitenden Sicherheitskonzepts und dessen beispielhafte Anwendung an der Regelabdichtung gemäß TA Abfall im Teilprojekt [01] wurden Werkstoffe betrachtet, die nach dem gegenwärtigen Stand der Technik allein bzw. im Verbund minimale Emissionen langfristig erwarten lassen. Dies gilt entsprechend für das Teilprojekt [14]. So wurden in der Abdichtungstechnik übliche Materialien für Kunststoffdichtungsbahnen (KDB), Abdichtungserdstoffe, Vliese, Schutzmatten und Drainmaterialien einbezogen. Als Kunststoffdichtungsbahnen kamen 2,5 mm dicke Polyethylen hoher Dichte (PEHD)-Bahnen, wie sie von der BAM in Deutschland zugelassen werden, mit und ohne strukturierte Oberflächen[5] zum Einsatz. Lediglich stellvertretend für "flexiblere" Bahnen wurde wegen ihres kleineren E-Moduls auch eine Polyethylen niedriger Dichte (PELD)-Bahn im Verbund untersucht.

Es wurden Tone in steifer und halbfester Konsistenz und ein gemischtkörniger Boden untersucht. Hierbei wurde der Wassergehalt variiert, um seinen Einfluß auf die Scherfestigkeit festzustellen.

Als Schutzschichten wurden in den Versuchen die Vliese Depotex® 1215R (1200 g/m², 8 mm dick), Depotex® 2015R (2000 g/m², 12 mm dick), eine mineralstoffgefüllte polymere Schutzlage (Incomat®-Sandmatte, 50 mm dick, 60 kg/m² in PEHD-Gewebe) und eine Na-Bentonit-Matte, Bentofix® D 4000 [7 mm dick, 5,4 kg/m² in PEHD-Trägergeotextil und Polypropylen (PP)-Deckvlies] in die Untersuchungen mit einbezogen.

Als Drainagen wurden Kies der Körnung 8/16 und auf geotextiler Basis verfestigte Drängitter und Drainmatten [Secudrän® 316 (T) DFS 600 316] untersucht.

Im Teilprojekt [61] wurde die Auswahl der Werkstoffe im Hinblick auf eine möglichst hohe Lebenserwartung des Leckortungssystems unter Deponiebedingungen getroffen, wobei auch hier als zeitlicher Maßstab von der BAM zugelassene PEHD-Dichtungsbahnen dienten (Bundesanstalt für Materialforschung und -prüfung 1992). Dies wurde einerseits durch die Wahl der Werkstoffe mit besonders hoher physikalisch-chemisch-biologischer Beständigkeit,

---

5 Ein- und beidseitig glatte und unterschiedlich strukturierte Oberflächen: sandrau, Karoprägung, Karo-Noppenprägung, Kreuzprägung und Spikes

andererseits für die Bauelemente durch auf die Umweltbedingungen der Deponie abgestellte Verbindungstechniken erreicht. Carbonfasern und hochmolekulare Polyethylene wurden für die erdverlegten Komponenten (Elektroden, Anschlüsse, Busleitungen) gewählt. Die Entwicklung einer Polyethylen-Einbettungstechnik für die Anschlüsse im Rahmen eines Verlegekonzepts soll die hohe Materialsicherheit durch eine entsprechende Konstruktionssicherheit des Leckdetektionssystems ergänzen.

4.7.5 Untersuchungen

In dem Teilprojekt [01] wurde eine Literaturstudie bezüglich der Anwendbarkeit von Methoden der Risikoanalyse aus dem Anlagenbau auf Deponien durchgeführt. Die Studie zeigte, daß klassische Strukturen wie Ausfalleffektanalysen, Fehlerbäume und Ereignisablaufanalysen zwar auf den Fall der Deponie anwendbar sind, aber wegen der geringen Zahl der sicherheitsrelevanten Elemente in der Deponie eine weitaus geringere Rolle spielen und daher im Teilprojekt [01] nicht zur Anwendung kamen. Ferner zeigte die Recherche, daß das Konzept der Teilwahrscheinlichkeiten, wonach die Bemessung eines Bauwerkes so erfolgt, daß mögliche Einwirkungen mit einer vorgegebenen Wahrscheinlichkeit nicht zur Schädigung des Bauwerkes führen, im Falle der Deponie ebenfalls verworfen werden mußte, da die Ausfallwahrscheinlichkeiten für die die Dichtigkeit des Barrieresystems bestimmenden Elemente nicht bekannt sind.

Entwickelt wurde dagegen ein Sicherheitskonzept, das der Beobachtungsmethode ähnelt. Aus der Erfahrung stammende Informationen und Daten erlauben, anhand von Modellen und Versuchen, das Verhalten des Deponieabdichtungssystems zu prognostizieren. Angepaßte Monitoringsysteme müssen eingesetzt werden, um die Prognosen als zutreffend zu bestätigen. Als Maßstab für das sicherheitsrelevante Verhalten der Dichtung diente die Sperrwirkung bzw. das Restemissionsverhalten gegenüber Schadstoffen unter den deponieüblichen Einflüssen[6]. Wegen fehlender expliziter Anforderungen als Bewertungsmaßstab wurde die von der TA Abfall (1991) bzw. TA Siedlungsabfall (1993) vorgegebene Regelabdichtung, die Kombinationsdichtung, herangezogen. An dieser wurde exemplarisch das Sicherheitskonzept angewandt.

Es wurde die Vorgehensweise zum Nachweis der Standsicherheit, zur Beschreibung der Entwicklung der Materialeigenschaften für relevante Lastfälle, der Herstellbarkeit und des Emissionsverhaltens der Abdichtungssysteme demonstriert. Hierfür notwendige Kennwerte, Daten und Informationen wurden zu einem großen Teil aus anderen Teilprojekten des Verbundforschungsvorhabens gezogen, v. a. bezüglich der Kunststoffdichtungsbahn, aber aus einer umfangreichen Expertenbefragung gewonnen. Zur Problematik der Auswirkungen der Schwankungen des k-Wertes in der mineralischen Dichtungskomponente, zur Bewertung der Gefährdung ihrer Dichtigkeit durch Austrocknung (Heibrock 1996) und zum Emissionsverhalten, wurden von den Autoren theoretische Untersuchungen teilweise mit neuen Ansätzen durchgeführt. Betrachtungen zur Lebensdauer der PEHD-Dichtungsbahn basieren hauptsächlich auf den Arbeiten von Koch et al. (1988).

Zum Studium des Verhaltens von Kunststoffdichtungsbahnen (KDB) unter differentiellen Setzungen (Sackungen) wurden im Teilprojekt [14] KDB unterschiedlicher Oberflächenrauigkeit und Materialsteifigkeit (PELD und PEHD) unter beidseitiger Reibungseinwirkung in

---

6 Beständigkeit gegen thermische, physikalische, chemische, biologische, hydraulische Lastfälle.

Setzungstrichter (50 cm$^{\varnothing}$, 15 cm tief) gezogen und die lokalen mehraxialen Dehnungen ermittelt. Die KDB waren dabei zwischen Schutzschichten, Vliese mit Flächengewichten von 1200 und 2000 g/m² und Stützschichten aus Sand oder Ton eingespannt.

Ergänzend zu den Sackungsversuchen wurden an relativ großflächigen KDB-Proben (500 mm · 1000 mm) Verformungen in der KDB durch Zugversuche mit beidseitiger Reibung studiert, wie sie ähnlich bei Setzungen in der Nähe der Anbindung von Dichtungsbahnen an starre Massivbauteile oder in der näheren Umgebung von Setzungsmulden auftreten können.

Die Reibungswinkel zwischen den Schichten der Dichtungssysteme wurden in Rahmen-scherversuchen bei Auflasten zwischen 0,1 und 2 bar (3 und 10 mm/h, Wegregelung) ermittelt. Um die Frage der Übertragbarkeit der in einem kleinen (300 mm · 300 mm) Rahmenschergerät ermittelten Reibungsparameter auf großflächige Bereiche in Deponien zu prüfen, wurden ergänzend Versuche in einem großen Rahmenschergerät, 500 mm · 1000 mm, durchgeführt. Darüber hinaus wurde ein Teil der Versuche im Rahmen eines Ringversuches des Arbeitskreises 5.1 der Deutschen Gesellschaft für Geotechnik e. V. (DGGT) zwecks Vergleichbarkeit durchgeführt und Literaturwerten gegenübergestellt.

Die im Rahmen des Teilprojekts [61] durchgeführten Untersuchungen gliedern sich in Untersuchungen zum Eignungsnachweis der Materialien, zur Funktion des Leckortungs-systems und zur reibungslosen Installation im Feld im Zuge des Bauablaufs, des Einbaus von Abdichtungssystemen an der Basis und Oberfläche von Deponien.

Aufgrund einer Vorbewertung wurden 2 Materialien für die Elektroden, ein durch Ruß leitfähig eingestelltes modifiziertes Polymer und Kohlenstoff-Fasern (Carbonfaserschlauch) ausgewählt und über ca. 2 Jahre durch Immersionsversuche in künstlichen und natürlichen Sickerwässern in bezug auf eine Veränderung ihrer mechanischen und elektrischen Eigenschaften getestet. Aufgrund der Versuchsergebnisse fiel die Wahl auf Carbonfasern, die bis zum Rand der jeweiligen zu überwachenden Deponiedichtungsbahn verlegt werden. Dort werden sie dann über eine spezielle Anschlußmanschette mit einer Ader der Busleitung (PEHD-ummanteltes Flachkabel) ohne Abisolierungsarbeiten, mechanisch stabil mit minimalem Montageaufwand verbunden und feuchtigkeitsdicht und chemikalienbeständig mit einem PE-Schrumpfschlauch eingekapselt. Der dauerhafte Schutz des Anschlußbereiches vor dem Eindringen von Feuchtigkeit (Kontaktkorrosion) über die Kapillarräume des Carbonfaserkabels wurde durch eine konstruktive Unterbrechung der Kapillaren durch Zwischenschaltung eines leitfähigen mit Kohlefasern verstärkten Kunststoffstreifens [60% Kohlefasern in 40% Epoxid (EP)-Harz] erreicht.

Im Rahmen der Entwicklung der Meßtechnik des Leckortungssystems wurden Modell-rechnungen zur Abschätzung der zu erwartenden Signalgröße durchgeführt, die zur Bewertung in diversen Feldmessungen überprüft wurden. Hierzu wurden unterschiedliche Elektrodenanordnungen in grasbewachsenen Sandböden - Oberflächenabdichtung - und auf mineralischen Abdichtungsschichten - Basisabdichtung - mit Leckagesimulationen untersucht und durch eingeprägte Spannungen verursachte Potentialdifferenzen in dreidimensionaler Darstellung ermittelt. Diese Messungen ergaben, daß eine eindeutige Detektion und Lokalisierung punktförmiger Leckagen anhand der Spannungsabfälle möglich ist. Im "Widerstandsmeßverfahren" kann eine Leckage durch ein deutlich ausgeprägtes Maximum im Potentialfeld dargestellt werden.

Erste Versuche wurden an einem 70 cm · 70 cm Tischversuchsstand durchgeführt, die ergänzt wurden durch Versuche an einem 10 m · 10 m Technikumsfeld. Zur realitätsnahen Erprobung wurden schließlich Versuche auf einem Testfeld durchgeführt, das sich aus einer Fläche von 1600 m² - Teich zur Simulation der Basisabdichtung - und einer Fläche von 900 m² - Hügel zur Simulation einer Oberflächenabdichtung - zusammensetzte. Hier sind neben Versuchen zur Funktionskontrolle und Optimierung des Leckortungssystems auch die Verlegung der Elektroden, Einmessung ihrer Lage im Hinblick auf den Planungsablauf einer Deponie getestet worden.

4.7.6 Modelle, Rechenverfahren

Im Rahmen des Leitfadens, Teilprojekt [14], wurde als Hilfe bei der Bemessung des Dichtungsaufbaus beispielhaft ein Gleitsicherheitsnachweis nach einem üblichen Berechnungsansatz nach Foik durchgeführt. Modelliert wurde eine Kombinationsdichtung für die Böschung einer Basisabdichtung. Annahmen für das Berechnungsbeispiel:

- Vernachlässigung von Kohäsions- und Adhäsionsanteilen in allen Gleitfugen

- Durchströmhöhe der Entwässerungsschicht in halber Dicke (h=15 cm)

- Böschungsneigung 1: 12 (Neigungswinkel 4,8°)

Bei der Entwicklung der Meßtechnik und Formulierung des Anforderungsprofils für das Leckdetektions- und -ortungssystem wurden Modellrechnungen zur Funktionsweise und zu möglichen Signalstärken durchgeführt. Diese mußten dann in Feldversuchen bestätigt werden, wo auch der Schwerpunkt der Untersuchungen im Teilprojekt [61] lag.

Im Projekt [01] wurde zurückgehend auf ein Modell zur Funktionsdauerabschätzung für Kunststoffdichtungsbahnen von Koch et al. (1988), mit den Ergebnissen der Experten-befragung[7] als Eingangsdaten minimale Funktionsdauern für die KDB im Hinblick auf Spannungsrißbildung abgeschätzt.

Zur Rißbildung in mineralischen Abdichtungen durch Austrocknung (Heibrock 1996) wurde ein eigener Ansatz zur Abschätzung einer Schrumpfrißbildung unter Auflast vorgestellt, der auf einer Beschreibung der Rißentstehung als Übergang vom Scher- zum Zugversagen beruht und eine getrennte Berücksichtigung von Auflast- und Wasserspannung ermöglicht (modifiziertes Morris-Modell).

Zur Betrachtung des Emissionsverhaltens der Kombinationsdichtung im Vergleich zu einer reinen Erdstoffdichtung wurde ein konservatives Szenario vorgegeben, in dessen Ablauf nach 30 Jahren die Deponie ergänzend eine rein mineralische Oberflächenabdichtung erhält, die KDB und das Drainsystem nach 80 Jahren ihre Funktion verlieren, so daß es zu einem Sickerwassereinstau auf der verbleibenden mineralischen Dichtung kommt. Die Emissions-berechnung wurde für Chlorid mit den üblichen Stofftransportgleichungen für wassergelöste Stoffe in porösen Medien durchgeführt.

4.7.7 Ergebnisse im Hinblick auf die Praxis

Im Teilprojekt [01] wurde festgestellt, daß die Aufstellung eines klassischen Sicherheits-konzeptes, welches eine systematische Bemessung von Komponenten von Deponie-

---

7 Lastfallannahmen wie Temperatur und Chemikalieneinwirkung, Eigenschaften der KDB im eingebauten Zustand wie Zahl der Perforationen, Qualität des Preßverbundes (Planlage) etc.

abdichtungssystemen im Hinblick auf deren Belastung vorsieht, z. Z. nicht möglich ist. Die Ursache hierfür ist unvollständiges Wissen zur Größe der Belastungen und deren zeitlicher Verlauf, denen die Dichtungsmaterialien ausgesetzt sind. Hinzu kommt, daß für die verschiedenen Materialien der Kenntnisstand bezüglich der Eigenschaften sehr unterschiedlich ist. Sicherheitsbetrachtungen können daher weitgehend nur vor dem Hintergrund von Belastungsannahmen - die eben nur mehr oder weniger richtig sind, v. a. was die Langzeitannahmen betrifft - erfolgen.

Die "Sicherheit des Abdichtungssystems" setzt voraus, daß die Materialsicherheit, die strukturelle Sicherheit und das Emissionsverhalten den Anforderungen entsprechen. Unter Berücksichtigung der Zweifelhaftigkeit zahlreicher Annahmen bezüglich Belastungen, Einbauqualität etc. ist prinzipiell eine vergleichende Sicherheitsbewertung von alternativen Abdichtungssystemen mit den Eigenschaften des Regelsystems als Maßstab gemäß TA Abfall und TA Siedlungsabfall möglich.

Das entwickelte Sicherheitskonzept wurde unter Vorgabe von Belastungsannahmen an der Kombinationsdichtung in den folgenden Schritten beispielhaft durchgeführt:

Beschreibung des Abdichtungssystems / Funktion seiner Elemente / Anforderungen an die Materialeigenschaften / Alterung KDB, Erdstoffdichtung, Entwässerungsschicht / Standsicherheit des Abfallkörpers / Ableitung maßgebender Lastfälle (mechanisch, chemisch, biologisch, thermisch) / Beständigkeit der Elemente / Durchlässigkeit Erdstoffdichtung, KDB / Eigenschaften der KDB, der Erdstoffdichtung nach dem Einbau unter qualitätssichernden Maßnahmen (QS) / Analyse des Emissionsverhaltens im Vergleich zur alleinigen Erdstoffdichtung und der Erdstoffdichtung im Verbund mit einer KDB. Als wesentliche Ergebnisse können genannt werden:

- Für die heute üblichen Kunststoffdichtungsbahnen in der Deponietechnik kann eine Lebenserwartung von mindestens 45 Jahren (bei + 40 °C) bzw. 300 Jahren (bei + 20 °C) unter der sehr konservativen Annahme von Sauerstoffeinfluß erwartet werden.

- Werden Nähte als Folge von Planungs- und Einbaufehlern, beispielsweise an Schächten und Anschlüssen durch Setzungen auf Zug beansprucht, so kann die Zeitstandfestigkeit der Nähte gegenüber der glatten Bahn um den Faktor 3 herabgesetzt sein.

- Das Ergebnis des Vergleiches der Barrierewirkung der Kombinationsdichtung mit der rein mineralischen Dichtung bezüglich der Chloridionen ist geprägt durch die Annahmen, daß die KDB durch Spannungsrißbildung nach 80 Jahren ihre Funktion verliert, einen schlecht ausgebildeten Preßverbund aufweist und mit 5 Perforationen pro Hektar, die voll zur Wirkung kommen, versehen ist. Als Bezugspunkt wird der Zeitpunkt von ca. 340 Jahren angenommen, zu dem die Chloridkonzentration im Sickerwasser von anfangs 2500 auf 200 mg/l abgeklungen ist. Zwei Fallunterscheidungen werden betrachtet:

Fall 1: Die Drainage fällt nach 80 Jahren aus.
   Während die Kombinationsdichtung 18 kg/m² (37 % von der Gesamtmenge Chlorid) Chlorid durchgelassen hat, sind durch die rein mineralische Dichtung 22 kg/m² (46%) hindurchgegangen.

Fall 2: Die Drainage fällt im betrachteten Zeitraum nicht aus.
   Während die Kombinationsdichtung 2,8 kg/m² (6 % von der Gesamtmenge Chlorid) Chlorid durchgelassen hat, sind durch die rein mineralische Dichtung 5 kg/m² (10%) hindurchgegangen.

Das Teilprojekt [01] kommt zusammenfassend zu dem Ergebnis, daß „...eine sorgfältig geplante und eingebaute Kombinationsdichtung gegenüber der rein mineralischen Dichtung erhebliche Sicherheitsreserven bietet. Dies gilt vor allem in den ersten 30 - 80 Jahren nach der Inbetriebnahme der Deponie, wenn die Schadstoffkonzentrationen besonders hoch sind..."

Die im Teilprojekt [14] durchgeführten Setzungsversuche an Bahnen aus PEHD und PELD mit beidseitiger Reibung sind miteinander nur bedingt vergleichbar, da die Bahnen nicht bis zum vollständigen Anliegen[8] an der Wandung in den Setzungstrichter gezogen wurden. Zur Verteilung der Dehnungen über den Probendurchmesser können qualitativ jedoch folgende Aussagen getroffen werden:

Stützschichten (Ton, Sand) zeigen im Zusammenspiel mit beidseitig glatten Bahnen den erwarteten Einfluß. Eine Tonschicht mit geringerer Reibung bewirkte in der Versuchs- anordnung und den zur Einwirkung gekommenen Auflasten, daß im Randbereich außerhalb der eigentlichen Setzungsmulde die Verformungen der PEHD-Bahn gegenüber der rauheren Sandschicht etwas höher waren, so daß sich die maximalen Dehnungen im mittleren Bereich der Setzungsmulde dadurch leicht verringerten. Wegen der niedrigeren Reibung nahm im geringen Maße an der Gesamtverformung auch PEHD-Material teil, das aus dem Randbereich mit in die Mulde hineingezogen wurde. Dies ist prinzipiell zur Vermeidung von lokal hohen Dehnungen ein günstiges Verhalten. - Die Zugversuche mit beidseitiger Reibung bestätigten im wesentlichen die Ergebnisse der Setzungsversuche. Es konnte aber auch gezeigt werden, daß wegen des geringen E-Moduls der PEHD-Bahn dieses günstige Verhalten um so weniger zur Wirkung kommt, je stärker die KDB im Dichtungsverbund über die wirkenden Reibungskräfte durch die Auflast "festgehalten" wird. Bei den vorkommenden Auflasten in der Deponie muß davon ausgegangen werden, daß im Falle einer differentiellen Setzung der Effekt der teilweisen Kompensation der Dehnungen der KDB im Setzungsmuldenbereich durch Nachziehen von Bahnenmaterial praktisch keine Rolle spielt.

Die Ergebnisse der Versuche mit den Rahmenschergeräten können wie folgt zusammengefaßt werden:

- Die mit dem kleinen Rahmenschergerät ermittelten Reibungsparameter für die (stark) sandrauhe KDB und dem Tonboden B (22% Feuchte) bzw. dem gemischtkörnigen Boden (10% Feuchte) werden durch Angaben aus der Literatur bestätigt. Das gleiche gilt für eine Scherfuge zwischen KDB mit Kreuzprägung (7 mm □, Abstand: 9 mm) gegen ein 1200- g/m² - Vlies. Die Verwendbarkeit der im 300 mm · 300 mm - Rahmenschergerät bestimmten Reibungsparameter bei der Bemessung von Dichtungsaufbauten für KDB mit grobem Strukturraster wird jedoch in Frage gestellt und in diesen Fällen die Nutzung des großen Rahmenschergerätes empfohlen.

- Einfluß der Gerätegröße auf die Reibungsparameter: Nur der Reibungswinkel von Ton erwies sich als relativ unabhängig von der Gerätegröße. Sonst sind die mit dem großen Rahmenschergerät gewonnenen Reibungswinkel stets kleiner. Die mit dem großen Gerät ermittelte Adhäsion ist im Falle der Tonböden geringer, im Falle der gemischtkörnigen Böden dagegen größer. Diese Abweichungen sind bei den strukturierten Bahnen am stärksten.

- Bei Rahmenscherversuchen - Boden gegen KDB - hatte die Bodenfeuchte beim gemischt- körnigen Boden keinen wesentlichen Einfluß. Beim Tonboden konnte eine deutliche Abnahme des Reibungswinkels und eine geringe Zunahme der Adhäsion mit zunehmender Bodenfeuchte, wie erwartet, ermittelt werden.

- Für die Bestimmung der Reibungsparameter für Dichtungsbahnen mit grobem Strukturraster wird das große Rahmenschergerät, 500 mm · 1000 mm, empfohlen.

In dem "Leitfaden für den Planer und Praktiker" wird versucht, auf die wesentlichen Anforderungen an Dichtungsmaterialien und ihre Auswahl hinzuweisen, die Verlege- und Fügetechnik vorzustellen und Hilfen für die Bemessung des Dichtungsaufbaus im Böschungsbereich zu geben. Neben der Darstellung der üblichen und neueren Dichtungskomponenten, wie beispielsweise die doppellagige Kunststoffbahn, werden kurz die Verlegetechnik und die Schweißverfahren erläutert und an einem Beispiel der Standsicherheitsnachweis für eine Kombinationsdichtung im Böschungsbereich einer Deponiebasisabdichtung durchgeführt. Viele Dinge zur Verlegetechnik und zum Schweißverfahren von KDB sind etwas überholt. Es fehlt der Hinweis, daß durch die *Richtlinie für die Zulassung von Kunststoffbahnen als Bestandteil einer Kombinationsdichtung für Siedlungs- und Sonderabfalldeponien sowie für Abdichtungen von Altlasten* (Bundesanstalt für Materialforschung und -prüfung 1992) dieser Bereich zwischenzeitlich umfassend geregelt ist.

Mit dem *Geologger*, wie die Firmenbezeichnung des im Teilprojekt [61] entwickelte Online-Überwachungssystems zur Leckdetektion und -ortung lautet, steht für die von der TA Abfall[9] geforderte Überwachung der Wirksamkeit und Langzeitstabilität von Deponieabdichtungssystemen ein technisch reifes System zum Einsatz bereit.

Der technische Einsatz ist auf Testfeldern 1994 in Lemförde (2600 m²), Boelderhoek, NL (3.000 m²) und 1995, de Vlagheide NL (5000 m²) inzwischen erfolgreich erprobt worden. Der erste praktische Großeinsatz erfolgte 1996/97 in der Oberflächenabdichtung der Monodeponie Waldering bei Rosenheim auf einer Gesamtfläche 14.000 m².

Für 1997/1998 laufen weitere Planungen mit ca. 500.000 m² im Bereich von Oberflächenabdichtungen für Deponien und der Sicherung von Altablagerungen.

Mit dem System *Smartex* und *Pipeguard* stehen 2 Weiterentwicklungen auf der Basis des technischen Konzeptes des *Geologger* zur Verfügung, die auch im Rahmen der Altlastensicherung zukünftig eine Rolle spielen könnten, sofern auch bei diesen Systemen die Anforderungen an die langzeitige Funktion der Systeme erfüllt werden. Im Gegensatz zum *Geologger* ist *Smartex* in der Lage, Leckagen in vollkommen trockener Umgebung zu detektieren und zu lokalisieren. Ermöglicht wird dies durch ein leitfähig eingestelltes Vlies, in das punktförmige Sensorabgriffe in Form einer Netzstruktur integriert sind[10]. *Pipeguard*, ein Überwachungssystem für Rohrleitungssysteme, bedient sich je nach Anwendungsfall der Grundsysteme *Geologger* oder *Smartex*.

4.7.8 Zusammenfassende Empfehlungen

Mit der im Teilprojekt [01] vorgestellten Methodik eines Sicherheitskonzeptes sind gute Ansätze gemacht worden, um Dichtungssysteme vergleichend zu bewerten. Wenn man z. Z. nur von Ansätzen sprechen kann, so liegt das primär weder an der Methode noch daran, daß

---

8 Wegen der zu großen Tiefe des Trichters bzw. der zu geringen Auflast in den Versuchen, wies die PELD-bzw. die PEHD-Bahn ungleiche Gesamtverformung auf.

9 TA Abfall, Anhang, Absatz 3.2.1 („..Die Funktion des Deponieoberflächenabdichtungssystems ist regelmäßig zu kontrollieren....")

10 Einsatz bevorzugt bei Bauwerksabdichtungen: Brücken, Tunnel, Flach- / Gründächer und Hallenböden im Grundwasserbereich.

man zu wenig über die Werkstoffe weiß, als vielmehr an lückenhaftem Wissen über das Deponieverhalten und den zeitlichen Verlauf der Belastungen, denen die Abdichtungsmaterialien unterliegen. Für sicherheitstechnische Vergleiche von Dichtungssystemen kann die in dem Teilprojekt vorgestellte subjektive Erfassung von Daten über Expertenbefragungen nicht die zukünftig zu praktizierende Vorgehensweise sein, um an fehlende Daten zu gelangen. Hier müssen Monitoringmaßnahmen, die objektiv Einwirkungen und das Verhalten von Abdichtungssystemen dokumentieren, intensiviert werden. In dieser Hinsicht sollten die nun vielfach anfallenden Überwachungsberichte von Deponiebetreibern ausgewertet werden. "Schularbeiten" aus der Vergangenheit in Form von umfassenden Temperaturmessungen, Leckageüberwachungen an Schächten und Anschlüssen und Verformungsmessungen sollten dringend nachgeholt werden, um hier zu sicheren Aussagen zu kommen. Wesentlich wird sein, daß die Erkenntnisse, die an den einzelnen Deponien gewonnen wurden, nicht in irgendwelchen Schubladen verschwinden, sondern exakt dokumentiert für zukünftige Sicherheitsanalysen zur Verfügung stehen. Die Anwendung des Sicherheitskonzeptes bei dem Nachweis "gleichwertiger" Abdichtungen mit dem Leistungsmaßstab Regelabdichtung ist im Sinne der TA Abfall und TA Siedlungsabfall dringend zu empfehlen. Dies könnte der Weg sein, um zu objektiven, nachvollziehbaren Gleichwertigkeitsaussagen für alternative Dichtungen zu kommen. Dies ist nicht immer ein bequemer Weg, da v. a. bei neuen Baustoffen im Deponiebau neben Praxiserfahrungen aus vergleichbaren Anwendungen der Materialien auch Versuchsergebnisse zum Langzeitverhalten notwendig sind.

In dem Teilprojekt [14] wurde die Problematik der schlechten Vergleichbarkeit von in verschiedenen Institutionen mit unterschiedlichen Rahmenschergeräten ermittelten Reibungsparametern dargelegt. Ein Lösungsweg zur Behebung der Problematik konnte jedoch nicht gezeigt werden. Es ist mit Sicherheit richtig, daß der Grund für die Problematik in dem Fehlen einer Normierung zur Durchführung der Versuche mit dem Rahmenschergerät zu suchen ist. Voraussetzung für eine sinnvolle Normierung wäre aber, das Wissen über die beeinflussenden Faktoren bei der Messung der Reibungsparameter zu verbessern. Das Teilprojekt [14] hat durch die Versuche zum grundsätzlichen Verhalten der Reibungspartner auch unter extremen Verformungen zur Erfüllung dieser Voraussetzungen beigetragen. Inzwischen konnten Anregungen vom *Arbeitskreis 5.1 der Deutschen Gesellschaft für Geotechnik e. V. (DGGT)* und vom *Arbeitskreis Grundwasserschutz (AK GWS)* aufgenommen und weiterführende Untersuchungen initiiert und abgeschlossen werden. Mittlerweile liegt auch ein Empfehlungsentwurf des Arbeitskreises 5.1 zur einheitlichen Durchführung der Versuche zur Bestimmung der Reibungsparameter mit dem Rahmenschergerät vor.

Bei der Vorstellung üblicher und neuerer Dichtungskomponenten in dem "Leitfaden" wird der doppellagigen Kunststoffbahn ein relativ breiter Raum eingeräumt. Ihre Schwachstellen sind nach gegenwärtiger Kenntnis die Vielzahl der recht komplizierten Schweißnähte in Verbindung mit den Kontroll- und Injektionsöffnungen, die gegen das Prinzip "auf der Baustelle möglichst wenig Fügenähte" verstoßen. Der Anwendungsbereich solcher Systeme wird daher eher bei speziellen Bauwerken - beispielsweise gegen Druckwasser abgedichtete Tunnelbauwerke oder bei der Sicherung von Altlasten in Spezialfällen - als im großflächigen Abdichtungsbau bei Deponiebauwerken liegen.

Für die Anwendung im Deponiebau wäre zu überlegen, ob man in einer vereinfachten Konstruktion mit weniger Schweißnähten pro Flächeneinheit nicht bewußt von vornherein auf den Hohlraum verzichtet, die Injektion vorzieht und zwischen die beiden KDB eine in Wasser stark quellende Dichtmasse einbringt, um so dem System eine hohe Redundanz zu verleihen. Damit würde man gleichzeitig von der Austrocknungsproblematik mineralischer Dichtungselemente unabhängig werden.

Der im Teilprojekt [61] entwickelte *Geologger* kann mit seinen redundanten Eigenschaften und einer örtlichen Auflösung zwischen 1 und 5 m als On-line-Überwachungssystem sowohl für Basis- als auch für Oberflächenabdichtungen eingesetzt werden, wobei auch die Erstabnahme der Kunststoffdichtungsbahn mit der Aussage "leckagefrei" möglich ist. Offen ist z. Z. noch die Beantwortung der Frage, ob mit Hilfe des *Geologger*s auch die Größe einer Leckage bestimmbar ist. Darüber hinaus eröffnet das Detektionssystem die Möglichkeit, in der Frage "gleichwertige" Dichtungsalternativen im Bereich der prinzipiell reparierbaren Oberflächenabdichtung einen Schritt weiterzukommen. An Stelle der für die Deponieklasse 2 in der TA Siedlungsabfall vorgeschriebenen Kombinationsdichtung als Oberflächen-abdichtung, wären preiswertere Lösungen denkbar, wie beispielsweise der Einsatz der einlagigen PEHD-Dichtungsbahn in Kombination mit einem Leckdetektionssystem. Die leidige Frage der eventuellen Austrocknung der mineralischen Dichtungskomponente könnte auch bei dieser Lösung umgangen und mehr Sicherheit bei der Abdichtung des durch Setzungen gekennzeichneten Oberflächenbereiches der Deponie gebracht werden.

Inwieweit der *Geologger* auch für die Überwachung des Feuchtigkeitsgehaltes mit ausreichender örtlicher Auflösung in mineralischen Dichtungen einsetzbar ist, muß die weitere Entwicklung und Ausschöpfung der Möglichkeiten des *Geologger* zeigen.

Darüber hinaus bietet sich der Einsatz des *Geologger*s immer dann an, wenn neue Dichtungen zur Bewährung eingebaut werden sollen, wie beispielsweise Asphaltbeton im Deponiebasisbereich. Insbesondere im Falle von Anbindungen an feststehenden Bauwerken kann damit ein stetiger Nachweis der Dichtigkeit geführt werden. Durch Verringerung der Elektrodenabstände läßt sich hier sicher auch noch lokal in der Umgebung der Anbindung eine größere Auflösungen erreichen. Im Zusammenhang mit der Bewährung neuer Dichtungen ist interessant, daß seit Herbst 1996 ein Teilprojekt an der TU-München zur Untersuchung des Durchbruchverhaltens von Kapillarsperren läuft. Hier kommt der *Geologger* in Verbindung mit einem leitfähig eingestellten Vlies (*Smartex*) zum Einsatz. Für Sommer 1997 ist eine Testfeldserie zum Nachweis der Langzeitdichtwirkung von mit Montanwachs durchtränkten Bodenbereichen geplant. Es ist hier in Verbindung mit einer Richtbohrtechnik daran gedacht, mit gezielt und kontrolliert eingebrachten Montanwachs-injektionen partielle Reparaturen an Basisabdichtungen durchführen zu können, ohne daß Aufgrabungen notwendig werden. Damit können Altlastensicherungen angeboten werden, die dem Prinzip der Kontrollierbarkeit jeder Sicherungsmaßnahme genügen.

Literatur

Bundesanstalt für Materialforschung und -prüfung (1992): Richtlinie für die Zulassung von Kunststoffdichtungsbahnen als Bestandteil einer Kombinationsdichtung für Siedlungs- und Sonderabfalldeponien sowie für Abdichtungen und Altlasten

Hahn, H.; Rödel, A. (1995): Entwicklung eines Verfahrens zur Leckdetektion und -ortung an Deponieabdichtungen. BMBF-Verbundforschungsvorhaben 'Weiterentwicklung von Deponie-abdichtungssystemen'. Schlußbericht. Fkz. 1440569A5-61

Heibrock, G. (1996): Zur Rißbildung durch Austrocknung in mineralischen Abdichtungs-schichten an der Basis von Deponien. Dissertation, Ruhr-Universität Bochum, Oktober 1996, Schriftenreihe des Instituts für Grundbau, Heft 26

Jessberger H. L.; Heibrock, G. (1996): Entwicklung eines Sicherheitskonzeptes für Deponieabdichtungssysteme. BMBF-Verbundforschungsvorhaben 'Weiterentwicklung von Deponieabdichtungssystemen'. Schlußbericht. Fkz. 1440569A5-01

Koch, R.; Gaube, E.; Hessel, J.; Gondro, C.; Heil, H. (1988): Langzeitfestigkeit von Deponiedichtungsbahnen aus Polyethylen. Müll und Abfall 8, S. 348-361

Schreyer, J.; Kessler, D. (1995): Erarbeitung von Vorschlägen zur Ausbildung von Deponiedichtungen - theoretische und versuchstechnische Untersuchung. BMBF-Verbundforschungsvorhaben 'Weiterentwicklung von Deponieabdichtungssystemen'. Schlußbericht. Fkz. 1440569A5-14

Stief, K. (1986): Das Multibarrierenkonzept als Grundlage von Planung, Bau, Betrieb und Nachsorge von Deponien. Müll und Abfall 1, S. 15-20

TA Abfall (1991): Zweite Allgemeine Verwaltungsvorschrift zum Abfallgesetz, Teil 1: Technische Anleitung zur Lagerung, chemisch/physikalischen und biologischen Behandlung, Verbrennung und Ablagerung von besonders überwachungsbedürftigen Abfällen. In: Schmeken, W.: TA Abfall. Köln: Deutscher Gemeindeverlag, W. Kohlhammer. Und in: Müll-Handbuch. Band 1, **0670**. Berlin: Erich Schmidt. S. 1-136

TA Siedlungsabfall (1993): Dritte Allgemeine Verwaltungsvorschrift zum Abfallgesetz: Technische Anleitung zur Verwertung, Behandlung und sonstigen Entsorgung von Siedlungsabfällen. In: Schmeken, W.: TA Abfall, TA Siedlungsabfall. 3. Aufl. Köln: Deutscher Gemeindeverlag, W. Kohlhammer. Und in: Müll-Handbuch. Band 1, **0675**. Berlin: Erich Schmidt. S. 1-52

4.8 Geotextile Schutzschichtsysteme für Kunststoffdichtungsbahnen

G. Lüders und S. Seeger

4.8.1 Teilprojekte zum Thema

Das Thema "Geotextile Schutzschichtsysteme" wurde in drei Teilprojekten behandelt:

[35]   Kunststoffdichtungsbahnen unter Punktlasten, Schlußbericht s. Brummermann (1995)

[36]   Untersuchung der Langzeitbeständigkeit von Schutzmaterialien für Kunststoffdichtungsbahnen von Deponiebasisabdichtungen, Schlußbericht s. August & Lüders (1995)

[37]   Praxisnahe Untersuchungen zur Weiterentwicklung von geotextilen Schutzschichtsystemen auf Kunststoffdichtungsbahnen unter dem Gesichtspunkt ihrer Langzeitschutzwirkung, Schlußbericht s. Witte (1995)

4.8.2 Ausganspunkt und Problematik

Kombinationsdichtungen in der Basis von Deponien bestehen - gemäß den Technischen Anleitungen TA Abfall (1991) und TA Siedlungsabfall (1993) - aus mehreren mineralischen Schichten und einer darüberliegenden 2,5 - 3 mm dicken Kunststoffdichtungsbahn (KDB) aus Polyetylen hoher Dichte (PEHD). Als Flächenentwässerung wird in Deutschland üblicherweise Grobkies der Körnung 16 - 32 mm oder vergleichbares grobes Material verwendet, um der Gefahr des Verstopfens der Drainage durch Inkrustationen vorzubeugen. Aus dieser Besonderheit ergibt sich die Notwendigkeit des *dauerhaften* Schutzes der KDB. Zu diesem Zweck werden geotextile Schutzsysteme zwischen KDB und Drainageschicht eingebaut. Diverse Lösungen für Schutzsysteme wurden vorgeschlagen und zwischenzeitlich auch bereits praktisch erprobt. Eine Schutzvariante sieht die Kombination eines Vliesstoffes von 1200 g/m^2 Flächengewicht mit einer ca. 30 cm starken Schicht aus Brechkorn der Körnung 0 - 8 mm vor (der Vliesstoff hat hier lediglich eine Teilschutzfunktion). Von der Industrie wurden neue platz- und materialsparende Varianten entwickelt, bei denen eine geotextile Verpackung mit einem mineralischen Material gefüllt wird. Es werden in Einzelfällen auch rein geotextile Schutzlagen (Vliesstoffe mit Flächengewichten ab 2000 g/m^2 als alleinige Schutzlage) verwendet.

Die Aufgabe des dauerhaften Schutzes der KDB stellt sich für alle Varianten in gleicher Weise:

Langfristig, d. h. für die Zeitspanne ihrer technischen Funktionstüchtigkeit von mindestens 50 - 100 Jahren, muß die KDB - bedingt durch die Wahl des Werkstoffes PEHD - gegen Dehnungen und Spannungen geschützt werden. Die durch Dehnungen verursachten Spannungszustände können letztlich zum Versagen durch Spannungsriß führen und so die Funktionsdauer reduzieren. Schutzsysteme müssen daher dauerhaft lokale Dehnungen, d. h. in durch Kieskörner hervorgerufenen Dellen, weitestgehend minimieren und eine flächige Verteilung der Punktlasten der Drainschicht bewirken. Vor und während der Laufzeit der Forschungsprojekte wurde in verschiedenen Gremien die Problematik der Festlegung eines

Grenzwertes für diese lokalen Dehnungen erörtert, die eng zusammenhängt mit den verwendeten Prüf- und Auswerteverfahren zum Nachweis der Schutzwirkung. Der von der BAM vertretene Grenzwert von 0,25 % Wölbbogendehnung (entsprechend ca. 3 % Dehnung in der Außenschicht von, für groben Dränagekies typischen, Dehnungsdellen in der KDB) wurde in den 3 Teilprojekten als Richtwert zugrundegelegt.

Kurzfristig kann die KDB während der Bauphase der Flächenentwässerung beschädigt werden (durchstoßen, reißen). Schutzsysteme müssen daher in der Lage sein, die Belastungen der installierten KDB durch den nachfolgenden Baubetrieb zu minimieren.

Bei der Beurteilung von Schutzsystemen müssen die an der Deponiebasis tatsächlich vorherrschenden Bedingungen Berücksichtigung finden. An der Basis entstehen bei einer Deponiehöhe bis zu 60 m Auflasten bis zu 900 kN/m². Bedingt durch organische Abbauprozesse kann die Temperatur des aggressiven Deponiesickerwassers in Basisnähe über lange Zeiträume 40 °C erreichen und in Einzelfällen sogar deutlich übersteigen. Sickerwasserströme können, besonders in den Deponieböschungen, bei Verwendung von feinkörnigen mineralischen Schutzmaterialien durch Erosion zu Beeinträchtigungen des Schutzes führen. Gegen das aggressive Milieu im Abfallkörper beständige Geotextilien müssen bei diesen Schutzvarianten die Erosionsstabilität bis zur endgültigen Abdeckung der Deponie sichern.

Damit Schutzsysteme die Funktionsdauer von Kunststoffdichtungsbahnen erreichen, ist bei der Auswahl der geeigneten polyolefinen Werkstoffe und bei der Dimensionierung der Geotextilien besondere Sorgfalt geboten. Dieser Aufwand begründet sich aus der Tatsache, daß nach Verfüllung einer Deponie mit Abfall eine schadhafte Basisdichtung nur mit sehr hohem technischem und finanziellem Einsatz zu sanieren wäre. Die Anforderung an die chemische und physikalische Beständigkeit der geotextilen Komponente richtet sich nach deren Funktion (Verpackung/Erosionssicherung, Teilschutz, oder alleinige Schutzkomponente).

Aufgrund der Anzahl der einwirkenden Faktoren (Auflast, Temperatur, Zeit, chemischer Angriff, Aufbau und Abmessung der Schutzsysteme, Werkstoffe) war zu ermitteln, welche von ihnen wesentlich sind zur Beurteilung der langfristigen Schutzwirkung und ob Synergieeffekte auftreten. Besonderer Klärungsbedarf bestand bei der Frage der Übertragbarkeit der Ergebnisse aus standardisierten und zeitraffenden Prüfverfahren in die Praxis und bei der Abschätzung von Fehlergrenzen und Streuungen sowie von Sicherheits- und Extrapolationsfaktoren. Diese Aspekte sind wesentlich zur Beurteilung von Prüfmethoden hinsichtlich ihrer Eignung als Standardverfahren.

Die Ergebnisse der 3 Teilvorhaben sollten unmittelbar in einer Richtlinie der BAM zur behördlichen Zulassung von Schutzsystemen einfließen.

4.8.3 Ziele und Aufgabenstellung

Für die praxisnahe Beurteilung der auflastabhängigen, mechanischen Schutzwirksamkeit lag mit dem sog. Lastplatten-Druckversuch des Workshops "Quo-vadis Schutzschichten" bereits ein Ansatz vor, der jedoch einer methodischen Weiterentwicklung bedurfte, um die Anforderungen an einen Standardversuch (Reproduzierbarkeit, Sensitivität und Sicherheit bei der Vorhersage des Langzeitschutzverhaltens) zu erfüllen. Der Lastplatten-Druckversuch verwendet baustellenübliches Drainagematerial. In einem Versuchszylinder wird ein der Basisdichtung analoger Schichtaufbau errichtet. Eine Elastomerplatte simuliert das

Verhalten des Tones. Die Last wird über einen Stempel hydraulisch aufgebracht. Eindellungen der KDB durch die Drainagekieskörner werden in einem unterliegenden dünnen Weichblech (Blei) konserviert; dies gestattet die Auswertung von Dellen nach Versuchsende. Der Aufbau in einem Klimaschrank ermöglicht erhöhte Versuchstemperaturen, vergleichbar den Werten an der Deponiebasis. Das "Quo-vadis"-Konzept verfolgte die Absicht, durch Lastüberhöhung und erhöhter Temperatur, zeitraffende Effekte zu erzielen, um mit überschaubaren Versuchsdauern bis zu 1000 h zu Langzeitbeurteilungen der Schutzwirkungen zu kommen. Die jeweiligen Lastüberhöhungsfaktoren wurden aus vereinfachenden Extrapolationen des Verformungsverhaltens von HDPE-Werkstoffen abgeleitet: 1,5fache Auflast bei 40 °C und 1000 h; 2,25fache Auflast bei 1000 h und 23 °C; sowie 2,5fache Auflast bei 20 °C und 100 h.

Das Teilprojekt [37] widmete sich auf dieser Grundlage der Untersuchung und Weiterentwicklung einer zeitraffenden Prüf- und Auswertemethodik, der Festlegung von Beurteilungskriterien, der Auswirkung von Alterung von Vliesstoffen sowie der Untersuchung des Einflusses der Kornlinien unterschiedlicher Dränagematerialien auf die Schutzwirkung. Hierauf aufbauend sollten Kriterien und Vorschläge zur Optimierung von Schutzsystemen und zur Vereinheitlichung von Anforderungen erarbeitet werden.

Das Teilprojekt [35] verfolgte das Ziel, ein weiteres, stärker standardisiertes Prüf- und Auswerteverfahren zur Untersuchung der Wirksamkeit von Schutzsystemen zu entwickeln. In den vergleichenden Untersuchungen wurden Kiesschüttungen, Druckstempel sowie spezielle Strukturplatten zur Simulation von üblichem Dränmaterial verwendet, die zuvor in Zusammenarbeit mit dem Teilprojekt [37] festgelegt worden waren.

In beiden vorgenannten Teilprojekten sollte der Einfluß variierender Parameter wie z. B. Art des Auflagers (Ton, Elastomer, Stahl), verschiedener Schutzvliesstoffe, Temperatur sowie Höhe und Dauer der Belastung eingehend untersucht werden.

Im Teilprojekt [36] sollte schließlich ein Prüfverfahren entwickelt werden, mit dem die Langzeitbeständigkeit von Schutzmaterialien unter *gleichzeitiger* chemischer und mechanischer Beanspruchung, wie sie im praktischen Einsatz in der Deponiebasis auftritt, untersucht werden kann. Bei Entwicklung und Bau der Versuchsstände sowie bei den Untersuchungen sollten die in den vorgenannten Teilprojekten erarbeiteten Standards zur Modellierung der realen mechanischen Beanspruchung von Schutzmaterialien verwendet werden.

4.8.4 Materialien

Zwischen den Teilprojekten wurde die Auswahl handelsüblicher Geotextilien abgestimmt, um die Übertragbarkeit der einzelnen Ergebnisse zu gewährleisten. Es kamen Vliesstoffe aus Stapel- und Endlosfasern, gefertigt aus PEHD- und Polypropylen (PP)-Formmassen, mit Flächengewichten zwischen 1200 und 2000 g/m^2 zum Einsatz. Bei den Stempeldruckversuchen wurde übliches Drainagematerial der Körnungen (Rundkorn) 16 - 32 mm und 0 - 32 mm, Brechkorn 8 - 16 und 0 - 8 mm, sowie Kies 0 - 8 und Sand 0 - 3 mm eingesetzt. Weiter kamen speziell angefertigte Einzelstempel und Strukturplatten aus Stahl zum Einsatz. Bei der Prüfung der Beständigkeit wurden Strukturplatten sowie Prüfmedien in Anlehnung an die Medienliste der Richtlinie über Deponiebasisabdichtungen aus Dichtungsbahnen des Landes NRW, bzw. an die Empfehlungen des Arbeitskreises "Geotechnik der Deponien und Altlasten" der Deutschen Gesellschaft für Erd- und Grundbau e.V. verwendet.

4.8.5 Untersuchungen

In allen Teilprojekten wurden experimentelle Untersuchungen durchgeführt. Das Programm des Teilprojektes [35] umfaßt den Vergleich von Deformationen in geschützten und ungeschützten Kunststoffdichtungsbahnen, hervorgerufen durch hydraulische Belastung von Drainagekiesschüttungen, Strukturplatten oder von Einzelstempeln. Hierzu wurden jeweils spezielle Testaufbauten verwendet, welche die Konservierung der Deformationen der KDB in einem untergelegten Weichblech erlaubten. Die Deformationen wurden nach der Belastungsphase vermessen und analysiert. Ergänzend dazu wurden bei Belastung mit Einzelstempeln Setzungskurven anhand der Stempelbewegung aufgezeichnet. Die Parameter Auflast, Temperatur und Belastungsdauer wurden für 4 verschiedene Schutzlagenvarianten, für 5 verschiedene Belastungskörper (16/32 Kies, Strukturplatte für 16/32 Kies, Kegelstempel, Kugelstempel, Kegelstumpf) sowie für 5 verschiedene Auflagerschichten (Elastomer Härte Shore A 50, Stahl, 3 Typen bindiger Erdstoffe) systematisch variiert. Auflasten bis 923 kN/m^2 wurden bei Temperaturen von 20, 40 und 60 °C aufgebracht. Die Belastungsdauer variierte von ca. 27 bis ca. 1000 h. Es wurden detaillierte Methoden zur standardisierten Ausmessung und Bewertung von Eindellungen erarbeitet.

Im Teilprojekt [37] wurde der methodische Ansatz des Workshops "Quo-vadis Schutzschichten" weiterentwickelt. Aspekte des Versuchsaufbaus und der experimentellen Methodik, d. h., Wahl des Auflagermaterials (Styrodur, Elastomer, Ton, Hartholz), des Belastungskörpers (Kies, standardisierte Strukturplatten aus Kiesabgüssen), des Schutzsystems (Vliesstoffe aus unterschiedlichen PP- und HDPE-Fasern mit variablem Flächengewicht und Dicke, insbesondere chemisch vorgealterte Vliesstoffe), sowie der Einbaurandbedingungen (Vliesstoffüberlappungen, Faltenbildung, unterliegende Kieskörner) wurden untersucht. Ebenso wie im Teilprojekt [35] werden Konzepte zur Ausmessung und Bewertung von Eindellungen der KDB vorgestellt.

Im Teilprojekt [36] wurden Prüfmedien verwendet, denen solche definierten chemischen Verbindungen zugrundelagen, die für das Sickerwasser von Deponien charakteristisch und typisch für denkbare Schädigungsarten des PEHD- bzw. PP-Schutzmaterials sind. Als solche wurden quellendwirkende, spannungsrißauslosende und oxidierende Substanzen mit dem Ziel der Zeitraffung in überhöhter Konzentration verwendet, Stoffkombinationen aus denselben jedoch nur dann, wenn diese dem Wissensstand entsprechend für die Materialschädigung mit entscheidend sind oder für die Untersuchung einen zeitraffenden Effekt erwarten ließen. Die Schutzmaterialien wurden in Liefer- oder schon chemisch vorbeanspruchter Form in einem standardisierten Versuchsaufbau mit Strukturplatten für 16 - 32er oder 0 - 8er Kies dem entsprechenden chemischen Medium bei 40 °C und mechanischen Auflasten zwischen 562 und 923 kN/m^2 unterworfen und nach 1000 bzw. 100 h mit Hilfe des im Teilprojekt [35] standardisierten Verfahrens in ihrer Schutzwirkung bewertet, z. T. mit Ergebnissen aus Indexprüfungen korreliert.

4.8.6 Ergebnisse im Hinblick auf die Praxis

Die Wirksamkeit geotextiler Schutzschichten wird erheblich von der Kornverteilung des Drainmaterials, der Last, der Temperatur, der Zeit und dem Schutzschichttyp (Material, Flächengewicht, Struktur) beeinflußt. Zwischen den Dehnungen der KDB und den Prüflasten ergeben sich lineare Zusammenhänge. Die Dehnungen nehmen - zumindest im experimentell abgedeckten Zeitraum bis 1000 h - logarithmisch mit der Zeit zu.

Insgesamt ist eine ausreichende Schutzwirkung rein geotextiler Schutzlagen, insbesondere bei Verwendung des praxisüblichen, groben Dränagekieses 16 - 32 mm, nur bei sehr kleinen, in der Praxis kaum sinnvollen Auflasten gegeben. Erst bei Einsatz feinkörniger und/oder breit abgestufter Drainmaterialien können rein geotextile Schutzlagen ausreichend schützen.

Bei der Kombination von Vliesstoffen mit Brechkorn, 0 - 8 mm, stellte sich im Teilprojekt [37] heraus, daß eine Alterung der Vliesstoffe, einhergehend mit einem erheblichen mechanischen Festigkeitsverlust, die *Schutzwirkung des Verbundes* nicht beeinträchtigte. Die in diesem Teilprojekt erarbeitete Versuchsmethodik zeigt erhebliche Streuungen (Variationskoeffizienten um 30 %) in den Dehnungswerten, so daß in jedem Einzelfall mindestens 3 identische Versuche zur sicheren Beurteilung der Schutzfunktion eines Schutzsystems erforderlich sind. Es wird festgestellt, daß auf die versuchstechnisch problematische Verwendung von Ton als Auflagermaterial verzichtet werden kann, da die Elastomerunterlage (Härte Shore A 50) auf die sichere Seite führt.

Als klares Ergebnis der Versuche kam heraus, daß sandgefüllte Schutzsysteme eine bei weitem ausreichende Schutzwirkung, selbst bei hohen Auflasten und Verwendung von grobem Dränagekies, aufweisen. Die Bereitschaft der Industrie zur Entwicklung solcher Schutzsysteme wurde durch die Teilprojekte [35] bis [37] während der Laufzeit des Verbundvorhabens angeregt. Die Kooperation von institutsübergreifender Forschung und firmeninterner Entwicklung wirkte sich besonders förderlich aus.

Als wichtiges, praxisrelevantes Ergebnis des Teilprojektes [35] ist zu nennen, daß Belastungsversuche mit 16/32er Kiesschüttungen und Strukturplatten zu vergleichbaren Dehnungen führen.

Insgesamt ergeben sich bei Verwendung von Strukturplatten gegenüber freien Kiesschüttungen einige Vorteile. Insbesondere ist die Streuung geringer, und das Verfahren ist durch den hohen Grad der Standardisierung reproduzierbar.

Die Ergebnisse des Teilprojektes [36] schließen das aus den mechanischen Belastungsexperimenten gewonnene Bild inhaltlich ab: Nur in den Fällen, in denen die mechanische Schutzfunktion *nicht* ausreichend ist, kann der Einfluß, insbesondere quellender, in geringerem Ausmaß aber auch spannungsrißauslösender und oxidierender Medien, die Schädigung der KDB noch vergrößern. Aus der Systematik der Versuchsergebnisse ergibt sich insgesamt eine bessere chemische Stabilität von PE-Werkstoffen gegenüber PP-Formmassen. Ungeachtet der höheren Festigkeit der PP-Fasern ist die Verwendung von PE insbesondere dort angezeigt, wo es auf hohe Beständigkeit ankommt. Dies sind in erster Linie die erosionssichernden Verpackungstextilien oder Trennvliese für mineralisches Schutzmaterial. Weiter sollten in den Ausnahmefällen, in denen rein geotextile Schutzlagen die KDB vor grobem Dränagematerial schützen, ebenfalls PE-Werkstoffe gewählt werden.

4.8.7 Zusammenfassende Empfehlungen

Mit den vorliegenden Resultaten wurden Methodiken und Basiserkenntnisse zur sicheren Beurteilung der Funktion von Schutzsystemen unter den Bedingungen des Deponiebaus erarbeitet. Die Ergebnisse aller 3 Teilprojekte beschreiben insgesamt den Stand der Technik bei der Beurteilung von Schutzsystemen und sind zwischenzeitlich bereits in die vorläufige *Zulassungsrichtlinie für Schutzschichten, Anforderungen an die Schutzschicht für die*

Dichtungsbahnen in der Kombinationsdichtung (BAM Berlin, August 1995) eingeflossen. Die Bundesländer Thüringen, Niedersachsen und Nordrhein-Westfalen haben die Forderung der Zulassung von Schutzsystemen festgelegt (Thüringer Deponiemerkblatt, Niedersächsisches Deponiehandbuch, Merkblatt des Landes NRW zur TA Siedlungsabfall), andere Bundesländer folgen dieser Praxis.

Dem Bericht des Teilprojektes [36] ist zu entnehmen, daß synergetische Effekte durch Einwirkung des Sickerwassers beim Schutzwirksamkeitsnachweis nicht explizit berücksichtigt werden müssen. Insgesamt erlauben daher die in den Teilprojekten [35] und [37] vorgestellten Untersuchungsvarianten, auf der Basis von Lastplatten-Druckversuchen mit 1000 h Dauer, eine Abschätzung weit auf der sicheren Seite aufgrund der verwendeten konservativen Sicherheitsfaktoren für die Lastüberhöhung. Die Ergebnisse insgesamt stützen die Vermutung, daß die Sicherheitsspielräume bei den Lastüberhöhungsfaktoren enger begrenzbar sind.

Bei der Anwendung von Lastplatten-Druckversuchen müssen die klar zutage getretenen methodischen Beschränkungen Beachtung finden: Aufgrund der großen Streuung sind 3 Einzelversuche zur sicheren Beurteilung eines Schutzsystems erforderlich. Die Charakterisierung und Bewertung der Eindellungen in der KDB ist aufwendig und kann methodisch noch verbessert werden. Die zeitraffende Wirkung von Last- und Temperaturerhöhung ist bisher nicht präzise beschrieben. Die Lastüberhöhungsfaktoren, mit denen in den mechanischen Schutzwirksamkeitsprüfungen eine Zeitraffung erzielt werden kann, sollte anhand von Langzeit-Belastungsexperimenten präzisiert werden.

Als weitere noch nicht abgeschlossene Aufgabe muß die Entwicklung zeitraffender Untersuchungsmethoden zum Alterungsverhalten von Geokunststoffen angesehen werden, die über die vorgestellten Medieneinlagerungen mit nachfolgenden Indextests hinausgehen. Zu den üblichen Indextests als relativ grobe Klassifizierungsmethode der chemischen Beständigkeit existiert bisher keine brauchbare Alternative. Neben ihrer Bedeutung für die Beurteilung geotextiler Schutzsysteme (insbesondere für die Erosion verhindernde Verpackungen und Trennvliese), wären alternative Methoden auch besonders relevant für die Einschätzung der geometrieabhängigen Alterungsvorgänge von Geotextilien mit tragenden Kunststoffstrukturen (z. B. vernadelte bzw. vernähte Verbindungsfäden in Bentonitmatten und vergleichbare Flächengebilde).

Die in den Teilprojekten erarbeiteten Ergebnisse stellen insgesamt einen wertvollen Erfahrungsschatz und eine breite Basis zur Beurteilung der Ergebnisse aus Schutzwirksamkeitsprüfungen dar.

Literatur

August, H.; Lüders, G. (1995): Untersuchung der Langzeitbeständigkeit von Schutzmaterialien für Kunststoffdichtungsbahnen von Deponieabdichtungen. BMBF-Verbundforschungsvorhaben 'Weiterentwicklung von Deponieabdichtungssystemen'. Schlußbericht. Fkz. 1440569A5-36

BAM (1995): Zulassungsrichtlinie für Schutzschichten, Anforderungen an die Schutzschicht für die Dichtungsbahnen in der Kombinationsdichtung. Bundesanstalt für Materialforschung und -prüfung. Berlin

Brummermann, K. (1995): Kunststoffdichtungsbahnen unter Punktlasten. BMBF-Verbundforschungsvorhaben 'Weiterentwicklung von Deponieabdichtungssystemen'. Schlußbericht. Fkz. 1440569A5-35

TA Abfall (1991): Zweite Allgemeine Verwaltungsvorschrift zum Abfallgesetz, Teil 1: Technische Anleitung zur Lagerung, chemisch/physikalischen und biologischen Behandlung, Verbrennung und Ablagerung von besonders überwachungsbedürftigen Abfällen. In: Schmeken, W.: TA Abfall. Köln: Deutscher Gemeindeverlag, W. Kohlhammer. Und in: Müll-Handbuch. Band 1, **0670**. Berlin: Erich Schmidt. S. 1-136

TA Siedlungsabfall (1993): Dritte Allgemeine Verwaltungsvorschrift zum Abfallgesetz: Technische Anleitung zur Verwertung, Behandlung und sonstigen Entsorgung von Siedlungsabfällen. In: Schmeken, W.: TA Abfall, TA Siedlungsabfall. 3. Aufl. Köln: Deutscher Gemeindeverlag, W. Kohlhammer. Und in: Müll-Handbuch. Band 1, **0675**. Berlin: Erich Schmidt. S. 1-52

Witte, R. (1995): Praxisnahe Untersuchungen zur Weiterentwicklung von geotextilen Schutzschichtsystemen auf Kunststoffdichtungsbahnen unter dem Gesichtspunkt ihrer Langzeit-Schutzwirkung. BMBF-Verbundforschungsvorhaben 'Weiterentwicklung von Deponieabdichtungssystemen'. Schlußbericht. Fkz. 1440569A5-37

4.9 Sickerwasserdrainage

H. August

4.9.1 Teilprojekte zum Thema

Das Thema "Sickerwasserdränage" wurde in 2 Teilprojekten behandelt:

[16] Erhaltung der Funktionsfähigkeit von Deponieentwässerungssystemen, Schlußbericht s. Turk et al. (1995)

[38] Untersuchungen über den Einfluß von Dränageöffnungen an Sickerwasserrohren aus Kunststoff mit dem Ziel einer Optimierung ihrer Langzeitstandfestigkeit im Einbauzustand, Schlußbericht s. Witte & Schulz (1996)

4.9.2 Ausgangspunkt und Problematik

Bei der Betrachtung der Sicherheit von Deponien, Teilprojekt [01], spielen Abdichtungssysteme an der Basis der Deponie ebenso wie an der Oberfläche als technische Barrieren bei der Realisierung des Multibarrierenkonzepts eine besonders wichtige Rolle. Abdichtungssysteme bestehen aus dem Entwässerungssystem, der Schutzschicht für die Kunststoffdichtungsbahn, soweit vorhanden, und der eigentlichen Barriereschicht[11]. Innerhalb des Abdichtungssystems hat wiederum die Drainageschicht, einschließlich der Drainrohre, für einen kalkulierbaren Deponiebetrieb eine hervorragende Rolle, insbesondere zur Sicherung

- der Standfestigkeit von Böschungen (Vermeidung von Auftrieb und Gleitfugen)

- der kontrollierten Entfernung von Sickerwasser (Vermeidung von Aufstau im Abfallkörper und Austreten aus der Hangböschung) und

- eines geordneten Gashaushaltes

Bezüglich der Siedlungsabfalldeponien ist seit den Untersuchungen von Ramke und Brune (1990) bekannt, daß von Mikroorganismen aufgebaute Inkrustationen die Entwässerungssysteme funktionsuntüchtig machen können. In diesem Zusammenhang sind 2 Prozesse bei den physiologischen Aktivitäten der Mikroorganismen wesentlich:

1. ein Mobilisierungsprozeß, in dem durch gärende Bakterien, sowie durch eisen- und manganoxidierende Bakterien organische Inhaltsstoffe des Mülls, z. B. in Form von niederen Fettsäuren, in das Sickerwasser überführt und anorganische Inhaltsstoffe als Ionen freigesetzt werden und

2. ein Ausfällungsprozeß, hervorgerufen durch die Stoffwechselaktivität von vornehmlich Methanbakterien und Desulfurikanten, die unlösliche Sulfide und Carbonate im Entwässerungssystem bilden.

Zur Vermeidung dieser Prozesse und Beseitigung vorhandener Inkrustationen waren Konzepte zu Sanierungs- und Pflegemaßnahmen zu erarbeiten. Diese sollten sich über die bisher allein übliche, auf die Drainrohre beschränkte mechanische Reinigung hinaus, auf die Flä-

---

11 Mineralische Dichtung, Kunststoffdichtungsbahn, Kombinationsdichtung oder alternative Komponenten.

chendränage erstrecken, ohne daß hierzu aufwendige bautechnische Maßnahmen erforderlich werden.

Unabhängig von der Problematik der Inkrustierung besteht für die in die Flächendrainage integrierten Entwässerungsrohre die Frage nach ihrer langfristigen Standsicherheit unter den widrigen Umgebungsbedingungen der Deponiebasis. Hierzu gehört die Sickerwassereinwirkung unter sehr hohen Überschüttungen bei Temperaturen bis zu +40 °C. Nach gründlicher Diskussion der einschlägigen Regelwerke und der Fachliteratur (Zanzinger et al. 1997) sowie Berechnungen mit vielen Verfahren waren Fachleute zum Zeitpunkt des Beginns des Teilprojektes [38] der Ansicht, daß die alleinige Simulation der statischen Belastung mit numerischen und rein theoretisch-wissenschaftlichen Arbeiten die Unsicherheiten bei der Modellierung der Dränrohrbeanspruchungen nicht beseitigen. Theoretische Überlegungen sollten durch Großversuche ergänzt werden, die die Belastungen, denen der Regelaufbau der Leitungszone unterliegt, möglichst realistisch simulieren.

4.9.3   Ziele und Aufgabenstellung

Im Teilprojekt [16] wurden folgende Ziele angesteuert:

- Untersuchung der Möglichkeit, Inkrustationen in flächig ausgebildeten Drainsystemen von Siedlungsabfalldeponien aufzulösen

- Entwicklung von Desinfektionsmaßnahmen zur Unterbindung bzw. Verzögerung von Inkrustationsbildungen

- Bewertung der sich aus den Untersuchungen ergebenden Pflege- und Sanierungsmaßnahmen

- Untersuchung von Monodeponien[12] zur Klärung der Frage, ob in diesen, ähnlich wie in Siedlungsabfalldeponien, mit Inkrustationen zu rechnen ist und welche Mechanismen gegebenenfalls hier eine Rolle spielen

Das Teilprojekt [38] hatte die Zielsetzung einer Dimensionierung heute üblicherweise verwendeter perforierter Sickerwasserdränagerohre und Abschätzung ihres Langzeitverhaltens u. a. durch an die entsprechende Norm angelehnte Scheiteldruckversuche. Auf der Grundlage der Versuchsergebnisse zur Verschwächung[13] im Kurz- und Langzeitverhalten sollten Überlegungen und Vorschläge zur Optimierung der Entwässerungsrohre (PEHD, PP) hinsichtlich der Gestaltung der Drainageöffnungen, ihrer geometrischen Anordnung und Bemessung, insbesondere im Hinblick auf die vorhandene Spannungsrißempfindlichkeit dieser Werkstoffe, abgeleitet werden.

In einem weiteren Untersuchungsabschnitt sollte über die Methode der finiten Elemente (FEM) eine rechnerische Überprüfung der experimentellen Ergebnisse erfolgen. Es sollte insbesondere die Frage geklärt werden, ob für die Dimensionierung der perforierten Entwässerungsrohre die sehr aufwendigen, die realen Belastungszustände gut abbildenden Großversuche, Modellversuch der LGA Nürnberg (Zanzinger et al. 1997; Doll & Hoch 1997) und Sandkastenversuch der AMPA Hannover, notwendig sind oder ob über die weniger aufwendige Bestimmung des Verschwächungsbeiwertes im normierten Scheiteldruckversuch eine Beurteilung der

---

12 MVA-Schlacke-, Asche- und Klärschlammdeponien.
13 Verhältnis der längenbezogenen Kräfte bei 3% Verformung des Innendurchmessers im 24 -h-Scheiteldruckversuch des "geschlitzten" zum "ungeschlitzten" Rohr.

Verringerung der Tragfähigkeit aufgrund von unterschiedlichen Perforationsgeometrien möglich und ausreichend ist.

4.9.4 Materialien

Im Rahmen der Rücklöseexperimente im Teilprojekt [16] wurden sowohl durchoxidierte als auch reduzierte Inkrustationen aus Deponien[14] für Siedlungsabfälle unterschiedlicher Zusammensetzung untersucht. Als Rücklöseagenzien kamen anorganische Säuren (Salz-, Perchlor-, Salpeter-, Schwefel- und Phosphorsäure), organische Säuren (Ameisen-, Essig-, Oxal-, Zitronen-, Ascorbin- und Peressigsäure) und Präparate aus der Brunnenregenerationstechnik[15] in die Erprobung.

Im Zusammenhang mit den Desinfektionsversuchen zur prinzipiellen Vermeidung von Inkrustationen, auch im Anschluß an Rücklösemaßnahmen, kamen Benzalkoniumchlorid, Formaldehyd, Kaliumpermanganat, Wasserstoffperoxid und Peressigsäure zur Anwendung.

Zur Simulation der Bedingungen einer Deponieentwässerungsschicht im Rahmen der Rücklöse- und Desinfektionsmaßnahmen, wurden Säulen aus Glas, Plexiglas und PVC-hart (h = 100 cm, Ø ca. 20 cm) gefertigt, 8/16er bzw. 16/32er Drainkies eingebaut und mit 6 Monate gerottetem Kompost (Siebfraktion 5 - 15 mm) überschichtet. Zur Sickerwasserbeaufschlagung (Flächenbelastung 300 l/m²d) wurden schwach belastete (z. B. "stabile Methanphase", CSB = 3.700 mg/l, BSB_5 = 180 mg/l), und hoch belastete (z. B. "saure Gärphase", CSB = 35.700 mg/l, BSB_5 = 16.200 mg/l) Sickerwässer eingesetzt.

Im Rahmen der Untersuchung der halden- und beckenförmigen Monodeponien wurde festgestellt, daß die Flächenentwässerungen der Klärschlammdeponien alle möglichen Korngrößen und -abstufungen aufwiesen. Die Sammelrohre - in verschiedenen Anordnungen - waren aus PVC, PE-HD, Steinzeug und Beton hergestellt. Die Rohrdurchmesser betrugen 100 - 200 mm. In allen Deponien waren Trennvliese über der Flächenentwässerung eingebaut, um das Eindringen von Schlammteilchen aus dem Abfallkörper in die Entwässerungsschicht zu unterbinden.

Im Rahmen des Teilprojektes [38] kamen Deponiesickerwasserrohre[16] aus typischen Rohrwerkstoffen auf der Basis von PEHD und PP in die Untersuchungen. Die Perforationen in den Rohren mit Öffnungsweiten zwischen 100 und 500 cm² je Meter, in unterschiedlicher Anordnung, bestanden aus Bohrungen in radialer Richtung, Schlitzungen in Umfangrichtung, hergestellt mit einem Scheibenfräser, Fingerfräser oder mit einer Vorrichtung mit Kettensäge.

4.9.5 Untersuchungen

Das Teilprojekt [16] umfaßte folgende wesentliche Untersuchungen:

1) Im Rahmen der Rücklöseversuche wurden Inkrustationen aus Siedlungsabfalldeponien in unterschiedlichen Oxidations-Reduktions-Zuständen mit Säuren und aus der Brunnenregeneration bekannten Präparaten in Batchversuchen beaufschlagt

---

14 Deponien Altwarmbüchen, Hellsiek, Hasenbühl, Vennberg.
15 Carela, Fa. R. Späne GmbH und Korinexan, Fa. Henkel KG.
16 Rohrdimensionen: 315 · 28,7 mm; 315 · 36 mm; 440 · 44,5 mm.

2)   Zur Klärung der Frage, ob in Deponieentwässerungssystemen eine Neutralisation oder
      Deaktivierung der Desinfektionsmittel möglich ist, wurden Batchversuche mit schwach
      und stark belasteten Sickerwässern durchgeführt

3)   In Säulenversuchen wurde geklärt, ob Rücklöseversuche allein oder in Kombination mit
      Desinfektion (kurzfristig, langfristig, kontinuierlich, intermittierend) die Inkrustation
      durch Pflegemaßnahmen unterbinden können

4)   Untersuchung von MVA-Schlacke-/Asche- und Klärschlammdeponien zwecks Nach-
      weis, ob diese auch erhebliche Verkrustungen aufweisen. Gegebenenfalls Untersuchung
      der Zusammensetzung der Inkrustationen. Untersucht wurden 3 sehr unterschiedliche
      MVA-Schlacke- und Aschedeponien, die jedoch alle gering organisch belastetes Sik-
      kerwasser (CSB: 400 - 500 mg/l; BSB5: <10 mg/l) lieferten. Hierzu gehörten eine 2 Jah-
      re alte Flugaschedeponie, eine über 10 Jahre alte Schlackeablagerung und eine über 20
      Jahre alte Deponie mit einem Schlacke-Flugasche-Filterstaub-Gemisch (ca. 20 m hoch)

Ferner wurden Klärschlammdeponien, angelegt als Halden und Becken, mit Flächenentwässerung und Sammelrohren untersucht.

Das Teilprojekt [38] umfaßte folgende wesentliche Untersuchungen:

1)   Zur Ermittlung des Einflusses unterschiedlicher Öffnungsgeometrien und -flächen wur-
      den 24-h-Scheiteldruckversuche (3% Ringstauchung unter konst. Auflast) an geschlitz-
      ten und ungeschlitzten Rohrabschnitten[17] durchgeführt, die mittleren vertikalen Ver-
      formungen ermittelt und aus deren Verhältnis die Verschwächung der Rohre infolge
      Bohrung und Schlitzung[18] bestimmt

2)   Durchführung von "Langzeit"-Scheiteldruckversuchen unter konstanter Last[19] in Anleh-
      nung an DIN 19537, Teil 2

3)   Durchführung von Scheiteldruckversuchen mit kontinuierlich steigender Belastung
      (Ringstauchgeschwindigkeit, 10 mm/h) an kurzen Rohrabschnitten bei 20 und 40 °C

4)   Unter Scheitelbelastung ergeben sich im Bereich der Öffnungen[20] starke Spannungs-
      spitzen. Zur Abschätzung der Spannungsrißgefahr wurden 1000-h-Scheiteldruck-
      versuche unter zeitraffenden Versuchsbedingungen[21] durchgeführt. - Nach Ablauf der
      1000 h wurden aus den Bereichen der Rohrwandungsöffnungen, wo starke Spannungs-
      spitzen zu erwarten waren, Dünnschnitte entnommen und lichtmikroskopisch mittels
      Farbeindringprüfung untersucht

5)   Ergänzend zu den Scheiteldruckversuchen wurden an ca. 1,5 m langen Entwässerungs-
      rohrabschnitten Großversuche durchgeführt, bei denen die Rohre ein Sandauflager[22]
      hatten, mit 16/32 Kies überschüttet waren und mit einer Flächenlast von 900 kN/m² bei
      40 °C zwischen 1000 und 2800 h beaufschlagt waren

---

17 PEHD-Rohrabschnitte: 200 - 400 mm Länge, 400 · 55,2 mm / 355 · 32,3 mm / 355 · 39,5 mm.

18 Öffnungsweiten 100 - 500 cm²/m, Öffnungen durch Bohren, bzw. Schlitzen mit Scheiben-, Fingerfräser und
   Kettensäge erzeugt.

19 1000 h, 20°C, maximale Langzeitverformung des Innendurchmessers betrug 3% entsprechend einer Linienlast von 14,6 kN/m.

20 Kritisch erscheinen hier besonders die scharfen Kanten in den Schlitzen, hervorgerufen durch Scheibenfräser
   und Kettensäge.

21 Temperatur 40°C; Belastung, Ringstauchung 25% (!) in wässeriger, 5%iger Netzmittellösung, LUTENSOL
   ASF 10 der Firma BASF.

22 Körnung 0/4 mm, Bettungsumfang entsprechend der Fließsohle von ca. 120° gemäß Anforderung der Ab-
   wassertechnischen Vereinigung e. V. (ATV); Auflast entsprechend einer Müllaufschüttung von 60 m bei einer angesetzten Mülldichte von 1500 kg/m³.

4.9.6. Modelle, Rechenverfahren

Im Rahmen des Teilprojektes [38] wurde von der LGA Nürnberg (Zanzinger et al. 1997) eine nähere Analyse der Ergebnisse aus den Scheiteldruckversuchen vorgenommen, wobei nur die mit dem Scheibenfräser erzeugte Perforationsgeometrie untersucht wurde. Die Berechnung erfolgte ohne "nichtlineare Stoffgesetze" auf der Grundlage eines näherungsweise angenommenen ideal-elastischen Stoffverhaltens.

Für die Nachrechnung kam das FE-Computerprogramm "NISA" der Firma EMRC, Michigan (USA) zur Anwendung. Es wurden hierzu 3 Modelle zur Abbildung der räumlichen Spannungs- und Verzerrungszustände der Rohre erstellt und Parameter variiert:

- Modell des Vollwandrohres (4608 Elemente, Typ NKTP 3, NORDR 1)
  Wanddicke 35 mm, Innendurchmesser 245 mm, 33 mm breit

- Modell des geschlitzten Rohres (8160 Elemente, Typ NKTP 3, NORDR 1) und

- ein Submodell (viertel Rohr mit Schlitzgeometrie)
  Wanddicke 35 mm, Innendurchmesser 245 mm, 33 mm breit

4.9.7 Ergebnisse im Hinblick auf die Praxis

Die Ergebnisse aus dem Teilprojekt [16] lassen sich wie folgt zusammenfassen:

Zu 1) Verhalten von Inkrustationen gegenüber rücklösenden Säuren

Die Rücklösung durchoxidierter und reduzierter Inkrustationen ist möglich. Dabei zeigen Peressigsäure, HNO_3, HCl und $HClO_4$ besonders hohe Rücklösekapazitäten. Der Rücklöseprozeß läuft bei den reduzierten Inkrustationen schneller als bei den durchoxidierten. Neben der größten Rücklösekraft zeigt die Peressigsäure ein besonders gutes Umweltverhalten, indem sie zu keiner Salzbelastung der Umwelt führt und ihre Zerfallsprodukte in der Kläranlage vollständig abgebaut werden. Im einzelnen ergaben die Rücklöseexperimente:

a) Für gleichartige Inkrustationen mit gleichem Oberflächen-/ Volumenverhältnis, gleiche Säure und gleiche Mengenverhältnisse hängt die Menge der rückgelösten Inkrustationen etwa linear von der Konzentration (0,05 - 2 N) der Säure ab

b) Die Zeitdauer bis die Rücklösekapazität einer Säure erschöpft ist, hängt zumindest für schwach konzentrierte Säuren nicht von der Konzentration ab

c) Das Oberflächen-/ Volumenverhältnis der Inkrustationen hat einen starken Einfluß auf die Auflösungskinetik. Mit abnehmendem Oberflächen-/ Volumenverhältnis nimmt die Geschwindigkeit des Rücklösevorganges ab und die Zeit bis zur Absättigung der Säure zu

d) Prinzipiell können auch größere Inkrustationsbrocken mit schwachen Säuren vollständig aufgelöst werden

e) Eine Kombination von Säuren untereinander und Säure mit Wasserstoffperoxid bringen einen leicht verstärkenden Effekt. Eine veränderte Reaktionskinetik gegenüber der hyperbolisch verlaufenden Kinetik der reinen Salzsäure ist für die Mischansätze nicht zu beobachten

f) Sinnvolle Einwirkzeiten liegen bei 50%iger Nutzung des Rücklösepotentials der Säuren zwischen 2 und 40 min.

Zu 2)   Erprobung von Desinfektionsmaßnahmen

Zur Auswahl des optimalen Desinfektionsmittels wurden Sickerwässer mit verschiedenen Agenzien behandelt. Für ein schwach belastetes Sickerwasser (CSB = 3000 mg/l) aus der "Methanphase" ergab sich, daß allein der Einsatz von Peressigsäure (0,2 und 0,6 %) bezüglich der 3 Bakteriengruppen - Methanbakterien, Desulfurikanten und anaerobe organotrophe Bakterien - zu einer vollständigen Abtötung, d. h. Desinfektion des Sickerwassers führte.

Im Falle eines Sickerwassers aus der "sauren Gärungsphase" (CSB = 56.800 mg/l) konnte durch Peressigsäure (0,2 %) und durch Wasserstoffperoxid höherer Konzentration (4 %) eine vollständige Desinfektion des Sickerwassers erreicht werden.

Als Gesamtergebnis dieser Versuche wird festgestellt, daß Peressigsäure (0,2 %) für die geplante Desinfektion von Drainschichten am günstigsten ist, aber auch Wasserstoffperoxid (4 %) zum Einsatz kommen kann. Als positiver Nebeneffekt ergibt sich beim Einsatz oxidierender Substanzen zur Desinfektion, daß es zu einer unspezifischen Oxidation von Sickerwasserinhaltsstoffen, also zu einer zusätzlichen Reinigung der Sickerwässer, kommt.

Zu 3)   Entwicklung von Pflege- und Regenerierungsmaßnahmen

Untersuchung der Verzögerung der Inkrustationsbildung durch Rücklösung und Desinfektion in Kurzzeit-Säulen-Versuchen:

Es ergab sich, daß auch unter für die Pflege günstigen Bedingungen ("stabile Methanphase", schwach belastetes Sickerwasser) durch alleinige Rücklösung die mikrobielle Aktivität und damit die Inkrustationsneubildung nicht verringert werden kann, dagegen durch einmaliges Rücklösen (30 min.) und Desinfizieren (120 min.) mit vorzugsweise Salz- und Peressigsäure eine Neubildung von Inkrustationen zeitweise verhindert werden kann.

Auch bei für die Pflege sehr ungünstigen Bedingungen ("saure Gärungsphase", hochbelastetes Sickerwasser mit Flächenbelastung 300 l/m²d) kann die Inkrustationsbildung reduziert werden, so daß eine Pflege des Drainsystems in Deponien durch eine Rücklösung und Desinfektion grundsätzlich sinnvoll und möglich erscheint.

Durch eine kontinuierliche Dosierung von Desinfektionsmitteln, vorzugsweise Peressigsäure über ca. 30 Tage, lassen sich Inkrustationen auch bei sehr ungünstigen Pflegebedingungen langfristig verhindern, d. h. die Funktionsfähigkeit von Deponieentwässerungssystemen erhalten.

Untersuchungen zur Erhaltung der Funktion von Entwässerungssystemen in Langzeit-Säulen-Versuchen:

In Langzeitversuchen über 15 Monate in Säulen mit besonders hohem Inkrustationspotential[23] konnte gezeigt werden, daß die Funktionsfähigkeit der Entwässerungssysteme auch unter widrigen Bedingungen durch diskontinuierliche Pflegemaßnahmen (Rücklösung + Desinfektion) erhalten werden kann. Auch aus verstopften, bereits funktionsunfähig gewordene Drainschichten lassen sich die Inkrustationen rücklösen und herausspülen.

---

23 D. h. hochbelastetes Sickerwasser mit hoher Flächenbelastung und dem Abbau organischer Inhaltsstoffe, so
   daß ein Wechsel von der "sauren Gärphase" zur „stabilen Methanphase" während des Versuches stattfindet.

Ergänzend konnte in über 2 Jahre dauernden Säulenversuchen unter nur gering mit Organika, Calcium und Eisen (Hauptbausteine der Inkrustation) belastetem Sickerwasser gezeigt werden, daß auch hier Verkrustungsprozesse stattfinden.

Nach 2jähriger Versuchsdauer wurde an den mit Feinkies (2/8 mm) bzw. Mittelsand (0,2/2 mm) als Entwässerungsmaterial gefüllten Säulen folgendes beobachtet:

Im Mittelsand haben Inkrustationsprozesse, zwar im geringen Umfang, stattgefunden. Hierdurch, und durch das Bakterienwachstum, wirkt der Mittelsand wasserstauend. Er ist zur Entwässerung ungeeignet!

Durch den größeren Porendurchmesser ist der Feinkies nach 2 Jahren Laufzeit noch gut durchlässig. Beim Ausbau einer Säule konnte visuell keine Ablagerung, wohl aber Bakterienschleim festgestellt werden. Eine vergleichbare Säule mit hoch belastetem Sickerwasser war nach 3 Monaten durch Inkrustation und Bakterienschleim völlig wasserundurchlässig.

Zusammenfassend hat sich ergeben, daß zum Erhalt der Funktionsfähigkeit von Entwässerungssystemen sowohl diskontinuierliche als auch kontinuierliche Pflegemaßnahmen (festinstallierte Dosiersysteme) unter Einsatz von Säuren und Desinfektionsmittel durchgeführt werden können. Wie häufig in der Praxis die Pflegemaßnahmen zu wiederholen sind, läßt sich z. Z. noch nicht sagen.

Zu 4)   Ergebnisse der Untersuchung von Monodeponien zur Frage der Inkrustation

Bei den MVA-Schlacke- und Aschedeponien wurde in keinem Fall eine Inkrustationsbildung beobachtet, die auf Mikroorganismen[24] zurückzuführen ist. Dagegen wurden im Falle einer 20 Jahre alten Deponie bei Maximaltemperaturen von 90 °C im Deponiekörper durch Salzauskristallisation bedingte starke Verkrustungen der Dränrohre beobachtet. Während die unter der Temperatureinwirkung deformierten PE-Rohre durch halbjährliche Spülaktionen von den Salzablagerungen weitgehend freigehalten werden konnten, muß im Bereich der Flächenentwässerung mit starker Verkrustung und Einstau gerechnet werden.

Bei allen untersuchten Klärschlammdeponien herrschten gute Milieubedingungen für Mikroorganismen[25]. Die Sickerwässer hatten etwa neutrale pH-Werte, obwohl die Eluate des Schlammes beim Einbau, bedingt durch die Konditionierungsmittel Kalk und/oder Asche oder auch Zement einen pH-Wert von 12 und höher aufwiesen. Gutachten, nach denen der eingelagerte Schlamm "biologisch tot" sei, entsprachen nicht den Gegebenheiten.

Die Freilegung[26] des Drainsystems einer Klärschlammdeponie ergab, daß sich die Trennvliese über der Flächenentwässerung immer wieder als Schwachpunkte des Systems erwiesen, weil hier die Inkrustierung relativ schnelle Fortschritte machte.

Die Entwässerungsrohre lagen bis zur Hälfte im Sickerwasser, das wegen plattiger Inkrustationsbrocken und Einschlämmungen nur unwesentlich über die Rohre abfloß. Der auf einem Schutzvlies über der Tonschicht liegende Entwässerungskies war über eine Dicke von 5 cm flächig fest inkrustiert. Die Analyse der Inkrustationen ergab, daß diese vom Aufbau her denen aus Siedlungsabfalldeponien gleichen, lediglich der Kalkanteil höher und der Eisenanteil geringer war.

---

24 CSB 400-500 mg/l, BSB5 10 mg/l; noch vorhandene Organika (Glühverlust 10-20 Gew.-%) sind nur schwer löslich und damit keine Nahrungsgrundlage für Mikroorganismen.

25 CSB: 2.000-28.000 mg/l; pH: 7,5-7,8; BSB5: 300-21.000 mg/l; Ca: 100-500 mg/l; Methangasproduktion.

26 Absenken von Betonschachtringen, Ø 2,5 m, 6 m tief in einer Schlammablagerung.

Die Ergebnisse aus dem Teilprojekt [38] lassen sich wie folgt zusammenfassen:

1) Die Versuche zur Ermittlung des Einflusses der Sickerwasseraustrittsöffnungen auf die Verformung der Rohre unter Scheitelbelastung haben ergeben, daß auch bei erheblichen Öffnungsweiten von bis zu 500 cm² je Meter Rohrlänge, entsprechend 3,8 % der Rohraußenfläche, die Verschwächung maximal bei 0,8 lag, d. h. die Ringsteifigkeiten maximal um 20% abgenommen haben.

2) Es wurde ein Zusammenhang zwischen dem Materialabtrag (Menge des aus den Öffnungen entnommenen Materials) und der Verschwächung festgestellt. Die Schlitzung mittels Scheibenfräser ist im Vergleich zur Fingerfräserschlitzung bei gleicher Öffnungsweite wegen des höheren Materialabtrages für die Ringsteifigkeit deutlich kritischer.

3) Die Kraft- / Verformungsverläufe erfolgten linear bis zur 3 %-Ringstauchung. Die bei dieser Verformung bei 20 und 40 °C im Kurzzeitscheiteldruckversuch ermittelten Verschwächungen lagen zwischen 0,72 und 0,97. Das Ringstauchverhältnis bei 20 zu 40 °C lag für PEHD-Rohre zwischen 0,4 und 0,5, für PP-Rohre zwischen 0,57 und 0,59. Eine Erhöhung der Rohrwanddicke von ca. 29 auf ca. 36 mm hat eine Ringstauchkrafterhöhung von 47 % für PEHD-, von 87 % für PP-Rohre (ungeschlitzt) zur Folge.

4) Bei den PEHD- bzw. PP-Rohren und unterschiedlichen Lochgeometrien konnten weder eine Rißentstehung noch eine Rißfortpflanzung festgestellt werden.

5) Die Ergebnisse der 1000 - h - Scheiteldruckversuche im Sandkasten korrespondieren im wesentlichen mit den zuvor beschriebenen Ergebnissen aus den Scheiteldruckversuchen mit Linienauflasten. Eine Grenzwertabschätzung über die 1000 h hinaus ist nur in Ausnahmefällen möglich, so daß die Zeitstandversuche auf 2000 h ausgedehnt werden müßten. Bei "üblichen" Müllasten muß bei der Rohrauslegung mit Ringstauchwerten von 5 % gerechnet werden.

6) Die vom Landesgewerbeamt Nürnberg (LGA) durchgeführte FEM-Analyse ergab, daß perforierte PEHD-Sickerwasserrohre über einen experimentell im normierten Scheiteldruckversuch oder nach dem ATV-Merkblatt M 127 ermittelten Verschwächungsbeiwert dimensioniert werden können, soweit es um eine Abschätzung des Steifigkeitsabfalls geht. Die Anwendung derselben Verschwächungsbeiwerte auf die Ermittlung des Spannungs- und Dehnungszustandes kann den Einfluß der u. U. erheblichen, wenn auch örtlich begrenzten, Spannungserhöhungen (Kerbwirkung) im Bereich der Perforationen unterschätzen.

Großversuche mit der recht guten Simulation der tatsächlichen Lagerungsbedingungen erlauben nicht, den Einfluß unterschiedlicher Perforationen auf den Spannungs- und Dehnungszustand aus der Vielfalt der Einflüsse (beispielsweise der Bodenkennwerte) "herauszufiltern".

4.9.8 Zusammenfassende Empfehlungen

Der Abschluß des Teilprojektes [16] ist dadurch gekennzeichnet, daß einerseits vielversprechende Ergebnisse zur Pflege und Sanierung von Flächendrainsystemen in Deponien auf Laborebene erhalten wurden, daß aber für die feldmäßige Umsetzung in die Deponiepraxis kein Raum im Rahmen des Projektes vorhanden war, so daß hier weiterer Forschungsbedarf besteht. Wegen der grundlegenden Bedeutung der Funktionsfähigkeit der Entwässerung für die Sicherheit der Deponie sind Großversuche notwendig, um v. a. folgende Fragestellung für eine Übertragbarkeit der erarbeiteten Labormethoden in die Praxis zu überprüfen.

Die Rücklösung von Inkrustationen und die Pflege und Rehabilitation des Kieses um das Entwässerungsrohr herum erscheint über die bisher schon üblichen mechanisch wirkenden Spül- und Fräsarbeiten zwar möglich, ist aber mit Sicherheit mit erheblichem Aufwand und umfangreichen Nebenwirkungen verbunden. Die Anpassung und praktische Anwendung unter Feldbedingungen muß hier noch großtechnisch gründlich erprobt und vorbereitet werden. Einen Schwerpunkt bei der ökologischen, wie den Arbeitsschutz betreffenden Bewertung der rücklösenden Pflege- und Sanierungsmaßnahmen werden die Gasemissionen einnehmen. Die Gasmengen können je nach Intensität der Verkrustungen im Bereich mehrerer Kubikmeter pro Quadratmeter Flächendrainage liegen und umfassen vor allem CO_2, N_2 und CH_4, im kleineren Umfang auch das für den Menschen hochtoxische H_2S, wobei mit Konzentrationen zu rechnen ist, die um ein Mehrfaches über dem MAK-Wert von 15 mg/m³ liegen werden. Ein Teil des Gases wird in den Deponiekörper nach oben steigen (Pufferwirkung?), ein Teil wird, über die Entwässerungsrohre nach außen entweichend, aufzufangen sein. Erst Feldversuche können hier zu genauen Angaben führen. Ähnlich ungewiß ist die Methodik zur großtechnischen Einbringung der Pflegemittel in die Flächendrainage. Ein großflächiges Fluten des Dränsystems mit Säure erscheint utopisch. Auch hier können nur Feldversuche, beispielsweise mit Packersystemen mit abschnittsweisem Einstau der Pflegemittel, die Entwicklung voranbringen. Vielleicht sollte die Entwicklung über den Einbau von Pflegerohrsystemen in die Flächendrainage, eventuell mit einer dachförmigen Profilierung der Basis, erfolgen. Eine feine Dosierung zum Studium der Auswirkung wäre über derartige Rohrsysteme sicher leichter als über ein Packersystem. Auch diese Technik sollte, beispielsweise im Zusammenhang mit einer Deponieerweiterung, einmal großflächig erprobt werden.

Ein wichtiger Punkt wird auch sein, darauf zu achten, daß es durch die Wechselwirkung mit den Pflegeagenzien nicht zu einer Schädigung der Materialien der Flächendrainung und des eigentlichen Dichtungssystems kommt.

Den Ergebnissen aus den Untersuchungen an den Monodeponien für Reststoffe aus der thermischen Abfallbehandlung, mit den überraschend hohen Temperaturen im Deponiekörper und den starken Verkrustungen als Folge von Salzauskristallisationen, kommt vor dem Hintergrund der Umsetzung der TA Siedlungsabfall (Gehalt an organischer Substanz, Glühverluste < 5 Masse-%) eine besondere Bedeutung zu. Temperaturen deutlich über 40 °C führen mittelfristig zum Versagen der HDPE-Entwässerungsleitungen, zum Austrocknen von Erdstoffdichtungen und zum beschleunigten Altern von Kunststoffdichtungsbahnen, d. h. zum Versagen klassischer Dichtungsmaterialien, ohne daß ein Ersatz in Sicht ist. Unter diesen Umständen sollten Methoden zur Vorbehandlung der abzulagernden Aschen und Schlacken erprobt werden, die die Oxidationsprozesse vorwegnehmen, oder aber neue Einlagerungsmethoden entwickelt werden, die ein Herausziehen der Wärmeenergie und Nutzung erlauben, so daß es nicht zur Überhitzung des Deponiekörpers kommen kann.

Die Untersuchungen im Teilprojekt [38], in Verbindung mit der rechnerischen Überprüfung, haben klar ergeben, daß die aus normierten Versuchen gewonnenen Verschwächungsbeiwerte den Steifigkeitsabfall aufgrund der Perforationen zutreffend beschreiben. Eine wesentlich weitergehende Aussage bezüglich der Ausbildung von Spannungsspitzen aufgrund der Formgebung von Perforationen liefern die sehr aufwendigen Großversuche bei der LGA Nürnberg und die "Sandkastenversuche" der AMPA Hannover auch nicht. Die gezielt im Hinblick auf die Optimierung der Perforationsgeometrien durchgeführten Scheiteldruckversuche unter "zeitraffend" wirkender Netzmittellösung und überhöhten Verformungen haben unter den angewandten Versuchsbedingungen in keinem Fall zur Auslösung von Spannungsrissen geführt, so daß eine gezielte Optimierung der Geometrie zwecks Vermeidung von Spannungsspitzen in Entwässerungsrohren nicht erfolgen konnte. Hier besteht weiterhin Forschungsbedarf. Um dem Ziel einer Abschätzung des Langzeitverhaltens von Sickerwasserdränagerohren unter Einbeziehung von Alterungsvorgängen[27] näher zu kommen, sollten bewußt Rohre aus hochgradig spannungsrißempfindlichen Materialien oder Materialien, die spannungsoptisch untersucht werden können, einbezogen werden.

Literatur

Doll, H.; Hoch, A. (1997): Vergleich der Rohrversuchsergebnisse mit Berechnungsverfahren und Parameterstudien zum Deponierohrauflager. Veröffentlichung des LGA-Grundbauinstituts Nürnberg. Heft 76. Geotechnische Fragen beim Bau neuer und bei der Sicherung alter Deponien 1997. 13. Nürnberger Deponieseminar. S. 407 - 425

Merkblatt ATV - M 127, Teil 1, Richlinie für die statische Berechnung von Entwässerungsleitungen für Sickerwasser aus Deponien. Ergänzung zum Merkblatt ATV-A 127. März 1996. ISBN 3-927729-30-2

Ramke, H.-G.; Brune, M. (1990): Untersuchungen zur Funktionsfähigkeit von Entwässerungsschichten in Deponiebasisabdichtungssystemen. Abschlußbericht zum Forschungsvorhaben Fkz BMFT 14504573

Turk, M.; Collins, H. J.; Wittmaier, M.; Harborth, P.; Hanert, H. H. (1995): Erhaltung der Funktionsfähigkeit von Deponieentwässerungssystemen. BMBF-Verbundforschungsvorhaben 'Weiterentwicklung von Deponieabdichtungssystemen'. Schlußbericht. Fkz. 1440569A5-16

Witte, R.; Schulz, W. (1996): Untersuchungen über den Einfluß von Dränageöffnungen an Sickerwasserrohren aus Kunststoff mit dem Ziel einer Optimierung ihrer Langzeit-Standfestigkeit im Einbauzustand. BMBF-Verbundforschungsvorhaben 'Weiterentwicklung von Deponieabdichtungssystemen'. Schlußbericht. Fkz. 1440569A5-38

Zanzinger, H.; Steiglechner A.; Gartung E. (1997): Endergebnisse der großmaßstäblichen Rohrbelastungsversuche. Veröffentlichung des LGA-Grundbauinstituts Nürnberg. Heft 76. Geotechnische Fragen beim Bau neuer und bei der Sicherung alter Deponien 1997. 13. Nürnberger Deponieseminar S. 1-9

---

27 Beispielsweise durch Oxidation und der damit verbundenen Erhöhung der Spannungsrißempfindlichkeit.

5 Schlußbetrachtung, Ausblick

In den vorangegangenen Kapiteln wurden die Ergebnisse aus 27 Forschungsvorhaben zusammenfassend dargestellt, in denen offene Fragen zur Deponieabdichtungstechnik untersucht, bearbeitet und gelöst wurden, über die in der Praxis, auf Fachsymposien und in der Literatur (Holzlöhner et al. 1994) teilweise seit Jahren diskutiert wurde und ein Klärungsbedarf vorlag.

Alle Fragen standen im wesentlichen im Zusammenhang mit den Komponenten der in Deutschland (TA Abfall 1991; TA Siedlungsabfall 1993) vorgeschriebenen Regeldichtungssysteme bzw. alternativen Dichtungen und den vom Vorsorgeprinzip geprägten Anforderungen an diese, unter den sehr komplexen Deponiebeanspruchungen. Zu den Anforderungen gehören möglichst weitgehendes Rückhaltevermögen für alle Schadstoffe und eine Funktionstüchtigkeit über Zeiträume, die sich an Abbau-, Umwandlungs- und Konsolidierungsvorgängen im Deponiekörper orientieren und damit weit über denen liegen, die in der Bautechnik üblich sind. Dabei sind Wartung und Reparatur einer Basisabdichtung praktisch ausgeschlossen, da diese, wenn überhaupt möglich, außerordentlich aufwendig und kostenintensiv sind.

Das Besondere und das Schwierige in der Deponietechnik ist damit der außerordentlich lange Zeitraum, für den die Funktionsfähigkeit der Deponiedichtungselemente gefordert wird. Nach deutschen Vorstellungen beträgt die "Nachsorgephase" mindestens 50 Jahre nach Schließen der Deponie, und auch danach wird erwartet, daß das Abdichtungssystem noch wirksam ist. In der Tat ist es nur folgerichtig, "ewige" Funktionsfähigkeit zu verlangen, da nach den geltenden Regeln im zukünftigen Deponiekörper keinerlei Abbau des Schadstoffpotentials vorgesehen ist. Das Schadstoffpotential soll immobilisiert im Abfallkörper eingebunden sein. Dieses Problem ist sicherlich nicht ganz zu Ende gedacht, insbesondere für die Oberflächenabdichtung. Hier wird sich in Zeiträumen von über 50 Jahren ohne jede Pflege vielerorts schließlich Wald einstellen, der zwar hinsichtlich der geringeren Einsickerung in den Boden günstig wäre, aber eine Rekultivierungsschicht von > 3 m Dicke erfordert. In den Richtlinien werden dagegen gegenwärtig Rekultivierungsschichtdicken von lediglich ≥ 1 m gefordert. An eine sicher vernünftige Erhöhung auf 3 m ist in Zeiten leerer öffentlicher Kassen kaum zu denken, obwohl anstehende Probleme wie Austrocknung und Durchwurzelung der Erdstoffkomponente minimiert, wenn nicht sogar beseitigt werden könnten. Unter den üblichen Bedingungen ist wahrscheinlich die Kunststoffdichtungsbahn die entscheidende Abdichtungskomponente, die mineralische Komponente stellt dann Fehlertoleranz und Redundanz sicher. Die Ergebnisse des Verbundforschungsvorhabens haben mit dazu geführt, daß hier alternative Lösungen umgesetzt werden. Kunststoffdichtungsbahn (KDB) und Bentonitmatte, KDB und Leckortungssystem, KDB und Kapillarsperre waren solche Alternativen. Bei solchen Systemen muß jedoch die Kontrolle und die Beurteilung und ggf. die Sanierung der Abdichtung Bestandteil einer Nachsorge werden, deren Ende darum nicht absehbar ist.

Wenn man in die heute ausschließlich kurzfristig angesetzten ökonomischen Betrachtungen auch die langfristigen Deponiefolgekosten für Wartung, Meß-, Kontroll- und Sanierungsaufwand über Jahrzehnte miteinbeziehen würde, wären mächtige Rekultivierungsschichten auch in ökonomischer Hinsicht durchsetzbar. Hier sollte in Zukunft ein Umdenken stattfinden: ist es sinnvoll, in die Wirtschaftlichkeitsbetrachtung überwiegend nur die momentanen Herstellungskosten einfließen zu lassen? Letztlich wird man schlüssige Entscheidungen nur einzelfallbezogen finden können.

Auf lange Sicht zahlt es sich immer aus, bei den hier diskutierten Abdichtungssystemen nur Materialien mit möglichst großer Langzeitbeständigkeit und möglichst hohen funktionellen

Reserven einzusetzen. Wie kann man die Langzeitwirksamkeit der Komponenten der Deponiedichtungen durch Versuche und Qualitätsprüfungen nachweisen? Oft wird von 'Langzeitversuchen' gesprochen, wenn mehrjährige Versuchszeiten vorliegen. Diese Versuchszeiten sind dennoch notwendigerweise immer klein im Verhältnis zur Bestandsdauer der Deponie. Um zu Aussagen über längere Zeiträume als die Versuchszeiten zu kommen, gibt es verschiedene Möglichkeiten. Bei chemischen Vorgängen kann man die Einwirkungen, sofern bekannt, wie Temperatur und Schadstoffkonzentrationen, verstärken und damit eine Zeitraffung bewirken (Arrhenius-Gesetz). Hierbei muß man allerdings darauf achten, daß man durch die Intensivierung nicht Vorgänge in Gang setzt, die unter realen Bedingungen nicht langsamer, sondern gar nicht auftreten würden. Grundsätzlich ist ein theoretisches Modell und seine Gültigkeitsgrenzen erforderlich, wenn man zeitlich extrapolieren will. Ein solches besteht z. B. hinsichtlich des Kriechens für die visko-elastischen Materialien, wie sie bei den Geokunststoffen eingesetzt werden. An Modellen für Alterungsvorgänge, wie Oxidation und Hydrolyse, wird noch wissenschaftlich gearbeitet. In anderen Fällen kann man über den Gleichgewichtszustand, der sich unter als bekannt angenommenen Randbedingungen schließlich einstellen wird, etwas aussagen. Das trifft für viele mineralogischen Vorgänge, wie z. B. die Umwandlung des Na-Bentonits in Ca-Bentonit zu. Auch den sich in der Basisabdichtung schließlich einstellende Feuchtezustand der mineralischen Dichtungsschicht kann man auf diese Weise abschätzen. Das Verbundforschungsvorhaben hat hier Arbeiten angestoßen, die in Zukunft Früchte bringen werden und die Langzeitaussagen weiter verbessern.

Aussagekräftig sind auch langjährige Beobachtungen an realen Deponien. Hierbei ist es sehr wichtig, daß die festgestellten Daten verläßlich sind. Man kann deshalb Überwachungs-, Meß- und Kontrollprogramme und -methoden gar nicht nachdrücklich genug empfehlen. Die technischen Anleitungen sehen ohnehin umfangreiche Überwachungen vor. Diese sollten auch im Hinblick auf werkstoffkundliche Fragen und auf eine genauere Charakterisierung von Beanspruchungen der Dichtung (Setzungen, Gasproduktion, Bilanzen für Wasserbewegungen u.s.w.) genutzt werden. Auf diese Weise könnte im Laufe der Jahre ein nützlicher Erfahrungsschatz heranreifen.

Die Deponieabdichtungen stehen, wie zuvor am Beispiel der Dicke von Rekultivierungsschichten angedeutet, im Spannungsfeld Qualität - Wirtschaftlichkeit. Was müßte aus technischer Sicht und Verantwortung für die folgende Generationen getan werden, was kann man sich leisten? Im Verbundforschungsvorhaben wurde ganz eindeutig der Schwerpunkt auf die technische Optimierung der Abdichtungssysteme gelegt. Wir halten es nicht für sinnvoll, beim Bau der Abdichtung kurzfristig ein wenig einzusparen, um nachher mittelfristig große Folgekosten wegen ungeeigneter Materialien oder mangelhafter Ausführung zu haben. Leider steht der gegenwärtige Zeitgeist dem entgegen: Das Geld ist knapp, und dieser Zustand führt mitunter zu zweifelhaften Praktiken. In Deutschland müssen viele Deponien auf dem Gebiet der neuen Bundesländer mit Oberflächenabdichtungen versehen werden. Auf die Oberflächenabdichtungen entfallen z. Z. etwa 70 % der Gesamtbaumittel. Aus Kostengründen führt heute kaum jemand die Oberflächenabdichtung nach den Standards der TA Siedlungsabfall aus. Der Ruf nach kostengünstigen "alternativen" Dichtungen ist überall zu hören. Mit dem Nachweis der vom Gesetzgeber geforderten Gleichwertigkeit solcher Alternativen wird nicht zimperlich umgegangen. Jedes Ingenieurbüro, daß etwas auf sich hält, hat hierfür seine eigene Methode und wird dabei teilweise durch zuständige behördliche Institutionen unterstützt. Man scheut noch nicht einmal davor zurück, auf Deponiesymposien diese zweifelhaften Billigdichtungen als wissenschaftlich fundierte Problemlösungen vorzustellen, mit denen man vermeintlich preiswert bauen kann. Auf kostenintensive Untersuchungen zur Ermittlung von langzeitigem Materialverhalten wird zunehmend verzichtet. Ist die alternative Dichtung eingebaut und mit Kies überdeckt, wird schon von dem erfolgreichen Einsatz der Dichtung gesprochen, obwohl diese Feststellung erst nach 50 - 100 Jahren möglich ist.

Die TA Abfall ermöglicht die sog. "temporären" Abdichtungen oder Abdeckungen, Dichtungen aus Werkstoffen mit geringeren Anforderungen bezüglich ihres Langzeitverhaltens. Ursprünglich waren sie gedacht, um die Periode bis zum Abklingen der Deponiesetzungen zu überbrücken, um dann mit 20 - 30 Jahren Verzögerung, nun auf standfestem Untergrund, die nahezu wartungsfreie Dichtung nach TA Siedlungsabfall einzubauen. Inzwischen scheinen sie jedoch auch dazu zu dienen, die Phase der Unsicherheit in der technischen Fachdiskussion zu Oberflächenabdichtungen zu überbrücken. Es darf jedoch keinesfalls das Mißverständnis entstehen, daß solche einfachen Abdeckungen oder Abdichtungen irgendwann die endgültige Abdichtung darstellen könnten, die man aus der Nachsorge entläßt. Die Behörden sollten hier durch klare Auflagen von Anfang an dieses Mißverständnis ausschließen.

Zum Schluß noch eine Bemerkung. Wenn das Geld knapp ist, sollte man die wenigen Mittel sorgfältig verbauen. Es ist z. B. nicht einzusehen, weshalb die Bauzeiten nicht primär nach technischen sondern nach haushaltsrechtlichen Gesichtspunkten festgelegt werden. Das Verbundforschungsvorhaben hat hier nachdrücklich gezeigt, wie wichtig eine fachkundige und erfahrene planerische Vorbereitung und bautechnische Ausführung für das Gelingen des Abdichtungsbauwerkes ist. Der Deponiebau wird leider auch heute noch z. T. unterschätzt, und schon mehrmals haben sich die vermeintlich billigsten Angebote als Faß ohne Boden erwiesen. Vielleicht hilft dieser Schlußbericht, den Blick auch dafür zu schärfen.

Literatur

Holzlöhner, U.; August, H.; Meggyes, T.; Brune, M. (1994): Deponieabdichtungssysteme; Statusbericht. Forschungsbericht 201 der BAM (Bundesanstalt für Materialforschung und -prüfung), Berlin

TA Abfall (1991): Zweite Allgemeine Verwaltungsvorschrift zum Abfallgesetz, Teil 1: Technische Anleitung zur Lagerung, chemisch/physikalischen und biologischen Behandlung, Verbrennung und Ablagerung von besonders überwachungsbedürftigen Abfällen. In: Schmeken, W.: TA Abfall. Köln: Deutscher Gemeindeverlag, W. Kohlhammer. Und in: Müll-Handbuch. Band 1, **0670**. Berlin: Erich Schmidt. S. 1-136

TA Siedlungsabfall (1993): Dritte Allgemeine Verwaltungsvorschrift zum Abfallgesetz: Technische Anleitung zur Verwertung, Behandlung und sonstigen Entsorgung von Siedlungsabfällen. In: Schmeken, W.: TA Abfall, TA Siedlungsabfall. 3. Aufl. Köln: Deutscher Gemeindeverlag, W. Kohlhammer. Und in: Müll-Handbuch. Band 1, **0675**. Berlin: Erich Schmidt. S. 1-52

6 Kurzberichte über die Teilprojekte

RUHR-UNIVERSITÄT BOCHUM

Fakultät für Bauingenieurwesen
Institut für Grundbau und Bodenmechanik
Prof. Dr.-Ing. H. L. Jessberger

BMBF-Verbundforschungsvorhaben
Weiterentwicklung von
Deponieabdichtungssystemen

Teilprojekt 01

Entwicklung eines Sicherheitskonzeptes für Deponieabdichtungssysteme

Prof. Dr.-Ing. H. L. Jessberger
Dipl.-Math. G. Heibrock

Projektleitung:	Bundesanstalt für Materialforschung und -prüfung (BAM), Berlin
Projektträger:	Abfallwirtschaft und Altlastensanierung im Umweltbundesamt
Forschungsförderung:	Bundesministerium für Bildung, Wissenschaft, Forschung und Technologie
Förderkennzeichen:	1440 569 A5 - 01

Bochum, Februar 1996

1   Das Sicherheitskonzept

Im Rahmen des Vorhabens wird ein Sicherheitskonzept für Deponieabdichtungssysteme entwickelt. Dazu werden zunächst die klassischen Methoden der Risikoanalyse, wie sie für den Bereich des Anlagenbaus verwendet werden, auf ihre Übertragbarkeit auf Deponien überprüft. Es zeigt sich, daß die Struktur dieser Risikoanalysen auch auf Deponien übertragbar ist, während die Anwendung der klassischen Instrumente der Risikoanalyse wenig erfolgversprechend ist, da wichtige Unsicherheiten, die im Rahmen einer Risikobetrachtung von Deponien zu berücksichtigen sind, mit den Methoden der Risikoanalyse für technische Anlagen nicht erfaßt werden können.

So können Ausfalleffektanalysen, Fehlerbäume und Ereignisablaufanalysen für Sicherheitsbetrachtungen an Deponien zwar verwendet werden, spielen jedoch eine geringere Rolle als im Anlagenbau, da das betrachtete System aus wesentlich weniger Elementen besteht, deren Zusammenwirken leichter und übersichtlicher beschrieben werden kann, als das bei einer aus einer Vielzahl aus Elementen und Teilsystemen bestehenden Anlage möglich ist. Eine wesentliche Eigenschaft der Methoden aus dem Anlagenbau kommt damit nicht zum Tragen.

Aus diesem Grund wird für die Risikobetrachtung einer Deponie die inhaltliche Struktur klassischer Risikoanalysen übernommen, wobei sich das im Rahmen des Forschungsvorhabens zu entwickelnde Sicherheitskonzept für Abdichtungssysteme als Teilschritt der Risikobetrachtung, nämlich der Analyse der Abdichtungssysteme als Rückhaltebarrieren, ergibt. Auf eine Anwendung von Methoden der klassischen Risikoanalyse, wie der Fehlerbaumanalyse oder ähnlichem, wird jedoch verzichtet.

Im Gegensatz zu klassischen Sicherheitskonzepten, bei denen die Bemessung eines Bauwerkes so erfolgt, daß mögliche Einwirkungen mit einer vorgegebenen Wahrscheinlichkeit nicht zur Schädigung des Bauwerkes führen, verfolgt das entwickelte Sicherheitskonzept eine eher der Beobachtungsmethode verwandte Strategie. Anhand von zur Verfügung stehenden Daten und Informationen wird mit Hilfe von Modellen und Versuchen eine Beschreibung des vermuteten Verhaltens des Abdichtungssystems aufgestellt. Dieses vermutete Verhalten ist dann anhand eines entsprechend gestalteten Monitoringsystems zu verifizieren.

Maßstab für die Sicherheit des Abdichtungssystems ist das erwartete Emissionsverhalten des Abdichtungssystems für die spezifischen Randbedingungen der betrachteten Deponie. Ein Abdichtungssystem wird als sicher angesehen, wenn es folgenden Anforderungen genügt:

1.   Es muß eine ausreichende Sperrwirkung gegenüber Schadstoffen aufweisen (Dichtigkeit)

2.   Es muß während der Betriebs- und Nachbetriebsphase als beständig gegenüber den zu erwartenden mechanischen, thermischen, chemischen, hydraulischen und biologischen Lastfällen angesehen werden können (Beständigkeit)

Soll die Sicherheit eines Abdichtungssystems bewertet werden, so kann dies nur anhand eines vorgegebenen Maßstabes, d. h. anhand formulierter Anforderungen an die Dichtigkeit und Beständigkeit des Abdichtungssystems jeweils für die erwarteten Lastfälle erfolgen. Sicherheitsrelevant sind dabei alle Eigenschaften und Einwirkungen, die wesentlichen Einfluß auf das Emissionsverhalten des Abdichtungssystems haben.

Für eine Sicherheitsbetrachtung eines Deponieabdichtungssystems müssen also Anforderungen an das Abdichtungssystem, Eigenschaften des Abdichtungssystems anhand derer die Anforderungen überprüft werden können, und zu berücksichtigende Lastfälle zusammengestellt werden. Tabelle 6.1 enthält eine Zusammenstellung der sicherheitsrelevanten Anforderungen bzw. Eigenschaften.

Das Sicherheitskonzept besteht aus einer Beschreibung der Vorgehensweise, mit deren Hilfe die Anforderungen an das Abdichtungssystem systematisch überprüft, bzw. dessen vermutetes Verhalten beschrieben werden kann. Die dafür benötigten Arbeitsschritte zeigt Tabelle 6.2. Zunächst müssen die Anforderungen an das Abdichtungssystem in Form von nachweisbaren Eigenschaften konkretisiert werden (Arbeitsschritt 1). Die Formulierung dieser Anforderungen kann dabei unterschiedlich detailliert ausfallen, in jedem Fall müssen aber Materialeigenschaften benannt werden, die die jeweiligen Funktionen der Elemente kontrollieren. Voraussetzung für die Funktionsfähigkeit des Abdichtungssystems ist dabei, daß es auf einer standsicheren Unterlage - sei es ein Abfallkörper oder anstehender Boden - aufgebracht wird. Ist dies gewährleistet, so ist das Verhalten der Materialien des Abdichtungssystems unter Berücksichtigung der klimatischen und hydrogeologischen Standortbedingungen und den durch den Abfallkörper verursachten mechanischen, thermischen, chemischen, biologischen und hydraulischen Einwirkungen zu beschreiben. Wurden Anforderungen an die Dichtigkeit und Standsicherheit formuliert, so kann in diesem Sinne die Beständigkeit des Systems gegenüber den betrachteten Einwirkungen nachgewiesen werden (Arbeitsschritte 2-4). Ist die Entwicklung der Eigenschaften der Materialien des Abdichtungssystems bekannt, so kann die Standsicherheit und das Emissionsverhalten des Abdichtungssystems untersucht werden. Dabei sind auch durch den Einbau bedingte Schwankungen der Materialeigenschaften und die Auswirkungen möglicher Fehlstellen zu berücksichtigen (Arbeitsschritte 5-7). Das Emissionsverhalten kann anhand von Modellen oder Versuchen beschrieben werden. Die Bewertung dieses Verhaltens erfolgt anhand der im ersten Arbeitsschritt konkretisierten Anforderungen. Insgesamt ergibt sich so eine Beschreibung des vermuteten Verhaltens des Abdichtungssystems auf der Grundlage der vorhandenen Informationen. Da eine solche Beschreibung eine Vielzahl von Annahmen (insbesondere bezüglich der Einwirkungen und den Materialeigenschaften nach dem Einbau) beinhaltet, kommt der Überprüfung dieser Annahmen und damit der Gestaltung entsprechender Qualitätssicherungs- und Monitoringmaßnahmen besondere Bedeutung zu. Das Monitoringsystem ist dabei so zu gestalten, daß die wesentlichen im Rahmen der Ableitung der Lastfälle getroffenen Annahmen überprüft werden können. Darüber hinaus müssen Rückschlüsse auf das tatsächliche Verhalten des Systems möglich sein.

Das Sicherheitskonzept ist auf beliebige Abdichtungssysteme anwendbar. Führt man die aufgeführten Arbeitsschritte für eine konkrete Deponie durch, so erhält man folgende Aussagen:

- Nachweis der Standsicherheit der Abdichtungssysteme und des Deponiekörpers

- Beschreibung der Entwicklung der Materialeigenschaften der Abdichtungselemente für die angenommenen bzw. abgeleiteten Lastfälle

- Beschreibung und Bewertung des Emissionsverhaltens der Abdichtungssysteme für die abgeleiteten Lastfälle anhand eines vorgegebenen Vergleichsmaßstabes

Tabelle 6.1. Anforderungen, zu überprüfende Eigenschaften und zu berücksichtigende Einwirkungen für ein Abdichtungssystem

Anforderungen	Zu überprüfende Eigenschaften	Zu berücksichtigende Einwirkungen
Dichtigkeit Das betrachtete Abdichtungssystem muß ein Emissionsverhalten gemäß einem Referenzabdichtungssystem aufweisen - oder Spezifikation des gewünschten Verhaltens durch Vorgabe von Grenzwerten	Sperrwirkung gegenüber : -Wasser -In Wasser gelöste, bzw. in Phase und Mehrphasengemischen vorliegende Schadstoffe - Gas Rückhaltevermögen Empfindlichkeit gegenüber Fehlstellen in den Abdichtungselementen	-Aufstauhöhen -Art und Menge der Schadstoffe -Konzentrationen -Temperatur -pH Wert -Wie oben
Standsicherheit Das betrachtete Abdichtungssystem muß standsicher sein	Verhalten des Abdichtungssystems bei mechanischer Belastung	Mechanische Einwirkungen: -Kräfte resultierend aus Verformungen -Kräfte resultierend aus Neigung und Auflast u. Strömung -Kräfte resultierend aus Sonderlasten, z.B. Radlasten , Bauzustände
Beständigkeit Die Beständigkeit gilt als nachgewiesen, wenn das Abdichtungssystem unter den Einwirkungen, die während der Betriebs- und Nachbetriebsphase auftreten, den Anforderungen an die Standsicherheit und Dichtigkeit genügt. Mehrfachbelastungen müssen berücksichtigt werden.	Beständigkeit gegenüber Sickerwässern Beständigkeit gegenüber Deponiegas Temperaturbeständigkeit Hydraulische Beständigkeit Beständigkeit gegenüber biologischen Einwirkungen Witterungsempfindlichkeit	Chemische Einwirkungen: -Art und Zusammensetzung des Sickerwassers (Prüfflüssigkeiten) -Dauer der Einwirkung Analog zu chemischen Einwirkungen Thermische Einwirkungen: -Hohe bzw. niedrige Temperaturen -Dauer der Temperatureinwirkung Hydraulische Einwirkungen: -Kräfte resultierend aus Strömungsvorgängen - Kräfte resultierend aus Wasserspannungen Biologische Einwirkungen: -Wachstum von Mikroorganismen -Pflanzen -Tiere Klimabedingungen
Herstellbarkeit Das betrachtete Abdichtungssystem muß so herstellbar sein, daß es im eingebauten Zustand den Forderungen an die Dichtigkeit erfüllt	Witterungsempfindlichkeit Eigenschaften der Materialien im eingebauten Zustand (Homogenität) Qualität von Anschlüssen und Durchdringungen	Klimabedingungen Zu berücksichtigen sind die Einbautechnik und Qualitätssicherung Siehe Homogenität

Tabelle 6.2. Arbeitsschritte des Sicherheitskonzeptes

1 BESCHREIBUNG DES ABDICHTUNGSSYSTEMS
Aufbau und Elemente des Abdichtungssystems, Beschreibung der Materialien, Funktion der
Elemente, mögliche Alterungsvorgänge, Anforderungen an die Materialeigenschaften und das
Gesamtsystem (s. Tabelle 6.1)

2 BESCHREIBUNG DES VORGESEHENEN EINSATZGEBIETES
Erstellung eines Deponiegrobkonzeptes mit Angaben zur Art des abzulagernden Abfalls, der
Geometrie der Deponie, dem Standort (Klima und Untergrundverhältnisse), vorgesehenen
Bauwerken, Anschlüssen und Durchdringungen, Nachweis der Standsicherheit des
Deponiekörpers

3 ABLEITUNG DER MASSGEBENDEN LASTFÄLLE FÜR DAS
   ABDICHTUNGSSYSTEM
Quantifizierung der mechanischen, thermischen, chemischen, biologischen und hydraulischen
Einwirkungen unter Berücksichtigung von Bau-, Betriebs- und Nachbetriebszuständen, ggf. unter
Annahme idealisierter Bedingungen

4 NACHWEIS DER BESTÄNDIGKEIT DER MATERIALIEN (Materialsicherheit 1)
Überprüfung der Anforderungen an die Materialien für die abgeleiteten Lastfälle

5 NACHWEIS DER STANDSICHERHEIT DES ABDICHTUNGSSYSTEMS
   (strukturelle Sicherheit 1)
Angabe des Nachweisverfahrens, Angaben zur Bestimmung der Rechenwerte (Versuche,
Interpretation), Durchführung des Nachweises, Beschreibung von Qualitätssicherungsmaßnahmen
(Identifikation von Materialien auf der Baustelle...)

6 ANALYSE DER EIGENSCHAFTEN DER MATERIALIEN UND DES
   ABDICHTUNGSSYSTEMS IM EINGEBAUTEN ZUSTAND (Materialsicherheit 2,
   strukturelle Sicherheit 2)
Angaben zur Anlage und Interpretation von Probefeldern, Bauverfahren und
Qualitätssicherungsmaßnahmen. Angaben zu erreichbaren Eigenschaften unter Berücksichtigung
möglicher Schwankungen

7 ANALYSE DES EMISSIONSVERHALTENS DES ABDICHTUNGSSYSTEMS
   (strukturelle Sicherheit 3)
Beschreibung des Emissionsverhaltens des Abdichtungssystems für die abgeleiteten Lastfälle
unter Berücksichtigung dessen Eigenschaften im eingebauten Zustand und deren langfristiger
Entwicklung. Überprüfung der Anforderungen an die Dichtigkeit des Abdichtungssystems

8 FORMULIERUNG ERGÄNZENDER QUALITÄTSSICHERUNGS- UND
   MONITORINGMASSNAHMEN
Angaben zum Deponiebetrieb und dessen Dokumentation, Beschreibung von
Beobachtungsmaßnahmen, jeweils zur Kontrolle der ggf. unter 3 getroffenen Annahmen

2 Ergebnisse der exemplarischen Anwendung des Sicherheitskonzeptes auf eine Kombinationsabdichtung

Das entwickelte Sicherheitskonzept wird exemplarisch auf eine Kombinationsabdichtung gemäß TA-Abfall an der Basis einer Siedlungsabfalldeponie angewendet. Im Mittelpunkt steht dabei weniger die vollständige Abarbeitung eines Beispiels, sondern die Darstellung der Vorgehensweise bzw. die Beschreibung der für die einzelnen Arbeitsschritte zur Verfügung stehenden Werkzeuge.

Im Rahmen der einzelnen Arbeitsschritte wird z. T. auf die Ergebnisse anderer Vorhaben aus dem Verbundforschungsvorhaben "Deponieabdichtungssysteme" zurückgegriffen, z. T. werden eigene Untersuchungen angestellt und auch eigene Ansätze entwickelt. Beispiele hierfür sind die Betrachtungen über die Auswirkungen von Schwankungen des Durchlässigkeitsbeiwertes mineralischer Abdichtungsschichten, eine Methode für die Bewertung der Gefährdung der Dichtwirkung durch Austrocknung mineralischer Abdichtungsschichten an der Basis von Deponien, die Betrachtungen zur Lebensdauer von Kunststoffdichtungsbahnen unter Deponiebedingungen oder die Emissionsbetrachtungen.

2.1 Lebensdauer der Kunststoffdichtungsbahn an der Basis von Siedlungsabfalldeponien

Für die Abschätzung der Lebensdauer von Kunststoffdichtungsbahnen in Kombinationsabdichtungen und die Beschreibung ihrer Eigenschaften im verlegten Zustand werden insbesondere folgende Informationen benötigt:

1) Quantifizierte Angaben zu mechanischen, chemischen und thermischen Einwirkungen auf Kunststoffdichtungsbahnen als Element von Deponiebasisabdichtungen (Lastfälle)

2) Eine Beschreibung des Verhaltens von Kunststoffdichtungsbahnen für die angenommenen Lastfälle

3) Angaben zu den Eigenschaften der Kunststoffdichtungsbahnen im eingebauten Zustand. Dazu zählen Aussagen über die Qualität des flächigen Kontakts zwischen der Kunststoffdichtungsbahn und der mineralischen Abdichtung, Angaben zur Anzahl und Art von Fehlstellen, die Ermittlung der Ursache und Möglichkeiten zu deren Vermeidung

Systematische Untersuchungen zu den genannten Punkten 1) und 3) sind für KDB als Element von Kombinationsabdichtungen in Deutschland bisher nicht vorgenommen worden. So fehlen publizierte Untersuchungen, aus denen auf den Zustand der Kunststoffdichtungsbahnen nach Verlegung geschlossen werden kann. Darüber hinaus ist auch recht wenig über die tatsächlichen Belastungen von Kunststoffdichtungsbahnen in Deponien bekannt, was insbesondere für mechanische Belastungen gilt. Anhand von vorliegenden Daten ist damit eine Bewertung der Materialsicherheit einer Kunststoffdichtungsbahn als Element einer Kombinationsabdichtung nur beschränkt möglich.

Diese Situation war Anlaß für die Durchführung einer Expertenbefragung mit dem Ziel, Angaben zu den Punkten 1) - 3) zu erarbeiten. Einzelheiten zum Ablauf, Inhalt und Ergebnissen der Befragung finden sich in Jessberger et al. (1994) bzw. Heibrock & Jessberger (1995). Insgesamt ergaben sich folgende Aussagen über die Lebensdauer und Eigenschaften der Kunststoffdichtungsbahn an der Basis einer Deponie:

Für sorgfältig eingebaute und kunststoffgerecht geplante Kombinationsabdichtungen (einfache Geometrien mit möglichst wenig Rundungen, sorgfältige Bemessung und Kontrolle des Reibungsverhaltens zwischen der MD und KDB) wird die Lebensdauer der unverschweißten KDB an der Basis von Siedlungsabfalldeponien entscheidend durch die Temperaturverhältnisse und das Vorhandensein von Sauerstoff geprägt. Dabei wird davon ausgegangen, daß stark oxidierend wirkende Medien in Siedlungsabfalldeponien über längere Zeiträume nur in geringen Konzentrationen auftreten, so daß deren Einfluß vernachlässigt werden kann. Kohlenwasserstoffe und andere quellend wirkende Medien sind nur in geringen Konzentrationen im Sickerwasser vorhanden. Aus diesem Grund wird der Einfluß von Kohlenwasserstoffen auf die Lebensdauer der Bahnen vernachlässigt. Da sich Kohlenwasserstoffe gut in KDB lösen und sich unter Deponiebedingungen dort auch anreichern, bestehen in diesem Punkt noch Unsicherheiten bezüglich der Bewertung. Legt man für die Bestimmung der Lebensdauer der Bahn die von den Befragten erwartete maximale Belastung zugrunde und benutzt für die Abschätzung der Lebensdauer die von Koch (1988) beschriebene Methode, so erhält man für dauerhaft einwirkende Temperaturen von 40 °C und unter Einwirkung von Sauerstoff minimale Lebensdauern von ca. 45 Jahren für die unverschweißte Bahn (für Hostalen GM 5040 T12), für konstante Temperaturen von 20 °C und sonst gleichen Bedingungen eine Lebensdauer von etwa 300 Jahren. In diesem Zusammenhang sei noch erwähnt, daß inzwischen Materialien auf dem Markt sind, die unter gleichen Bedingungen eine höhere Lebensdauer erreichen. Temperaturen, die in dieser Größenordnung und Dauer auf die Kombinationsabdichtung einwirken, können jedoch auch zur Austrocknung der mineralischen Abdichtung führen. Für niedrigere Temperaturen und geringere Einwirkungszeiten ergibt sich eine um Größenordnungen höhere Lebensdauer. Die tatsächlich auf das Basisabdichtungssystem einwirkenden Temperaturen sind damit ein Schlüsselfaktor für die langfristige Wirksamkeit einer Kombinationsabdichtung an der Basis einer Deponie. Diese Temperaturen sollten kontinuierlich gemessen werden (Hurtig et al. 1995). Die zu erwartenden mechanischen Belastungen spielen für die unverschweißte Bahn eine untergeordnete Rolle.

An Schächten und Anschlüssen kann sich eine geringere, minimale Lebensdauer für die Nähte ergeben, wenn diese eine gegenüber der Bahn wesentlich herabgesetzte Zeitstandfestigkeit (z. B. um den Faktor 3) aufweisen. Ähnliches gilt für Nähte in Kehlen am Böschungsfuß bzw. die Bahn im Böschungsbereich, besonders an der Böschungsschulter. Im letzteren Fall jedoch nur dann, wenn die Bahnen durch Einbau- bzw. Planungsfehler beschädigt werden. Diese Fehler können jedoch durch entsprechende Gestaltung des Reibungsverhaltens zwischen KDB und MD und Wahl von geeigneten Böschungslängen unter Berücksichtigung der Einbaubelastungen weitgehend ausgeschlossen werden.

Nähte im Bereich von Schächten, Anschlüssen und Kehlen am Böschungsfuß sind damit die kritischen Punkte der Basisabdichtungen. Hohe mechanische Belastungen, komplizierte geometrische Verhältnisse sowie ungünstige Randbedingungen im Bereich von Kehlen am Böschungsfuß stellen höchste Anforderungen an die Qualität der Nähte und der Verlegefirmen. Hinzu kommt, daß an diesen Stellen, die meist an Tiefpunkten der Deponie liegen, mit den größten Aufstauhöhen zu rechnen ist.

Interessant ist auch, daß mechanische Belastungen, die nach Auffassung der Befragten zu einer Beschädigung der KDB führen können (Eindringen von Drainkies, sehr große Dehnungen oder Zugspannungen), bereits innerhalb kurzer Zeit nach Inbetriebnahme der Deponie erwartet werden (innerhalb der ersten 10 Jahre). Dies würde für den Einbau von Leckdetektionssystemen an kritischen Stellen der Kombinationsabdichtung sprechen (Hahn et al. 1995).

Eine Kombinationsabdichtung ist in hoher Qualität (guter Kontakt zwischen der mineralischen Abdichtung und der KDB, geringe Anzahl von Fehlstellen nach Aufbringen der Drainschicht) herstellbar. Ihre Qualität hängt jedoch entscheidend von der Bauausführung ab.

In diesem Bereich lassen sich nach Auffassung der in den Bereichen Qualitätssicherung und Entwurf tätigen Befragten häufiger Mängel beobachten, die v. a. auf eine ungenügende Ausführung der obersten Lage der mineralischen Abdichtung zurückzuführen ist. Aber auch Mängel bei der Koordination des Baubetriebes oder in der Verlegekonzeption der KDB können zu Qualitätseinbußen führen. Die Qualitätssicherung spielt damit eine wichtige Rolle für die im Feld erreichte Qualität einer Kombinationsabdichtung. Umfang und Art dieser Maßnahmen sollten bereits in den Ausschreibungen ausreichend berücksichtigt werden.

2.2 Rißbildung in mineralischen Abdichtungsschichten durch Austrocknung an der Basis von Deponien

Unter ungünstigen Bedingungen kann es zu einer Austrocknung der mineralischen Abdichtungsschicht in Kombinationsabdichtungen auch an der Basis von Deponien und damit zu einer Schrumpfrißbildung kommen. Ursache sind unter anderem durch große Grundwasserabstände und hohe Temperaturen an der Oberkante der Abdichtungsschicht induzierte Wasserverluste der Dichtschicht.

In den letzten Jahren wurde der Prozeß der Austrocknung aus hydraulischer Sicht ausführlich untersucht. Es ist möglich, mit Hilfe von Modellen den Wasserhaushalt der Abdichtungsschicht konservativ abzuschätzen. Diesen vergleichsweise weit entwickelten Modellen für den Wasserhaushalt steht auf der bodenmechanischen Seite ein einfaches Modell gegenüber, das die Abschätzung der Gefahr einer Schrumpfrißbildung unter stark vereinfachenden Annahmen erlaubt. Eine systematische Überprüfung dieser Annahmen existiert nicht.

Es wird ein eigener Ansatz für die Abschätzung der Gefahr einer Schrumpfrißbildung unter Auflast vorgeschlagen. Er beruht auf einer Beschreibung der Rißentstehung als Übergang vom Scher- zum Zugversagen und ermöglicht, anders als das Modell von Holzlöhner (1995), eine getrennte Berücksichtigung von Auflast- und Wasserspannung. Mit Hilfe des Modells - im folgenden als modifiziertes Morris-Modell bezeichnet - lassen sich kritische Spannungszustände berechnen, die diejenigen Kombinationen von Auflast- und Wasserspannung beschreiben, bei denen gerade noch keine Rißbildung in der Dichtschicht eintritt. Abbildung 6.1 zeigt den Verlauf dieser Spannungszustände am Beispiel des im Rahmen des Vorhabens untersuchten hochplastischen Tons. Ist der erwartete Spannungspfad bekannt, den die Abdichtung durchläuft, so ist nicht mit der Ausbildung von Schrumpfrissen zu rechnen, wenn dieser Spannungspfad oberhalb der kritischen Spannungszustände verläuft.

Der benötigte Spannungspfad kann mit Hilfe einer Modellierung des Wasserhaushaltes der Abdichtung und anhand von Angaben zum Deponiebetrieb konservativ abgeschätzt werden. Die Modellierung des Wasserhaushaltes ergibt den zeitlichen Verlauf der Wasserspannungen, die Angaben zum Deponiebetrieb den Verlauf der Auflastspannungen. Für eine Abschätzung der Rißgefährdung werden damit folgende Daten benötigt:

1) Wasserhaushalt: Bodenwassercharakteristiken und ungesättigte Wasserleitfähigkeiten der Abdichtung und des Deponieauflagers, Grundwasserabstand und Temperatur an der Oberkante der Abdichtung (Döll et al. 1995)

2) Rißbildung: Scherfestigkeit und Zugfestigkeit des Bodens als Funktion der Wasserspannung

Die exemplarische Anwendung zeigt, daß aus bodenmechanischer Sicht die Entwicklung der Scherfestigkeit mit wachsender Wasserspannung der entscheidende Einflußfaktor bezüglich der Gefahr der Schrumpfrißbildung ist (an der Basis von Deponien). In Abhängigkeit von der

Entwicklung der Scherfestigkeit unterschätzt oder überschätzt das Modell von Holzlöhner die Gefahr einer Schrumpfrißbildung. Darüber hinaus kann auch die Zugfestigkeit des Bodens erheblichen Einfluß haben (Abb. 6.1).

Das für die Abschätzung der Rißgefährdung verwendete Modell toleriert die Bildung von Scherzonen. Ergibt die oben beschriebene Betrachtung das Ergebnis, daß unter den gegebenen Bedingungen nicht mit der Bildung von Schrumpfrissen zu rechnen ist, so bedeutet dies, daß die Durchlässigkeit der mineralischen Abdichtung durch die Schrumpfung nicht mehr als um den Faktor 2-10 zunimmt.

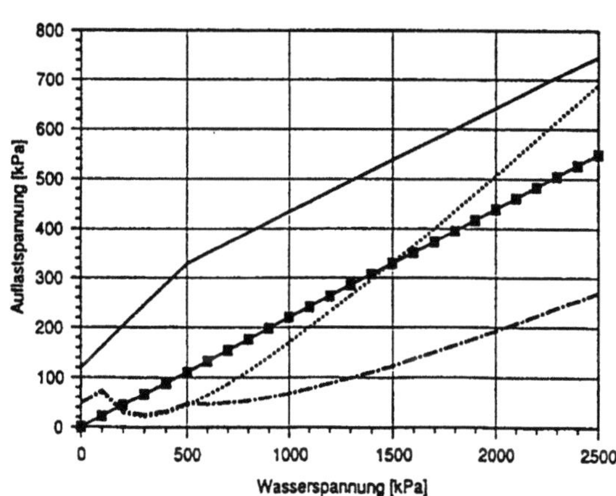
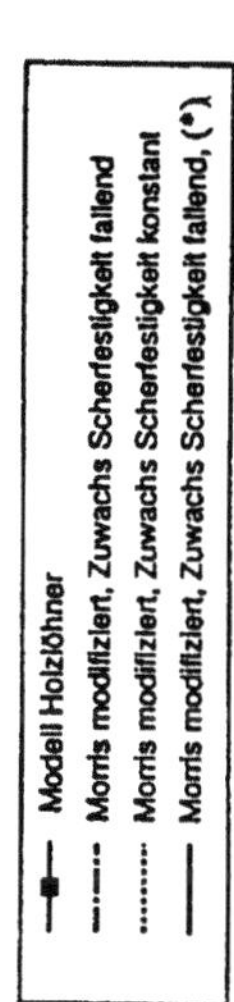

Abb. 6.1.   Kritische Spannungszustände für das modifizierte Morris-Modell und das Holzlöhner-Modell für den untersuchten hochplastischen Ton.
(*) kennzeichnet die Ergebnisse einer Berechnung, bei der die Zugfestigkeit des Bodens vernachlässigt wird

Aus meßtechnischen Gründen kann das Modell - je nach Porengrößenverteilung des Bodens - nur für Wasserspannungen bis zu einer Größenordnung von 2000 kPa verwendet werden. Ursache ist der Umstand, daß die Entwicklung der Scherfestigkeit für höhere Wasserspannungen nicht mehr zuverlässig abgeschätzt werden kann.

2.3   Emissionsverhalten eines Kombinationsabdichtungssystems

Für die Emissionsbetrachtungen werden Szenarien entwickelt, die die möglichen Einwirkungen und die zeitliche Entwicklung der Eigenschaften der Kombinationsabdichtung beschreiben. Ein recht konservatives Szenario sieht z. B. wie folgt aus:

Die betrachtete Deponie wird über einen Zeitraum von 30 Jahren betrieben. Es fallen etwa 35 % des Niederschlages (750 mm/a) als Sickerwasser an. Während der sauren Phase des Abbaus, für die eine Dauer von 3 Jahren angenommen wird, kommt es zur Inkrustation der Entwässerungsschicht, so daß diese schließlich eine mittlere Durchlässigkeit von 10^{-5} m/s aufweist.

Nach 30 Jahren wird eine rein mineralische Oberflächenabdichtung aufgebracht. Dadurch reduziert sich die anfallende Sickerwassermenge auf 5 % des Niederschlages, d. h. 31,5 mm/a. Sechs Jahre nach Einbau ist diese durch Austrocknung erheblich durchlässiger als zum Zeitpunkt des Einbaus, und die Drainage des Oberflächenabdichtungssystems hat durch Setzungen stellenweise ihre Wirkung verloren. Dadurch erhöht sich die anfallende Sickerwassermenge auf 15 % des Niederschlages (112 mm/a). Nach 80 Jahren sind sowohl die Kunststoffdichtungsbahn wie auch die Drainrohre zerstört, und es kommt zu einem Anwachsen des Aufstaus auf der verbleibenden mineralischen Abdichtung, bis die Austrittsmenge der Infiltrationsmenge von 112 mm/a entspricht.

Es wird angenommen, daß die KDB im Durchschnitt pro 10.000 m² 5 Löcher der Größe 1 cm² aufweist und daß die Kontaktbedingungen zwischen der KDB und der mineralischen Abdichtung als "schlecht" zu beschreiben sind.

Die Berechnung erfolgt für Chlorid mit Hilfe der üblichen Stofftransportgleichung für wassergelöste Stoffe in porösen Medien. Die Gesamtmenge an Chlorid im Abfallkörper beträgt 48 kg/m². Die Anfangskonzentration im Sickerwasser beträgt 2500 mg/l.

Verglichen werden 2 Systeme: Eine Kombinationsabdichtung und eine rein mineralische Abdichtung bestehend aus einer Abdichtungsschicht, die die gleichen Eigenschaften zeigt wie die mineralische Abdichtungsschicht der Kombinationsabdichtung.

Abbildung 6.2 zeigt die berechneten Konzentrationen im Sickerwasser und an der Basis der Abdichtungssysteme (1,5 m Tiefe). Während der ersten 80 Jahre reduziert die KDB die auftretenden Konzentrationen signifikant gegenüber der rein mineralischen Abdichtung. Da zum Zeitpunkt des Versagens der KDB und des Entwässerungssystems noch hohe Konzentrationen im Sickerwasser vorhanden sind, beträgt die maximale Konzentration an der Basis der Kombinationsabdichtung noch 1470 mg/l und tritt nach 127 Jahren auf (Tabelle 6.3). Zu diesem Zeitpunkt beträgt der Aufstau auf der Basisabdichtung bereits mehrere Meter.

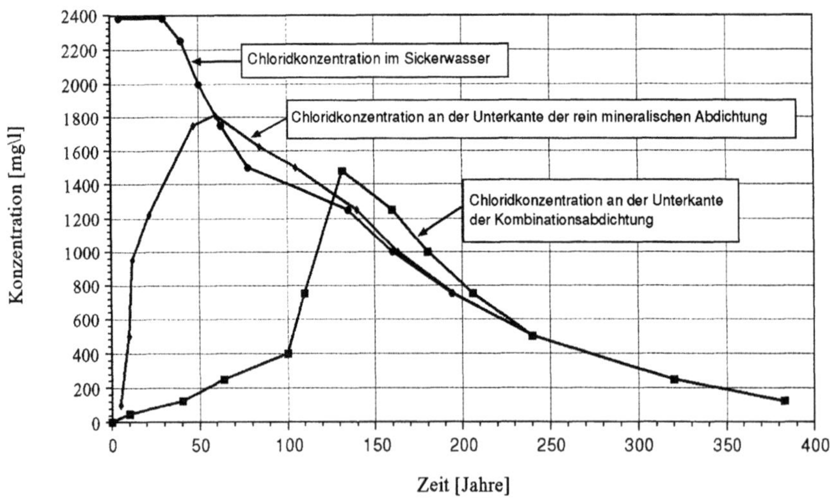

Abb. 6.2. Konzentrationsverläufe im Sickerwasser und an der Unterkante der Abdichtungssysteme

Tabelle 6.3. Ergebnisse der Emissionsbetrachtungen für das "realistische" Szenario

System und Szenario	Maximale Konzentration an der Unterkante des Abdichtungssystems [mg/l]	Gesamtaustrittsmenge Chlorid bis zu dem Zeitpunkt zu dem die Konzentration von Cl - 200 mg/l im Sickerwasser erreicht hat [kg/m^2]	Maximale Emissionsrate [g/m^{2}a]
Kombinationsabdichtung, Lebensdauer der KDB und der Entwässerungsschicht 80 Jahre	1470 nach 127 Jahren, 280 nach 80 Jahren	18 kg/m^2 37% der Gesamtmenge	140 nach 158 Jahren
Mineralische Abdichtungsschicht, Lebensdauer der Entwässerungsschicht 80 Jahre	1800 nach 60 Jahren 1260 nach 80 Jahren	22 kg/m^2 46% der Gesamtmenge	140 nach 158 Jahren
Kombinationsabdichtung, Lebensdauer der KDB 80 Jahre, unendliche Lebensdauer der Entwässerungsschicht	1020 nach 123 Jahren	2.8 kg/m^2 6% der Gesamtmenge	16 nach 150 Jahren
Mineralische Abdichtungsschicht, unendliche Lebensdauer der Entwässerungsschicht	1800 nach 60 Jahren	5 kg/m^2 10% der Gesamtmenge	30 nach 80 Jahren

Aus diesem Grund kann davon ausgegangen werden, daß dieses Maximum durch konvektiven Transport bedingt ist. Die rein mineralische Abdichtung zeigt eine maximale Emissionsrate von 1800 mg/l und dieses bereits nach 60 Jahren. Betrachtet man die maximale Emissionsrate für beide Systeme, so ist diese nahezu identisch und tritt nach etwa 160 Jahren auf. Ursache ist wiederum das Versagen der Entwässerung und der resultierende Aufstau auf den Abdichtungssystemen. Auch der Unterschied in der insgesamt bis zu dem Zeitpunkt ausgetretenen Schadstoffmenge, zu dem die Chloridkonzentration 200 mg/l beträgt (Schweizer Standards für Grundwasser), ist nicht besonders groß. Bis zu diesem Zeitpunkt werden für die Kombinationsabdichtung etwa 37 % des gesamten Schadstoffes ausgetragen, für die mineralische Abdichtung sind dies etwa 46 %.

Ein vollständig anderes Bild ergibt sich, wenn man annimmt, daß das Entwässerungssystem eine unendliche Lebensdauer hat. Maximale Konzentrationen und Emissionsraten liegen nun deutlich niedriger und zeigen für die Kombinationsabdichtung nahezu halbierte Werte gegenüber der mineralischen Abdichtung. Hier wird der entscheidende Einfluß der Funktion der Entwässerungsschicht auf das Emisssionsverhalten der Deponie deutlich.

Zusammenfassend läßt sich feststellen, daß eine sorgfältig geplante und eingebaute Kombinationsabdichtung gegenüber einer rein mineralischen Abdichtung erhebliche Sicherheitsreserven bietet. Dies gilt besonders für Schwermetalle und organische Schadstoffe, die in hohen Konzentrationen besonders in den ersten 30 - 80 Jahren nach Inbetriebnahme der Deponie auftreten. Entscheidenden Einfluß haben die Lebensdauer und Funktion des Drainagesystems.

3   Folgerungen für die Praxis

Für Kombinationsabdichtungen nach TA-Abfall resultiert ein Großteil der Unsicherheiten bei der Bewertung seiner Sicherheit aus unbekannten Randbedingungen (Einwirkungen) und nicht aus fehlendem Wissen über das Verhalten der Materialien. Monitoringmaßnahmen, die

Einwirkungen und das Verhalten von Abdichtungssystemen dokumentieren (Temperaturmessungen, Leckdetektion an Schächten und Anschlüssen, Verformungsmessungen) sollten intensiviert werden.

Aus den Emissionsbetrachtungen lassen sich folgende allgemeingültige Schlüsse ziehen:

> Eine Reduzierung der Dicke der mineralischen Abdichtung von 1,5 auf 1 m bewirkt für Kombinationsabdichtungen so gut wie keine Änderung des Emissionsverhaltens gegenüber perseveranten Schadstoffen. Auch herstellungsbedingte Schwankungen des k_f-Wertes der mineralischen Abdichtungen werden durch einen 4lagigen Einbau (1 m) der Abdichtung ausgeglichen, wenn die einzelnen Lagen eine hohe Qualität aufweisen. Für Deponiestandorte mit vorhandener geologischer Barriere, die über ein Schadstoffrückhaltevermögen verfügt, ist damit aus Sicht des Stofftransportes eine generelle Reduzierung der Dicke der mineralischen Abdichtung auf einen Meter vertretbar.

> Mineralische Abdichtungen mit sehr geringen Durchlässigkeiten (10^{-10} m/s) erreichen in der Regel nicht die Sperrwirkung einer Kombinationsabdichtung, wenn die Lebensdauer der KDB groß genug ist. Dies gilt auch für den Fall, daß die mineralische Komponente der Kombinationsabdichtung eine wesentlich größere Durchlässigkeit aufweist als die für den Vergleich herangezogene rein mineralische Abdichtung. Vor allem für geringe Aufstauhöhen, d. h. für funktionierende Drainsysteme, ergeben sich deutliche Unterschiede.

Das entwickelte Sicherheitskonzept kann als Leitlinie für den Vergleich von Abdichtungssystemen für spezifische Anwendungen dienen. Das im Rahmen der exemplarischen Anwendung beschriebene Emissionsverhalten einer Kombinationsabdichtung kann für Gleichwertigkeitsbetrachtungen herangezogen werden. Die Ergebnisse der Expertenbefragung dokumentieren den Stand des Wissens über den Zustand und die Eigenschaften von KDB an der Basis von Deponien. Es wird ein Verfahren für die Abschätzung der Rißgefährdung mineralischer Abdichtungen an der Basis von Deponien vorgeschlagen.

Literatur

Döll, P.; Stoffregen, R.; Renger, R.; Plagge, R. (1995): Anisotherme Wasser- und Wasserdampfbewegung unter Deponien: Laborexperimente und Simulationsrechnungen zur Austrocknung mineralischer Dichtschichten. Forschungsbericht 1440 569A5 - 24; Förderung BMBF, Referat 424

Hahn, H.; Rödel, A.; Schütte, M. (1995): Entwicklung eines Verfahrens zur Dichtigkeitsüberwachung und Leckortung an Deponieabdichtungen. Tagungsband 3. Arbeitstagung des Verbundforschungsvorhabens „Deponieabdichtungssysteme". BAM, Berlin

Heibrock, G.; Jessberger, H.L. (1995): Ergebnisse einer Expertenbefragung zur Gewinnung von Daten über Belastung, Zustand und Eigenschaften von Kunststoffdichtungsbahnen in Kombinationsabdichtungen an der Basis von Deponien. Veröffentlichungen des LGA-Grundbauinstituts Heft 74, Nürnberg

Holzlöhner, U.; Ziegler, F. (1995): Wassertransportvorgänge und Rißgefährdung von Erdstoff-Abdichtungsschichten im Hinblick auf die Langzeitfunktionsfähigkeit. Tagungsband 3. Arbeitstagung des Verbundforschungsvorhabens „Deponieabdichtungssysteme". BAM, Berlin

Hurtig, H.; Großwig, S.; Kühn, K. (1995): Überwachung von Deponiebasis und Deponie-basisabdichtung mit faseroptischen Temperaturmessungen. Tagungsband 3. Arbeitstagung des Verbundforschungsvorhabens „Deponieabdichtungssysteme". BAM, Berlin

Jessberger, H.L.; Gartung, E.; Heibrock, G. (1994): Sicherheitskonzept für Deponie-abdichtungssysteme, Expertenbefragung Kunststoffdichtungsbahnen. Veröffentlichungen des LGA-Grundbauinstituts Heft 71, Nürnberg

Koch, R.; Gaube, E.; Hessel, J.; Gondro, C.; Heil, H. (1988): Langzeitfestigkeit von Deponiedichtungsbahnen aus Polyethylen. Müll und Abfall 8, S. 348-361

Rowe, R. K.; Booker, J. K. (1994): Program POLLUTE, Geotechnical Research Centre, University of Western Ontario Report. Ontario, Kanada

Technische Hochschule Darmstadt

Institut für Geotechnik

Fachbereich Bauingenieurwesen

BMBF-Verbundforschungsvorhaben Weiterentwicklung von Deponieabdichtungssystemen

Teilprojekt 08

Einfluß mechanischer Beanspruchungen auf die Funktionsfähigkeit mineralischer Deponieabdichtungen

Prof. Dr.-Ing. Ulvi Arslan
Prof. Dr.-Ing. Thomas Dietrich
Dipl.-Ing. Jörg Gutwald
Dipl.-Ing. Dieter Steinmetzer

Projektleitung:	Bundesanstalt für Materialforschung und -prüfung (BAM), Berlin
Projektträger:	Abfallwirtschaft und Altlastensanierung im Umweltbundesamt
Forschungsförderung:	Bundesministerium für Bildung, Wissenschaft, Forschung und Technologie
Förderkennzeichen:	1440 569 A5 - 08

Darmstadt, Februar 1996

1   Einleitung

Bei Deponien kann sich die anfänglich vorhandene Durchlässigkeit der mineralischen Abdichtungen durch mechanische Beanspruchungen erhöhen. Die mechanischen Beanspruchungen der Deponieabdichtungen werden z. B. verursacht durch:

- Ungleichmäßige Setzungen der Basisabdichtung
- Spreizspannungen in der Basisabdichtung durch bis zu 40 m hohe Deponieberge
- Ungleichmäßige Setzungen der Oberflächenabdichtung durch Verrottung des Mülls

Nach TA Abfall bzw. TA Siedlungsabfall dürfen aber auflastbedingte Verformungen des Dichtungsauflagers die Funktionstüchtigkeit der Deponieabdichtungssysteme (Gebrauchstauglichkeit) nicht nachteilig beeinflussen. Anleitungen bzw. Empfehlungen, wie ein Versuchsprogramm zur Prüfung der Funktionstüchtigkeit einer verformten Abdichtung aufgebaut sein muß, fehlen bisher in den Richtlinien. Ziel der Forschungsarbeit war deshalb die Bereitstellung von Hilfen für den Entwurf und die Überwachung von Deponieabdichtungen, deren Durchlässigkeit durch mechanische Beanspruchung beeinträchtigt werden kann. Entsprechend einer im Dammbau entwickelten und bewährten Vorgehensweise wurde der Einfluß der mechanischen Beanspruchung auf die Durchlässigkeit mineralischer Deponieabdichtungen untersucht, indem zuerst in einer numerischen Analyse des Deponiebauwerkes die Beanspruchung der Abdichtung ermittelt und anschließend im Versuch unter dieser ermittelten Beanspruchung das Dichtungsmaterial auf seine Durchlässigkeit hin geprüft wurde. Das Projekt setzte sich entsprechend der Vorgehensweise aus 2 Arbeitspaketen, der numerischen Studie und den experimentellen Untersuchungen, zusammen. Ziel der numerischen Studie war die Ermittlung der mechanischen Beanspruchung der mineralischen Dichtung während des Deponiebetriebs unter den deponiespezifischen Randbedingungen. In den experimentellen Untersuchungen im Labor wurde die Durchlässigkeit der mineralischen Dichtung unter verschiedenen Dehnungs- und Spannungszuständen geprüft.

2   Numerische Studien

In den numerischen Studien wurde mit Hilfe der Finite-Element-Methode die zeitliche Entwicklung der Spannungen und Dehnungen in der mineralischen Dichtung durch aufeinander aufbauende Berechnungen mit folgenden unterschiedlichen Strukturmodellen ermittelt.

Strukturmodell I :

Das Strukturmodell I idealisiert einen repräsentativen Vertikalschnitt der gesamten Deponie einschließlich des Untergrundes als ebenes symmetrisches Verformungsproblem (Abb. 6.3). Der Deponiekörper wird als veränderliche Finite-Element-Struktur behandelt, indem entsprechend dem Aufschüttungsprozeß lagenweise neue Elementreihen hinzugefügt (angekoppelt) werden. Das Modell läßt im Rahmen eines Stoffgesetzes eine Relativ-Verschiebung des Deponiekörpers gegenüber der Basisabdichtung nach Überschreiten der begrenzten Reibung zwischen Kunststoffdichtungsbahn und Drainschicht zu. Der Abfallkörper, die Basisabdichtung und der Untergrund werden als einphasiger Stoff modelliert. Bei der stofflichen Modellierung werden folgende Komponenten des spezifischen Verformungsverhaltens eines aus nicht-bodenähnlichen Abfall (Mischabfall) bestehenden Abfallkörpers berücksichtigt:

- Elastoplastische Verformungs- und Festigkeitseigenschaften des Abfalls

- Zeitabhängige Verformung des Abfallkörpers infolge der Umsetzungsprozesse im Abfall

Um kritische Beanspruchungszustände zu erfassen, wurde die Steifigkeit des Untergrundes im Strukturmodell I lokal herabgesetzt. Die dort entstehende Beanspruchung der Basisabdichtung wurde als Folge der geänderten Randbedingung berechnet. Die Verformung der Basis (Setzungsmulde) entsteht erst aufgrund der Belastung durch die Deponieerstellung. Somit wurde die zeitliche Entwicklung der Spannungen und Verformungen der Deponiebasis im Strukturmodell I realitätsnah berechnet.

Strukturmodell II:

Das Strukturmodell II bildet einen Ausschnitt der mineralischen Dichtung über deren gesamte Dicke als Teil der Basisabdichtung ab. Das Strukturmodell II liefert, unter Aufbringung der Beanspruchung aus Strukturmodell I als Randbedingung auf die Ränder des Ausschnittes, eine differenzierte lokale Erfassung der mechanischen Beanspruchung der mineralischen Dichtung. Das Material der mineralischen Dichtung wird als Mischung aus Gas, Fluid (Porenwasser mit Luftblasen) und Feststoff (Korngerüst) durch entsprechende konstitutive Annahmen im Rahmen der Mischungstheorie modelliert. Die Aufteilung der zeitlich veränderlichen totalen Spannungen in Porenwasserdrücke und wirksame Spannungen sowie das plastische Stoffverhalten läßt eine differenzierte Beurteilung der mechanischen Beanspruchung über die Dicke hinsichtlich der Funktionsfähigkeit zu.

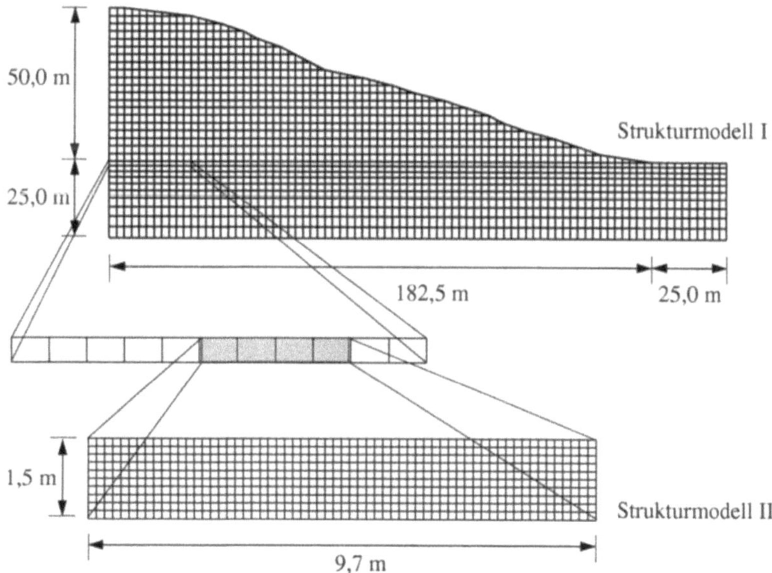

Abb. 6.3.   Die 2 Strukturmodelle zur Berechnung der mechanischen Beanspruchung der mineralischen Dichtung einer Haldendeponie

2.1 Berechnungen mit dem Strukturmodell I

Auf der Basis umfangreicher Daten der städtischen Deponie Wiesbaden (Abschnitt II) (s. Abb. 6.4) wurde die Deponieerstellung geometrisch und zeitlich realitätsnah in der Berechnung nachvollzogen.

Lageplan

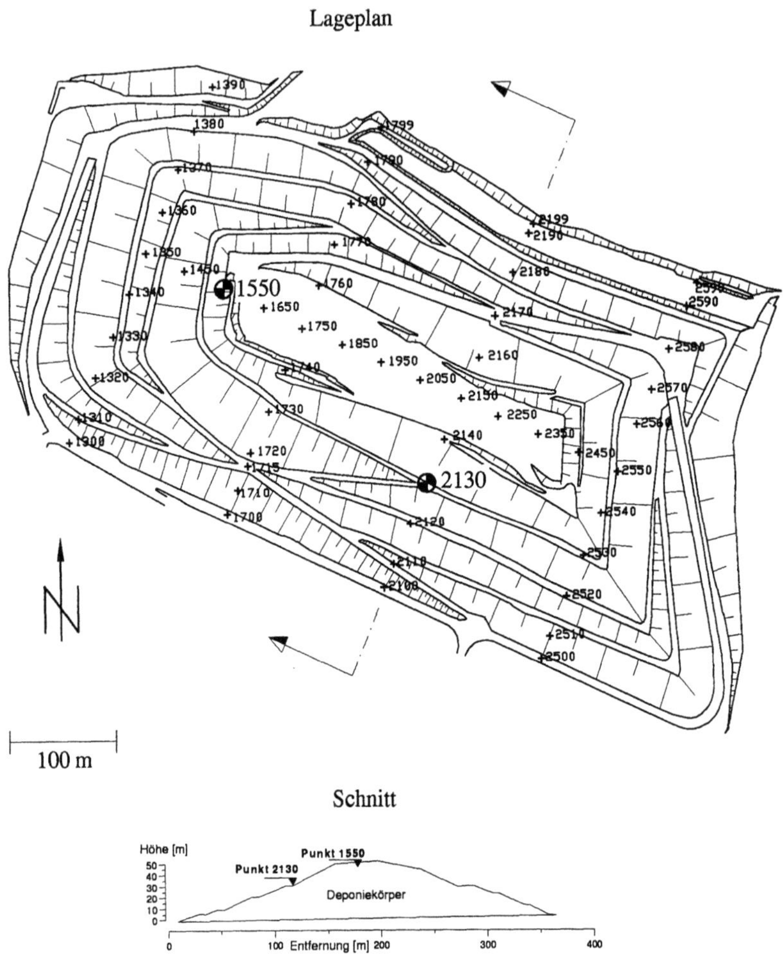

Abb. 6.4. Städtische Deponie Wiesbaden (Abschnitt II)

Die Analysen mit dem Strukturmodell I zur Simulation der Deponieerstellung hatten folgende Ziele:

- Kalibrierung des neuen Stoffgesetzes für den Abfall

- Berechnung der totalen Spannungen in der Basisabdichtung und der Verformung der Basisabdichtung infolge einer realistischen Simulation der Aufschüttung des Abfallkörpers als Funktion der Zeit

2.2   Elastoplastische Verformungs- und Festigkeitseigenschaften des Abfalls

Auf der Basis von Versuchsdaten und der am Institut für Geotechnik vorhandenen Erfahrungen mit plastischem Stoffverhalten und der numerischen Stoffmodellierung (Arslan 1980; Arslan et al. 1981; Arslan 1994; Muth 1989) wurde unter Berücksichtigung der Empfehlungen des AK 11 "Abfallmechanik" der Deutschen Gesellschaft für Geotechnik ein elastoplastisches Stoffmodell für Mischabfall entwickelt, das eine Dehnungsverfestigung in Abhängigkeit von plastischen Volumendehnungen vorsieht.

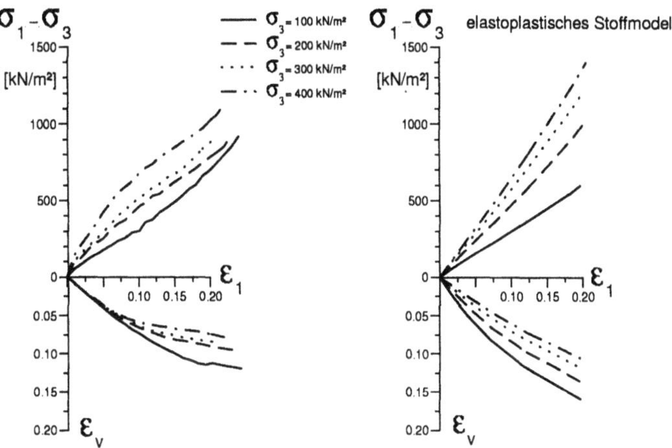

Abb. 6.5.   Triaxialversuch an 7 - 10 Jahre altem, unbehandelten Mischabfall (Jessberger et al. 1993) und Berechnungsergebnis mit elastoplastischem Stoffmodell

In Abb. 6.5 ist links das Ergebnis eines Triaxialversuchs an 7 - 10 Jahre altem, unbehandelten Mischabfall (Jessberger ct al. 1993) dcm Berechnungsergebnis mit dem elastoplastischen Stoffmodell rechts gegenübergestellt. Die charakteristische Festigkeit und die Beziehung der Volumenänderung zur achsialen Stauchung ε_1 wird durch das elastoplastische Stoffmodell ausreichend genau wiedergegeben.

2.3   Die zeitabhängige Verformung infolge der Umsetzungsprozesse im Abfallkörper

Die zeitabhängigen Verformungen im Abfallkörper, verursacht durch

- Biologische Prozesse

- Chemische Prozesse

- Mechanische   Prozesse   infolge   Kriechen,   Spannungsumlagerungen (Konsolidation) und Festigkeitsänderungen

wurden in einem neuen Stoffmodell berücksichtigt.

Darin wird die Volumenabnahme des Abfallkörpers durch die Umsetzungsprozesse als eine Funktion der Zeit ab dem Zeitpunkt des Einbaus einer darüberliegenden neuen Abfallschicht formuliert. Somit ist der Verformungsprozeß (Sackungsprozeß) auch mit dem Aufschüttungsprozeß verknüpft. Die Gesamtvolumenabnahme und ihr zeitlicher Verlauf orientiert sich an Messungen bzw. Prognosen der Gasproduktion und Sickerwasserbelastung und dem Anteil der biologisch abbaubaren Inhaltsstoffe (Ehrig 1986). In Abb. 6.6 ist oben die Geschwindigkeit der Volumenabnahme infolge der Umsetzungsprozesse, wie sie aufgrund der Kalibrierung ermittelt und der Berechnung zugrunde gelegt wurde, zu sehen. Darunter ist die gesamte Volumenabnahme über die Zeit aufgetragen.

Das neue Stoffmodell wurde mit dem Strukturmodell I in einer realistischen Simulation der Herstellung der städtischen Deponie Wiesbaden (Abschnitt II), als Beispiel für eine typische Hausmülldeponie, durch den Vergleich der Berechnungsergebnisse mit den umfangreichen Setzungsmessungen (Gertloff 1993) kalibriert. Bei dieser Simulation wurde das elastoplastische Stoffgesetz zur Modellierung der Verformungs- und Festigkeitseigenschaften verwendet.

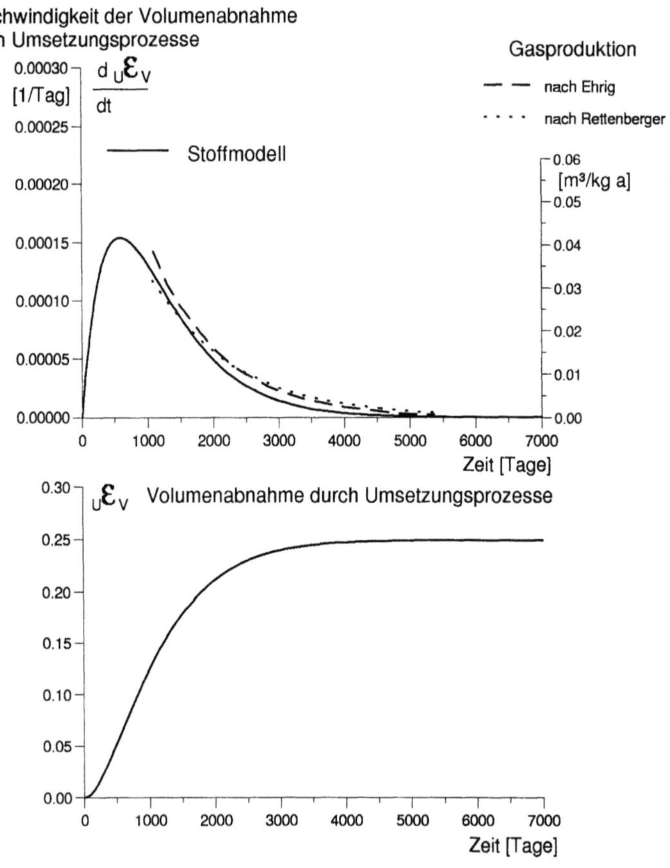

Abb. 6.6.   Verlauf der Volumenabnahme durch Umsetzungsprozesse über die Zeit nach dem Einbau einer Abfallschicht

Der Vergleich zwischen Berechnung und Messung wird an 2 unterschiedlich hohen Böschungspunkten, den Punkten 1550 und 2130, deren Setzung zeitlich am längsten beobachtet wurde, aufgezeigt. In Abb. 6.7 ist der Vergleich für den Punkt 1550, der sich fast auf maximaler Deponiehöhe befindet, zu sehen. Die durchgezogene Kurve zeigt die Berechnung mit dem Stoffmodell, das die Umsetzungsprozesse berücksichtigt; die gestrichelte Kurve ist das Ergebnis der Berechnung ohne die Berücksichtigung der Umsetzungsprozesse. Die Dreieckssymbole stellen die gemessenen Setzungen dar.

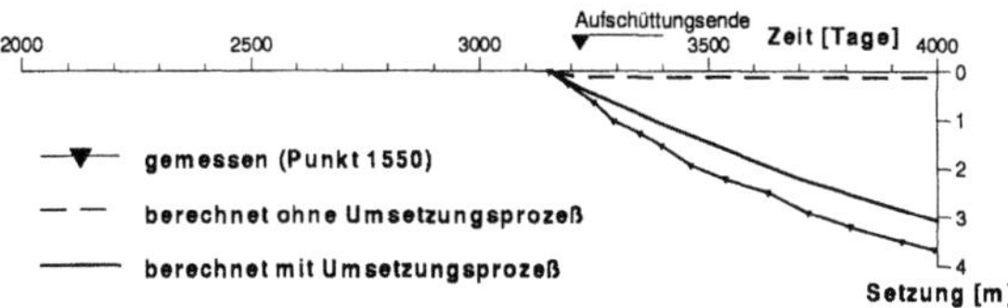

Abb. 6.7.   Setzungsverlauf von Punkt 1550 im Vergleich zur Berechnung mit und ohne Berücksichtigung der Umsetzungsprozesse

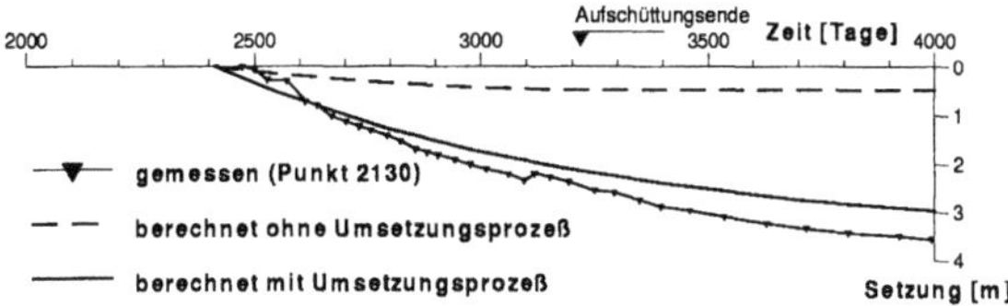

Abb. 6.8.   Setzungsverlauf von Punkt 2130 im Vergleich zur Berechnung mit und ohne Berücksichtigung der Umsetzungsprozesse

Der berechnete Setzungsverlauf des tiefer gelegenen Punktes 2130 (Abb. 6.8) bestätigt die gemessene geringere Setzungsgeschwindigkeit dieses Punktes.

2.4   Berechnungen mit dem Strukturmodell II

Bei den Berechnungen mit dem Strukturmodell II wurde die Beanspruchung aus der Deponie-erstellung (Strukturmodell I) durch Aufbringen von statischen und kinematischen Rand-bedingungen als Ergebnis der Berechnung zur zeitlichen Entwicklung der Spannungen und Verformungen im Strukturmodell I berücksichtigt. Zusätzlich wurde am unteren, für das Porenwasser durchlässigen Rand des Modells, eine Saugspannung vorgegeben, die den Abstand zum Grundwasserspiegel bzw. den Feuchtehaushalt des Planums simuliert. Der obere (zur KDB) und seitliche Rand des Modells ist undurchlässig. Die Berechnungen mit dem Strukturmodell II erfolgten bis zum Ausklingen der Konsolidation.

Für das Materialverhalten der mineralischen Dichtung (Korngerüst) wurden Ergebnisse der Triaxialversuche von Muth (1989) an einem mittelplastischen Ton zugrundegelegt und auf der Basis des Cam-Clay-Modells in die Berechnung eingeführt. Die stoffliche Modellierung des Strukturmodells II beinhaltet auch die Erfassung der Wechselwirkung der flüssigen und festen Phase, die bei einer Teilsättigung entscheidend von der Grenzflächenspannung des Wassers geprägt ist.

Die stoffliche Modellierung enthält außerdem das erweiterte Strömungsgesetz (nach Darcy) mit der Abhängigkeit des Durchlässigkeitskoeffizienten von der Sättigung und die Saug-spannungs-Sättigungs-Beziehung. Die gewählten Parameterfunktionen des Dichtungmaterials

"Ton Wilsum", dessen Eigenschaften mit dem "Mualem - van Genuchten" Modell im Rahmen des Verbundvorhabens (Döll et al. 1995) ermittelt wurden, zeigen die Abb. 6.9 und 6.10 im Vergleich zu anderen Tonböden.

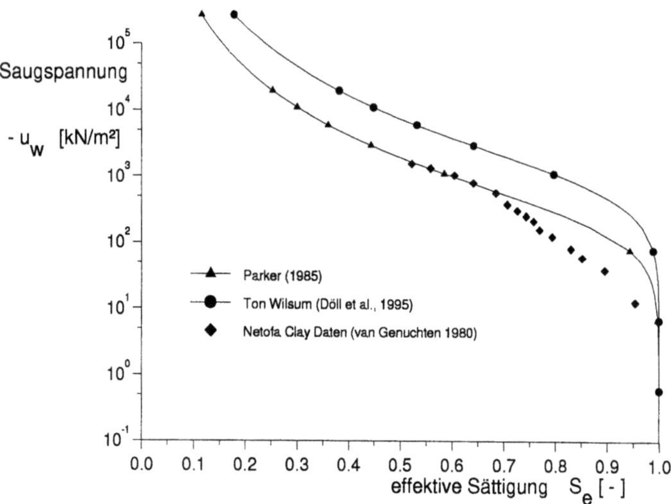

Abb. 6.9.   Saugspannungs-Sättigungs-Beziehungen nach verschiedenen Autoren

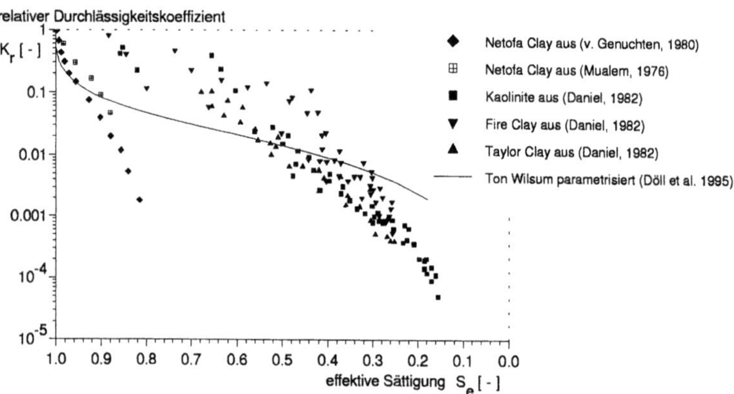

Abb. 6.10.   Gemessene relative Durchlässigkeitskoeffizienten nach verschiedenen Autoren

Abbildung 6.11 zeigt das verformte Strukturmodell II zum Zeitpunkt des Aufschüttungsendes (nach 3219 Tagen) als ein Teil der Basisabdichtung infolge von Steifigkeitsunterschieden im Untergrund. Die Setzung in der Deponiemitte (Symmetrieachse) beträgt s = 1,38 m.

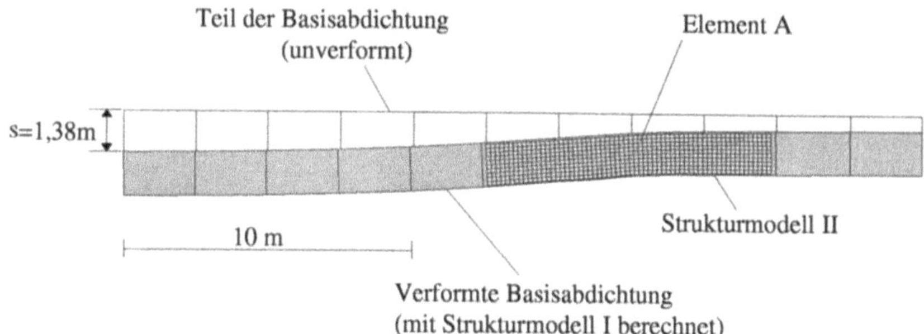

Abb. 6.11. Das verformte Strukturmodell II als Teil der verformten Basisabdichtung zum Aufschüttungsende

In Abb. 6.12 ist die berechnete zeitabhängige Beanspruchung, d. h. der Spannungs- und Dehnungszustand der mineralischen Dichtung im Element A dargestellt.

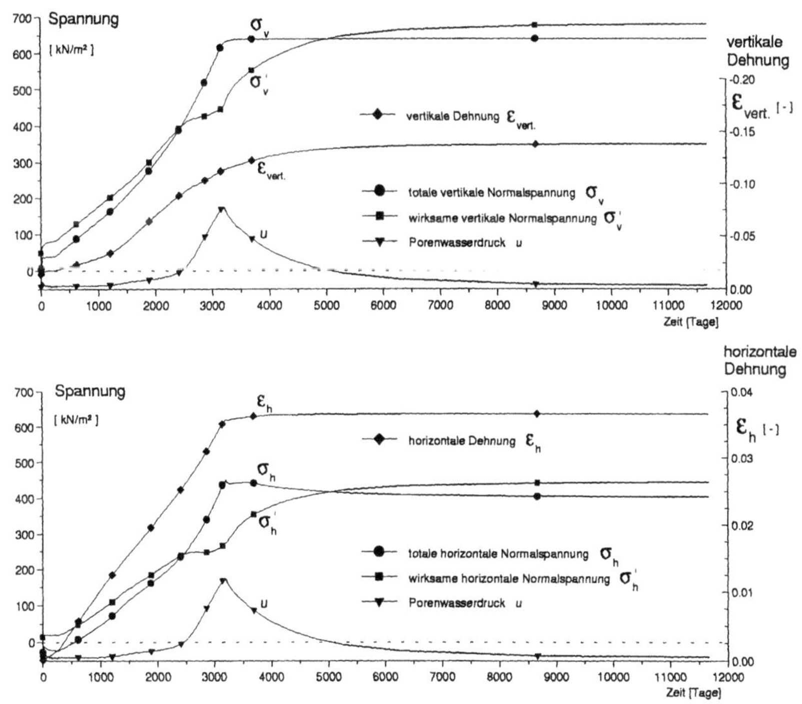

Abb. 6.12. Spannungen und Dehnungen der mineralischen Dichtung im Element A am Rand einer Setzungsmulde

3 Experimentelle Untersuchungen

3.1 Versuchsprogramm, Versuchsböden und Probenherstellung

Die nach numerischen Untersuchungen zu erwartenden Verformungen von kritischen Teilbereichen der mineralischen Abdichtungen wurden den Proben im Laborversuch aufgezwungen. Wie sich die Durchlässigkeit infolge eingeprägter Verformung ändert, wurde in verschiedenen Versuchsapparaturen, d. h. im Kompressions-Durchlässigkeits-Gerät (KD-), im Triaxialgerät und im "Darmstädter Dehnungsgerät" untersucht.

Bei der Wahl der Versuchsböden wurde darauf geachtet, daß die untere Grenze der nach TA Abfall (TASo) bzw. TA Siedlungsabfall (TASi) zugelassenen Böden (Tonanteil $\geq$ 20 Gew.-%, davon 50 % Anteil an Tonmineralien) berücksichtigt ist. Die bodenmechanischen Kennwerte der untersuchten Böden sind in Tabelle 6.4 aufgelistet.

Tabelle 6.4. Bodenmechanische Kennwerte der Versuchsböden

		Schluff-Mebemida	Schluff-Odenwald	Ton-Mebemida
Bodenklassifizierung				
nach DIN 4022		U,t,s'	U,t,s'	T,u,s
nach DIN 18196		TL	UL	TA
Kornverteilung				
Tonanteil	[%]	21	24	54
Schluffanteil	[%]	73	68	30
Sandanteil	[%]	6	8	16
Anteil an Tonmineralien	[%]	12	-	33
Zustandsgrenzen				
w_L	[%]	31,0	32,8	53,1
w_P	[%]	18,5	23,7	20,1
I_P	[%]	12,5	9,1	33
Schrumpfgrenze				
w_s	[%]	10	-	14
Korndichte				
ρ_s	[t/m³]	2,68	2,67	2,70
Kalkgehalt				
V_{Ca}	[%]	2,9	0,6	0
Glühverlust				
V_{gl}	[%]	3,5	2,2	9,1
Maximale Wasseraufnahmefähigkeit				
w_{max}	[%]	47	48	72
Proctordichte, optimaler Wassergehalt				
ρ_{Pr}	[t/m³]	1,87	1,77	1,56
w_{Pr}	[%]	14,5	16,0	25,0

Ein Teil der Versuche wurde an Proben, die aus einer Deponiebasisabdichtung entnommen wurden, durchgeführt. Zusätzlich wurden zur Durchführung der Versuche im Triaxialgerät und im KD-Gerät Bodenproben künstlich hergestellt. Dazu wurde Bodenmaterial bei ca. 1,5fachem Wassergehalt der Fließgrenze in einem Rührer homogenisiert. Mittels einer speziellen Einfüllvorrichtung wurde der Boden beim Einfüllen in den Oedometertopf ($\varnothing$ = 30 cm) mittels Vakuum entlüftet. Im Oedometertopf erfolgte in einer dafür entworfenen Vorrichtung unter ca. 12 Belastungsschritten die Konsolidierung. Bis zur Versuchsdurchführung wurden die in dieser Weise hergestellten Bodenproben, die vollständig entlüftet und wassergesättigt sind, zur Konservierung mit flüssigem Wachs ummantelt. Aus diesen vollständig entlüfteten und wassergesättigten Bodenproben wurden dann kleine homogene Einheiten für die Durchlässigkeitsversuche entnommen.

3.2 Versuche im Kompressions-Durchlässigkeits-Gerät

Während der Versuchsdurchführung wurde zuerst die Durchlässigkeit der unverformten Probe gemessen. Nach Abschluß dieser Messung wurde die Probe in mehreren Stufen gedehnt, und nach jeder Dehnungsstufe wurde erneut die Durchlässigkeit ermittelt. Während der Dehnung hatte die Probe im Einbauzustand (Abb. 6.13) einen kleineren Durchmesser als das Kompressions-Durchlässigkeits-Gerät und war am oberen und unteren Rand in eine Gleitschicht eingebettet. Durch eine Gummimembran war die Probe vor Verschmutzung durch die Gleitschicht geschützt. Der Randspalt wurde durch die Dehnung infolge Auflast geschlossen. Für die zweite Durchlässigkeitsmessung wurde die Probe wieder in ein konventionelles KD-Gerät eingebaut, ohne sie aus dem Oedometerring herauszunehmen.

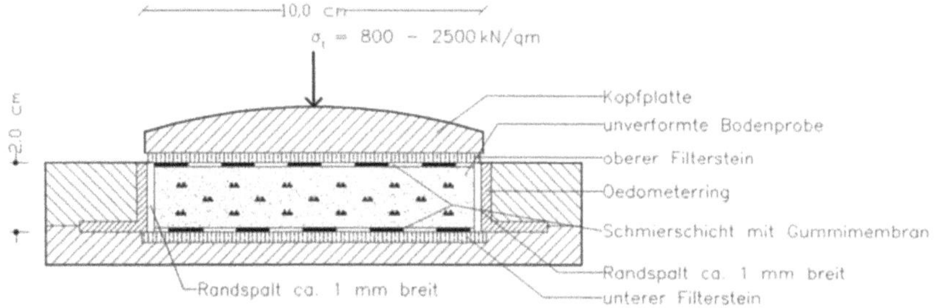

Abb. 6.13. Einbau der Proben im KD-Gerät

Im KD-Gerät wurde an den untersuchten Böden (Ton-Mebemida, Schluff-Mebemida) generell nur eine geringfügige Änderung der Durchlässigkeit in Abhängigkeit von der eingeprägten Dehnung festgestellt (Abb. 6.14).

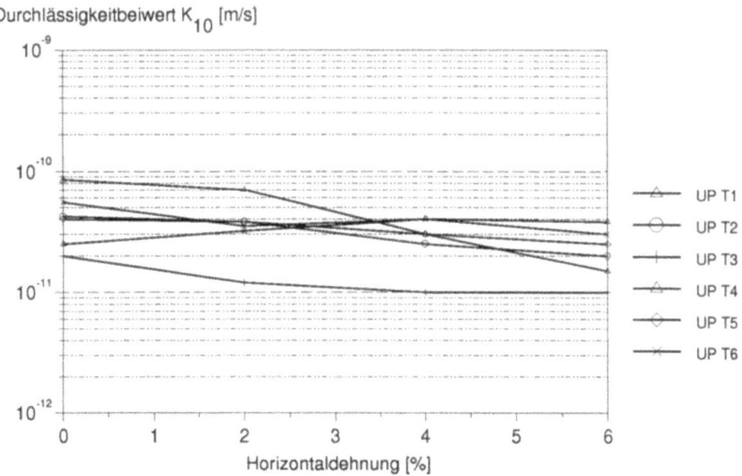

Abb. 6.14. Durchlässigkeit in Abhängigkeit von der Horizontalverformung ε;
Ergebnisse der KD-Versuche an Ton-Mebemida

3.3   Versuche in der Triaxialzelle

Im Triaxialgerät wurden bei fast allen untersuchten Proben die einströmende und ausströmende Wassermenge gemessen (Abb. 6.15). Nach ca. 7 - 10 Tagen stimmten diese Wassermengen etwa überein. Nach der Durchlässigkeitsmessung an der unverformten Probe wurde der Einlaufdruck abgestellt, damit sich über die Probenhöhe eine konstante Verteilung der vertikalen Normalspannungen einstellen konnte.

Nachdem eine konstante Spannungsverteilung über die Probenhöhe vorhanden war, erfolgte die erste Verformung der Probe mit einer Vertikalstauchung von 5 %. Damit der Porenwasserüberdruck in der Probe sich abbauen konnte, wurde nach der Verformung wieder ca. 12 Tage gewartet. Es wurde über eine Versuchsdauer von 26 Tagen die Durchlässigkeit der verformten Tonprobe gemessen (Abb. 6.15).

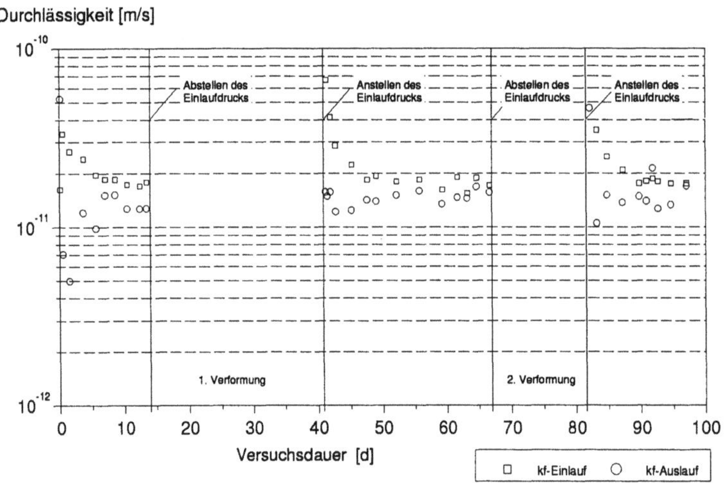

Abb. 6.15.   Durchlässigkeit vor und nach zweimaliger Probenverformung

Nach der zweiten Verformung (10 % Vertikalstauchung bezogen auf den Ausgangszustand) wurde über 12 Tage die Durchlässigkeit gemessen. Da der obere und untere Probenbereich nicht gleichmäßig verformt waren (Randstörung infolge Reibung am Filter), wurde danach eine Teilprobe herausgeschnitten, bei welcher eine Scherfuge visuell erkennbar war. Die Teilprobe wurde so ausgeschnitten, daß die entstandene Scherfuge vom unteren zum oberen Filter führte (Arslan et al. 1993). Die Teilprobe wurde unmittelbar in das Triaxialgerät eingebaut und der bei der Durchströmung vorhandene Spannungszustand wurde möglichst schnell wieder aufgebracht.

Bei den Triaxialversuchen wurden bis zu 4 Verformungsstufen aufgeprägt. Die Ergebnisse an Ton- und Schluffproben zeigten, daß die Scherfuge infolge der geringen Ausdehnung im Vergleich zur gesamten Probenfläche die Durchlässigkeit nicht merklich beeinflußt (Abb 6.16).

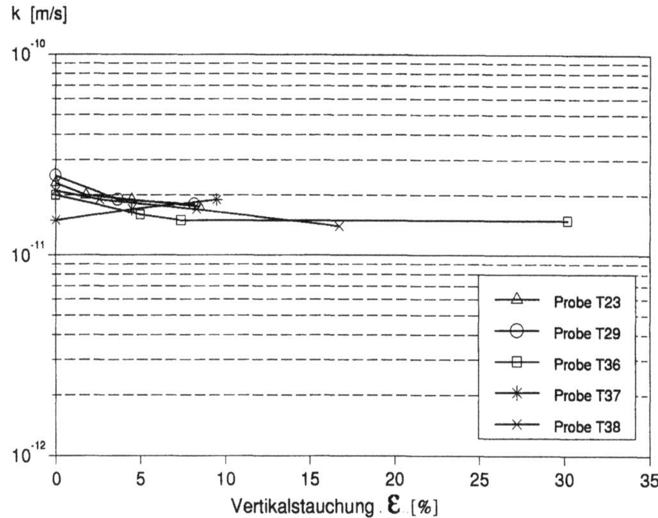

Abb. 6.16. Durchlässigkeit in Abhängigkeit von der Vertikalstauchung ε; Ergebnisse der Triaxialversuche

3.4 Verformung von mineralischem Deponieabdichtungsmaterial im "Darmstädter Dehnungsgerät"

Mit dem im Institut für Geotechnik entwickelten "Darmstädter Dehnungsgerät" (Abb. 6.17), das die Abmessungen 100 cm Länge, 80 cm Breite, 50 cm Höhe aufweist, können horizontale Dehnungen bis 35 % erreicht werden.

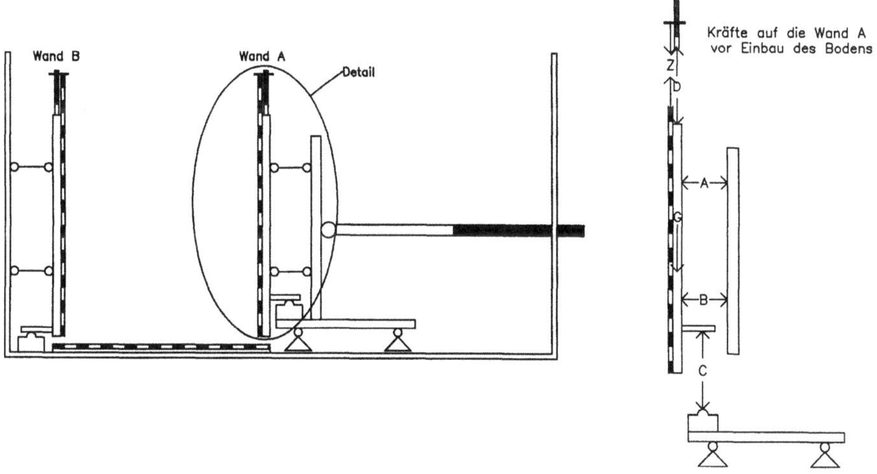

Abb. 6.17 Anordnung der vorgespannten Gummimembran im "Darmstädter Grenz-dehnungsgerät"

Die Probenbreite ist mit 70 cm doppelt so groß wie die Abmessung der Probe in der Dehnungsrichtung, um den Einfluß der seitlichen Wände zu minimieren. Die Auskleidung der Sohle und Wände an den Stirnflächen besteht aus vorgespannten Gummimembranen, um bei Verformung der Probe eine Übertragung von Schubspannungen zu vermeiden. Während sich die Stützwand verschiebt, wird die horizontale Gummimembran homogen gedehnt. Gleichzeitig werden die an den Füßen der Stützwände befestigten, vertikal vorgespannten Gummimembrane kontrolliert entspannt, so daß sich keine Erddruckkomponenten in dieser Richtung entwickeln können. Durch die geschilderten Maßnahmen wurde die Einleitung von Schubspannungen in horizontalen und in senkrechten Schnitten verhindert, so daß sich das Probenmaterial im Versuchskasten gleichmäßig setzte und eine homogen verzerrte Probe entstand.

Bei Verformung von Schluffen und Tonen werden an der Geländeoberfläche klaffende Risse beobachtet. Die Rißbildung kann bei den genannten Böden durch entsprechende Auflast vermieden werden. Bei Schluff-Odenwald wurden unter einer Auflast von $\sigma_v = 18$ kN/m^2 schon bei einer Horizontalverfomung von 1 - 2 % über die gesamte Probenhöhe Risse festgestellt. Bei höherer Auflast $\sigma_v = 85$ kN/m^2 waren auch bei 7 % Horizontalverformung beim Ausbau der Probe mit den Abmessungen 70 cm Breite, 35 cm Länge und 40 cm Höhe keine Risse sichtbar. Die Durchlässigkeit änderte sich unter den genannten Randbedingungen von $k_{10} = 7 \cdot 10^{-11}$ m/s vor der Verformung auf $k_{10} = 8 \cdot 10^{-11}$ m/s nach der Verformung. Die Trockenwichte des Bodens blieb während der Versuchsdurchführung unverändert bei $\gamma_d = 17,3$ kN/m^3. Dies entspricht einem Verdichtungsgrad $D_{pr} = 97,6$ %. Die Dichtung entsprach auch im gedehnten Zustand noch den gültigen Richtlinien.

Bei Ton-Mebemida waren unter einer Auflast $\sigma_v = 65$ kN/m^2 bei 5 % Horizontalverformung beim Ausbau der Probe keine Risse sichtbar. Die Durchlässigkeit änderte sich unter den genannten Randbedingungen von $k_{10} = 2,3 \cdot 10^{-11}$ m/s vor der Verformung auf $k_{10} = 4,7 \cdot 10^{-11}$ m/s nach der Verformung. Die Durchlässigkeit lag somit auch im gedehnten Zustand unter dem zulässigen Grenzwert.

Die im Triaxialgerät durchgeführten Versuche zeigten, daß sich die Durchlässigkeit von Ton und Schluff infolge eingeprägter Dehnungen kaum ändert, wenn diese Proben mit einem Wassergehalt $w > w_{pr}$ (Wassergehalt auf dem nassen Ast der Proctorkurve) eingebaut und entsprechend eingespannt werden. Auch bei Proben, die von Scherfugen durchzogen waren, trat keine für die Baupraxis relevante Durchlässigkeitserhöhung auf, solange durch ausreichenden Zelldruck gewährleistet war, daß die Scherfugen nicht klaffen konnten.

Im "Darmstädter Dehnungsgerät" konnten die Proben bis zu Längsdehnungen von 35 % homogen verformt werden. Das Gerät erlaubt die Aufbringung homogener kinematischer und statischer Randbedingungen, wie sie dem Rankineschen Sonderfall einer expandierenden ebenen Schicht entspricht. Ist genügend Auflast vorhanden, um im Boden auftretende Zugspannungen zu überdrücken, entstehen auch bei großen Dehnungen keine klaffenden Risse. Eine Erhöhung der Durchlässigkeit kann nur dann erwartet werden, wenn sich der Probenkörper auflockert. Mit dem "Darmstädter Dehnungsgerät" kann geprüft werden, ob das Dichtmaterial unter der vorgesehenen Auflast bei Verformung zur Rißbildung neigt. Damit kann die Forderung der TA Abfall bzw. TA Siedlungsabfall, daß die berechneten Verformungen die Funktionstüchtigkeit der Deponieabdichtungssysteme nicht nachteilig beeinflussen dürfen, im Labor z. B. im Rahmen von Eignungsprüfungen, untersucht werden.

Literatur

Arslan, U. (1980): Beitrag zum Spannungs-Verformungsverhalten der Böden. Mitteilungen der Versuchsanstalt für Bodenmechanik und Grundbau, Technische Hochschule Darmstadt, Heft 23

Arslan, U.; Breth, H.; Wanninger, R. (1981): An Elastoplastic Analysis of Anchored Walls. Proc. X. ICSMFE, Stockholm, Vol. 2, 21-28

Arslan, U. (1994): Zur Bedeutung der geotechnischen Werkstofforschung. Mitteilungen des Institutes und der Versuchsanstalt für Geotechnik der TH-Darmstadt, Heft 32, 71-85

Arslan, U.; Dietrich, T.; Gutwald, J.; Steinmetzer, D. (1993): Einfluß mechanischer Beanspruchungen auf die Funktionsfähigkeit mineralischer Deponieabdichtungen. BMFT-Verbundvorhaben Deponieabdichtungssysteme. 2. Arbeitstagung, 17.-19.3.1993, BAM, Berlin

Arslan, U.; Dietrich, T.; Gutwald, J.; Katzenbach, R.; Steinmetzer, D. (1995): Einfluß mechanischer Beanspruchungen auf die Funktionsfähigkeit mineralischer Deponieabdichtungen. BMBF-Verbundvorhaben Deponieabdichtungssysteme. 3. Arbeitstagung, 21.-23.3.1995, BAM, Berlin

Daniel, D.E. (1982): Measurements of hydraulic conductivity of unsaturated soils with thermocouple psychrometers. Journal of Soil Science Society of America, Vol. 20, 1125-1129

Döll, P.; Stoffregen, H.; Renger, M.; Wessolek, G.; Plagge, R. (1995): Anisotherme Wasser- und Wasserdampfbewegung unter Deponien: Laborexperimente und Simulationsrechnungen zur Austrocknung mineralischer Deponieschichten. Abschlußbericht zum Teilvorhaben 24, BMBF-Verbundvorhaben Deponieabdichtungssysteme, Berlin

Ehrig, H.-J. (1986): Untersuchungen zur Gasproduktion aus Hausmüll. Müll und Abfall, Heft 5, 173-183

van Genuchten, M. Th. (1980): A Closed-form Equation for Predicting the Hydraulic Conductivity of Unsaturated Soils. Journal of Soil Science Society of America, Vol. 44, 892-898

Gertloff, K.H. (1993): Setzungsanalyse und Setzungsprognose für eine Hausmülldeponie. Müll und Abfall, Vol. 10, 752-766

Gutwald, J.; Steinmetzer, D: (1995): Untersuchungen zur mechanischen Beanspruchung von mineralischen Deponieabdichtungen. Mitteilungen des Institutes und der Versuchsanstalt für Geotechnik der Technischen Hochschule Darmstadt, Heft 34, Vorträge des 2. Darmstädter Geotechnik Kolloquiums

Jessberger, H.L.; Kockel, R. (1993): Untersuchungen zur Scherfestigkeit und Zusammendrückbarkeit von Mischabfall im Zusammenhang mit Standsicherheitsberechnungen für die Deponie Hannover. Abschlußbericht Landeshauptstadt Hannover, Ruhr-Universität Bochum

Muth, G. (1989): Beitrag zur Beschreibung des Materialverhaltens bindiger Böden unter allgemeiner nichtmonotoner Belastung. Mitteilungen des Instituts für Grundbau, Boden- und Felsmechanik der Technischen Hochschule Darmstadt, Heft 31

Mualem, Y. (1976): A new model for predicting the hydraulic conductivity of unsaturated porous media. Water Resour. Res. 12, 513-522

Parker, J.C.; Kool, J. B.; van Genuchten, M. Th. (1985): Determining Soil Hydraulic Properties from One-step Outflow Experiments by Parameter Estimation: II. Experimental Studies. Journal of Soil Science Society of America, Vol. 49, 1354-1359

Technische Hochschule Darmstadt

Institut für Geotechnik

Fachbereich Bauingenieurwesen

BMBF-Verbundforschungsvorhaben
Weiterentwicklung von
Deponieabdichtungssystemen

Teilprojekt 09

Untersuchung von Schadensgrenzen mineralischer Barrieren durch Simulation von Verformungszuständen im Maßstab 1:1

Prof. Dr.-Ing. Rolf Katzenbach
Prof. Dr.-Ing. Peter Amann
Dipl.-Ing. Lorenz Edelmann

Projektleitung:	Bundesanstalt für Materialforschung und -prüfung (BAM), Berlin
Projektträger:	Abfallwirtschaft und Altlastensanierung im Umweltbundesamt
Forschungsförderung:	Bundesministerium für Bildung, Wissenschaft, Forschung und Technologie
Förderkennzeichen:	1440 569 A5 - 09

Darmstadt, Dezember 1995

1 Einleitung

Durch Setzungen und Sackungen in Deponiekörpern und im Untergrund von Deponien treten Zwangsbeanspruchungen und Verformungen von Barrieresystemen auf. Ungleichförmige Verformungen führen zu einer Durchbiegung (Abb. 6.18) und sind aufgrund des Materialverhaltens von mineralischem Barrierematerial kritisch zu beurteilen. In Abhängigkeit der Größe der Verformungen können Grenzverformungszustände mineralischer Barrieren auftreten, die zu Festigkeitsüberschreitungen in Form von Plastifizierungen und Rissen führen und die deren Funktionsfähigkeit in Frage stellen können.

Mineralischen Barrieren wird bei Langzeitbetrachtungen die größte Aufgabe bei der Abdichtung und dem Schadstoffrückhaltevermögen in Kombinationsabdichtungen zugewiesen (LWA-Richtlinie 1993). Grenzwerte für die tatsächliche Verformbarkeit mineralischer Barrieren in situ sind bisher nicht bekannt. Gleichzeitig wird gefordert, daß auftretende Verformungen nicht die Funktion von Barrieresystemen beeinträchtigen dürfen. Mineralische Barrieren sollen in der Lage sein, Verformungen bruchlos (plastisch) zu folgen.

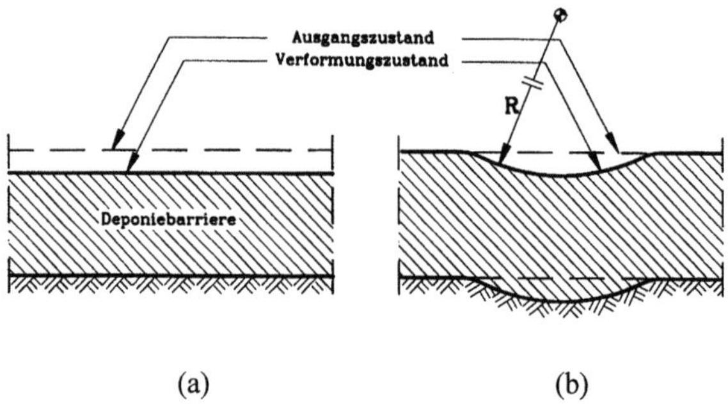

Abb. 6.18a, b. Systemskizze: **a** gleichförmige und **b** ungleichförmige Verformungen von Deponiebarrieren

In diesem Beitrag wird über Ergebnisse eines Forschungsvorhabens zur Untersuchung der Auswirkungen von Setzungsunterschieden auf die Wirksamkeit und Funktionsfähigkeit horizontaler mineralischer Deponiebarrieren berichtet (Katzenbach et al., 1995). Dazu wurden ungleichförmige Verformungen mineralischer Barrieren in einer Großversuchsanlage im Maßstab 1:1 nachgebildet und allgemeine Gesetzmäßigkeiten über Grenzzustände der Verformbarkeit und den Schadenseintritt am Barrieremodell ermittelt. Die Großversuche mit einem Durchmesser von 4,2 m wurden im neu entwickelten "Darmstädter Deponieverformungssimulator für horizontale Deponiebarrieren" durchgeführt. Ziel der Untersuchungen war es, Grenzverformungszustände bzw. Schadensgrenzen infolge Verformung zu ermitteln, die die Funktionsfähigkeit und Gebrauchstauglichkeit mineralischer Barrieren beeinträchtigen bzw. aufheben. Als Grenzverformungszustand wird die Verformung definiert, die zu meßbaren Wasserdurchtritten durch das Barrieremodell führt. Mit den Forschungsergebnissen sollen Grenzwerte für die Verformbarkeit verschiedener Materialien zur Herstellung mineralischer Deponiebarrieren angegeben werden.

2   Untersuchte Materialien

Es wurden 2 Materialien ausgewählt, die stellvertretend für die Bandbreite der Baustoffe zur Herstellung mineralischer Barrieren im Deponiebau sind (Abb. 6.19).

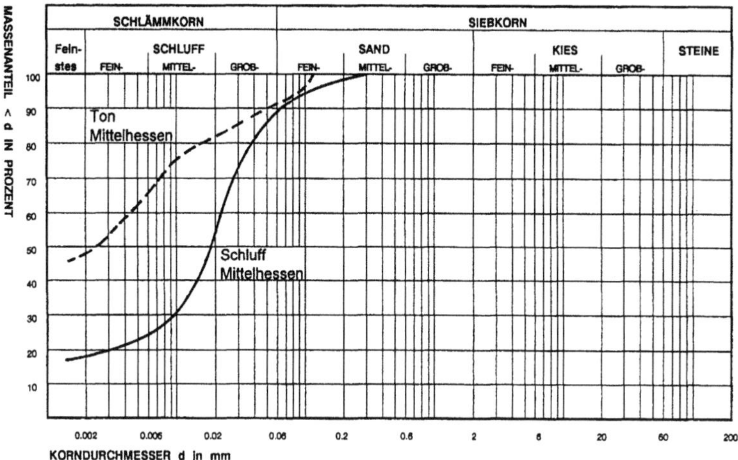

Abb. 6.19.   Körnungslinien der untersuchten Barrierematerialien

Bei dem zuerst untersuchten Material handelt es sich um einen schwach feinsandigen, tonigen Schluff (Benennung nach DIN 4022: U, t, fs'). Das Material wird nachfolgend als Schluff-Mittelhessen bezeichnet. Der Schluff-Mittelhessen ist nach DIN 18196 als leicht plastischer Ton (TL) einzustufen. Aufgrund der vergleichsweise geringen Plastizität ist das Material empfindlich gegenüber Zwangsverformungen und hinsichtlich dieser Eigenschaft an der Untergrenze der im Deponiebau verwendeten Baustoffe anzusehen. Trotzdem wird vergleichbares Material häufig in der Praxis eingesetzt.

Als zweites Material wurde ein Baustoff mit höherer Plastizität ausgewählt. Bezüglich der plastischen Eigenschaften repräsentiert dieser etwa die Obergrenze der Barrierematerialien, die derzeit in der Praxis eingesetzt werden. Der sog. Ton-Mittelhessen ist als schwach fein-sandiger, stark schluffiger Ton (T, ū, fs') bzw. als mittelplastischer Ton (TM) zu bezeichnen. Die geotechnischen Bodenkenngrößen der beiden untersuchten Materialien sind in Tabelle 6.5 zusammengestellt.

Nach den Ergebnissen der tonmineralogischen Untersuchungen am Institut für Geotechnik der ETH Zürich beträgt der Anteil der Tonminerale des Schluff-Mittelhessens 16 % der Gesamt-kornfraktion. Der Anteil der quellfähigen Tonminerale (Illit/Smectit Mixed Layer) wird zu 6 % ermittelt. Für den Ton-Mittelhessen beträgt der Tonanteil 38 % der Gesamtkornfraktion, davon sind 5 % quellfähig (Illit/Smectit Mixed Layer). Die Tonminerale des Ton-Mittel-hessens bestehen zu 50 % aus Kaolinit.

Tabelle 6.5.   Geotechnische Kenngrößen der untersuchten Barrierematerialien

Geotechnische Kenngrößen		Einheit	Schluff Mittelhessen	Ton Mittelhessen
Kornverteilung T/U/S/G		[%]	18 / 71 / 11 / 0	48 / 44 / 8 / 0
Durchlässigkeitsbeiwert	k_{10}	[m/s]	$6{,}0{\cdot}10^{-10}$	$2{,}9{\cdot}10^{-10}$
Wassergehalt an der Fließgrenze	w_L	[%]	31,4	42,8
Wassergehalt an der Ausrollgrenze	w_P	[%]	20,1	20,6
Wassergehalt an der Schrumpfgrenze	w_S	[%]	16,5	17,2
Plastizitätszahl	I_P	[%]	11,3	22,2
Glühverlust	V_{gl}	[%]	3,7	4,6
Kalkgehalt	V_{Ca}	[%]	5,9	0
Korndichte	ρ_s	[t/m³]	2,728	2,704
Proctordichte	ρ_{Pr}	[t/m³]	1,810	1,780
Optimaler Wassergehalt	w_{Pr}	[%]	15,2	16,7

3   Darmstädter Deponieverformungssimulator für horizontale Deponiebarrieren

3.1   Beschreibung der Großversuchsanlage

Der Deponieverformungssimulator hat einen Durchmesser von 4,2 m und ist 2,6 m hoch. Der Grundriß und Querschnitt der Großversuchsanlage sind in Abb. 6.20 dargestellt.

Die Auflagerfläche besteht in der Mitte aus den 19 konzentrisch angeordneten, absenkbaren Druckkissen K1 - K19. Die Druckkissen sind mit Wasser gefüllt und bilden 3 unabhängig voneinander verformbare Kreisringe mit dem Druckkissen K1 im Zentrum der Anlage. Der Durchmesser der zylindrischen Kissen beträgt 60 cm. An das absenkbare Mittelauflager schließt das Randauflager als Kreisring an. Zur Absenkung des Mittelauflagers wird gezielt Wasser aus den Druckkissen der 3 Kreisringe entnommen, so daß eine Setzungsmulde entsteht. Ein stetiger Übergang vom Randauflager auf den äußeren Kreisring des Mittelauflagers wird durch trapezförmige Metallplatten gewährleistet. Die Randauflagerplatten drücken während der Absenkung die kompressible Innenseite der Gummipolster des Randauflagers zusammen. Die Absenkgeschwindigkeit des Auflagers wird durch eine Steuereinrichtung geregelt.

Oberhalb des Auflagers und der 25 cm dicken Stütz- und Drainageschicht aus Sand werden ca. 16 t Barrierematerial eingebaut. Die Verdichtung erfolgt in 12 Lagen à 5 cm Schichtdicke mit einem Verdichtungsgrad von $D_{Pr} = 97{,}5$ % auf der nassen Seite der Proctorkurve. Das Material wird vor dem Einbau mit einer Fräse zerkleinert und homogenisiert, so daß eine Stückigkeit bzw. Aggregatgröße von ≤ 30 mm entsteht. Während des Materialeinbaus wird der erzielte Verdichtungsgrad lagenweise durch die Entnahme von Ausstechringen kontrolliert. Das 60 cm dicke Barrieremodell wird anschließend mit 60 cm Wasser überstaut. Eine umlaufende Fugenbandkonstruktion umschließt die obere Hälfte des Barrieremodells sowie die Überstauhöhe und verhindert eine Wasserumläufigkeit am Rand.

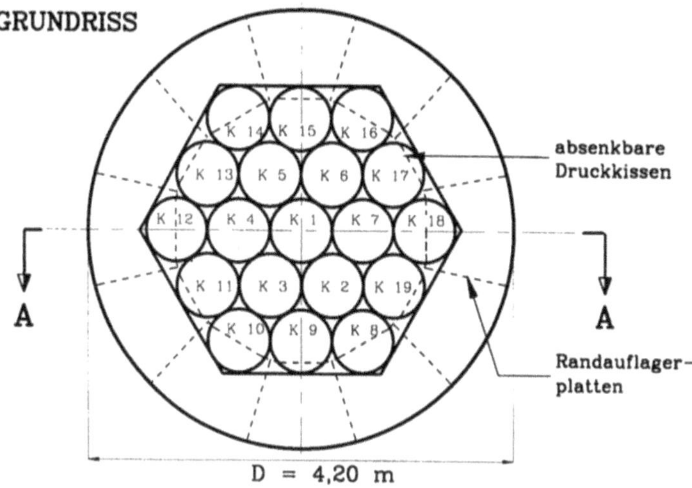

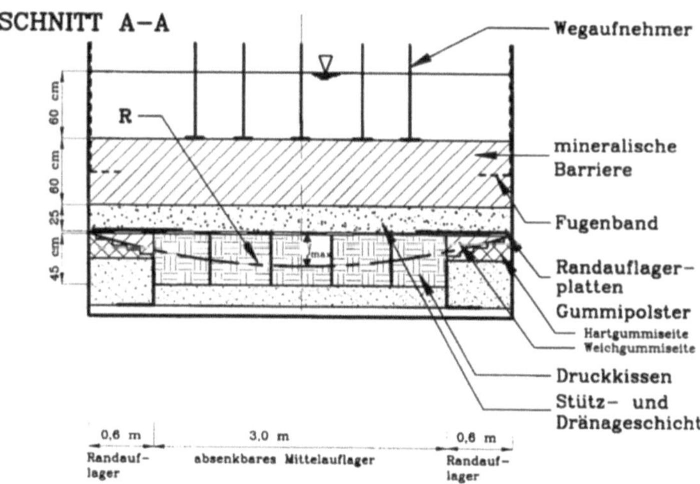

Abb. 6.20. Darmstädter Deponieverformungssimulator für horizontale Deponiebarrieren

Durch die kontinuierliche Auflagerabsenkung im Verformungssimulator entsteht eine Muldenlage des Barrieremodells mit einer gleichförmigen Durchbiegung und einer konstanten Krümmung.

3.2   Meßeinrichtungen

Der Anstieg des Wassergehalts in der Stütz- und Drainageschicht unterhalb des Barriere-modells dient als Schadensindikator zur Bestimmung des Grenzverformungszustands des Barrieremodells. In der Stütz- und Drainageschicht sind TDR-Sonden und Tensiometer als Feuchtigkeitsmeßelemente in einem Raster eingebaut, so daß die Veränderungen des Wassergehalts gemessen und die Orte des Wasserdurchtritts lokalisiert werden können (Abb. 6.21).

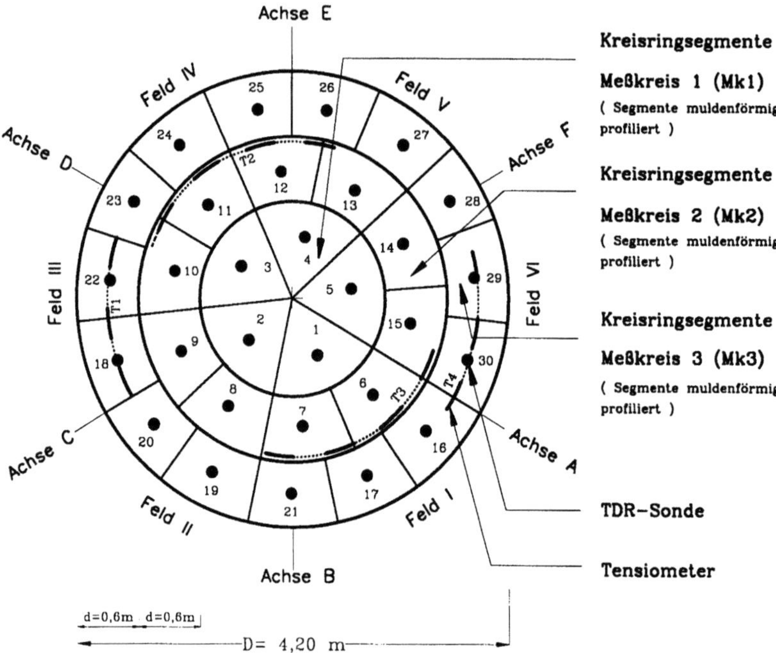

Abb. 6.21.   Meßraster der Feuchtigkeitsmeßelemente in der Stütz- und Drainageschicht

TDR-Sonden (Time Domain Reflectometry) bestimmen den volumetrischen Wassergehalt Θ des Bodens indirekt über die Ausbreitungsgeschwindigkeit eines elektromagnetischen Hochfrequenzsignals (Roth et al. 1990). Tensiometer messen das Matrixpotential eines Bodens in Form von negativen Wasserspannungen ψ, sog. Saugspannungen (Scheffer & Schachtschabel 1992). Das Matrixpotential umfaßt alle Einwirkungen der Bodenmatrix auf das darin enthaltene Wasser. Der Zutritt von Wasser in die Stütz- und Drainageschicht führt zum Abfall der Wasserspannungen bei den Tensiometern und zum Anstieg der Meßwerte bei den TDR-Sonden. Insgesamt werden 30 TDR-Sonden und 4 Tensiometer-Meßketten (T1 - T4) installiert.

Die Vertikalverschiebungen an der Oberfläche des Barrieremodells werden mit 10 elektrischen Wegaufnehmern kontinuierlich gemessen. Ergänzend dazu wird die Oberfläche am Rand des Barrieremodells durch Abloten vermessen. Die Absenkung des Auflagers wird mit 4 mechanischen Wegaufnehmern bestimmt.

4   Versuchsdurchführung

Zur Verformung der Barrieremodelle wurde eine Absenkgeschwindigkeit des Auflagers von $\Delta h = 0,4$ cm pro Tag als Stichmaß im Zentrum des Verformungssimulators gewählt.

Mit dem leicht plastischen Barrierematerial Schluff Mittelhessen wurden 2 Großversuche mit den Bezeichnungen V2 und V3 durchgeführt. Beim Versuch V2 wurde der erste Anstieg des Wassergehalts in der Stütz- und Drainageschicht bei einem Stichmaß der Auflagerabsenkung im Zentrum von $h = 3,15$ cm am 9. Versuchstag festgestellt. Der Ort des Wasserdurchtritts wurde im äußeren Viertel des Barrieremodells lokalisiert. Bei den nachfolgenden Meßzyklen stiegen die Meßwerte der benachbarten TDR-Sonden an und bestätigten den Wasserdurchtritt.

Unabhängig von dem ersten Ort des Wasserdurchtritts wurde ein zweiter Ort bei einer Auflagerabsenkung von $h = 5,53$ cm am 14. Versuchstag im äußeren Viertel des Barrieremodells festgestellt. Die Meßwerte der Tensiometer und TDR-Sonden sind für den zweiten Ort des Wasserdurchtritts in Abb. 6.22 dargestellt. Die Abbildung zeigt typische Kurvenverläufe für die Entwicklung der Meßwerte beim Anstieg des Wassergehalts in der Stütz- und Drainageschicht.

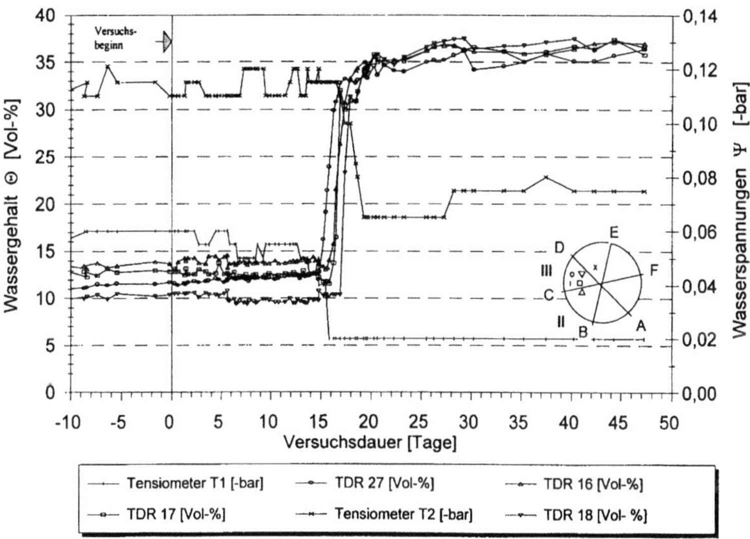

Abb. 6.22.   Feuchtigkeitsmeßergebnisse am Ort des zweiten Wasserdurchtritts, Auflagerabsenkung 5,53 cm, Versuch V2, Schluff-Mittelhessen

In Abb. 6.23 ist die zeitliche Entwicklung des Feuchtigkeitsanstiegs anhand der Reihenfolge der angesprungenen Feuchtigkeitsmeßelemente im Grundriß der Stütz- und Drainageschicht für die beiden Orte des Wasserdurchtritts dargestellt. Die Feuchtigkeitsmeßelemente, die während der 4 Meßzyklen an einem Tag angesprungen sind, werden bei dieser Darstellung tageweise zusammengefaßt. Als Bezugsgröße und erster Tag gilt der erste Wasserdurchtritt bei einer Auflagerabsenkung von $h = 3,15$ cm. Als zusätzliche Information ist in Abb. 6.23 neben den Feuchtigkeitsmeßelementen das jeweilige Stichmaß der Auflagerabsenkung zum Zeitpunkt des Anspringens der Feuchtigkeitsmeßelemente aufgetragen.

Der zweite Versuch V3 mit dem Barrierematerial Schluff-Mittelhessen bestätigte die Größenordnung der Ergebnisse aus dem vorangegangenen Versuch V2. Es wurden ebenfalls 2 voneinander unabhängige Orte des Wasserdurchtritts bei Auflagerabsenkungen von h = 4,11 und 4,97 cm ermittelt.

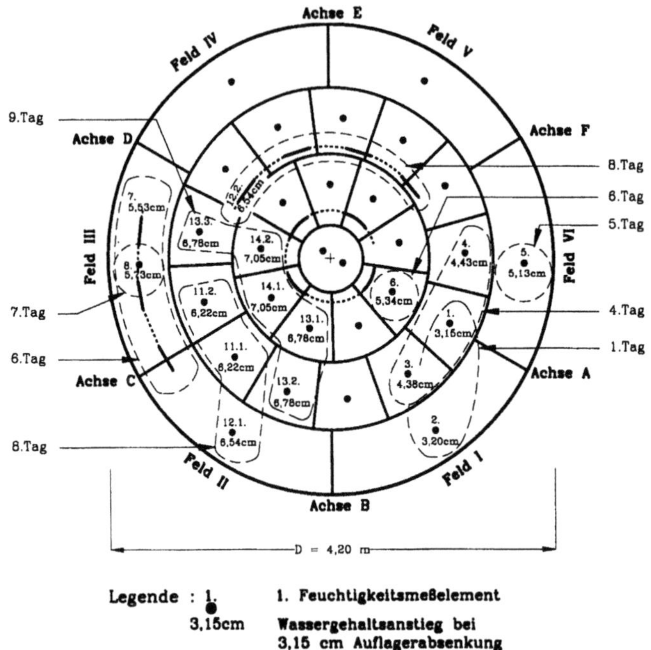

Abb. 6.23 Anfängliche, zeitliche Entwicklung des Feuchtigkeitsanstiegs in der Stütz- und Dränageschicht, Versuch V2, Schluff-Mittelhessen

Als zweites Barrierematerial wurde der mittelplastische Ton-Mittelhessen untersucht. Mit dem Ton-Mittelhessen wurde ein Großversuch mit der Bezeichnung V4 durchgeführt. Dabei wurde das Auflager des Deponieverformungssimulators auf das maximal mögliche Maß von h = 38 cm abgesenkt, ohne daß Wasserdurchtritte durch das Barrieremodell aufgetreten sind. Die Meßwerte der TDR-Sonden blieben bis zum Ende des Versuchs unverändert.

5   Versuchsergebnisse

Die Ergebnisse der Verschiebungsmessungen an der Oberfläche der Barrieremodelle und im Auflagerbereich stimmen überein und zeigen ein gleichartiges Verformungsverhalten von Stütz- und Drainageschicht und Barrieremodell an. Die kontinuierliche Auflagerabsenkung führt zu einer gleichförmigen Durchbiegung und einer konstanten Krümmung der Barrieremodelle. Mit den Ergebnissen der Verschiebungsmessungen wurden Höhenlinienpläne von der Oberfläche der Barrieremodelle angefertigt. Längsschnitte zeigen, daß die Biegelinie einem Kreisbogen entspricht. Der Verformungszustand der Barrieremodelle kann deshalb durch den Krümmungsradius beschrieben werden. Der Krümmungsradius berechnet sich mit Hilfe geometrischer Beziehungen aus dem jeweiligen Stichmaß der Auflagerabsenkung und dem Durchmesser der Barrieremodelle von 4,20 m.

Für den Schluff-Mittelhessen wurden Wasserdurchtritte und damit Grenzverformungs-zustände bei Stichmaßen der Auflagerabsenkung von h = 3,15 - 5,53 cm im Großversuch ermittelt. Die Grenzverformungszustände entsprechen Krümmungsradien der Barrieremodelle von R = 70 m bis R = 40 m für den Schluff-Mittelhessen.

Beim Ton-Mittelhessen war das Verformungspotential in der Großversuchsanlage nicht ausreichend, um einen Grenzverformungszustand herbeizuführen. Der Verformungszustand des Barrieremodells entspricht am Ende der Auflagerabsenkung einem Krümmungsradius von R = 6 m.

Beim Ausbau des Ton-Mittelhessens wurden ungestörte Proben aus dem verformten Barrieremodell entnommen. An 14 Proben wurden die Wasserdurchlässigkeitsbeiwerte bei einem hydraulischen Gradienten von i = 30 bestimmt. Der mittlere Wasserdurchlässigkeitsbeiwert beträgt $k_{10} = 2{,}8 \cdot 10^{-10}$ m/s. Gegenüber den Ergebnissen der Eingangsuntersuchung (Tabelle 6.5) hat die Verformung zu keiner signifikanten Änderung der Wasserdurchlässigkeit des Barrierematerials Ton-Mittelhessen geführt. Die mittlere Volumendehnung der untersuchten Proben berechnet sich zu $\varepsilon_V = 5{,}6\ \%$.

6 Zusammenfassung und Bewertung der Versuchsergebnisse

Mit den Großversuchen im "Darmstädter Deponieverformungssimulator" ist es erstmals gelungen, die von der Beanspruchung abhängige Barrierewirkung mineralischer Deponiebarrieren an großmaßstäblichen Modellen zu untersuchen. Als Verformung wurde eine Muldenlage mit einer gleichmäßigen Durchbiegung der Barrieremodelle gewählt. Zur Bestimmung der Grenzverformungszustände wurde Wasser als Schadensindikator eingesetzt. Die Barrieremodelle wurden vor Versuchsbeginn mit Wasser überstaut und anschließend ohne zusätzliche Auflasten verformt.

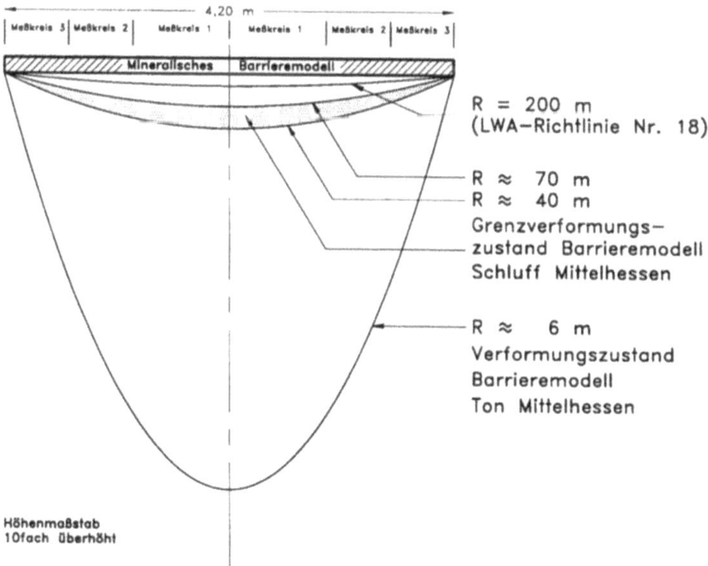

Abb. 6.24.   Krümmungsradien mineralischer Barrieren

Für den leicht plastischen Schluff-Mittelhessen wurden Krümmungsradien von R = 70 m bis R = 40 m als Grenzverformungszustände bestimmt. Der Verformungszustand des mittelplastischen Ton-Mittelhessens entsprach bei Versuchsende einem Krümmungsradius von R = 6 m. Der Grenzverformungszustand wurde bei diesem Krümmungsradius nicht erreicht. Der Ton-Mittelhessen besitzt darüber hinaus noch Verformungsreserven.

In Abb. 6.24 sind die in den Großversuchen ermittelten Krümmungsradien zusammengestellt. Der Höhenmaßstab ist 10fach überhöht dargestellt. Zum Vergleich ist der Krümmungsradius von R = 200 m aus der LWA-Richtlinie (1993) "Mineralische Deponieabdichtungen" des Landes Nordrhein-Westfalen aufgetragen. In der LWA-Richtlinie wird erstmals ein Zahlenwert zur Verformbarkeit mineralischer Barrieren genannt. Demnach kann ein Verformungsnachweis entfallen, wenn bei mindestens mittelplastischem feinkörnigem Boden der zu erwartende Krümmungsradius den Wert von R = 200 m nicht unterschreitet.

Die Ergebnisse der Großversuche im "Darmstädter Deponieverformungssimulator" zeigen, daß die beiden untersuchten Barrierematerialien in deutlich größerem Maße als bisher angenommen verformbar sind, ohne die Barrierewirkung und die Gebrauchstauglichkeit zu verlieren.

Der leicht plastische Schluff-Mittelhessen erfüllt bereits die Anforderungen der LWA-Richtlinie im Hinblick auf den Verformungsnachweis für mittelplastischen Boden. Hervorzuheben ist der große Unterschied zwischen den Krümmungsradien des leicht plastischen und des mittelplastischen Barrierematerials. Im Vergleich zum Grenzverformungszustand des Schluff-Mittelhessens mit einem Krümmungsradius von R = 70 m konnte der Ton-Mittelhessen 12fach größer verformt werden, ohne daß ein Grenzzustand erreicht wurde.

Dieser deutliche Qualitätsunterschied wird auf die größere Plastizität des Ton-Mittelhessens zurückgeführt. Mit zunehmender Plastizität nimmt die Verformbarkeit des mineralischen Barrierematerials zu und die Empfindlichkeit gegenüber Zwangsverformungen ab. Die Barrierewirkung und die Gebrauchstauglichkeit mineralischer Deponiebarrieren bleibt in Fällen ausreichend großer Plastizität auch bei größeren Verformungen erhalten.

Da die Großversuche ohne nennenswerte Auflasten durchgeführt wurden, kann mit den Versuchsergebnissen sowohl die Verformbarkeit von mineralischen Oberflächenbarrieren als auch indirekt die von Zwischen- und Basisbarrieren beurteilt werden.

Bei Oberflächenbarrieren wird der Einfluß von Auflasten aus der Entwässerungs- und Rekultivierungsschicht auf das Verformungsverhalten als nicht signifikant angesehen. Größere Auflasten führen bei Zwischen- und Basisbarrieren zur Zusammendrückung und Stauchung der Systeme. Die größeren Druckspannungen wirken sich günstig auf das Verformungsverhalten aus und ermöglichen größere Dehnungen bis zum Erreichen eines Grenzverformungszustands. Die durchgeführten Untersuchungen im Verformungssimulator liegen für Zwischen- und Basisbarrieren auf der sicheren Seite.

Mit den Ergebnissen der Großversuche im "Darmstädter Deponieverformungssimulator" für horizontale Deponiebarrieren ist in Zukunft eine wirtschaftlichere Bemessung von mineralischen Deponiebarrieren möglich.

Literatur

Katzenbach, R.; Amann, P.; Edelmann, L. (1995): Untersuchung von Schadensgrenzen mineralischer Barrieren durch Simulation von Verformungszuständen im Maßstab 1:1. Schlußbericht, Teilvorhaben 09, BMBF-Verbundforschungsvorhaben "Weiterentwicklung von Deponieabdichtungssystemen", Förderkennzeichen: 1440 569 A5 - 09, Projektleitung: Bundesanstalt für Materialforschung und -prüfung (BAM), Berlin

LWA-Richtlinie (1993): Landesamt für Wasser und Abfall (LWA) Nordrhein-Westfalen (NRW), Richtlinie Nr. 18, "Mineralische Deponieabdichtungen". Schriftenreihe des Landesumweltamtes Nordrhein-Westfalen, Düsseldorf

Roth, K.; Schulin, R.; Flühler, H.; Attinger, W. (1990): Calibration of Time Domain Reflectometry for Water Content Measurement Using a Composite Dielectric Approach. Water Resources Research, Vol. 26, No. 10, 2267-2273

Scheffer, F.; Schachtschabel, P. (1992): Lehrbuch für Bodenkunde. 13. Auflage, Ferdinand Enke Verlag Stuttgart

RHEINISCH-WESTFÄLISCHE TECHNISCHE HOCHSCHULE AACHEN

LEHRSTUHL UND INSTITUT FÜR BAUMASCHINEN UND BAUBETRIEB

UNIV. PROFESSOR DIPL.-ING. JOHANNES DORNBUSCH

BMBF-Verbundforschungsvorhaben Weiterentwicklung von Deponieabdichtungssystemen

Teilprojekt 11

Bauverfahrenstechnik bei der Herstellung von Kombinationsabdichtungen

Prof. Dipl.-Ing. Johannes Dornbusch
Dipl.-Ing. Ulrich Averesch
Dipl.-Ing. Mahmoud El Khafif

Projektleitung: Bundesanstalt für Materialforschung
                        und -prüfung (BAM), Berlin
Projektträger: Abfallwirtschaft und Altlastensanierung
                        im Umweltbundesamt
Forschungsförderung: Bundesministerium für Bildung,
                        Wissenschaft, Forschung und Technologie
Förderkennzeichen: 1440 569 A5 - 11

Aachen, Dezember 1995

1   Einleitung

Im Rahmen des Verbundvorhabens *"Deponieabdichtungssysteme"* wurde die "Bauverfahrenstechnik bei der Herstellung von Kombinationsabdichtungen" auf 25 Deponiebaustellen in Deutschland und England untersucht und analysiert.

Aufbauend auf diesen Untersuchungen ist der Stand der Technik bei der Bauausführung von Kombinationsabdichtungen zusammenfassend dargestellt worden.

Die Erfassung und Beschreibung der baubetrieblichen Randbedingungen und deren Auswirkungen auf den Deponiebau waren ebenfalls Forschungsgegenstand und wesentliches Ziel dieses Vorhabens.

Auf dieser Grundlage wurden Entwicklungsvorschläge für geeignete Baumaschinen und Ausführungsempfehlungen für die Herstellung von Deponieabdichtungssystemen erarbeitet, die von allen am Deponiebau Beteiligten genutzt und Eingang in Technische Anleitungen finden können.

Im zweiten Teil des Forschungsvorhabens wurden Instrumentarien für ein umfassendes Qualitätsmanagement (QM) bei der Herstellung von Kombinationsabdichtungssystemen im Deponiebau entwickelt. Basierend auf den Vorgaben aus den DIN ISO Normen 9000 ff., die branchenübergreifend Hinweise und Empfehlungen zum Aufbau von QM-Systemen geben, wurden Grundlagen für die Sachteile von QM-Handbüchern erarbeitet, die von Auftragnehmern und deren Nachunternehmer sowie von Instanzen der Eigen- und Fremdüberwachung aufgegriffen werden können.

Im Rahmen des Verbundvorhabens liefert das Forschungsvorhaben, über das hier berichtet wird, den wesentlichen Beitrag zur Bauverfahrenstechnik und zum Qualitätsmanagement bei der Herstellung von Kombinationsabdichtungen.

2   Darstellung des Forschungsgegenstandes

Die Deponietechnik ist eine relativ junge Bau- und Verfahrenstechnik. Daher bestehen bei der Herstellung von Abdichtungssystemen noch viele Unsicherheiten. So werden in den Ausschreibungen für Deponiebauwerke Konstruktionen und Qualitätskriterien gefordert, deren sachgerechte Ausführung und Einhaltung sehr hohe Anforderungen an die Unternehmen stellen. Die Unternehmen setzen für die Durchführung dieser Bauaufgaben i. d. R. die gleichen Geräte ein, die sich für den Straßen- und Erdbau als zweckmäßig erwiesen haben, ohne zu beachten, daß sich die Anforderungen im Deponiebau wesentlich von denen im klassischen Erd- und Straßenbau unterscheiden.

Die Abhängigkeit der Qualität und Sicherheit eines Deponieabdichtungssystems von der gewählten Verfahrenstechnik wurde bisher nicht systematisch untersucht.

Ziel des Vorhabens war die Erlangung und systematische Ordnung von Kenntnissen über den Einfluß der verschiedenen Bauverfahrenstechniken bei der Herstellung von mineralischen Deponieabdichtungssystemen. Die Untersuchungen sollten die Auswirkung der Verfahrenstechniken auf die Qualität von Kombinationsabdichtungssystemen (Abb. 6.25) erfassen. Weiter sollten Vorschläge zur Einbeziehung dieser Kenntnisse in technische Regelwerke erarbeitet werden. Anregungen für eine innovative Entwicklung sollten eine Anpassung der Gerätetechnik an die Anforderungen des Deponiebaus ermöglichen. Die Gerätetechnik bezog sich dabei sowohl auf die Herstellung der Dichtung und des Entwässerungssystems als auch auf die notwendige Aufbereitung des mineralischen Dichtungsmaterials.

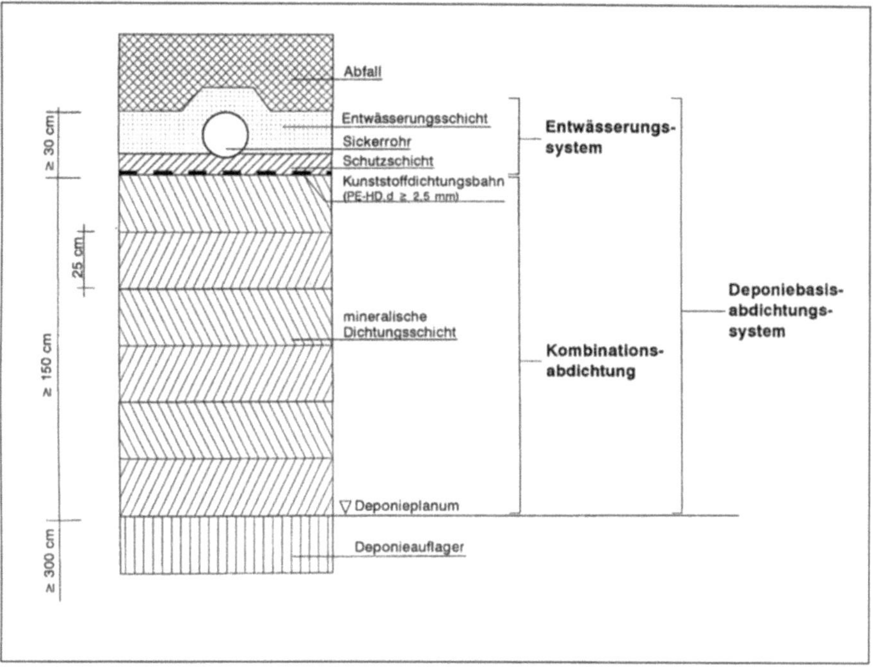

Abb. 6.25.   Kombiniertes Deponiebasis-Abdichtungssystem nach TA Abfall

Ziel des Forschungsvorhabens war es außerdem, auf Grundlage der Begleitung und Auswertung von Projekten mit unterschiedlichen materialspezifischen und verfahrenstechnischen Randbedingungen Ansätze für eine verfahrenstechnische Optimierung des Baubetriebs zu erarbeiten, mit denen die Anforderungen an die Qualität bei der Herstellung eines Kombinationsabdichtungssystems erfüllt werden können.

So wurden 25 Baustellen untersucht und analysiert. Die derzeit praktizierten Bauverfahrenstechniken und andere den Bauablauf beeinflussende Faktoren sind durch Photo- und Videoaufnahmen dokumentiert und im Institut archiviert.

Zu den Baustellen wurden Untersuchungsberichte für Baumaschinen und Baubetrieb angefertigt. Diese Untersuchungsprotokolle sind aus Gründen der Vertraulichkeit, die allen Beteiligten zugesichert werden mußte und wurde, im Institut archiviert. Die aufgeführten Fallbeispiele innerhalb des Schlußberichts sind in anonymisierter Form wiedergegeben.

Erkennbare Defizite und Fortschritte im Bereich der Verfahrenstechnik bei der Herstellung von Kombinationsabdichtungen wurden in verschiedenen Veröffentlichungen der Verfasser Dornbusch, Averesch, El Khafif (1993), Dornbusch & El Khafif (1993), Dornbusch & Averesch (1995), El Khafif & Averesch (1991, 1992), Averesch (1993, 1994, 1995) sowie in Vorträgen aufgezeigt.

3 Resultate der Untersuchungen vor Ort

Um den Status quo zu erfassen, wurden die Deponiebaustellen gezielt ausgesucht. Baustellen mit neuen Verfahrenstechniken und andersartigen Materialien wurden dabei bevorzugt beobachtet. Die unterschiedlichen Dichtungsaufbauten und Materialzusammensetzungen sind, soweit sie bekannt oder zu erfahren waren, im Anlagenteil des Schlußberichts zusammengestellt.

Die Beobachtungen der Baustellenbesuche in den Jahren 1991 - 1993 sind zu einem Videofilm von etwa 90 min. Dauer zusammengefaßt. Der Film dokumentiert alle Verfahrensschritte von der Aufbereitung über Einbau und Verdichtung des mineralischen Materials sowie der Verlegung und Vernetzung der Kunststoffdichtungsbahnen bis zum Einbau der Schutz- und Entwässerungsschichten. Die unterschiedlichen, dabei eingesetzten Baugeräte und Verfahrenstechniken wurden einander gegenübergestellt.

Die auf der 1., 2. und 3. Arbeitstagung vorgeführten Videofilme haben nachhaltige Wirkung gezeigt. So ist z. B. ein unkontrolliertes Abrollen von Kunststoffdichtungsbahnen in Böschungen nach der 1. Arbeitstagung nicht mehr beobachtet worden. Die Bahnen werden nun am oberen Böschungsrand aufgeständert und danach von Hand abgerollt und somit kontrolliert verlegt. Besser noch ist es, und auch dies konnte beobachtet werden, das obere Ende der Bahnen im Einbindegraben an der Böschungskrone zu fixieren und anschließend die Rolle mit Hilfe einer seilgeführten Traverse herabzulassen. Auf diese Weise wird vermieden, daß die Strukturierung auf der Unterseite der Kunststoffdichtungsbahn die Oberfläche der mineralischen Schicht beschädigt bzw. die Strukturierung sich mit Bodenmaterial zusetzt.

Die auf der 2. und 3. Arbeitstagung gezeigten Filme haben eindrucksvoll deutlich machen können, daß die Kombinationsdichtung bei sorgfältiger Ausführung herstellbar ist.

Gerade die Bilder der sehr glatt verlegten Kunststoffdichtungsbahn haben auch bei anderer Gelegenheit, wie z. B. dem "9. und 10. Nürnberger Deponieseminar" oder bei der "14. Tagung - Fortschritte der Deponietechnik" einen nachhaltigen Eindruck bei den Beteiligten hinterlassen.

Die Reaktionen der Teilnehmer der Tagungen und Seminare auf die Wort- und Filmbeiträge haben deutlich gemacht, daß die Dokumentation der gegenwärtigen Geräte- und Bauverfahrenstechnik in Form kurzer Videofilme auch für Fachleute von großem Interesse ist. Fortschritte der Deponietechnik lassen sich auf diese Art sehr anschaulich und wirksam vermitteln.

Die kontinuierliche Dokumentation und Publikation neuer Geräte- und Verfahrenstechniken in dieser noch relativ jungen Sparte der Bauproduktion sollte daher einen festen Platz in der Forschungsarbeit, auch über dieses Verbundvorhaben hinaus, einnehmen.

4 Allgemeine Anforderungen an das mineralische Material aus Sicht der Bauverfahrenstechnik

Die Anforderungen an das Ausgangsmaterial werden in der Planungsphase auf der Grundlage von Eignungsprüfungen festgeschrieben. Von besonderer verfahrenstechnischer Bedeutung sind die plastischen Eigenschaften und das Verdichtungsverhalten.

Die Anforderungen an die mineralische Dichtungsschicht werden durch geltendes Regelwerk festgelegt. Zur Erfüllung dieser Anforderungen, in erster Linie Tragfähigkeit und Dichtwirkung, sind eine spezielle Bauverfahrenstechnik und sorgfältige baubetriebliche Koordination notwendig.

Im Deponiebau kommen bindige Erdstoffe wie Tone oder Mischböden, mit bindigen Anteilen versetzte und werksmäßig hergestellte nichtbindige Böden zum Einsatz. Die an die Verfahrenstechnik gestellten Ansprüche bezüglich der Verdichtung des Bodenmaterials unterscheiden sich von denen im konventionellen Erd- und Straßenbau, wo hauptsächlich nichtbindige Böden verwendet werden. So werden im Erdbau stark bindige Böden, wie sie bei Deponieabdichtungen bevorzugt zum Einsatz kommen, i. d. R. nicht eingebaut und als unbrauchbare Bodenarten ausgesondert. Darüber hinaus wird im Erdbau und auch im Straßenbau eine möglichst hohe Dichte, im Sinne von Lagerungsdichte angestrebt, während bei der Herstellung von Deponieabdichtungen eine geringe Durchlässigkeit (kleiner k_f-Wert) und ein möglichst homogenes Gefüge im Vordergrund stehen. Die Wechselwirkung zwischen Material und Verfahrenstechnik bei der Herstellung der mineralischen Dichtungsschicht verdeutlicht Abb. 6.26.

Die materialspezifischen Parameter beeinflussen die Maschinentechnik. Bei der Verdichtung der bindigen Böden kommen vorwiegend dynamische Verdichtungsverfahren zum Einsatz, die zusätzlich eine knetende oder walkende Verdichtungswirkung haben. Die wichtigsten verfahrenstechnischen Parameter sind die schwingende Masse, die Amplitude und die Frequenz, die Fahrgeschwindigkeit sowie die Anzahl und die Geometrie der vibrierenden Bandagen. Material und Maschinentechnik gemeinsam bedingen die verfahrenstechnischen Parameter Lagendicke und Anzahl der Übergänge. Diese bestimmen letztlich das Verdichtungsergebnis und die Dichtigkeit der mineralischen Abdichtung (Abb. 6.27).

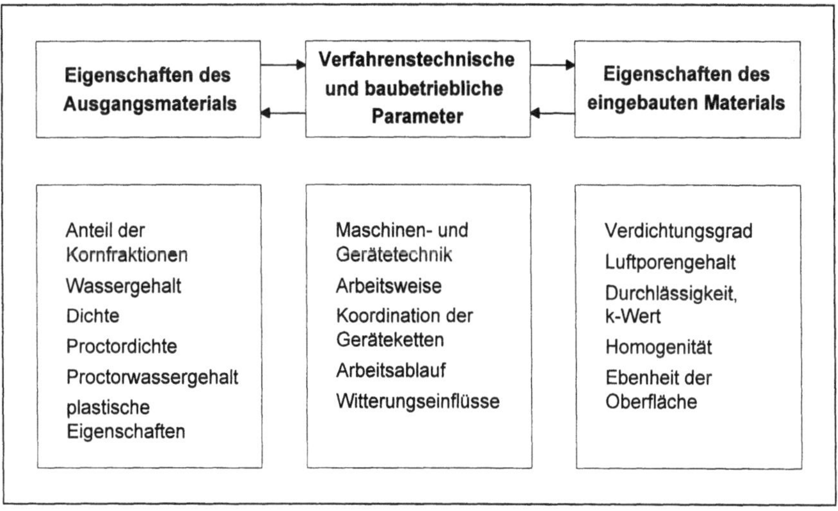

Abb. 6.26.   Wechselwirkung zwischen Material und Verfahrenstechnik

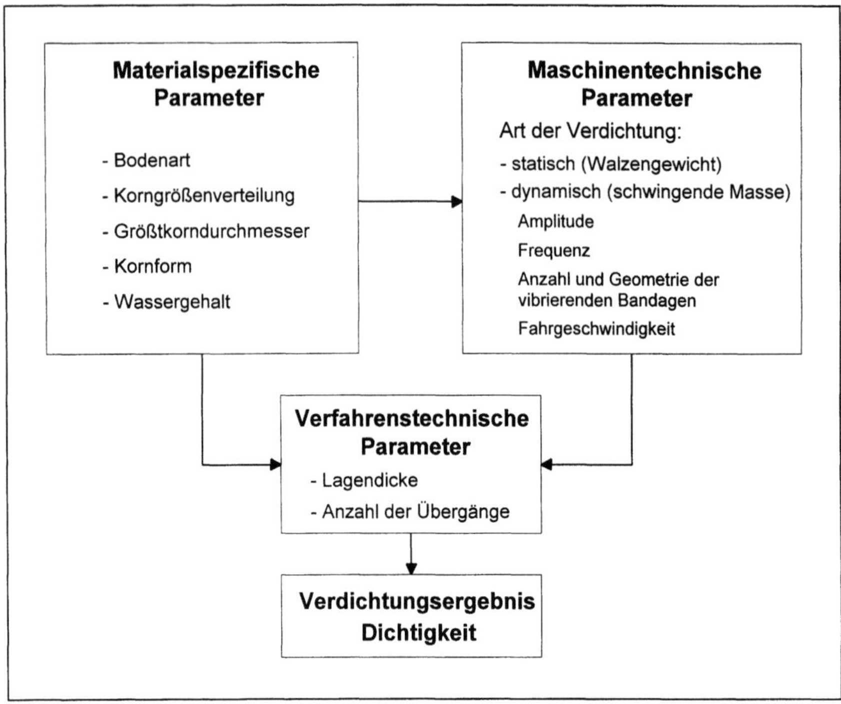

Abb. 6.27.   Material- und maschinentechnische Parameter

Die Amplitude der schwingenden Masse ist ein Maß für die Verdichtungsenergie und damit für die Tiefenwirkung der Verdichtung. Im Deponiebau sind für die Verdichtung des bindigen Materials hohe Amplituden (1,0 - 1,8 mm) notwendig. Die Frequenz gibt in der Verdichtungstechnik die Anzahl der Bandagenschwingungen pro Sekunde an. Sie ist entscheidend für die Reduktion der Reibung zwischen den Bodenteilchen, zumal bei der Kornumlagerung die Haftreibung zwischen den einzelnen Körnern bis zur Gleitreibung abgebaut werden muß. Bei bindigem Material liegen die Verdichtungsfrequenzen mit Werten um 30 - 33 Hz relativ niedrig. Eine ausreichende Verdichtung kann zudem nur bei langsamen Arbeitsgeschwindigkeiten von ca. 0,5 m/s erreicht werden. Dabei ist zu beachten, daß die Verdichtungsgeräte mit Vollgas gefahren werden müssen, um den Antrieb der schwingenden Masse sicherzustellen.

5   Verfahrens- und Gerätekette

Die Umsetzung der Anforderungen verlangt den Einsatz einer optimalen Geräte- und Verfahrenstechnik und die sorgfältige Koordinierung der Betriebsabläufe auf der Baustelle.

Die verschiedenen Arbeitsgänge von der Aufbereitung des Dichtungsmaterials bis hin zum Einbau der Entwässerungsschicht und die dafür geeigneten Geräte sind in Abb. 6.28 zu Verfahrens- bzw. Geräteketten zusammengefaßt.

Für jede Baumaßnahme ist eine spezielle Gerätekombination in Abhängigkeit von den material- und standortspezifischen Charakteristika auszuwählen.

Die gewählte Gerätekombination mit den entsprechenden Hilfsgeräten und dazugehörigen Geräteführern und Bauwerkern ist leistungsmäßig aufeinander abzustimmen und für den geplanten Baustelleneinsatz vorzuhalten.

6 Baubetriebliche Randbedingungen

6.1 Baubetriebliche Koordination

Die Herstellung von Deponieabdichtungen verlangt eine exakte Abstimmung der einzelnen Arbeitsgänge und einen reibungslosen gut organisierten Bauablauf. Zwingend ist deshalb eine ständig auf der Baustelle anwesende Fachbauleitung; sporadische Besuche der Bauleitung vor Ort reichen nicht aus.

Die Organisation des Bauablaufs beginnt mit der Sicherstellung eines kontinuierlichen Materialflusses, der auch den witterungsabhängigen Einbaubedingungen gerecht wird.

Der Materialfluß beginnt am Gewinnungsort des mineralischen Dichtungsmaterials (z. B. Tongrube) und führt über die Aufbereitungsanlage bis zur Einbaustelle. Dabei sind gleichbleibende, den Ergebnissen der Eignungsprüfung entsprechende Materialeigenschaften sicherzustellen.

Die Auswahl der richtigen Geräte- und Verfahrenstechnik ist entscheidend für den technischen und wirtschaftlichen Erfolg einer Baumaßnahme. Hierzu gehört eine den Anforderungen entsprechende Staffelung und Leistungsabstimmung der Geräteketten.

Da Erdarbeiten und Kunststoffverlegung von unterschiedlichen Fachfirmen ausgeführt werden, ist eine übergreifende Abstimmung erforderlich. Die Praxis zeigt, daß gerade diese Schnittstelle Probleme bereitet und häufig Ursache für Schäden an der mineralischen Dichtungsschicht ist.

Es ist sicherzustellen, daß schon abgenommene Teilleistungen weder durch nachfolgende Baumaßnahmen noch durch andere Einflüsse in ihren Eigenschaften negativ verändert werden.

Problematisch sind die Einsatzzeiten der Kunststoffverleger, da sich Abnahme und Freigabe einzelner Abschnitte oft durch bisweilen aufwendige Nachbesserungsarbeiten oder Witterungseinflüsse zeitlich verzögern. Hinzu kommt, daß die wenigen qualifizierten Kunststoffschweißer aus Gründen der Auslastung häufig auf verschiedenen Baustellen parallel arbeiten und die Schweißkolonne deshalb nicht jederzeit vor Ort einsatzbereit ist.

Treten solche Verzögerungen auf, muß der Fertigungsabschnitt unverzüglich mit tauglichen Baufolien provisorisch abgedeckt und konserviert werden. Diese zwischenzeitliche Abdeckung zur Konservierung des Wassergehalts erfordert große Sorgfalt und ist deshalb sehr lohnintensiv.

Wichtig ist weiterhin die Abstimmung zwischen den überwachenden, voneinander unabhängigen Instanzen - Eigenüberwachung, Fremdüberwachung und Aufsichtsbehörde - und den ausführenden Unternehmen.

Insbesondere die Abnahme der mineralischen Oberfläche wird durch ungewisse Fertigungstermine und Terminverschiebungen oft verzögert.

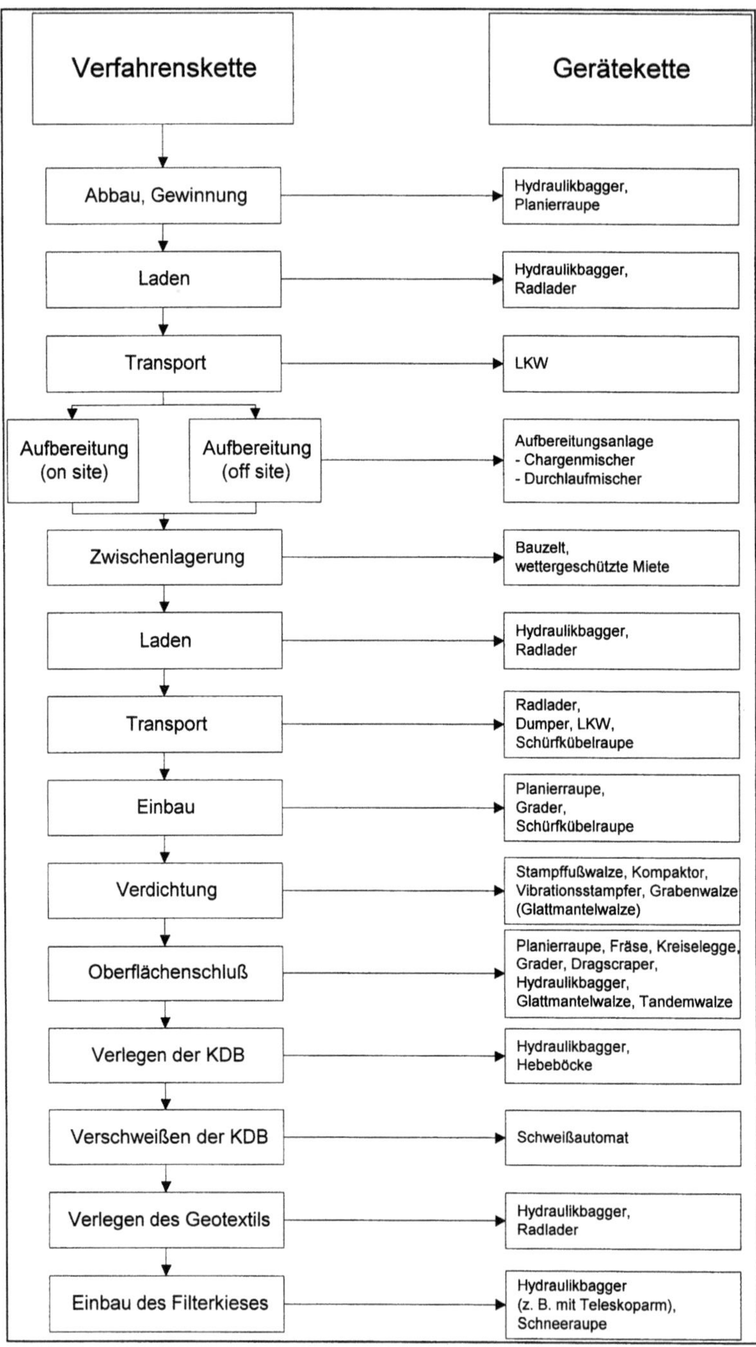

Abb. 6.28. Verfahrens- und Gerätekette im Deponiebau

Verspätetes Verlegen der Kunststoffdichtungsbahnen kann zur nachhaltigen Schädigung der mineralischen Dichtungsschicht führen und den Erfolg der gesamten Baumaßnahme in Frage stellen.

Nahtloses, abgestimmtes Arbeiten erfordert die permanente Anwesenheit der Fachbauleitung und auch eines Vertreters der überwachenden Instanz auf der Baustelle.

6.2   Witterungseinflüsse

Witterungseinflüsse bestimmen den Deponiebau mindestens in gleicher Weise wie die Auswahl und Umsetzung der richtigen Verfahrenstechnik.

Das Deponieauflager wie auch die Materialien für die mineralische Dichtungsschicht reagieren sehr sensibel auf Wassergehaltsänderungen. Im Unterschied beispielsweise zum Hochbau, wo sich Schlechtwetterzeiten zumeist auf die Dauer des Wetterereignisses beschränken, muß im Deponiebau mit erheblichen Nachlaufzeiten gerechnet werden. Selbst kurze, heftige Regenschauer bringen den Baubetrieb schon nach wenigen Minuten zum Erliegen. Eine Wiederaufnahme der Arbeiten kann sich dann um mehrere Tage verzögern. Ist das Material einmal aufgeweicht und durchnäßt, muß der gesamte Einbauabschnitt wieder ausgebaut werden, um eine ordentliche Bauausführung zu gewährleisten und die Anforderungen an die Qualität zu erfüllen.

Die mineralische Dichtungsschicht ist jedoch nicht nur empfindlich gegen Regen, sondern ebenso gegen Austrocknung durch starke Sonneneinstrahlung und Wind. Diese Einflüsse sind zwar zur Abtrocknung der Oberfläche nach Regenschauern erwünscht, können aber den normalen Baubetrieb vor große Probleme stellen. Auch bei guter baubetrieblicher Abstimmung sind Hilfsmaßnahmen (z. B. Konservierung, provisorische Abdeckung) oft unverzichtbar, um ein Austrocknen und Aufreißen der mineralischen Dichtungsschicht zu verhindern. Schon nach Zeitdauern von etwa einer Stunde können in einer ungeschützt liegenden Dichtungsschicht zentimetertiefe Risse entstehen. Selbst wenn keine erkennbaren Risse auftreten, verändern geringe Schwankungen des Einbauwassergehalts, speziell zur trockenen Seite der Proctorkurve hin, die Eigenschaften des Dichtungsmaterials.

Ebenso ist die Empfindlichkeit der mineralischen Dichtungsschicht gegen Frost zu berücksichtigen. Bindiges Bodenmaterial neigt bei Frosteinwirkung zur Bildung von Eislinsen; ein vorher vorhandenes homogenes Gefüge kann nach dem Auftauen zerstört sein. Der Einbau von bindigem Dichtungsmaterial muß daher bei Frost ausgeschlossen werden. Auch die fertiggestellte Kombinationsdichtung muß vor Frosteinflüssen geschützt werden. Das Aufbringen des Flächenfilters und anschließender Auftrag von Feinmüll ist die geeignetste Schutzmaßnahme. Steile Böschungen, auf denen der Flächenfilter sukzessive mit dem Müll aufgebracht wird, sind temporär, z. B. durch Dämmplatten vor Frost zu schützen.

Es werden folgende Maßnahmen zum Schutz der mineralischen Dichtungsschicht empfohlen:

- Herstellung von Tagesabschnitten, umgehende Abnahme, sofortiges Belegen mit Dichtungsbahn, Geotextil und Schutzschicht

- Bei Sonne und Wind: Beregnen, Abdecken mit Baufolie (Windsicherung der Folie gewährleisten)

- Bei einsetzendem Regen: Abdecken mit Baufolie, Windsicherung

- Grundsätzlich glattes Abwalzen der Lage vor jedem Regenereignis

- Überhöhter Einbau der zu schützenden Lage, Abschieben des überschüssigen Materials, sobald die Arbeiten fortgesetzt werden

- Frostsicherung durch Aufbringen der Schutzschichten auf die Kunststoffdichtungsbahn oder temporäre Hilfsmaßnahmen

Nicht nur der Einbau der mineralischen Dichtungsschicht auch das Verlegen der Kunststoffdichtungsbahn ist an günstige Witterungsbedingungen gebunden. Die Zulassungsrichtlinie der Bundesanstalt für Materialforschung und -prüfung (1992) gestattet die Verlegung nur während der Monate April bis einschließlich Oktober, Abweichungen hiervon sind nur in Ausnahmefällen bei günstiger Witterung oder Einsatz eines Wetterschutzes und erst nach Genehmigung möglich. Ferner ist während der Monate April bis Oktober eine Verlegung nur bei Lufttemperaturen > 5 °C erlaubt. Bei Niederschlägen aller Art und auf Flächen mit stehendem Wasser ist die Verlegung der Kunststoffdichtungsbahn ausgeschlossen. Entsprechendes gilt bei Wind und starker Sonneneinstrahlung, wenn eine einwandfreie Verlegung nicht gewährleistet ist.

6.3   Jährliche Ausführungszeiten in Abhängigkeit von der Witterung

Wie sehr Witterungseinflüsse den Bauablauf von Deponiebaustellen und die jährlichen Ausführungszeiten bestimmen, wird anhand exemplarischer Auswertungen von Klimadaten einiger Deponiebaustellen deutlich.

Die für die Herstellung des Abdichtungssystems verbleibenden Ausführungszeiten, wie sie sich nach Abzug von Wochenenden, Feiertagen und Ausfalltagen infolge Witterung ergeben, betragen weniger als 2/3 der auf den Ausführungszeitraum entfallenden Kalendertage und nur etwa die Hälfte der jährlichen Arbeitstage.

Für die Deponie A zeigen dies die Abb. 6.29 - 6.31 beispielhaft für das Jahr 1991. Die Wetterdaten wurden in der nächstgelegenen Klimastation (Entfernung zur Deponie 14 km) aufgezeichnet.

Ähnliche Arbeitszeiträume ergaben sich für andere Deponiebaustellen. Auch wenn die Untersuchungen über einen einjährigen Zeitraum nicht als repräsentativ gelten können, zeigen die Auswertungen für das Jahr 1991 jedoch die grundsätzliche Problematik, die sich daraus zum Beispiel für die Kalkulation ergibt. Während der Kalkulation in der Bauwirtschaft allgemein ca. 184 Arbeitstage pro Jahr zugrunde gelegt werden, reduziert sich diese Anzahl im Deponiebau nach Auswertung der vorliegenden Unterlagen, die von Praktikern bestätigt wird, auf etwa 90 - 120 Arbeitstage. Der Deponiebau ist also nicht kalkulierbar wie konventionelle Baumaßnahmen.

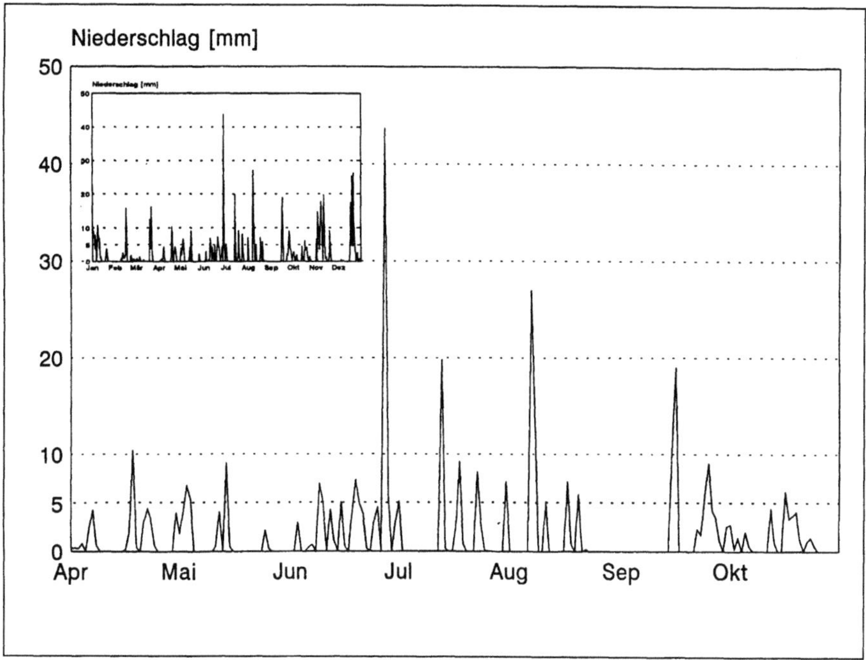

Abb. 6.29.   Niederschlagsverlauf 1991, Deponie A

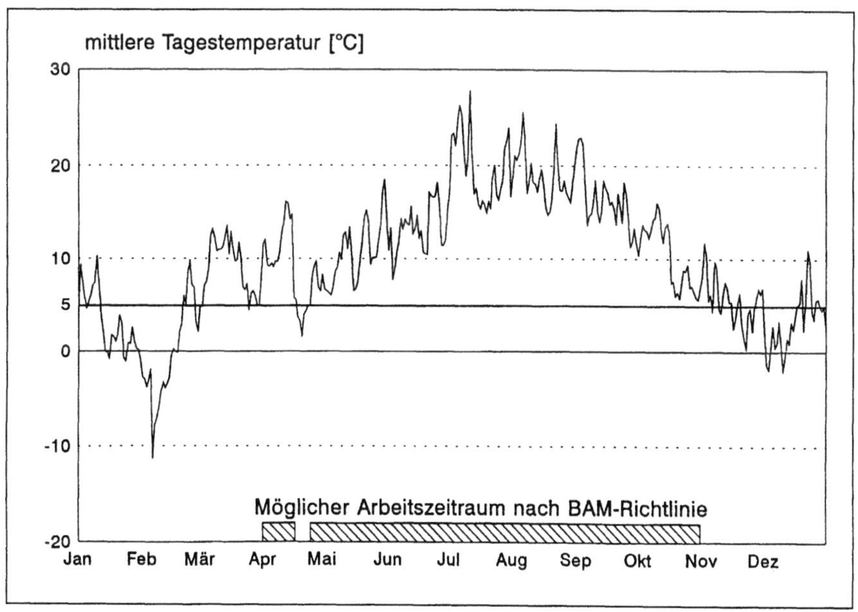

Abb. 6.30.   Temperaturverlauf 1991, Deponie A

Ermittlung der tatsächlichen Arbeitstage im Deponiebau

	Tage
Kalendertage im möglichen Ausführungszeitraum	<u>214</u>
(1.4.1991- 31.10.91 nach BAM-Richtlinie)	
1. Wochenenden und Feiertage	67
2. Ausfalltage infolge Niederschlag	25

Annahmen nach

Beobachtung:	5-10 mm Niederschlag	--> 1 Ausfalltag,
	10-15 mm Niederschlag	--> 2 Ausfalltage,
	15-20 mm Niederschlag	--> 3 Ausfalltage u.
	> 20 mm Niederschlag	--> 4 Ausfalltage

Summe der Ausfalltage	<u>92</u>
Tatsächliche Arbeitstage im Ausführungszeitraum	**<u>122</u>**

Abb. 6.31. Ermittlung der möglichen Ausführungszeiten 1991, Deponie A

6.4 Leistungsanforderungen an den Baubetrieb

Bei der Ausführung von Deponiebauwerken werden an den Baubetrieb besonders hohe Leistungsanforderungen gestellt, denn das technisch anspruchsvolle Bauwerk Deponie muß innerhalb einer sehr kurzen Ausführungszeit realisiert werden.

Zu den vielfältigen Randbedingungen und Risiken kommen hohe terminliche Anforderungen, die nicht zuletzt aus der angespannten Entsorgungssituation resultieren.

Terminüberschreitungen, die bei nahezu allen Deponiebauwerken zu beobachten waren, lassen sich nur zu häufig auf falsche Annahmen in Kalkulation und Arbeitsvorbereitung zurückführen und haben ihren Ursprung v. a. in einer Fehleinschätzung der beschriebenen Randbedingungen.

Nur wenn die Anforderungen, die sich aus den besonderen Randbedingungen ergeben, bereits bei Ausschreibung und Vergabe Berücksichtigung finden, können die qualitativen und terminlichen Vorgaben erreicht werden.

So sollte der Baubeginn von Deponiebaustellen grundsätzlich in das Frühjahr gelegt werden. Eine Baumaßnahme mit knapp kalkulierter Bauzeit und Baubeginn im Herbst ist zum Scheitern verurteilt.

Zu den Leistungsanforderungen an den Baubetrieb gehört auch, daß seine Leistungsfähigkeit im Hinblick auf verfügbare Baumaschinen, Mannschaft und Verfahrenstechnik nachgewiesen ist. Dieser Leistungsnachweis läßt sich allein durch die Herstellung eines Probefeldes nicht erbringen. Das Experimentierstadium jedenfalls muß bei Baubeginn abgeschlossen sein (Präqualifikation).

6.5 Problematik der derzeitigen Prüfpraxis

Die Abdichtungssysteme der Deponiebasis können nicht unmittelbar kontrolliert werden und sind nach Überschüttung mit Abfällen praktisch nicht reparabel.

Die Einhaltung der nach dem Stand der Technik festgelegten Anforderungen sowohl für das Gesamtbauwerk einer Deponie als auch für einzelne Bauwerkteile muß durch eine gezielte Qualitätssicherung gewährleistet werden. Die stofflichen Eigenschaften der eingesetzten Materialien, besonders aber die Ausführung der Baumaßnahme muß den in Vorschriften und Richtlinien gestellten Anforderungen genügen.

Derzeitige Praxis der Qualitätssicherung ist die punktuelle Prüfung des Wassergehaltes, der Dichte, der Kornverteilung, der Wasserdurchlässigkeit und anderer Kenngrößen in einem sehr groben Raster, welches je nach Kennwert und Vorschrift zwischen 30 · 30 m und 45 · 45 m liegt (vgl. TA Abfall 1991).

Gravierender noch als die nur punktuelle, sehr grobrastrige Prüfung ist, daß speziell die Wasserdurchlässigkeit an entnommenen Probekörpern in mehrwöchigen Laborversuchen ermittelt wird. Durchlässigkeitsbeiwerte liegen daher erst nach Fertigstellung der jeweiligen Fertigungsabschnitte vor.

Ein weiteres Problem der heutigen Prüfpraxis besteht darin, daß die Übertragung der in Laborversuchen ermittelten Durchlässigkeitsbeiwerte auf den Geländemaßstab unsicher ist, da sich die Strömungsvorgänge bei der Durchsickerung von Abdichtungsschichten in situ und von Probekörpern grundlegend unterscheiden. Ferner werden die im großen Maßstab relevanten Gefügestörungen durch Trennflächen und Trockenrisse oder andere Inhomogenitäten bei der Prüfung von Probekörpern nicht erfaßt. Um eine Übertragbarkeit auf den Geländemaßstab zu erreichen, werden die im Labor ermittelten Werte pauschal um eine Größenordnung erhöht. Untersuchungen haben jedoch gezeigt, daß Unterschiede in den Durchlässigkeitsbeiwerten von bis zu 3 Größenordnungen auftreten können. Unterschiede in der Versuchsdurchführung und der Laboreinrichtung können zu ähnlichen Differenzen bei den ermittelten Durchlässigkeitsbeiwerten führen.

Hinzu kommt, daß es keinen hinreichenden Zusammenhang gibt zwischen dem Verdichtungszustand eines Bodens und der Dichtigkeit. Die direkte Beurteilung der Dichtigkeit anhand der Verdichtungswerte ist daher nicht möglich Die Praxis beurteilt die Verdichtung und Dichtigkeit bindiger Böden heute auch anhand von in Eignungsprüfungen ermittelten Korrelationen zwischen den Werten der Trockenrohdichte, dem Wassergehalt, und dem Durchlässigkeitsbeiwert. Hierbei wird stillschweigend die Gültigkeit der ursprünglich für nichtbindige und schwachbindige Böden abgeleiteten Beziehung nach Proctor auch für starkbindiges Material und die erzielte Trockenrohdichte als notwendiges und hinreichendes Kriterium für Dichtigkeit unterstellt. Die Korrelationen basieren in der Regel auf wenigen Prüfungen und liefern nur unsichere Aussagen über die unter Baustellenbedingungen erreichte Dichtigkeit. Entscheidende Schwachstellen der Dichtigkeit liegen auch bei hohen Verdichtungsgraden insbesondere dann vor, wenn die Einzelaggregate des Ausgangsmaterials durch den Verdichtungsvorgang nicht homogenisiert wurden und ein Trennflächengefüge existiert.

Maßgeblich für die Wirksamkeit der Dichtungsschicht ist, abweichend von der derzeitigen Beurteilungspraxis, die Homogenität des Gefüges nach Einbau des Materials. Es müssen nicht-homogenisierte Bodenaggregate und ein dadurch bedingtes Trennflächengefüge, Lufteinschlüsse und Wasserwegsamkeiten ausgeschlossen sein.

Die Bedeutung des Parameters Homogenität und die an die Homogenität in den Richtlinien gestellten Anforderungen finden in der derzeitigen Prüfpraxis keinen Ausdruck. Die

Homogenität wird an vereinzelten Schürfen, allenfalls an Probekernen rein visuell beurteilt. Schürfe werden i. d. R. am Rande eines Einbaufeldes mit Hilfe eines Baggers hergestellt, wobei die freigelegte Schnittfläche durch die Baggerschaufel so gestört wird, daß kleinmaßstäbliche Inhomogenitäten und Wasserwegsamkeiten nicht entdeckt werden können. Auch die aus Probekernen abgeleitete Bewertung der Homogenität ist nur subjektiv. Eine objektive Erfassung und Bewertung dieses entscheidenden Parameters ist mit diesen beiden Verfahren nicht möglich.

Die Erforschung der Grundlagen für die Messung der Homogenität mineralischer Dichtungsschichten und die Entwicklung eines Meßverfahrens würde der Qualitätssicherung ein wirksames, heute nicht verfügbares Instrument liefern.

7 Qualitätsmanagement bei der Herstellung von Kombinationsabdichtungen

7.1 Notwendigkeit der Einführung von Qualitätsmanagement im Deponiebau

Bei den Untersuchungen zur Bauverfahrentechnik ist erkennbar zu Tage getreten, daß die Ursachen mangelnder Qualität bei der Herstellung einer Deponieabdichtung in allen Phasen, von der Planung bis zur Abnahme, liegen. Die herkömmlichen Konzepte der Qualitätsprüfung/- überwachung, die auf ein System von Eigen- und Fremdüberwachung abstellen, reichen nicht aus, die im Deponiebau erforderliche Produktqualität sicherzustellen. An ihre Stelle muß ein aktives Präventivsystem treten, das Qualitätssicherung zu leisten in der Lage ist.

Die größte Erfahrung im Deponiebau liegt gegenwärtig bei der Herstellung und Nutzung von Kombinationsabdichtungen vor, wie sie in der TA Abfall und TA Siedlungsabfall als Regelsystem vorgegeben sind. Die Kombinationsdichtung ist zudem das bisher einzige Dichtungssystem, das eine nachweislich langfristige Beständigkeit und Wirksamkeit aufweist (BAM 1992).

Wie die Untersuchungen im ersten Teil der Forschungsarbeit gezeigt haben, ist die Herstellung von Kombinationsbasisabdichtungen ein komplexer Vorgang, der hohe Ansprüche an die verwendeten Bau- und Werkstoffe, die Beteiligten und deren Fähigkeit zur Zusammenarbeit stellt. Zudem beeinflussen die baubetrieblichen Randbedingungen Witterung, Bauzeit und Baubeginn sowie die Einhaltung der jährlichen Ausführungszeiten den Herstellungsvorgang erheblich. Erschwerend kommt hinzu, daß die Feststellung und Lokalisierung von Fehlstellen nur beschränkt möglich und Reparaturen am fertiggestellten oder genutzten Bauwerk so gut wie ausgeschlossen sind. Alle Entscheidungen und Tätigkeiten müssen sich deshalb an dem Ziel orientieren, die gestellte Bauaufgabe in der Erstausführung vollständig zu realisieren.

Trotz dieser Ansprüche ist die Kombinationsdichtung nach dem Stand der Technik herstellbar, wenn die genannten Voraussetzungen, Anforderungen und Randbedingungen, wie zuvor beschrieben, bei Planung und Ausführung sorgfältige Beachtung finden.

Die nachträgliche Kontrolle der erreichten Qualität eines Abdichtungssystems durch die heute praktizierten Qualitätssicherungsmaßnahmen reicht nicht aus, dem langfristigen Ziel "sichere Deponie" nahe zu kommen. Auch die im Vorfeld einer Baumaßnahme durchzuführenden Kontrollen im Rahmen von Probeverdichtungen und Eignungsprüfungen sowie die Erstellung eines für alle verpflichtenden Qualitätssicherungsplans können nicht alle Fehlerquellen ausschließen, solange die Möglichkeiten zur Fehlervermeidung bei der Planung und Herstellung eines Deponieabdichtungssystems von den beteiligten Organisationen nicht erkannt und ausgeschöpft werden.

Das bestehende Überwachungssystem der dreigliedrigen Qualitätssicherung durch Eigenprüfung, Fremdüberwachung und Kontrollüberwachung muß deshalb durch Qualitätsmanagementsysteme in allen beteiligten Organisationen ersetzt werden, die sowohl der präventiven Fehlervermeidung als auch der Vermeidung von Ausführungsfehlern dienen.

7.2 Forschungsgegenstand der Aufstockung

Die Laufzeit des Vorhabens wurde im Juli 1994 um 15 Monate verlängert, um die im ersten Teil der Forschungsarbeit gesammelten Erkenntnisse in die Entwicklung eines umfassenden Qualitätsmanagements einfließen zu lassen.

Gesamtziel der Aufstockung war die Erarbeitung und Umsetzung von Instrumentarien für ein umfassendes Qualitätsmanagement bei der Herstellung von Kombinationsabdichtungen für ausgewählte Organisationen.

Der Schwerpunkt der Arbeit lag in der Schaffung von Grundlagen für den Sachteil von Qualitätsmanagementhandbüchern, basierend auf den Vorgaben der Normen DIN ISO 9000 ff., die branchenübergreifend Hinweise und Empfehlungen zum Aufbau von Qualitätsmanagementsystemen geben.

Daraus ergaben sich als Teilziele für das aufgestockte Vorhaben:

(1)   Systematische Erfassung und Katalogisierung der QM-Elemente
       für die am Deponiebau beteiligten Organisationen
(2)   Schaffung eines Zuordnungssystems für die erfaßten QM-Elemente
(3)   Wertung und Verknüpfung der systematisch geordneten QM-Elemente
(4)   Übertragung des Systems von QM-Elementen in den Sachteil des
       QM-Handbuchs

Ein Qualitätsmanagementhandbuch (QM-Handbuch) bildet praktisch den Kern des Qualitätsmanagementsystems und unterscheidet nach projektabhängigen und projektunabhängigen Unterlagen.

In seinem projektunabhängigen Teil sind Unterlagen erfaßt, in denen die Art und Weise festgelegt wird, wie z. B. unternehmensinterne Tätigkeiten und Abläufe auszuführen sind. In seinem projektabhängigen Teil sind alle projektspezifischen Unterlagen, wie z. B. QM-Pläne und gezielte Anweisungen, aufgeführt.

Im Schlußbericht sind die Grundlagen für Qualitätsmanagement bei der Herstellung von Kombinationsdichtungen ausführlich zusammengestellt. Dabei wurden die Aufgaben eines QM-Systems im Deponiebau aufgezeigt und das Modell eines QM-Systems für die Bauwirtschaft erarbeitet.

Des weiteren wurde für die genannten Organisationen dargestellt, wie die Anforderungen der Qualitätsnormen an ein individuelles QM-System im Deponiebau umgesetzt werden können. Diese Umsetzung wurde exemplarisch für einzelne Elemente des erarbeiteten Modells für ein QM-System erläutert. Schließlich wurden exemplarisch Beispiele für Verfahrens- und Arbeitsanweisungen erarbeitet, die deponiebauspezifische Abläufe und Tätigkeiten beschreiben.

7.3 Ergebnisse der Aufstockung

Aufbauend auf den Vorgaben der Normen DIN ISO 9000 ff., die branchenübergreifend Hinweise und Empfehlungen zum Aufbau von QM-Systemen geben, und aufbauend auf den "Leitlinien für die Einführung von QM-Systemen in der Bauwirtschaft" sind Instrumentarien für ein umfassendes Qualitätsmanagement bei der Herstellung von Kombinationsabdichtungen nach TA Siedlungsabfall und TA Abfall erarbeitet worden. Dabei wurden im Rahmen dieser Arbeit die QM-Instrumentarien für Auftragnehmer und deren Nachunternehmer sowie für die Instanzen der Eigen- und Fremdüberwachung entwickelt.

Der Schwerpunkt der Arbeit lag in der Schaffung von Grundlagen für den Sachteil von QM-Handbüchern. Dazu wurden die QM-Elemente für die ausgewählten Organisationen systematisch erfaßt und katalogisiert. In Anlehnung an die Normen und die Leitlinien wurde ein Zuordnungssystem für die erfaßten QM-Elemente geschaffen. Dabei wurden die QM-Elemente systematisch geordnet, gewertet und verknüpft. Diese Grundlagen wurden in den Sachteil und Anhang des QM-Handbuchs übertragen.

Durch die Formulierung von Beispielen für Verfahrens- und Arbeitsanweisungen wurde gezeigt, daß für die Herstellung von Kombinationsabdichtungen die Umsetzung der Vorgaben der QM-Normen möglich und sinnvoll ist, um die komplexen Anforderungen, die an eine Deponieabdichtung gestellt werden, gleich auf Anhieb zu erfüllen.

Mit den Grundlagen für die QM-Handbücher ist dem Qualitätsmanagement das entscheidende Instrument an Hand gegeben, das QM-System für das untersuchte Tätigkeitsfeld Deponieabdichtungen um- und durchzusetzen. Prinzipiell läßt sich die hier erarbeitete Systematik auch auf andere Felder der Bauproduktion übertragen.

8 Resümee und Ausblick

Im Rahmen des Verbundvorhabens *"Deponieabdichtungssysteme"* wurde die "Bauverfahrenstechnik bei der Herstellung von Kombinationsabdichtungen" auf 25 Deponiebaustellen in Deutschland und England untersucht und analysiert.

Die Analyse der diesen Deponiebauwerken zugrunde liegenden Planung und der vor Ort beobachteten Bauausführung und Qualitätssicherung läßt den Schluß zu, daß für den Deponiebau die gleiche Verteilung von Mängelursachen gilt, wie für das Bauen allgemein, nämlich: Planung 40 %, Ausführung 40 % und übrige Ursachen 20 %. Dabei können die in Ausschreibung, Vergabe und Vertragsgestaltung liegenden Defizite anteilig Planung und Ausführung zugerechnet werden. Gravierend ist diese Feststellung besonders deshalb, weil sich der Deponiebau von anderen Baumaßnahmen v. a. dadurch unterscheidet, daß Reparaturen an dem fertiggestellten und genutzten Bauwerk praktisch so gut wie ausgeschlossen sind.

Die Bauverfahrenstechnik des Deponiebaus gleicht nur auf den ersten Blick der des klassischen Erdbaus. Die Bauunternehmen setzen für diese Bauaufgaben in aller Regel die gleichen Geräte ein, die sich für den Straßen- und Erdbau als zweckmäßig erwiesen haben, obwohl sich die Anforderungen im Deponiebau wesentlich von denen im klassischen Erd- und Straßenbau unterscheiden.

Zudem findet die Homogenität, die der entscheidende Parameter für die Dichtwirkung künstlich verdichteter Ton- und Mischböden ist, in der derzeitigen Prüfpraxis keinen angemessenen Niederschlag.

Probleme bereitet auch die Herstellung des Schutz- und Entwässerungssystems oberhalb der Basisabdichtung, da die Kombinationsabdichtung nicht mit den herkömmlichen Baugeräten befahren werden kann.

Erfreulicherweise ist auch die erfolgreiche, den Anforderungen entsprechende Herstellung von Kombinationsabdichtungen beobachtet worden. Bei sorgfältiger Anwendung der Bauverfahrenstechnik, hier der Riegelbauweise, ist es durchaus möglich, die Kunststoffdichtungsbahn in vollständiger Glattlage zu verlegen und zu vernetzen.

Durchweg aber ist während der Forschungstätigkeit deutlich geworden, daß in vielen Bereichen des von uns untersuchten Deponiebaus noch erheblicher Handlungsbedarf besteht.

Handlungsbedarf besteht bei der Planung, bei der Ausschreibungs- und Vergabepraxis und bei der Vertragsgestaltung.

Handlungsbedarf besteht, weil auch bei großen Projekten Planungsbüros beauftragt werden, die keinerlei Erfahrung auf dem Gebiet des Deponiebaus besitzen. So werden Planungen vorgelegt, deren sachgerechte Ausführung den Unternehmen verfahrenstechnisch große Schwierigkeiten bereitet, wenn nicht gar unmöglich ist. Eine Überprüfung der Planung durch eine kompetente Prüfinstanz scheint daher dringend erforderlich, wobei die Prüfung sowohl die Standsicherheit wie die verfahrenstechnische Machbarkeit einschließen muß.

Würden Ausschreibung und Vergabe streng nach der Verdingungsordnung für Bauleistungen (VOB) gehandhabt, müßte man sich um die Qualität der Deponiebauwerke weniger Sorgen machen. § 2 Nr. 1 VOB/A fordert als Grundsatz der Vergabe: "Bauleistungen sind an fachkundige, leistungsfähige und zuverlässige Unternehmer zu angemessenen Preisen zu vergeben." Wer jedoch einen angemessenen Preis kalkuliert, sagen Unternehmer, hat wenig Chancen, einen Auftrag zu erhalten.

Qualität als Erfüllung von Anforderungen verstanden, fordert eine entsprechende Beschreibung der Leistung. § 9 Nr. 1 u. 2 VOB/A fordert entsprechend, daß die Leistung "eindeutig und erschöpfend zu beschreiben" ist und "dem Auftragnehmer kein Wagnis aufgebürdet werden" darf "für Umstände und Ereignisse, auf die er keinen Einfluß hat und deren Einwirkung auf die Preise und Fristen er nicht im voraus schätzen kann". Ausschreibungen, die das beherzigen, sind, wenn es sie gibt, eher die Ausnahme.

Die Auswahl qualifizierter Bieter macht für anspruchsvolle Deponiebauwerke zwingend eine Präqualifikation erforderlich. Bei überregional tätigen Unternehmen reicht es nicht aus, sich eine Referenzliste von ausgeführten Projekten vorlegen zu lassen.

Die Vergabe an den billigsten, die in der Regel der Vergabe an das Unternehmen mit dem größten Kalkulationsfehler gleichkommt, läßt das gesetzte Ziel, "sichere Deponie", außer acht. Dies gilt sowohl für die ausführenden Unternehmen als auch für die Überwachungsinstanzen.

Durch die Vertragsgestaltung muß gewährleistet werden, daß Deponiebauwerke von den beauftragten Unternehmen selbst durchgeführt werden können und auch durchgeführt werden und nicht, wie häufig zu beobachten, in wesentlichen Teilen an Nachunternehmer vergeben werden. Durch eine qualifizierte Vertragsgestaltung muß weiterhin sichergestellt werden, daß baubetriebliche Randbedingungen, die v. a. die jahreszeitlich bedingten Ausführungszeiten betreffen, in der Termingestaltung realistisch Berücksichtigung finden. Schließlich müssen im Vertrag die Qualitätsanforderungen klar und eindeutig formuliert sein und die Vergabepreise in einem angemessenen Verhältnis zur geforderten Leistung stehen.

Erst wenn Ausschreibungs- und Vergabepraxis und die Vertragsgestaltung unmißverständlich auf Qualitätssicherung von Anfang an abstellen und Qualitätssicherung umgesetzt wird, ist gewährleistet, daß sichere Deponiebauwerke entstehen.

Handlungsbedarf besteht auch bei der baubetrieblichen Abwicklung von Deponiebaustellen und der dabei angewandten Geräte- und Bauverfahrenstechnik.

Die Herstellung von Deponieabdichtungen verlangt eine sorgfältige Abstimmung der einzelnen Arbeitsgänge und einen gut organisierten Bauablauf. Zwingend erforderlich ist deshalb eine kompetente, ständig auf der Baustelle anwesende Fachbauleitung; sporadische Besuche der Bauleitung auf der Baustelle reichen nicht aus. Die Geräteentwicklung kann bei weitem noch nicht als abgeschlossen oder gar als optimiert angesehen werden. Der Einsatz von Maschinen aus Erd- und Straßenbau, Agrarwirtschaft und sogar Freizeitindustrie macht das deutlich.

Für die Bauverfahrenstechnik lassen sich keine festen Regeln aufstellen, weil die anzuwendende Technik von vielen baubetrieblichen Randbedingungen, wie Standort, Geometrie der Deponie in Grund- und Aufriß, Dichtungsmaterial etc. abhängt. Zwingend erforderlich ist dabei allerdings immer eine sorgfältig geplante und in der Durchführung koordinierte baubetriebliche Abwicklung.

Vor allem Witterungseinflüsse bestimmen den Deponiebau und zwar mindestens in gleicher Weise wie die Auswahl und Umsetzung der richtigen Verfahrenstechniken. Die mineralische Dichtungsschicht ist empfindlich gegen Regen, gegen Austrocknung durch Wind und starke Sonneneinstrahlung und empfindlich gegen Frost.

Genauso ist das Verlegen der Kunststoffdichtungsbahn an günstige Witterungsbedingungen gebunden. Die jährlichen Ausführungszeiten in Abhängigkeit von der Witterung bestimmen den Bauablauf. Praktiker sehen die nutzbaren Arbeitstage etwa bei nur 60 % der auf den Ausführungszeitraum entfallenden Tage. Solche Unterbrechungen kosten Geld, das über den Vertrag bezahlt werden muß. Einhausungen zum Witterungsschutz sind keine Lösung. Auf der großflächigen Deponiebaustelle werden sie sich wegen der hohen Kosten und der leistungsbehindernden Auswirkungen noch weniger durchsetzen als im übrigen Bauen.

Handlungsbedarf besteht nicht zuletzt bei der Einführung eines Qualitätsmanagements, das alle Phasen von der Planung bis zur Fertigstellung umfaßt.

Bei den Untersuchungen ist erkennbar zu Tage getreten, daß die Ursachen mangelnder Qualität bei der Herstellung einer Deponieabdichtung in allen Phasen liegen. Qualitätssicherung in einem umfassenden Qualitätsmanagement ist deshalb zwingend geboten. Die herkömmlichen Konzepte der Qualitätsprüfung/ -überwachung, die auf ein System von Eigen- und Fremdüberwachung abstellen, reichen nicht aus, die im Deponiebau erforderliche Produktqualität sicherzustellen. An ihre Stelle muß ein aktives Präventivsystem treten, das Qualitätssicherung zu leisten in der Lage ist.

Die Grundlagen für ein solches Präventivsystem sind für ausgewählte Organisationen, hier für Auftragnehmer und deren Nachunternehmer sowie für die Instanzen der Eigen- und Fremdüberwachung geschaffen worden. Die dabei entwickelte Systematik kann gleichzeitig von anderen am Deponiebau beteiligten Organisationen, wie Planer und Auftraggeber, aufgegriffen werden.

Allerdings erscheint die breite Einführung und Umsetzung von QM-Systemen gegenwärtig schwer durchsetzbar. Nach Aussage von Beteiligten und eigenen Beobachtungen werden aus Kostengründen bereits jetzt geringere Anforderungen gestellt. Der bei der Herstellung von Deponieabdichtungen erreichte Stand der Technik ist damit zwangsläufig gefährdet. Schon jetzt lassen sich gegenüber den zurückliegenden Jahren deutliche Einbußen im Qualitätsstandard beobachten. Die Einführung und Umsetzung eines umfassenden QM-Systems ist nicht nur aus diesem Grund zwingend geboten.

Literatur

Averesch, U. (1993): Qualifizierter Baumaschineneinsatz im Deponiebau. In: Baumaschine und Bautechnik (BMT), Heft 3, 40. Jahrgang, Juni 1993, S. 122-127

Averesch, U. (1994): Bauverfahrenstechnik und besondere Problematik bei der Herstellung einer Kombinationsdichtung. In: Geotechnische Probleme beim Bau von Abfalldeponien - 1994 - 10. Nürnberger Deponieseminar; LGA Nürnberg; S. 201-207

Averesch, U. (1994): Bauverfahrenstechnik bei der Herstellung von Kombinationsabdichtungen. Empfehlungen für einen optimierten Baubetrieb. In: (Hrsg.) K.P. Fehlau, K. Stief: Fortschritte der Deponietechnik 1993, Seminar Haus der Technik Essen, Berlin 1994, S. 75-91

Averesch, U. (1995): Constructional Process Engineering and other problems specific to the construction of Composite Landfill Liner Systems. In: (Hrsg.) T.H. Christensen, R. Cossu, R. Stegmann: SARDINIA 95 - Fifth International Landfill Symposium, 1995

Dornbusch, J.; El Khafif, M.; Averesch, U. (1993): Baubetriebliche Randbedingungen im Deponiebau. In: Wasser und Boden, April 1993, S. 239-242

Dornbusch, J.; Averesch, U.; El Khafif, M. (1993): Bauverfahrenstechnik und baubetriebliche Randbedingungen bei der Herstellung von Deponieabdichtungssystemen. In: BMBF-Verbundforschungsvorhaben "Weiterentwicklung von Deponieabdichtungssystemen", 2. Arbeitstagung 17.-19. März 1993, (Hrsg.) H. August, U. Holzlöhner, T. Meggyes, M. Brune. Bundesanstalt für Materialforschung und -prüfung (BAM), 1993, S. 249-259

Dornbusch, J.; El Khafif, M. (1993): Homogenitätsprüfung mineralischer Dichtungsschichten. In: Baumaschine und Bautechnik (BMT), Heft 5, Oktober 1993, S. 259-262

Dornbusch, J.; Averesch, U. (1995): Qualitätsmanagement bei der Herstellung von Kombinationsabdichtungen. In: BMBF-Verbundforschungsvorhaben "Weiterentwicklung von Deponieabdichtungssystemen", 3. Arbeitstagung 21.-23. März 1995, (Hrsg.) H. August, U. Holzlöhner, T. Meggyes Bundesanstalt für Materialforschung und -prüfung (BAM), 1995, S. 353-365

El Khafif, M.; Averesch, U. (1991): Bauverfahrenstechnik bei der Herstellung von Deponieabdichtungssystemen. Vortrag auf der 1. Arbeitstagung Verbundvorhaben Deponieabdichtungssysteme, 23. - 25. September 1991. In: Tagungsband 1. Arbeitstagung Verbundvorhaben Deponieabdichtungssysteme, BAM, Berlin, 23. - 25. September 1991, S. 167-172 unter: Dornbusch, J.; Düllmann, H.: Bauverfahrenstechnik bei der Herstellung von Deponieabdichtungssystemen

El Khafif M.; Averesch, U. (1992): Aspekte der Bauverfahrenstechnik bei der Herstellung von Deponiebasisabdichtungen. In: (Hrsg.) K.-J. Thomé-Kozmiensky: Abdichtungen von Deponien und Altlasten, EF Verlag für Energie und Umwelttechnik GmbH, 1992, S. 285-297

TA Abfall (1991): Zweite Allgemeine Verwaltungsvorschrift zum Abfallgesetz, Teil 1: Technische Anleitung zur Lagerung, chemisch/physikalischen und biologischen Behandlung, Verbrennung und Ablagerung von besonders überwachungsbedürftigen Abfällen. In: Schmeken, W.: TA Abfall. Köln: Deutscher Gemeindeverlag, W. Kohlhammer. Und in: Müll-Handbuch. Band 1, 0670. Berlin: Erich Schmidt. S. 1-136

Tunnel- und Tiefbau / Verkehr / Umweltschutz
Forschung/Entwicklung/Überwachung/Beratung

Mathias-Brüggen-Straße 41, 50827 Köln, Telefon: 0221/59795-0, Telefax: 0221/59795-50

BMBF-Verbundforschungsvorhaben
Weiterentwicklung von
Deponieabdichtungssystemen

Teilprojekt 14

Erarbeitung von Vorschlägen zur Ausbildung von Deponieabdichtungen - theoretische und versuchstechnische Untersuchung

Dr.-Ing. Jörg Schreyer
Dipl.-Ing. Dominik Kessler

Projektleitung:	Bundesanstalt für Materialforschung und -prüfung (BAM), Berlin
Projektträger:	Abfallwirtschaft und Altlastensanierung im Umweltbundesamt
Forschungsförderung:	Bundesministerium für Bildung, Wissenschaft, Forschung und Technologie
Förderkennzeichen:	1440 569 A5 - 14

Köln, November 1995

1   Einleitung

Mit Hilfe verschiedener Prüfverfahren, z. B. einachsiger Zugversuch und Berstdruckversuch werden Kunststoffdichtungsbahnen laufend überwacht. In diesen Prüfverfahren werden die angrenzenden Schichten nicht berücksichtigt, obwohl die Kunststoffdichtungsbahnen in der Regel zwischen einer Stützschicht und einer Schutzschicht verlegt werden. Bedingt durch Reibungskräfte der anliegenden Schichten (z. B. Geotextil, Boden) wird das Spannungs-Verformungs-Verhalten der Dichtungsbahnen, z. B. bei Setzungen und Rutschungen im Böschungsbereich, wesentlich beeinflußt. Deshalb wurden systematische Versuche von der Studiengesellschaft für unterirdische Verkehrsanlagen (STUVA) durchgeführt, um den Einfluß der beidseitigen Reibung (geomechanisches Verhalten) auf den Verformungs- und Spannungszustand von Kunststoffdichtungsbahnen praxisgerecht erfassen zu können.

Im einzelnen wurden hierzu 6 Setzungs- und 37 Zugversuche mit beidseitiger Reibung sowie verschiedene Scherversuchsreihen mit über 70 Einzelversuchen durchgeführt. Im Rahmen dieser Versuchsreihen wurden die Bahnenmaterialien, die Oberflächenstrukturen, die Schutzschichten und die Stützschichten gezielt variiert.

2   Eingesetzte Materialien

Bei den Versuchen wurden Kunststoffdichtungsbahnen aus PE-HD mit unterschiedlichen Oberflächenstrukturen wie z. B. Karoprägung und Spikes-Struktur eingesetzt. Es wurden ausschließlich Kunststoffdichtungsbahnen mit einer Dicke von 2,5 mm untersucht.

Auch die verwendeten angrenzenden Bodenmaterialien wurden variiert. Als Stützschicht diente in den Versuchen z. B. Ton, Sand oder ein gemischtkörniger Boden. Die Eigenfeuchte des Bodenmaterials wurde in einigen Versuchsreihen gezielt verändert, um den Einfluß der Eigenfeuchte auf z. B. die Scherparameter zu ermitteln. Sie betrug für die Tonböden ca. 20 - 24 % und für den gemischtkörnigen Boden ca. 5 bzw. 10 %.

In der Schutzschicht wurden alternativ ein Schutzvlies, ein Geotextil, eine mineralgefüllte polymere Schutzlage oder eine geosynthetische Tondichtung eingebaut.

3   Setzungsversuche mit beidseitiger Reibung

Ziel der Setzungsversuche mit beidseitiger Reibung war es, einen berstdruckähnlichen Versuch mit Reibungskräften durchzuführen. Im Versuch sollten die Dehnungen in der Kunststoffdichtungsbahn im Setzungsmuldenbereich gemessen werden. In der Praxis sind nur sehr geringe Dehnungen in der Kunststoffdichtungsbahn zulässig. In den durchgeführten Setzungsversuchen mit beidseitiger Reibung wurden wesentlich größere Dehnungen in der Kunststoffdichtungsbahn durch die Wahl einer entsprechend großen Setzungsmulde eingestellt, um die Verformungsunterschiede bei Verwendung verschiedener Dichtungsaufbauten deutlicher aufzeigen zu können.

Zur Versuchsdurchführung wird die zu prüfende Kunststoffdichtungsbahn horizontal auf einer Stützschicht eingebaut (Abb. 6.32, Tabelle 6.6). Im Unterteil der Versuchseinrichtung befindet sich ein Setzungstrichter, der vor Versuchsbeginn mit Quarzsand gefüllt wurde. Nach Einbau des zu prüfenden Dichtungsaufbaus wird der Sand über eine Entnahmeöffnung abgelassen und die Auflast von 4 bar aufgebracht. Die Verformung der Kunststoffdichtungsbahn wurde mit einer speziellen Fadenmeßtechnik an ausgewählten Punkten gemessen. Die Auswertung der Versuche erfolgte für eine Belastungsdauer von 4 h.

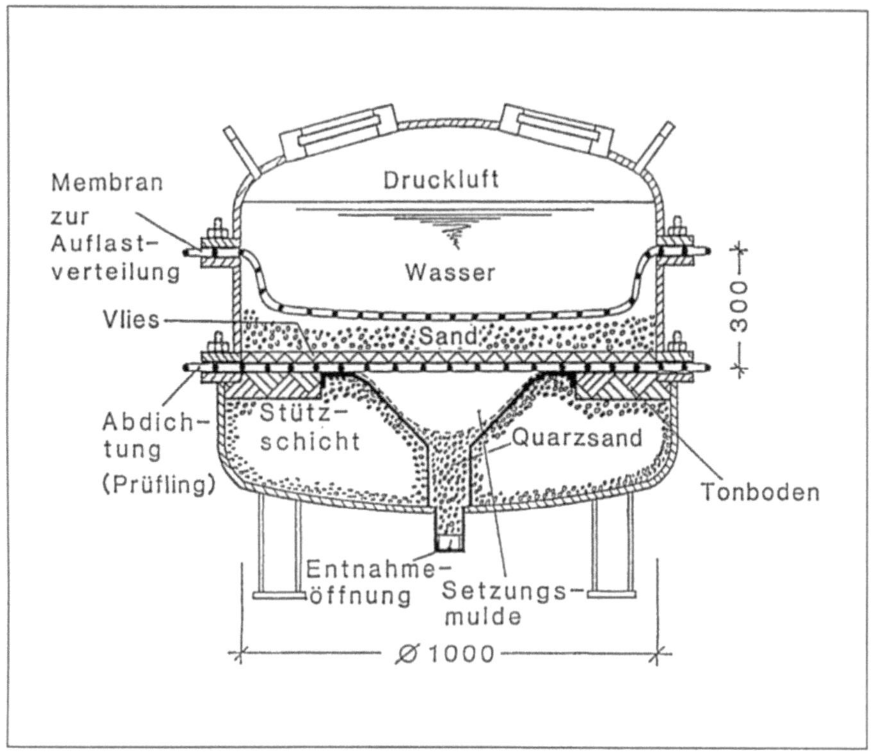

Abb. 6.32. Versuchseinrichtung für Setzungsversuche mit beidseitiger Reibung (Beispiel für einen Versuchsaufbau mit Tonboden)

Tabelle 6.6. Versuchsrandbedingungen bei den durchgeführten Setzungsversuchen mit beidseitiger Reibung

Setzungsversuche	
Maximale Auflast:	4 bar
Probendurchmesser:	ca. 1000 mm
Abstand der Meßpunkte:	50 mm (auf einer Geraden durch den Mittelpunkt)
Anzahl der Meßpunkte:	17 Stück
Durchmesser der Setzungsmulde:	ca. 500 mm
Tiefe der Setzungsmulde:	ca. 150 mm
Dicke der Schutzschicht:	ca. 100 mm
Versuchsdauer:	4 h

Der Vergleich der beiden eingesetzten Stützschichten (Ton und Sand 0/2) ergab beispielsweise, daß die gemessenen Dehnungen außerhalb der Setzungsmulde aufgrund der größeren Reibung zwischen Sand und Kunststoffdichtungsbahn kleiner sind als bei der Verwendung von
Tonboden (Abb. 6.33). Im Bereich der Setzungsmulde selbst wurden jedoch bei einer Stützschicht aus Sand größere Dehnungen als bei einer Stützschicht aus Ton gemessen, da die an
der Verformung beteiligte Fläche der Kunststoffdichtungsbahn bei der Stützschicht aus Sand
geringer ist als bei Tonboden. Beim Einsatz von Tonboden wird mehr Bahnenmaterial aus
dem Umfeld in die Mulde hineingezogen als bei Sand. Hierdurch ergeben sich bei Verwendung von Tonboden geringere Dehnungen in der Mulde selbst (Abb. 6.33).

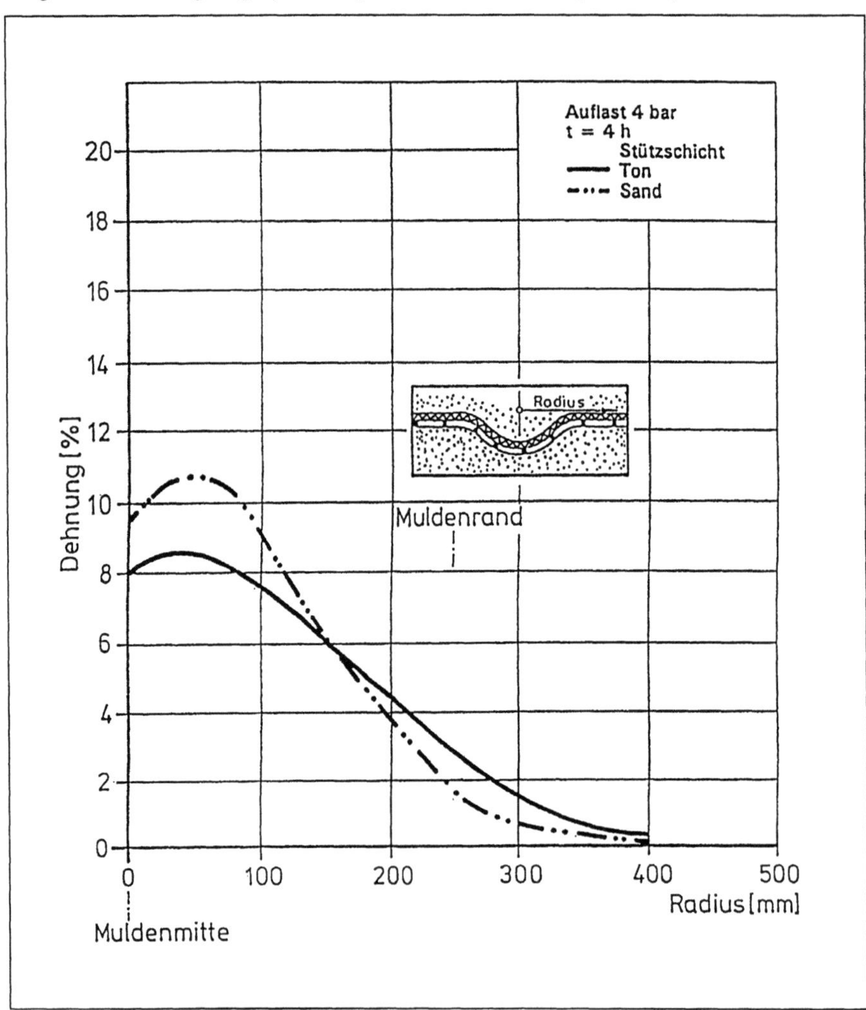

Abb. 6.33. Dehnungsverteilung im Setzungsversuch mit beidseitiger Reibung nach
4 h von beidseitig glatten PE-HD-Bahnen (d = 2,5 mm) mit Stützschichten aus
Ton bzw. Sand und einer Schutzschicht, bestehend aus Schutzvlies/Sand

Zusammenfassend zeigen die Ergebnisse der insgesamt 6 durchgeführten Setzungsversuche, daß die Dehnungsverteilung im Setzungsbereich sehr ungleichmäßig ist. Das Dehnungsmaximum liegt aufgrund der aufliegenden Schutzschicht nicht wie erwartet in Muldenmitte, sondern etwa 50 - 100 mm davon entfernt (Abb. 6.33). Die Reibungskräfte des Schutzschichtbereiches, der kegelförmig in den Setzungstrichter gedrückt wird, verhindern die freie Verformung der Kunststoffdichtungsbahn in Muldenmitte.

4 Zugversuche mit beidseitiger Reibung

Ziel der Zugversuche war es, die Zugbeanspruchung in der Kunststoffdichtungsbahn z. B. in der nahen Umgebung einer Setzungsmulde praxisgerecht zu erfassen.

Bei den Zugversuchen mit beidseitiger Reibung wird die Kunststoffdichtungsbahn horizontal zwischen der jeweiligen Stützschicht und Schutzschicht eingebaut (Abb. 6.34, Tabelle 6.7).

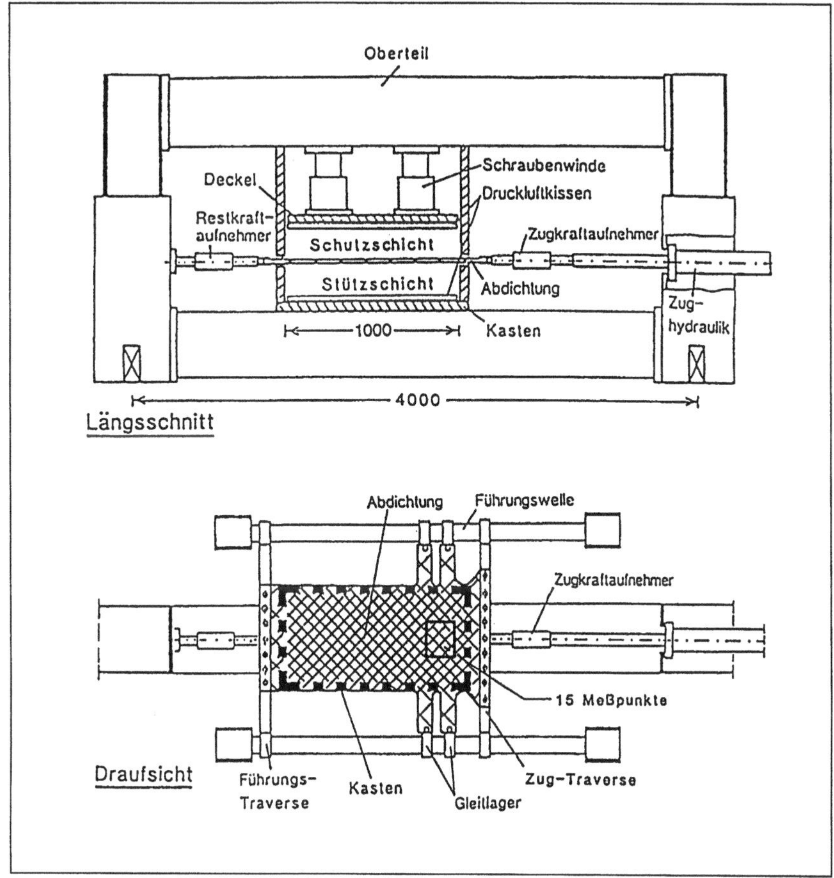

Abb. 6.34. Zugversuchseinrichtung (in modifizierter Form auch als Scherversuchseinrichtung einsetzbar)

Tabelle 6.7. Versuchsrandbedingungen bei den durchgeführten Zugversuchen
mit beidseitiger Reibung

Zugversuche	
Auflasten:	0,5; 1,0; 3,0; 6,0 u. 9,0 bar
Probengröße:	1000 mm · 500 mm
Abstand der Meßpunkte:	50 mm (längs) 100 mm (quer)
Anzahl der Meßpunkte:	15 Stück
Steuerung:	weggeregelt
Verformungsgeschwindigkeit:	10 mm/min
Auswertung bei:	100 mm

Nach Aufbringen der jeweiligen Auflast mit Druckluftkissen wird durch eine spezielle Zug-
hydraulik das eine Ende der Kunststoffdichtungsbahn aus dem Dichtungsaufbau herausgezo-
gen. Die hierdurch im Reibungsbereich erzeugten Verformungen der Kunststoffdichtungsbahn
werden an ausgewählten Punkten mit einer Fadenmeßtechnik gemessen und die entsprechenden Dehnungen ermittelt.

Beispielsweise hat die Auswertung der Versuche mit unterschiedlichen Stützschicht-
Materialien ergeben, daß sich bei Auflasten über 1 bar bei der vergleichsweise glatten Oberfläche des untersuchten Tonbodens größere Verschiebungen einstellen als beim gemischtkörnigen Boden. Bei einer Auflast von 3 bar waren z. B. die Verschiebungen bei den Versuchen mit Tonboden an einigen Meßpunkten mehr als doppelt so groß als bei den Versuchen
mit gemischtkörnigem Boden (Abb. 6.35). Dies bedeutet, daß sich bei einer Stützschicht aus
Ton erheblich längere Verformungsbereiche einstellen (Abb. 6.35).

Die durchgeführten Zugversuche mit beidseitiger Reibung haben ergeben, daß sich in der
Kunststoffdichtungsbahn kurze Verformungsbereiche und geringere Dehnungen bei hohen
Auflasten, grobkörnigem Boden, strukturiertem und weichem Bahnenmaterial einstellen. Im
Zugversuch verformt sich die Kunststoffdichtungsbahn im Reibungsbereich, z. B. bei einer
Auflast von 3 bar nur auf einer Länge von ca. 100 - 300 mm (Abb. 6.35). Der Verformungsbe-
reich ist damit relativ klein. Dies bedeutet, daß bei einer Setzung nicht davon ausgegangen
werden kann, daß die Dehnungen in der Kunststoffdichtungsbahn im Setzungsmuldenbereich
durch Verformungen des Bahnenmaterials außerhalb der Setzungsmulde nennenswert vermindert werden.

5 Scherversuche

Im Rahmen des Forschungsvorhabens wurden von der STUVA 3 verschiedene Scherversuchsreihen durchgeführt (Tabelle 6.8, s. S. 177). Im wesentlichen unterscheiden sich diese
Versuchsreihen in der Probengröße, der Vorgabe der Scherfuge und der Art der Regelung.
Ziel dieser Scherversuche war es, praxisgerechte Scherparameter zur Bemessung von Dichtungsaufbauten z. B. im Böschungsbereich zu ermitteln.

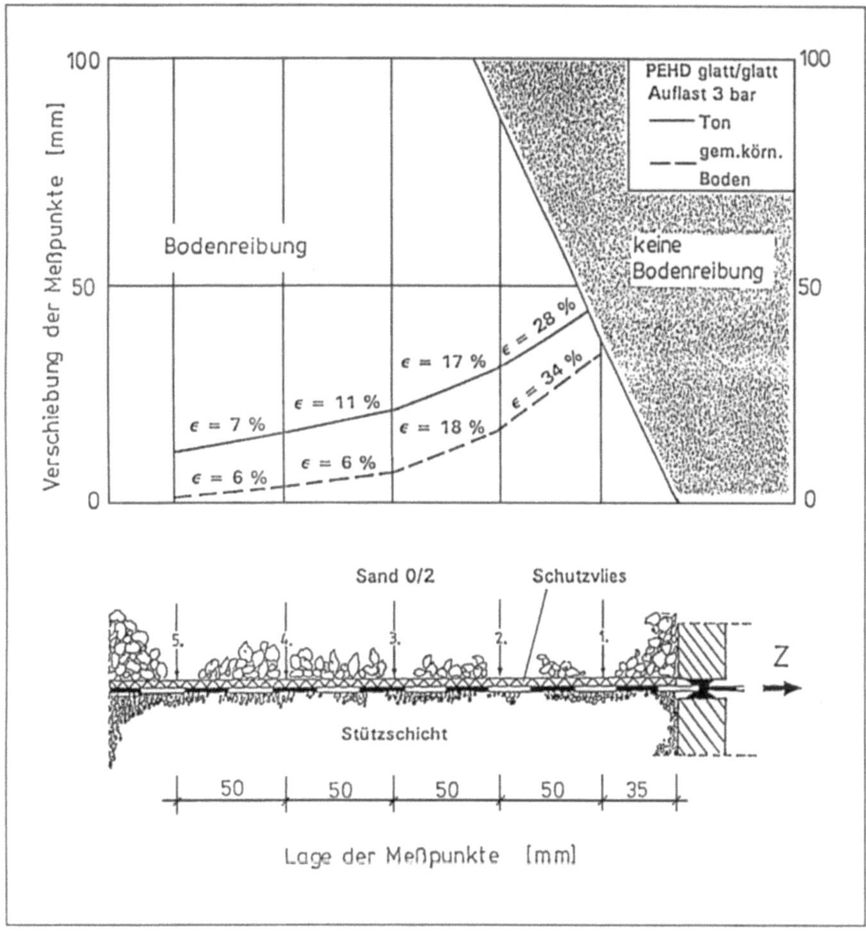

Abb. 6.35. Verschiebungen und Dehnungen von PE-HD-Dichtungsbahnen bei verschiedenen Stützschichten (Ton und gemischtkörniger Boden) im Zugversuch mit beidseitiger Reibung und behinderter Querdehnung (Pressenweg s = 100 mm)

In den Scherversuchen wurde die zur Scherversuchseinrichtung modifizierte Zugversuchseinrichtung mit einer Scherfläche von 500 mm · 1000 mm verwendet (Abb. 6.34). Sie besteht aus einem oberen, feststehenden Kasten und einem unteren verschieblichen Scherkasten. Die eingebauten Dichtungsaufbauten werden durch eine Auflast belastet, so daß sich die gewünschte Normalspannung im Dichtungsaufbau einstellt. Anschließend wird der bewegliche Kasten entweder kraft- oder weggeregelt verfahren, bis der Scherbruch eintritt oder der maximale Scherweg erreicht ist. Zur Bestimmung der Scherparameter Adhäsion a und Reibungswinkel δ wurden 3 einzelne Scherversuche mit jeweils einer anderen Auflast (Normalspannung) durchgeführt. In Abb. 6.36 sind beispielhaft Schergeraden für die Scherfuge zwischen Kunststoffdichtungsbahn und unterschiedlichen Stützschichtmaterialien dargestellt.

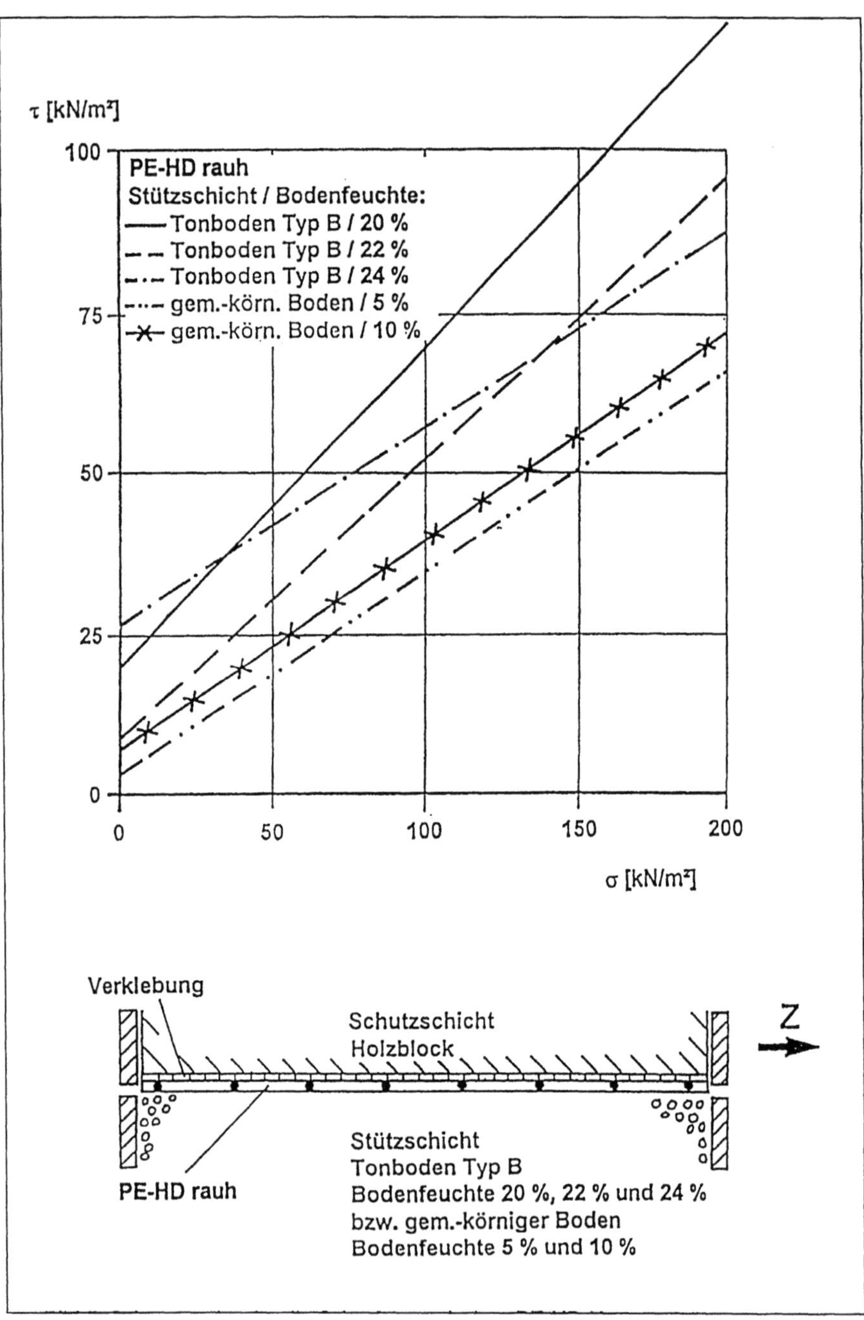

Abb. 6.36.   Schergeraden für die Scherfuge zwischen PE-HD-Kunststoffdichtungsbahn und unterschiedlichen Stützschichten

Tabelle 6.8. Wesentliche Unterschiede der 3 durchgeführten Scherversuchsreihen

Parameter	Versuchsreihe Nr. 1	Versuchsreihe Nr. 2	Versuchsreihe Nr. 3
Scherkastengröße	30 cm · 30 cm	50 cm · 100[a] cm bzw. 50 cm · 90[b] cm	50 cm · 100 cm
Lage der Scherfuge	Vorgegeben	Vorgegeben	Nicht vorgegeben
Regelungsart	Weggeregelt	Kraftgeregelt	Kraftgeregelt
Kraft- bzw. Wegänderungsgeschwindigkeit	3 bzw. 10 mm/h	0,2 kN/min	0,5 kN/min
Auflasten	0,1; 0,2; 0,4 bzw. 0,5; 1,0; 2,0 bar	0,1; 0,2; 0,4 bzw. 0,5; 1,0; 2,0 bar	1; 3; 6 bar
Untersuchte Aufbauten	Oberflächen- und Basisabdichtung	Oberflächen- und Basisabdichtung	Basisabdichtung
Anzahl der Versuchsvarianten[c]	3	19	6

[a] Beweglicher Scherkasten. [b] Fester Scherkasten.
[c] Je Variante wurden drei Einzelversuche durchgeführt.

Im Rahmen des Forschungsvorhabens wurden Scherversuche mit bzw. ohne versuchstechnische Vorgabe der Scherfuge durchgeführt. Die nennenswerten Ergebnisse der durchgeführten Scherversuchsreihen lassen sich wie folgt zusammenfassen:

a)   Versuchsreihen mit versuchstechnischer Vorgabe der Scherfuge

- Die Reibungswinkel für die untersuchten Scherfugen zwischen Kunststoffdichtungsbahn und Schutzvlies bzw. zwischen Kunststoffdichtungsbahn und Stützschicht wurden mit dem großen Schergerät (Scherfläche 100 cm · 50 cm) je nach Oberfläche der Kunststoffdichtungsbahn zu 12,3 und 18,5 bzw. zu 8,7 und 27,5° ermittelt. Dies stimmt größenordnungsmäßig mit den Reibungswinkeln überein, die an anderer Stelle mit kleinen Scherkastengeräten (10 cm · 10 cm) bestimmt wurden.

- Die zum Vergleich mit dem Kastenschergerät (30 cm · 30 cm) bestimmten Reibungswinkel waren generell größer als die mit dem großen Schergerät (100 cm · 50 cm) ermittelten. Erwartungsgemäß wurden aufgrund der unterschiedlich großen Scherflächen die größten Abweichungen bei ausgeprägten Oberflächenstrukturen festgestellt. Das große Schergerät scheint den Einfluß der ausgeprägten Oberflächenstrukturen praxisgerechter zu erfassen.

- Die kraftgeregelt ermittelten Scherparameter für die Scherfuge Kunststoffdichtungsbahn - Schutzvlies stimmen tendenziell mit den weggeregelt ermittelten Scherparametern überein. Für die Scherfuge Kunststoffdichtungsbahn - Tonboden waren die Reibungswinkel, die mit Wegregelung ermittelt wurden, größer als die im Scherversuch mit Kraftregelung bestimmten Werte.

b)   Versuchsreihen ohne versuchstechnische Vorgabe der Scherfuge

-       Die Scherfuge stellte sich bei Einsatz von PE-HD-Bahnen stets zwischen Kunststoff-
        dichtungsbahn und Schutzvlies ein.

-       Die ermittelten Reibungswinkel zwischen glatter Kunststoffdichtungsbahn und
        Schutzvlies lagen je nach untersuchtem Dichtungsaufbau zwischen ca. 7,0 und 8,8°.
        Diese Reibungswinkel stimmen mit denen an anderer Stelle mit einem kleinen Scherge-
        rät (Scherkastengröße 10 cm · 10 cm) ermittelten Reibungswinkel recht gut überein.

Große Scherversuche sind stets dann vorteilhaft, wenn praxisgerechte Scherparameter für
neue Dichtungsaufbauten oder für Kunststoffdichtungsbahnen mit ausgeprägten Oberflächenstrukturen ermittelt werden sollen. Darüber hinaus kann in speziellen Fällen der große Scherversuch einen aufwendigen Feldversuch vor Ort auf der Deponie ersparen.

RHEINISCH-WESTFÄLISCHE TECHNISCHE HOCHSCHULE AACHEN

Institut für Mineralogie und Lagerstättenlehre, Prof. Dr. E. Echle*

Geotechnisches Büro Prof. Dr.-Ing. H. Düllmann**

BMBF-Verbundforschungsvorhaben
Weiterentwicklung von
Deponieabdichtungssystemen

Teilprojekt 15

Redoxabhängige mineralogische und chemische Stoffumsätze in tonigen Deponiebasisabdichtungen und ihre bodenmechanischen Auswirkungen

Prof. Dr. W. Echle*
Dr. A. Gorantonaki*

Prof. Dr.-Ing. H. Düllmann**
Dipl.-Geol. I. Obernosterer**

Projektleitung:	Bundesanstalt für Materialforschung und -prüfung (BAM), Berlin
Projektträger:	Abfallwirtschaft und Altlastensanierung im Umweltbundesamt
Forschungsförderung:	Bundesministerium für Bildung, Wissenschaft, Forschung und Technologie
Förderkennzeichen:	1440 569 A5 - 15

Aachen, im Dezember 1994

1 Einleitung

Tone bzw. bindige Böden können neben Tonmineralen weitere reaktionsfähige Bestandteile enthalten, die für die Langzeitstabilität einer mineralischen Abdichtung von Bedeutung sind. Hinsichtlich ihrer Verbreitung und ihres mengenmäßigen Anteils treten

- Carbonate

- Organische Substanzen

- Eisenoxide und -hydroxide

- Sulfate und Sulfide

hervor. In den derzeit gültigen Richtlinien für die Herstellung mineralischer Deponieabdichtungen sind zumeist nur die Gehalte an Carbonaten und organischen Bestandteilen als den wichtigsten Beimengungen festgeschrieben (Tabelle 6.9). Die Richtlinie Nr. 18 des Landesumweltamtes NRW (1993) sieht darüber hinaus lediglich vor, daß der Anteil an freien Metalloxiden bekannt sein und der Anteil an Sulfaten und Sulfiden maximal 5 % betragen sollte.

Tabelle 6.9. Anforderungen gültiger Richtlinien zum Bau von Deponieabdichtungen hinsichtlich der Gehalte an reaktionsfähigen Beimengungen (Angaben in Gew.-%)

	TA Abfall/ Siedlungsabfall	LUA NRW- Richtlinie Nr. 18	Niedersachsen- richtlinie
Carbonate	≤ 15 %	≤ 10 % Bei kalkaggressivem Sickerwasser	i.M. ≤ 20 %
Organische Substanzen	≤ 5 %	≤ 10 % Nur im Feinkornbereich	≤ 15 % Feinverteilt
Sulfate/Sulfide	-	je ≤ 5 %	-
Metalloxide/ -hydroxide	-	Sollte bekannt sein	-

Die bestehenden Grenzwerte sowie fehlende Grenzwerte, z. B. für den Gipsgehalt eines Abdichtungsmaterials werden in Fachkreisen immer wieder kontrovers diskutiert. Das hier durchgeführte Forschungsvorhaben (Echle et al. 1994) sollte dazu beitragen, die Erkenntnisse über die Langzeitstabilität der eingangs genannten, reaktionsfähigen Beimengungen von Tonen und deren Auswirkungen auf die Qualität einer Dichtung zu erweitern. Auf der Basis der Ergebnisse ist die derzeitige Richtlinienlage kritisch zu hinterfragen.

2 Untersuchungsprogramm

Gegenstand der Untersuchungen waren 4 bindige Bodenarten, die jeweils sehr hohe Gehalte an einer oder mehreren der genannten Beimengungen aufwiesen. Die mineralogische Zusammensetzung der Probenmaterialien ist Tabelle 6.10 zu entnehmen.

Tabelle 6.10. Mineralogische Zusammensetzung (n = 5) und Kohlenstoffgehalt (n = 3) der untersuchten Proben in % (G = Gesamtprobe; T = Tonfraktion)

	Mgl		Org		Fe		Gp	
	40 % Calcit Oberkreidemergel		15 % O.S. Posidonienschiefer		15 % Goethit Bohnerz		10 % Gips Mischung Reuverton/ Gipskeuper 1 : 4	
	G	T	G	T	G	T	G	T
Quarz	25-30	<5	15-20	5	5-10	«5	30-35	5
Feldspat	«5	-	-	-	-	-	-	-
Smectit	-	-	-	-	-	-	10	30
Mixed-Layers	5	15	-	-	-	-	<5	5
Chlorit	«5	5	-	-	«5	5	5	15
Sericit/ Illit	10	25-30	5-10	20-25	«5	5	20-25	30
Kaolinit	10	20-25	5-10	20-25	70	80	5	10
Calcit	40	25	45	35-40	-	-	-	-
Dolomit	-	-	-	-	-	-	<5	-
Siderit	-	-	-	-	-	-	«5	-
Magnesit	-	-	-	-	-	-	«5	-
Goethit	«5	5	-	-	15	10	-	-
Pyrit	-	-	5-10	-	-	-	-	-
Gips	-	-	-	-	-	-	10	-
pH	7,6		7,5		6,9		6,2	
org. Substanz	0,5	0,7	15	10	<0,2	<0,2	1,0	n.b.
C_{org}	0,3	0,4	8,0	5,3	0,1	0,2	0,6	n.b.
C_{karb}	4,9	2,8	5,3	4,5	<0,1	<0,1	0,3	n.b.

Die Proben wurden unter statischen und dynamischen Bedingungen mit jeweils 3 verschiedenen Prüflösungen beaufschlagt und anschließend auf ihre mineralogisch-chemischen und bodenmechanischen Veränderungen hin untersucht.

Als Prüflösungen fanden zwei natürliche und ein synthetisches Sickerwasser Verwendung. Das Sickerwasser **SW I** stammt aus einer sehr heterogen zusammengesetzten, bereits stillgelegten Sonderabfalldeponie. Der pH-Wert schwankt zwischen 7 und 9, die elektrische Leitfähigkeit zwischen 110 und 210 mS/cm. Kennzeichnend ist ein hoher Gehalt an organischen Substanzen (CSB - 32.000 mg O_2/l). Das Sickerwasser **SW II** wurde von einer noch in Betrieb befindlichen Haus- und Gewerbeabfalldeponie bezogen. Der Elektrolytgehalt ist mit ca. 11 - 25 mS/cm deutlich geringer als bei SW I, der pH-Wert liegt relativ eng zwischen 7,5 und 8,5. Die synthetische organische Mischsäure **SOM** simuliert die Phase der sauren Gärung einer Deponie. Der pH-Wert liegt bei 4,5, die elektrische Leitfähigkeit bei 65 mS/cm.

Da aufgrund des Abbaus organischer Substanz innerhalb eines Deponiekörpers i. d. R. reduzierende chemische Bedingungen vorliegen, wurde bei allen Prüflösungen durch Zugabe von Natriumdithionit ein negatives Redoxpotential von ca. -200 mV eingestellt. Alle Versuche fanden unter Sauerstoffabschluß bei Verwendung von Argon als Schutzgas statt.

Unter der dynamischen Beaufschlagung sind *Batchversuche* (Feststoff/Lösung = 1 : 10) über 6 Wochen mit zwischengeschalteten Prüfterminen nach 1 und 3 Wochen zu verstehen. Die statische Beaufschlagung erfolgte mittels *Durchströmungsversuche* (einaxial) bei einem hydraulischen Gradienten von i = 17 über insgesamt 18 Monate mit ersten Prüfterminen nach 6 und 12 Monaten. Der Stichprobenumfang betrug bei den Batchversuchen n = 1 und bei den Durchströmungsversuchen n = 3.

Das Probenmaterial wurde nach der Beaufschlagung für die nachfolgenden mineralogisch-geochemischen Untersuchungen einem Waschvorgang unterzogen, um störende Sicker-wasseranteile zu entfernen. Die bodenmechanischen Untersuchungen wurden dagegen - soweit sie sich auf das Verhalten eines bindigen Erdstoffs beziehen (Grenzwassergehalte) - sowohl an *gewaschenen* wie auch an *ungewaschenen Proben* durchgeführt.

Die 12 cm hohen und ca. 10 cm breiten zylindrischen Probenkörper aus der Langzeit-durchströmung wurden im Profilverlauf (4 Scheiben à 1 - 4 cm Mächtigkeit) untersucht.

3　　Ergebnisse

3.1　　Langzeitverhalten der Beimengungen

Das Verhalten von *Calciumcarbonat* unter Deponiebedingungen wurde an 2 unterschiedlichen Probenmaterialien untersucht. In der Probe Mgl ist der Calcitanteil von 40 % feinverteilt und weist keinen Bindemittelcharakter auf. In der Probe Org macht er rd. 45 % aus und liegt dagegen fast ausschließlich als Bindemittel vor.

Erwartungsgemäß erfolgt der stärkste Calcitangriff nach Kontakt mit der sauren Prüflösung SOM. Nach den röntgenographisch ermittelten Daten beschränkt sich die Calcitanlösung in der Probe Mgl nach 18 Monaten Durchströmung auf den Bereich bis zu 1 cm Abstand ab der Anströmseite. In der Probe Org zeigt sich aufgrund ihrer um ca. eine Zehnerpotenz höheren Durchlässigkeit ($1 \cdot 10^{-9}$ statt $1 \cdot 10^{-10}$ m/s) auch im weiteren Profilverlauf eine Calcitanlösung. Auch nach Kontakt mit der hochkonzentrierten Prüflösung SW I zeigt sich eine Calcitanlösung, die jedoch schwächer ausgeprägt ist. Dieses Ergebnis deckt sich mit der be-kannten Beobachtung, wonach sich salzreiche Lösungen gegenüber Carbonaten wesentlich aggressiver verhalten als salzarme. Der Calcitangriff ist abhängig von der Kornverteilung. Feinere Korngrößen werden schneller als gröbere angegriffen.

Die Untersuchung *organischer Komponenten* der Probe Org mittels der Bestimmung von Extraktausbauten einerseits und der Quantifizierung von Einzelkomponenten durch GC/MS-Analysen andererseits führt zu dem Ergebnis, daß zwar bestimmte Kohlenwasserstoffe (N-Alkane, ungesättigte Kohlenwasserstoffe wie Pristan und Phytan) in ihrer Konzentration abnehmen, daß gleichzeitig aber der Gesamtgehalt organischer Substanzen durch Aufnahme von polaren Verbindungen aus den Prüflösungen gleichbleibt oder leicht ansteigt. Aus dem gleichbleibenden Verhältnis zwischen gesättigten und ungesättigten Kohlenwasserstoffen wird geschlossen, daß der Abbau organischer Substanz in erster Linie auf katalytische Oxidation und weniger auf mikrobielle Umsetzungen zurückzuführen ist.

Das Verhalten stark redoxabhängiger *Eisenoxid/ -hydroxide* wurde an der goethitreichen Probe Fe untersucht. Eine Abnahme des Eisenanteils war nach den Durchströmungsversuchen nur bei Kontakt mit SW I und nur zur Anströmseite hin nachweisbar. Diese Beobachtung bestätigt die verstärkte Wirkung organischer Verbindungen, die eine Anlösung durch die Bildung metallorganischer Komplexe hervorruft. Die Gehalte an Eisenoxid/ -hydroxiden wurden unter den gewählten Versuchsbedingungen insgesamt nur sehr wenig angegriffen.

Die gipsreiche Probe (10 % Gips) wurde für die vorliegenden Untersuchungen aus einem Reuverton und Gipskeuper im Mischungsverhältnis 1 : 4 hergestellt. *Gips* wurde sowohl von den neutralen bis alkalischen Deponiesickerwässern als auch von der synthetisch-organischen Mischsäure SOM vergleichsweise stark angegriffen. Die Auflösung wird durch den hohen Gehalt an Chloridionen und Alkalien, durch das niedrige Redoxpotential und verstärkt durch den sauren Charakter der SOM verursacht. Ebenso werden bakterielle Aktivitäten, die über rasterelektronenmikroskopische Aufnahmen nachgewiesen wurden, vermutet.

3.2   Tonmineralogische Veränderungen

In den untersuchten Proben sind sowohl Zwei- als auch Dreischichttonminerale vertreten (s. Tabelle 6.10). Selbständig quellfähige Tonminerale (Smectite) kommen nur in der Probe Gp vor. Dabei handelt es sich überwiegend um Ca-Smectite. Wechsellagerungsminerale mit Ca-Mg-belegten quellfähigen Komponenten sind in der Probe Mgl und in sehr geringem Maß auch in der Probe Fe nachgewiesen.

In den eingesetzten Prüfflüssigkeiten sind Alkalien (K, Na) in sehr hohen Mengen enthalten. Erdalkalien kommen dagegen nur in sehr geringen Mengen vor. Aufgrund der ursprünglichen Kationenbelegung der Tonminerale waren also Austauschreaktionen zu erwarten.

In Abhängigkeit der Prüflösungen, der verschiedenen Probenmaterialien sowie der Versuchsarten und -zeiten wurden z. T. Umbelegungen der Tonminerale festgestellt. Diese Austauschreaktionen beeinflussen das Quellvermögen jedoch nicht. Eine langfristige Illitisierung der Smectite durch Fixierung der Kaliumionen kann jedoch nicht ausgeschlossen werden. Strukturelle Veränderungen von Tonmineralen wurden nicht festgestellt.

Neben rein anorganischen Austauschreaktionen wurden z. T. auch die Ein- und/oder Anlagerung organischer Substanzen aus den Prüflösungen beobachtet. Hydrophob wirkende organische Moleküle führten z. T. zu einem Rückgang des Wasseraufnahmevermögens.

3.3   Bodenmechanische Veränderungen

Die bodenmechanischen Versuchsergebnisse wurden nach verschiedenen Aspekten ausgewertet:

- Einfluß der Probenaufbereitung nach der Beaufschlagung (gewaschen/ungewaschen)

- Einfluß der Probenmaterialien (unterschiedliche Beimengungen, unterschiedliches Tonmineralspektrum)

- Einfluß der Prüflösungen (natürlich/synthetisch)

- Einfluß der Versuchsdurchführungen (Batchversuche/Durchströmungsversuche)

Zumeist wurden deutliche Unterschiede im Verhalten gewaschener und ungewaschener Proben festgestellt. Vergleichbare Ergebnisse traten selten auf, was für die Beaufschlagung nach Batchversuchen in stärkerem Maß gilt als nach der Langzeitdurchströmung. Die Richtung der Beeinflussung ändert sich sowohl mit dem Probenmaterial und der Prüflösung als auch mit der Art der Beaufschlagung.

Bezüglich der vielfachen Auswirkungen der einzelnen Probenmaterialien auf das bodenmechanische Verhalten nach Art und Intensität sowie die jeweilige Interpretation wird auf den ausführlichen Abschlußbericht (Echle et al. 1994) verwiesen.

Ordnet man die bodenmechanischen Kennwerte nach der Beaufschlagung durch Batchversuche ihrer Höhe nach, lassen sich bestimmte Einflüsse der verschiedenen Prüflösungen unabhängig von dem Probenmaterial feststellen. Je höher die Konzentration der Prüflösung, desto geringer ist die Fließgrenze und damit die Plastizität sowie das Wasseraufnahmevermögen. Ursache dafür ist die Reduzierung der Dicke der diffusen Kationenschichten der Tonminerale bei sinkendem Konzentrationsgradienten zwischen Tonmineraloberfläche und Porenlösung. Die Schrumpfgrenze steigt jedoch mit steigender Prüflösungskonzentration an, da während des Trocknungsprozesses Salze auskristallisieren, die der Volumenabnahme entgegenwirken und so den Schrumpfprozeß früher beenden. Das Schrumpfmaß verhält sich dementsprechend umgekehrt.

Die Aussagen beziehen sich auf ungewaschene Proben nach Batchversuchen. Nach der Langzeitdurchströmung werden zumeist nur sehr geringe Unterschiede der verschiedenen Kennwerte gemessen, die keine Ordnung nach ihrer Höhe zulassen.

Die gewählten Versuchsdurchführungen führen z. T. zu unterschiedlichen Tendenzen in der Veränderung des bodenmechanischen Verhaltens. Als wesentliche Ursache ist das unterschiedliche Feststoff-/Flüssigkeits-Verhältnis während und nach der Versuchsdurchführung sowie dessen Auswirkungen auf die Konzentration der Porenlösung und damit die zwischen den Tonmineralteilchen wirkenden anziehenden und abstoßenden Kräfte zu sehen.

Da Unterschiede auftreten, stellt sich die Frage, welche Versuchsdurchführung zur Vorhersage bodenmechanischer Veränderungen unter Deponiebedingungen besser geeignet ist. Hier ist grundsätzlich zwischen spezifischen und unspezifischen Interaktionen (Wienberg 1990) zu differenzieren. Da spezifische Reaktionen (z. B. Lösung von Beimengungen, Illitisierung quellfähiger Tonminerale) langsam ablaufende Prozesse sind, ist zu ihrer Erkundung eine aggressive Beaufschlagung mit einem gewissen Zeitraffereffekt (Batchversuch) besser geeignet als eine Langzeitdurchströmung. Zur Erkundung unspezifischer Interaktionen sind beide Versuchsanordnungen unbefriedigend. Die größte Annäherung an die Praxisbedingungen dürfte durch Durchströmungsversuche über sehr lange Zeiträume (Jahre) erfolgen.

4   Schlußfolgerungen

4.1   Langzeitverhalten mineralischer Deponieabdichtungen mit hohen Gehalten reaktionsfähiger Bestandteile

Die Festsetzung von Grenzwerten für verschiedene Beimengungen beruht auf der Überlegung, daß Lösungs- und Umsetzungsprozesse dieser Stoffe zu einem Qualitätsverlust bzw. im Extremfall zu einem Funktionsverlust der mineralischen Dichtung führen können. Die Qualität eines Dichtungsmaterials hängt von verschiedenen Materialeigenschaften ab. Zu den wesentlichen Eigenschaften zählen:

- Verformungsverhalten
- Schrumpfverhalten
- Durchlässigkeitsverhalten

4.1.1 Verformungsverhalten

In Einklang mit der Einschätzung von Kohler (1989) wird festgestellt, daß sich Art und Umfang unspezifischer Interaktionen nur sehr bedingt aufgrund der Vielfalt an Einfluß-parametern, Synergieeffekten und Reaktionen voraussagen lassen. Eine Übertragung von Versuchsergebnissen auf die Praxis ist nur unter Vorbehalt möglich.

Hohe Anteile an reaktionsfähigen Beimengungen in einem Dichtungsmaterial rufen verstärkt spezifische Interaktionen hervor. Sofern Beimengungen als Bindemittel auftreten, wird durch ihren Angriff eine Zunahme der spezifischen Oberfläche des Erdstoffs bewirkt, woraus eine erhebliche Steigerung der Plastizität resultieren kann. Als Porenzemente haben in erster Linie Carbonate, untergeordnet auch Eisenoxid/ -hydroxide und Gips Bedeutung. Liegen diese Beimengungen hauptsächlich als lose Mineralkörner vor, so hat ihre Auflösung erheblich weniger Einfluß auf die Plastizität. In diesem Fall ist nur eine geringe Zunahme infolge des relativen Anstiegs des Tonmineralanteils zu erwarten.

Die Auflösung der Beimengungen ist von der Beschaffenheit der Prüflösungen abhängig. Carbonate lösen sich v. a. bei niedrigen pH-Werten, aber auch elektrolytreiche Sickerwässer steigern die Löslichkeit. Eisenoxide und -hydroxide lösen sich bevorzugt bei stark organisch belastetem Sickerwasser durch Bildung metallorganischer Komplexe. Gips löst sich schon bei Durchströmung mit Leitungswasser. Beschleunigend wirken niedrige pH-Werte und hohe Elektrolytkonzentrationen sowie mikrobielle Tätigkeiten.

Auf der Basis der vorliegenden Untersuchungen lassen sich keine negativen Auswirkungen von reaktionsfähigen Beimengungen auf das Verformungsverhalten eines Dichtungsmaterials ableiten. Die Steigerung der Plastizität bei Angriff der Beimengungen ist überwiegend auf Zunahmen der Fließgrenzen zurückzuführen, während die Ausrollgrenzen nur wenig beeinflußt werden. Insofern sind negative Änderungen der Konsistenz des Dichtungsmaterials infolge von Sickerwasserkontakt nicht zu erwarten.

4.1.2 Schrumpfverhalten

Für das Schrumpfverhaltens ist von Bedeutung, daß ein Dichtungsmaterial im Regelfall mit einem Wassergehalt im Bereich der Ausrollgrenze eingebaut wird. Bei den untersuchten Proben liegen bereits im Naturzustand die Ausrollgrenze und die Schrumpfgrenze sehr nah beieinander. Daraus ist abzuleiten, daß das Dichtungsmaterial bei Verringerung seines Wassergehaltes infolge Austrocknung sehr schnell in einen volumenstabilen Bereich kommt. Die Gefahr der Bildung von Schrumpfrissen ist somit klein. Sie wird durch die aus der Auflast des Deponiekörpers resultierenden Kräfte weiter vermindert.

Sofern ein Probenmaterial größere Differenzen zwischen Ausroll- und Schrumpfgrenze aufweist, ist das Schrumpfmaß von Bedeutung. Die durchgeführten Untersuchungen zeigen, daß die Schrumpfgrenze bei den durchströmten, ungewaschenen Proben (Praxisnähe) durch die Bildung von Salzkristallen während des Abtrocknens meist ansteigt. Dieser Effekt ist positiv zu werten. Wird durch den Sickerwassereinfluß die Feinkörnigkeit des Materials erhöht (Lösung des Bindemittels, relativer Anstieg des Tonmineralanteils), kann jedoch parallel dazu auch das Schrumpfmaß ansteigen. Bei der experimentellen Ermittlung des Schrumpfmaßes treten allerdings die größten Volumenänderungen zu Beginn des Versuchs auf, also bei Wassergehaltsänderungen in Nähe der Fließgrenze. Der Volumenverlust zwischen Ausroll- und Schrumpfgrenze ist wesentlich geringer. Daher wird die Gefahr der Bildung von Schrumpfrissen bei Erhöhung des Schrumpfmaßes - zumindest bei Gegenwart nicht quellfähiger Tonminerale - als sehr gering eingeschätzt.

Die Frage nach den Auswirkungen von Sickerwassereinflüssen auf das Schrumpfverhalten eines Dichtungsmaterials ist erst dann von Interesse, wenn die mineralische Dichtung zunächst durchströmt werden kann, anschließend trockenfällt und schließlich erneut eine Durchströmung stattfindet. Dieses Szenarium ist zwar nicht ganz auszuschließen, aber dennoch sehr unwahrscheinlich. Insofern interessiert eher das Schrumpfverhalten von Böden mit hohen Anteilen an Beimengungen im Naturzustand. Da die betrachteten Beimengungen bis auf organische Substanzen inaktiver als Tonminerale sind, wirken sie sich eher positiv auf das Schrumpfverhalten aus. Bei organischen Substanzen ist der Reifegrad von Bedeutung. Das hier untersuchte Material mit hohem Reifegrad wirkt sich nicht negativ aus. Aufgrund der übrigen Materialkomponenten liegt bei dieser Probe das vergleichsweise kleinste Schrumpfmaß vor. Frische organische Substanzen können jedoch sehr viel Wasser binden und führen so zu einem ungünstigen Schrumpfverhalten.

4.1.3 Durchlässigkeitsverhalten

Das *Durchlässigkeitsverhalten* der untersuchten Proben unterlag im Versuchszeitraum keinen signifikanten Veränderungen.

Extrapoliert man die Versuchsergebnisse auf die Verhältnisse vor Ort, so kommt man zu dem Schluß, daß die Dichtungsmaterialien selbst nach 150 Jahren weiterhin wirksam sind. Zusätzlich positiv wirkt sich die Auflast aus dem Deponiekörper aus, die einer Erhöhung des Porenvolumens entgegenwirken würde. Auch der Wärmehaushalt einer Deponie, der im Versuch nicht simuliert wurde, würde sich zumindest auf die Stabilität von Calciumcarbonat und Gips positiv auswirken, weil die Löslichkeit beider Verbindungen mit steigender Temperatur abnimmt.

Selbst wenn sich die Ergebnisse nicht ohne weiteres auf Praxisbedingungen extrapolieren lassen, kann aus den Versuchen dennoch abgeleitet werden, daß ein Versagen der Dichtung auch bei sehr hohen Gehalten reaktionsfähiger Beimengungen allein aufgrund einer Durchströmung mit Sickerwasser sehr unwahrscheinlich ist. Treten jedoch z. B. infolge von Setzungsrissen lokal höhere Wasserwegsamkeiten auf, so besteht bei Materialien mit hohem Gehalt löslicher Beimengungen - insbesondere Carbonate und Gips - eine stärkere Erosionsgefahr als bei inerten Materialien.

4.2 Einschätzung der derzeitigen Richtlinienlage

Die pauschale Festsetzung von maximal zulässigen Höchstkonzentrationen für die verschiedenen Beimengungen, wie derzeit der Fall, wird den Verhältnissen in der Praxis sicher nicht gerecht, da die Stabilität von Beimengungen und das Ausmaß ihrer Auswirkungen entscheidend von der Art ihres Auftretens abhängen (amorph oder kristallin, Bindemittel oder Einzelkörner, feinverteilt oder als Konkretionen oder Fossilreste, Reifegrad). Solange die Abhängigkeit der Stabilität einer Beimengung von den vielfältigen Möglichkeiten ihres Vorkommens nicht näher untersucht ist, ergibt eine Unterscheidung von Grenzwerten jedoch keinen Sinn.

Vor dem Hintergrund der hier vorgelegten Untersuchungsergebnisse erscheinen die gültigen Grenzwerte für Carbonate und insbesondere für organische Substanzen als zu niedrig. Da bisher jedoch nur wenige Einzeluntersuchungen vorliegen und systematische

Reihenuntersuchungen über längere Zeiträume ausstehen, sollten sie beibehalten werden. Man kann davon ausgehen werden, daß die bestehenden Grenzwerte ein hohes Maß an Sicherheit gewähren.

Von allen untersuchten Beimengungen zeigte Gips die geringste Beständigkeit. Er wurde von allen Prüflösungen mehr oder weniger schnell angegriffen. Selbst durch den reinen Waschvorgang des Probenmaterials mit entmineralisiertem Wasser wurde der Gipsanteil angelöst. Die Ergebnisse führen zu dem Schluß, daß eine strenge Limitierung des Gipsanteils sinnvoll ist. Das in der Richtlinie Nr. 18 des LUA NRW festgesetzte Maß von 5 Gew.-% erscheint angemessen.

Die Untersuchungsergebnisse des eisenreichen Probenmaterials zeigen, daß Eisenoxid/ -hydroxide beständiger gegenüber Sickerwasserangriffen als Carbonate sind. Bisher existieren keine Grenzwerte. Eine Auswertung der in Deutschland vorkommenden Lockergestein-vorkommen, die für Dichtungszwecke geeignet sind, führt zu dem Ergebnis, daß der Anteil an Eisenoxiden und -hydroxiden 20 Gew.-% i. d. R. weit unterschreitet. Ein Grenzwert zwischen ca. 15 - 20 Gew.-% wäre auf der Basis der bisherigen Erkenntnisse sinnvoll. Es ist zu erwarten, daß ein Dichtungsmaterial nur selten aufgrund seines Eisenoxid-/ -hydroxid-Gehaltes für Dichtungszwecke auszuschließen ist.

Eine Unterscheidung von Grenzwerten sollte jedoch zukünftig nicht nur vor dem Hintergrund der Form erfolgen, in der eine Beimengung vorliegt, sondern auch in Abhängigkeit des Einsatzbereiches eines Dichtungsmaterials. Die vorgestellten Untersuchungen wurden im Hinblick auf die Verwendung der Böden als Material für eine Basisabdichtung durchgeführt. Für diesen Fall ist auch die Beurteilung der bestehenden oder neu zu definierenden Grenzwerte zu sehen. Es ist sinnlos, die gleichen Werte bei Verwendung der Böden für eine Oberflächenabdichtung anzusetzen, die keinen Sickerwassereinflüssen ausgesetzt ist. Hier sollten deutlich höhere Grenzwerte zugelassen werden.

Ebenso ist zu überlegen, ob es gerechtfertigt ist, für die Basisabdichtung von Sonderabfall-deponien, die sehr aggressive Sickerwässer erwarten lassen, und für Hausmüll- oder Bauschuttdeponien mit deutlich weniger belastetem Sickerwasser die gleichen Beurteilungs-maßstäbe anzusetzen. Aus unserer Sicht wäre auch hier eine Differenzierung notwendig.

Literatur

Abfallwirtschaft NRW, Richtlinie Nr. 18: Mineralische Deponieabdichtungen, Stand August 1993, Landesumweltamt NRW, Düsseldorf

Echle, W.; Düllmann, H.; Gorantonaki, A.; Obernosterer, I. (1994): Redoxabhängige mineralogische und chemische Stoffumsätze in tonigen Deponiebasisabdichtungen und ihre bodenmechanischen Auswirkungen. - Abschlußbericht des F + E-Vorhaben 1440 569A5-15, Verbundvorhaben Deponieabdichtungssysteme im Auftrag des BMFT (mit ausführlichem Literaturverzeichnis)

Kohler, E. (1989): Beständigkeit mineralischer Dichtstoffe gegenüber organischen Prüf-flüssigkeiten - Empfehlungen für Deponiebauer und Deponiebetreiber-. Abfallwirtschaft in Forschung und Praxis, 30, Erich Schmidt Verlag, Berlin

Niedersachsenrichtlinie (1988): Durchführung des Abfallgesetzes; Abdichtung von Deponien für Siedlungsabfälle RdErl. d. MU v. 24.6.1988 - 207-62812/21 - GültL 30/36-3

TA Abfall (1991): Technische Anleitung zur Lagerung, chemisch/physikalischen, biologischen Behandlung, Verbrennung und Ablagerung von besonders überwachungsbedürftigen Abfällen in der ab 1. April 1991 geltenden Fassung. Gesamtfassung der zweiten allgemeinen Verwaltungsvorschrift zum Abfallgesetz

TA Siedlungsabfall (1993): Technische Anleitung zur Verwertung, Behandlung und sonstiger Entsorgung von Siedlungsabfällen sowie ergänzende Empfehlungen zur TA Siedlungsabfall des Bundesministers für Umwelt, Naturschutz und Reaktorsicherheit. Dritte allgemeine Verwaltungsvorschrift zum Abfallgesetz

Wienberg, R. (1990): Zum Einfluß organischer Schadstoffe auf Deponietone - Teil 1: Unspezifische Interaktionen.- AbfallwirtschaftsJournal 2, Nr. 4. S. 222-230

TECHNISCHE UNIVERSITÄT BRAUNSCHWEIG
LEICHTWEISS-INSTITUT FÜR WASSERBAU
LANDW. WASSERBAU UND ABFALLWIRTSCHAFT / PROF. DR.-ING. H.-J. COLLINS

BMBF-Verbundforschungsvorhaben
Weiterentwicklung von Deponieabdichtungssystemen

Teilprojekt 16

Erhaltung der Funktionsfähigkeit von Deponieentwässerungssystemen

Dipl.-Ing. Michael Turk*   Dr. rer. nat. Martin Wittmaier**
Prof. Dr.-Ing. Hans-Jürgen Collins*   Dr. Peter Harborth**
                                       Prof. Dr. Hans-Helmut Hanert**

*Leichtweiß-Institut,   **Institut für Mikrobiologie,
Abt. Abfallwirtschaft   Abt. Technische Ökologie

Projektleitung: Bundesanstalt für Materialforschung
                       und -prüfung (BAM), Berlin
Projektträger: Abfallwirtschaft und Altlastensanierung
                       im Umweltbundesamt
Forschungsförderung: Bundesministerium für Bildung,
                       Wissenschaft, Forschung und Technologie
Förderkennzeichen: 1440 569 A5 - 16

Braunschweig, Januar 1995

1 Einleitung

Langfristig funktionsfähige Entwässerungssysteme sind für Abfalldeponien aus Gründen des Gewässer- und Grundwasserschutzes sowie unter dem Gesichtspunkt der Standsicherheit der Deponien von gleicher Bedeutung wie eine dichte Deponiebasis. Mitte der 80er Jahre wurden vermehrt Schadensfälle an den Entwässerungssystemen von Hausmülldeponien bekannt. Verschlämmungen und v. a. Inkrustationen (feste Ablagerungen) im Flächenfilter und in den Drainagerohren führten vielfach zu einem Verlust der Leistungsfähigkeit des Entwässerungssystems (Ramke & Brune 1990a). In der Folge kam und kommt es häufig zu einem Sickerwassereinstau auf der Deponiebasis. Dies führt zu einem z. T. erheblichen hydrostatischen Druck auf der Basisabdichtung (erhöhte Emissionen), einer verringerten Standsicherheit (Gleitfugen, Auftrieb) und Problemen im Gashaushalt der Deponie (Kondensatbildung, gegenseitige Behinderung von Gas und Sickerwasser).

Die von Ramke & Brune (1990a) an Hausmülldeponien durchgeführten Untersuchungen wurden an Klärschlamm und MVA-Schlackedeponien fortgeführt und nachfolgend im Abschnitt 5 dargestellt.

Für bereits inkrustierte Deponieentwässerungssysteme (Dränkies und Dränrohre) ist z. Z. eine Pflege und Sanierung ohne bautechnische Maßnahmen nicht möglich. Lediglich die Dränrohre können durch Fräsen und Herausspülen loser Inkrustationen durchlässig gehalten werden.

Bei der Entwicklung von Pflege- und Sanierungsmaßnahmen für das gesamte Entwässerungssystem von Abfalldeponien ist es notwendig, den Entstehungsmechanismus der für die Zusetzung der Entwässerungssysteme verantwortlichen Inkrustationen zu betrachten.

2 Inkrustationen - biogene verfestigte Sedimente

Ramke & Brune (1990a) konnten zeigen, daß Inkrustationen in praktisch allen Deponien für feste Siedlungsabfälle vorkommen. Brune (1991) erkannte, daß die Entstehung der Inkrustationen ursächlich mit der hohen stoffwechselphysiologischen Aktivität der in den Deponien vorkommenden Mikroorganismen zusammenhängt. Die Bildung der Inkrustationen erfolgt in 2 Stufen:

- Gärende Bakterien sowie eisen- und manganoxidierende Bakterien bewirken im Müll zunächst einen Mobilisierungsprozeß, d. h. organische Inhaltsstoffe des Mülls werden z. B. in Form niederer Fettsäuren in das Sickerwasser überführt. Anorganische Inhaltsstoffe des Mülls werden als Ionen in das Sickerwasser freigesetzt.

- Im zweiten Prozeß, dem Ausfällungsprozeß, verursachen Bakterien (vornehmlich Methanbakterien und Desulfurikanten) durch ihre Stoffwechselaktivität die Bildung unlöslicher Sulfide und Carbonate im Entwässerungssystem. Dies ist der eigentliche Prozeß, der zur Bildung fester Inkrustationen führt. Sie bestehen demnach auch im wesentlichen aus Biomasse sowie schwerlöslichen Sulfiden und Carbonaten. Aus ökologischer Sicht sind Inkrustationen biogene Sedimente.

Hieraus lassen sich für den Erhalt der Funktionsfähigkeit von Deponieentwässerungssystemen 2 Strategien ableiten:

1) Abfallwirtschaftliche und betriebstechnische Maßnahmen (z. B. eine biologische Abfallvorbehandlung, Separierung, Dünnschichteinbau), die auf eine Verringerung der biologisch umsetzbaren Bestandteile des Abfalls abzielen.

2) Pflege- und Sanierungsmaßnahmen durch das Rücklösen von Inkrustationen aus dem Drainkies und Verhindern neuer Inkrustationen durch eine Desinfektion des Drainkieses [analog zur Vorgehensweise bei der Brunnenregeneration (DVGW Merkblatt W130 1992)]

Durch beide Strategien/Maßnahmen könnte die Funktionsfähigkeit des Deponieentwässerungssystems langfristig sichergestellt werden.

3   Entwicklung von Pflege- und Sanierungsmaßnahmen für inkrustierte Deponieentwässerungssysteme

3.1   Rücklösen von Inkrustationen

Die Grundvoraussetzung für die Pflege und Sanierung (ohne bautechnische Maßnahmen von inkrustierten Entwässerungssystemen ist das Rücklösen von bereits gebildeten Ablagerungen.

Daß sich Inkrustationen unterschiedlicher Herkunft prinzipiell mit verdünnten organischen und anorganischen Säuren auflösen lassen, ist der Abb. 6.37 zu entnehmen. Die Rücklösekapazität der verschiedenen Säuren variiert dabei stark.

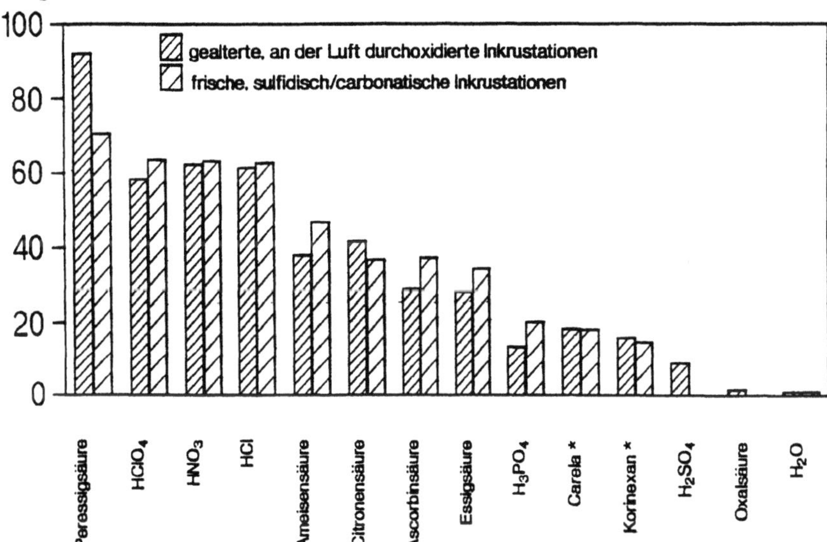

Abb. 6.37.   Auflösungsvermögen verschiedener organischer und anorganischer Säuren für Inkrustation verschiedener Herkunft (Ansätze: 3,9 g TE ad 100 ml 0,5 mol Säure, *50 g/l)

Die Menge der rückgelösten Inkrustationen hängt dabei von der Konzentration der eingesetzten Säuren ab. Für konstante Bedingungen (gleiche Inkrustationen, gleiches Oberflächen-/Volumenverhältnis der Inkrustationen, gleiche Mengenverhältnisse, gleiche Säure) ergibt sich eine annähernd lineare Beziehung zwischen der Konzentration der eingesetzten Säure und der Menge der rückgelösten Inkrustationen (s. Abb. 6.38).

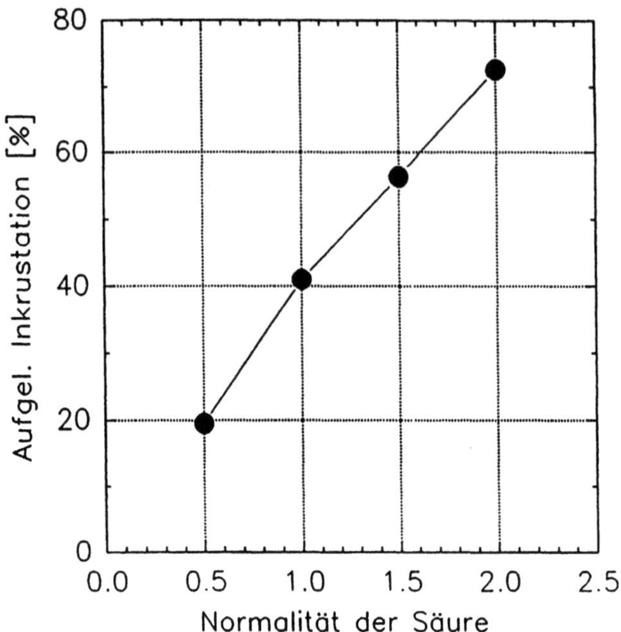

Abb. 6.38. Rücklösekapazität von HCl in Abhängigkeit von der Normalität der Säure (Ansätze: 15,6 g TE ad 100 ml Säure)

Der Zeitraum, bis zu dem die Rücklösekapazität einer Säure erschöpft ist, hängt interessanterweise nicht von der Säurestärke ab (zumindest bei schwach konzentrierten Säuren). Aus Abb. 6.39 läßt sich entnehmen, daß unabhängig von der Säurestärke (unter den gewählten Versuchsbedingungen mit einem Überschuß an Säure) eine Absättigung nach ca. 60 min. eintritt (ähnliche Ergebnisse wurden für verschiedene Säuren gefunden).

Anders als die Konzentrationen der eingesetzten Säure hat das Oberflächen-/Volumenverhältnis der Inkrustationen einen starken Einfluß auf die Auflösungskinetik. In Abb. 6.40 sind Auflösungskinetiken bei unterschiedlichen Oberflächen-/Volumenverhältnissen dargestellt. Es läßt sich hier deutlich erkennen, daß mit steigendem Durchmesser der Inkrustationen (ungünstigeres Oberflächen-/Volumenverhältnis) die Geschwindigkeit des Rücklösevorganges stark abnimmt und die Zeit bis zur Absättigung der eingesetzten Säure zunimmt. Liegt im Verhältnis zur eingesetzten Säure ein starker Überschuß an Inkrustationen vor, so ist die Säurelösung bereits nach 5 - 10 min. abgesättigt.

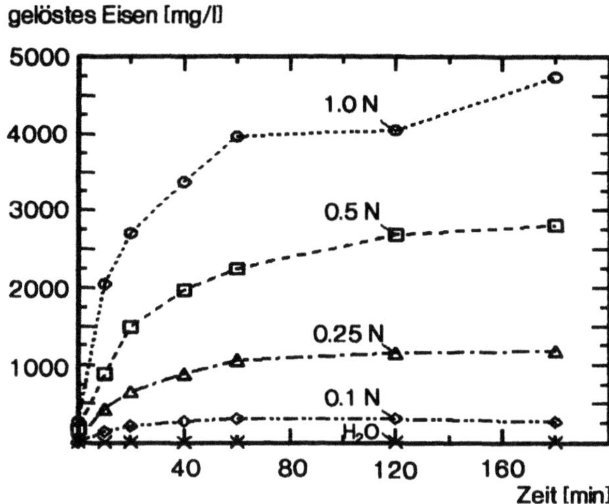

Abb. 6.39. Auflösekinetiken durchoxidierter Inkrustationen bei unterschiedlicher Säurestärke (Leitsubstanz Eisen; Ansätze: 3,9 g TE ad 100 ml Säure)

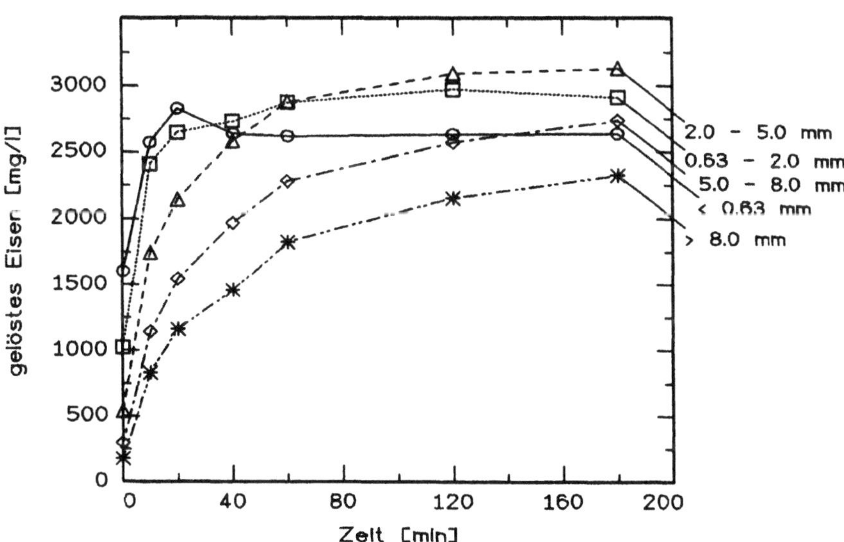

Abb. 6.40. Auflösekinetiken durchoxidierter Inkrustationen verschiedener Körnung (unterschiedliches Oberflächen-/Volumenverhältnis, Leitsubstanz Eisen; Ansätze: 3,9 g TE ad 100 ml 0,5 N Säure)

Aus Abb. 6.41 läßt sich entnehmen, daß auch größere Inkrustationsbrocken mit schwachen Säuren quantitativ aufgelöst werden können. Von dem eingesetzten Inkrustationsbrocken blieb lediglich ein unlöslicher Rest von ca. 2,2 % zurück.

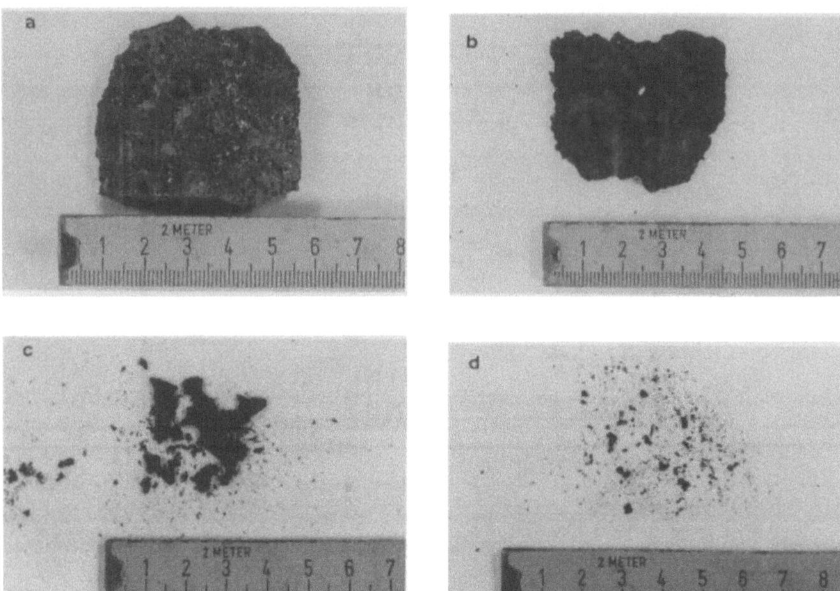

Abb. 6.41 a - d. Sukzessives Auflösen eines festen Inkrustationsbrockens mit 1 N Säure (Batchansätze; Ansätze: **a** Start mit 33,66 g TG; **b** und **c** Zwischenstufen; **d** Rest mit 0,75 g TG)

3.2   Verzögerung der Inkrustationsbildung durch Desinfektionsmaßnahmen

In Abschn. 3.1 konnte gezeigt werden, daß sich feste Inkrustationen im Laborexperiment mit verdünnten Säuren rücklösen lassen. Sollte es später möglich sein, Inkrustationen aus dem Drainsystem einer Deponie herauszulösen, so wäre es wünschenswert, die Neubildung von Inkrustationen zumindest zu verzögern, um so die nächste notwendige Rücklösung zeitlich hinauszuschieben. Da die Bildung der Inkrustationen in der Entwässerungsschicht an die Tätigkeit von sulfatreduzierenden und methanbildenden Bakterien gekoppelt ist, sollte sich die Neubildung von Inkrustationen durch das Abtöten dieser beiden Bakteriengruppen, also durch Desinfektionsmaßnahmen verhindern oder verzögern lassen (analog zur Vorgehensweise bei der Regenerierung verockerter Brunnen, s. DVGW Merkblatt W 130 1992]).

Da viele Desinfektionsmittel durch Sickerwasserinhaltsstoffe neutralisiert werden, mußte zuerst geklärt werden, ob Sickerwässer aus Abfalldeponien mit vertretbaren Mitteln zu desinfizieren sind. Da die Zusammensetzung von Sickerwässern je nach Deponiealter stark variieren kann, wurden Desinfektionsexperimente mit Sickerwässern aus der stabilen Methanphase und der sauren Gärungsphase von Deponien für feste Siedlungsabfälle durchgeführt.

Es zeigte sich, daß sich die an der Inkrustationsbildung beteiligten Mikroorganismengruppen in schwach belasteten Sickerwässern mit verschiedenen Desinfektionsmitteln quantitativ abtöten lassen (s. Abb. 6.42 und 6.43).

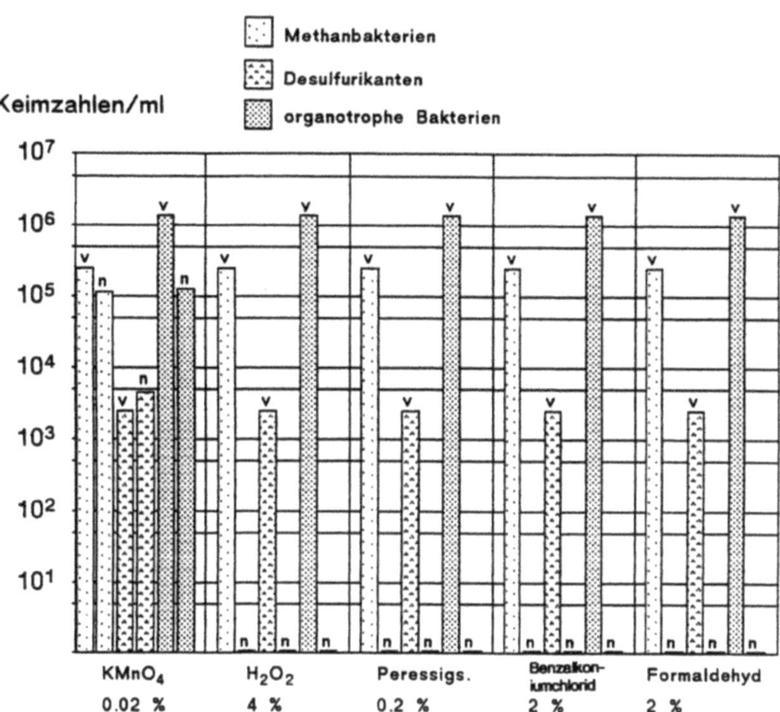

Abb. 6.42. Keimzahlen in einem schwach belasteten Sickerwasser aus der stabilen Methanphase (CSB: 3000 mg/l) vor (v) und nach (n) einer 20minütigen Desinfektion

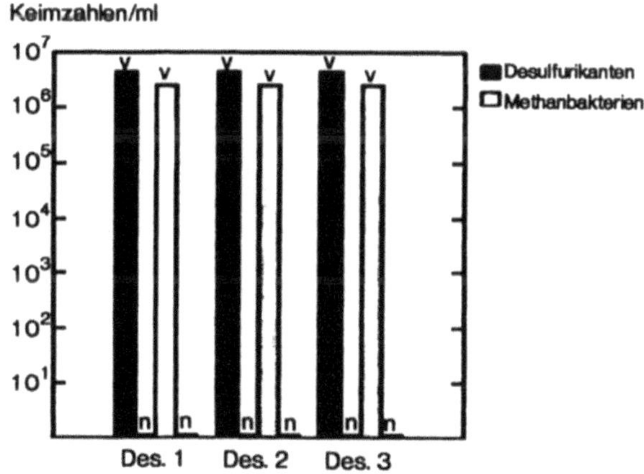

Abb. 6.43. Keimzahlen in einem hoch belasteten Sickerwasser (CSB: 40.000 mg/l) aus der sauren Gärungsphase vor (v) und nach (n) einer 20minütigen Desinfektion

Da viele Desinfektionsmittel stark umweltgefährdend sind, ist bei der Auswahl geeigneter Mittel der Umweltschutz und die gefahrlose Handhabung der Desinfektionslösungen von entscheidender Bedeutung.

In Abb. 6.44 ist die Toxizität (Leuchtbakterientest) des unbehandelten und des erfolgreich desinfizierten Sickerwassers wiedergegeben. Solange noch eine erhöhte Konzentration an Desinfektionsmitteln im Sickerwasser vorhanden ist, ist die Giftigkeit dieser Sickerwässer gegenüber dem unbehandelten Sickerwasser stark erhöht. Die Giftigkeit der mit Benzalkoniumchlorid (10%ige Lsg.) behandelten Probe ist beispielsweise um den Faktor 460 erhöht. Trotz der guten desinfizierenden Wirkung des Präparates ist sein Einsatz wegen der lang anhaltenden hohen Toxizität des behandelten Sickerwassers (Benzalkoniumchlorid reagiert nur sehr langsam ab) aus ökologischen Gesichtspunkten nicht zu rechtfertigen.

Unter dem Gesichtspunkt der Umweltverträglichkeit schneiden Peroxide besonders gut ab. Neben ihrer guten desinfizierenden Wirkung (s. Abb. 6.42 und 6.43) haben sie den Vorteil, daß sie mit Sickerwasserinhaltsstoffen schnell weiter reagieren (naßchemische Oxidation des Sickerwassers). Werden sie in der richtigen Konzentration eingesetzt, so haben sie eine ausreichende desinfizierende Wirkung und zerfallen nach kurzer Zeit in ungiftige Produkte (z. B. H_2O, O_2). Die so behandelten Sickerwässer haben dann eine gleiche oder sogar eine etwas geringere Toxizität als die nicht behandelten Sickerwässer (vgl. Abb. 6.44, "Blind" und die mit "X" gekennzeichneten Proben). Die Neutralisation der Peroxide kann bei einer Überdosierung mit Sickerwasser erfolgen und leicht mit Hilfe eines Teststäbchens verfolgt werden.

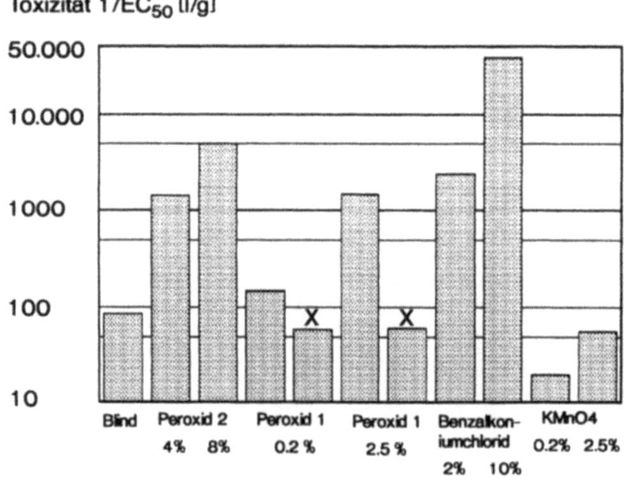

Abb. 6.44. Toxizität eines hoch belasteten Sickerwassers vor (Blind) und nach der Desinfektion (X: Toxizität nach Neutralisation des Desinfektionsmittels)

3.3   Erprobung der Pflege- und Sanierungsmaßnahmen im Säulenversuch

Die Laborexperimente zeigen, daß Inkrustationen aus Abfalldeponien rückgelöst werden können und die für die Bildung der Inkrustationen verantwortlichen Mikroorganismen unter deponieähnlichen Bedingungen abgetötet werden können. Auf der Basis dieser beiden Ergebnisse wurden Pflege- und Sanierungsmaßnahmen für Deponieentwässerungssysteme konzipiert und im Säulenversuch erprobt.

In die Versuchssäulen (Höhe ca. 100 cm, Durchmesser ca. 20 cm) wurde eine ca. 30 cm starke Drainschicht (8/16er Kies) eingebaut. Über dieser befand sich eine ca. 20 cm starke Kompostschicht. Über einen Zeitraum von 18 Monaten wurden die Versuchssäulen kontinuierlich mit einem Sickerwasser aus der sauren Gärungsphase einer Hausmülldeponie beschickt [Kennwerte: CSB 20.000 - 50.000 mg/l; BSB_5 15.000 - 40.000 mg/l; pH 5,9 - 6,2; Calcium 3.000 - 4.000 mg/l; Eisen 100 - 400 mg/l, Flächenbelastung ca. 300 l/($m^2 \cdot$ d)]. Unter den gewählten Versuchsbedingungen (mit einer hohen organischen und anorganischen Sickerwasserfracht) lag in den Säulen ein sehr hohes Inkrustationspotential vor.

In Abb. 6.45 ist das Ausmaß der Inkrustationen (im Drainkies der Versuchssäulen) am Ende der Langzeitexperimente aufgezeigt. Der Anteil der gravimetrisch erfaßten inkrustierten Bereiche (große verbackene Kiesbrocken) wird hier leicht unterschätzt, da beim Säulenausbau immer inkrustierte Kiesbrocken zerbrochen wurden. So ließ sich die inkrustierte Kiesschicht der Säule 1 (nicht behandelte Blindsäule) nur unter Anwendung grober Gewalt herausbrechen.

Die Ergebnisse in Abb. 6.45 zeigen deutlich, daß durch eine wiederholte Pflege des Dränkieses (Rücklösen und Desinfizieren) die Drainschicht von massiven Inkrustationen freigehalten werden kann. Die Funktion der Entwässerungsschicht ließ sich im Säulenversuch erhalten. Die nicht behandelte Säule 1 (Blindprobe) ist während des gleichen Zeitraums bei gleichen Versuchsbedingungen mind. zu 80 % inkrustiert.

Welchen Einfluß Pflegemaßnahmen auf die Inkrustationsbildung haben, läßt sich der Abb. 6.46 entnehmen. In den Versuchssäulen V4 und V5 konnte nach der Pflegemaßnahme keine Aktivität von Methanbakterien mehr festgestellt werden. Die für die Bildung carbonatischer Inkrustationen verantwortlichen Methanbakterien konnten zumindest im Säulenversuch quantitativ unterdrückt werden.

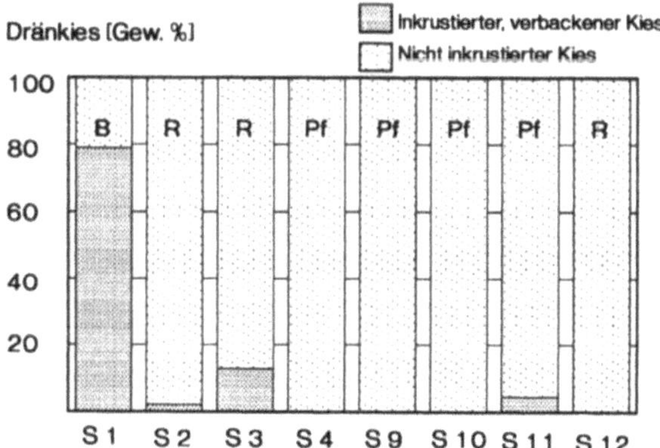

Abb. 6.45. Ausmaß der Inkrustation im Drainkies der Säulen am Ende der Versuchsphase (Pf: Säulen mit Pflegeprogramm wie Rücklösung und Desinfektion; R: Rücklösung vor dem Ausbau der Säule; B: Blindsäule, keine Behandlung)

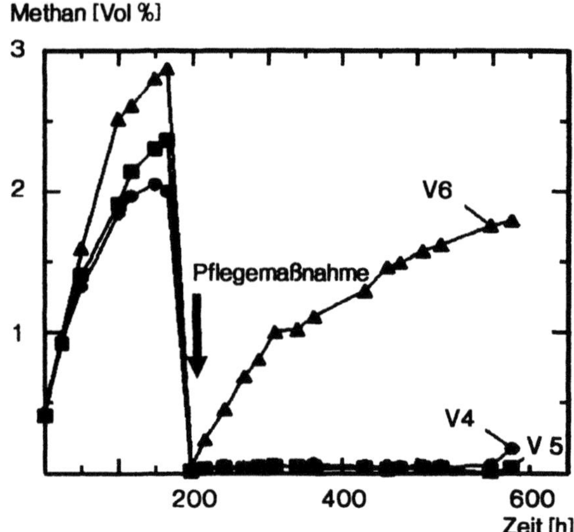

Abb. 6.46. Aktivität von Methanbakterien in einer Drainschicht vor und nach einer Pflegemaßnahme in Versuchssäulen (gemessen als Methanproduktion)
(Rücklösung: 1 N Säure, 30 min; Desinfektion: 30 min: V4 mit 0,8% Peressigsäure, V5 mit 2,5% Peressigsäure, V6 als Nullprobe)

3.4 Zusammenfassende Bewertung der Pflege- und Sanierungsmaßnahmen

In Laborexperimenten hat sich gezeigt, daß feste Inkrustationen, wie sie in Abfalldeponien
vorkommen (und zum Versagen der Entwässerungsschicht führen), rückgelöst werden können
und sich die Entwässerungsfunktion des Drainkieses (zumindest in Säulenexperimenten)
durch regelmäßige Pflegemaßnahmen erhalten läßt.

Für das Auflösen von Inkrustationen eignen sich verschiedene anorganische und organische
Säuren, wobei die Säuren auch in schwacher Konzentration eingesetzt werden können.
Zwischen der Menge an rückgelösten Inkrustationen und der Konzentration der eingesetzten
Säure besteht ein nahezu stöchiometrisches Verhältnis.

Da mit kleinem Oberflächen-/Volumenverhältnis (große Inkrustationsbrocken) die Auflösungskinetik langsamer verläuft, sollten Rücklösemaßnahmen (sofern sie sich auf die Deponie übertragen lassen) in regelmäßigen Abständen erfolgen (Pflege des Drainsystems), bevor
sich große Aggregate von Inkrustationen gebildet haben. Prinzipiell lassen sich aber auch
massive Inkrustationen rücklösen.

Die Neubildung von Inkrustationen läßt sich durch Pflegemaßnahmen zeitlich verzögern. Wie
lange die Inkrustationsbildung durch Pflegemaßnahmen unter Deponiebedingungen unterdrückt werden kann, läßt sich z. Z. noch nicht genau sagen.

Beim Einsatz von Peroxiden als Desinfektionsmittel wird zusätzlich zur Desinfektion eine
positive Behandlung des Sickerwassers erreicht (naßchemische Oxidation des Sickerwassers).

Für die Übertragung der Ergebnisse auf die Deponie gilt generell, daß die Säuren und besonders die Desinfektionsmittel nicht überdosiert werden dürfen und eine komplette Neutralisation der eingesetzten Mittel erreicht werden muß. Neben den Gefahren durch nicht neutrali-

sierte Säuren und Desinfektionsmittel ist mit einer Gefährdung der Umwelt durch H_2S-haltiges Gas zu rechnen, das bei der Rücklösung von Inkrustationen in nicht unerheblichem Maße entsteht.

Bei der Übertragung der Ergebnisse auf die Deponie muß der Gefahr toxischer Emissionen besonders Rechnung getragen werden.

4   Beobachtungen zum Langzeitverhalten von Entwässerungssystemen

Ein weiterer Schwerpunkt im Rahmen der Laboruntersuchungen an Versuchssäulen war die Beobachtung des Langzeitverhaltens einer Entwässerungsschicht bei Beaufschlagung mit einem organisch gering belastetem Müllsickerwasser. Für diese Versuche wurde ebenfalls ein reales Deponiesickerwasser verwendet. Dieses entstammt einem Deponieabschnitt in der stabilen Methanphase (Kennwerte: CSB 3.000 - 4.000 mg/l; pH-Wert 7,6 - 7,8, BSB_5 200 - 500 mg/l; Calcium 100 - 150 mg/l; Eisen 10 - 20 mg/l). Zum Vergleich sollen hier nochmals die Werte des für die Rücklöseversuche verwendeten sauren, hochbelasteten Sickerwassers genannt werden: CSB 20.000 - 60.000 mg/l; pH-Wert 5,8 - 6,5; BSB_5 15,000 -45.000 mg/l; Calcium 3.000 - 4.000 mg/l; Eisen 100 - 400 mg/l. Es besteht also ein Konzentrationsunterschied von Faktor 10 - 100!

Mittels 4 Versuchssäulen, die alle mit dem beschriebenen gering belasteten Sickerwasser beschickt wurden, sollte untersucht werden, ob auch ein gering mit Organika, Calcium und Eisen (*Hauptbausteine* für Inkrustationen) belastetes Sickerwasser Inkrustationsprozesse verursacht. Untersuchungen, z. B. die von Ramke & Brune (1990a) hatten gezeigt, daß bei einer Deponie mit biologischer Vorbehandlung des Frischmülls (Rottedeponie Schwäbisch-Hall) in keiner Weise Inkrustationen festgestellt werden konnten. Durch die aerobe Behandlung des Abfalls vor der Deponierung wird in Schwäbisch-Hall die Sickerwasserbelastung auf der Deponie sehr deutlich gesenkt (CSB 500 - 2.000 mg/l; BSB_5 20 - 400 mg/l; pH-Wert 6,7 - 8,3; Calcium < 100 mg/l; Eisen < 10 mg/l). Diese Beobachtung sollte nun im Versuch nachvollzogen werden. Da kein Sickerwasser einer Rottedeponie zu bekommen war, wurde auf das von den Belastungswerten ähnliche Sickerwasser aus der stabilen Methanphase zurückgegriffen.

Folgende Fragestellungen standen im Vordergrund:

- Kommt es, unabhängig von der Sickerwasserbelastung, immer zu Inkrustationsprozessen?

- Wenn es immer zu Inkrustationsbildungen kommt, sind sie - in Abhängigkeit von der Sickerwasserbelastung - unterschiedlich in Beschaffenheit und Intensität?

- Wenn durch betriebstechnische Maßnahmen (z. B. eine Rotte) die Sickerwasserbelastung dauerhaft drastisch gesenkt wird, kann dann die Mindestkorngröße für das Entwässerungsmaterial deutlich geringer gewählt werden?

Für die Versuchssäulen wurden 2 unterschiedliche Korngrößen verwendet: Feinkies der Körnung 2/8 mm und Mittelsand der Körnung 0,2/2 mm. Es wurden also - entsprechend der obigen Fragestellung - wesentlich feinere Entwässerungsmaterialien verwendet als die gemäß TA Abfall (1991) und Niedersächsischem Dichtungserlaß (1988) vorgeschriebenen 16/32 mm Korngrößen.

Die Versuchssäulen werden bis jetzt seit etwa 2 Jahren betrieben und sollen auch noch weitere Jahre laufen, um ausgeprägte Langzeitergebnisse zu bekommen. Bis jetzt lassen sich folgende Beobachtungen festhalten:

- Die Säulen im Mittelsand als Entwässerungsmaterial sind auch bei niedrig belastetem Sickerwasser ungeeignet. Infolge des sich einstellenden Bakterienwachstums werden die kleinvolumigen Porenräume des Sandes relativ schnell verstopft, das Sickerwasser staut sich daraufhin auf. Nach Unterbrechung der Sickerwasserzufuhr fließt das aufgestaute Sickerwasser nur sehr langsam ab, je nach aufgestautem Volumen dauert dies Tage bis Wochen. Die immer länger dauernden Abflußzeiten deuten darauf hin, daß auch Inkrustationsprozesse in geringem Ausmaß stattgefunden haben. Damit ist davon auszugehen, daß ein derartig feines Entwässerungsmaterial durch Bakterienwachstum und Inkrustierungen in jedem Fall wasserstauend wirkt

Das bedeutet für alle älteren Deponien, deren Entwässerungssysteme mit Sand gebaut wurden, daß - ganz gleich, welche Sickerwasserbelastung dort vorliegt - mit erheblichem Sickerwassereinstau, sofern nicht schon vorhanden, zu rechnen ist!

- Der verwendete Feinkies ist nach 2 Jahren Laufzeit immer noch gut durchlässig, ein Einstau konnte auch bei verstärkter Sickerwasserbeaufschlagung nicht festgestellt werden. Die Milieubedingungen für Inkrustationsprozesse sind auch in diesen Versuchssäulen gegeben. Der im Vergleich zum Sand wesentlich größere Porendurchmesser sorgt hier aber dafür, daß durch die Bakterienpopulation keine Abflußbehinderung entstehen. Rein visuell ließen sich auch beim Ausbau einer der beiden Kiessäulen keine Ablagerungen, wohl aber Bakterienschleim erkennen

Als Gegenstück zu den gering belastet betriebenen Säulen wurde im gleichen Zeitraum eine Säule mit dem gleichen Feinkies 2/8 mm mit hochbelastetem Sickerwasser beschickt, was zu einer Inkrustierung und Bakterienverschleimung des Kieses in nur 3 Monaten und damit zur fast vollständigen Wasserundurchlässigkeit mit entsprechendem Sickerwassereinstau führte.

Das zeigt, daß der Feinkies 2/8 mm, wie er 1992 in der neugefaßten DIN 19 667 noch als Entwässerungsmaterial empfohlen wird, für die Abführung von stark belastetem Sickerwasser nicht geeignet ist (s. Turk 1992).

Nach den bisherigen Beobachtungen ist es gut vorstellbar, daß Feinkies über lange Jahre hinweg gering belastetes Sickerwasser z. B. einer Rottedeponie abführen kann, ohne auf die Dauer nennenswert inkrustiert zu werden. Der fortgeführte Betrieb der verbliebenen Kiessäule unter verstärkter Sickerwasserbeaufschlagung wird darüber Gewißheit vermitteln.

Als Fazit der Arbeiten zum Langzeitverhalten von Entwässerungssystemen kann folgendes festgehalten werden:

- Inkrustationsprozesse finden nicht nur bei hochbelastetem Sickerwasser, sondern auch bei geringer belastetem Sickerwasser statt; je geringer die Belastung des Sickerwassers ist, desto geringer ist auch die Intensität der Verkrustungsvorgänge

- Besteht die Flächenentwässerung aus sandigem Material, ist in jedem Fall mit Sickerwassereinstau zu rechnen; angesichts der jahrzehntelangen Aktivität einer *anaeroben Reaktordeponie* muß auch auf Dauer ein genügend großer Porenraum bzw. Porendurchmesser im Entwässerungsmaterial verfügbar sein

Es ist damit nicht nur die Konzentration von Stoffen im Sickerwasser, sondern auch die Einwirkzeit (Zeitraum, über den belastetes Sickerwasser anfällt) des Sickerwassers auf das Drainmaterial zu beachten.

Angesichts der Ergebnisse aus den hier vorgestellten Laborversuchen zu den Themen *Pflege-maßnahmen von Entwässerungssystemen* und dem *Langzeitverhalten unter niedriger Sicker-wasserbelastung* lassen sich folgende Empfehlungen für die Praxis ableiten:

- Der einfachste Weg, die Funktion des Deponieentwässerungssystems aufrecht zu erhalten, ist die konsequente biologische Vorbehandlung des Abfalls. Auf diese Weise wird der Organikanteil erheblich gesenkt und damit die saure Deponiephase verhindert. Dies wiederum hat zur Folge, daß kein saures Sickerwasser entsteht und damit auch nur geringe Mengen an Calcium und Eisen in Lösung gehen. Für die auf den Körnern des Drainmaterials sitzenden Bakterien wird damit die Möglichkeit zur Inkrustationsbildung auf zweierlei Weise drastisch verringert:

  a) Mangels organischer Säuren im Sickerwasser wird den Mikroorganismen die Nahrung erheblich gekürzt und als Folge davon ist deren Vermehrung und Stoffwechselaktivität nur noch gering

  b) Ebenfalls mangels organischer Säuren sind weniger Minerale im Sickerwasser gelöst, die von den Bakterien zum Aufbau der Verkrustungen verwendet werden können

Die biologische Vorbehandlung in Form einer Rotte des Abfalls vor dessen Deponierung ist in Anbetracht der hier vorgestellten Versuche mit gering belastetem Sickerwasser und der Erfahrungen aus Schwäbisch-Hall (Mietenrotte mit Kaminzugverfahren nach Spillmann & Collins 1984) als wirksame Methode anzusehen, um Inkrustationsvorgänge im Entwässerungssystem von Deponien fester Siedlungsabfälle sehr gering zu halten und die Entwässerungsleistung dauerhaft aufrecht zu erhalten. Neben anderen positiven Auswirkungen auf den Deponiebetrieb, die mit einer biologischen Abfallbehandlung zu erzielen sind, läßt sich hiermit eine vorbeugende und bei schon vorhandenen Inkrustierungen im Drainsystem eine deutlich inkrustierungsreduzierende Wirkung erzielen. Die Rücklösung von Inkrustationen ist zwar möglich, aber mit erheblichem Aufwand und umfangreichen Nebenwirkungen verbunden.

Um sich von vornherein Ärger (Sickerwassereinstau, Sanierungsmaßnahmen, Pflegearbeiten am Drainsystem etc.) und Kosten zu sparen bzw. gering zu halten, sollte eine konsequente biologische Abfallbehandlung vor der Deponierung durchgeführt werden (s. auch Empfehlung von Ramke & Brune 1990b). Damit ist auch die Möglichkeit in Sicht, beim Neubau von Deponieschüttfeldern geringere Korngrößen für die Entwässerungsschicht zuzulassen. Das erscheint angesichts des immer schwerer und teurer zu beschaffenden Grobkieses 16/32 eine interessante Alternative. Voraussetzung für eine Korngrößenreduzierung kann aber nur eine dauerhaft gut durchgeführte biologische Behandlung sein.

5   Untersuchungen von Monodeponien

Im Rahmen des Forschungsvorhabens lag das Augenmerk auf 2 Typen von Monodeponien, von denen einige näher untersucht wurden. Bei diesen Monodeponien handelte es sich um Klärschlammonodeponien und MVA-Schlacke-/Aschedeponien. Da der größte Teil des in der Bundesrepublik anfallenden Klärschlammes angesichts der schlechten Abgabemöglichkeiten in die Landwirtschaft und der Umstrittenheit von thermischen Verfahren auch innerhalb der nächsten 1 - 2 Jahrzehnte deponiert werden wird, ist das Verhalten von Klärschlammdeponien von entsprechendem Interesse.

Müllverbrennungsschlackedeponien sind in ihrem Entwässerungsverhalten bisher kaum betrachtet worden. Im Zuge der Umsetzung der TA Siedlungsabfall (1993) kommt ihnen aber nun ein besonderes Interesse zu.

Oft bestehen beide Deponietypen aus mehreren Altkörpern, die unterschiedlich gut bzw. auch gar nicht gedichtet und entwässert werden. Zudem setzen sich die Ablagerungen auf den einzelnen Deponien oft sehr unterschiedlich zusammen, so daß ein Untersuchungsergebnis, viel mehr als bei Hausmülldeponien, im Zusammenhang mit der Art und den Umständen der Ablagerung gesehen werden muß. Darüber hinaus ist noch anzumerken, daß die Betreiber der Monodeponien in den meisten Fällen sehr sensibel reagierten, wenn ihre Deponie untersucht werden sollte.

5.1   MVA-Schlacke- und Aschedeponien

Von diesem Typus konnten 3 Deponien näher untersucht werden. Alle drei waren jeweils sehr unterschiedlich bezüglich der abgelagerten Stoffe, des Alters und der Deponieform. Es handelte sich hierbei um eine neuangelegte max. 2 Jahre alte Flugaschedeponie, die sich z. T. noch im Bau befand, dann um eine teilweise über 10 Jahre alte Schlackeablagerung auf einer Hausmülldeponie (in einer sog. *Monoecke*) und um eine etwa 20 Jahre alte Deponie mit einem Schlacke-Flugasche-Filterstaubgemisch (Altbereich, kein Entwässerungssystem) bzw. einem Schlacke-Flugasche-Gemisch (Neubereich, mit Entwässerungssystem). Alle Deponien wiesen ein Sickerwasser auf, das gering organisch belastet war (CSB 400 - 500 mg/l; BSB_5 10 mg/l). Im Falle der 20 Jahre alten Deponie konnte in einem am Fuß der Halde angelegten Ringgraben ein stark eisenhaltiges (intensive Ockerfärbung) Oberflächensickerwassergemisch beobachtet werden. Es konnte in allen 3 Fällen keine Inkrustationsbildung, die durch mikrobiologische Aktivität verursacht wird, entdeckt werden. Dies beruht ganz offensichtlich auf dem Umstand, daß die in den Verbrennungsrückständen noch vorhandenen Organika (Glühverlust 10 - 20 Gew.-%) nur schwerlöslich und schlecht abbaubar sind und die Mikroorganismen dementsprechend ungünstige Lebensbedingungen (keine Nahrung) vorfinden. Bei der genannten 20 Jahre alten MVA-Schlackedeponie (bislang wurden ca. 1 Mio. t Schlacke und 45.000 t Filterstäube aus der Walzenrostfeuerung abgelagert) konnten allerdings physikalisch/chemisch bedingte Verkrustungen der Drainrohre anhand eines Videofilms aus der Kamerabefahrung nach der Spülung der Sammler beobachtet werden (Abb. 6.47-6.49).

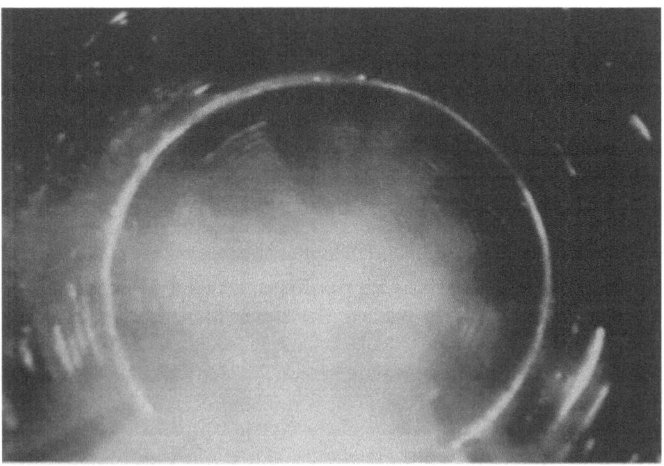

Abb. 6.47. Dampfschwaden in einem Sickerwassersammler

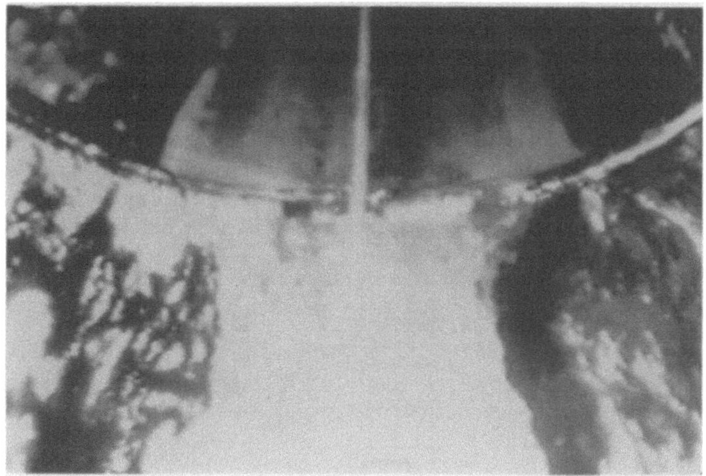

Abb. 6.48.   Reste von Salzverkrustungen nach der Rohrspülung

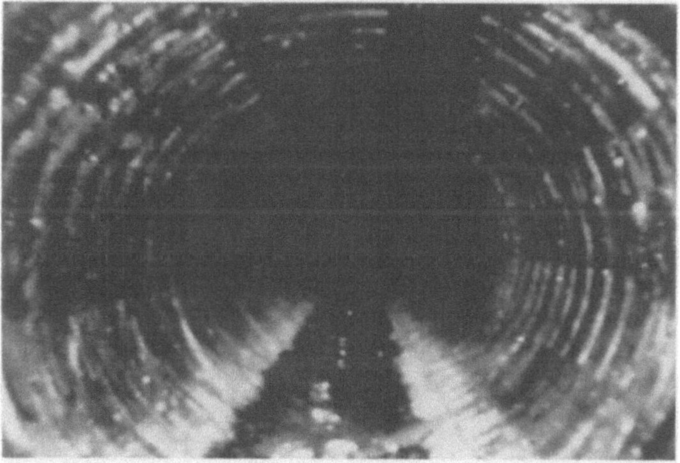

Abb. 6.49.   Durch Temperatur und Auflast deformierter PE-Sammler

Bei den Verkrustungen handelt es sich in erheblichem Ausmaß um Salzkristallisierungen aus dem Deponiesickerwasser. Aufgrund der im Deponiekörper herrschenden Temperaturen über 90 °C (eine Folge von Oxidationsprozessen und Wärmestau, Deponiehöhe über 20 m) erfolgt die Verdampfung des Sickerwassers (s. Dampfschwaden im Entwässerungsrohr auf Abb. 6.47) und Auskristallisierung der im Sickerwasser gelösten Salze. Da nur der neue Deponieabschnitt über ein Entwässerungssystem verfügt und hier keine Filterstäube mehr abgelagert werden, müssen diese als Verursacher der Salzverkrustungen ausgeschlossen werden. Die Salzbelastung des Sickerwassers resultiert hauptsächlich aus Chlorid (3.000 mg/l) und Sulfat (2.000 mg/l), die elektr. Leitfähigkeit liegt bei 7.000 - 8.000 µS/cm.

Während das Eluat der Schlacke vor dem Einbau in die Deponie nur Cl-Konzentrationen von max. 70 mg/l und eine elektr. Leitfähigkeit von gut 1.000 µS/cm aufweist, erhöht sich die Salzkonzentration des Sickerwassers bei Temperaturen um 90 °C im Deponiekörper doch sehr deutlich. Bislang ist es im Rahmen der in Halbjahresintervallen durchgeführten Spülaktionen möglich, die Rohre weitgehend von den Salzverkrustungen zu befreien, der Zustand der Flächendrainage ist aber unbekannt. Wenigstens die im Deponiekörper installierten Gaspegel weisen ein zu 100 % wassergesättigtes Gas auf, was zumindest lokale Sickerwassereinstauungen nicht unwahrscheinlich erscheinen läßt. Die Hangquellen im Bereich der Haldenböschungen stützen diese Vermutung. Abbildung 6.50 zeigt den Regelquerschnitt eines Entwässerungssammlers.

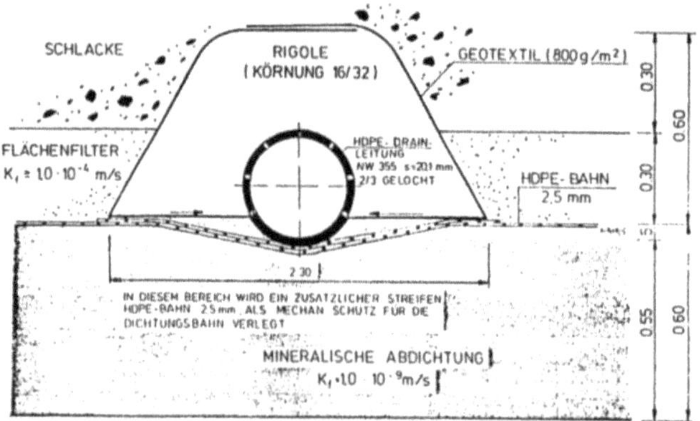

Abb. 6.50. Regelquerschnitt eines Sickerwassersammlers in einer MVA-Schlackedeponie

Der feinkörnige Flächenfilter dürfte seine Entwässerungswirkung mittlerweile weitgehend verloren haben. Das Geotextil über der Kiesrigole wird wahrscheinlich ebenfalls salzverkrustet und entsprechend gering wasserdurchlässig sein. Wie auf den Fotos zu sehen ist, ist die Deformation der 2 cm dicken PEHD-Rohre infolge Temperatur und Auflast beträchtlich.

Fazit: Da das neue Schüttfeld der Deponie erst seit etwa 8 Jahren in Betrieb ist und die Salzverkrustungen in dieser Zeit stellenweise in den Rohren ein nicht unerhebliches Ausmaß erreicht haben, ist zu erwarten, daß auch die Flächenentwässerung in Mitleidenschaft gezogen wurde. Die Eluate der Schlacke sagen relativ wenig über das Auslaugverhalten des Materials bei dauerhaften Temperaturen von 80 - 90 °C und das Einsetzen von Oxidationsvorgängen (Organik und Metalle) im Deponiekörper aus. Somit sollte bei der Anlage von neuen Schüttfeldern für MVA-Schlacke im Sinne einer dauerhaften Funktion des Deponieentwässerungssystems besonders darauf geachtet werden, daß das Drainsystem möglichst Rohre mit großen Eintrittsöffnungen aufweist. Außerdem sollte geprüft werden, ob angesichts der möglichen hohen Temperaturen im Entwässerungssystem PEHD-Rohre überhaupt verwendet werden sollten (Verformung, Stabilität). Gleiches gilt für eine Dichtungsbahn aus PEHD und die austrocknungsempfindliche Tonabdichtung.

Ebenfalls von Wichtigkeit ist die Wahl eines grobkörnigen Materials für die Flächenentwässerung, also mindestens 16/32 mm, da nicht bekannt ist, wie lange der Auslaugprozeß in einer hohen und mehrere Jahrzehnte alten Deponiehalde für MVA-Schlacke und -asche anhält und so über diesen Zeitraum erhebliche Salzverkrustungen entstehen können. Große Porendurchmesser beim Drainmaterial sind hierbei von wesentlicher Bedeutung für die Erhaltung der Funktionsfähigkeit eines solchen Belastungen ausgesetzten Entwässerungssystems. Darüber hinaus ist von der Verwendung von Geotextilien bzw. Vliesen über dem Drainmaterial abzuraten. Inwiefern sich die Salzverkrustungen u. U. von selbst irgendwann einmal zurücklösen können, ist z. Z. noch völlig unklar. Auf jeden Fall kann der zu deponierende Rest aus Walzenrostfeuerungsanlagen wegen der wohl nicht verhinderbaren Metalloxidation nicht im Sinne der TA Siedlungsabfall (1993) als reaktionsarmes oder gar reaktionsfreies Material (s. auch die ermittelten Glühverluste!) gelten.

5.2 Klärschlammdeponien

Im Rahmen ihrer Untersuchungen von Entwässerungssystemen von Hausmülldeponien betrachteten Ramke & Brune (1990a) ein Klärschlammzwischenlager auf dem Gelände der Zentraldeponie Hannover-Altwarmbüchen. Im Zuge der Arbeiten zur Wiederaufnahme der Zwischenlagermiete konnten sie das Entwässerungssystem untersuchen und stießen auf große inkrustierte Flächen in der Entwässerungsschicht. Diese Inkrustationen waren im Gegensatz zu den braungefärbten (Eisen-) Inkrustationen von Hausmülldeponien weißlich, offensichtlich eine Folge des hohen Kalkanteils im abgelagerten Klärschlamm. Da fast alle Klärschlämme aus einbautechnischen Gründen vor der Deponierung mit großen Mengen Kalk oder kalkhaltigen Mitteln konditioniert werden, mußten ähnliche Verkrustungsprozesse im Entwässerungssystem anderer Klärschlammdeponien erwartet werden. Insgesamt wurden 6 Anlagen untersucht. Diese Schlammdeponien wiesen ebenfalls sehr unterschiedliche Bauformen und Betriebsweisen auf. Drei verschiedene Typen lassen sich unterscheiden:

- Teiche

- Halden

- Becken, teils haldenförmig aufgefüllt

Die erste Form ist überwiegend in Norddeutschland zu finden, wohl wegen des großen Flächenbedarfs und vielleicht auch aus topographischen Gründen.

Derartige Teiche werden mit Flüssigschlamm gefüllt, die Feststoffe sinken mit der Zeit zu Boden und verdichten sich dort. Ein Entwässerungssystem gibt es, bedingt durch die Betriebsweise (Verdunstung und Verregnung des Überstandswassers), nicht. Teilweise wird eine Kontroll- bzw. Sicherheitsdrainage unter die Teiche gelegt, die die Selbstabdichtung der Teiche überprüfen soll. Da jedoch Deponien mit Flächenentwässerung das Untersuchungsziel darstellen sollten, wurden die Teichdeponien, ungeachtet ihrer relativen Häufigkeit, nicht weiter untersucht. Die übrigen 4 untersuchten Schlammdeponien teilen sich in 2 reine Haldendeponien und 2 Beckendeponien auf. Diese Deponien verfügen alle, zumindest in Teilbereichen, über ein Entwässerungssystem, bestehend aus einer Flächenentwässerung und Sammelrohren. Die Konstruktion dieser Systeme ist sehr unterschiedlich, sowohl hinsichtlich der Bauform und der Abmessungen als auch hinsichtlich der verwendeten Materialien.

So wies die bei weitem größte Deponie mit einer Schlammächtigkeit von bis zu 30 m nur in Teilbereichen ein Entwässerungssystem auf. Hier wurde bis vor kurzem mit erheblichem Bau- und Kostenaufwand versucht, das Versäumte nachzuholen.

Die Flächenentwässerung der Schlammdeponien weist nahezu alle möglichen Korngrößen und -abstufungen auf; die Sammelrohre sind in den verschiedensten Anordnungen und aus Materialien wie PVC, PEHD, Steinzeug oder Beton hergestellt. Auch die Rohrdurchmesser differieren zwischen 100 und 200 mm.

Als Gemeinsamkeit weisen alle Deponien ein Trennvlies über der Flächenentwässerung auf, welches das Eindringen von Schlammteilchen in die Entwässerungsschicht verhindern soll. Solch ein Trennvlies über der Drainschicht erwies sich bei der Überprüfung der Entwässerungssysteme von Hausmülldeponien immer wieder als Schwachpunkt des Systems, da hier, bedingt durch die sehr geringe Porengröße eines solchen Vlieses, relativ schnell eine völlige Inkrustierung und damit die Undurchlässigkeit des Vlieses einherging (Brune et al. 1991). Anhand der Analyse der Sickerwasser- und Gasproben sowie der Keimzahlbestimmung für die Sickerwässer konnte festgestellt werden, daß bei allen hier untersuchten Schlammdeponien gute Milieubedingungen für Mikroorganismen vorhanden waren (CSB 2.000 - 28.000 mg/l; pH 7,5 - 7,8; BSB_5 300 - 21.000 mg/l; Calcium 100 - 500 mg/l; Methangasproduktion).

Alle untersuchten Schlammdeponien wiesen im Sickerwasser einen in etwa neutralen pH-Wert auf, obwohl die Eluate des Schlammes beim Einbau (Unterlagen der Deponiebetreiber), bedingt durch die Konditionierungsmittel Kalk und/oder Asche oder auch Zement, einen pH-Wert von 12,0 und höher aufwiesen.

Gutachten, die dem eingelagerten Schlamm aufgrund des hohen Kalkgehaltes bestätigen, daß dieser praktisch für immer *biologisch tot* sei, erwiesen sich als zu voreilig, da auf allen 4 untersuchten Deponien, vorzugsweise im Entwässerungssystem und dem angrenzenden Schlammbereich, erhebliche Aktivität von Mikroorganismen nachweisbar war. Abbildung 6.51 zeigt die im Sickerwasser von Klärschlammdeponien ermittelten Keimzahlen im Vergleich zu denen eines Hausmüllsickerwassers. Es ist deutlich zu erkennen, daß sich die Sickerwässer beider Deponietypen bezüglich des biologischen Belebungsgrades gleichen.

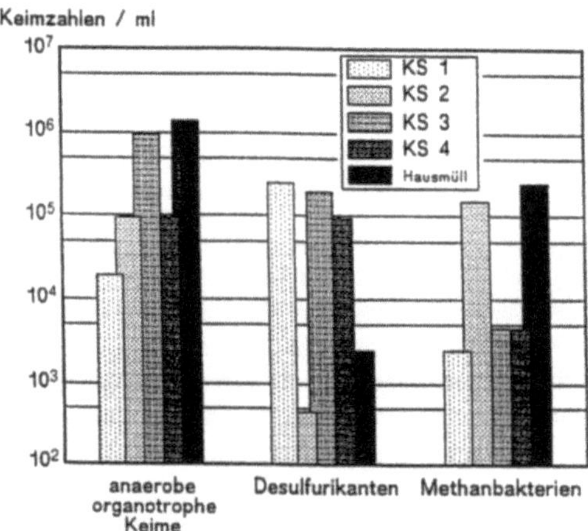

Abb. 6.51. Keimzahlen im Sickerwasser von Hausmüll- und Klärschlammdeponien

Zwei der 4 hier befragten Betreiber bestätigen, z. T. erhebliche Inkrustationsprozesse in ihren Deponierohren gefunden zu haben.

Es wurde allerdings kein Spülgut aufbewahrt, so daß hier keine Proben dieses Materials zur Untersuchung zur Verfügung standen. Die übrigen beiden Betreiber hatten noch keine Inkrustationen auf ihren Deponien entdecken können, gaben aber auch an, noch keine Kamerabefahrung der Entwässerungsrohre durchgeführt zu haben.

5.2.1 Aufgrabung des Drainsystems einer Klärschlammdeponie

Die Grabungsarbeiten fanden im November 1992 statt. Als weitaus kostengünstigste Möglichkeit durch die max. 8 m dicke Schlammablagerung zur Flächenentwässerung vorzustoßen, erwies sich das Absenken von Betonschachtringen mit einem Durchmesser von 2,5 m. Die untersuchbare Grundfläche beschränkte sich dadurch auf knapp 5 m². Die Arbeiten erwiesen sich in ihrem Schwierigkeitsgrad als schlecht vorhersagbar. Der eingebaute Schlamm hat generell eine sehr feste Struktur, da auf der Deponie durch entsprechend starke Konditionierung mit Kalk Trockensubstanzgehalte von 42 - 45 Gew.-% eingestellt werden. Der sorgfältige Einbau des Schlammes trägt ebenso dazu bei, daß der Schlamm im oberen Ablagerungsbereich der Deponie einen recht standfesten Eindruck macht.

In unteren Schlammschichten bestand aber auch die Gefahr, infolge sehr flüssig angelieferter Klärschlämme auf breiige Konsistenzen zu stoßen. Die ausgewählte Aufgrabungsstelle befindet sich im älteren Teil des Beckens mit einem Schlammalter von etwa 3 Jahren.

Die Grabung wurde direkt über dem Kreuzungspunkt von 2 Sammlern DN 200 aus PVC angesetzt. Am Ende des zweiten Arbeitstages konnte in gut 6 m Tiefe das Trennvlies zwischen Schlamm und Flächenentwässerung erreicht werden. Das Vlies war feucht, aber an der Oberfläche nicht weiter beeinträchtigt. Auf der Unterseite jedoch, die der Flächenentwässerung zugewandt ist, waren fast flächig festgeklebte Kiesel des Dränmaterials (Körnung etwa 4 - 32 mm) festzustellen und direkt unter dem Geotextil vereinzelt bis zu faustgroße Brocken von verklebten bzw. verkrustetem Kies entnehmbar. Nach dem Abtragen der etwa 40 cm dicken Kiesschicht konnte der Sammlerkreuzungspunkt freigelegt werden. Die Rohre lagen bis zur Hälfte ihres Durchmessers im Sickerwasser, das aber nur unwesentlich über die Rohre abfloß.

Es stellte sich heraus, daß der direkt auf dem Geotextil, welches als Schutzvlies für die darunterliegende Tondichtung aufgebracht ist, liegende Entwässerungskies mit einer Dicke von über 5 cm flächig fest inkrustiert war. Der Drainsammler wurde dann zur besseren Inspektion in Form einer Halbschale aufgeschnitten. Das hatte zur Folge, daß das Sickerwasser aus dem Sammler in die Baugrube lief und für weitere Untersuchungen ständig Sickerwasser gepumpt werden mußte. Die Ursache für den Sickerwassereinstau im Sammler waren plattige Inkrustationsbrocken und Einschlämmungen, die die Wasserabfuhr im Sammler stark behinderten. Eine Kamerabefahrung dieses Sammlers war dementsprechend nicht möglich. Die naßchemische Analyse der Inkrustationen ergab, daß diese vom Aufbau denen aus Hausmülldeponien gleichen, aber bei Klärschlamminkrustationen der Kalkanteil höher und der Eisenanteil geringer ist. Im Anschluß an eine Spülung wurden die Rohre mit einer Kamera befahren.

Abbildung 6.52 zeigt eine Aufnahme von erheblichen Inkrustationen in einem Nebensammler, der rechtwinklig zu den Hauptsammlern liegt und nicht geprüft werden kann. Dieses Entwässerungsrohr ist nun funktionstüchtig.

Abbildung 6.53 zeigt Inkrustationen in einem Hauptsammler. An einem Rohr verspannten Fremdkörper (Draht o. ä.) hat sich eine feste Verkrustung gebildet, die nicht mehr lösbar ist und den weiteren Zugang des Sammlers zur Spülung oder Kamerabefahrung verhindert und somit diesen Sammler außer Gefecht setzt.

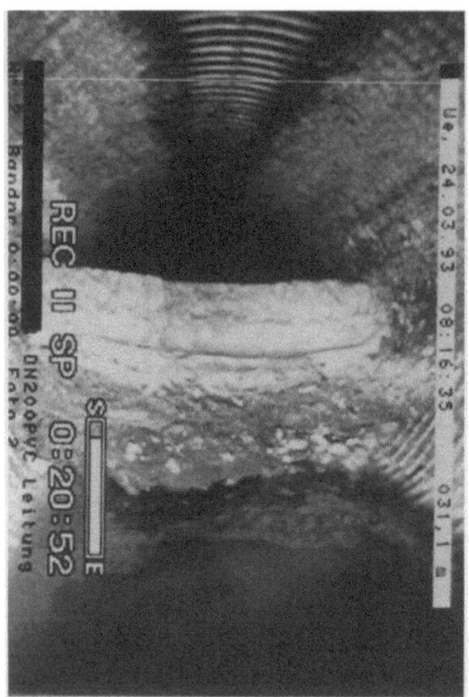

Abb. 6.52. Inkrustierter Nebensammler

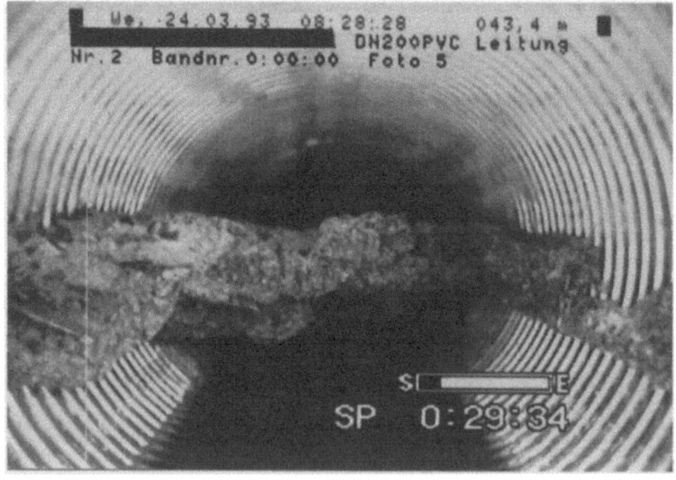

Abb. 6.53. Sperrwirkung durch verkrusteten Fremdkörper

Die Rohre sind zudem aufgrund ihrer Planung (Rohrkreuzungen, unterdimensionierte Spülleitungen) und nachlässigen Bauausführung (Hintereinanderreihung von T-Stücken anstelle von Rohrkreuzungen, nachlässige Rohrverlegung) nicht spülbar und sind als Entwässerungsrohre auf die Dauer verloren. Als Ergebnis dieser Aufgrabung läßt sich folgendes feststellen:

- Trotz der starken Kalkkonditionierung der eingebauten Klärschlämme (1 kg Kalk auf 1 kg TS Klärschlamm) war eine erhebliche Bakterienaktivität und eine entsprechende Methangasproduktion (30 Vol.-%) feststellbar

- Die Feuchtigkeit einer Schlammablagerung ist von wesentlicher Bedeutung für die Entwicklung und Aktivität der Mikroorganismen. Im Stauwasserbereich sind die Lebensbedingungen der für die Bildung von Inkrustationen verantwortlichen Bakterien günstig (unabhängig vom Kalkgehalt des eingebauten Schlammes)

- Trotz des geringen Ablagerungsalters von max. 3 Jahren konnten ausgeprägte Inkrustationen verschiedener Form entdeckt werden

- Es muß davon ausgegangen werden, daß die Bereiche der Deponie, in die Schlamm mit einem höheren Wassergehalt eingebaut wurde, noch stärker von Inkrustationen betroffen sind

- Die eingebauten Trenn- und Schutzvliese erwiesen sich als Ausgangspunkte für Inkrustationen

6 Zusammenfassung und Empfehlungen für die Praxis

Von Hausmülldeponien war durch Ramke & Brune (1990a) bekannt, daß durch von Mikroorganismen aufgebaute Ablagerungen, sog. Inkrustationen, die Entwässerungssysteme der Deponien funktionsuntüchtig werden können und somit Sickerwassereinstauungen von mehreren Metern im Deponiekörper entstehen. Im Rahmen der neuesten Untersuchungen konnte die Bildung von Inkrustationen auch im Entwässerungssystem von Monodeponien nachgewiesen werden. Die bei Klärschlammdeponien gefundenen Verkrustungen gleichen in Aufbau und biochemischen Mechanismus prinzipiell denen von Hausmülldeponien. Bei MVA-Schlackedeponien ermöglichte das abgelagerte Material keine biologisch induzierte Inkrustierungen, aber bedingt durch physikalisch-chemische Prozesse (Oxidation, Temperaturstau, Verdampfung) bildeten sich im Entwässerungssystem durch Auskristallisierung Salzverkrustungen in z. T. erheblichem Ausmaß.

Um das Entwässerungssystem funktionstüchtig zu erhalten und der Bildung von Inkrustationen entgegenzusteuern, gibt es sowohl Pflege- wie auch Deponiebetriebsmaßnahmen. Bisher bekannt und erprobt sind Spül- und Fräsarbeiten zum Reinigen der Entwässerungsrohre einer Deponie. Aufgrund der hier vorgestellten Untersuchungen ist nun auch die Rehabilitierung und Pflege des Drainmaterials um das Rohr herum vorstellbar; die praktische Anwendung muß hier noch gründlich vorbereitet werden.

Bei den betrieblichen Maßnahmen zur Vorbeugung und Minderung von Inkrustationen gilt zumindest für Hausmülldeponien, daß die biologische Abfallbehandlung hier das A und O ist. Bei der Deponierung von Klärschlämmen sollten möglichst kalkfreie Konditionierungsmittel (z. B. Polymere) verwendet werden und der Schlamm weitestgehend in der Schlammbehandlung auf der Kläranlage biologisch stabilisiert und mechanisch entwässert werden. Die Hemmung der biologischen Aktivität und Senkung des prozentualen Wassergehaltes durch *Aufkalken* (Erhöhung der Trockensubstanz) kann jedenfalls nicht die Lösung sein. Die Deponien für Müllverbrennungsschlacken werden weiterhin mit Salzverkrustungen im Entwässerungssystem leben müssen, sofern sich nicht der Ausbrand der Anlagen verbessert und Oxidationsreaktionen durch eine Schlackenachbehandlung (Vorwegnahme der Oxidationsprozesse) oder -aufbereitung (Metallentfernung) reduziert werden. Bei MVA-Schlacke- und Aschedeponien sollte deshalb zukünftig sehr viel Wert auf die thermische Beständigkeit der Dichtungs- und Entwässerungskomponenten gelegt werden.

Literatur

Brune, M. (1991): Ursachen für die Bildung fester und schlammiger Sedimente in Entwässerungssystemen von Hausmülldeponien. Dissertation an der naturwissenschaftlichen Fakultät der TU Braunschweig, Institut für Mikrobiologie, 1991

Brune, M.; Ramke, H.-G.; Collins, H.-J.; Hanert, H.-H. (1991): Incrustation processes in drainage systems of sanitary landfills. Third international landfill Symposium, Cagliary, CISA-Environmental sanitary engeneering centre, Cagliary, Sardinia, Italy

DVGW Merkblatt W 130 (1992): Die Brunnenregenerierung, April

Niedersächsischer Dichtungserlaß (1988): Abdichtung von Deponien für Siedlungsabfälle. Runderlaß des Ministeriums für Umwelt, Niedersächsisches Ministerialblatt Nr. 22

Ramke, H.-G.; Brune, M. (1990a): Untersuchungen zur Funktionsfähigkeit von Entwässerungsschichten in Deponiebasisabdichtungssystemen. Abschlußbericht zum Forschungsvorhaben FKZ BMFT 14504573, März

Ramke, H.-G.; Brune, M. (1990b): Ergebnisse der Untersuchungen zur Funktionsfähigkeit von Entwässerungssystemen bei Hausmülldeponien. Fortschritte der Deponietechnik, Haus der Technik, Essen

Spillmann, P.; Collins, H.-J. (1984): Die Verdoppelung der Nutzungsdauer kommunaler Abfalldeponien durch eine einfache Vorbehandlung der Abfälle. Müll und Abfall, Heft 14

TA Abfall (1991): Zweite allgemeine Verwaltungsvorschrift zum Abfallgesetz, Teil 1, Bekanntmachung des BMU, März

TA Siedlungsabfall (1993): Technische Anleitung zur Vermeidung, Verwertung, Behandlung und sonstigen Entsorgung von Siedlungsabfällen

Turk, M. (1992): Zur Mindestkorngröße der Entwässerungsschicht von Deponien. Wasser, Luft und Boden, Heft 6, S. 74 f

TU Berlin / Institut für Grundbau und Baubetrieb

Prof. Dr.-Ing. S. Savidis

BMBF-Verbundforschungsvorhaben
Weiterentwicklung von
Deponieabdichtungssystemen

Teilprojekt 18

Selbstheilungsvermögen mineralischer Dichtmassen hinsichtlich Durchlässigkeit in gestörten Dichtschichten / Dichtungssystemen an Deponien

Prof. Dr.-Ing. Stavros Savidis
Dipl.-Ing. Karl Mallwitz

Projektleitung:	Bundesanstalt für Materialforschung und -prüfung (BAM), Berlin
Projektträger:	Abfallwirtschaft und Altlastensanierung im Umweltbundesamt
Forschungsförderung:	Bundesministerium für Bildung, Wissenschaft, Forschung und Technologie
Förderkennzeichen	1440 569 A5 - 18

Berlin, Juli 1995

1   Einleitung

Im Deponiebau und in der Sicherung von Altlasten nehmen Dichtungssysteme eine zentrale Stellung ein, da diese die langfristige Aufgabe einer Schutzfunktion gegenüber Schadstoffaustrag in das System Boden - Grundwasser - Luft zu gewährleisten haben. Während in der Vergangenheit Deponien bei der Ablagerung von Abfällen im Rahmen der abfallwirtschaftlichen Entsorgungspraxis eher als Zwischenlager angesehen wurden, stellen Deponien heutzutage Endlager dar. Entsprechend hoch fallen die Anforderungen für Dichtungssysteme gemäß der TA Abfall und der TA Siedlungsabfall aus, bei denen die Kombinationsdichtung als Stand der Technik z. T. vorgeschrieben ist.

Mineralischen Dichtmassen als Systemkomponente in Abdichtungssystemen ist oftmals als vorteilhafte Eigenschaft die Fähigkeit der Selbstheilung zugesprochen worden. Unter Selbstheilung wird die Materialeigenschaft verstanden, bei Schädigung durch Risse diese wieder zu schließen, so daß die dem Dichtungssystem beigemessene Dichtwirkung langfristig erhalten bleibt. Die Selbstheilung ist ein Summenbegriff für einen Prozeß, der, wie das Wort impliziert, selbsttätig abläuft. In dieser Hinsicht kann die Selbstheilung als Kriterium der Beständigkeit aufgefaßt werden. In dieser Eigenschaft wird, u. a. neben dem Sorptionsvermögen der in der mineralischen Dichtmasse enthaltenen Tonminerale, der größte Vorteil ihrer Verwendung als Abdichtungsmaterial gesehen. Sowohl bei den rein mineralischen Abdichtungen als auch bei der Kombinationsdichtung spielt die Eigenschaft der Selbstheilung gleichermaßen eine große Rolle, einerseits um nicht mehr sichtbare Ausführungsfehler zu kompensieren, andererseits um der Gewißheit zu sein, daß auch nach Stillegung der Deponie im geologischen Zeitmaßstab, z. B. bei Oberflächensetzungen mit Rißbildung keine weiteren Wartungs- und Reparaturkosten anfallen.

Das vorliegend abgehandelte Thema der Selbstheilung ist den Oberbegriffen "Rißvermeidung" und "Langzeitbeständigkeit" zuzuordnen. Während andere Arbeiten der Frage der kritischen Verformung mit dem Ziel nachgehen, in Hinblick auf die Entwicklung von Bemessungsregeln, Grenzverformungszustände zu ermitteln, bei denen die Dichtigkeitsanforderungen aufrecht erhalten bleiben, ist bei vorliegender Arbeit die Kernfrage: Was passiert nach einem erfolgten Bruchzustand hinsichtlich der Durchlässigkeit? Dieser Aspekt nimmt eine zentrale Stellung in der Beurteilung von Sanierungsmaßnahmen bei Altlasten und Altdeponien ein, deren Schadenspotential, bedingt durch eine meist fehlende Müllvorbehandlung, im Vergleich zu demjenigen derzeitiger Neudeponien weit größer ist.

Ziel der Arbeit ist die Durchführung einer Grundsatzuntersuchung zu diesen Gesichtspunkten des Selbstheilungsvermögens. Der Lösungsansatz hierfür wird in Elementversuchen gesehen. So lassen sich hier unterschiedliche Rißtypen im Gegensatz zu den recht unbekannten Randbedingungen in der Natur in Elementversuchen unter definierten Randbedingungen untersuchen. So sind im Triaxialgerät Spannungszustände einstellbar, die denen während des Deponiebetriebes infolge Müllverfüllung ähnlich sind. Als wesentliche Rißtypen werden Risse infolge Biegezugbeanspruchung bei Setzungsvorgängen, d. h. Scher- und Trennbrüche sowie Trennfugen bei mangelndem Verbund zwischen den Dichtungslagen und eine Schädigung durch Trockenrisse angesehen (Savidis & Mallwitz 1991, 1992, 1993). Neben den Rißtypen und den äußeren Randbedingungen (Auflast) spielt die Materialauswahl ebenso eine wesentliche Rolle, da hierdurch die für eine Selbstheilung wesentlichen Größen, wie z. B. das Quellvermögen und die Plastizität durch Zugabe von hochquellfähigem Bentonit gezielt beeinflußt werden können. In Hinblick auf eine Übertragbarkeit auf die natürlichen Verhältnisse wurde hier ein breites Spektrum an tonigen Erdstoffen angestrebt, wohingegen andere Einflußfaktoren, wie z. B. die Kolmation, nicht zur Untersuchung gehören.

Das Forschungsvorhaben wurde an der Technischen Universität Berlin - Institut für Grundbau und Baubetrieb am Fachgebiet Grundbau- und Bodenmechanik durchgeführt.

2 Verwendete Materialien

Die im Deponiebau verwendeten Dichtungsmaterialien umfassen ein weites Spektrum an bindigen Erdstoffen und den darin enthaltenen Tonmineralen. Vorliegende Materialauswahl umfaßt den Bereich leichtplastischer (TL) bis hochplastischer Tone (TA). In Hinblick auf die Erfassung eines Spektrums an Tonmineralen in Dichtungsmaterialien wurde als eine Materialvariante Lößlehm gewählt. Die Plastizitätszahlen der Grundmaterialien sind in Abb. 6.54 dargestellt.

Durch die Verwendung von Böden mit vorherrschenden Tonmineralen eines Typs ist die Möglichkeit gegeben, Mechanismen auf strukturelle Eigenschaften zurückzuführen. Dies ist insbesondere zur Klärung der Wirkung von Vergütungsmitteln - hier Bentonit - auf die Selbstheilungseigenschaft des Dichtungsmaterials von Bedeutung. In diesem Zusammenhang wurde in vorliegender Untersuchung die Quellfähigkeit und Plastizität durch gezielte Zugabe von Bentonitmehl (Montigel F), mit einem sehr hohen Anteil an reinem Montmorillonit gesteuert.

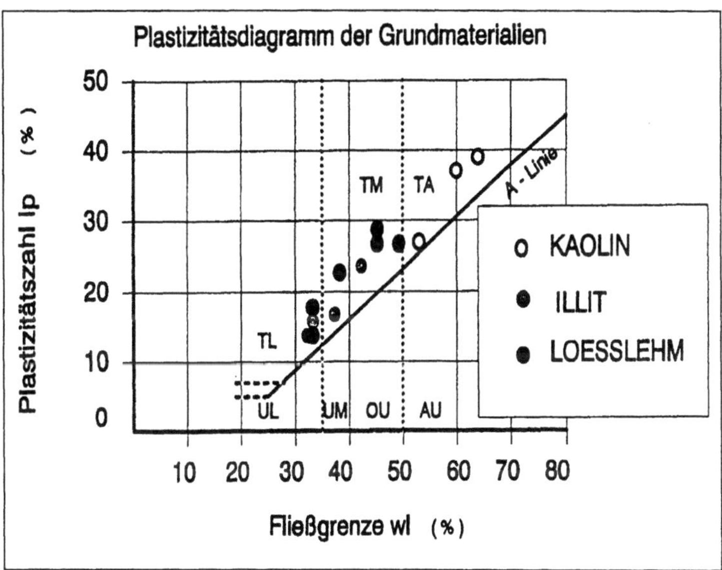

Abb. 6.54. Plastizitätsdiagramm der Grundmaterialien

In Hinblick auf die Eingrenzung des Untersuchungsumfanges wurde es vermieden, einen künstlichen Boden herzustellen, bei dem es u. a. allein um die Rezeptur eines Mineralgemisches (z. B. Bentonit und Sand) unter dem Aspekt der Dichtwirkung und Wirtschaftlichkeit geht, wie dies z. B. bei Bentokies gegeben ist.

Die Materialien wurden bodenphysikalisch, bodenmechanisch, darüber hinaus geochemisch und mineralogisch in Hinblick auf ihre Zusammensetzung am Institut für Geologie und Paläontologie der TU Berlin untersucht, so daß die wesentlichen Parameter (Tabelle 6.11, Abb. 6.55) wie chemische Bestandteile, die Kationenaustauschkapazität (KAK) und die mineralogische Zusammensetzung (Tabelle 6.12) bekannt sind.

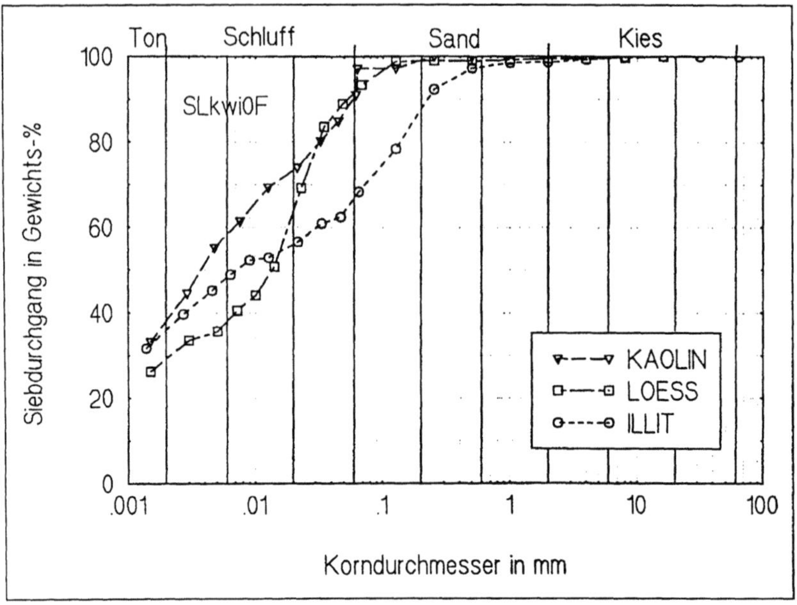

Abb. 6.55.   Körnungslinien der Grundmaterialien

Tabelle 6.11. Zusammenstellung der bodenphysikalischen Kennwerte der vergüteten und unvergüteten Bodenmaterialien. Hierbei stehen die Kennwerte für:

ρ_s Rohdichte, V_{Ca} Karbonatgehalt, V_{Gl} Glühverlust, w_s Schrumpfgrenze; SI Schrumpfindex, w_L Fließgrenze, w_p Ausrollgrenze, I_p Plastizitätszahl, w_A Wasseraufnahmevermögen, w_{opt} optimaler Wassergehalt, ρ_{pr} Proctordichte, I_A Aktivitätszahl, k Durchlässigkeitsbeiwert

Kennwerte		WOF	W2F	W3F	I0F	I1F	I2F	I3F	K0F
ρ_s	[g/cm³]	2,742	2,73	2,70	2.71	2.71	2.71	2.71	2.65
V_{Ca}	[%]	1.03	0.7	1,0	2.45	2.05	2.56	3.10	0.9
V_{Gl}	[%]	2,72	4,25	5,56	2.06	2.37	2.59	3.24	7.21
w_s	[%]	16.4	15.7	15.5	15.3	16.6	15.7	14.7	17.2
w_L	[%]	40.68	46.9	49.75	37.8	44.24	45.98	45.1	59.23
SI[a]	[%]	24.28	31.2	34.25	22,5	27,67	30,28	30,4	42.0
w_p	[%]	19	17	20	19.65	19.8	20.6	20.2	24.96
I_p	[%]	21.68	29.9	29.75	18.15	24.4	25.38	24.9	34.27
w_A	[%]	51.3	57.0	56.2	51	59.5	58.2	56.0	62.8
w_{opt}	[%]	18.4	18.7	19.1	17.4	18.0	19.0	18.7	21.0
ρ_{pr}	[g/cm³]	1.77	1.74	1.74	1.77	1.73	1.72	1.72	1.61
I_A	[-]	0.86	1.01	0.98	0.57	0.66	0.6	0.7	0.84
k	[m/s]	$2\cdot10^{-10}$	$3\cdot10^{-11}$	$3\cdot10^{-11}$	$5\cdot10^{-11}$	$7\cdot10^{-11}$	$4\cdot10^{-11}$	$4\cdot10^{-11}$	$8\cdot10^{-10}$

Materialbezeichnung: **W3F** $\Leftrightarrow$ **Wiernsheimer Loess mit 3 % Beimengung Montigel F**
[a] Die Werte für SI (Schrumpfindex) ergeben sich aus: $SI = w_L - w_s$

Tabelle 6.12. Mineralbestand der unvergüteten und vergüteten Grundmaterialien

Material	Mineralanteile (%)			
	Kaolinit	Illit	Smektit	Vermikulit
W0F01	24	36	16	24
W0F02	15,6	58,6	25,8	-
W0F03	15,9	56,8	27,3	-
W3F01	11,2	53,3	35,5	-
W3F02	11,3	54,8	33,9	-
K0F01	69,2	30,8	-	-
K0F02	71,8	28,2	-	-
I0F01	-	100	-	-
I0F02	-	100	-	-
I0F03	-	100	-	-
I3F01	-	86,7	13,3	-
I3F02	-	87,8	12,2	-
Montigel F	-	9,0	91,0	-

Materialbezeichnung: **I3F02** ⇔ Illit mit **3%** Beimengung Montigel **F**, Probe Nr. **02**
W ⇔ **Wiernsheimer Lößlehm, K** ⇔ **Kaolin, I** ⇔ **Illit**

Die Ergebnisse aus röntgendiffraktometrischen Untersuchungen weisen durchweg einen Illit mit einem ungewöhnlich hohen Reinheitsgrad aus. Die Zumischung von Montigel F macht sich in einem entsprechend der vorgesehenen Mischung von 3 % überhöhten Smektitanteil bemerkbar. Dem Kaolin wurde kein Bentonit beigemengt.

3 Untersuchungen der Schließung mechanischer Risse

Materialvarianten

Um den Einfluß des Anteils quellfähiger Tonminerale auf die Rißschließung zu untersuchen, wurden dem Lößlehm sowie dem Illit, Montigel F bis zu 3 Gew.-% zugemischt. Dies entspricht der oberen Grenze einer herkömmlichen Vergütung von Dichtungsmaterialien im Deponiebau. Bei der Durchlässigkeitsuntersuchung der Grundmaterialien zeigte sich, daß eine Zumischung von bereits 2 % keine Erhöhung der Dichtigkeit ergab. In Hinblick auf die Rißschließung wurde ein Zuschlag von 1 % gegeben, so daß die höchste Beimengung insgesamt 3 % betrug.

Als mögliche Rißtypen werden Trennfugen zwischen den einzelnen Dichtungslagen infolge Einbaufehler, Risse infolge Scherbruch und Trennbrüche infolge Zugbeanspruchung untersucht. Diese Risse unterscheiden sich in ihrer Rißuferbeschaffenheit, welche entsprechend den Gegebenheiten in der Natur nachgebildet wurden.

Trennfugen

Diese Rißart wird mit einem Sägeblatt herbeigeführt, welches lotrecht und mittig durch die zylindrische Probe gedrückt wird. Dadurch entstehen 2 halbzylindrische Probenhälften, die beim Einbau in das Triaxialgerät wieder zusammengefügt werden.

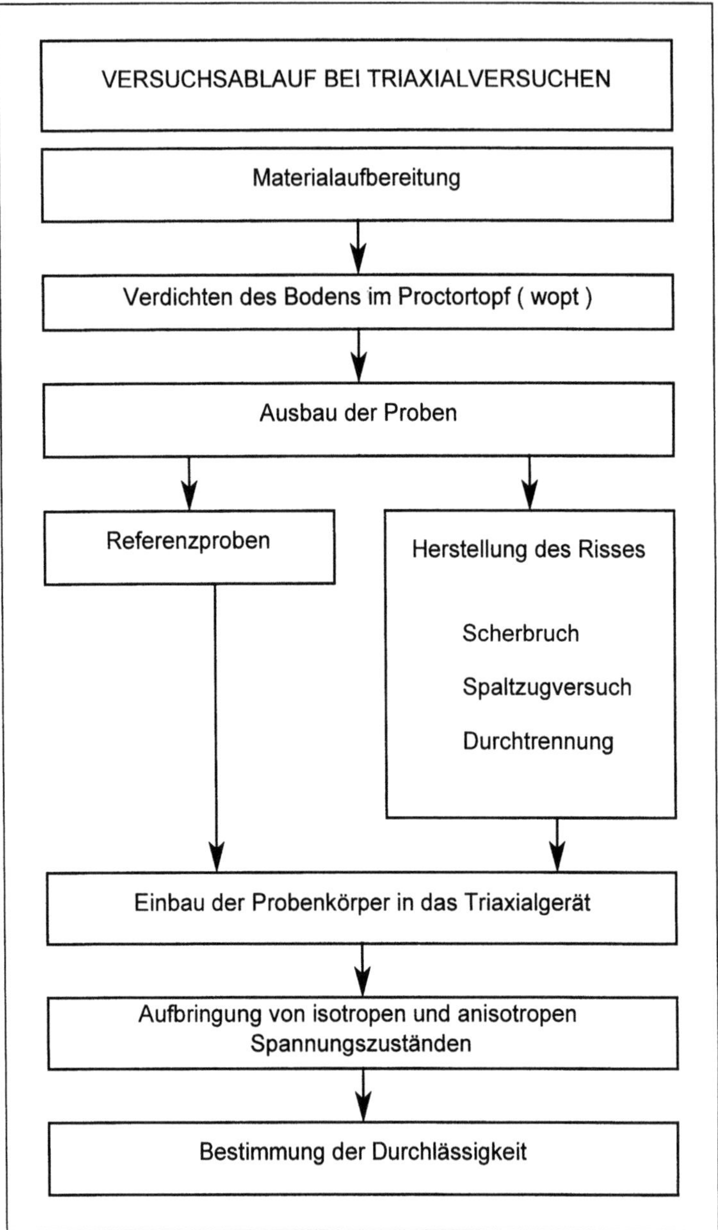

Abb. 6.56. Versuchsablauf bei Triaxialversuchen (schematisch)

Scherbruch

Dieser wurde durch Abscheren einer eingeproctorten Bodenprobe in einem speziell hierfür hergerichtetetn Proctortopf erzeugt.

Trennbruch (Zugriß)

Dieser wurde mit dem Spaltzugversuch entsprechend dem aus der Felsmechanik bekannten Brazil-Test erzeugt.

Als Riß wird im folgenden eine Wegigkeit verstanden, die infolge einer lokalen Störung zu einer relativen Erhöhung des durchschnittlichen Durchlässigkeitsbeiwertes einer ungerissenen Dichtungsmasse um einen Faktor β führt.

Der Riß wird als bezogener Durchlässigkeitsbeiwert mit

$$\beta = \frac{k_r}{k_h} \tag{6.1}$$

definiert.

k_r - Durchlässigkeitsbeiwert des rißgeschädigten Bereiches (Index r).

k_h - Durchlässigkeitsbeiwert des ungerissenen (Index h für heilen) Bereiches

Versuchsprogramm

Die eingestellten isotropen Spannungszustände in Triaxialzellen umfassen die Bereiche 50, 100 und 200 kPa. Dies entspricht Spannungsniveaus, die bereits diejenigen bei Oberflächenabdichtungen mit nur geringen Überlagerungsdrücken übertreffen (50 kPa), wohingegen 100 kPa dem Bereich der Basisabdichtung bei bereits vorhandener Müllüberdeckung von ungefähr 8-10 m Höhe entsprechen und 200 kPa bereits größere Überschüttungen bedeuten. Der hydraulische Gradient betrug i = 30. Der Versuchsablauf ist in Abb. 6.56 und der Versuchsaufbau in Abb. 6.57 dargestellt.

Die Aufbringung anisotroper Spannungszustände sollte die Frage klären, ob eine deviatorische Beanspruchung eines Bodenelementes einen Einfluß auf die Rißschließung hat. Zur Feststellung der Rißheilung mußten Versuche mit gerissenen und ungerissenen Proben unter gleichen Bedingungen durchgeführt werden.

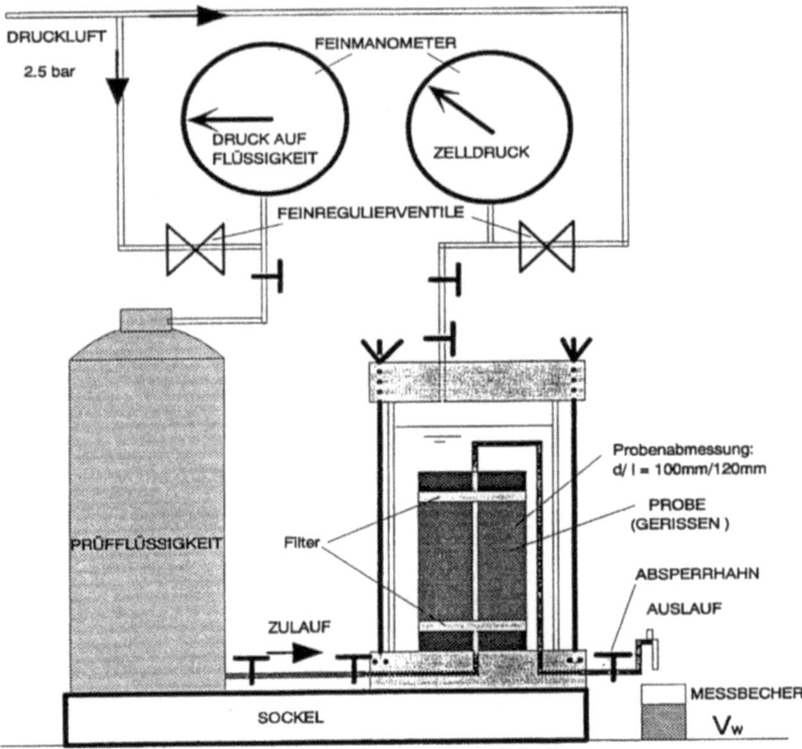

Abb. 6.57. Versuchsaufbau mit Triaxialzelle für isotropen Spannungszustand; Probenabmessungen: h ≈ 120 mm, ∅ = 100 mm

Entsprechend des Versuchsablaufes wurden die Durchlässigkeitsversuche der gerissenen und ungerissenen Proben zum großen Teil parallel durchgeführt. Aufgrund der Dauer der Versuche bis zu 100 Tagen mußten mehrere Zellen vorgehalten werden.

Der hier experimentell variierte Parametersatz für den Durchlässigkeitsbeiwert kann somit folgendermaßen dargestellt werden:

$$\frac{k_r}{k_h} = f\left(\frac{L_r}{1}; \frac{\sigma_r}{\sigma_h}; \frac{\alpha_r F}{\alpha_h F}; \frac{M_r}{M_h}; konst\right) \tag{6.2}$$

$$\frac{k_r}{k_h} = f(P_1 \; ; \; P_2 \; ; \; P_3 \; ; \; P_4 \; ; \; konst) \tag{6.3}$$

P_1 -   Parameter für die Rißöffnungsweite und -geometrie. Dieser ist bezogen auf eine Einheitsrißbreite der Größe 1 dimensionslos

P_2 -   Parameter für den Einfluß eines äußeren Spannungszustandes

P_3 -   Parameter für die Wirksamkeit einer Additivzugabe. α repräsentiert hier die Zugabe von Montigel F in Gew.-% ($\alpha = 0,1,2,3$)

P_4 -   Parameter für die Zusammensetzung des Grundmaterials

konst.   -   hierunter sollen die restlichen Parameter zusammengefaßt sein, die nicht planmäßig variiert wurden

3.1.   Ergebnisse

Für die Auswertung entsprechend Abb. 6.58 wurde der Beta-Faktor gemäß (6.1) unter Beachtung der jeweiligen Parameter, hier $P_2 = P_3 = P_4 = konst. = 1$, gebildet. Eine Rißschließung tritt dann ein, wenn der jeweilige Beta-Faktor den Wert eins erreicht. Um eine Ungenauigkeit in der Messung des Durchlässigkeitsbeiwertes zu berücksichtigen wird eine Rißschließung auch dann als solche akzeptiert, wenn der Beta-Faktor < 1.3 ist. Dies gilt als Maß der Genauigkeit in der Bestimmung des Durchlässigkeitsbeiwertes ungerissener Proben und entspricht der mittleren Reproduzierbarkeit.

Als maßgebliche Steuergröße ist hier die durchschnittliche Rißöffnungsweite anzusehen. Ab einer gewissen Größe ist diese auch bei vorhandener Tortuosität des Risses nicht mehr durch Materialeigenschaften, insbesondere dem Restquellvermögen kompensierbar. Die Ergebnisse zeigen, daß dies bereits bei sehr kleinen Rißöffnungsweiten der Fall sein kann. Die geringste Rißöffnungsweite, die anhand eines hierfür entwickelten hydraulischen Modells bestimmt wurde, beträgt $d_r = 4\ \mu m$.

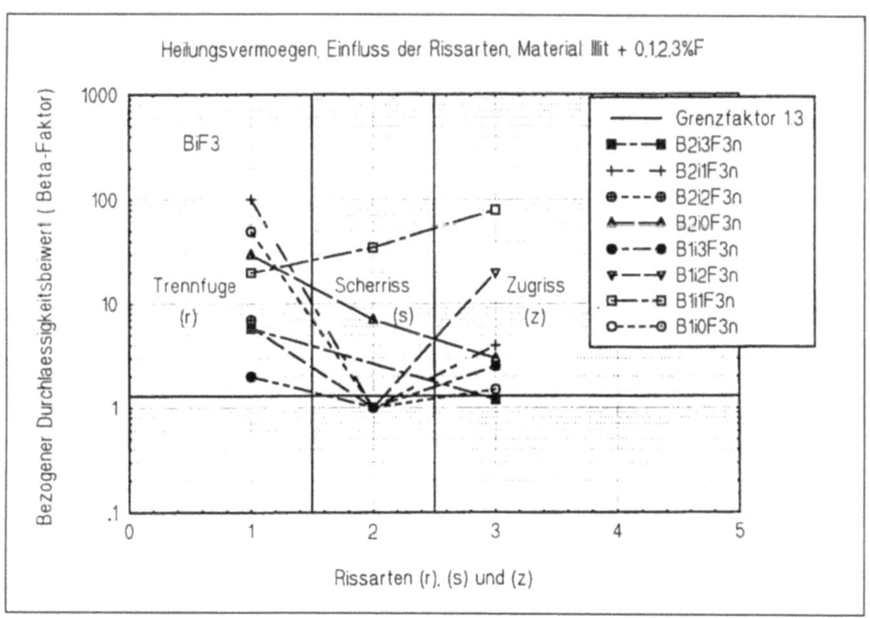

Abb. 6.58.   Einfluß der Rißarten auf das Heilungsvermögen; Material: Illit

[In der Darstellung der Ergebnisse bedeutet z. B. **B2i3F3n: B** - Beta-Faktor; **2** - Versuch Nr. 2, **i3F** - Illit + 3 %F, **3** Spannungszustand, (3 steht für 50 kPa), **n** normiert]

Insgesamt zeigen die Scherrisse ein etwas günstigeres Verhalten hinsichtlich Rißheilung im Vergleich zu den Trennfugen und Zugrissen. Eine Heilung konnte bis zu einer maximalen Rißöffnungsweite von 20 μm beobachtet werden. Am ungünstigsten stellen sich die Trennfugen dar, da diese den geringsten Formschluß der Rißufer besitzen. Neben der bei Versuchsanfang erreichten Rißöffnungsweite stellt die Materialzusammensetzung eine wesentliche Einflußgröße dar.

Einfluß des Additivs

Die hier maximale Zumischung von 3 % führt nachweislich zu einer Schließung von Rissen beim Illit mit Öffnungsweiten von bis zu 6 μm. Risse mit größeren Öffnungsweiten zeigen keine Heilung, wenn auch der Durchlässigkeitsbeiwert durch die Zumischung erheblich reduziert wird.

Bei dem Lößlehm kann die Schließung eines Zugrisses mit einer Öffnungsweite von 11 μm beobachtet werden. Der Grund liegt in dem unterschiedlichen Bestand quellfähiger Tonminerale der beiden Grundmaterialien. So besitzt der Lößlehm von Natur aus einen Anteil quellfähiger Tonminerale von 16 - 40 % und übertrifft damit die quellfähigen Anteile des Illits um ein Vielfaches. Entsprechend konnte die Schließung eines vergleichsweise größeren Risses beobachtet werden.

Im ganzen zeigt diese Auswertung, daß eine Zumischung von Additiven bis zu 3 % eine Schließung von Rissen nur für sehr kleine Rißöffnungsweiten bewirkt und die Wirksamkeit einer Zumischung stark von der Homogenität des mineralische Dichtungsmaterials beeinflußt wird. Eine Vergütung mit maximal nur 3 % der hier untersuchten Bodenarten, repräsentativ für leichtplastische Tone und ebenso für mittelplastische Tone, führt allgemein zu keiner Rißheilung. Dies schließt jedoch einen möglichen Heilungserfolg bei höheren Zugaben oder einem entsprechend hohen Bestand quellfähiger Tonminerale des Grundmaterials nicht aus. Die Konsistenz der hier untersuchten Proben beträgt $I_c = 1$.

Einfluß des Spannungszustandes

Auch hier zeigen Scherrisse im Vergleich zu anderen Rissen ein günstigeres Verhalten. Eine Druckerhöhung bis zu 200 kPa scheint für eine Rißschließung nur bei Trennfugen ausreichend. Ein allseitiger Druck von 100 kPa ist nicht ausreichend, Zugrisse zu schließen. Die jeweiligen Rißöffnungsweiten betragen 4 und 10 μm.

Es zeigt sich, daß Spannungsniveaus von 50 kPa nicht für eine Heilung ausreichen. Dies besagt zugleich, daß im Bereich von Oberflächenabdichtungen eine auflastverursachte Rißheilung nicht planmäßig erwartet werden kann. Beanspruchungen von gerissenen Triaxialproben unter anisotropen Spannungszuständen zeigen eine günstige Wirkung auf das Durchlässigkeitsverhalten. In ihrer Wirkung entspricht eine deviatorische Beanspruchung einer Erhöhung des allseitigen Druckes. Dies hat grundsätzlich eine Verkleinerung des Durchlässigkeitsbeiwertes zur Folge.

4   Untersuchungen zur Schließung von Trockenrissen

Die Versuchseinrichtung besteht aus gewöhnlichen Ödometerzellen mit festem Probenring mit einem Durchmesser von 71 und einer Probenringhöhe von 19,8 mm. Zur kontrollierten Wiedervernässung dient ein Ansaugrohr aus Plexiglas, welches die Registrierung der angesaugten Wassermenge über die Zeit erlaubt. Das Ansaugrohr ist selbst auf einer höhenjustierbaren Unterlage befestigt, so daß für den Versuchsbeginn der Wasserspiegel im Ödometer auf die Oberkante des unteren Filtersteins hin eingestellt werden kann. Durch einen Dreiwegehahn ist die Möglichkeit gegeben, gleich nach Abschluß des Ansaugvorganges die Bestimmung des Durchlässigkeitsbeiwertes vorzunehmen. Hierfür ist jede Ödometerzelle mit einem Standrohr von etwa 700 mm Höhe versehen. Hierdurch wird während des Versuches ein Gradient von i = 30 erfaßt. Der Durchlässigkeitsbeiwert wurde jeweils unter einer vorgegebenen Auflast bestimmt. Während des Ansaugvorganges und der Durchströmung wird die Vertikalverschiebung der Probe mit Hilfe einer Wegeuhr festgehalten. Die Versuchseinrichtung und der Versuchsablauf sind schematisch in Abb. 6.59 und 6.60 dargestellt.

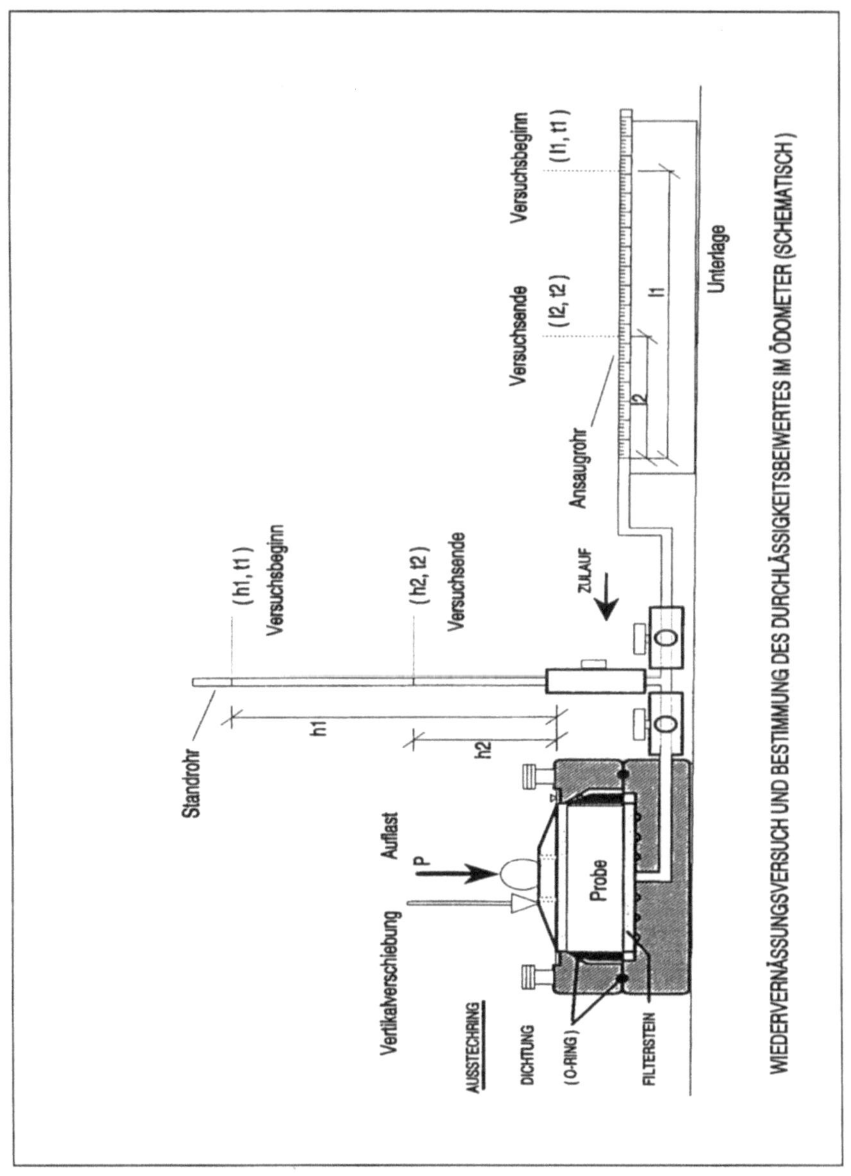

Abb. 6.59.   Versuchseinrichtung zur Untersuchung der Heilung von Trockenrissen

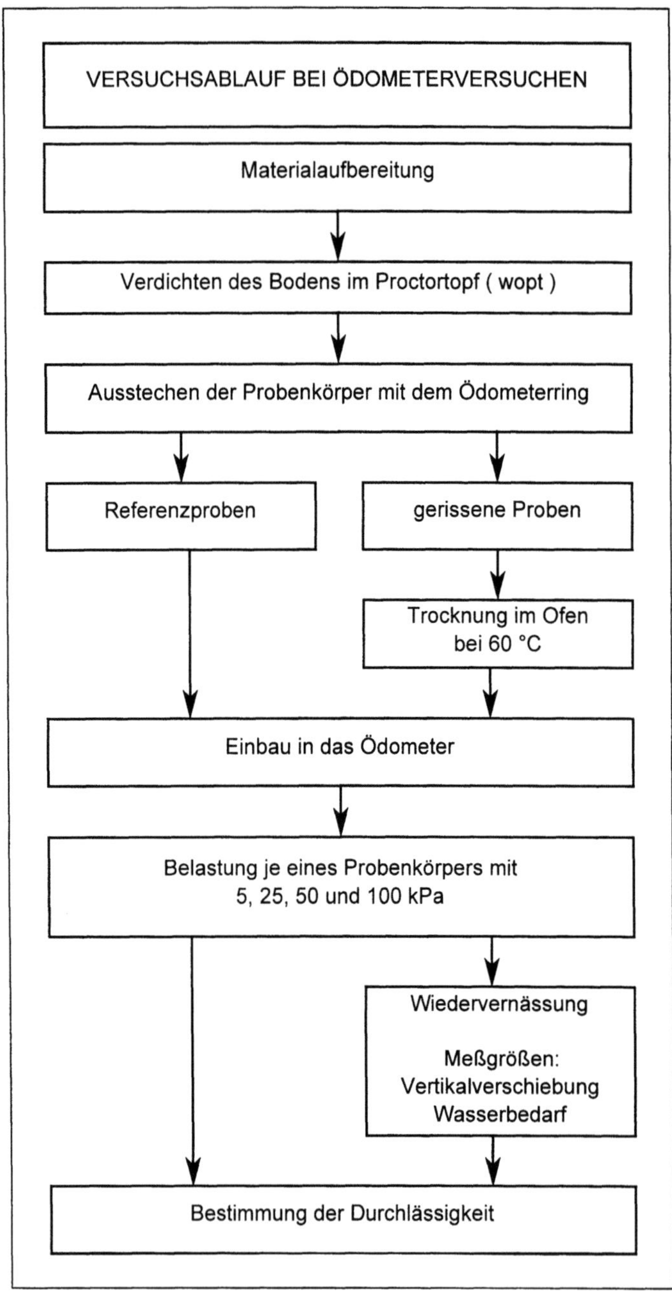

Abb. 6.60.   Versuchsablauf zum Heilungsvermögen von Trockenrissen

Hiermit wurde ein Parametersatz ähnlich (6.3) untersucht, wobei zusätzlich die Wiedervernässungsdauer und das Perkolat bei der Wiedervernässung variiert wurden. Gelöste Salze als Bestandteil von Sickerwasserinhaltsstoffen haben aufgrund ihres hohen Ionenangebotes eine Quellminderung, da sie eine Kontraktion der Zwischenschichten der Tonminerale bewirken. In dieser Wirkung kann eine Ähnlichkeit zu organischen Lösungen gesehen werden.

4.1 Ergebnisse

Variation der Versuchsdauer   (Belastung 25 kPa, Perkolat: Wasser)

	Illit + 0%F	Illit + 1%F	Illit + 2%F	Illit + 3%F	W + 0%F	W + 2%F	W + 3%F	Kaolin
WV-3d	4,38E-10			7,21E-09	4,38E-07		6,56E-07	5,20E-10
WV-14d	5,25E-10			5,28E-09	3,77E-07		1,40E-07	
WV-28d	2,53E-09			2,91E-09	4,45E-06		4,02E-08	
KD-5 kPa	7,54E-11	1,26E-10	4,73E-11	4,48E-11	3,26E-10	6,13E-10	2,70E-10	
KD-25 kPa	1,12E-10	1,63E-10	5,71E-11	5,30E-11	6,40E-10	1,15E-09	2,34E-10	8,35E-11
KD-50 kPa	1,00E-10	2,13E-10	6,72E-11	5,14E-11	5,19E-10	7,42E-10	2,19E-10	
KD-100 kPa	6,51E-11	1,36E-10	5,68E-11	4,04E-11	4,34E-10	5,78E-10	1,48E-10	

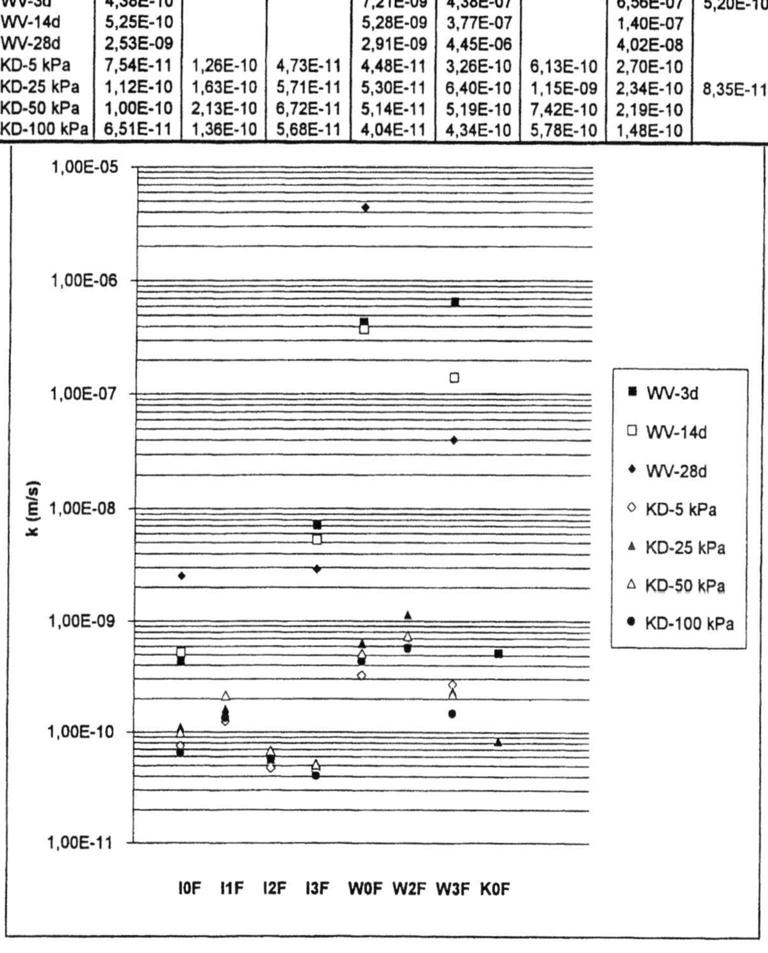

Abb. 6.61.   Heilungsvermögen   von   Trockenrissen   hinsichtlich   Durchlässigkeit; Materialien: Illit, Löß, Kaolin (WV: Wiedervernässung, KD: ohne Trocknung, W3F: Wiernsheimer Lößlehm mit 3% Montigel F)

Die Versuche der Wiedervernässung mit Wasser haben gezeigt, daß eine Additivbeimengung grundsätzlich keine Verbesserung des Heilungsvermögens bewirkt (Abb. 6.61). Hochquellfähige Tonböden sind hinsichtlich Rißschließung bei Trockenrissen ungeeignet.

In bezug auf die Materialauswahl stellt Löß einen ungünstigsten Fall dar, da infolge Schwankungen hinsichtlich seines Mineralbestandes und seiner Kollapsempfindlichkeit eine Heilung ausgeschlossen bleibt.

Als günstige Materialauswahl kann der Illit angesehen werden, da dieser am unempfindlichsten auf Austrocknung reagiert. Hinsichtlich des Mineralbestandes ist der Illit als monomineralisches Bodenmaterial als leichtplastischer Ton nur wenig quellbegabt. In der Tendenz erweist sich ebenso der Kaolin als weniger empfindlich.

Der Illit stellt als monomineralisches Material, wie für diese Untersuchung verwendet, eine Ausnahme dar, die bei natürlichem Abdichtungsmaterial mit den für Deponieabdichtungssysteme notwendigen Massen in natürlichen Tonvorkommen in diesem Reinheitsgrad ausgeschlossen ist. In dieser Hinsicht ist eine direkte Übertragbarkeit der Untersuchungsergebnisse auf andere Materialien nicht angebracht. Hinsichtlich Heilung von Trockenrissen ist jedoch die Schlußfolgerung erlaubt, daß hochquellfähige Anteile der Smektitgruppe eine Heilung nachteilig beeinflussen.

In diesem Sinne ist der Verwendung kaolinitischen, ggf. illitischen Materials hinsichtlich Heilungsvermögen im Sinne einer Schadensvorbeugung bei Schädigung durch Austrocknung der Vorzug zu geben.

Eine Eignung hinsichtlich Heilungsvermögen im Sinne einer Prognose kann nur experimentell festgestellt werden. Aus der Quellung bei Wiedervernässung und aus dem Ansaugverhalten können keine Rückschlüsse auf das Heilungsvermögen gezogen werden.

Einfluß von Salzlösungen

Die Ergebnisse dieser Untersuchung entsprechen nicht der Erwartung einer Beeinträchtigung des Heilungsvermögens. So ergeben die Versuche mit den verwendeten ein- und zweiwertigen Salzlösungen hinsichtlich Heilung z. T. eine Verbesserung. Auch hier verhält sich der Illit im Vergleich zu dem Kaolin am günstigsten, wohingegen der Löß auch hier am ungünstigsten reagiert. Ebenso bewirkt die Zugabe von Additiv eine Verschlechterung des Heilungsvermögens. Aus dem Quell- und Ansaugverhalten können auch hier keine Rückschlüsse auf das Heilungsvermögen getroffen werden.

Die hier verwendeten Salzlösungen umfassen nicht das in dem Deponiemilieu vorhandene Spektrum an salzigen Inhaltsstoffen einer Sickerflüssigkeit. In diesem Zusammenhang bleiben organische Salze ausgeschlossen. Ihre Wirkung auf das Selbstheilungsvermögen ist unbekannt. Im Zusammenhang mit der gegenwärtig noch nicht gänzlich bekannten Wirkung von organischen Lösungen auf das Durchlässigkeitsverhalten von Tonmaterial, stellen Salze somit ebenso für das Heilungsvermögen einen Unsicherheitsfaktor dar. Eine Übertragbarkeit der hier erarbeiteten Ergebnisse auf die Gegebenheiten des Deponiemilieus ist somit nicht zulässig.

Hinsichtlich Materialauswahl deuten vorliegende Ergebnisse darauf hin, daß die Verwendung von kaum oder wenig quellfähigem Tonmaterial von Vorteil ist.

5 Schlußfolgerungen

Als Steuergröße für die Heilung von *Rissen des mechanischen Typs* muß die Konsistenz des Materials während des Bruchvorganges und damit die Plastizität in Zusammenwirkung mit der Auflast angesehen werden. Im Ergebnis zeigt sich, daß die in vorliegender Untersuchung durchweg bei fester Konsistenz gerissenen Proben im Auflastbereich von Oberflächenabdichtungen keine Heilung ergeben. Dies ist für die Praxis des Deponiebaus von großer Bedeutung, da hier auch nach erfolgtem Einbau von tonigem Dichtungsmaterial, ausschließlich von fester Konsistenz ausgegangen werden muß.

Die Heilung von *Trockenrissen* ist primär materialabhängig und im Vergleich zu den Rissen des mechanischen Typs weitestgehend von dem Betrag der Auflast unbeeinflußt. Die Auflast muß nur hinreichend groß sein, ein Scherversagen infolge der Aufweichung bei Wiedervernässung im Bereich des Trockenrisses herbeizuführen. Für eine Heilung hinsichtlich Durchlässigkeit muß sich das Material bei dem Vorgang der Rißschließung als strukturstabil erweisen. In diesem Zusammenhang führt die Additivbeimengung zu einer Verschlechterung des Heilungsvermögens. Im Sinne einer Schadensvorbeugung ist hier wenig quellfähigen Grundmaterialien mit vorwiegend illitisch-kaolinitischem Mineralbestand der Vorzug zu geben. Auszuschließen sind Böden mit Kollapsneigung.

Insgesamt stellt sich in vorliegender Untersuchung heraus, daß die für einen Selbstheilungsprozeß notwendigen Vorraussetzungen in der Praxis des Deponiebaus nicht planmäßig zu erwarten sind.

Als Konsequenz vorliegender Untersuchung zur Selbstheilung ergibt sich, daß zur uneingeschränkten Aufrechterhaltung der Dichtwirkung bei tonigen Abdichtungen im Oberflächenbereich von Deponien weitgehende Rissefreiheit gewährleistet werden sollte. Ebenso gibt dieses Ergebnis Anlaß zu einer kritischen Einschätzung gegebenenfalls sanierungsbedürftiger toniger Dichtungen bei Altablagerungen.

Literatur

Savidis, S.; Mallwitz, K. (1991): Selbstheilungsvermögen mineralischer Dichtmassen hinsichtlich Durchlässigkeit in gestörten Dichtschichten / Dichtungssystemen an Deponien. 1. Arbeitstagung. BAM, Berlin. 23.09. - 25.09.91, Tagungsband Verbundvorhaben Deponieabdichtungssysteme, S. 73 - 79

Savidis, S.; Mallwitz, K. (1992): Zur Problematik der Schließung von Rissen mineralischer Dichtungen von Deponien, Abdichtung von Deponien und Altlasten. Hrsg.: K.-J. Thomé-Kozmiensky, EF-Verlag, Berlin 1992. S. 359-370

Savidis, S.; Mallwitz, K. (1993): Selbstheilungsvermögen mineralischer Dichtmassen hinsichtlich Durchlässigkeit in gestörten Dichtschichten / Dichtungssystemen an Deponien. 2. Arbeitstagung. BAM, Berlin. 17.03. - 19.03.93, Tagungsband Verbundvorhaben Deponieabdichtungssysteme, S. 95 - 108

Savidis, S.; Mallwitz, K.; Franke, J. (1995): Selbstheilungsvermögen mineralischer Dichtmassen hinsichtlich Durchlässigkeit in gestörten Dichtschichten / Dichtungssystemen an Deponien. 3. Arbeitstagung. BAM, Berlin. 21.03. - 23.03.95, Tagungsband Verbundvorhaben Deponieabdichtungssysteme, S. 149 - 159

Savidis, S.; Mallwitz, K. (1995): Selbstheilungsvermögen mineralischer Dichtmassen hinsichtlich Durchlässigkeit in gestörten Dichtschichten / Dichtungssystemen, Schlußbericht zum BMBF Forschungsvorhaben, Förderkennzeichen 1440 569 A5 - 18, 134 S

Bundesanstalt für Materialforschung und -prüfung (BAM)
Laboratorium für Geotechnik
Dr.-Ing. Ulrich Holzlöhner

**BAM
Berlin**

BMBF-Verbundforschungsvorhaben
Weiterentwicklung von
Deponieabdichtungssystemen

Teilprojekt 20

Langzeitverhalten von Erdstoffschichten in Deponiebasisabdichtungen, Feuchtehaushalt unter Temperatureinwirkung

Dr.-Ing. Ulrich Holzlöhner
Dipl.-Ing. Wolfgang Schossig
Wilfried Wuttke
Dipl.-Ing. Fred Ziegler

Projektleitung:	Bundesanstalt für Materialforschung und -prüfung (BAM), Berlin
Projektträger:	Abfallwirtschaft und Altlastensanierung im Umweltbundesamt
Forschungsförderung:	Bundesministerium für Bildung, Wissenschaft, Forschung und Technologie
Förderkennzeichen:	1440 569 A5 - 20

Berlin, Dezember 1996

1   Einleitung

Der Bau einer Deponie verändert den natürlichen Feuchtehaushalt des Bodens. Der Versickerungsüberschuß, der in unserem humiden Klima den Boden auch in großer Entfernung zum Grundwasserspiegel feucht hält, wird durch das große, im Idealfall dichte Deponiebauwerk ferngehalten. Hierdurch unterliegen Erdstoffabdichtungsschichten der Basisabdichtungen und der Deponieuntergrund Austrocknungseinwirkungen. Auch in das Deponieinnere hinein verlieren die Erdstoffabdichtungsschichten langfristig Wasser, da das Deponieinnere im Laufe der Zeit immer trockener wird. Die Ursache hierfür ist einerseits das Fassen und Ableiten von Deponiesickerwasser und andererseits die allseitige Abdichtung der Deponie, die das Eindringen von Niederschlagswasser weitgehend verhindert. Die Austrocknung sowohl der Basis- als auch der Oberflächenabdichtung wird durch die in der Deponie entwickelte Wärme verstärkt.

Im Rahmen des Verbundvorhabens werden die Wassertransportvorgänge in mehreren Teilvorhaben untersucht. Das Ziel des Teilvorhabens, über das hier berichtet wird, ist, einfache Versuche zur Kennwertermittlung zu entwickeln, die routinemäßig durchgeführt werden können. Mit den Kennwerten wird dann der Wassertransport und die Rißgefährdung rechnerisch untersucht. Aufgrund der Ergebnisse kann die Deponieabdichtung hinsichtlich Rißvermeidung optimiert werden.

2   Übersicht über die Gesamtproblematik

Allgemein sind Transportvorgänge von Wasser und Wärme im Boden und die hiermit gekoppelte Bodendeformation zu untersuchen. Bei kompressiblen Böden wird das Gesamtproblem außerordentlich komplex. Außer den Transportproblemen sind auch die Last-Verformungs-Beziehungen, z. B. in Form von Materialgesetzen, zu berücksichtigen. Die beiden Problemkreise beeinflussen einander.

Angesichts der Tatsache, daß in der heutigen Deponiepraxis noch keine quantitativen Nachweise zur Austrocknungsgefährdung üblich sind, sollte man vielleicht nicht gleich die volle Komplexität des Problems in Angriff nehmen. Deshalb wurden hier für Deponieabdichtungen, speziell an der Basis, folgende Vereinfachungen getroffen:

1.   Die Prozesse werden nur bis zum Rißbeginn verfolgt. Das geschieht aus 2 Gründen: Einmal ändert sich der Wassertransport stark, wenn Risse entstehen. Die Vorgänge sind dann schwer zu beschreiben. Zum anderen sollte eine Abdichtung so entworfen sein, daß keine Risse zu befürchten sind.

2.   Die Bodendeformation und die Transportvorgänge sind näherungsweise eindimensional. Damit kann der Boden in ödometerartigen Geräten untersucht und die Prozesse mit einer eindimensionalen Berechnung abgeschätzt werden.

3.   Der dampfförmige und der flüssige Wassertransport werden nicht getrennt, die Koppelung von Wärme- und Wassertransport wird nicht berücksichtigt.

3   Untersuchungsprogramm

Das Untersuchungsprogramm betrifft v. a. die Entwicklung von geeigneten einfachen Versuchen in Hinblick auf die Evaluierung von Kennwerten für die Berechnung des Feuchtetransports und der Deformation von Erdstoffabdichtungsschichten.

Es wurden für folgende Untersuchungen Versuchstypen entwickelt:

- Ermittlung von Diffusionskoeffizienten bei Einwirkung eines Feuchtegradienten

- Ermittlung von Diffusionskoeffizienten bei Einwirkung eines Temperatur- und eines Feuchtegradienten

- Zusammenwirken von Auflast und Wasserspannung

- Rißerkennung in austrocknenden Bodenproben

Die Versuche wurden an verschiedenen Bodenarten von einem Sand-Schluff bis zu einem hochplastischen Ton durchgeführt.

4   Beschreibung der Versuchstypen

4.1   Ermittlung von Diffusionskoeffizienten bei Einwirkung eines Feuchtegradienten

Bei dem hier beschriebenen einfachen Versuchstyp zur Ermittlung von Diffusionskoeffizienten infolge von Feuchtegradienten wird der Austrocknungsvorgang einer Bodenprobe beobachtet (Verdunstungsversuch). Hierzu wird eine zylindrische Bodenprobe mit homogener Einbautrockendichte und homogenem Wassergehalt waagerecht auf eine elektronische Waage gelegt. Eine Grundfläche der Bodensäule ist von einer undurchlässigen Platte begrenzt, die Mantelfläche von einer Gummimembran umhüllt. Über die andere Grundfläche, die von einer siebartigen Vorrichtung gestützt ist, kann das Porenwasser verdunsten. Durch die waagerechte Lage wird der Einfluß der Gravitation auf den Wassertransport ausgeschlossen.

Die Waage mißt und registriert fortlaufend den Wasserverlust. Der Versuch wird zu einem beliebigen Zeitpunkt, bevor die Probe weitgehend ausgetrocknet ist, abgebrochen. Die Bodenprobe wird in Scheiben zerschnitten und deren Wassergehalt bestimmt. Parallel zur Messung wird der Austrocknungsvorgang berechnet, wobei der gemessene Wasserverlust als Randbedingung für den Fluß eingegeben wird.

Bei der Berechnung wird das Transportmodell von Philip & de Vries (1957) zugrundegelegt. Für die zeitliche Änderung des volumetrischen Wassergehalts Θ einer waagerechte Bodensäule gilt

$$\frac{\partial \theta}{\partial t} = \frac{\partial}{\partial x}\left(D_\theta \frac{\partial \theta}{\partial x}\right) + \frac{\partial}{\partial x}\left(D_T \frac{\partial T}{\partial x}\right) , \qquad (6.4)$$

wobei der zweite Summand auf der rechten Seite nur bei Vorhandensein eines Temperaturgradienten wirksam wird.

Da der Diffusionskoeffizient D_θ, der die Summe aus flüssigem und dampfförmigem Transport beschreibt, von der Feuchte Θ abhängt, beginnt die Rechnung mit einer angenommenen Beziehung $D_\theta = D_\theta(\Theta)$, die iterativ verbessert wird, bis gerechneter und gemessener Verlauf des Wasserverlustes optimal übereinstimmen, s. Abb. 6.62 Mittels Versuchen verschiedener Einbaufeuchten und Abbruchzeiten bei jeweils gleicher Einbautrockendichte bestehen Kontrollmöglichkeiten. Da die Transportkoeffizienten besonders für den Untergrund unter Basisabdichtungen interessant sind, sei hier als Beispiel für einen Schluff-Sand (7 % Feinstes, 23 % Schluff, 40 % Feinsand, 23 % Mittelsand, 7 % Grobsand) der Vergleich Messung-Rechnung dargestellt.

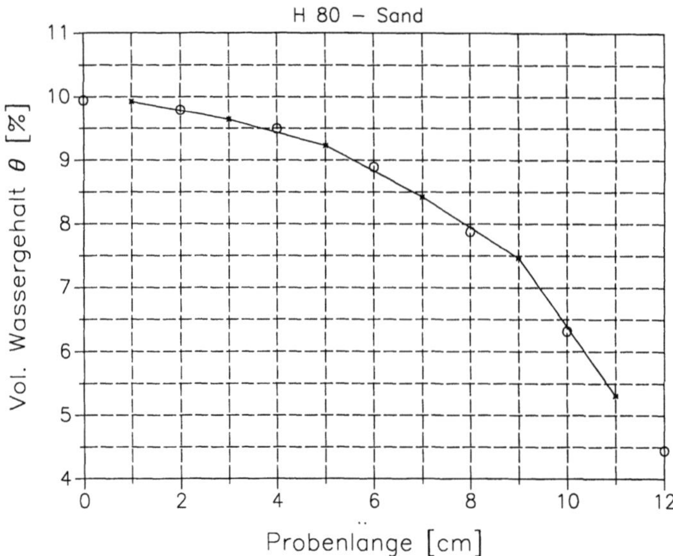

Abb. 6.62.   Gemessener (_*_) und berechneter (o) Wassergehalt in einer teilausgetrockne-
ten Bodenprobe. (Schluff-Sand)

4.2   Ermittlung der Diffusionskoeffizienten bei Einwirkung eines Temperatur- und eines Feuchtegradienten

Ein in der Fachliteratur verschiedentlich beschriebenes Gerät, Habib (1957), Evgin & Svec
(1988), besteht aus einem Rohrstück und aus 2 Endplatten. Diese bestehen bei dem hier
benutzten Gerät aus Messing und haben Kanäle für den Durchfluß von kühlendem Wasser
und elektrische Beheizungseinrichtungen. Das gefüllte Probengefäß wird mit einer
Wärmeisolierung umgeben. Vor dem eigentlichen Versuch wird während eines Zeitraums von
einigen Tagen keine Temperaturdifferenz angelegt, damit die Wasserspannung überall in der
Probe den gleichen Wert annehmen kann. Dann wird eine Temperaturdifferenz angelegt und
die sich entwickelnde Änderung der Feuchteverteilung beobachtet.

Der beschriebene Gerätetyp ist insofern ein "geschlossenes System", als die Gesamt-
wassermenge der Bodenprobe während des Versuchs dieselbe bleibt; nur die
Wassergehaltsverteilung über der Probenlänge ändert sich infolge des Temperaturgradienten.
Üblicherweise wird der Versuch so durchgeführt, daß nur die sich schließlich einstellende
Gleichgewichtsfeuchteverteilung bestimmt wird. Hierzu wird die Bodenprobe ausgebaut, in
Scheiben zerschnitten und der Wassergehalt gravimetrisch bestimmt. In Weiterentwicklung
dieses Versuchstyps wurde in diesem Vorhaben der Wassertransport auch zeitlich verfolgt.

Die einfachste Möglichkeit hierzu ist eine Wägung. Wenn man die eingebaute Probe
einschließlich Versuchsgerät auf 2 Punkte auflagert, die sich senkrecht unter den jeweiligen
Endflächen befinden, dann zeigt der zeitliche Verlauf der Auflagerkräfte die Verschiebung
des Schwerpunkts infolge des Feuchtetransports an. Da nur die Messung einer der
Auflagerkräfte erforderlich ist, wurde die Versuchsapparatur über der wassergekühlten
Endfläche biegeweich und unverschieblich aufgehängt, während das andere Auflager über der
beheizten Endfläche an eine elektronische Waage gehängt wurde.

Wie der in Abschn. 4.1 beschriebene "Verdunstungsversuch" ist auch hier eine "inverse Analyse" erforderlich, d. h., die Messung wird mit einer Rechnung begleitet, wobei die Eingabewerte, die Diffusionskoeffizienten, iterativ variiert werden, bis die gemessene Kurve, die Wägung über der Zeit, optimal wiedergegeben wird. Der Rechnung liegt die Differentialgleichung (6.4) zugrunde.

4.3 Zusammenwirken von Auflast und Wasserspannung

Im Vorhaben wurde ferner das Zusammenwirken von Auflast und Wasserspannung anhand von Ödometerproben untersucht, um Aussagen hinsichtlich der Rißgefährdung speziell für Basisabdichtungen zu machen (Holzlöhner & Ziegler 1995). Hierzu wurde eine ödometerartige Belastungsvorrichtung in eine Triaxialzelle eingebaut. Die flache, zylindrische Bodenprobe wird von einem Kopfstück belastet. Die Probe steht auf einem halbdurchlässigen Element - eine Mikrofolie auf einem Filterstein oder eine feinporige keramische Platte -, die Wasser durchläßt, aber gegen Luft bis zu einem bestimmten Druck undurchlässig ist. Außer der totalen Vertikalspannung wirkt der Zelldruck über einen in das Kopfstück eingebauten Filterstein auf das Porenwasser. Hierdurch wird die Bodenprobe über den halbdurchlässigen Fußteil entwässert, bis ein Gleichgewicht zwischen Wasserspannung und Wassergehalt erreicht ist. Die Wasserspannung ist hierbei eine Zugspannung, die betragsmäßig gleich der Differenz zwischen Zelldruck und atmosphärischem Außendruck ist und als Druck auf den Boden wirkt.

Als Beispiel zeigt Abb. 6.63 die vertikale Zusammendrückung zweier Tone bei folgender Belastung: Zunächst wurde die vertikale totale Spannung von 2 bar aufgebracht. Jeweils nach Abklingen der Bodendeformation wird der entwässernde Zelldruck stufenweise auf 1 bar und auf 2 bar eingestellt.

Die Versuchsspuren - insbesondere nach Erhöhen des Zelldrucks auf 2 bar - zeigen, daß der Deformationsprozeß aus 2 Phasen besteht: Der stufenartige Zuwachs des Zelldrucks wirkt offenbar zunächst wie eine totale Spannung, indem er zunächst von den Menisken der Kapillaren an der oberen Grundfläche der Bodenprobe gehalten wird. Es erfolgt dann eine normale Konsolidationssetzung, wobei etwas Überschußwasser auch in den oberen groben Filterstein gedrückt wird. Erst wenn dieser Überschuß nach unten durch die Probe hindurch herausgedrückt ist, beginnt der eigentliche Entwässerungsvorgang, der langsamer als der erste Teilvorgang abläuft. Die verwendeten Tone, TM (w_p = 20 %, w_ℓ = 45 %) und TA (w_p = 33 %, w_ℓ = 83 %) wurden nahezu wassergesättigt mit w = 28 % bzw. w = 52 % eingebaut. Beim Ausbau waren die Proben vollständig wassergesättigt.

Aus den jeweils erreichten Gleichgewichtszuständen erhält man mit den zugehörigen Wassergehalten eine Wasserspannungs-Wassergehalts-Charakteristik (pF-Kurve). Mit den beschriebenen Versuchen wurde der Einfluß der Auflast auf die pF-Kurve untersucht.

Ohne Auflast entstehen in der Bodenprobe bei der geringsten Erhöhung der Wasserspannung Risse, wenn sich der Boden im Normalschrumpfungsbereich befindet. Die Frage ist, bis zu welchem Grad eine Auflast die Risse überdrücken kann.

Die Ödometerprobe geht in den "Rißzustand" über, wenn sich der Erdstoff vom umschliessenden Ring ablöst oder wenn sich Risse bilden. In jedem Fall wird vorher der Seitendruck auf den Ring auf Null abfallen. Zur Rißerkennung wurde deshalb der Metallring mit Dehnungsmeßstreifen beklebt, die den Seitendruck über die Ringdehnung messen. Die hiermit verbundenen kleinen lateralen Bodendehnungen werden vernachlässigt. Die Rißerkennung gehört eigentlich zu dem zuvor beschriebenen Versuch. Sie wurde jedoch zunächst separat entwickelt, weil sich die Meßmethode als schwierig herausstellte. An der Integrierung der Rißerkennung in den gesamten Versuchsaufbau wird weiterhin gearbeitet.

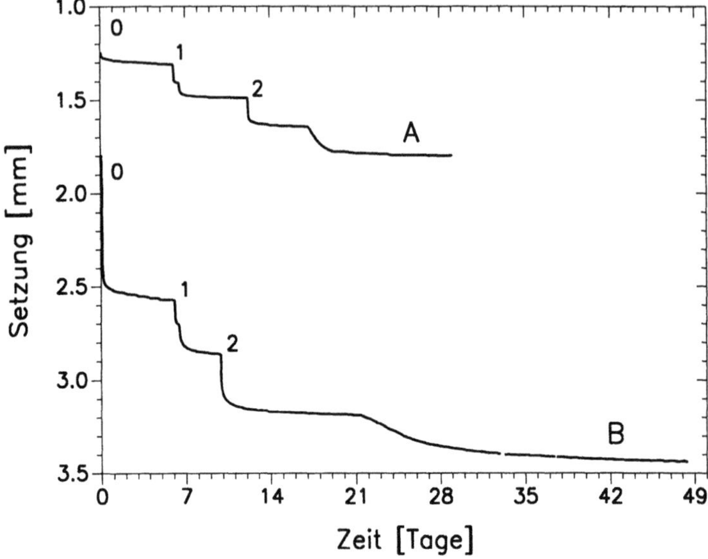

Abb. 6.63.   Setzungsverlauf infolge einer Auflast von 2 bar und von Wasserspannungen von 0; 1 und 2 bar. Probenhöhe: 14,1 mm. A: Ton TM, B: Ton TA

4.4   Begleitende Untersuchungen

Von den untersuchten Böden wurden die Wassergehalts-Wasserspannungs-Charakteristiken mit üblichen Geräten gemessen. Definitionsgemäß werden hierbei keine totalen Spannungen auf die Bodenproben aufgebracht.

Außerdem wurden auch Druck-Setzungs-Kurven ermittelt. Wie bereits vorab bekannt, entspricht bei weichem Ton die Druck-Setzung-Kurve weitgehend der Wasserspannungscharakteristik. Im vorliegenden Vorhaben wurde der Grad der Abweichung der beiden Beziehungen für einige Böden festgestellt. Diese Ergebnisse sind von Bedeutung, wenn der für bodenmechanische Institute routinemäßige Druck-Setzungs-Versuch für eine erste Abschätzung des Verlaufs der Wasserspannungscharakteristik benutzt wird.

5   Theoretische Überlegungen zur Rißentstehung

Ein Ziel des Vorhabens war es, festzustellen, inwieweit theoretisch abgeleitete Rißkriterien für den Spannungszustand in der Basisabdichtung anwendbar sind. Nach Holzlöhner (1992) treten keine Risse auf, solange die Wasserspannung s gemäß

$$s \leq \kappa\, p; \qquad \kappa = \frac{K_0}{(1-K_0)\chi} \tag{6.5}$$

unter einem bestimmten Prozentsatz κ der Auflast bleibt. Hierbei liegt die Vorstellung zugrunde, daß der Ruhedruckbeiwert $K_0 = \sigma_h' / \sigma_v'$, das Verhältnis der effektiven Spannungen in der Horizontalen und in der Vertikalen, σ_h' und σ_v', ist; d. h. K_0 bleibt während der Austrocknung konstant. Die Wasserspannung wirkt mit $\chi \cdot s$ auf das Korngerüst. Mit fortschreitender Austrocknung wird der effektive Seitendruck von der Wasserspannung übernommen, bis der totale Seitendruck σ_h auf Null abgefallen ist. Bei (6.5) ist eine eventuelle Zugfestigkeit des Erdstoffs nicht in Rechnung gestellt. Für $\chi = 1$, wassergesättigter Ton, reicht schon ein Ruhedruckbeiwert von 0,5 aus, um die in den beschriebenen Versuchen gefundene Abschätzung $s \leq p$ zu erhalten. Hierbei wird kein spezielles Erdstoffmodell vorausgesetzt.

Das von Morris et al. (1992) verwendete elastische Modell ergibt für $\nu = 0,33$ und Zugfestigkeit Null dasselbe Ergebnis. Die Gültigkeit des χ-Konzepts und ein nahezu wassergesättigter Boden ($\chi \approx 1$) wurden vorausgesetzt.

Snyder & Miller (1985) untersuchten die Zugfestigkeit von teilgesättigten Böden, wobei sie die Theorien der Kapillarität und der Rißausbreitung in elastischen Körpern miteinander kombinierten. Sie zeigten, daß wegen der Spannungskonzentration an den Rändern von kugelförmigen Poren die Zugfestigkeit des Bodens nur halb so groß ist, wie nach dem χ-Konzept zu erwarten wäre. Dieser Abminderungsfaktor 0,5 wird nur bei naß aufbereiteten, gründlich durchgeknetetem Ton erreicht; bei gut aggregierten Böden kann der Faktor dagegen bis auf Null absinken. Snyder & Miller (1985) sind an landwirtschaftlichen Fragen interessiert. Landwirtschaftlich genutzte Böden sollen beim Austrocknen Krümelstruktur annehmen und nicht in großen Schollen reißen, wie das ein gut aufbereiteter Ton tun würde. Ähnliches gilt für Abdichtungserdstoffe. Ohne Zugfestigkeit könnten nur Scherbrüche auftreten, die keinen großen Anstieg der Durchlässigkeit zur Folge hätten.

6   Die wichtigsten Ergebnisse aus den Versuchen

Die Untersuchung der Versuchstypen zur Ermittlung der Diffusionskoeffizienten haben ergeben:

-   Die Bestimmung der beiden Diffusionskoeffizienten D_T und D_θ ist mit den entwickelten Versuchsgeräten möglich

-   Die Koeffizienten hängen offenbar nicht von der Größe des Temperaturgradienten ab

-   Das Verhältnis der Diffusionskoeffizienten D_T/D_θ steigt mit abnehmendem Wassergehalt an. Die Ursache hierfür ist vermutlich, daß der dampfförmige Wassertransport mit zunehmendem Luftanteil im Porenraum dominiert

Die Untersuchungen zur Bodendeformation und Rißbildung haben ergeben:

-   Die entwickelten Versuchsgeräte sind geeignet, das Zusammenwirken von Auflast und Austrocknung bis zur Rißbildung zu untersuchen. Vorteilhaft wäre die Integrierung der Rißerkennung in den Versuchsaufbau

-   Die Versuche haben gezeigt, daß unter den Deformationsbedingungen in der Deponieabdichtung Risse so lange nicht auftreten werden, wie die Wasserspannung betragsmäßig die Auflast nicht übersteigt. Hiermit ist die Voraussage verschiedener theoretischer Überlegungen bestätigt. Wenn man dieses Ergebnis in der Praxis anwenden will, ist es erforderlich, die in der Erdstoffabdichtungsschicht langfristig zu erwartende Wasserspannung zu berechnen

- Mit dem beschriebenen Versuchsaufbau kann man die Wassergehalts-Wasserspannungs-Charakteristik bei verschiedenen Bodendruckspannungen ermitteln. Hiermit wird man der Wirklichkeit besser gerecht, weil in einem Bodenkörper immer gewisse Boden(druck)spannungen herrschen

7   Folgerungen für die Praxis

7.1   Rechnerische Abschätzung der Austrocknungsgefährdung

Hinsichtlich der Austrocknungsgefährdung scheint eine falsche Erwartungshaltung zu bestehen. Oft werden Fragen gestellt wie: Bei welchem Grundwasserabstand trocknet die Basisabdichtung aus? Hierauf gibt es keine Antwort. Wie für jedes Bauwerk eine statische Berechnung angefertigt wird, so muß die Gefährdung bezüglich Austrocknung und Risse für jede Erdstoffabdichtung *im Einzelfall* rechnerisch nachgeprüft werden. Allgemeine Aussagen sind kaum möglich.

Folgende Schritte sind notwendig:

- Beschreibung der Systemgeometrie, Wahl der physikalischen und mathematischen Modelle
- Ermittlung der Beanspruchungen und der Randbedingungen
- Bestimmung von bodenmechanischen und von Transportkennwerten
- Berechnung von Wärme- und Wassertransport und von Bodenverformungen
- Abschätzung der Rißgefahr, ggf. konstruktive Abwehrmaßnahmen

Zu den Punkten im einzelnen:

Zwei- und dreidimensionale Berechnungen sind aufwendig. In der Basisabdichtung werden weitgehend eindimensionale Vorgänge ablaufen, und zwar sowohl hinsichtlich des Transports als auch der Deformation. Man sollte deshalb versuchen, soweit wie möglich mit eindimensionalen Berechnungen auszukommen. Fraglich ist auch, ob man in der Berechnung die einzelnen Prozesse immer gekoppelt berücksichtigen muß.

Zu den Beanspruchungen und Anfangswert-/Randwertbedingungen gehören die Auflastspannungen, der Temperaturgradient, die Einbaufeuchte bzw. -wasserspannung des Dichtungsmaterials, der Grundwasserabstand, die Bewässerungs- und Verdunstungsrandbedingungen, Untergrundsetzungen, eventuell auch Schadstoffeinwirkungen.

Erforderliche Kennwerte sind Wasserspannungs-Wassergehalts-Charakteristiken, bodenmechanische Verformungskennwerte, Parameter zur Beschreibung der Wechselwirkung zwischen Wassertransport und Bodenverformung, Wasser- und Wärmetransportkennwerte. Die Kennwerte sind nicht nur für die Dichtungsschicht von Interesse, sondern auch für die angrenzenden Schichten. Beispielsweise sind die Wassertransporteigenschaften des Untergrundes für die Austrocknung der Erdstoffschicht in der Basisabdichtung außerordentlich wichtig (Holzlöhner 1991). Das Vorhaben hat gezeigt, daß man auch mit einfachen Versuchsgeräten die erforderlichen Kennwerte ermitteln kann.

Die Wassertransportkenngrößen hängen sehr stark vom Wassergehalt bzw. der Wasserspannung ab. Für die Abhängigkeiten gibt es funktionale Ansätze, die z. B. eine Wasserspannungs-Charakteristik durch etwa vier Konstante beschreiben (van Genuchten 1980).

Wegen der geschilderten Abhängigkeiten kommen für die Berechnung - auch für eindimensionale Systeme - nur leistungsfähige Verfahren wie Finite Elemente und Finite Differenzen in Frage. Von besonderem Interesse sind Ergebnisse bezüglich Wassergehalte, Wasserspannungen und Verformungen in der Dichtungsschicht. Die Rechenmodelle bilden meistens den Prozeß bis zur Rißentstehung ab, nicht jedoch das Verhalten der gerissenen Abdichtungsschicht.

Im Vorhaben wurden Versuchsgeräte entwickelt, mit denen man im Einzelfall die Rißentstehung untersuchen kann. Zur Abschätzung der Rißgefährdung hat Holzlöhner (1992) ein Kriterium aufgestellt, nach dem Risse nicht zu befürchten sind, wenn die Wasserspannungen betragsmäßig unter der Auflast bleiben. Die bisherigen Versuche haben dieses Kriterium bestätigt.

7.2   Wahl der Einbauparameter

Hinsichtlich der Deponieabdichtungen herrscht z. Z. die Ansicht vor, möglichst homogene Erdstoffschichten anzustreben. Es gibt viele Untersuchungen über die günstige Wirkung von feiner Stückigkeit und intensiver "nasser" Aufbereitung des Erdstoffs auf seine Durchlässigkeit. Bei entsprechend sorgfältigem Einbau in einer Dichtungsschicht wird der Erdstoff jedoch eine Zugfestigkeit aufweisen, die bei Erreichen von entsprechenden Spannungen zu großen Rißabständen und breiten Rissen führt. Derartige Erscheinungen hat Dahms (1993) an freigelegten Teilen einer Böschungsabdichtung beobachtet. Eine kleine Zugfestigkeit wäre daher vorteilhaft.

Die von einer Kunststoffdichtungsbahn abgedeckte Erdstoffdichtungsschicht ist insofern einzigartig, als ihre Dichtigkeit zunächst - vielleicht 100 Jahre lang - nicht gebraucht wird; danach soll sie aber vorhanden sein. Ihre Langzeitdichtigkeit ist also ungleich wichtiger als ihre Dichtigkeit gleich nach dem Einbau. Es ist eher unwahrscheinlich, daß die Dichtungsschicht nach 100 Jahren noch die Eigenschaften wie nach dem Einbau hat. Schwer vorstellbar ist auch, daß ein Erdstoff dauernd Zugspannungen ertragen kann. Es ist daher zu überlegen, ob man nicht gleich eine möglichst kleine Zugfestigkeit anstreben sollte, etwa, indem man den Erdstoff in kleinen, nicht zu feuchten Stücken einbaut. Die Wasserspannung beim Einbau sollte nicht höher sein als die während des Bestehens der Deponie. Sollte es trotzdem zu einer Austrocknung kommen, dann wurden nicht wenige große, sondern viele kleine Risse auftreten, die durch die ursprünglichen Stücke beim Einbau vorgeprägt sind. Wenn keine Zugfestigkeit vorhanden wäre, würde nur Scherverformung auftreten. Man würde dann zwar eine gewisse Durchlässigkeitszunahme in Kauf nehmen, könnte aber weite Risse vermeiden.

Durch den Einbau wird der Erdstoff etwas "vorentwässert". Hierdurch wird das Porenwasser einer gewissen Wasserspannung ausgesetzt. Erst wenn diese überschritten wird, ist mit größeren Verformungen zu rechnen. Wenn man nach der gegenwärtigen Praxis etwas auf der nassen Seite des Proctoroptimums einbaut, entspricht der Einbauwassergehalt etwa der Ausrollgrenze. Bei schweren Tonen beträgt dann die Wasserspannung ungefähr 3 bar. Ist infolge Austrocknung mit größeren Wasserspannungen zu rechnen, könnte man mit einem etwas geringeren Wassergehalt einbauen und dafür stärker verdichten, um eine noch größere Vorentwässerung zu erreichen.

Wenn man nur das Schrumpfverhalten betrachtet, könnte man fordern, daß der Erdstoff so eingebaut wird, daß er bei Wasserverlust nicht schrumpft. Tatsächlich schrumpfen kornabgestufte Böden mit wenig Bentonitzugabe nur sehr wenig; sie können dabei allerdings sehr hart werden, so daß der Erdstoff bei einer anderen Einwirkung - wie z. B. einer Untergrundsetzung - sehr rißempfindlich sein könnte. Das ist vielleicht der Grund, weshalb heute wieder etwas "fettere" Mischungen verwendet werden.

Insbesondere bei Oberflächenabdichtungen könnte eine "Bewehrung" der Erdstoffschicht in Form von Gewebe oder Fasern die Bruchdehnung erhöhen oder doch mindestens die Risse kleiner halten und besser verteilen. Bisherige Ergebnisse von Belouschek & Kügler (1990) und von Rodatz & Oltmanns (1993) sind ermutigend.

7.3 Konstruktive Hinweise

In Entwürfen werden oft Traditionen aus anderen Abdichtungsbereichen übernommen, indem hinter der Dichtungsschicht eine Kontrolldrainage vorgesehen wird. Eine derartige Schicht ist jedoch kapillarbrechend und damit austrocknungsfördernd (Holzlöhner 1992). Diese Auffassung hat sich am Karlsruher Testfeld (Gottheil & Brauns 1994), bestätigt: Dort, wo unter der Erdstoffschicht der Basisabdichtung eine Kiesdrainageschicht eingebaut wurde, hat der Erdstoff im Laufe der zweijährigen Einwirkung eines in den Untergrund gerichteten Temperaturgradienten erheblich an Feuchtigkeit verloren.

Immer noch weit verbreitet ist die Ansicht, daß die Erdstoffschicht in der Deponiebasisabdichtung dann besonders austrocknungsgefährdet sei, wenn sie als Teil einer Kombinationsdichtung von einer Kunststoffdichtungsbahn abgedeckt ist. Als rein mineralische Abdichtung ist die Erdstoffschicht jedoch auch austrocknungsgefährdet, weil nicht immer überall in der Sickerwasserdrainage Sickerwasser ansteht. Langfristig stärker gefährdet als die Erdstoffschicht in der Kombinationsdichtung ist die rein mineralische Abdichtung, weil sie sicherlich stärkerer chemischer Schadstoffeinwirkung ausgesetzt ist und weil nach Abklingen der Wärmeproduktion eine intakte Kunststoffdichtungsbahn die Verdunstung des Erdstoffwassers in das trockene Deponieinnere verhindert.

Auch bei der Oberflächenabdichtung spielt langfristig das trockene Deponieinnere eine entscheidende Rolle. Eine von einer Kunststoffdichtungsbahn abgedeckte Erdstoffabdichtungsschicht würde nur zunächst von der feuchten Gasdrainage und dem günstig nach außen gerichteten Temperaturgradienten feucht gehalten. Der Erdstoff wäre langfristig weniger austrocknungsgefährdet, wenn er von Niederschlagswasser feucht gehalten würde. Dagegen ist die Kombinationsabdichtung so lange vorteilhaft, wie die Kunststoffdichtungsbahn intakt ist.

Kritisch bez. Austrocknung sind auch die oberen Böschungsbereiche, weil hier die Auflast klein ist. Man sollte hier das saubere Abflußwasser dicht hinter der Böschungsabdichtung versickern lassen, um möglichst den natürlichen Feuchtehaushalt mit seinen mäßigen Wasserspannungen wiederherzustellen.

Literatur

Belouschek, P.; Kügler, J.-U. (1990): Labortechnische Untersuchungen zur Rißbildung sowie zur Rißsicherung von mineral. Dichtsystemen für Zwischen- und Deckeldichtungen. In: Deponie, Ablagerung von Abfällen 4. Berlin: EF-Verlag für Energie und Umwelttechnik. S. 261-278

Dahms, E. (1993): Persönliche Mitteilung

Evgin, E., Svec, O.J. (1988): Heat and moisture transfer characteristics of compacted Mackenzie silt, Geotechnical Testing Jorunal, S. 92-99

Gottheil, K.-M.; Brauns, J. (1994): Das Austrocknungsverhalten von mineralischen Dichtungsschichten unter Kunststoffdichtungsbahnen bei erhöhten Temperaturen. 10. Nürnberger Deponieseminar. 8 S

Habib, M. (1957):   Thermo-osmose, Annales de l'Inst. du Batiment et des Travaux Publics, Nr. 110, S. 130-136

Holzlöhner, U. (1991): Experimentelle Ermittlung von Transportkoeffizienten zur Berechnung des Feuchtehaushalts mineralischer Dichtungsschichten unter Temperatureinwirkung. In: August, H.; Holzlöhner, U. (Hrsg.): BMFT-Verbundvorhaben Deponieabdichtungssysteme (Fkz. 1440569). 1. Arbeitstagung 23.-25.9.1991. Berlin: S. 97-104

Holzlöhner, U. (1992): Austrocknung und Rißbildung in mineralischen Schichten der Deponiebasisabdichtung. Wasser & Boden. Heft 5, S. 289-293

Holzlöhner, U.; Ziegler, F. (1995): Wassertransportvorgänge und Rißgefährdung von Erdstoff-Abdichtungsschichten in Hinblick auf die Langzeitfunktionsfähigkeit. In: August, H.; Holzlöhner, U.; Meggyes, T. (Hrsg.): BMBF-Verbundvorhaben Deponieabdichtungssysteme (Fkz. 1440569). 3. Arbeitstagung (Statusseminar) 21.-23.3.1995. Berlin: S. 161-174

Morris, P. H.; Graham, J.; Williams, D. J. (1992): Cracking in drying soils. Can. Geotech. J. 29, S. 263-277

Philip, J.R.; de Vries, D.A. (1957): Moisture movement in porous materials under temperature gradients. AGU Transactions 38, S. 222-232

Rodatz, W.; Oltmanns, W. (1993): Durchlässigkeit und Spannungs-Verformungs-Verhalten bewehrter bindiger Böden in Deponieabdichtungssystemen, BMFT-Verbundvorhaben Deponieabdichtungssysteme. 2. Arbeitstagung. BAM, Berlin. S. 39-49

Snyder, V. A.; Miller, R.D. (1985): Tensile strength of unsaturated soils. Soil Sci. Soc. Am. J. 48, S. 58-65

van Genuchten, M. T. (1980): A closed equation for predicting the hydraulic conductivity of unsaturated soils. Soil Sci. Soc. Am. Journ. 44, S. 892-898

ABTEILUNG ERDDAMMBAU UND DEPONIEBAU
AM INSTITUT FÜR BODENMECHANIK UND FELSMECHANIK
UNIVERSITÄT KARLSRUHE
APL. PROF. DR.-ING. J. BRAUNS

BMBF-Verbundforschungsvorhaben
Weiterentwicklung
von Deponieabdichtungssystemen

Teilprojekt 23

Thermische Einflüsse
auf die Dichtwirkung
von Kombinationsdichtungen
- Messungen an einem Testfeld -

Dipl.-Ing. Klaus-M. Gottheil
Prof. Dr.-Ing. Josef Brauns

Projektleitung: Bundesanstalt für Materialforschung
                         und -prüfung (BAM), Berlin
Projektträger: Abfallwirtschaft und Altlastensanierung
                         im Umweltbundesamt
Forschungsförderung: Bundesministerium für Bildung,
                         Wissenschaft, Forschung und Technologie
Förderkennzeichen: 1440 569 A5 - 23

Karlsruhe, Dezember 1995

1   Einführung

Basisdichtungen von Hausmülldeponien sowie der Untergrund darunter unterliegen aufgrund exothermer Umwandlungsprozesse in der Deponie langanhaltenden thermischen Belastungen, die zur Erwärmung der Dichtung bis in einen Temperaturbereich von 40 - 50 °C führen können. Eine solche Erwärmung kann unter bestimmten Voraussetzungen (Kombinationsdichtung mit obenliegender wasserundurchlässiger Kunststoffdichtungsbahn oder Bereiche einer mineralischen Dichtung ohne Sickerwasserzutritt von oben) zur Austrocknung der mineralischen Dichtungskomponente führen (vgl. dazu z. B. Holzlöhner 1992).

Nachdem u.a. großmaßstäbliche Laborversuche berechtigten Verdacht auf das Vorhandensein einer Austrocknungsgefährdung gegeben haben (Brauns et al. 1990), wurde im hier beschriebenen Teilprojekt das Verhalten einer Kombinationsdichtung unter weitgehend natürlichen Bedingungen mittels Messungen an einem Testfeld untersucht.

2   Testfeld

2.1   Aufbau des Testfeldes

Der Aufbau des 18 · 12 m großen Testfeldes ist in der Abb. 6.64 dargestellt. Das Testfeld ist durch eine vertikale Trennfolie in 2 gleich große Abschnitte unterteilt, deren Aufbau jeweils unterschiedliche Untergrundbedingungen repräsentiert. In der ersten Variante (Abb. 6.64 links) liegt eine ca. 1 m mächtige mineralische Dichtungsschicht (Einbau in 4 Lagen) auf einer den Kapillaranschluß zum Untergrund unterbindenden 30 cm starken körnigen Drainschicht (2/32 mm). Damit werden i. w. Verhältnisse simuliert, wie sie bei einer Deponie auf durchlässigem Lockergestein vorliegen. Die zweite Variante (Abb. 6.64 rechts) unterscheidet sich von der ersten lediglich durch den Verzicht auf die Drainschicht zwischen dem Planum und der mineralischen Dichtung. Hier wird der kapillare Anschluß des Untergrundes an die Dichtung nicht unterbrochen; vielmehr soll hier die Veränderung der Feuchteverteilung unter den natürlichen Verhältnissen eines Standortes untersucht werden, wie sie den heute [z. B. in der TA (Siedlungs-)Abfall] gestellten Anforderungen genügen.

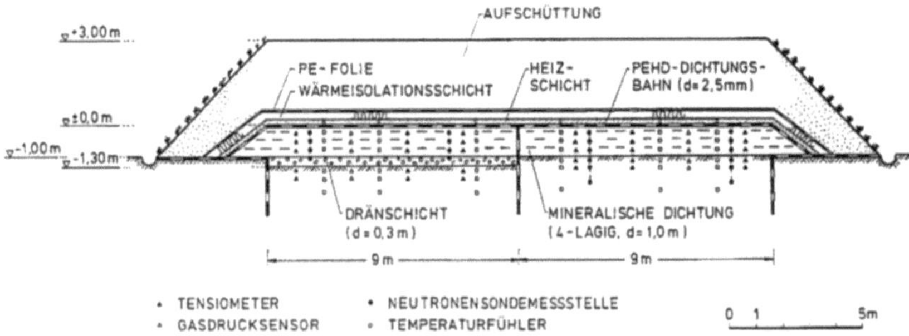

Abb. 6.64.   Vertikaler Schnitt durch das Testfeld

Der weitere Aufbau des Testfeldes geht im wesentlichen aus Abb. 6.64 hervor. Über der mineralischen Dichtungsschicht liegt eine 2,5 mm dicke PEHD-Dichtungsbahn. Darüber folgt die Heizschicht: eine handelsübliche, in einem Sandbett verlegte elektrische Fußbodenheizung. Sie dient der kontinuierlichen Wärmezufuhr zur Dichtung, deren Oberseite über einen Zeitraum von zunächst wenigstens 3 Jahren auf einer konstanten Temperatur von 40 °C gehalten werden sollte. Zur Minimierung des Energieverbrauchs ist über der Heizschicht eine 20 cm starke Wärmeisolationsschicht aus Styropor angeordnet. Das gesamte Testfeld ist mit einer im zentralen Bereich 2,5 m mächtigen Aufschüttung aus Bauschuttrecyclingmaterial überdeckt, die eine Auflast von ca. 40 kN/m² erzeugt.

2.2 Meßeinrichtungen

Zur Beobachtung der durch die Wärmezufuhr induzierten bodenphysikalischen Vorgänge, die u. U. mit einer Austrocknung der mineralischen Dichtung verbunden sind, wurde das Testfeld mit verschiedenen Meßeinrichtungen ausgerüstet. Im einzelnen wurden installiert:

- 52 PT-100 Temperaturfühler

- 30 Tensiometer zur Messung der Wasserspannung (Meßbereich +150 bis -850 hPa)

- 10 Gasdrucksensoren

- 4 Neutronensondenmeßrohre

- 3 Meßrohre für eine Troxler-Sonde Sentry 200-AP

Mit den auf 10 Meßrohren verteilten Temperaturfühlern war die Aufnahme von Temperaturprofilen bis in eine Tiefe von 2 m unter Oberkante (OK) mineralische Dichtung möglich; die jeweils obersten Sensoren wurden gleichzeitig auch zur Kontrolle bzw. Steuerung des Heizsystems eingesetzt.

Zur Messung geringer Wassergehaltsänderungen sowohl in der Dichtungsschicht als auch im Untergrund, die sich durch Veränderungen der Saugspannung bemerkbar machen, dienten im hier beschriebenen Feldversuch die Tensiometer. Diese wurden in 3 Tiefenlagen in die mineralische Dichtung (15, 45 und 75 cm unter OK-Dichtung) und in 2 Tiefenlagen im Untergrund eingebaut (10 und 40 cm unter Unterkante (UK)-Dichtung bzw. unter UK-Drainschicht, vgl. Abb. 6.64).

Um quantifizierte Aussagen über Wasserbewegungen in der mineralischen Dichtung und im Untergrund machen zu können, war außer der Wasserspannungsmessung auch die Messung des Gasdruckes, der aufgrund der Erwärmung zunimmt, erforderlich. Aus diesem Grund wurde je Testfeldhälfte und Tiefenlage ein Gasdrucksensor installiert.

Zur Erfassung weitergehender Wassergehaltsänderungen wurden insgesamt 4 Neutronensondenmeßrohre sowie 3 Meßrohre für eine Troxler-Sonde Sentry 200-AP eingebaut.

Wegen der Instationarität der Vorgänge - v. a. im frühen Versuchsstadium - mußte die Messung der Tensiometer-, Gasdruck- und Temperaturdaten relativ häufig und daher vollautomatisiert erfolgen. Zum Einsatz kam daher ein speziell für die vorliegende Problemstellung konzipiertes Datenerfassungssystem, mit dem eine stündliche Abfrage und Speicherung der anfallenden Daten gewährleistet war.

2.3 Dichtungsmaterial, Beschreibung und Kennwerte

Als mineralisches Dichtungsmaterial wurde Lößlehm aus einer Tongrube in Wiernsheim (ca. 11 km östlich von Pforzheim, vgl. Geologische Spezialkarte von Baden-Württemberg, Blatt 55 - Weissach) eingebaut. Dieses Material kam auch beim Bau der Zwischenabdichtung der Hausmülldeponie Karlsruhe Ost zur Anwendung; seine Tauglichkeit als Deponiedichtungsmaterial war in diesem Zusammenhang nachgewiesen.

Zur Bestimmung der bodenmechanischen, bodenphysikalischen und mineralogischen Kennwerte wurden an dem Dichtungsmaterial umfangreiche Laboruntersuchungen durchgeführt. Abbildung 6.65 zeigt die Korngrößenverteilung des Lößlehms und die wichtigsten bodenmechanischen Klassifizierungsgrößen.

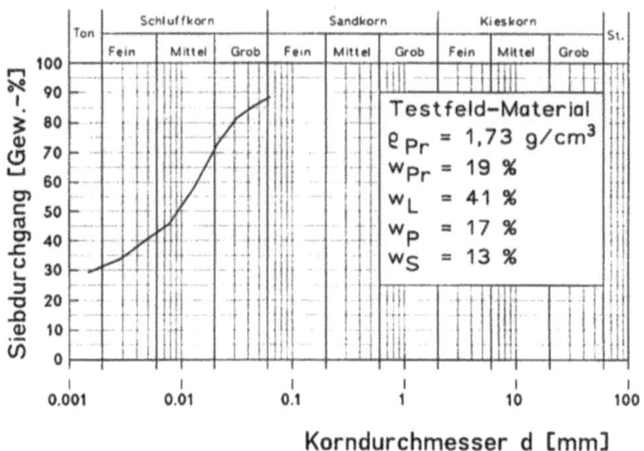

Abb. 6.65. Korngrößenverteilung des Lößlehms, wichtige bodenmechanische Kenngrößen

Wie zu erkennen ist, liegt der Anteil der Tonfraktion des Materials bei etwas über 30 %. Diese besteht nach röntgendiffraktometrischer Analyse aus ca. 50 % Quarz, 5 % Feldspat und 45 % Tonmineralen. Der Tonmineralanteil gliedert sich auf in 10 - 15 % Illit und Muskovit, 5 - 10 % Kaolinit und 15 - 25 % Montmorillonit und Mixed-layer-Tonminerale.

Die Bestimmung der Abhängigkeit des Wassergehaltes von der Saugspannung wurde am verwendeten Dichtungsmaterial an unterschiedlich konditionierten Proben durchgeführt. Zum einen wurden Proben mit einem Wassergehalt an der Fließgrenze (ca. 40 Gew.-%) untersucht, was der sozusagen herkömmlichen Versuchsdurchführung entspricht. Zum anderen wurden proctorverdichtete Proben mit in etwa optimalem Wassergehalt ($w \cong 20$ Gew.-%) untersucht; damit wurde den im Feldversuch vorliegenden Verhältnissen Rechnung getragen. Wie in Abbildung 6.66 zu erkennen ist, unterscheiden sich die Wassergehalts-Saugspannungs-Kurven der unterschiedlich aufbereiteten Proben deutlich. Auffällig ist v. a., daß bei den proctorverdichteten Proben im Bereich zwischen pF 0 und pF 3 - was ungefähr dem Meßbereich der Tensiometer entspricht - kaum eine Abnahme des Wassergehaltes zu verzeichnen ist.

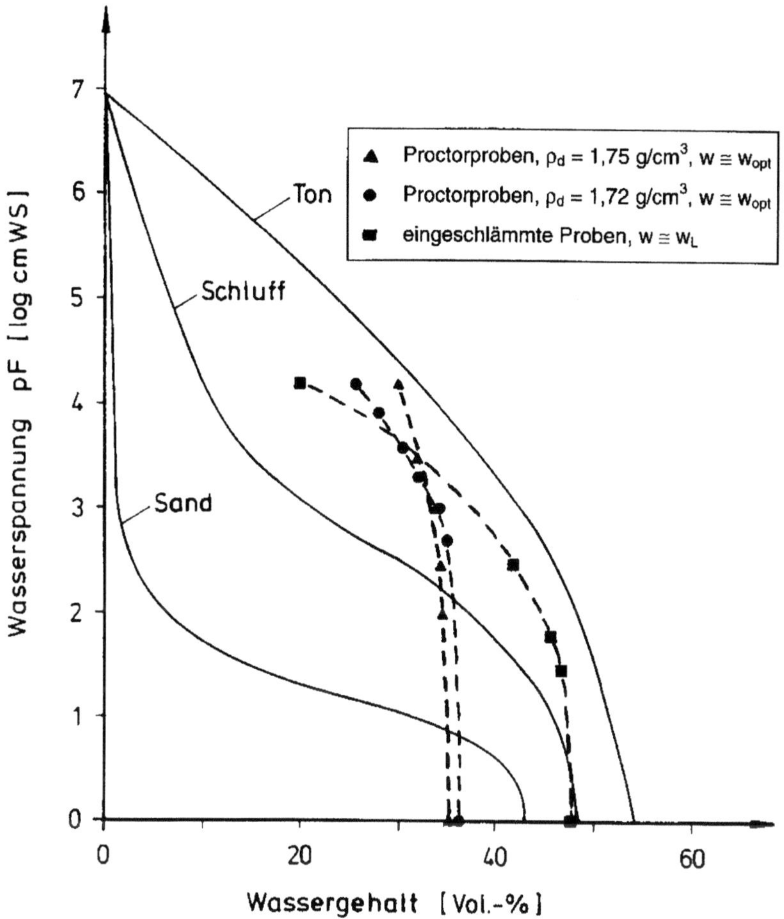

Abb. 6.66. pF-Kurven des verwendeten Dichtungsmaterials
(Die durchgezogenen Kurven für Ton, Schluff und Sand sind aus
Scheffer/Schachtschabel übernommen)

Beim Einbau des Dichtungsmaterials wurden zur Bestimmung der Einbaudichte und des Durchlässigkeitsbeiwertes je Lage ca. 5 ungestörte Proben entnommen. Laboruntersuchungen daran ergaben, daß in jeder der 4 Lagen eine Einbaudichte von mehr als 97 % D_{Pr} erreicht wurde. Die ermittelten Durchlässigkeitsbeiwerte lagen bei allen Proben unter k = 2 · 10^{-10} m/s.

3   Ergebnisse

Die Oberfläche der Kombinationsdichtung wurde mittels einer elektrischen Heizung seit dem 1. Februar 1993 auf eine Temperatur von 40 °C beheizt. Seit diesem Zeitpunkt wurden sämtliche Temperaturfühler, Tensiometer und Gasdrucksensoren stündlich abgefragt und die

Meßwerte gespeichert. Neutronensondenmessungen wurden im Abstand von 4 - 6 Wochen durchgeführt.

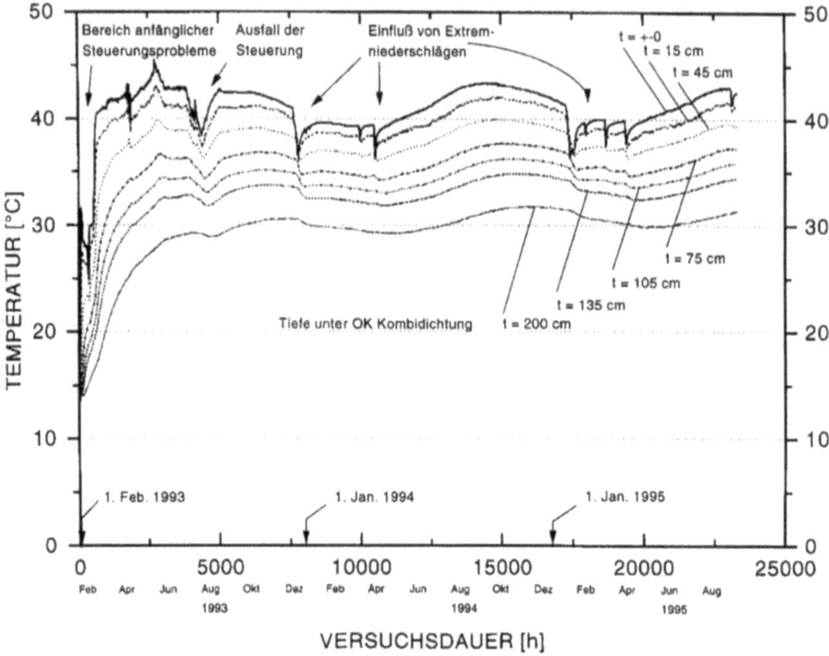

Abb. 6.67. Temperaturverlauf im Zeitraum 02/93 bis 09/95

Die bis in eine Tiefe von 2 m unter OK-Dichtung reichenden Temperaturmessungen zeigen, daß schon nach vergleichsweise kurzer Zeit nach Heizbeginn ein annähernd konstantes Temperaturprofil vorhanden war, welches sich seither nur mehr sehr langsam ändert (vgl. Abb. 6.67). Die Temperatur in 2 m Tiefe ist von anfänglich 12 auf ca. 30 °C angestiegen, der Temperaturgradient beträgt damit sowohl in der mineralischen Dichtung als auch im Untergrund (zumindest bis in 2 m Tiefe) 5 °C/m.

In Abb. 6.68 sind für verschiedene Zeitpunkte die gemessenen Temperaturprofile dargestellt. Ein Vergleich mit den in Abb. 6.69 gezeigten Profilen, die in der Planungsphase des Forschungsvorhabens zur Abschätzung des Temperaturverlaufes mit Hilfe stark vereinfachter numerischer Berechnungen ermittelt wurden (Fecht & Gottheil 1990), zeigen für den Zeitpunkt t = 1 a eine sehr gute Übereinstimmung. Die damalige Vermutung, unter den vorliegenden Randbedingungen werde nach einer gewissen Aufheizphase für den Dichtungsbereich kein *ausgeprägter* Temperaturgradient mehr verbleiben, konnte mittels der Messungen somit verifiziert werden.

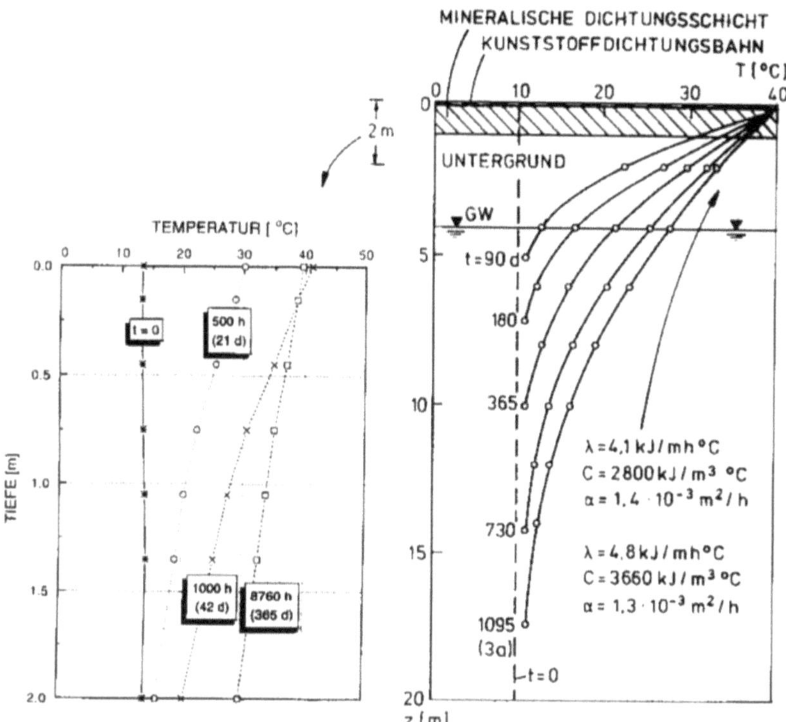

Abb. 6.68. Gemessene Temperaturprofile   **Abb. 6.69.** Berechnete Temperaturprofile

Die Auswertung der Tensiometermessungen zeigt auf der Testfeldhälfte *mit* Drainschicht eine deutliche Zunahme der Wasserspannungen in der mineralischen Dichtung, größtenteils ist hier der Meßbereich der Tensiometer seit einiger Zeit bereits überschritten (auf eine Darstellung der entsprechenden Meßwerte wird aus diesem Grunde verzichtet). Mittels der Neutronensondenmessungen konnte eine Wassergehaltsabnahme von bis zu 11 Vol.-% bestimmt werden (vgl. Abb. 6.70a). Bezogen auf den Wassergehalt nach bodenmechanischer Definition bedeutet dies eine Abnahme von im Mittel w = 20 Gew.-% auf rund w = 13 Gew.-%.

Wesentlich schwächer, aber dennoch meßbar ist die Wassergehaltsabnahme der mineralischen Dichtung, die direkt auf dem anstehenden Löß aufgebaut wurde. Aufgrund des unmittelbaren Anschlusses der mineralischen Dichtung an den geringdurchlässigen bindigen Untergrund erfolgen Feuchtemigrationen hier naturgemäß um Größenordnungen langsamer. Die mittels Neutronensonde gemessenen Wassergehalte liegen zwar noch im Bereich derer, die zu Versuchsbeginn bestimmt wurden (Abb. 6.70b), jedoch ist ein Feuchteverlust der mineralischen Dichtung hier v. a. an den seit Versuchsbeginn deutlich angestiegenen Saugspannungen zu erkennen.

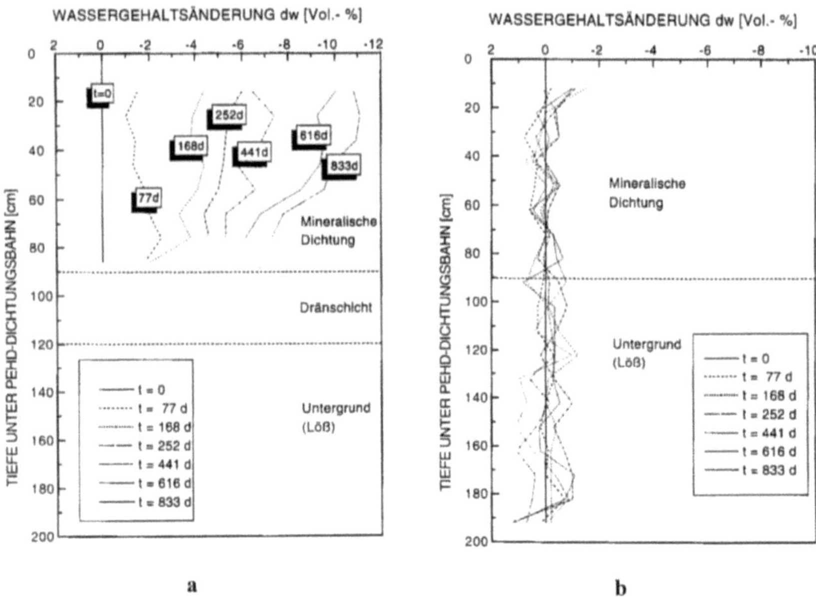

Abb. 6.70. Wassergehaltsabnahme in **a** der linken und **b** rechten Testfeldhälfte (Neutronensondenmessungen)

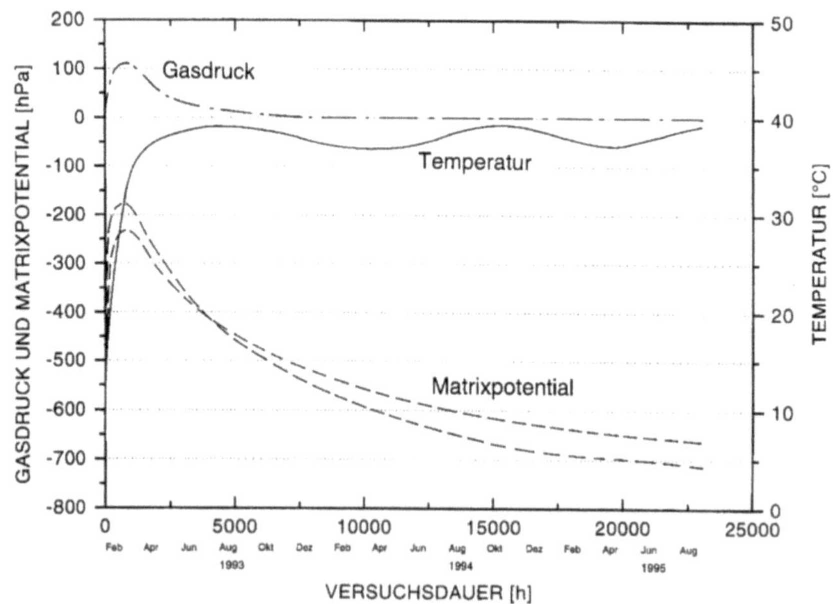

Abb. 6.71. Matrixpotentiale, Gasdruck und Temperatur in der mineralischen Dichtung (rechte Testfeldhälfte, ohne Drainschicht, 45 cm unter OK Dichtung; Verläufe etwas geglättet)

In Abb. 6.71 sind die im Zeitraum 02/93 bis 09/95 in der mittleren Tensiometerlage der mineralischen Dichtung gemessenen Saugspannungen bzw. Matrixpotentiale sowie der Gasdruck und die Temperatur in diesem Bereich dargestellt. Nach einer mit der Temperatur- und Gasdruckerhöhung korrespondierenden Zunahme des Matrixpotentials zu Beginn des Versuches wurde ab einer Versuchsdauer von ca. 3000 h der Initialwert überschritten. Seither ist eine allmähliche, aber monotone Abnahme des Matrixpotentials zu verzeichnen, was auf eine zwar langsame, aber stetige Feuchteabnahme der mineralischen Dichtung schließen läßt. Daß diese Feuchteabnahme mit der Neutronensonde nicht gemessen werden konnte, wird durch Abb. 6.66 verdeutlicht: Die einer Zunahme der Saugspannung bis ca. 700 hPa ($\cong$ pF 2,8) entsprechende Wassergehaltsabnahme ist so gering, daß sie innerhalb der Meßgenauigkeit der Neutronensonde liegt.

Bemerkenswert ist, daß die oben beschriebenen Feuchteabgaben offensichtlich nicht durch einen extrem hohen Temperaturgradienten hervorgerufen werden, sondern vielmehr die absolute Erwärmung einen hauptsächlichen Einfluß auf den Feuchtehaushalt zu haben scheint. Markante Hinweise hierauf hatten sich bereits aus im Vorfeld des Freilandversuchs begonnenen Laborversuchen ergeben (Brauns et al. 1990).

4 Schlußfolgerungen für die Praxis

Hinsichtlich praktischer (Bemessungs-)Anwendungen lassen sich aus den oben beschriebenen Ergebnissen einige wertvolle Schlüsse ziehen. Betrachtet man die markante Austrocknung der mineralischen Dichtung auf der Testfeldhälfte, die auf einer körnigen, durchlässigen Drainageschicht aufgebaut ist, so läßt sich daraus rein qualitativ folgern, daß auf jede Art von Kontrolldrainageschichten (ob unterhalb der mineralischen Dichtung oder zwischen 2 Dichtungspaketen angeordnet) verzichtet werden sollte. Der Nachteil einer solchen Kontrolldrainage hinsichtlich einer Austrocknungsgefährdung der mineralischen Dichtung überwiegt nach Meinung der Verfasser bei weitem den Vorteil der Kontrollierbarkeit des Dichtungssystems.

Zur Auswahl und zum Einbau des mineralischen Dichtungsmaterials läßt sich für praktische Belange folgendes feststellen: Da auch bei günstigen Untergrundverhältnissen (bindiger, geringdurchlässiger Boden) eine gewisse Austrocknung der Dichtung über längere Zeitspannen nicht grundsätzlich ausgeschlossen werden kann, sollten den aus erdbautechnischer Sicht für das Schrumpfen maßgebenden Parametern des Dichtungsmaterials mehr Beachtung zukommen, als dies bisher der Fall ist. Wichtig erscheint hier v. a. die Bestimmung der Schrumpfgrenze und des Schrumpfmaßes und zwar ausgehend von den Einbaubedingungen auf der Baustelle. Diese für die vorliegende Problematik äußerst wichtigen Kennwerte werden selbst bei Eignungsprüfungen an mineralischen Dichtungsmaterialien nur in den seltensten Fällen ermittelt; sie können jedoch für eine erste Einschätzung des Verhaltens bei Austrocknung wertvolle Hinweise, gelegentlich auch ein Ausschlußkriterium, liefern. Zum Einbau des Dichtungsmaterials kann generell gesagt werden, daß der Einbauwassergehalt nicht bzw. nicht wesentlich über dem optimalen Wassergehalt w_{opt} liegen sollte, um den Abstand zur Schrumpfgrenze möglichst gering zu halten. Dies hat zwar zur Folge, daß die Durchlässigkeit des Dichtungsmaterials im Vergleich zu einer Verdichtung mit einem Wassergehalt von einigen Prozent über w_{opt} etwas zunimmt, aber diesem Verhalten kann durch eine mit modernen Verdichtungsgeräten durchaus erzielbare höhere Verdichtung entgegengewirkt werden.

Insgesamt bleibt noch festzustellen, daß eine *allgemeine* Beantwortung der Frage nach der Austrocknungsgefährdung nicht möglich ist. Vielmehr ist auf der Grundlage bodenphysikalischer Kennwerte für das Dichtungs- und das Untergrundmaterial und maßgebender Randbedingungen (Grundwasserabstand, statische und thermische Belastungen) für jeden Einzelfall eine Prüfung erforderlich (s. dazu auch Holzlöhner 1994).

5   Zusammenfassung

Die im vorstehenden beschriebenen Meßergebnisse zeigen deutlich, daß die mineralische Komponente einer Kombinationsdichtung austrocknungsgefährdet ist, sofern die Dichtung auf relativ gut durchlässigem Auflager liegt. Die Austrocknung bei einem derartigen Aufbau wird hier vorwiegend durch Wasserdampftransport bestimmt, so daß ein etwaiger, in Fachkreisen teilweise angeführter Vergleich mit Kapillarsperrensystemen vom physikalischen Standpunkt her abwegig erscheinen muß.

In der nach heute gültiger Vorschrift auf bindigem, wenig durchlässigem Auflager aufgebauten Testfeldhälfte sind bisher wesentlich geringere Wassergehaltsabnahmen aufgetreten. Allerdings sind auch hier - wenn auch deutlich langsamer - gewisse Austrocknungsvorgänge zu bemerken. Wie weit diese Austrocknung fortschreitet und ob sie schließlich zu Schrumpfrissen in der mineralischen Dichtung führt, wird zuverlässig erst nach längerer Versuchsdauer bewertet werden können. Vorgesehen ist daher eine Weiterführung des Feldversuchs über einen möglichst langen Zeitraum, bevor schließlich durch Öffnen des Testfeldes der Zustand der Dichtschicht und des Untergrundes darunter einer abschließenden Beurteilung unterzogen wird.

Literatur

Brauns, J.; Dittmar, Ch.; Gottheil, K. (1990): Laborversuche zum Feuchteverhalten thermisch belasteter Kombinationsdichtungen. Geotechnik 13, Heft 3/1990, S. 135 - 141

Fecht, Ch.; Gottheil, K. (1990): Temperaturausbreitung im Untergrund von Deponien. Mitt. Abt. Erddammbau u. Deponiebau, Inst. f. Bodenmech. u. Felsmech., Univ. Karlsruhe, Heft 3, S. 43 - 87

Holzlöhner, U. (1992): Austrocknung und Rißbildung in mineralischen Schichten der Deponiebasisabdichtung. Wasser + Boden, Heft 5/1992, S. 289 - 293

Holzlöhner, U. (1994): Rißgefährdung von Erdstoff-Abdichtungsschichten bei Austrocknung unter Auflast. Veröffentlichungen des LGA-Grundbauinstituts, Nürnberg, Heft 72, S. 309 - 324

Scheffer, F.; Schachtschabel, P. (1989): Lehrbuch der Bodenkunde. 12. Aufl., Enke Verlag, Stuttgart

Württ. Statistisches Landesamt (1923): Geologische Spezialkarte von Württemberg - Blatt 55 Weissach

Technische Universität Berlin
Institut für Ökologie
Fachgebiet Bodenkunde

BMBF-Verbundforschungsvorhaben
Weiterentwicklung von
Deponieabdichtungssystemen

Teilprojekt 24

Anisotherme Wasser- und Wasserdampfbewegung unter Deponien: Laborexperimente und Simulationsrechnungen zur Austrocknung mineralischer Dichtschichten

Petra Döll, M. Sc. Geol.
Dipl.-Phys. Heinz Stoffregen
Prof. Dr. Manfred Renger
PD Dr. habil. Gerd Wessolek
Dr. Rudolf Plagge

Projektleitung: Bundesanstalt für Materialforschung
und -prüfung (BAM), Berlin
Projektträger: Abfallwirtschaft und Altlastensanierung
im Umweltbundesamt
Forschungsförderung: Bundesministerium für Bildung,
Wissenschaft, Forschung und Technologie
Förderkennzeichen: 1440 569 A5 - 24

Berlin, Juni 1995

1   Forschungsziele und Arbeitsprogramm

In der TA Abfall (1991) und der TA Siedlungsabfall (1993) ist für die Basis einer Deponie eine Kombinationsabdichtung aus mineralischer Dichtschicht mit aufliegender Kunststoffdichtungsbahn vorgeschrieben. Die Kombinationsdichtung an der Deponiebasis birgt die Gefahr einer Austrocknung und damit Rißbildung der mineralischen Dichtschicht unter der praktisch wasserdichten Kunststoffdichtungsbahn, insbesondere unterhalb von Deponien mit Wärmeentwicklung. Gründe dafür sind der fehlende Wasserfluß von oben in die Dichtschicht hinein und ein Temperaturgradient, der einen Wasserdampffluß aus der Dichtschicht heraus bewirkt. Langzeitprognosen für unterschiedliche Deponiebedingungen können nur mit Hilfe eines Simulationsmodells gestellt werden. Um zu einer realistischen Abschätzung der Austrocknungsgefährdung zu gelangen, ist es unbedingt notwendig, die für eine Austrocknung entscheidenden bodenhydraulischen Parameterfunktionen der einzelnen Dichtschicht- und Auflagersubstrate zu messen.

Ziele dieses Forschungsvorhabens waren

1. die ungesättigte Wasserleitfähigkeitsfunktion, die Wassergehalt-Matrixpotential-Charakteristik (Wasserretentionsfunktion) und die Dampftransportkoeffizienten von mineralischen Dichtschichten und Auflagern in Laborversuchen zu bestimmen sowie

2. unter Verwendung dieser Parameterfunktionen Langzeitsimulationen der Austrocknung der Dichtschicht für verschiedene Untergrundbedingungen (Temperaturen, Dichtschichtmaterialien, Auflagersubstrate, Grundwasserabstände) mit Hilfe eines numerischen Modells des gekoppelten Transports von Wasser, Wasserdampf und Wärme durchzuführen

Im Rahmen dieses Vorhabens konnten Konsolidierung durch Auflast, Quellen, Schrumpfen sowie die Rißbildung an sich nicht berücksichtigt werden. Ziel der Simulationsstudie war es, herauszufinden, unter welchen Umständen es sicher nicht zu einer Austrocknung kommt, die möglicherweise zu einer Rißbildung führt. Da durch die Vernachlässigung von Konsolidierung und Schrumpfung die Austrocknung überschätzt wird (v. a. durch Überschätzung des für den Dampftransport zur Verfügung stehenden Luftporenraums), können diese Prozesse für eine Gefährdungsabschätzung im Sinne einer Worst-case-Analyse unberücksichtigt bleiben.

In umfangreichem Literaturstudium wurden die verschiedenen Theorien des gekoppelten Feuchte- und Wärmetransports in Böden sowie die Ansätze zur quantitativen Berücksichtigung der zahlreichen dabei relevanten Bodeneigenschaften gesichtet. In Laborversuchen wurden insgesamt 6 Substrate im Hinblick auf ihre Wasserleitfähigkeits- und Wasserretentionsfunktionen hin untersucht, 4 Dichtschichtmaterialien, ein Löß und ein Sand. Mit dem Löß und dem Sand wurden darüber hinaus Säulenversuche mit Temperaturgradienten durchgeführt. Ein eindimensional-vertikales numerisches Modell des gekoppelten Feuchte- und Wärmetransports in ungesättigten porösen Medien wurde erstellt, getestet und für eine Simulationsstudie zur Austrocknung von Basisdichtschichten angewendet. Aufgrund der Untersuchungsergebnisse schlagen wir eine Vorgehensweise beim Bau von Deponiebasisabdichtungen vor, durch die deren Langzeitbeständigkeit gegenüber Austrocknung abgeschätzt werden kann.

2 Laborversuche zur Bestimmung der bodenhydraulischen Parameter

Es wurden insgesamt 4 Dichtschicht- und 2 Auflagersubstrate untersucht:

- Lehm Karlsruhe, Dichtschicht der Hausmülldeponie Karlsruhe Ost und im Feldversuch der Arbeitsgruppe Gottheil/Brauns (Karlsruhe)

- Löß Karlsruhe, Auflager der Hausmülldeponie Karlsruhe Ost und im Feldversuch der Arbeitsgruppe Gottheil/Brauns (Karlsruhe)

- Ton Wilsum, Dichtschicht der Deponie Wilsum (Grafschaft Bentheim)

- Lehm Aurach BA II, Dichtschicht der Deponie Aurach, Bauabschnitt II (Mittelfranken)

- Geschiebemergel Georgswerder, Dichtschicht der Oberflächenabdichtung der Deponie Georgswerder (Hamburg)

- Sand Mehta, Sand aus der Mechanischen Hafenschlick Trennungsanlage, Hamburg. Teil der Kapillarsperre bei den Versuchsfeldern auf der Deponie Georgswerder

Alle Substrate wurden in verdichtetem Zustand untersucht. Der Lehm Aurach sowie der Geschiebemergel Georgswerder wurden ungestört aus den Deponiedichtschichten entnommen, bei den anderen Substraten wurden gestörte Proben mit Hilfe eines Handproctorgeräts verdichtet.

2.1 Wasserretention

Die Retentionsfunktionen (Wassergehalt-Matrixpotential-Beziehung) wurden in statischen Unterdruck- bzw. Drucktopfexperimenten bestimmt (Hartge & Horn 1989). Dabei wurden an 4 Substraten Wassergehalte bei Matrixpotentialen bis zu -100 000 cm bestimmt. Die Meßergebnisse sowie die Anpassungen nach van Genuchten-Mualem (van Genuchten 1980) sind in Abb. 6.72 und 6.73 dargestellt. Die Dichtschichtsubstrate verlieren bis zu Matrixpotentialen von -1000 cm fast kein Wasser und haben im Bereich von -5000 bis -10 000 cm erst 10 % des Anfangswassergehalts verloren (Abb. 6.72). Selbst bei -100 000 cm waren noch zwischen 17,3 Vol.-% (Lehm Karlsruhe) und 23,4 Vol.-% (Ton Wilsum) vorhanden. Der Ton Wilsum hat mit 48 % den höchsten Tonanteil und besitzt daher die höchste Porosität. Die Retentionsfunktion des Löß Karlsruhe (Abb. 6.73) unterscheidet sich in der Form deutlich von denen der Dichtschichtsubstrate. Der Löß verliert bis -15 000 cm schon 75 % seines Wassergehaltes bei Sättigung. Der Sand Mehta, ein feinsandiger Mittelsand ohne Ton- und Schlufffraktion, verliert das meiste Wasser zwischen -30 und -60 cm (von 30 auf 6,7 Vol.-%). Die van Genuchten-Mualem-Anpassung für den Sand Mehta kommt aus der Auswertung eines instationären Verdunstungsversuchs (s. u.).

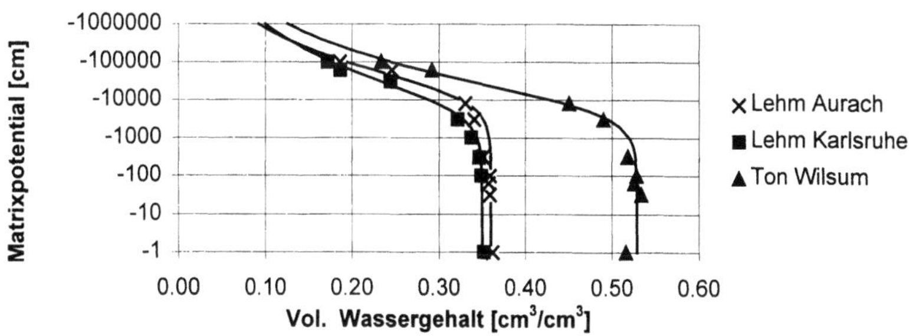

Abb. 6.72. Gemessene Wasserretention (Wassergehalt-Matrixpotential-Beziehung) und Anpassung nach van Genuchten (1980) für 3 Dichtschichtsubstrate

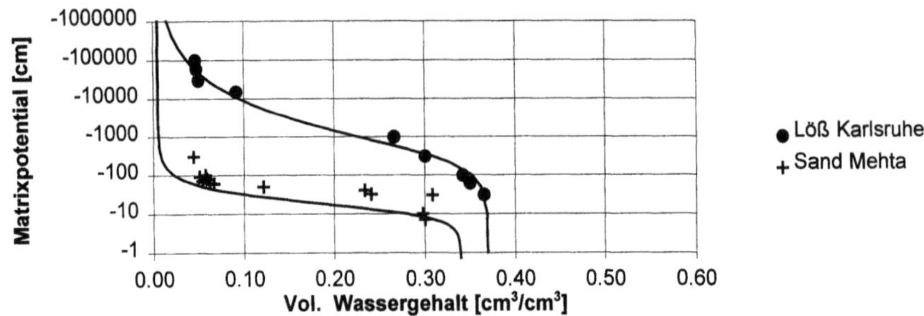

Abb. 6.73. Gemessene Wasserretention und Anpassung nach van Genuchten (1980) für Löß Karlsruhe und Sand Mehta

In statischen Versuchen kommt es bei niedrigen Wassergehalten von wenigen Volumenprozenten zu hydraulisch weitgehend isolierten Wasserinseln, die unter anisothermen Bedingungen und bei Verdunstungsversuchen über die Dampfphase entwässert werden. So hatte der Sand Mehta im statischen Versuch bei -300 cm einen Wassergehalt von 4,5 Vol.-%, im instationären Verdunstungsversuch dagegen von nur 1 Vol.-%.

2.2 Ungesättigte Wasserleitfähigkeit

Für die Bestimmung der Wasserleitfähigkeit im wasserungesättigten Zustand wurden 2 unterschiedliche Verfahren angewendet. Die Messungen mit Dichtschichtsubstraten wurden in stationären Verdunstungsexperimenten (Stoffregen & Döll 1995) durchgeführt, die sich in 2 Phasen unterteilen. Zunächst wird bei geringer Verdunstung der Matrixpotentialgradient über Tensiometer (5 Meßsonden bei 10 cm hohen Proben) bestimmt. Aus diesen Ergebnissen kann die Leitfähigkeit im Matrixpotentialbereich von ca. -20 bis -700 cm bestimmt werden. Dann wird bei deutlich stärkerer Verdunstung der Matrixpotentialgradient über die Retentionsfunktion aus der Wassergehaltsverteilung berechnet. Die Leitfähigkeit kann so im tieferen Matrixpotentialbereich (ungefähr -10 000 bis -100 000 cm) bestimmt werden. Die Meßergebnisse für die Dichtschichtmaterialien sind in Abb. 6.74 dargestellt.

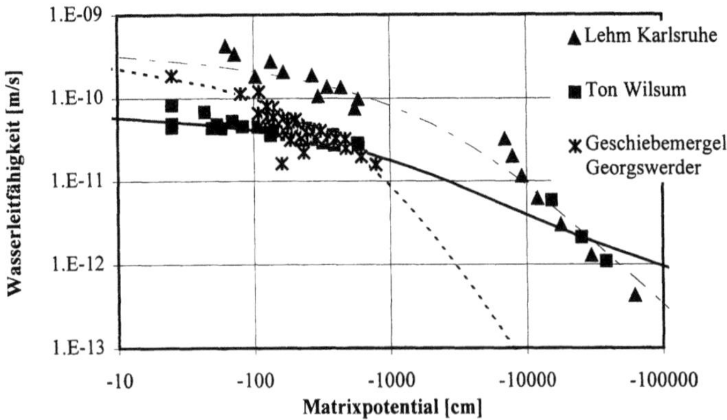

Abb. 6.74. Wasserleitfähigkeit von 3 Dichtschichtmaterialien als Funktion des Matrixpotentials

Im nahe gesättigten Bereich hat der Ton Wilsum die geringsten Leitfähigkeiten, die des Lehms Karlsruhe sind um etwa eine Größenordnung höher. Im Bereich von -100 cm bis -1000 cm fallen die ungesättigten Leitfähigkeiten bei allen 3 Substraten nur geringfügig ab. Am stärksten ist der Abfall beim Geschiebemergel Georgswerder (Faktor 11), Ton Wilsum (2,3), Lehm Karlsruhe (2,6). Der stärkere Abfall liegt an dem niedrigen Tongehalt und der weitgestuften Korngrößenverteilung des Geschiebemergels. Im tieferen Matrixpotentialbereich liegen Ton Wilsum und Lehm Karlsruhe in der gleichen Größenordnung. Die geringste gemessene Leitfähigkeit betrug $4\cdot10^{-13}$ m/s bei -62 000 cm für den Lehm Karlsruhe. Ohne Messungen wäre die ungesättigte Wasserleitfähigkeit bei tiefen Matrixpotentialen nach dem Modell von Mualem (1976) deutlich unterschätzt worden.

Abbildung 6.75 zeigt Meßergebnisse für die Auflagersubstrate Löß Karlsruhe und Sand Mehta. Die Ergebnisse bis -800 cm sind in instationären Verdunstungsversuchen nach Plagge (1991) ermittelt worden. Für den Löß Karlsruhe wurden aus anisothermen Experimenten zusätzlich Leitfähigkeiten im Matrixpotentialbereich unter -20 000 cm abgeleitet. Die ungesättigte Leitfähigkeitsfunktion des Löß Karlsruhe fällt mit fallendem Matrixpotentialen stärker ab als bei den Dichtschichtsubstraten. Liegt sie nahe der Sättigung noch mehr als 2 Größenordnungen über den Leitfähigkeiten der Dichtschichten, so ist sie bei -10 000 cm im gleichen Wertebereich. Der Sand Mehta zeigt ein ganz anderes Verhalten. Hier nimmt die Leitfähigkeit innerhalb von wenigen Zentimetern um mehrere Größenordnungen ab (von $5\cdot10^{-7}$ m/s bei -30 cm auf $5\cdot10^{-9}$ m/s bei -70 cm). Durch diesen steilen Verlauf der Leitfähigkeitsfunktion ergaben sich Probleme bei der Auswertung der instationären Experimente. Die Matrixpotentialgradienten konnten nicht direkt gemessen werden, sondern es konnte lediglich eine Abschätzung nach oben bzw. unten vorgenommen werden (s. Abb. 6.75). Das Experiment wurde mit Hilfe eines inversen Modells ausgewertet. Die Retentionsfunktion war allerdings abhängig vom Abstand zur Verdunstungsoberfläche, was im Widerspruch zu der dem Modell zugrundeliegenden Theorie (der Richards-Gleichung) steht. In den tieferen Bereichen waren die Wassergehalte bei denselben niedrigen Matrixpotentialen höher als im Bereich der Oberfläche. Ein Grund könnte das Auftreten isolierter Wasserbereiche sein, die weit unter der Verdunstungsoberfläche nicht entwässern.

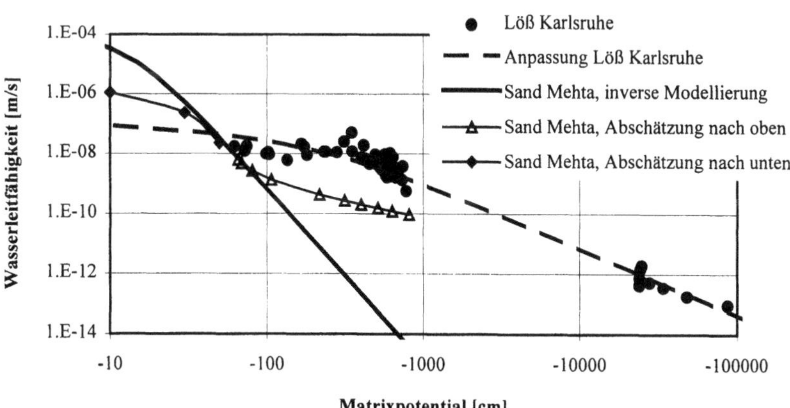

Abb. 6.75. Wasserleitfähigkeit von Sand Mehta und Löß Karlsruhe als Funktion des Matrixpotentials

2.3 Anisotherme Versuche

In den anisothermen Versuchen wurde der Einfluß eines Temperaturgradienten auf die Wasserbewegung untersucht. Dazu wurde im Rahmen des Vorhabens ein Meßplatz aufgebaut, bei dem unter kontrollierten Randbedingungen (Temperatur an beiden Enden und Matrixpotential an einem Ende der Meßsäule) Wassergehalt, Matrixpotential und Temperatur in hoher zeitlicher und räumlicher Auflösung gemessen werden können. Es wurden Experimente mit dem Löß Karlsruhe und dem Sand Mehta durchgeführt.

Für den Löß Karlsruhe wurde die Wasserbewegung zunächst bei verschiedenen Temperaturgradienten (65 °C/m und 30 °C/m) und Matrixpotentialen am unteren Ende der Meßsäule (-120, -320 und -520 cm) untersucht. Bis zu einem Matrixpotential von -520 cm wurde der durch den Temperaturgradienten erzeugte Dampffluß vom kapillaren Aufstieg ausgeglichen, ohne daß sich ein meßbarer Matrixpotentialgradient ausbildete. Die Matrixpotentiale entsprachen denen im isothermen Fall. Dies liegt an der ungesättigten Wasserleitfähigkeit ($\sim$3·10^{-9} m/s bei -520 cm), die deutlich über dem anisothermen Dampfdiffusionskoeffizienten (10^{-11} m^2/sK) liegt. Aus dem Versuch kann für Deponiebedingungen geschlossen werden, daß es nicht zu einer Austrocknungsgefährdung einer Dichtschicht durch das Auflager Löß Karlsruhe kommt. Bei den Änderungen der Matrixpotentiale am unteren Rand von -120 auf -320 cm bzw. von -320 auf -520 cm zeigte sich beim Abfallen der Matrixpotentiale in der Meßsäule ein Widerspruch zur Theorie der Richards-Gleichung. Ursache hierfür könnte das schlagartige Anlegen des Unterdrucks sein. Die Aussagen bezüglich des Dampftransportes werden dadurch allerdings nicht beeinflußt.

In einer weiteren Versuchsphase wurde die Meßsäule langsam über Verdunstung nach unten ausgetrocknet. Die Ergebnisse nach 6 Monaten am Ende der Austrocknung sind in Abb. 6.76 zu sehen. Der gemessene Gesamtfluß unterteilt sich in einen Dampffluß und einen flüssigen Wasserfluß. Der Dampffluß wurde nach Philip und de Vries (1957) berechnet, während der flüssige Fluß aus der Differenz zum Gesamtfluß bestimmt wurde. Im oberen Teil der Säule sind Dampffluß und flüssiger Wasserfluß entgegengerichtet, im unteren Teil kehrt sich der flüssige Fluß um und zeigt wie der Dampffluß nach unten. Anhand der Wassergehaltsverteilung, die in der Mitte der Säule ein Maximum besitzt, konnte die Umkehr des flüssigen Flusses sowie die Größe des Dampfflusses bestätigt werden. An der Stelle des Maximums verschwindet der flüssige Fluß, und der Dampffluß entspricht dem Gesamtfluß (s. Abb. 6.76). Der im Rahmen der Theorie von Philip und de Vries eingeführte Verstärkungsfaktor F_V des Dampftransports wurde so auf ca. 1 abgeschätzt. Des weiteren wurden aus der Wassergehaltsverteilung die ungesättigte Wasserleitfähigkeit im Matrixpotentialbereich von unter -20 000 cm bestimmt.

Im Gegensatz zum Löß Karlsruhe würde ein Auflager oder eine Drainageschicht aus dem Sand Mehta zu einer Austrocknungsgefährdung einer Dichtschicht führen. Bei einem Temperaturgradienten von 65 °C/m und Matrixpotentialen von -60 cm konnte der Dampffluß nicht mehr durch kapillaren Aufstieg ausgeglichen werden, so daß der oberste Bereich der Meßsäule stark austrocknete.

2.4 Diskussion der Ergebnisse in bezug auf den Deponiebau

Die Ergebnisse unserer Laboruntersuchungen zeigen, daß die bodenhydraulischen Parameterfunktionen (ungesättigte Wasserleitfähigkeit und Wasserretention) gemessen werden müssen. Messungen der ungesättigten Wasserleitfähigkeit im Tensiometerbereich allein genügen nicht, da die Extrapolation dieser Werte nach Mualem (1976) zu einer deutlichen Unterschätzung

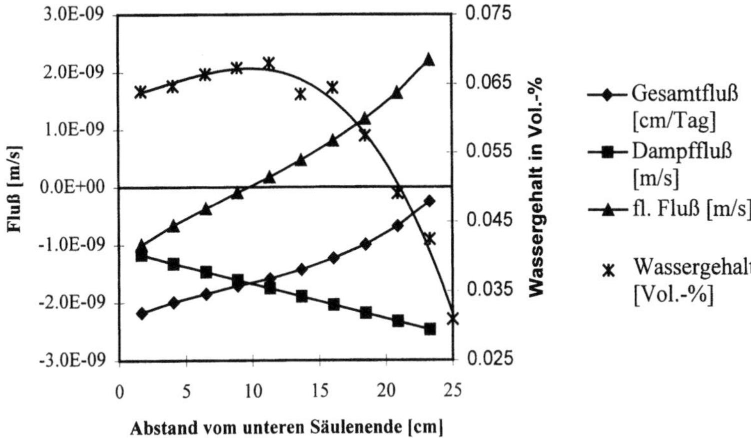

Abb. 6.76.   Flüsse und Wassergehalte bei einem anisothermen Experiment mit dem Löß Karlsruhe. Der Dampffluß ist nach Philip und de Vries (1957) berechnet

der Wasserleitfähigkeit bei tieferen Matrixpotentialen führt. Zur Abschätzung der Austrocknungsgefahr für die Dichtschicht werden aber auch Werte der Parameterfunktionen im tiefen Matrixpotentialbereich (-10 000 bis -100 000 cm) benötigt.

Unserer Ansicht nach sollten bodenhydraulische Untersuchungen im Deponiebau vorgeschrieben werden. Die Bestimmung der Wasserretentionsfunktion und der ungesättigten Wasserleitfähigkeit ist mit vertretbarem Aufwand möglich. Wasserretentionsfunktionen werden in der Bodenkunde standardmäßig bis -15 000 cm (15 bar) bestimmt, wofür Meßapparaturen kommerziell angeboten werden. Für Messungen bis -100 000 cm (100 bar) werden lediglich stabilere Drucktöpfe, Folien sowie Druckflaschen benötigt. Die Messung der ungesättigten Wasserleitfähigkeit kann mit in der Bodenphysik gängigen Meßmethoden (Tensiometern, Waagen, TDR-Sonden) durchgeführt werden. Inzwischen sind auch komplette Meßapparaturen kommerziell erhältlich. Allerdings sind die unterschiedlichen Meßmethoden und Auswertungsverfahren noch nicht standardisiert; dies müßte z. B. im Rahmen einer DIN-Norm geschehen. Die anisothermen Versuche zur Bestimmung des Dampftransportes sind mit erheblichem experimentellen Aufwand verbunden. Solche Experimente können z. Z. nicht routinemäßig, sondern nur im Rahmen von Forschungsvorhaben durchgeführt werden.

3   Simulation der Austrocknung mineralischer Basisabdichtungen

3.1   Mathematisches Modell

Basierend auf der Theorie von Philip und de Vries (1957) und Milly (1982) wurde ein eindimensional-vertikales Modell des gekoppelten Transports von Wasser, Wasserdampf und Wärme in wasserungesättigten porösen Medien erstellt. Dieses Modell simuliert

- Transport von flüssigem Wasser aufgrund von Matrixpotential- und Temperaturgradienten sowie aufgrund der Gravitation

- Wasserdampfdiffusion aufgrund von Matrixpotential- und Temperaturgradienten

- Wärmetransport aufgrund von Wärmeleitung, Wärmekonvektion und Phasenübergängen

Diese Prozesse werden durch folgendes System zweier gekoppelter Gleichungen beschrieben:

Wasser- und Wasserdampftransport

$$\frac{\partial \theta}{\partial t} = \frac{\partial}{\partial z}\left[C_w \frac{\partial \psi}{\partial z} + D_w \frac{\partial T}{\partial z} + E_w \right] = \frac{\partial}{\partial z}\left[(K_u + D_{\psi v}) \frac{\partial \psi}{\partial z} + D_{Tv} \frac{\partial T}{\partial z} + K_u \right] \qquad (6.6)$$

Wärmetransport

$$\frac{\partial Q}{\partial t} = \frac{\partial}{\partial z}\left[C_h \frac{\partial \psi}{\partial z} + D_h \frac{\partial T}{\partial z} + E_h \right] \qquad (6.7)$$

mit

θ	Gesamtfeuchtegehalt: Volumen flüssigen und dampfförmigen Wassers pro Volumen Gesamtboden (Wasserdampfvolumen ist in Äquivalentvolumen flüssigen Wassers ausgedrückt)	$[m^3/m^3]$
t	Zeit	$[s]$
z	senkrechte Koordinate, aufwärts positiv	$[m]$
C, D, E	Koeffizienten der Feuchte- und Wärmetransportgleichungen	
ψ	Matrixpotential (= negative Wasserspannung)	$[m]$
T	Temperatur	$[°C]$
K_u	ungesättigte Wasserleitfähigkeit	$[m/s]$
$D_{\psi v}$	isothermer Dampfdiffusionskoeffizient	$[m/s]$
D_{Tv}	anisothermer Dampfdiffusionskoeffizient	$[m^2/(sK)]$
Q	Wärmeinhalt pro Einheitsvolumen des Bodens	$[J/m^3]$

Alle Parameter sind Funktionen des Matrixpotentials und der Temperatur. Die Dampf-diffusionskoeffizienten sowie die Temperaturabhängigkeit der Wasserretentionsfunktion und der Wasserleitfähigkeit werden nach Philip und de Vries (1957) berechnet. Basierend auf Literaturstudien werden die anisothermen Dampfdiffusionskoeffizienten um einen Verstärkungsfaktor F_v erhöht.

Obiges nichtlineares Gleichungssystem wird iterativ nach der Methode der Finiten Differenzen durch das Computerprogramm SUMMIT[28] gelöst. Dabei werden die Speicherterme auf der linken Seite durch eine lineare Taylor-Expansion angenähert, was zu einer implizit massenkonservativen Approximation führt.

3.2 Simulationsstudie

Eine Austrocknung und eine dadurch hervorgerufene Rißgefährdung einer mineralischen Dichtschicht unter einer Deponie mit Wärmeentwicklung kann nur bei aufliegender Kunststoffdichtungsbahn auftreten. Ohne Kunststoffdichtungsbahn wird die Dichtschicht durch den

---

[28] Das Simulationsmodell SUMMIT (einschließlich Quellcode, ausführbarer Datei, Handbuch sowie beispielhafter Eingabedatei) kann gegen einen Kostenbeitrag erworben werden. Bitte setzen Sie sich in Verbindung mit Dr. Petra Döll, Wissenschaftliches Zentrum für Umweltsystemforschung, GhK, Kurt-Wolters-Str. 3, D-34109 Kassel, Fax: 49-561-804-3176.

Antransport von Dampf aus dem Müll infolge des nach unten gerichteten Temperaturgradienten feucht gehalten, es sei denn, der Müll ist sehr trocken.

Relevant für die Beurteilung des Austrocknungsgrades ist nicht der Wassergehalt, sondern das Matrixpotential, da dieses entscheidend für eine Rißbildung ist (Holzlöhner 1992). Für die Prognose der zu erwartenden Matrixpotentiale ist die Betrachtung des hydrostatischen Endzustands hilfreich. Der hydrostatische Endzustand stellt sich nach langen Zeiten im Gleichgewicht mit dem Grundwasserspiegel ein, wenn die Wasserzufuhr von oben durch die Kunststoffdichtungsbahn unterbunden wird. Er entspricht der potentiellen Maximalaustrocknung, die jedoch dann nicht erreicht wird, wenn vorher die Wärmeproduktion im Müllkörper abgeklungen ist. Im hydrostatischen Zustand ist der Feuchtefluß Null und der aufgrund des Temperaturgradienten nach unten gerichtete Dampffluß (und der gravitative Wasserfluß) muß durch den nach oben gerichteten Wasserfluß aufgrund eines Matrixpotentialgradienten ausgeglichen werden. Da der isotherme Dampfdiffusionskoeffizient meist vernachlässigbar klein ist, ergibt sich im hydrostatischen Endzustand angenähert folgender Matrixpotentialgradient:

$$\frac{\partial \psi}{\partial z} \approx -\left[1 + \frac{D_{Tv}(\psi, T)}{K_u(\psi, T)} \frac{\partial T}{\partial z} \right] \tag{6.8}$$

Im günstigsten Fall entwickelt sich das Matrixpotential ungefähr auf den unter isothermen Bedingungen zu erwartenden hydrostatischen Zustand hin, bei dem der Matrixpotentialgradient = -1 m/m beträgt und das Matrixpotential an einem Punkt betragsmäßig gleich seinem Abstand zum Grundwasserspiegel ist. Bei sehr tiefen Grundwasserspiegeln (Grundwasserabstand mehrere 10er Meter) wird sogar nur ein quasistationärer Zustand erreicht werden, der, bei deutschen Klimaverhältnissen, wegen Wasserzustroms von außerhalb der Deponie feuchter sein wird als der hydrostatische Zustand. Dieser günstigste Fall tritt auf, wenn der Temperaturgradient sehr klein oder die ungesättigte Wasserleitfähigkeit K_u sehr viel größer als der anisotherme Dampfdiffusionskoeffizient D_{Tv} ist. Liegt K_u jedoch in der Größenordnung von D_{Tv} (max. $1{,}5 \cdot 10^{-10}$ m/s) und existiert ein Temperaturgradient, so bildet sich ein betragsmäßig größerer Matrixpotentialgradient aus, der mit einer Verringerung des Matrixpotentials verbunden ist. Wegen der starken Nichtlinearität von K_u und D_{Tv} ist eine analytische Lösung von (6.8) selbst für eine homogene Bodensäule nicht möglich.

Die Austrocknung ist ein selbstverstärkender Prozeß, da mit absinkenden Matrixpotentialen die Wasserleitfähigkeiten kleiner werden. Dadurch erhöht sich betragsmäßig der Matrixpotentialgradient, was zur erneuten Erniedrigung des Matrixpotentials führt; je kleiner die Wasserleitfähigkeit ist, um so größer muß der Matrixpotentialgradient sein, um einen Wasserfluß zu produzieren, der den Dampffluß ausgleicht. Außerdem nimmt bei abnehmenden Matrixpotentialen und damit Wassergehalten der für den Dampffluß zur Verfügung stehende Porenraum zu.

Je niedriger das Matrixpotential ist, d. h. je höher die Wasserspannung, um so größer ist die Gefahr einer Rißbildung. Die Rißbildung ist ein substratabhängiger Prozeß; allerdings traten auch in einer Oberflächendichtung aus dem tonarmen, weit gestuften Geschiebemergel Georgswerder bereits bei Matrixpotentialen von ca. -400 cm hydraulisch wirksame Risse auf (Melchior 1993). Bei welchen Matrixpotentialen sich frühestens Risse bilden, ist noch unklar, hängt aber stark von der Auflast ab. Nach Holzlöhner (1992) kann eine Rißbildung nur ausgeschlossen werden, wenn die Auflast betragsmäßig mindestens so groß ist wie das Matrixpotential. Nach unseren konservativeren Überlegungen kann eine Rißbildung nur ausgeschlossen werden, wenn die Auflast betragsmäßig mindestens doppelt so groß ist wie das Matrixpotential.

Die Gefahr einer Austrocknung der mineralischen Dichtschicht über den hydrostatischen Zustand hinaus steigt

- mit zunehmendem Grundwasserabstand (Abstand zwischen Unterkante der Dichtschicht und dem Grundwasserspiegel)

- mit zunehmenden Temperaturen

- mit zunehmenden Temperaturgradienten

- mit zunehmendem luftgefüllten Porenraum (d.h. mit Wasserretentionskurven, bei denen die Wassergehalte steil mit sinkenden Matrixpotentialen abnehmen) in Dichtschicht und Auflager

- mit abnehmenden ungesättigten Wasserleitfähigkeiten von Dichtschicht und Auflager

- mit abnehmender Dichtschichtmächtigkeit

Mit dem numerischen Modell SUMMIT wurden Fallbeispiele gerechnet, die zeigen, unter welchen Bedingungen für eine mineralische Dichtschicht unter einer Kunststoffdichtungsbahn eine Austrocknungsgefahr besteht. Für einen Zeitraum von 50 Jahren wurde der gekoppelte Feuchte- und Wärmetransport in einer vertikalen Bodensäule, die die mineralische Dichtschicht und das Auflager darunter bis zum Grundwasserspiegel umfaßt, modelliert. Es wurden Matrixpotentiale, Wassergehalte und Temperaturen als Funktion der Tiefe und der Zeit berechnet. Variiert wurden:

- Temperatur an der Oberkante der Dichtschicht (25, 40, 55 °C)

- Temperaturgradient

- Grundwasserabstand (1, 4, 10 m)

- Dichtschichtsubstrat (Lehm Karlsruhe, Ton Wilsum, Modelldichtschicht)

- Auflagersubstrat (Löß Karlsruhe, Lehm Wageningen, Sand Mehta)

- Mächtigkeit der Dichtschicht (1,5 m Standardmächtigkeit, sonst 0,75 m)

- Verstärkungsfaktoren des anisothermen Dampftransports F_V und der Temperaturabhängigkeit des Matrixpotentials γ (Standardwerte: $F_V = 3$, $\gamma = -0.008$ 1/K)

Die verwendeten Wasserretentions- und Wasserleitfähigkeitsfunktionen beruhen auf gemessenen Daten.

Aufgrund der durchgeführten Simulationsstudie kann folgendes abgeleitet werden. Auch wenn eine Deponie nach TA Abfall (1991) bzw. TA Siedlungsabfall (1993) gebaut wird, kann die mineralische Basisdichtschicht unter ungünstigen Umständen so stark austrocknen, daß sich darin Risse bilden können. Dies wird am Fallbeispiel Dichtschicht Lehm Karlsruhe über Auflager Lehm Wageningen bei 10 m Grundwasserabstand und 25 °C an der Oberkante der Dichtschicht deutlich; nach 50 Jahren werden in der Dichtschicht Matrixpotentiale um -3000 cm berechnet (Abb. 6.76). Durch Austrocknung des oberen Bereichs des Deponieauflagers trocknet hier die Dichtschicht ebenfalls aus. Nach konservativen Überlegungen wären 60 m Auflast notwendig, um eine Rißbildung sicher zu vermeiden. Liegt allerdings statt des Lehms Wageningen der Löß Karlsruhe als Auflager vor, werden am oberen Rand der Dichtschicht nur Matrixpotentiale um -1190 cm erreicht, die unwesentlich unter dem isothermen Wert von -1150 cm liegen (Abb. 6.76). Die Austrocknungsgefährdung mineralischer Dichtschichten ist also stark abhängig von den bodenhydraulischen Eigenschaften des Auflagersubstrats. Die Wasserretentionsfunktion bestimmt, wieviel Porenraum für den Dampftransport zur Verfügung steht, während die ungesättigte Wasserleitfähigkeitsfunktion beschreibt, inwieweit kapillarer Aufstieg vom Grundwasser den dampfförmigen Abtransport von Wasser ausgleichen kann. Besonders wichtig sind die ungesättigten Wasserleitfähigkeiten bei Matrixpotentialen, die ungefähr dem Grundwasserabstand entsprechen (z. B. bei einem Grundwasserabstand von 10 m die Leitfähigkeiten bei -1000 cm Matrixpotential).

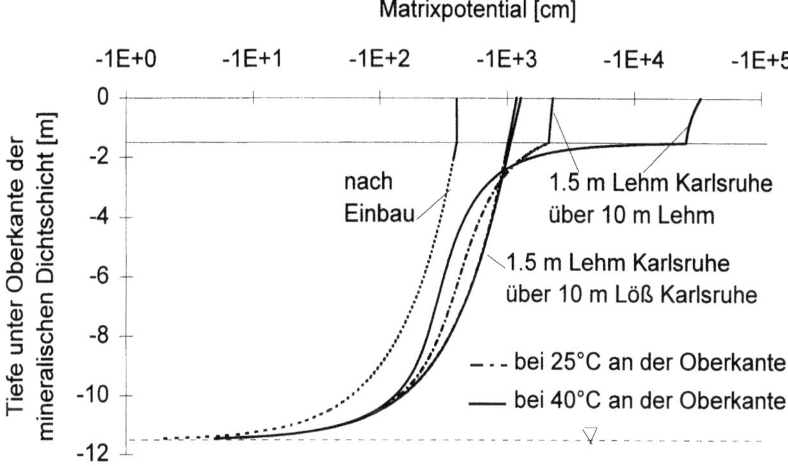

Abb. 6.77. Einfluß unterschiedlicher Auflagersubstrate und Temperaturen. Berechnete Matrixpotentiale in 1,5 m Lehm Karlsruhe über 10 m Lehm Wageningen bzw. Löß Karlsruhe 50 Jahre nach Einbau. Temperatur am Grundwasserspiegel 10 m unter mineralischer Dichtschicht 10 °C

Die von uns vermessenen Dichtschichtsubstrate sind so hoch verdichtet, daß einerseits kaum Porenraum für den Dampftransport zur Verfügung steht und andererseits die ungesättigte Wasserleitfähigkeit (zumindest bis hinunter zu Matrixpotentialen von ca. -1000 cm) nur wenig gegenüber der gesättigten Wasserleitfähigkeit abnimmt. Eine starke Austrocknung der Dichtschicht kann daher wahrscheinlich nur durch die Austrocknung des Auflagers geschehen, indem der ständige Abtransport von Dampf im oberen Bereich des Auflagers durch Wasserverluste der Dichtschicht gespeist wird. Die bodenspezifischen Wasserretentions- und Leitfähigkeitsfunktionen der Dichtschicht sind wichtig, um abschätzen zu können, zu welchen Matrixpotentialen die Entwässerung der Dichtschicht führt.

Überschreitet die Temperatur an der Oberkante der Dichtschicht langfristig den in der TA Abfall erlaubten Wert von 25 °C, wird dadurch die Austrocknung stark erhöht, wenn nicht ein Auflagersubstrat wie Löß Karlsruhe vorliegt. So erreicht die Dichtschicht Lehm Karlsruhe über Lehm Wageningen bei 10 m Grundwasserabstand und bei einer Temperatur von 40 °C nach 50 Jahren Matrixpotentiale von - 33000 cm (Abb. 6.77).

Bei kleineren Grundwasserabständen nimmt die Austrocknungsgefährdung ab. Während sich bei 4 m Grundwasserabstand und 25 °C an der Oberkante der Dichtschicht (Lehm Karlsruhe über Lehm Wageningen) die Matrixpotentiale in der Dichtschicht nach 50 Jahren auf -1600 cm verringert haben, sind es bei 1 m Grundwasserabstand nur -280 cm. Bei 1 m

Grundwasserabstand führt sogar eine Temperatur von 55 °C und ein unrealistisch hoher Temperaturgradient nur zu Matrixpotentialen von -500 cm.

Ein sandiges Auflager direkt unter der Dichtschicht, z. B. als Drainageschicht, führt auch bei nur 25 °C zu einer sehr starken Austrocknung, unabhängig vom Dichtschichtsubstrat oder vom darunterliegenden Auflagersubstrat. Bei Verwendung des Sandes Mehta als Drainageschicht und bei einem Grundwasserabstand von 4 m trocknet die Dichtschicht Ton Wilsum nach 20 Jahren auf -10000 cm, nach 50 Jahren auf -50000 cm aus (Abb. 6.78). Bei nur 1 m Grundwasserabstand kommt es allerdings nicht zu einer starken Austrocknung, da die ungesättigte Wasserleitfähigkeit des Sandes Mehta bei -100 cm Matrixpotential noch hoch ist (ca. 10^{-9} m/s). Bei grobkörnigeren Sanden und bei Kiesen wäre schon bei -100 cm Matrixpotential die ungesättigte Wasserleitfähigkeit so klein, daß es zu einer starken Austrocknung der Dichtschicht käme. Liegt hingegen der Sand Mehta unter einer 3 m mächtigen Auflagerschicht aus Lehm Wageningen (nach TA Abfall erlaubt), ist das unproblematisch.

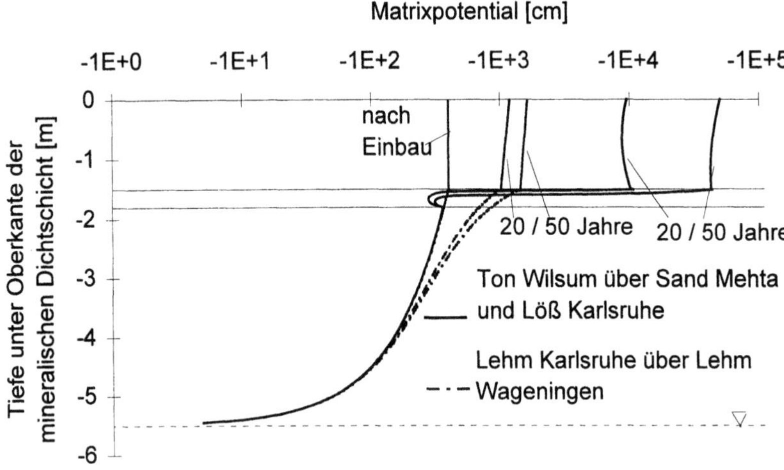

Abb. 6.78.   Einfluß unterschiedlicher Auflagersubstrate. Berechnete Matrixpotentiale in 1,5 m Lehm Karlsruhe über 4 m Lehm Wageningen und in 1,5 m Ton Wilsum über 0,3 m Sand Mehta und 3,7 m Löß Karlsruhe bei 25 °C an der Oberkante der Dichtschicht, 20 und 50 Jahre nach Einbau der Dichtschicht. Temperatur am Grundwasserspiegel 4 m unter der mineralischen Dichtschicht 10 °C

4   Empfehlungen für den Deponiebau

In der TA Abfall (1991) und der TA Siedlungsabfall (1993) wird die Austrocknungs- und Rißgefährdung der mineralischen Basisdichtschicht unter einer Kunststoffdichtungsbahn lediglich durch die Festschreibung einer maximalen Mülltemperatur von 25 °C berücksichtigt. Da es jedoch unter ungünstigen Umständen auch bei dieser Temperatur zu Austrocknung und Rißbildung in vorschriftsmäßig gebauten Dichtschichten kommen kann, sind weitergehende Prüfungen notwendig, um eine langfristige Austrocknungsgefahr abschätzen und vermeiden zu können. Ausgehend von unseren Untersuchungen schlagen wir vor, daß vor dem Bau einer Deponie mit Kombinationsdichtung an ihrer Basis

- die Wasserretentionsfunktion und die Funktion der ungesättigten Wasserleitfähigkeit sowohl des Dichtschichtsubstrats als auch sämtlicher Auflagersubstrate gemessen wird

- anhand dieser Daten sowie dem Grundwasserabstand deponiespezifische Berechnungen durchgeführt werden, um die langfristige Austrocknungsgefährdung abzuschätzen. Dazu sollte ein eindimensionales numerisches Modell des Transports von Wasser und Wasserdampf unter dem Einfluß von Temperaturgradienten verwendet werden, wobei den anisothermen Dampfdiffusionskoeffizienten sichere, hohe Werte (Verstärkungsfaktor $F_V \geq 3$) zugewiesen werden sollten

Allgemeine, standortunspezifische Festschreibungen z. B. eines maximal erlaubten Grundwasserabstands in der TA Abfall sind nicht sinnvoll, da die bei der Austrocknung ablaufenden Prozesse und die bodenhydraulischen Eigenschaften stark nichtlinear sind und sie daher in ihrem komplexen Wirkungsgefüge nicht auf einfache "Faustformeln" reduzierbar sind.

Besteht laut der Berechnungen für die zu bauende Kombinationsdichtung eine Austrocknungsgefährdung, sollte entweder

- sichergestellt werden, daß die Temperatur an der Oberkante der Dichtung klein bleibt oder

- die Dichtung anders konstruiert wird, z.B. mit einer zweiten Kunststoffdichtungsbahn unter der mineralischen Dichtschicht oder

- ein geeigneter Standort ausgewählt wird

Eine Drainageschicht direkt unterhalb der mineralischen Dichtschicht sollte nicht gebaut werden, es sei denn, es könnte, z. B. durch ständige Bewässerung, gewährleistet werden, daß die Drainageschicht immer eine hohe Wassersättigung besitzt.

Darüber hinaus ist eine Überwachung der zeitlichen Entwicklung von Temperaturen, Matrixpotentialen und Wassergehalten in der Dichtschicht und dem Auflager ausgesuchter Deponien wünschenswert. Anders als für die Deponieoberfläche gibt es bislang für die Deponiebasis kaum In-situ-Daten zum Langzeitverhalten von Kombinationsdichtungen. In-situ-Daten von Deponiebasisabdichtungen würden es ermöglichen, die Erkenntnisse, die durch den Geländeversuch von Gottheil und Brauns (1995) und durch unsere Laborversuche und Simulationsrechnungen erlangt wurden, zu überprüfen. Zudem wären sie eine Voraussetzung für die Klärung der Frage, unter welchen Umständen es zur Rißbildung in Deponiebasisdichtungen kommt.

Literatur

Gottheil, K.-M.; Brauns, J. (1995): Thermische Einflüsse auf die Dichtwirkung von Kombinationsdichtungen - Messungen an einem Testfeld -. In: August, H., Holzlöhner, U. und Meggyes, T. (Hrsg.): BMBF-Verbundforschungsvorhaben Weiterentwicklung von Deponieabdichtungssystemen, 3. Arbeitstagung März 1995. Bundesanstalt für Materialforschung und -prüfung, 175-184

Hartge, K.H.; Horn, R. (1991): Einführung in die Bodenphysik. 2. Auflage. Enke Verlag Stuttgart

Holzlöhner, U. (1992): Austrocknung und Rißbildung in mineralischen Schichten der Deponiebasisabdichtung. Wasser und Boden, 289-293

Melchior, S. (1993): Wasserhaushalt und Wirksamkeit mehrschichtiger Abdecksysteme für Deponien und Altlasten. Hamburger Bodenkundliche Arbeiten 22, Institut für Bodenkunde, Universität Hamburg

Milly, P.C.D. (1982): Moisture and heat transport in hysteretic, inhomogeneous porous media: A matric head-based formulation and a numerical model. Water Resour. Res. 18, 489-498

Mualem, Y. (1976): A new model for predicting the hydraulic conductivity of unsaturated porous media. Water Resour. Res. 12, 513-522

Philip, J.R.; de Vries, D.A. (1957): Moisture movement in porous materials under temperature gradients. AGU Transactions 38, 222-232

Plagge, R. (1991): Bestimmung der ungesättigten hydraulischen Leitfähigkeit. Bodenökologie und Bodengenese Heft 3, Institut für Ökologie, FG Bodenkunde, TU Berlin

Stoffregen, H.; Döll, P. (1995): Messung der ungesättigten hydraulischen Leitfähigkeit und Diffusivität von mineralischen Dichtschichten. Mitteilgn. Dtsch. Bodenkundl. Gesellsch., 76, 165-168

TA Abfall (1991): Gesamtfassung der zweiten allgemeinen Verwaltungsvorschrift zum Abfallgesetz (TA Abfall). Teil 1: Technische Anleitung zur Lagerung, chemisch/physikalischen, biologischen Behandlung, Verbrennung und Ablagerung von besonders überwachungsbedürftigen Abfällen in der ab 1. April 1991 geltenden Fassung. Bundesanzeiger 61a, 139

TA Siedlungsabfall (1993): Dritte allgemeine Verwaltungsvorschrift zum Abfallgesetz (TA Siedlungsabfall). Technische Anleitung zur Vermeidung, Verwertung, Behandlung und sonstigen Entsorgung von Siedlungsabfällen. Bundesanzeiger 99a

van Genuchten, M. Th. (1980): A closed-form equation for predicting the hydraulic conductivity of unsaturated soils. Soil Sci. Soc. Am. J. 44, 892-898

RUHR-UNIVERSITÄT BOCHUM

DYWIDAG UMWELTSCHUTZTECHNIK GMBH

D.U.T.

BMBF-Verbundforschungsvorhaben
Weiterentwicklung von
Deponieabdichtungssystemen

Teilprojekt 25

Versuche und Berechnungen zum Schadstofftransport durch mineralische Abdichtungen und daraus resultierende Materialentwicklungen

Prof. Dr.-Ing. Hans Ludwig Jessberger
Dipl.-Min. Klaus Onnich
Lehrstuhl für Grundbau und Bodenmechanik
Ruhr-Universität Bochum

Dr.-Ing. Klemens Finsterwalder
Dipl.-Ing. Sylvia Beyer
Dywidag Umweltschutztechnik GmbH,
München

Projektleitung: Bundesanstalt für Materialforschung
und -prüfung (BAM), Berlin

Projektträger: Abfallwirtschaft und Altlastensanierung
im Umweltbundesamt

Forschungsförderung: Bundesministerium für Bildung,
Wissenschaft, Forschung und Technologie

Förderkennzeichen: 1440 569 A5 - 25

Bochum und München, März 1995

1   Einleitung

Der vorgelegte Bericht dokumentiert Versuche und Berechnungen zum Schadstofftransport durch mineralische Abdichtungen und daraus resultierende Materialentwicklungen. Dieser Schadstofftransport wird anhand der allgemeinen Stofftransportgleichung beschrieben, in der die einzelnen Faktoren Diffusion, Konvektion und Sorption miteinander verknüpft sind. Dieser Ansatz geht über die bisherigen Regelwerke hinaus; so beschränken sich die Vorgaben zu Stofftransportuntersuchungen in der bundesdeutschen TA Abfall/TA Siedlungsabfall sowie den Geotechnik der Deponien und Altlasten (GDA) Empfehlungen des Arbeitskeises (AK) 11 der Deutschen Gesellschaft für Erd- und Grundbau auf eine zu erfüllende Durchlässigkeit (k-Wert) sowie minimale Anforderungen an die Zusammensetzung des mineralischen Dichtungsmaterials. Zum Stofftransportverhalten wird ausgeführt, daß das Adsorptionsvermögen der mineralischen Barriere auf die Anforderungen abzustimmen sei. Diese Minimalforderung reicht heute vielfach nicht mehr aus.

Im bearbeiteten Forschungsvorhaben wurden handhabbare Verfahren entwickelt, mit deren Hilfe präzise Prognosen zur zeitlichen Schadstoffbewegung durch mineralische Abdichtungen von Deponien oder Altlasten getroffen werden können. Die praktische Umsetzung erfolgt einerseits durch eine mathematische Modellierung im Rahmen eines Stofftransportprogramms als auch anhand von Untersuchungen im Labor- und Technikumsmaßstab.

Die Konzeption des Teilprojektes 25 wird in Abb. 6.79 erläutert. Die Laboruntersuchungen wurden mit einem neu entwickelten Prüfgerät durchgeführt. Dieses sog. Diffusions-Konvektions-Sorptions-(DKS) Permeameter ermöglicht es, chemische und physikalische Randbedingungen innerhalb von mineralischen Deponiebasisabdichtungen nachzubilden und damit reproduzierbare und aussagekräftige Ergebnisse für den Schadstofftransport zu ermitteln. Mit dem DKS-Permeameter wird eine Versuchsvorrichtung zur Messung des diffusiven Stofftransports vorgestellt. Über die Bestimmung von Diffusionsparametern aus DKS-Permeameter-Untersuchungen ist eine indirekte Bestimmung von Kenndaten zur Sorption von Schadstoffen in der mineralischen Basisabdichtung möglich, wobei unter "Sorption" im folgenden alle Vorgänge verstanden werden, die zur Schadstoffrückhaltung beitragen. Diese Definition geht über reine Adsorptionsvorgänge im geochemischen Sinne hinaus und umfaßt folglich beispielsweise auch konzentrationsbedingte Fällungsmechanismen. Mit modifizierten Schüttelversuchen, sog. Batchtests, kann eine überschlägige Abschätzung ihrer Größenordnung unternommen werden. Aus diesen Batchtests ermittelte Resultate werden mit entsprechenden Ergebnissen aus den Diffusionsversuchen in Relation gesetzt.

Die Übertragung der im Labor ermittelten Versuchsergebnisse auf den praxisorientierten Anwendungsfall wird durch Technikumsversuche gewährleistet. Das hierfür eigens entwickelte Meßgerät, das sog. Groß-DKS-Permeameter, entspricht in seinem Grundaufbau der Konzeption der DKS-Permeameter.

Die aus Labor- und Technikumsversuchen ermittelten Daten dienen als Eingangsparameter für eine Rechnersimulation. In dieser Simulation werden quantitative zeitliche Emissionsprognosen für Schadstoffe aus Deponien getroffen; anhand von aus der Literatur bekannten Beispielen konnten die im Labor ermittelten Kennwerte mit den Rechnersimulationen überprüft werden. Das Zusammenspiel von Versuchen und Simulation bildet die Basis für eine gezielte Forschung und Entwicklung von Werkstoffen und Zusammensetzungen für Abdichtungen.

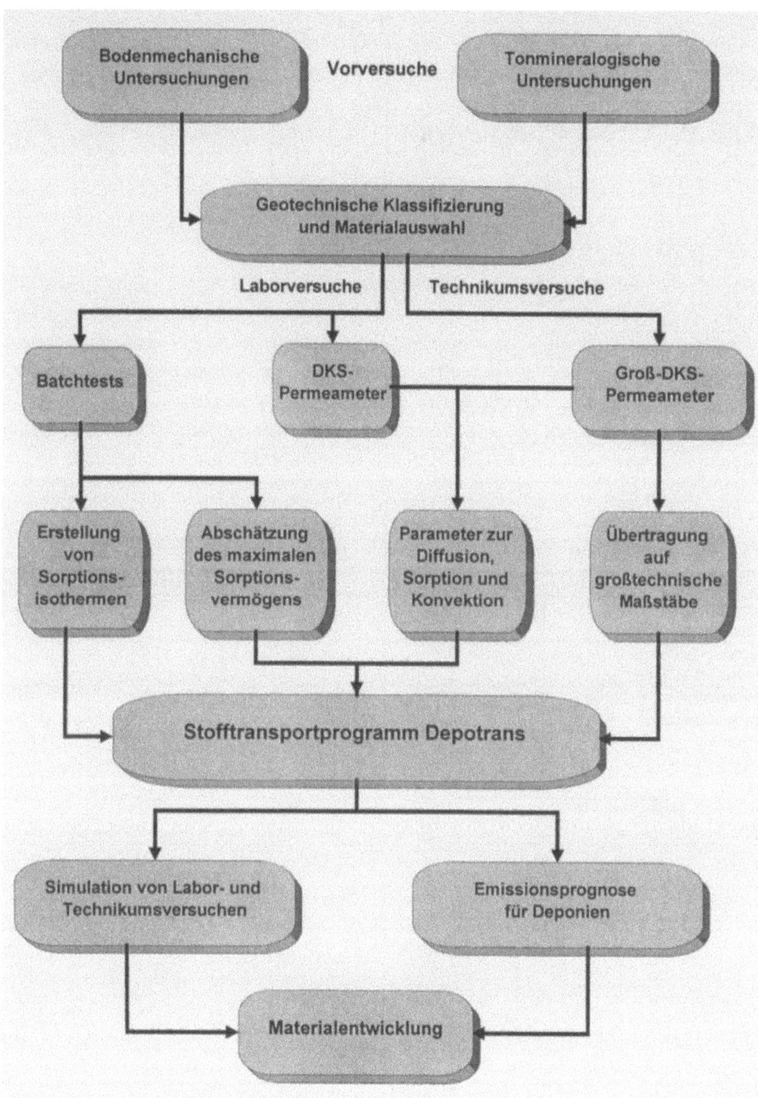

Abb. 6.79.   Struktur des Teilvorhabens 25

Unter diesem Gesichtspunkt wurden gezielt Mineralgemische entwickelt, die im Vergleich zu natürlichen Tonen spezifische Materialeigenschaften aufweisen, die auf spezielle Anforderungsfälle zugeschnitten sind. Im Vordergrund standen hierbei Überlegungen zur Erhöhung des Schadstoffrückhaltevermögens bei unveränderten geotechnischen Eigenschaften. Der Vorteil dieser Materialien kommt insbesondere bei Deponien mit bekanntem Schadstoffinhalt zum Tragen. Derartige Deponien, auf denen entsprechend behandelter Abfall abgelagert wird, sollten nach dem derzeitigen Kenntnisstand zur Methode der Wahl werden.

2   Abdichtungsmaterialien und Prüfflüssigkeiten

Nachfolgend werden exemplarisch Versuchsergebnisse zu 5 ausgewählten Abdichtungsmaterialien vorgestellt, die sich in ihren geotechnischen und mineralogischen Materialeigenschaften unterscheiden. Die einzelnen Komponenten dieser Gemische unterliegen strengen Qualitätskontrollen der Hersteller, daher kann eine gleichbleibende Materialqualität vorausgesetzt werden. Die Mischung der einzelnen Komponenten erfolgte im Labor des Lehrstuhls. Einige spezifische mineralogische und bodenphysikalische Kenndaten der Mineralgemische sind in den folgenden Tabellen 6.13 und 6.14 zusammengestellt.

Tabelle 6.13. Mineralogische Zusammensetzung der Abdichtungsmaterialien

Gemisch	Bez.	Ton-Komponente [%]	Quarzmehl [%]	Quarzsand [%]	Zusatzstoffe [%]
Mineralgemisch mit Na-Bentonit Montigel F	DMG	14,4	21,6	64,0	-
Mineralgemisch mit Ca-Bentonit SEAL SP 80	CA	14,0	22,0	64,0	-
Mineralgemisch mit Na-Bentonit Montigel F und Flugasche	FA	14,4	-	64,0	21,6
Mineralgemisch mit Kaolin W	KE	25,0	21,6	53,4	-
Dynagrout-Feststoffmasse mit Kaolin TDT 1	DY	14,4	21,6	64,0	-

Tabelle 6.14. Ausgewählte bodenphysikalische Kenndaten der Abdichtungsmaterialien

Gemisch	Bez.	Einbaubedingung im DKS-Permeameter	Porosität [%]	k-Wert in der Triaxzelle 10^{-10} [m/s]	Glühverlust [%]
Mineralgemisch mit Na-Bentonit Montigel F	DMG	Trocken	25-32	0,3	0,5
Mineralgemisch mit Ca-Bentonit SEAL SP 80	CA	Trocken	25-30	1,0	n.b.
Mineralgemisch mit Na-Bentonit Montigel F und Flugasche	FA	Feucht	30-35	1,0	0,9
Mineralgemisch mit Kaolin W	KE	Feucht	25-28	3,0	1,0
Dynagrout-Feststoffmasse mit Kaolin TDT 1	DY	Feucht	22-25	0,5	n.b.

n.b.: Bestimmung nicht durchgeführt

Die generelle Eignung der Mineralgemische als Abdichtungsmaterial für Deponien wurde anhand vorgeschriebener geotechnischer und tonmineralogischer Standardverfahren (GDA-Empfehlungen 1993) nachgewiesen. Die Mineralgemische sind nach dem "Schlupfkorn prinzip" aufgebaut und weisen hervorragende Dichtungseigenschaften auf. Dieses Schlupfkornprinzip bewirkt durch einen Überschuß an Feinstanteilen ein "schwimmendes" Grobkorngefüge, wodurch alle Porenräume ausgefüllt werden und eine maximale Lagerungsdichte ermöglicht wird. In diesem Beitrag werden exemplarische Versuchsergebnisse zu ausgewählten Diffusionsversuchen mit verschiedenen Schadstofflösungen vorgestellt. Tabelle 6.15 listet diese Prüfflüssigkeiten mit den daraus bestimmten Schadstoffen auf.

Tabelle 6.15. Prüfflüssigkeiten und betrachtete Schadstoffe der ausgewählten Diffusionsversuche

Gruppe	Prüfflüssigkeit	Schadstoff
Anorganische Salzlösungen mit einwertigen Kationen	[0,05 Mol] Kaliumnitrat	Kalium
	[0,2 Mol] Ammoniumnitrat	Ammonium
	[0,2 Mol] Ammoniumnitrat + [0,2 Mol] Kaliumnitrat	Ammonium
	[0,2 Mol] Ammoniumnitrat + [0,2 Mol] Kaliumnitrat + [0,2 Mol] Zinknitrat + [0,2 Mol] Bleinitrat	Ammonium
Anorganische Salzlösungen mit zweiwertigen Schwermetallen	[0,05 Mol] Bleinitrat	Blei
	[0,5 Mol] Bleinitrat	Blei
	[0,5 Mol] Bleinitrat + [0,5 Mol] Zinknitrat	Blei
Künstliches Sickerwasser mit anorganischen und organischen Bestandteilen	[0,2 Mol] Ammoniumnitrat + [0,2 Mol] Kaliumnitrat + [0,2 Mol] Zinknitrat + Essigsäure, Natriumcitrat, Glycin, Salicylsäure [a] + Anilin + Trichlorethen	Anilin

[a] Organisches Säuregemisch in Anlehnung an Reuter (1988).

3 Versuchsmethode DKS-Permeameter

Die Laboruntersuchungen wurden mit einem neu entwickelten Prüfgerät, dem sog. DKS-Permeameter durchgeführt (Mann 1993, Abb. 6.80). Im Rahmen der Laboruntersuchungen wurden insgesamt 162 Diffusionsversuche an 11 verschiedenen Abdichtungsmaterialien durchgeführt. Aus diesen Versuchen konnten für insgesamt 414 Prüfsubstanzen detaillierte Aussagen zu den einzelnen Stofftransportparametern getroffen werden.

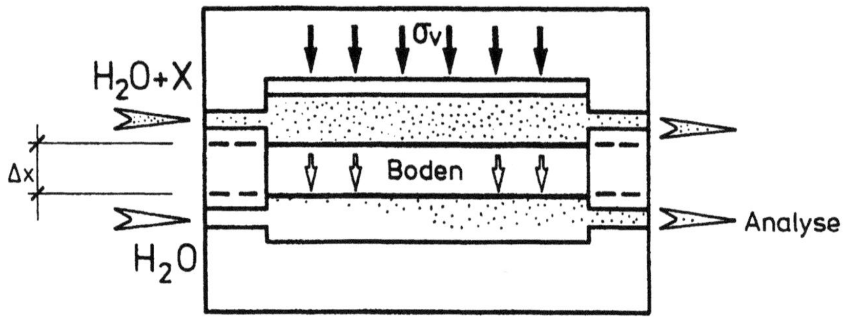

σ_v = Vertikalspannung   X = Schadstoff

Abb. 6.80.   Schematischer Aufbau des DKS-Permeameters; zum Prinzip der Versuchseinrichtung vgl. Jessberger et al. (1993)

4 Ergebnisse der Laboruntersuchungen

An den wirksamen Oberflächen des Natriumbentonits des Mineralgemisches DMG (Na-Bentonit Montigel F) finden Ionenaustauschprozesse statt. Dabei bewirkt der Austausch der Natriumionen des Tonminerals gegen zweiwertige Schwermetallkationen aus den Prüfflüssigkeiten eine Kontraktion des Bentonits, die eine Erhöhung des durchflußwirksamen Porenraumes nach sich zieht. Ein apparativer Fehler kann mit Sicherheit ausgeschlossen werden, da eine nachweisbare Erhöhung der Durchlässigkeit generell nur bei Schwermetallbelegung festgestellt werden konnte, nicht aber bei den Versuchen mit den einwertigen Kationen (Abb. 6.81). Abbildung 6.82 zeigt, daß der effektive Diffusionskoeffizient D eines Schwermetalls (Blei) in mineralischen Abdichtungsmaterialien ungefähr eine Zehnerpotenz gegenüber dem entsprechenden Diffusionskoeffizienten in freier Lösung Do reduziert wird. Dabei treten zwischen den einzelnen Materialien nur geringe Unterschiede auf. Die Gesamtporosität spielt dabei offensichtlich keine signifikante Rolle; zwar weist der Diffusionskoeffizient im feststoffreichsten Abdichtungsmaterial DY den geringsten Wert auf, doch ist er im porenreichsten Material DMG nicht am höchsten. Gänzlich unabhängig vom Porenvolumen ist die Schadstoffrückhaltung durch Sorptionsprozesse. Abbildung 6.83 zeichnet das unterschiedliche Schadstoffrückhaltevermögen der unterschiedlichen Abdichtungsmaterialien wieder. Zur Schadstoffrückhaltung leisten unterschiedliche Sorptionsprozesse ihren Beitrag. Zu diesen können folgende Mechanismen gezählt werden:

- Ionenaustauschvorgänge

- Lösungsvorgänge

- Fällungserscheinungen

- Adsorption an Tonoberflächen und Begleitmineralen

- Neubildung von Mineralphasen

- Chelat- und Komplexbildung

Nach Lindsay (1979) werden Schwermetalle unter alkalischen pH-Bedingungen an der Grenzfläche einer äußerst hoch konzentrierten Schadstofflösung zur Tonoberfläche nach Überschreiten des Löslichkeitsprodukts als Hydroxid ausgefällt. Diese Randbedingung herrscht bei den Versuchen mit den Mineralgemischen DMG und FA und stellt in beiden

Fällen den hauptverantwortlichen Sorptionsmechanismus. Im Flugaschegemisch FA (Na-Bentonit Montigel F plus Flugasche) sorgt das in der Steinkohlenflugasche vorhandene Sulfat für eine Steigerung der Bleisorption durch Fällungs- und Kristallisationsprozesse. Deutlich weniger Blei wird in den beiden bentonitfreien Abdichtungsmaterialien zurückgehalten. Der Kaolin W des KE-Gemisches besteht zu 50 % aus dem Tonmineral Illit. Die Fixierung der Zwischenschichten dieses Tonminerals erfolgt über das Alkaliion Kalium; aufgrund ähnlicher Ionenradien ist ein diadocher Ionenaustausch dieser Kaliumionen gegen die Bleiionen der Schadstofflösung möglich. Aufgrund der neutralen pH-Bedingungen an der Tonoberfläche wird weniger Bleihydroxid ausgefällt. Im DY-Gemisch (Dynagrout-Feststoffmasse mit Kaolin TDT 1) bildet ein hochreiner Kaolinit den Feststoffanteil.

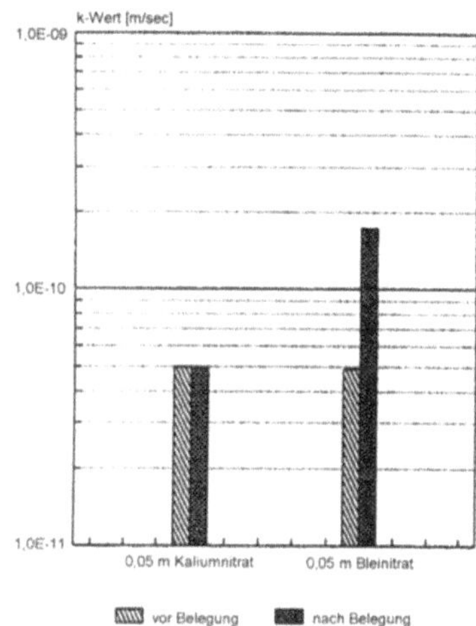

Abb. 6.81. Änderung des k-Werts des Mineralgemisches DMG nach Belegung mit [0,05 Mol] Salzlösungen

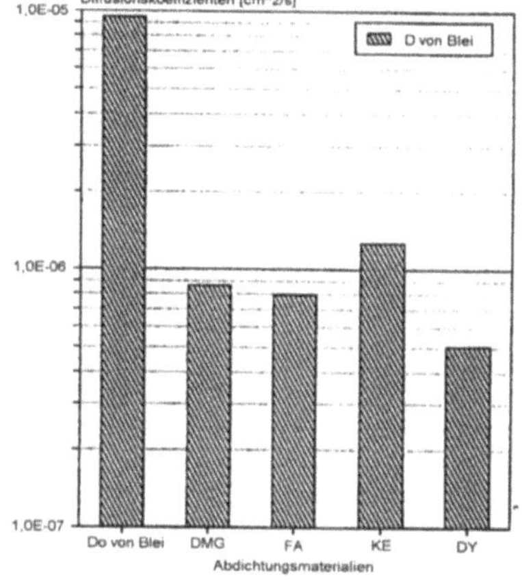

Abb. 6.82. Vergleich der Diffusionskoeffizienten von Blei in mit [0,05 Mol] Bleinitratlösung beaufschlagten Abdichtungsmaterialien

Wegen dessen sehr geringer Kationenaustauschkapazität findet nahezu keine Schadstoffrückhaltung in diesem Material statt. Zudem weist dieses Material ein saures Milieu auf, in dem Schwermetalle eher mobilisiert werden. Abbildung 6.84 zeigt das Sorptionsverhalten der unterschiedlichen Abdichtungsmaterialien gegenüber dem organischen Aromaten Anilin. Hierbei weist das konventionelle Mineralgemisch DMG das größte Rückhaltevermögen auf. Unter den pH-Bedingungen des künstlichen Sickerwassers (pH = 4,5 - 5) wird ein Teil der organischen Base Anilin protoniert und bildet das Aniliniumion. Nach Lagaly (1993) kann dieses Kation in den Schichtzwischenräumen des Tonminerals Montmorillonit (Hauptbestandteil des Natrium-Bentonit Montigel F) eingetauscht werden, es kann sogar eine bevorzugte Adsorption des Säure-Base-Paars Aniliniumion plus Anilin stattfinden. Dadurch entsteht ein Anilin-Bentonit, der in der Lage ist, weitere organische Moleküle zu sorbieren. So könnte in weiteren - hier nicht dargestellten - Versuchen eine deutliche Zunahme der Essigsäure- und Trichlorethenadsorption nachgewiesen werden.

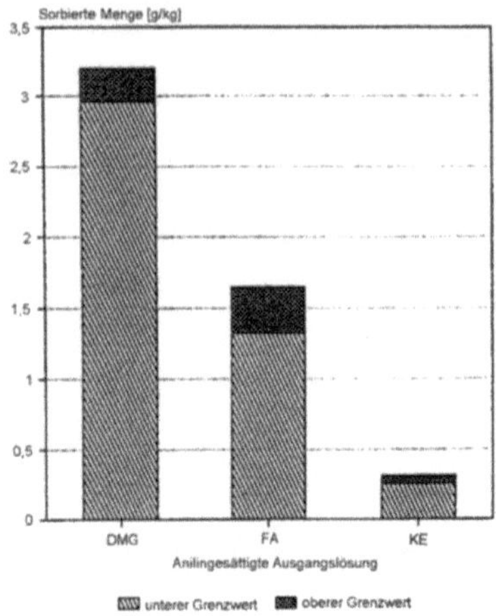

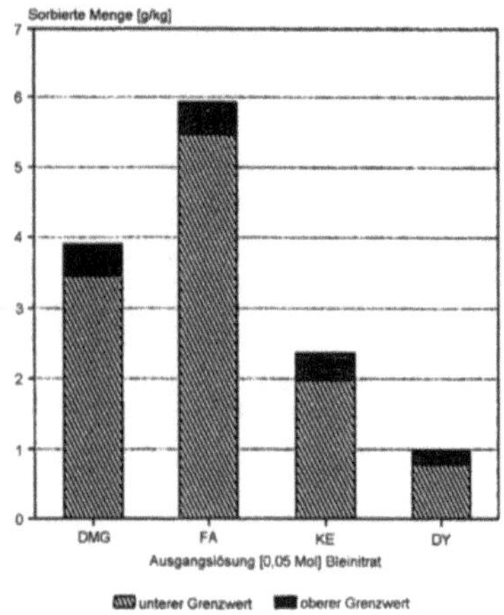

Abb. 6.83. Sorption von Blei an unterschiedlichen Abdichtungsmaterialien aus [0,5 Mol] Bleinitratlösungen

Abb. 6.84. Sorption von Anilin an unterschiedlichen Abdichtungsmaterialien aus einem künstlichen Sickerwasser

Weitere synergistische Effekte wurden von Stockmeyer & Kruse (1991) festgestellt. Die von diesen Autoren beschriebene Erhöhung der Zink- bzw. Anilinsorption an organophilen Bentoniten konnte in unseren Laborversuchen auch beim Abdichtungsmaterial DMG reproduziert werden (Onnich 1995). Ein Beispiel für weitere Synergie-Effekte wird in Abb. 6.85 gezeigt. Im dargestellten Versuch nimmt die Bleisorption bei Anwesenheit von Zinkkationen in einer Schadstofflösung gegenüber einer reinen Bleisalzlösung zu. Denkbar ist eine Cofällung, indem sich Schichten von Blei- und Zinkhydroxid abwechseln.

Auch für das einwertige Kation Ammonium ergibt sich unter bestimmten Bedingungen eine signifikante Zunahme der Sorption (Abb. 6.86). Befinden sich neben Ammonium- nur Kaliumionen in der Schadstofflösung, so wird die sorbierte Menge Ammonium an einem bentonithaltigen Abdichtungsmaterial halbiert. Ursache dafür ist die Koinzidenz des chemisch/physikalischen Verhaltens von Kalium und Ammonium, die auf einer Ähnlichkeit der Ionenpotentiale bei Übereinstimmung von Ionenradius und Wertigkeit beruht (Hollemann & Wiberg 1976). Wird dieser Prüfflüssigkeit eine äquimolare Menge an Zinkkationen zugefügt, so steigt die sorbierte Ammoniummenge wieder an. Grund hierfür ist die Ausbildung von tetraedrisch bzw. oktaedrisch koordinierten Tetra- bzw. Hexa-Amin-Zink-Komplexen. Die Gegenwart organischer Moleküle in einem künstlichen Sickerwasser unterstützt die Ammoniumsorption zusätzlich. Der für diesen Mechanismus verantwortliche Prozeß ist allerdings noch nicht geklärt.

Die Anlagerung von Schadstoffen an Abdichtungsmaterialien wird mit Sorptionsisothermen beschrieben. Eine schnelle Methode zur Abschätzung des maximalen Schadstoffrückhaltevermögens eines Abdichtungsmaterials stellen Batchtests dar. Im Forschungsvorhaben wurde nach einigen Vorversuchen ein Feststoff-/Flüssigkeitsverhältnis von 1:4 analog der US Environmental Protection Agency (US-EPA) Vorschriften gewählt. Abbildung 6.87 zeigt die ermittelte Isotherme für Bleiionen aus unterschiedlich konzentrierten Bleinitratlösungen. Bis

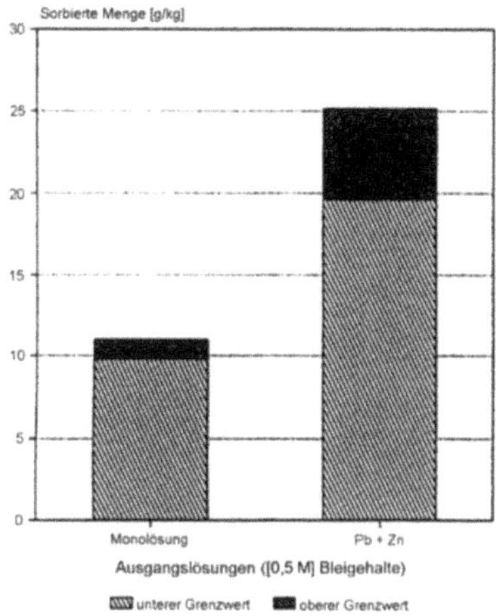

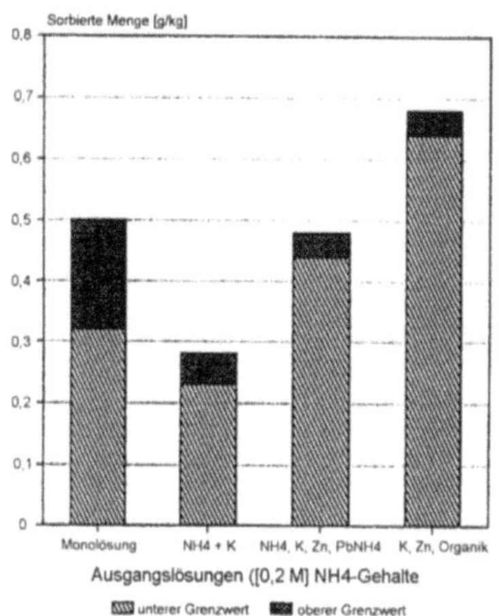

Abb. 6.85. Sorption von Blei am Mineralgemisch DMG bei Anwesenheit konkurrierender Kationen

Abb. 6.86. Steigerung der Ammoniumsorption am Mineralgemisch DMG bei Anwesenheit weiterer Schadstoffe

zu einer Schadstoffkonzentration von 0,1 Mol findet am DMG eine lineare (quantitative) Sorption statt. Nach diesem Wert flacht die Isotherme ab, ein Grenzwert wird im untersuchten Konzentrationsrahmen nicht erreicht. Diese Grundtendenzen gelten für nahezu alle Versuchsansätze, die im Forschungsvorhaben betrachtet wurden. Die Vergleichbarkeit von Sorptionsparametern aus Batch- und DKS-Versuchen wurde in früheren Arbeitstagungen kritisch beurteilt. Tatsächlich stellen Batchversuche eine extreme Untersuchungsmethode dar, da durch die Versuchstechnik das Bodengefüge vollkommen zerstört wird. Es werden alle für Sorptionsprozesse verfügbaren Tonoberflächen freigelegt und die sorbierten Schadstoffmengen liegen deutlich höher als in Diffusionsversuchen. In Abb. 6.88 wird der Unterschied der Größenordnungen für das Kation Kalium verdeutlicht. Die Werte aus den DKS-Versuchen liegen bei entsprechenden Konzentrationen niedriger, dennoch ergibt sich ein ähnlicher Kurvenverlauf der Sorptionsisotherme.

5 Übertragbarkeit der Versuchsergebnisse auf Abdichtungssysteme

Ziel der Stofftransportuntersuchungen ist es, mit Hilfe von Versuchsergebnissen und den daraus gewonnenen Materialkenndaten durch Stofftransportberechnungen die Emissionen einer Deponie zu prognostizieren. Die prognostizierten Emissionen hängen dabei sowohl von der genauen Bestimmung der Materialkenndaten des Abdichtungssystems als auch von der vorhandenen Schadstoffmenge und deren Zusammensetzung ab. Da das Schadstoffpotential einer Deponie in den seltensten Fällen vor der Einlagerung des Abfalls genau bekannt ist, wird die Wirksamkeit eines Abdichtungssystems am sinnvollsten durch den Vergleich mit anderen Systemen und Materialien verdeutlicht.

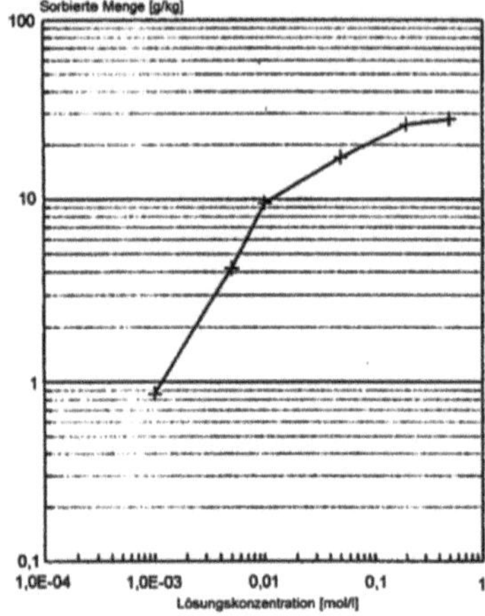

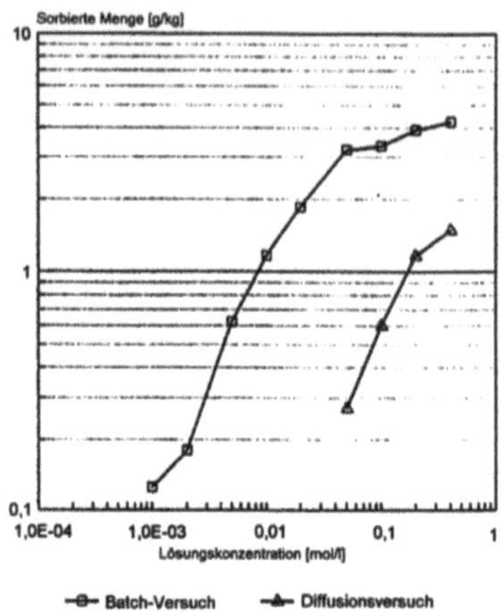

Abb. 6.87. Adsorptionsisotherme für Blei am Mineralgemisch DMG, ermittelt aus Batchversuchen mit unterschiedlich konzentrierten Bleinitratlösungen

Abb. 6.88. Vergleich der Kaliumadsorption am Mineralgemisch DMG aus Batch- und Diffusionsversuchen

Am Beispiel einer fiktiven Monodeponie von Produktionsrückständen aus der Bleiakkumulatorenherstellung wird die Wirksamkeit zweier Abdichtungssysteme miteinander verglichen. Das Deponat besteht nur aus bleihaltigem Abfall, der den maximal für Blei möglichen Zuordnungswerten der TA Abfall (S4-Eluat: 2 mg/l) und der Klärschlammverordnung (Klärschlamm: 900 mg/kg TS) entspricht. Die Deponie besitzt eine Schütthöhe von 10 m und das Deponat ein Porenvolumen von n = 50 %.

Die beiden Abdichtungssysteme entsprechen den Anforderungen der TA Abfall. Bei dem ersten Abdichtungssystem wird das technische Mineralgemisch DMG als mineralische Dichtung verwendet, welche sich durch einen geringen Durchlässigkeitsbeiwert auszeichnet. Das zweite Abdichtungsmaterial, das Mineralgemisch FA, ist ebenfalls ein technisches Gemisch, welches aus Sand, Bentonit und Flugasche besteht. Dieses Material verfügt durch die Beimengung von Flugasche über ein hohes Sorptionsvermögen gegenüber Schwermetallen. Das jeweilige Abdichtungsmaterial wird sowohl für die Oberflächenabdichtung als auch für die Basisabdichtung verwendet.

Bei den Stofftransportberechnungen wird die Phase der Deponie betrachtet, bei der die größte Gefährdung durch austretenden Schadstoff für die Umwelt zu befürchten ist. Dies ist dann zu erwarten, wenn die Funktionstüchtigkeit der Kunststoffdichtungsbahn und des Drainagesystems nicht mehr gegeben ist. Bei der hier durchgeführten Modellrechnung wird davon ausgegangen, daß diese Barriereelemente bis zu ihrem Ausfall funktionstüchtig waren, sich dann jedoch durch den Ausfall des Drainagesystems ein Stauhorizont von 60 cm auf der Oberflächenabdichtung bildet (Rechenansatz für dieses Modell). Dadurch bedingt sammelt sich ebenfalls Sickerwasser auf der Basisabdichtung an. Die Eigenschaften der beiden Abdichtungsmaterialien sind in Tabelle 6.16 dargestellt.

Tabelle 6.16. Eigenschaften der 2 ausgewählten Abdichtungsmaterialien für die Emissionsprognose einer Bleimonodeponie

Eigenschaften		Mineralgemisch DMG	Mineralgemisch FA
Durchlässigkeitsbeiwert	[m/s]	$1 \cdot 10^{-10}$	$5 \cdot 10^{-10}$
Porenraum	[%]	25	33
Dicke	[m]	1,5	1,5
Adsorptionsbeiwert Pb	$[cm^3/g]$	4,6	6,0
Grenzkonzentration	[g/l]	1,0	1,0
Diffusionskoeffizient Pb	$[cm^2/s]$	$7,48 \cdot 10^{-7}$	$7,71 \cdot 10^{-7}$

Unterhalb der mineralischen Basisabdichtung befindet sich bei beiden Systemen die technische Barriere entsprechend TA Abfall. Zur Beurteilung der Qualität der mineralischen Dichtung ist es jedoch ausreichend die Emissionsraten direkt unter der Basisabdichtung zu betrachten. Diese und die Sorptionsmenge sind für den Berechnungszeitraum von 2.000 Jahren in Tabelle 6.17 zu sehen.

Tabelle 6.17. Emissions- und Sorptionswerte für 2 unterschiedliche mineralische Dichtungen für eine Bleimonodeponie nach TA Abfall

	Austrittsmenge [g/m²]	Maximale Emission zum Zeitpunkt t [g/m²/a]	Sorptionsmenge [g/m²]
Mineralgemisch DMG (System 1)	43	0,0528 t = 2.000 a	213
Mineralgemisch FA mit Flugasche (System 2)	990	0,652 t = 950 a	321

Anhand der Berechnungsergebnisse ist zu sehen, daß die mineralische Dichtung mit Flugaschebeimengungen (System 2) zwar eine größere Menge Blei sorbiert, jedoch ist die aus der Deponie nach 2.000 Jahren ausgetretene Schadstoffmenge aufgrund des schlechteren Durchlässigkeitsbeiwertes deutlich größer als die von System 1. Bei System 1 ist aufgrund des niedrigen Durchlässigkeitsbeiwertes am Ende des Berechnungszeitraumes noch nicht das Maximum der Emissionsraten erreicht. Durch den geringeren Durchlässigkeitsbeiwert des Abdichtungsmaterials von System 1 im Vergleich zu System 2 treten somit bei System 1 grundsätzlich geringere Wasser- und Schadstoffmengen aus der Deponie. Die prognostizierten Emissionsverläufe wurden mit dem von der DYWIDAG-Umweltschutztechnik GmbH entwickelten Stofftransportprogramm "DEPOTRANS" simuliert. Die nachstehenden Abb. 6.89 und 6.90 zeigen den zeitlichen Verlauf der Schadstoffemissionen für die untersuchten Abdichtungsmaterialien. In den Grafiken werden jeweils der Verlauf der Immission des Modellschadstoffs Blei aus dem Deponiekörper in die mineralische Dichtungsschicht (1), von der mineralischen Dichtung in die geologische Barriere (2) und schließlich die Emission aus der geologischen Barriere in die Umgebung des Deponiestandorts (3) für die ersten 2.000 Jahre nach Ausfall der vorgeschalteten

Barriereelemente dargestellt. An dieser Modellrechnung ist zu erkennen, daß die Wahl eines Abdichtungsmaterials in bezug auf das Stofftransportverhalten nicht nur von seinem Sorptionsverhalten abhängen sollte, sondern von einem Gesamtsystem, welches durch die Stofftransportparameter Diffusion, Konvektion und Sorption, weitere bodenmechanische Kenndaten und der Geometrie des gesamten Abdichtungssystems beschrieben wird. Diese Grundüberlegungen müssen auch bei spezifizierten Materialneuentwicklungen in Betracht gezogen werden. Die Optimierung nur einer Kenngröße kann wie im vorliegenden Fall negative Auswirkungen auf das Gesamtsystem haben und damit im Extremfall dessen Wirksamkeit in Frage stellen.

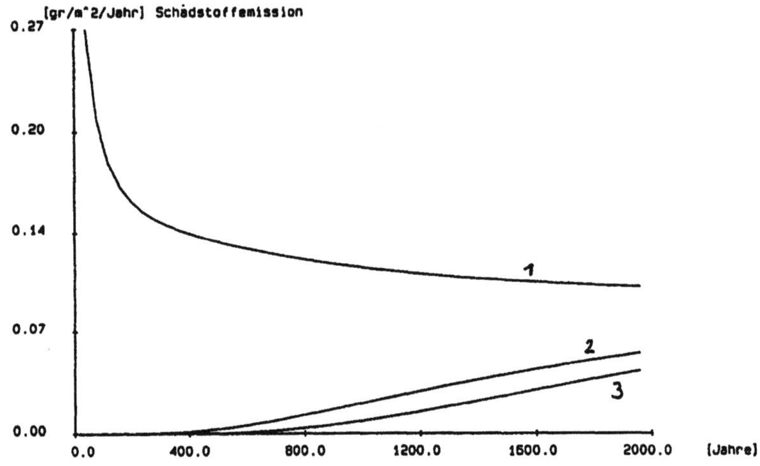

Abb. 6.89. Schadstoffemission aus dem System 1 (Mineralgemisch DMG)

6 Zusammenfassung und kritische Anmerkungen zu den Versuchsmethoden

Die Aufgabe des experimentellen Projektteils war es, eine breit gestreute Datenbasis zu schaffen, in welcher die für den Schadstofftransport kennzeichnenden Stofftransportparameter zur Diffusion, Konvektion und Sorption für typische deponierelevante Schadstoffe zusammengestellt werden. Diese Parameter sind außer für den jeweiligen Schadstoff auch für bestimmte Abdichtungsmaterialien spezifisch.

Die speziellen Randbedingungen, denen Basisabdichtungen unterhalb eines Deponiekörpers ausgesetzt sind, können mit dem im Forschungsvorhaben vorgestellten DKS-Permeameter weitgehend realitätsnah reproduziert werden. Aus experimentellen Gründen erfordern die hochsorptiven Abdichtungsmaterialien allerdings hohe Schadstoffkonzentrationen, die deutlich über den tatsächlich in Deponiesickerwässern auftretenden Schadstoff- konzentrationen liegen. Gerade bei Schwermetallösungen stellen Fällungsreaktionen den hauptverantwortlichen Schadstoffrückhaltemechanismus unter derartigen Konzentrations- verhältnissen dar. Die Versuchsmethodik des DKS-Permeameters bewährt sich jedoch auch unter diesen extremen Versuchsbedingungen und liefert reproduzierbare Ergebnisse, die eine Aussage zur Größenordnung der Sorption unter diesen speziellen Randbedingungen treffen.

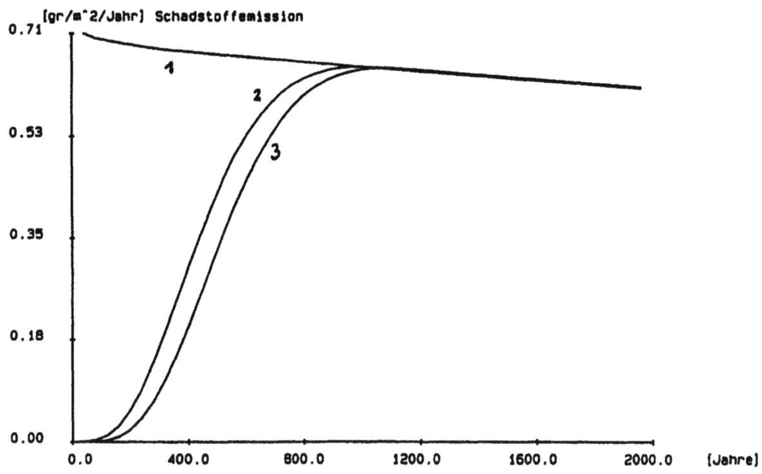

Abb. 6.90. Schadstoffemission aus dem System 2 (Mineralgemisch mit Flugasche FA)

Die anhand der DKS-Permeameter-Untersuchungen ermittelten sorbierten Schadstoffmengen sind nach den mathematischen Gesetzen, die der Darstellung von Sorptionsisothermen zugrundeliegen, abhängig von der Ausgangskonzentration des Schadstoffes. Damit stellen die angegebenen Werte maximale Werte dar, die unter den Bedingungen in Deponiesickerwässern - in denen derart hohe Konzentrationen nicht auftreten - nicht erreicht werden. Andererseits konnten synergistische Effekte nachgewiesen werden, die zu einer kumulativen, nicht additiven Zunahme der Schadstoffrückhaltung einzelner Schadstoffe führen können. Derartige Erscheinungen belegen die außerordentlich komplexen Wechselwirkungen, die in Sickerwässern zu schwer vorhersagbaren Reaktionen und Auswirkungen führen können.

Eine Aussage über das maximale Sorptionsvermögen einiger ausgewählter Abdichtungs-materialien ermöglichen die Batchversuche. Der Vorteil dieser Methode liegt in der schnellen Durchführbarkeit, die kurzfristig Aussagen zum Sorptionsverhalten insbesonders bei geringen Schadstoffkonzentrationen ermöglicht. Aufgrund der spezifischen Randbedingungen dieser Versuchstechnik liegen die ermittelten sorbierten Schadstoffmengen generell höher als die aus entsprechenden DKS-Permeameter-Untersuchungen. Batchversuche sind folglich nur zu einer groben Abschätzung der zu erwartenden Dimension des Sorptionsvermögens von Abdichtungsmaterialien geeignet.

Grundsätzlich stellt das DKS-Permeameter erstmals eine praktikable Meßmethode zur Bestimmung effektiver Diffusionskoeffizienten unter stationären Diffusionsverhältnissen dar. Die Beschreibung der Tortuosität erfolgt hierbei mit einer maximal möglichen Genauigkeit. Das sehr komplexe Problemfeld der Sorption kann in letzter Konsequenz mit den hier durchgeführten Methoden nicht vollständig beschrieben werden. Ein Lösungsansatz zur expliziten Bestimmung der Sorptionsparameter kann u. E. anhand einer Betrachtung im instationären Diffusionsbereich erfolgen.

Die Technikumsversuche stellen vom Prinzip her eine maßstabsgerechte Vergrößerung der DKS-Permeameter-Untersuchungen dar und bieten dementsprechend dieselben Vor- und Nachteile. Gravierend ins Gewicht fällt die längere Versuchsdauer, die durch die fünffach stärkere Probendicke bewirkt wird. Der Vergleich von entsprechenden DKS- und Technikumsversuchen zeigt eine sehr zufriedenstellende Übereinstimmung, die eine prinzipielle Eignung der Meßgeräte nachdrücklich bestätigt.

Die aus den Labor- und Technikumsversuchen ermittelten Daten zu den drei wesentlichen Stofftransportvorgängen Diffusion, Konvektion und Sorption dienten als Eingangsparameter für eine Rechnersimulation. In dieser Simulation wurden quantitative zeitliche Emissionsprognosen für Schadstoffe aus Deponien getroffen; anhand von aus der Literatur bekannten Beispielen konnten die im Labor ermittelten Kennwerte mit den Rechnersimulationen überprüft werden. Das Zusammenspiel von Versuchen und Simulation bildet die Basis für eine gezielte Forschung und Entwicklung von Werkstoffen und Zusammensetzungen für Abdichtungen.

Unter diesem Gesichtspunkt wurden gezielt Mineralgemische entwickelt, die im Vergleich zu natürlichen Tonen spezifische Materialeigenschaften aufweisen, die auf spezielle Anforderungsfälle zugeschnitten sind. Im Vordergrund standen hierbei Überlegungen zur Erhöhung des Schadstoffrückhaltevermögens bei unveränderten geotechnischen Eigenschaften. Der Vorteil dieser Materialien kommt insbesondere bei Deponien mit bekanntem Schadstoffinhalt zum Tragen. Derartige Deponien, auf denen entsprechend behandelter Abfall abgelagert wird, sollten nach dem derzeitigen Kenntnisstand zur Methode der Wahl werden.

Über den Modellschadstoff Blei wurden verschiedene Abdichtungsmaterialien bezüglich ihres Emissionsverhaltens verglichen. Exemplarisch wird die voraussichtliche Schadstoffemission aus einer Modelldeponie auf der Grundlage von zuvor in DKS-Untersuchungen ermittelten Schadstoffparametern modelliert. Dabei zeigt ein kombiniertes Abdichtungssystem aus mineralisch unterschiedlich aufgebauter Oberflächen- und Basisabdichtung das günstigste Materialverhalten. Eine großtechnische Überprüfung dieses Abdichtungssystems, in dem u. a. Steinkohlenflugasche eingesetzt wird, sollte anhand eines Versuchsfeldes in der Praxis überprüft werden.

Das im Anhang des Abschlußberichts zusammengestellte Datenmaterial bietet eine Fülle von Ansätzen für weitergehende Untersuchungen und Anwendungsfälle. Zu prüfen ist sicherlich die Frage der Wirtschaftlichkeit von besonders aufwendig zusammengesetzten Abdichtungsmaterialien. Vom geotechnischen Standpunkt aus erscheinen die meisten der hier untersuchten Materialien für den Deponiebau geeignet. Eine vergleichende Betrachtung der unterschiedlichen Materialien unter dem Gesichtspunkt des Schadstofftransports ist Bestandteil des Berichtes.

Literatur

Deutsche Gesellschaft für Erd- und Grundbau e.V. (Hrsg.) (1990): Empfehlungen des Arbeitskreises "Geotechnik der Deponien und Altlasten"- GDA. Berlin. Ernst & Sohn

Holleman, A.F.; Wiberg, E. (1976): Lehrbuch der anorganischen Chemie. 81-90. Aufl. Verlag W. de Gruyter & Co., Berlin

Jessberger, H.L.; Onnich, K.; Finsterwalder, K.; Mann, U. (1993): Versuche und Berechnungen zum Schadstofftransport durch mineralische Abdichtungen und daraus resultierende Materialentwicklungen. In: 2. Arbeitstagung zum Verbundvorhaben Deponieabdichtungssysteme. Bundesanstalt für Materialforschung und -prüfung, Berlin, 17.-19.3.1993

Lagaly, G. (1993): Reaktionen der Tonminerale. In: Jasmund, K. & Lagaly G. (Hrsg.): Tonminerale und Tone. Steinkopff Verlag, Darmstadt, S. 138 f

Lindsay, W.L. (1979): Chemical equilibria in soils. John Wiley & Sons, New York

Mann, U. (1993): Stofftransport durch mineralische Deponiebasisabdichtungen: Versuchsmethodik und Berechnungsverfahren. Diss. Schriftenreihe des Instituts für Grundbau der Ruhr-Universität Bochum, Heft 19

Onnich, K. (1995): Synergie-Effekte bei der Adsorption anorganischer und organischer Schadstoffe an verschiedenen Tonmineralen in mineralischen Deponieabdichtungen. In: Proc. DTTG-Jahrestagung 1994, Universität Regensburg

Reuter, E. (1988): Durchlässigkeitsverhalten von Tonen gegenüber anorganischen und organischen Säuren. Mitteilungen des Instituts für Grundbau und Bodenmechanik der TU Braunschweig, Heft 26

Stockmeyer, M.R. ; Kruse, K. (1991): The adsorption of heavy metals and organic water pollutants by bentonites of various organophilic covering. Clay Minerals 26, S. 431-434

Wiemer, U. (1993): Erstellung eines Finite-Differenzen-Rechenprogrammes zur Bestimmung von Sorptionsparametern aus DKS-Permeameterversuchen. Unveröff. Diplomarbeit am Lehrstuhl für Grundbau und Bodenmechanik der Ruhr-Universität Bochum

Technische Universität Berlin
Institut für Bergbauwissenschaften
Fachgebiet Bergbau I

BMBF-Verbundforschungsvorhaben
Weiterentwicklung von
Deponieabdichtungssystemen

Teilprojekt 27

Untersuchung der Eignung bermännischer Verfahren zur nachträglichen Sohlabdichtung von Deponien

Prof. em. Dipl.-Ing. Dr. Sc. h. c. Helmut Eichmeyer
Dr.-Ing. Werner Boehm
Dipl.-Ing. Stefan Bredel-Schürmann

Projektleitung:	Bundesanstalt für Materialforschung und -prüfung (BAM), Berlin
Projektträger:	Abfallwirtschaft und Altlastensanierung im Umweltbundesamt
Forschungsförderung:	Bundesministerium für Bildung, Wissenschaft, Forschung und Technologie
Förderkennzeichen:	1440 569 A5 - 27

Berlin, März 1994

1   Untersuchungsgebiet

Die Untersuchung hatte das Ziel, bergmännische Verfahren zur nachträglichen Basisabdichtung von Deponien zu ermitteln. Die angebotenen Verfahren wurden auf ihre Tauglichkeit hin untersucht und vergleichend bewertet. Hierbei sollte eine Kostenkalkulation anhand eines realen Einsatzfalles durchgeführt werden. Die Verfahren, die sich der Injektionstechniken bedienen, waren nicht Gegenstand der Betrachtung.

2   Vorgehensweise

Die durch verschiedenartige Recherchen ermittelten Anbieter von Verfahren zur nachträglichen Basisabdichtung von Deponien erhielten Gelegenheit, ihr Konzept vorzustellen. Die Verfahren, bei denen eine Einsatzreife nicht abzusehen war, wurden von der weiteren Betrachtung ausgeschlossen. Ebenfalls ausgeschlossen wurden solche Verfahren, die keine neuen Konzepte vorstellten und deren Entwicklungsstand eindeutig hinter Konkurrenzverfahren lag. Die so in der Untersuchung verbliebenen Verfahren wurden alle eingehend auf ihre technische Durchführbarkeit, ihre Einsatzgrenzen, die Arbeitssicherheit und die Kosten untersucht.

3   Untersuchte Verfahren

Man kann prinzipiell 2 Gruppen von Verfahren unterscheiden. Eine Gruppe bedient sich des klassischen Langfrontbaus aus dem Steinkohlenbergbau. Zwischen 2 tunnelartigen Abbaustrecken wird der Abbauraum auf einer langen Front vorgetrieben (s. Abb. 6.91). Dieser Methode bedienen sich das Paurat-Verfahren und mit einer deutlich kürzeren Abbaufront, das Schwerteinbau-Verfahren.

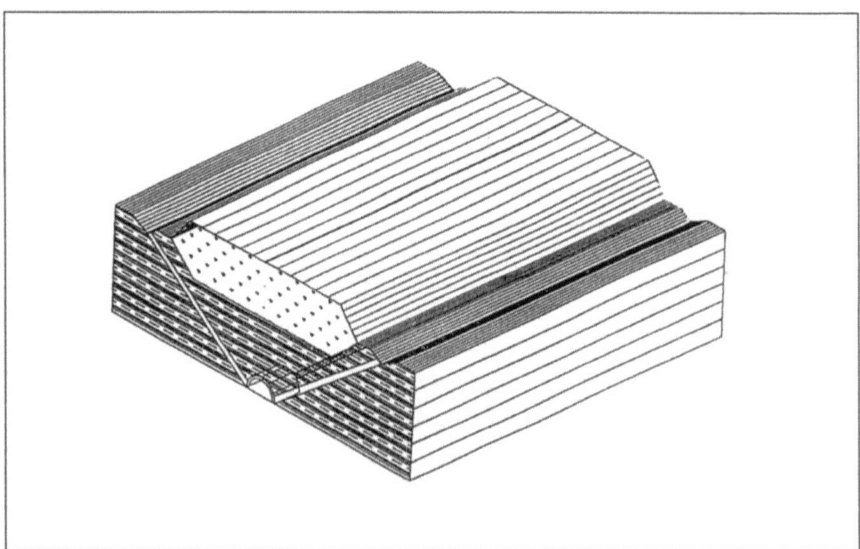

Abb. 6.91.   Langfrontbau

Die andere Gruppe von Verfahren verfolgt die tunnelbauartige Vorgehensweise. Die Tunnel werden nebeneinander aufgefahren (Abb. 6.92). Zu dieser Gruppe zählen die Verfahren von Heitkamp, Kunz und Richter.

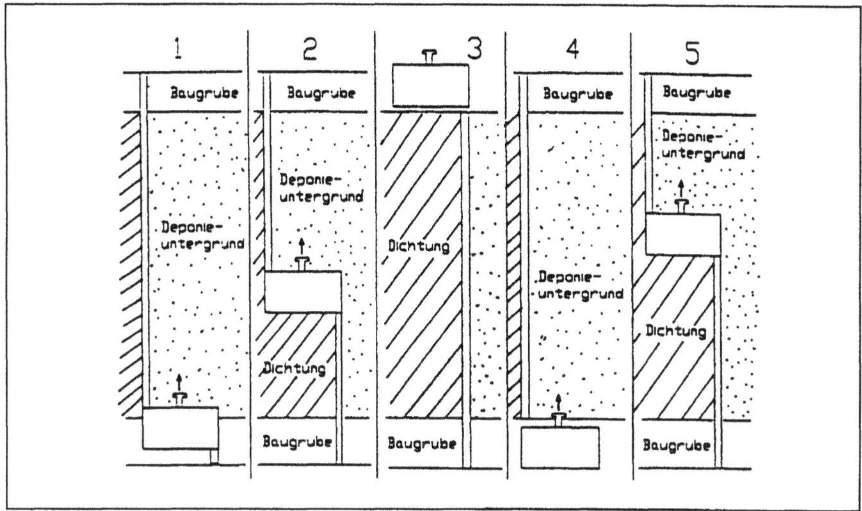

Abb. 6.92.   Tunnelbauartiges Verfahren

Beide Verfahren sind prinzipiell für die Aufgabenstellung geeignet. Die Technik des Erdaushubs ist bei allen Verfahren gut gelöst und daher problemlos. Hingegen sind die Unterschiede der Konzeptionen für das Einbringen einer qualitativ hochwertigen Basisabdichtung erheblich.

Das langfrontartige Vorgehen ist arbeitssicherheitlich fragwürdig. Zudem setzt es ein standfestes Gebirge voraus, zumindest bei so langer Front wie beim Paurat-Verfahren .

Die tunnelbauartigen Verfahren haben den Vorteil, daß sich die Arbeitsräume gegenüber der Umgebung besser abschotten lassen. Sie sind in allen geologischen Formationen einsetzbar.

4   Bewertung der einzelnen Verfahren

Für die Bewertung der Verfahren sind Arbeitssicherheit, technische Realisierbarkeit, Aufbau des Abdichtungssystems und die Kosten die ausschlaggebenden Kriterien.

Eine Wichtung der einzelnen Kriterien ist nicht sinnvoll. Sämtliche Kriterien müssen in hinreichendem Maße erfüllt werden. Aus diesem Grunde ist auch ein formalisiertes Bewertungsschema, etwa in Anlehnung an eine Nutzwert- oder eine Kosten-Nutzen-Analyse, für diese Bewertungsaufgabe unbrauchbar.

Die technische Realisierbarkeit ist bei den in der Untersuchung verbliebenen Verfahren gegeben. Das Kunz-Verfahren hat den geringsten Entwicklungsbedarf, während das Schwerteinbau-Verfahren die meisten offenen technischen Fragen aufweist.

Beim Aufbau des Dichtungssytems wurde der Stand der Technik, der sich aus den Anforderungen der TA Abfall ergibt, als Bewertungsmaßstab zugrunde gelegt. Inwieweit jedoch eine Flächendrainage sinnvoll ist, wenn die Deponiesohle im Grundwasser steht, erscheint fraglich.

4.1   Heitkamp - Verfahren

Das Heitkamp-Verfahren sieht als Abdichtungssystem eine Kombinationsabdichtung entsprechend den Anforderungen der TA-Abfall vor, d. h. mineralische Dichtschicht, Kunststoffdichtungsbahn und Flächendränage. Die mineralische Dichtung soll lagenweise eingebracht und verdichtet werden. Auch in dieser Beziehung werden also die Forderungen der TA Abfall erfüllt.

Die arbeitssicherheitlichen Erfordernisse werden beim Heitkamp-Verfahren gut erfüllt. Im Regelbetrieb kann das Bedienungspersonal nicht mit dem Aushub oder der Ortsbrust in Kontakt kommen. Nicht zufriedenstellend gelöst ist bisher die Abdichtung der nach unten offenen Arbeitskammer im Nachlaufmesserschild. Der zur Verhinderung von Gas und Sickerwasserzutritten vorgesehene Überdruckbetrieb kann nur als Hilfsmaßnahme angesehen werden. Das Gesamtkonzept erscheint als gut durchdacht und den Anforderungen angepaßt.

4.2   Kunz - Verfahren (BAK)

Das BAK-Verfahren sieht eine rein mineralische Abdichtung vor, die durch Filterlanzen und Kontrollgänge ergänzt wird.

Die systemimmanente Arbeitssicherheit ist sehr gut. Das Bedienungspersonal kommt nicht mit dem Aushub in Berührung. Außerdem ist ein Zutritt von Sickerwässern oder Gasen in den Arbeitsraum weitgehend ausgeschlossen. Der erforderliche Entwicklungsbedarf bis zur Einsatzreife ist sehr gering.

4.3   Paurat - Verfahren

Als Dichtungssystem ist eine mineralische Dichtung in Kombination mit einer Flächendrainage in Aussicht genommen Zusätzlich sollen Kontrolldrainagen unterhalb der Dichtschicht angelegt werden.

Ein kritisch anzumerkender Gesichtspunkt ist die Arbeitssicherheit. Durch das langfrontartige Vortriebssystem scheint es nicht möglich, die Anwesenheit von Arbeitskräften auf einen hermetisch abzuschließenden Raum zu beschränken. Es ist auch kaum zumutbar, daß die Arbeiter ständig im Vollschutzanzug einschließlich Atemgerät arbeiten müssen. Auch wenn keine ständigen Wasserzuflüsse zu erwarten sind, da das Verfahren nicht im wassergesättigten Lockerboden angewendet werden kann, so muß doch mit Zutritten von Kluftwasser und/oder Deponiegasen gerechnet werden.

4.4   Richter - Verfahren

Das Richter-Verfahren sieht als Abdichtungssystem eine Kombinationsdichtung vor, bestehend aus mineralischer Dichtung, darauf verlegter Kunststoffdichtungsbahn und Flächendrainage. Die mineralische Dichtung wird nicht in horizontalen Lagen eingebaut und verdichtet, sondern in vertikalen Scheiben. Da diese Vorgehensweise neuartig ist, muß durch einen Versuch der Nachweis erbracht werden, daß dieser Einbau nicht zu Schwächezonen in der mineralischen Dichtung entlang der vertikalen Fugen führt.

Die arbeitssicherheitlichen Anforderungen werden vom Richter-Verfahren gut erfüllt. Ein Kontakt zwischen Bedienungspersonal und Aushub bzw. Sickerwässern und Deponiegasen ist nicht möglich, sofern die Dichtungen an den Öffnungen des Schildes den jeweiligen Einsatzerfordernissen angepaßt werden.

Die von Richter konzipierte mehrdimensional gekrümmte schüsselförmige Unterfahrt hat den Vorteil, daß vertikale Dichtelemente überflüssig werden. Die Unterfahrungsfläche kann sich jedoch in Abhängigkeit von der Geometrie der zu unterfahrenden Altlast gegenüber ihrer Grundfläche erheblich erhöhen, was zu Mehrkosten führt. Zudem ist das vorgesehene Vorgehen steuerungstechnisch erheblich aufwendiger als ein horizontaler oder nur ein eindimensional gekrümmter Vortrieb.

4.5 Schwerteinbau-Verfahren

Beim Schwerteinbauverfahren besteht das Abdichtungssystem aus mineralischer Dichtung mit darin eingebetteter Kunststoffdichtungsbahn. Der Einbau einer Flächen- oder Rohrdrainage ist nicht geplant. Die mineralische Dichtung wird in 2 Lagen unter- und oberhalb der KDB eingepreßt. Sollte in einer der beiden Lagen eine Fehlstelle auftreten, so ist durch die andere Lage und die KDB die notwendige Redundanz gewährleistet. Für die Verschweißung der Kunststoffdichtungsbahn kann das Heizkeil-Verfahren angewendet werden. Das Heizkeil-Verfahren gilt z. Z. als das beste Verfahren für das Verbinden von Kunststoffdichtungsbahnen, so daß in dieser Beziehung das Schwerteinbau-Verfahren den anderen Verfahren überlegen ist.

Die Arbeitssicherheit des Schwerteinbau-Verfahrens kann noch nicht abschließend beurteilt werden, da die Abbau- und Fördereinrichtung sowie der Übergang vom Abbauraum in die Tunnelröhren bisher nicht konzipiert wurden. Für den wie beim Heitkamp-Verfahren geltenden Überdruckbetrieb zum Fernhalten von einsickernden Gasen und Sickerwässern sind die gleichen Einschränkungen anzumerken.

5 Vergleichende Bewertung

Die bisherigen Ausführungen haben bereits deutlich aufgezeigt, daß eine Bewertung der Verfahren für die nachträgliche Basisabdichtung von Deponien jeweils im Zusammenhang mit dem geplanten Einsatzfall und dessen Randbedingungen gesehen werden muß.

Die Verfahren von Kunz und Paurat sehen keine Kombinationsabdichtung mit einer Kunststoffdichtungsbahn vor. Daher kommen diese Verfahren kaum in Frage, wenn an einen Weiterbetrieb der nachträglich basisgedichteten Deponie gedacht wird.

Das BAK-Verfahren hat gegenüber allen anderen Verfahren den Vorteil, daß es technisch am ausgereiftesten ist und somit in der kürzesten Zeit verfügbar wäre.

Das Paurat-Verfahren hat prinzipielle Vorteile bei sehr großen zu unterfahrenden Flächen, hier würde sich sein Einsatz anbieten, sofern die genannten Einsatzgrenzen und Randbedingungen erfüllt sind.

Die Verfahren von Heitkamp und Richter sowie das Schwerteinbau-Verfahren bieten einen Dichtungsaufbau, der einen Weiterbetrieb der Deponie grundsätzlich möglich erscheinen läßt. Beim Schwerteinbau-Verfahren entspricht der Dichtungsaufbau aber nicht exakt den Anforderungen der TA Abfall. Das Schwerteinbau-Verfahren ist in seiner Konzeption nicht so weit wie die anderen Verfahren, es ist ein höherer Entwicklungsaufwand notwendig.

In direkter Konkurrenz zueinander stehen das Richter- und das Heitkamp-Verfahren. Beide haben den gleichen Anwendungsbereich und auch ähnliche Einsatzgrenzen. Die Unterschiede liegen im Detail. Beim Einbringen der mineralischen Dichtung zeigt sich ein Vorteil für das Heitkamp-Verfahren, da hier ein lagenweises Einbringen und Verdichten der mineralischen Dichtung vorgesehen ist. Das Einbringen und Verdichten der mineralischen Dichtmasse beim

Richter-Verfahren weist viele innovative Neuerungen auf. Die Grundüberlegungen sind schlüssig und nachvollziehbar. Allerdings sind bisher noch keine konstruktiven Lösungen zu Detailfragen vorhanden.

Im Zusammenhang mit Wasserzuflüssen scheint das Richter- dem Heitkamp-Verfahren überlegen zu sein. Der zur Abwehr von Sickerwasserzutritten von Heitkamp vorgesehene Druckluft-Überdruck-Betrieb kann nur als Hilfsmaßnahme angesehen werden. Aus Gründen des Arbeitsschutzes ist zudem der Arbeit unter Atmosphärendruck immer der Vorzug gegenüber Arbeiten unter Überdruck zu geben. Inwieweit die von Heitkamp angesprochenen Zusatzmaßnahmen, vorauseilende Dichtinjektionen oder partielle Grundwasserabsenkungen, technisch durchführbar sind und welchen wirtschaftlichen Einfluß sie auf die Baumaßnahme ausüben würden, kann nur an einem konkreten Einsatzfall nachgeprüft werden.

6 Kosten

Als Grundlage für den Kostenvergleich wurde eine Modelldeponie festgelegt, für die die Verfahren von Heitkamp, Kunz, Richter und Paurat kalkuliert wurden. Das Schwerteinbau-Verfahren konnte mangels zur Verfügung stehender Daten nicht auf diese Modelldeponie kalkuliert werden. Die Kostenkalkulation für einen realen Anwendungsfall konnte nicht durchgeführt werden, da zur Zeit der Untersuchung kein entsprechendes Projekt absehbar war. Einige Deponiebetreiber bzw. Altlastverwalter haben sich nach Anfrage ausdrücklich dagegen verwahrt, daß ihre Deponie im Zusammenhang mit einer nachträglichen Basisabdichtung erwähnt wird. Selbst in anonymisierter Form durften die Deponiedaten von uns nicht verwendet werden.

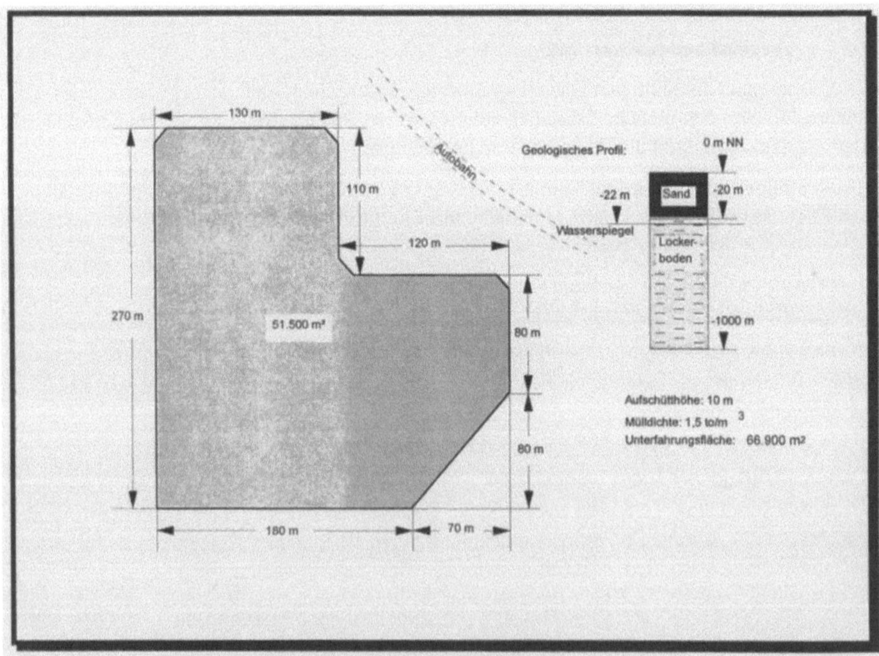

Abb. 6.93.   Modelldeponie für die Kostenbetrachtung

Die Modelldeponie ist in Abb. 6.93 dargestellt. Da das Paurat-Verfahren in einem Lockerboden ohne vorherige Gebirgsverfestigung nicht anwendbar ist, wurde für die Kalkulation des Paurat-Verfahrens schneidbares Gestein mit hinreichender Standfestigkeit angenommen.

Die Ergebnisse der Kalkulation sind in Tabelle 6.18 zusammengestellt. Die spezifischen Kosten werden stark von den Standortbedingungen der zu unterfahrenden Deponie bestimmt. Die Kostenunterschiede zwischen den Verfahren sind so gering, daß sie innerhalb der Streubreite der Kalkulationsgenauigkeit liegen. Mehr als die Angabe einer Tendenz der Kostenrangfolge kann die vorliegende Kalkulation daher nicht leisten. Zudem könnte bei anderen Standortbedingungen die Rangfolge der Verfahren bereits wieder verschoben sein.

Wesentlich bestimmender als das angewendete Verfahren wirkt sich auf die Gesamtkosten die Entsorgung des Aushubs aus. Bei einer Verbringung auf der unterfahrenen Deponie entstehen hierfür Kosten von 1 - 2 % der Gesamtkosten. Muß das Haufwerk hingegen dekontaminiert werden, können die Kosten hierfür bis zu 80 % der übrigen Kosten betragen, also die Kosten für die Sanierungsmaßnahme nahezu verdoppeln.

Tabelle 6.18. Kostenvergleich (Alle Kosten sind in DM angegeben, Stand Mai 1993)

Verfahren	**Heitkamp**	**Kunz**	**Paurat**	**Richter**
Gesamtbauzeit (Monate)	53	33	21	63,5
Allgemeine Baustelleneinrichtung	7 045 000	7 045 000	7 045 000	7 045 000
Spezielle Baustelleneinrichtung	7 917 320	6 797 320	9 572 000	4 097 280
Investitionen	67 974 467	56 944 000	78 050 030	107 841 750
Personalkosten	76 527 000	50 985 000	23 533 500	76 102 200
Dichtungsmaterial	33 545 985	65 041 051	29 916 250	50 404 591
Energie und Verbrauchsmaterial	9 046 386	7 398 156	5 623 932	8 917 300
Qualitätssicherung	9 664 000	6 961 000	4 870 000	11 160 000
Vertikale Dichtelemente	3 317 750	3 050 000	23 921 600	entfällt
Entsorgung Aushub (ohne Aufbereitung)	3 076 560	2 602 250	1 595 060	2 970 324
Baustellenräumung	3 500 000	3 500 000	3 500 000	3 500 000
Gesamtkosten (Aushub ohne Aufberei-tung)	**221 614 468**	**210 323 777**	**187 627 372**	**272 038 445**
Aufbereitung Aushub maximal	199 976 400	169 146 600	103 678 900	193 260 600
Gesamtkosten (Aushub mit Aufberei-tung)	**418 514 308**	**376 868 127**	**289 711 212**	**462 328 721**

7   Zusammenfassung

Die Untersuchung hat aufgezeigt, daß qualitativ gut durchdachte Verfahrenskonzepte für das nachträgliche Einbringen einer Basisabdichtung unter Deponien zur Verfügung stehen. Jedoch sind die Kosten derartiger Verfahren erheblich, so daß vorerst ein praktischer Einsatz nur in Einzelfällen als vorstellbar erscheint.

TECHNISCHE UNIVERSITÄT BRAUNSCHWEIG
LEICHTWEISS-INSTITUT FÜR WASSERBAU
LANDW. WASSERBAU UND ABFALLWIRTSCHAFT / PROF. DR.-ING. H.-J. COLLINS

BMBF-Verbundforschungsvorhaben
Weiterentwicklung von
Deponieabdichtungssystemen

Teilprojekt 32

Hydraulische Unterhaltung eines Deponieabdichtungssystemes

Prof. Dr.-Ing. Hans-Jürgen Collins
Dipl.-Ing. Kai Münnich

Projektleitung:	Bundesanstalt für Materialforschung und -prüfung (BAM), Berlin
Projektträger:	Abfallwirtschaft und Altlastensanierung im Umweltbundesamt
Forschungsförderung:	Bundesministerium für Bildung, Wissenschaft, Forschung und Technologie
Förderkennzeichen:	1440 569 A5 - 32

Braunschweig, Januar 1995

1   Einleitung und Problemstellung

Innerhalb des Multibarrierenkonzeptes, welches durch die Vorgaben der TA Siedlungsabfall (1993) verwirklicht werden soll, stellt die mineralische Abdichtung das letzte, aber wichtigste Element zum Schutz des Grundwassers vor Inhaltsstoffen dar. Bei der Bemessung der Basisabdichtung wird das Hauptaugenmerk auf den hydraulischen Durchlässigkeitsbeiwert gelegt, mit dessen Hilfe der Transport von Wasserinhaltsstoffen mit der Wasserbewegung beschrieben werden kann. Durch zahlreiche Untersuchungen (z. B. Mitchell & Madsen 1987; Kohler 1989; Quigley & Fernandez 1994) konnte aufgezeigt werden, daß durch Sickerwasserinhaltsstoffe die für die Abdichtung günstigen Eigenschaften der bindigen Materialien nachhaltig verändert werden können.

Bei den administrativen Vorgaben der TA Siedlungsabfall werden weitere Transportprozesse, die an der Deponiebasis für den Stoffaustrag relevant werden können, nicht betrachtet. In den letzten Jahren wurde die Bedeutung v. a. des durch Konzentrationsunterschiede entstehende Prozesses der Diffusion stärker beachtet. Bei den kleinen geforderten Durchlässigkeitsbeiwerten können diffundiv bedingte Stoffverlagerungen ausschlaggebend werden (Desaulniers et al. 1981; Rowe 1987). Auch bei der Bemessung von vertikalen Umschließungen von kontaminierten Standorten wird hauptsächlich auf den Durchlässigkeitsbeiwert geachtet. Durch das Absenken des Wasserspiegels innerhalb der Umschließung soll erreicht werden, daß nur eine Wasserbewegung in die Umschließung erfolgt. Inwieweit durch die Fließbewegung ein Stoffaustrag aus der Umschließung wirksam unterbunden wird, kann bisher nicht angegeben werden.

Mit dem Forschungsvorhaben wurden deshalb folgende Ziele verfolgt:

- Aufzeigen der maßgebenden Stofftransportprozesse in einer mineralischen Abdichtung

- Ermittlung der Auswirkung einer dem Konzentrationsgefälle entgegenwirkende Strömung (inverse Strömung) auf den Stofftransport

- Ermittlung der Effektivität der inversen Strömung für bindige Bodenmaterialien

- Vergleich der Effektivität der inversen Strömung bei bindigen und nichtbindigen Bodenmaterialien

Die Untersuchung der in einer mineralischen Basisabdichtung ablaufenden Stofftransportprozesse erfolgte im Labor. Die gewählte Versuchsanordnung lehnte sich an die Meßzellen der Arbeitsgruppe "Jessberger/Finsterwalder" an. Übernommen wurden der modulare Aufbau der Meßzellen, die Abmessungen der einzubauenden Abdichtungsschicht, die Art der Anströmung dieser Schicht mit der Stofflösung bzw. dem destillierten Wasser. Zudem wurden 2 gleiche natürliche Abdichtungsmaterialien untersucht.

2   Untersuchte Materialien

Es wurden 2 natürliche, nicht vergütete Tonmaterialien untersucht. Dabei handelte es sich um wenig quellfähige Tone. Durch das Mineralogische Institut der TU Braunschweig wurden in den Tonen Illit, Illit/Smectit Wechsellagerungen und Kaolinit als Hauptkomponenten bestimmt. Als nichtbindige Materialien wurden 4 Sande eingesetzt, die zu über 95 % aus Quarz bestehen. Die eingesetzten Sandmaterialien unterscheiden sich bezüglich der Korngrößenverteilung und damit auch bezüglich des Durchlässigkeitsbeiwertes sowie der Porengrößenverteilung. Die Korngrößenbereiche der eingesetzten Böden ist in der Tabelle 6.19 zusammengestellt.

Tabelle 6.19. Korngrößenanteile der einzelnen Fraktionen der untersuchten Bodenmaterialien

	Sand	**Schluff**	**Ton**	
	0.06 - 0.1	0.002 - 0.06	< 0.002	mm
Ton 1	18	44	38	Gew.-%
Ton 2	10	43	47	Gew.-%
Sand 1	74	23	3	Gew.-%
Sand 2	20	75	5	Gew.-%
Sand 3	58	39	3	Gew.-%
Sand 4	31	66	3	Gew.-%

Die Untersuchungen wurden mit 3 verschiedenen chemischen Lösungen durchgeführt werden. Zum Einsatz kamen:

- Ammoniumchlorid
- Zinkchlorid
- Essigsäure

Das Chlorid der beiden ersten Lösungen diente als Markierungsstoff für das Transportverhalten im Ton. Das Chlorid wird nicht bzw. kaum durch Adsorptionskräfte in seinem Verlagerungsverhalten beeinflußt, es bewegt sich wie das unbeeinflußte Wasser. Im Vergleich dazu wird das Zink bzw. Ammonium deutlich an das Abdichtungsmaterial angelagert. Das Sorptionsverhalten beider Stoffe kann im untersuchten Konzentrationsbereich durch eine lineare Isotherme beschrieben werden, so daß nur eine zeitliche Verzögerung des Stoffdurchganges gegenüber dem Chlorid erfolgt.

Die Essigsäure wurde eingesetzt, um zu überprüfen, inwieweit z. B. Carbonate gelöst werden und es dadurch eventuell zu einer Erhöhung der Durchlässigkeit der Materialien kommt.

3 Laborversuche

3.1 Meßzellenaufbau

Die Versuche zur Ermittlung des Transportverhaltens verschiedener Wasserinhaltstoffe unter verschiedenen hydraulischen Randbedingungen wurden in Meßzellen durchgeführt.

Eine Meßzelle besteht aus mehreren Elementen, die jeweils symmetrisch um das mittlere Element, welches das zu untersuchende Abdichtungsmaterial enthält, angeordnet sind (s. Abb. 6.94). Die Elemente bestehen, mit Ausnahme der Aluminiumplatten, aus PE.

Die einzelnen Elemente sind mit Ausnahme der Aluminiumplatten durch Dichtungsringe gegeneinander gedichtet und einzeln verschraubbar. Durch die Aluminiumplatten wird der ganzen Meßzelle eine Steifigkeit und Festigkeit gegen Verformungen gegeben.

Durch die modulare Bauweise kann z. B. die Schichthöhe der zu untersuchenden Abdichtungsmaterialien verändert werden. In den Versuchen wurden Schichtdicken von 1, 2 und 3 cm eingesetzt. Die durchströmte Fläche betrug $10 \cdot 10$ cm.

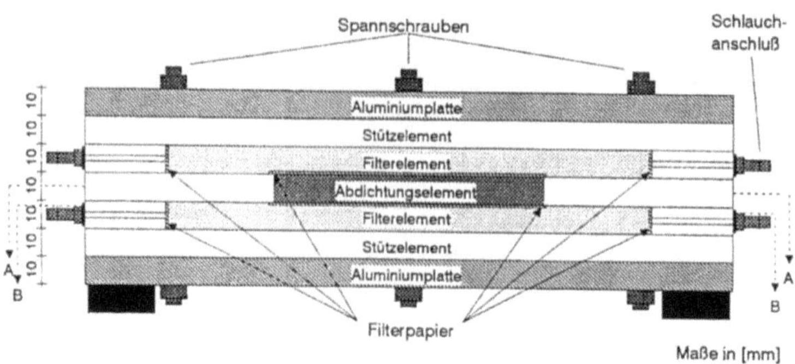

Abb. 6.94.   Aufbau der Meßzelle

3.2   Versuchsablauf

Die Tonmaterialien wurden mit der einfachen Proctordichte bei einem geringfügig höheren Wassergehalt als dem optimalen Wert eingebaut. Die Einbaudichte der Sandmaterialien lag geringfügig unter der jeweiligen maximalen Lagerungsdichte.

Die Meßzellen wurden zur Versuchsdurchführung in einen klimatisierten Raum (12 - 13 °C) gestellt, um Einflüsse von Temperaturschwankungen auf die Ausbreitung der Stoffe zu unterbinden.

Während der Versuche wurde das dest. Wasser und die chemische Lösung aus Vorratsbehältern durch die Meßzellen mittels Schlauchpumpe gefördert. Der in einigen Versuchsvarianten notwendige hydraulische Gradient wurde durch entsprechendes Höherstellen des Überlaufbehälters eingestellt. In Abb. 6.95 ist der Versuchsaufbau für die Versuchsvariante inverse Strömung dargestellt.

Bei allen Versuchen wurde im regelmäßigen zeitlichen Abstand in den Meßbehältern die durch die Filterelemente gepumpten Wasservolumina ermittelt. Bei den Versuchen mit einem zusätzlichen hydraulischen Gradienten wurden noch die Wasservolumina in den Vorratsbehältern gemessen, so daß durch Vergleich der Volumina in den Meßbehältern mit den Werten der Vorratsbehälter das durch das Abdichtungsmaterial verlagerte Wasservolumen bestimmt werden konnte.

Nach Versuchsende wurde das Abdichtungsmaterial ausgebaut und auf Inhaltsstoffe analysiert. Die Probe wurde in 2 Teilproben über die Schichthöhe aufgeteilt, um eventuelle Unterschiede über die Höhe der Abdichtungsschicht zu erfassen.

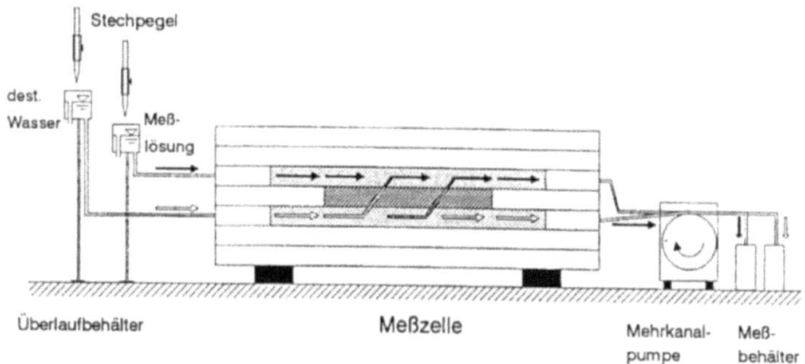

Abb. 6.95.   Skizze des Versuchsaufbaues bei inverser Strömung

3.3   Versuchsdurchführung

Insgesamt wurden neben Vorversuchen zur Ermittlung der Gleichmäßigkeit der Durchströmung der Filterelemente sowie zur Ermittlung der einzusetzenden Konzentrationen der Prüfflüssigkeiten 50 Versuche mit den tonigen Abdichtungsmaterialien und 14 Versuche mit Quarzsand durchgeführt.

Neben den Varianten der eingesetzten Bodenmaterialien und der chemischen Lösungen wurden die hydraulischen Varianten variiert. Es wurden Versuche mit reiner Diffusion, mit einer der Diffusionsrichtung gleichgerichteten Durchströmung und einer inversen, d. h. entgegengesetzten Strömung durchgeführt. Bei zusätzlicher Durchströmung wurden die verlagerten Wasservolumina bestimmt.

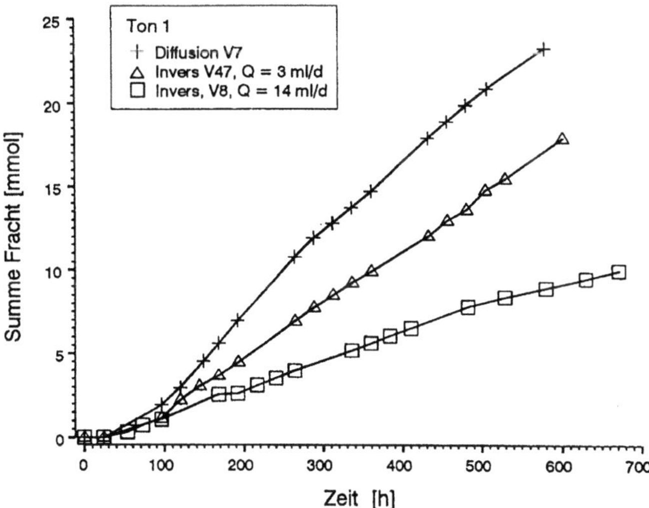

Abb. 6.96.   Gegenüberstellung der Chlorid-Frachtsummen der Versuche mit reiner Diffusion und zusätzlicher inverser Strömung für Ton 1

Für die weiteren Betrachtungen werden nur noch die Kurven des Chlorides herangezogen, da Chlorid bei den eingesetzten Abdichtungsmaterialien keiner Sorption unterliegt und somit immer sichergestellt ist, daß der stationäre Zustand erreicht wurde. Mit Hilfe des Chlorid-Durchganges durch das Abdichtungselement kann daher auch die Wirksamkeit der inversen Strömung beschrieben werden.

In Abb. 6.96 sind die Kurvenverläufe für die Summen der Frachten Chlorid bei Diffusion und inverser Strömung exemplarisch für den Ton 1 bei Einsatz von Zinkchlorid dargestellt.

Unmittelbar erkennbar ist, daß bereits geringe inverse Durchflußvolumina den Stoffdurchgang durch das Abdichtungselement deutlich reduzieren können. Eine Steigerung des Durchflußvolumens bewirkt eine weitere Abnahme des Stoffdurchganges, wobei kein linearer Zusammenhang zwischen dem Durchflußvolumen und dem Stoffdurchgang besteht.

Werden die bei den Versuchsvarianten ermittelten täglichen Chloridfrachten über dem dazugehörenden Durchflußvolumen aufgetragen, so ergibt sich der exemplarisch für Ton 1 in den Versuchen mit Ammoniumchlorid dargestellte Zusammenhang (Abb. 6.97). Aus den Meßwerten ist durch Regression die entsprechende Kurve errechnet worden. Der Unterschied im Kurvenverlauf zwischen Chlorid und Ammonium ergibt sich aus der Differenz der ermittelten effektiven Diffusionskoeffizienten.

Im Vergleich dazu sind in Abb. 6.98 die aus den Chlorid-Meßwerten ermittelten Regressionskurven für die nichtbindigen Quarzsande dargestellt. Erkennbar ist, daß zwischen den Sanden 1 und 3 nur geringe Unterschiede bestehen. Zudem erfolgt bei Sand 4 bei gleicher Durchflußrate der höchste Massenfluß.

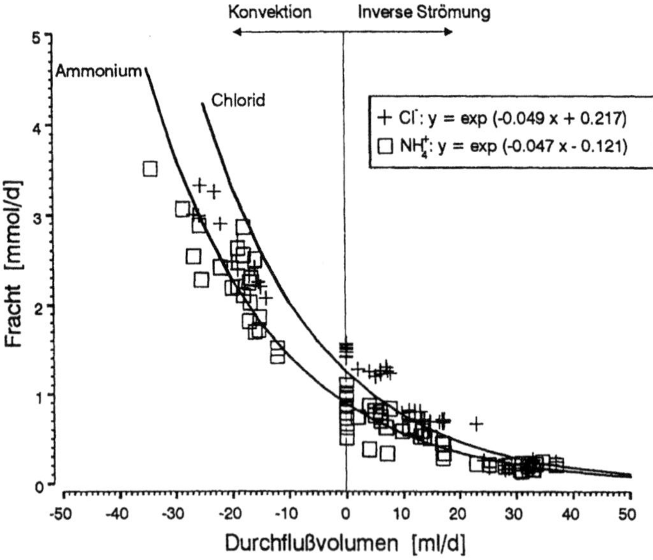

Abb. 6.97. Massenfluß durch das Abdichtungselement in Abhängigkeit vom Durchflußvolumen für Ton 1

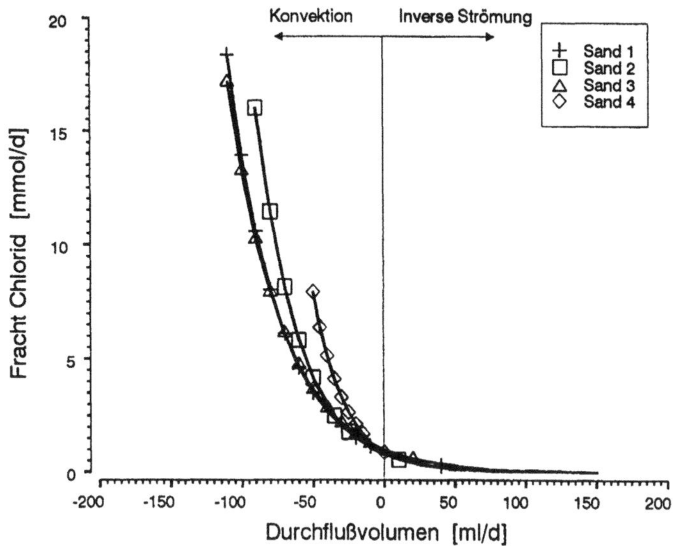

Abb. 6.98.   Massenfluß durch das Abdichtungselement in Abhängigkeit vom Durchflußvolumen für die Sandmaterialien

4   Diskussion der Ergebnisse und Empfehlungen

4.1   Interpretation der Ergebnisse

Die Versuche mit Diffusion und mit einer zusätzlichen Fließbewegung haben gezeigt, daß bei der Betrachtung der Transportprozesse in einem Abdichtungselement die Diffusionsprozesse bei den vorgegebenen Versuchsrandbedingungen maßgebend sind.

Die Versuche mit gleichgerichteter Strömung haben gezeigt, daß erst ab Durchflußvolumina größer 15 ml/d für die Tonmaterialien bzw. 20 - 30 ml/d für die übrigen Materialien der Massenfluß infolge Diffusion kleiner ist als der Massenfluß infolge Konvektion. Die Unterschiede in den Durchflußvolumina rühren daher, daß der diffundiv bedingte Massenfluß bei den Tonböden geringer ist als bei den Sandmaterialien.

Die Größe des effektiven Diffusionskoeffizienten hängt u. a. vom Gesamtporenraum ab. Für sehr kleine Porenraumgehalte wird der Wert zu Null, mit steigenden Gehalten nähert er sich dem Wert in der freien Flüssigkeit an.

Für die Tone und die Sande ergibt sich ein zunehmender Diffusionskoeffizient mit steigender Porosität. Eine geringe Veränderung der Porosität der Tonmaterialien beeinflußt den effektiven Diffusionskoeffizienten weitaus stärker als eine entsprechende Änderung bei den Sanden. Dies ist auf die Porengrößenverteilung der Tone zurückzuführen, die bei einer gleichen Gesamtporosität eine weitaus größere Anzahl feinerer Poren besitzen können als die Sandmaterialien. In diesen feinen Poren können sich die Wechselwirkungen zwischen dem Boden und der Flüssigkeit stärker bemerkbar machen als in den gröberen Poren. Die Angabe der Gesamtporosität ist daher nur bedingt aussagekräftig bei der Beurteilung des Diffusionsverhaltens von Stoffen im Boden.

Der Einfluß der Durchströmungsrate auf den resultierenden Massenfluß durch das Abdichtungselement kann für alle Versuche im untersuchten Durchströmungsbereich durch eine Exponentialfunktion der Form

$$I_{Ges.} = \exp(- \text{Faktor} * Q_M \pm I_D) \tag{6.9}$$

mit: $I_{Ges.}$ =   resultierender Massenfluß   [mmol/d]

        I_D =   Massenfluß infolge reiner Diffusion   [mmol/d]

        Q_M =   mittleres Durchflußvolumen durch das Abdichtungselement   [ml/d]

beschrieben werden.

In der Gleichung ist das Durchflußvolumen für gleichgerichtete Konvektion mit negativem Vorzeichen einzusetzen. Der Massenfluß infolge reiner Diffusion ist für Werte größer 1 mit positivem Vorzeichen einzusetzen.

Der Faktor beschreibt die Auswirkung der Durchströmung auf den Massenfluß. Für die eingesetzten Abdichtungsmaterialien wurden folgende Faktoren ermittelt:

Tone: 0,05 - 0,06

Sande (grob):   0,08

Sande (fein):   0,10

Beeinflußt wird der Faktor durch die Gesamtporosität des Bodenmaterials. Hohe Porositäten bewirken kleinere Faktoren.

Ein eindeutiger Zusammenhang zwischen dem Faktor und den Größen der Korngrößenverteilung konnte nicht ermittelt werden. Es ist aber zu erwarten, daß der Faktor von der Größe der Poren des Bodens sowie deren Verteilung abhängig ist.

Ein weiterer Einfluß, der hier nicht betrachtet wurde, ist die Kornform des Bodens. Runde Bodenpartikel werden höhere Zahlenwerke zur Folge haben, als plattiges Material.

Das Aufbringen der inversen Strömung bewirkt einen Volumenfluß an Wasser, welches eine geringe Konzentration an Inhaltsstoffen aufweist. Während der Passage durch das Abdichtungselement werden durch Querdiffusionsprozesse Inhaltsstoffe aus den Bereichen, die nicht unmittelbar durchströmt werden aufgenommen, so daß die Konzentration an der Oberseite beim Austritt aus dem Abdichtungselement höher ist als an der Unterseite. Die Konzentration an der Oberseite wird jedoch auch geringer sein als die Zugabekonzentration im oberen Filterelement. Infolge von Durchmischungsprozessen wird die Konzentration im Abfluß des oberen Filterelementes in Abhängigkeit von der Volumenstromrate der inversen Strömung und bei konstanter Förderrate durch das Filterelement reduziert. Diese Verringerung der Konzentration bewirkt eine Reduzierung des Massenflusses infolge Diffusion, da der Konzentrationsgradient über die Höhe des Abdichtungselementes kleiner wird und im stationären Zustand der Massenfluß proportional dem Konzentrationsgradienten ist.

Die Ausbildung einer "Schwitzwasserschicht" unmittelbar an der Oberkante des Abdichtungselementes konnte nicht ermittelt werden. Die Ursache dafür liegt in der Wasserbewegung im Filterelement und den damit verbundenen Dispersions- und Durchmischungseffekten.

Aufgrund der Ähnlichkeit des Durchströmungsverhalten der Sandmaterialien 1 und 3 bzw. 2 und 4 werden im folgenden nur die Sande 1 und 2 betrachtet. Von den Tonmaterialien wird beim Ton 2 der diffundive Massenfluß durch die inverse Strömung im Verhältnis zum Durchflußvolumen besser reduziert, so daß nur dieses Material mit den Sanden verglichen wird.

In Abb. 6.99 sind die entsprechenden Reduktionen des diffundiven Massenflusses durch die inverse Strömung in Abhängigkeit vom mittleren Durchflußvolumen für die 3 Materialien aufgetragen. Unmittelbar erkennbar ist, daß die Effektivität der inversen Strömung, d. h. das Verhältnis der Reduktion zum mittleren Durchflußvolumen, bei den beiden Sandmaterialien höher ist als beim Ton. Die Ursache hierfür ist, daß die Sandmaterialien eine gleichmäßigere Struktur besitzen, die gleichförmiger durchströmt werden kann.

Des weiteren wird erkennbar, daß bei geringen Durchflußvolumina bis 0,1 ml/ (cm^2d) eine annähernd lineare Reduktion des diffundiven Massenflusses erfolgt. Eine weitere Zunahme des Durchflußvolumens bewirkt keine entsprechende Reduktion des Massenflusses. Im Bereich bis 0,15 ml/(cm^2d) beträgt die Reduktion gegenüber dem Fall der reinen Diffusion (s. Tabelle 6.20):

Tabelle 6.20. Reduktion des diffundiven Massenflusses durch die inverse Strömung

Mittl. Durchfluß	Reduktion		
[ml/(cm^2d)]	[%]		
	Ton 2	Sand 1	Sand 2
0,025	15	21	26
0,05	24	33	39
0,1	42	55	64
0,15	56	70	78

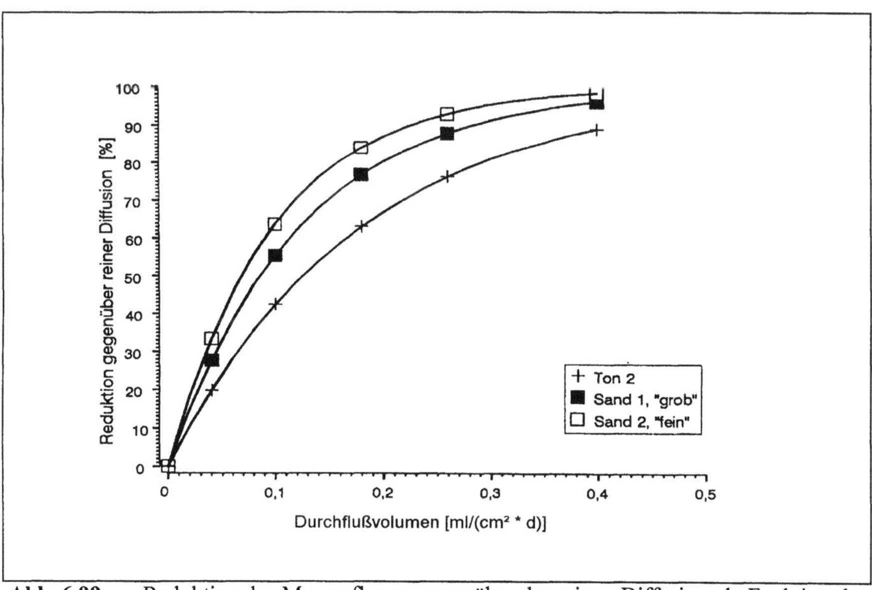

Abb. 6.99. Reduktion des Massenflusses gegenüber der reinen Diffusion als Funktion des Durchflußvolumens

4.2 Empfehlungen für die Praxis

Mit der Vorgabe des Durchlässigkeitsbeiwertes wird nur der Austrag infolge der Fließbewegung des Wassers betrachtet, Transportvorgänge infolge Diffusion, die v. a. bei Materialien mit geringen Durchlässigkeitsbeiwerten von Bedeutung sein können, werden nicht berücksichtigt. Gerade zu Beginn der Ablagerung von Abfällen, wenn der Sickerwasseraufstau auf der Basisabdichtung gering, aber die Stoffkonzentrationen im Sickerwasser sehr hoch sind, besteht ein hoher Konzentrationsgradient zwischen Innen- und Außenseite der Deponie. Der Stofftransport aus der Deponie infolge Diffusion ist daher hoch, verglichen mit dem Transport infolge der Durchströmung.

Für die Beurteilung der Wirksamkeit einer Abdichtung ist es daher erforderlich, neben dem Parameter der Durchlässigkeit den in dem Abdichtungsmaterial wirksamen Diffusionskoeffizienten für einen Stoff zu ermitteln, der keinen Sorptionsprozessen unterliegt. Die in den Untersuchungen eingesetzte Versuchsanordnung ist gut geeignet, in einem überschaubaren Zeitraum diese Werte auch in Parallelversuchen zu bestimmen. Mittels einfacher Berechnungen auf der Grundlage der analytischen Lösung der Differentialgleichung des Stofftransportes können die im Labor ermittelten Kenngrößen gut auf die Dimensionen in der Praxis übertragen werden.

Die inverse Strömung kann bereits bei geringen Durchflußvolumina den Massenfluß infolge Diffusion wirksam reduzieren. Theoretisch kann auch der Zustand der Nullemissionen erreicht werden, die dafür notwendigen Wasserbewegungen beinhalten aber Probleme u. a. bezüglich der Standfestigkeit und der Auswaschung von Feinstanteilen.

Bei der Ausbildung des Abdichtungssystemes als doppelte Basisabdichtung mit dazwischenliegender Bewässerungsschicht (Steffen 1986; Collins 1988; Rowe 1991a, b) kann die inverse Strömung effektiv eingesetzt werden.

Durch die Drainageschicht unter der ersten mineralischen Abdichtungsschicht kann zur Kontrolle der Funktionsfähigkeit in zeitlichen Abständen Wasser gepumpt werden, welches auf Inhaltsstoffe analysiert wird. Bei Überschreiten definierter zulässiger Konzentrationen kann diese Entwässerungsschicht eingestaut werden, wobei der Wasserstand dann über der Sohle der Deponie liegt, so daß eine Durchströmung der Abdichtung in die Deponie erfolgt. Die Entwässerungsschicht wird durch eine zweite Dichtung, den gewachsenen Boden, welcher in diesem Fall geringdurchlässig sein muß, vom Grundwasserleiter getrennt. Der Wasserstand im Grundwasserleiter liegt ebenfalls über der Basis der Deponie, so daß ebenfalls eine Wasserbewegung in die Deponie erfolgt.

Die durchgeführten Untersuchungen zeigen, daß bei der Ausbildung der ersten Abdichtungsschicht der Hydraulischen Falle nicht unbedingt ein Tonmineral eingesetzt werden muß. Ein sehr feinkörniges nichtbindiges Material ist zur Ausbildung der inversen Durchströmung besser geeignet. Dieses Material muß nicht Quarzsand sein, sondern es können auch andere Stoffe, wie z. B. Glasmehl aus der Altglasaufbereitung eingesetzt werden. Durch den Einsatz dieser Materialien ist zudem keine eventuelle Verschlechterung der hydraulischen Eigenschaften wie bei den Tonmaterialien zu befürchten.

Die Vorteile einer Hydraulischen Falle sind - ohne Betrachtung der chemisch-physikalischen Prozesse, die infolge des Wassereinstaus in den Abfällen entstehen werden:

- Transport von Inhaltsstoffen zurück in die Deponie mit der Möglichkeit der gezielten Fassung

- Reduzierung des Transportes infolge Diffusion durch Verringerung des Konzentrationsgradienten

Dem steht der Nachteil gegenüber, daß zusätzliche Wasservolumina in die Deponie gelangen, welche durch das Entwässerungssystem gefaßt und in Kläranlagen eventuell zu reinigen sind. Diese Größen können aber bei der Dimensionierung beider Anlagen entsprechend den hydraulischen Randbedingungen der entgegengesetzten Strömung berücksichtigt werden. Diese Anlagen müssen entsprechend den Konzentrationen im Sickerwasser über z. T. sehr lange Zeiträume vorgehalten werden.

Aber auch bei der Ausbildung der Abdichtungsschicht gemäß TA Siedlungsabfall ist zu überlegen, ob nicht die Abdichtungsschicht Kontakt zum Grundwasser haben sollte, wobei dann auch der Grundwasserstand über dem Stauwasserspiegel innerhalb der Deponie liegen muß, damit eine Fließbewegung in die Deponie erfolgen kann. Bei einer solchen Anordnung ist sichergestellt, daß eventuelle Risse im Tonmaterial, wie sie bei Kombinationsdichtungen infolge der Wassersperre der Dichtungsbahn und dem thermischen Gradienten entstehen können, nicht entstehen werden. Falls es zu einem Versagen der Dichtungsbahn kommt, wäre die mineralische Dichtung noch voll funktionsfähig.

Werden die Ergebnisse der Untersuchungen auf die Ausbildung von vertikalen Dichtwänden übertragen, so zeigt sich, daß bereits geringe Inhomogenitäten bezüglich der Durchlässigkeit des Bodenmaterials die Wirksamkeit der Unterbindung des Stoffaustrages stark beeinflussen können.

Nachdem der Einsatz einer Dichtwand immer mit zusätzlichen hydraulischen Maßnahmen verbunden ist, können auch hier durchlässigere Materialien bei gleichem Durchflußvolumen den Stoffaustrag effizienter reduzieren.

Wird z. B. ein Boden entsprechend dem Tonmaterial 2 für eine Dichtungswand eingebaut, so kann die erforderliche Absenkung des Innenwasserstandes und die damit verbundenen Wasservolumina ermittelt werden, damit der diffundive Massenfluß, der eine Überschreitung der zulässigen Konzentration im Grundwasser bewirken kann, reduziert wird. Für das Tonmaterial 2 bedeutet dies, daß bei einer 0,60 m starken Dichtwand der Innenwasserspiegel um ca. 3,5 m abgesenkt werden muß, damit der diffundive Massenfluß um ca. 24 % reduziert wird. Das dabei in die Umschließung fließende Wasservolumen beträgt 0,5 l/(m²d). Wird statt dessen ein Sandmaterial mit den Eigenschaften des Sandes 2 eingesetzt, so wird bereits eine Reduktion von 26 % erreicht, wenn nur ca. 0,25 l/(m²/d) durch die Dichtwand verlagert werden.

Literatur

Collins, H.-J. (1988): Die integrierte Basiskonstruktion von Deponien. Bauingenieur H. 63, S. 405 - 408

Desaulniers, D.E.; Cherry, J.A.; Fritz, P. (1981): Origin, age and movement of pore water in argillaceous quarternary deposits at four sites in southwestern Ontario. Journal of Hydrology, Vol. 50, S. 231 - 257

Kohler, E. (1989): Beständigkeit mineralischer Dichtstoffe gegenüber organischen Prüfflüssigkeiten. Praxis der Abfallablagerung, S.117-124

Mitchell, J.K.; Madsen, F.T. (1987): Chemical effects on clay hydraulic conductivity. Proceedings Geotechnical Practice for Waste Disposal. Geotechnical Special Publication No. 13 ASCE, S. 87-116

Quigley, R.M.; Fernandez, F. (1994): Effect of organic liquids on the hydraulic conductivity of natural clays. In: T.H. Christensen, R. Cossu, R. Stegmann (Hrsg.): Landfilling of waste: barriers. S. 203 - 218. E & FN SPON London

Rowe, R.K. (1987): Pollutant transport through barriers. Proc. Geotechnical Practice for Waste Disposal '87. GT Div. ASCE, Ann Arbor, Geotechnical Special Publication No. 13, S. 159 -181

Rowe, R.K. (1991a): Some considerations in the design of barrier systems. Proceedings First Canadian Conference on Environmental Geotechnics, Montreal. S. 157 - 164

Rowe, R.K. (1991b): Leachate detection or hydraulic control: two design options. SARDINIA 91, 3. Int. Landfill Symposium S. Margherita di Pula. S. 979 - 997

Steffen, H. (1986): Vergleichende Betrachtung zur Wirksamkeit von kombinierten und doppelten Dichtungsschichten. In: K.-P. Fehlau, K. Stief (Hrsg.): Fortschritte der Deponietechnik. Erich Schmidt Verlag. Berlin

TA Siedlungsabfall, (1993): Dritte allgemeine Verwaltungsvorschrift zum Abfallgesetz. Teil 2 (TA Siedlungsabfall), Technische Anleitung zur Verwertung, Behandlung und sonstigen Entsorgung von Siedlungsabfällen vom 14. Mai 1993. Bundesanzeiger Verlags-Ges. Köln

Universität Hannover

FRANZIUS - Institut für Wasserbau- und Küsteningenieurwesen

Institut für Grundbau, Bodenmechanik und Energiewasserbau (IGBE)

BMBF-Verbundforschungsvorhaben
Weiterentwicklung von
Deponieabdichtungssystemen

Teilprojekt 35

Kunststoffdichtungsbahnen unter
Punktlasten

Dipl.-Ing. Katrin Brummermann

Projektleitung:	Bundesanstalt für Materialforschung und -prüfung (BAM), Berlin
Projektträger:	Abfallwirtschaft und Altlastensanierung im Umweltbundesamt
Forschungsförderung:	Bundesministerium für Bildung, Wissenschaft, Forschung und Technologie
Förderkennzeichen:	1440 569 A5 - 35

Hannover, August 1995

1 Einleitung

Basisdichtungen von Deponien werden häufig als Kombinationsdichtung, bestehend aus einer mineralischen Dichtungsschicht und einer PEHD-Kunststoffdichtungsbahn, ausgebildet. Die Kunststoffdichtungsbahnen sind empfindlich gegen mechanische Beschädigungen durch grobe Körner der darüberliegenden Drainschicht. Daher wird zwischen Kunststoffdichtungsbahn und Drainschicht eine Schutzschicht, beispielsweise aus Geotextilien, angeordnet. Abbildung 6.100 veranschaulicht die Problematik. Im Teilprojekt 35 "Kunststoffdichtungsbahnen unter Punktlasten" wurden verbesserte Prüfmethoden entwickelt und die Wirksamkeit geotextiler Schutzschichten bei variierten Einflußparametern untersucht.

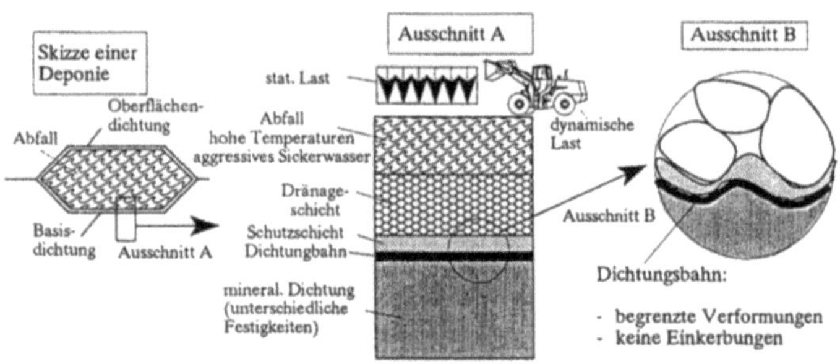

Abb. 6.100. Darstellung der Problematik "Kunststoffdichtungsbahnen unter Punktlasten"

2 Stand der Technik

Bei der Auswahl und Dimensionierung von Schutzschichten sind viele Aspekte zu berücksichtigen: die Belastbarkeit der Kunststoffdichtungsbahnen, die mechanische Schutzwirksamkeit bei dynamischer Einbaubeanspruchung und bei statischer Belastung aus dem Deponiekörper, die Widerstandsfähigkeit gegenüber hohen Temperaturen, chemischen Beanspruchungen und biologischen Einflüssen, die Filterstabilität zur Dränschicht, die Langzeitbeständigkeit, die Einbaupraktikabilität, die Schichtdicke, die Reibung in den Schichtgrenzen und die Wirtschaftlichkeit.

Es gibt 3 Schutzschichttypen, nämlich mineralische Schichten, geosynthetische Schichten und kombinierte Schichten aus geosynthetischen und mineralischen Stoffen. Vorschriften wie die "TA Abfall" und "TA Siedlungsabfall" enthalten nur allgemeine Vorgaben für Schutzschichten und ihre Prüfung. Für die im Teilprojekt 35 untersuchten geotextilen Schutzschichten ist die Prüfung der mechanischen Wirksamkeit besonders wichtig. Tabelle 6.21 enthält eine Übersicht der Methoden zur Prüfung der mechanischen Wirksamkeit geotextiler Schutzschichten. In Abb. 6.101 sind die dazugehörigen Prüfsysteme schematisch dar-gestellt. Die in den GDA-Empfehlungen (DGEG 1993) und der Richtlinie über die Zulassung von Kunststoffdichtungsbahnen in Kombinationsdichtungen (BAM 1992) enthaltenen vorläufigen Vorgaben für Schutzwirksamkeitsprüfungen vom Typ Nr. 1a in Tabelle 6.21 führen in projektbezogenen Prüfungen zu Problemen. Große Streuungen durch Inhomogenitäten des Dränmaterials erschweren eine quantitative Bewertung. Die Ermittlung der Dehnungen ist ungenau definiert. Die vorgegebene Prüfzeit von 1000 h (rd. 6 Wochen) ist in der Praxis schwer einzuhalten. Die Alternative zwischen Last- oder Temperaturerhöhung kann zu ungleichen Bewertungen führen.

Tabelle 6.21. Untersuchungsmethoden zur Prüfung der mechanischen Wirksamkeit von Schutzschichten gegenüber statischen Auflasten (s. Abb. 6.101)

Nr.	Angaben zum Prüfsystemaufbau	Belastungsart	Literaturhinweise
1a	Druckversuche mit Dränmaterial	Belastung über das Drainmaterial auf Schutzschicht, Dichtungsbahn und Stützschicht	Sehrbrock (1993)
1b		Belastung über Druckluft oder Wasser gegen die Dichtungsbahn (keine Stützschicht)	Pape & Huang (1990)
2a	Druckversuche mit geometrisch definierten Druckkörpern	Belastung über Druckkörper (Einzelstempel und Strukturplatten) auf Schutzschicht, Dichtungsbahn und Stützschicht	Saathoff (1991); Brummermann et al. Kohlhase und Saathoff (1993); Pühringer (1989)
2b		Belastung über Druckluft oder Wasser gegen die Dichtungsbahn (keine Stützschicht)	Pape et al. (1992)

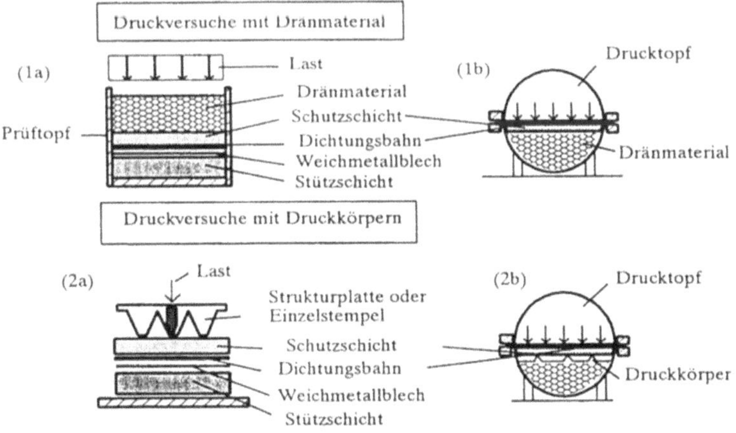

Abb. 6.101. Versuche zur Prüfung der mechanischen Wirksamkeit von Schutzschichten

3   Experimentelle Untersuchungen

Es wurden Druckversuche durchgeführt, in denen der Schichtaufbau einer Kombinationsdichtung in der Deponiebasis bestehend aus mineralischer Dichtung, Kunststoffdichtungsbahn, Schutzschicht und Drainschicht nachgebildet wurde. Die Prüfsysteme der verwendeten Versuchstypen sind schematisch in Abb. 6.102 dargestellt. Es werden Versuche mit Kies, mit Einzelstempeln und mit Strukturplatten unterschieden. Abbildungen 6.103 und 6.104 zeigen die Geometrie und Abmessungen der Einzelstempel und der Strukturplatte zur Simulierung von Kies der Körnung 16/32. Die Strukturplatte wurde in Zusammenarbeit mit dem Teilprojekt 37 entwickelt. Zur Fixierung der maximalen Verformungen werden Weichmetallbleche verwendet. Die Versuchsauswertung besteht aus der visuellen Prüfung der Geokunststoffproben auf Beschädigungen, aus der Dehnungsermittlung über die Vermessung der Weichmetallbleche und aus Dickenmessungen an den Kunststoffdichtungsbahnproben.

Für die Dehnungsermittlung müssen Annahmen zur Geometrie und Ausdehnung der Verformungen getroffen werden. Es wird näherungsweise entweder mit einer kreissegmentförmigen oder einer abschnittsweise linearen, also polygonzugförmigen Biegelinie gerechnet (Abb. 6.105). Die Teildehnungen einzelner Abschnitte des Polygonzuges können zu mittleren Dehnungen zusammengefaßt werden.

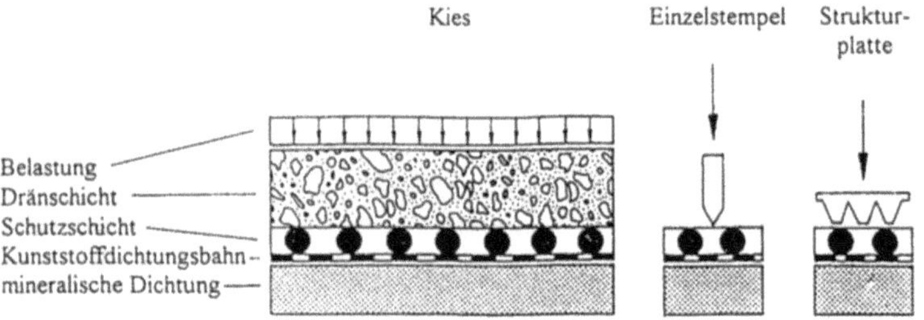

Abb. 6.102.   Schematische Darstellung der Prüfsysteme

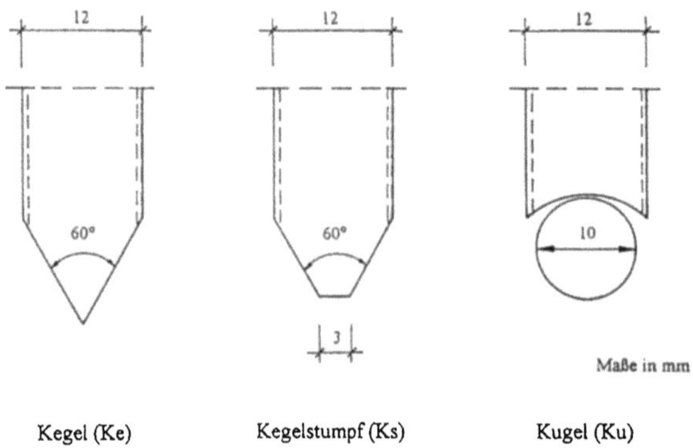

Abb. 6.103.   Geometrie und Abmessungen der Einzelstempel

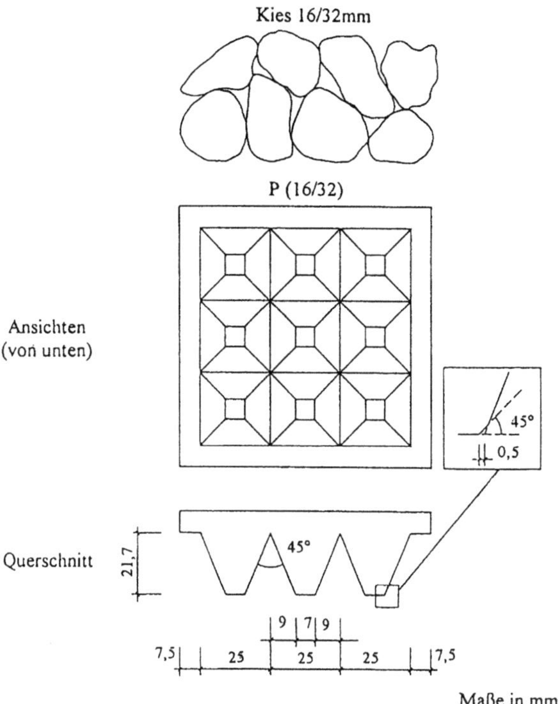

Abb. 6.104. Geometrie und Abmessungen der Strukturplatte zur Simulierung von Kies 16/32

Für eine kreissegmentförmige Biegelinie ergibt sich die Dehnung ε zu:

$$\text{Dehnung} = \varepsilon = \frac{1-d}{d} \times 100 \;[\%] \text{ mit } 1 \approx \sqrt{d^2 + \frac{16}{3} \times h^2} \qquad (6.10)$$

l, d und h s. Abb. 6.105

Für eine abschnittsweise lineare, also polygonzugförmige Biegelinie ergibt sich die Dehnung $\varepsilon_{\text{Teil}}$ eine Teilabschnitts zu:

$$\textit{Teildehnung} = \varepsilon_{\textit{Teil}} = \frac{\sqrt{\left(h_{i+1} - h_i\right)^2 + c^2} - c}{c} \times 100 \;[\%] \qquad (6.11)$$

h und c s. Abb. 6.105

Entscheidend für die Vergleichbarkeit von Dehnungsergebnissen ist neben der Festlegung von Meßrastern und den Annahmen für die Biegeliniengeometrie die Definition der Meßbereiche bzw. der Ausdehnung der Verformungen. Für ihre Festlegung müssen nicht nur meßtechnische Gesichtspunkte, sondern auch das Materialverhalten der Geokunststoffe und das Zusammenwirken des geschichteten Systems berücksichtigt werden. Abbildung 6.106 stellt die verwendeten Meßmethoden dar.

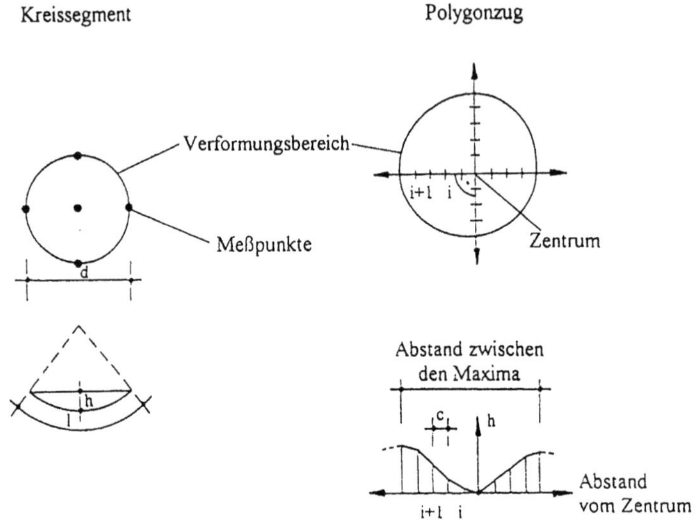

Abb. 6.105   Kreissegmentförmige und polygonzugförmige Approximation der Biegelinie

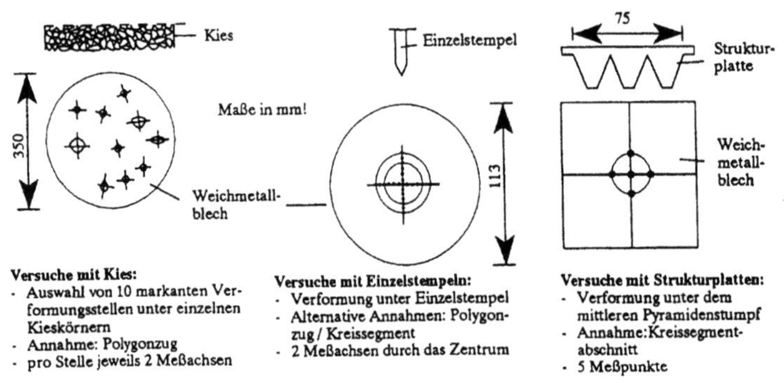

Abb. 6.106.   Darstellung der verwendeten Methoden zur Dehnungsbestimmung

In den Versuchen wurden die Kunststoffdichtungsbahnen, die Stützschichten, die Drainma-
terialien bzw. die Druckkörper, die Temperaturen, die Lasten, die Schutzschichten und die
Zeiten variiert. Die Versuchsbezeichnungen enthalten Abkürzungen für die jeweiligen
Randbedingungen. Die Versuche können so anhand der Bezeichnung identifiziert werden. In
Versuchsserien werden die variablen Randbedingungen durch die Variable x gekennzeichnet.
Im folgenden werden die Abkürzungen (fett gedruckt) aufgelistet und kurz erklärt:

<u>Kunststoffdichtungsbahn</u> (2,5 mm dick, glatt): **keine:** PEHD

                                                     C: Coextrusion aus PEHD (außen) und VLDPE (innen)

                                                     L: PELD

<u>Stützschicht:</u> **E:** Elastomer Härte 50 Shore A
        S: Stahl
        T, T1, T2 etc.: unterschiedliche bindige Erdstoffe

<u>Dränmaterial/Druckkörper:</u> **K(16/32):** Kies 16/32
        Ke: Einzelstempel Kegel
        Ku: Einzelstempel Kugel
        Ks: Einzelstempel Kegelstumpf
        P(16/32): Strukturplatte für Kies 16/32

<u>Prüftemperatur:</u> **Zahl:** Temperaturen [°C] von 20 - 60 °C

<u>Prüflast:</u> **Zahl:** für Versuche mit Kies und Strukturplatte Prüflasten [kN/m²] von 100 - 1200 kN/m²
        Zahl: für Versuche mit Einzelstempeln Prüflasten [kg] von 10 - 50 kg

<u>Schutzschicht:</u> **0:** keine Schutzschicht
        1: PP - Endlosfaservliesstoff rd. 2000 g/m²
        2: PEHD - Stapelfaservliesstoff rd. 2000 g/m²
        3: PP - Stapelfaservliesstoff rd. 2000 g/m²
        4: PP - Stapelfaservliesstoff + PEHD - Gewebe rd. 2000 g/m²

<u>Prüfzeit:</u> **K:** 100000 s $\approx$ 27 h + 46 min
        L: 100 h
        Zahl: Zeiten [h] von 1 - 1000 h

<u>Wiederholungsversuche:</u> **a, b, c etc.:** Kennung zur Unterscheidung von Wiederholungsversuchen mit gleichen Randbedingungen

Im folgenden werden exemplarisch einige Versuchsergebnisse dargestellt. Abbildung 6.107 zeigt die Dehnungen und mit linearer Regression ermittelte Ausgleichsgeraden für Druckversuche mit Einzelstempeln und unterschiedlichen Schutzschichten der Serie E Ks 40 x x K x abhängig von der Prüflast.

Abbildung 6.108 zeigt die Dehnungen und die mit logarithmischer Regression ermittelten Ausgleichskurven für Druckversuche mit Einzelstempeln und unterschiedlichen Prüftemperaturen der Serie E Ks x 30 2 x x abhängig von der Prüfzeit. Abbildung 6.109 zeigt die Dehnungen und Ausgleichsgeraden für Druckversuche mit Strukturplatten und 2 unterschiedlichen Schutzschichten der Serie E P(16/32) x x 1 L x abhängig von der Prüflast. Abbildung 6.110 zeigt die maximalen Dehnungen aus Druckversuchen mit Kies und die Dehnungen aus Vergleichsversuchen mit Strukturplatte der Serie E x 40 x 1 L x und die jeweiligen Ausgleichsgeraden. Die Dehnungen der Versuche mit Strukturplatte haben geringere Streubreiten und liegen im oberen Bereich der Bandbreite der maximalen Dehnungen aus den Druckversuchen mit Kies.

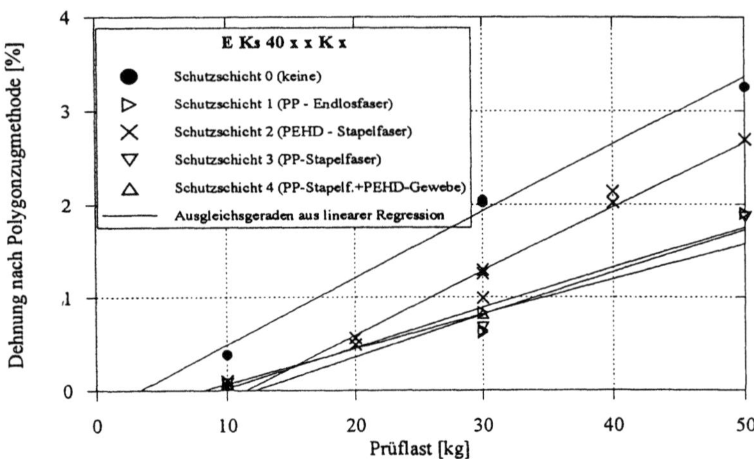

Abb. 6.107. Dehnungen der Versuchsserie E Ks 40 x x K x abhängig von der Prüflast

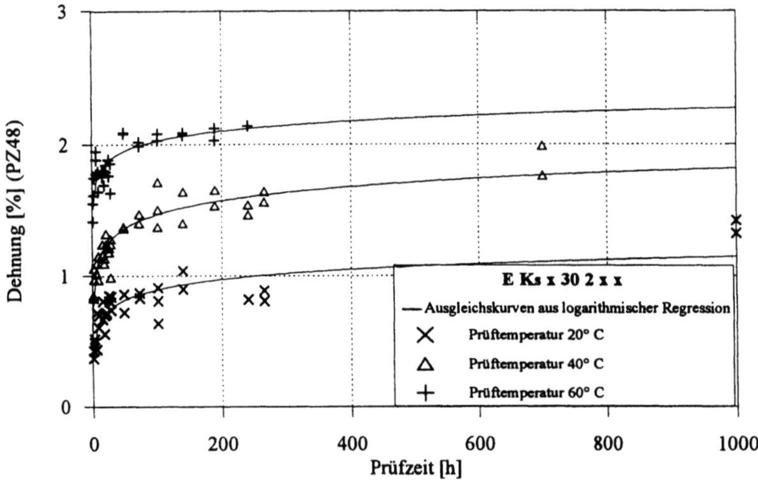

Abb. 6.108. Dehnungen der Versuchsserie E Ks x 30 2 x x abhängig von der Prüfzeit

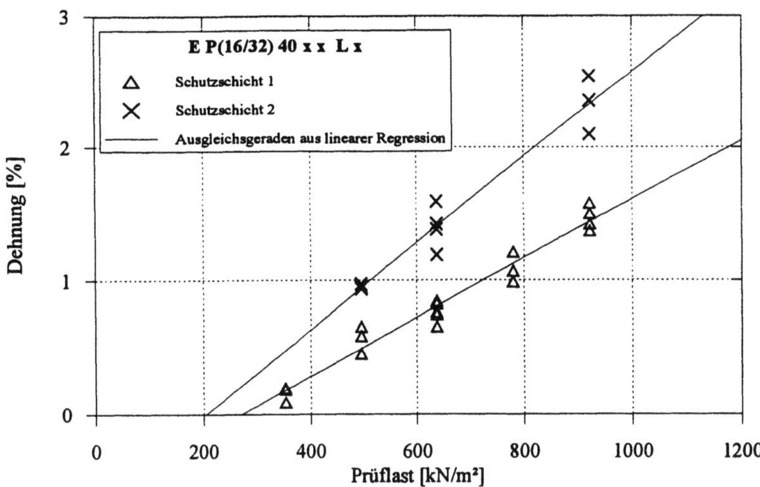

Abb. 6.109. Dehnungen der Versuchsserie E P(16/32) 40 x x 1 L x abhängig von der Prüflast

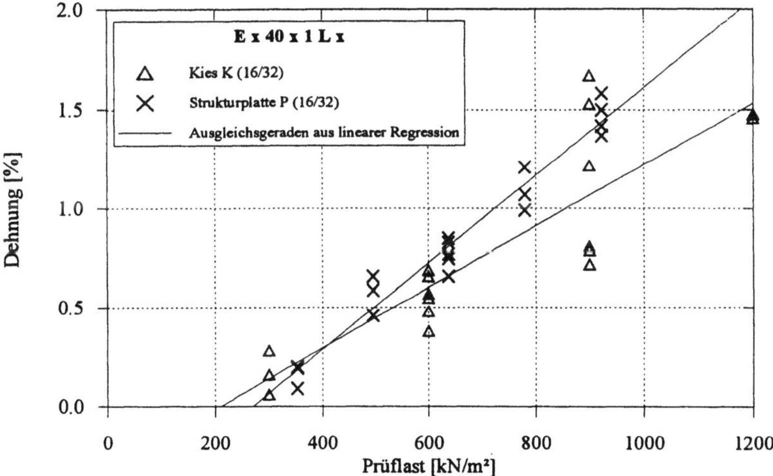

Abb. 6.110. Dehnungen der Versuchsserie E x 40 x 1 L x abhängig von der Prüflast

4   Vorschläge für Standardprüfungen

Es ist zur Zeit unmöglich, Schutzschichten nur mit theoretischen rechnerischen Nachweisen auszuwählen und zu dimensionieren. Die Wechselwirkungen des Schichtsystems sind komplex und die Materialien und Einflußfaktoren vielfältig. Auf experimentelle Schutzwirksamkeitsnachweise kann nicht verzichtet werden. Für Standardprüfungen eignen sich entweder Druckversuche mit Strukturplatte und/oder Druckversuche mit Drainmaterial. Versuche mit Einzelstempeln sind für projektbezogene Prüfungen nicht sinnvoll. Ob Druckversuche mit Strukturplatten oder mit Kies besser geeignet sind, richtet sich nach den vorliegenden Randbedingungen. Für häufig verwendete Körnungen wie Kies 16/32 ist es sinnvoll, Versuche mit kalibrierter Strukturplatte durchzuführen, da die Streubreiten geringer sind. Für weniger typische weiter gestufte oder feinere Körnungen sind Druckversuche mit Kies in ausreichender Anzahl durchzuführen. Grundsätzlich gilt, daß bei feineren Körnungen die Vorteile von Versuchen mit Strukturplatte gegenüber Versuchen mit Kies geringer werden. Es sind für beide Versuchstypen exakte Vorgaben zur Dehnungsermittlung notwendig. Die im Teilprojekt 35 verwendeten Bestimmungsmethoden erwiesen sich als geeignet. Tabelle 6.22 enthält die wesentliche Vor- und Nachteile beider Versuchstypen.

Aufgrund des ermittelten logarithmischen Zusammenhangs zwischen Dehnungen und Prüfzeit für geotextile Schutzschichten (s. z. B. Abb. 6.108) ist es sinnvoll, mindestens 3 verschiedene Prüfzeiten, z. B. 1, 10 und 100 h, aber in ausreichender Anzahl zu testen. Mit den Ergebnissen von 3 Zeiten kann man den zeitlichen Verlauf der Dehnungen abschätzen.

Aufgrund des ermittelten linearen Anstiegs der Dehnungen mit der Last (s. z. B. Abb. 6.107, 6.109 und 6.110) ist es sinnvoll, mindestens 3 verschiedene Prüflasten mit ausreichender Anzahl zu testen. Mit den Ergebnissen von 3 Lasten ist man dann in der Lage, die Abhängigkeit zwischen Dehnungen und Prüflast abzuschätzen.

Tabelle 6.22. Vor- und Nachteile von Druckversuchen mit Drainmaterial und Strukturplatte

Kriterium	Druckversuche mit Drainmaterial	Druckversuche mit Struktur-platte
Reproduzier-barkeit	- Von Korngröße und -verteilung des Drainmaterials abhängig - Bei Dränmaterial der Körnung 16/32 große Streuungen, daher mehrere Wiederholungsversuche notwendig - Bei Auswertung großer Aufwand oder visuelle Auswahl notwendig	- Inhomogenitäten des Drain-materials entfallen, daher erheblich bessere Reproduzierbarkeit und geringere Streuungen - Auswertung exakt definierbar
Erfassung der Situation in situ	- Verwendung des Drainmaterials ist realitätsnah - Randbegrenzung des Prüftopfes beeinflußt das Verformungsverhalten der Drainschicht - Guter visueller Eindruck, aber auf Repräsentativität der Prüffläche achten - Weichmetallblech beeinflußt das Systemverhalten - Elastomerverhalten kann vom Erdstoffverhalten abweichen	- Kalibrierung der idealisierten Strukturplatte über Versuche mit Drainmaterial vorab notwendig - Nur begrenzte Zahl von Standardstrukturplatten für typische Körnungen verwendbar, beliebige Anpassung an unterschiedliche Körnungen nicht praktikabel
Aufwand für - Versuchs-durchführung - Auswertung	- Verhältnismäßig groß, bei groben Körnungen mehrere Wiederholungsversuche notwendig - Verhältnismäßig groß	- Verhältnismäßig gering - Einfach und schnell ohne aufwendige Meßeinrichtung

Es wird vorgeschlagen, als Prüftemperatur die im Anwendungsfall tatsächlich zu erwartende Temperatur zu wählen und Prüfungen mit erhöhten Temperaturen nicht ohne weitere Überlegungen für Aussagen zum Langzeitverhalten zu verwenden.

Die Versuchsanzahl zur Prüfung der mechanischen Wirksamkeit von Schutzschichten richtet sich nach dem Versuchstyp, der Homogenität der Schutz- und Stützschichtmaterialien, der Variationsbreite der zu prüfenden Randbedingungen und bei Druckversuchen mit Dränmaterial nach der Korngröße und der Korngrößenverteilung des Dränmaterials. Für Druckversuche mit Kies 16/32 wird vorgeschlagen, jeweils mindestens 5 Wiederholungsversuche und für Druckversuche mit Strukturplatte jeweils mindestens 3 Wiederholungsversuche durchzuführen. Gezielte Parallelversuche mit Kies zu Versuchen mit Strukturplatte sind für einen visuellen Vergleich von Nutzen. Bei Druckversuchen mit Kiesen feinerer Körnungen oder mit Kiesen weiter gestufter Körnungen mit niedrigerer Untergrenze sind weniger Wiederholungsversuche notwendig.

5   Beurteilung der Wirksamkeit geotextiler Schutzschichten

Die Einsatzmöglichkeiten geotextiler Schutzschichten hängen neben den jeweils vorliegenden Randbedingungen sehr von den zulässigen Dehnungsbeanspruchungen der Kunststoffdichtungsbahnen ab, die noch kontrovers diskutiert werden.

Bei häufig verwendetem Kies der Körnung 16/32 als Drainmaterial kann mit geotextilen Schutzschichten nur für niedrige Lasten der von der BAM vorgeschlagene strenge Grenzwert von 0,25 % eingehalten werden. Bei höheren Lasten müssen weiter gestufte oder feinere Drainmaterialien verwendet werden.

Die Last beeinflußt die Beanspruchung der Kunststoffdichtungsbahnen. Bei sehr niedrigen Lasten werden die Kunststoffdichtungsbahnen durch die geotextilen Schutzlagen vollständig vor Verformungen geschützt. Ab einer von den Materialien und Randbedingungen abhängigen Durchstoßlast ergibt sich ein linearer Anstieg der Dehnungen mit der Last.

Die Temperatur beeinflußt die Beanspruchungen der Kunststoffdichtungsbahnen. Der Anstieg der Dehnungen ist im Bereich von 20 - 60 °C annähernd linear. Die visuellen Beobachtungen ergaben aber deutlich unterschiedliche Beanspruchungen der Schutzschichtproben bei höheren Temperaturen. Die Geotextilien verhärten unter stark beanspruchten Stellen bei hohen Temperaturen besonders stark. Es bestehen Bedenken, die ermittelten Zusammenhänge qualitativ auf alle Geotextilien zu verallgemeinern, da die Temperaturabhängigkeit der mechanischen Eigenschaften polymerer Werkstoffe, zu denen auch PEHD und PP gehören, sehr komplex und unregelmäßig ist. Hierzu sind weitere Untersuchungen und Überlegungen notwendig.

Die Beanspruchung der Kunststoffdichtungsbahn wächst mit der Zeit. Für die geprüften Zeitbereiche ergaben sich in guter Näherung logarithmische Anstiege der Dehnungen mit der Prüfzeit. Zeitabhängige Veränderungen durch Alterung etc. werden mit den Versuchen nicht erfaßt.

Chemische Beanspruchungen wurden im Teilprojekt [35] nicht untersucht. Hierzu wird auf das Teilprojekt [36] verwiesen.

Die Rohstoffart hat einen merklichen Einfluß auf die mechanische Schutzwirksamkeit. Die getesteten PP-Vliesstoffe ergeben bei etwa gleichem Flächengewicht eine bessere Wirksamkeit als der PEHD-Vliesstoff. Zwischen dem getesteten PP-Endlosfaser- und dem PP-Stapelfaservliesstoff bei etwa gleichem Flächengewicht ergeben sich nur geringfügige Unterschiede in der Wirksamkeit, wogegen unterschiedliche Faserarten und Gewebeeinlagen keinen sichtbaren Einfluß haben.

Verbesserungen der Schutzwirksamkeit durch Vergrößerung der Flächengewichte der Geotextilien sind in Grenzen möglich. Von bestimmten Grenzen an ist es aber unvermeidlich, andere Systeme zu wählen. Die in den Teilprojekten [35 - 37] des Verbundvorhabens gewonnenen Erkenntnisse führten bereits während der Bearbeitungsphase zur Entwicklung neuartiger Schutzschichtsysteme, die sich aber in der Praxis noch bewähren müssen.

6 Schlußbemerkungen

Im Abschlußbericht des Teilprojektes [35] sind die Untersuchungen und ihre Ergebnisse ausführlich beschrieben. Die Ergebnisse werden bei der Überarbeitung von Vorschriften und Empfehlungen in die Diskussion eingebracht.

Literatur

Der Abschlußbericht enthält ausführliche Literaturangaben. In dieser Kurzfassung ist nur ein Teil angegeben:

BAM (1992): Richtlinie über die Zulassung von Kunststoffdichtungsbahnen als Bestandteil einer Kombinationsdichtung für Siedlungs- und Sonderabfalldeponien sowie für Abdichtungen von Altlasten. Berlin

Brummermann, K.; Kohlhase, S.; Saathoff, F. (1993): Puncture Loads on Geomembranes in Composite Liners. SARDINIA 93. Fourth International Landfill Symposium. Proceedings Vol. 1, S. 357 - 367

DGEG (1993): Empfehlungen des Arbeitskreises "Geotechnik der Deponien und Altlasten". 2. Auflage. Verlag Ernst & Sohn, Berlin

Pape, J.T.; Huang, L. (1990): Large - scale testing of waste containment sealing under point loading in high pressure testing device. 4th International Conference on Geotextiles. Geomembranes and Related Products. Den Haag, 1990, S. 585 - 587

Pape, J.T.; Huang, L.; Boehm, W. (1992): Schutzlagenprüfung für Deponiebasisabdichtungen mit dem Hochdruckprüfbehälter für Abdichtungssysteme. Wasser + Boden. Heft 12, S. 797 - 799

Pühringer, G. (1989): Einsatz von Geotextilien im Deponiebau. 5. Nürnberger Deponieseminar. Mitteilungen des Grundbauinstituts der LGA Nürnberg. Band 54, S. 285 - 303

Saathoff, F. (1991): Geokunststoffe in Dichtungssystemen - Laboruntersuchungen zum Verhalten von Geotextilien und Kunststoffdichtungsbahnen. Mitteilungen des FRANZIUS-Instituts für Wasserbau und Küsteningenieurwesen der Universität Hannover. Heft 72

Sehrbrock, U. (1993): Prüfungen von Schutzlagen für Deponieabdichtungen aus Kunststoff. Mitteilungen des Instituts für Grundbau und Bodenmechanik der TU Braunschweig. Heft Nr. 40

Witte, R. (1995): Abschlußbericht des Teilprojekts 37 "Praxisnahe Untersuchungen zur Weiterentwicklung von geotextilen Schutzschichtsystemen aus Kunststoff-Dichtungsbahnen unter dem Gesichtspunkt ihrer Langzeit-Schutzwirkung". BMBF-Verbundvorhaben Weiterentwicklung von Deponieabdichtungssystemen

Das Teilprojekt 35 "Kunststoffdichtungsbahnen unter Punktlasten" wurde betreut und/oder bearbeitet durch:

- Dipl.-Ing. S. **Bellin**, ehemals FRANZIUS-Institut, Universität Hannover

- Prof. Dr.-Ing. W. **Blümel**, IGBE, Universität Hannover

- Dipl.-Ing. K. **Brummermann**, IGBE, Universität Hannover

- Prof. Dr.-Ing. S. **Kohlhase**, Institut für Wasserbau, Universität Rostock, ehemals FRANZIUS-Institut, Universität Hannover und

- Dr.-Ing. F. **Saathoff**, ehemals FRANZIUS-Institut, Universität Hannover

BAM Bundesanstalt für
Materialforschung und -prüfung

BMBF-Verbundforschungsvorhaben
Weiterentwicklung von
Deponieabdichtungssystemen

Teilprojekt 36

Untersuchung der Langzeitbeständigkeit von Schutzmaterialien für Kunststoffdichtungsbahnen von Deponiebasisabdichtungen

Prof. Dr.-Ing. H. August
Dr. G. Lüders

Projektleitung: Bundesanstalt für Materialforschung
                       und -prüfung (BAM), Berlin
Projektträger: Abfallwirtschaft und Altlastensanierung
                       im Umweltbundesamt
Forschungsförderung: Bundesministerium für Bildung,
                       Wissenschaft, Forschung und Technologie
Förderkennzeichen: 1440 569 A5 - 36

Berlin, Oktober 1995

1   Einleitung

Der Schutz vor Beschädigungen von Kunststoffdichtungsbahnen (KDB) in der Bau- und Betriebsphase einer Deponie muß sich insbesondere gegen Grobkies (Rundkorn) oder doppelt gebrochenem Splitt der Körnung 16 - 32 mm richten, der sehr oft als Flächendränage zur Sikkerwasserabführung über der KDB aufgebracht wird, wie es der Regelaufbau der Basisabdichtung nach der TA Abfall (1991) und der TA Siedlungsabfall (1993) vorsieht. Um die in Richtlinienentwürfen der Bundesländer Niedersachsen (NS) und Nordrhein-Westfalen (NRW) erhobene Forderung nach zugelassenen Schutzsystemen meßtechnisch umzusetzen, wird ein Lastplattendruckversuch (Knipschild et al. 1988; Steffen 1987; Sehrbrock 1989) verwendet, mit dem die mechanische Schutzwirkung aller Schutzsysteme geprüft und einheitlich bewertet werden kann (Witte 1990).

Polymere Schutzsysteme bestehen in der Regel aus mechanisch verfestigten Spinnfaservliesen aus Polyethylen hoher Dichte (PEHD) oder Polypropylen (PP). Sie sind in der Deponie durch Müllauflast und Sickerwasserinhaltsstoffe mechanisch und chemisch auf Dauer stark beansprucht. Damit tritt die Frage nach der Langzeitbeständigkeit des Polymermaterials in den Vordergrund, die sowohl das Kriechen unter Last als auch die Resistenz gegenüber chemisch und/oder physikalisch einwirkende Medien umfassen muß.

2   Ziele und Aufgabenstellung

Im Verbundvorhaben ist für die Teilprojekte [35 - 37] übergeordnetes Ziel, Schutzmaterialien und -systeme realitätsnah so zu untersuchen, daß sie in ihrer Schutzwirkung und Langzeitbeständigkeit nach einheitlichen Maßstäben bewertet, zugelassen und weiterentwickelt werden können.

Ziel des Teilprojektes [36] ist es, ein Prüfverfahren zu entwickeln und anzuwenden, um die Langzeitbeständigkeit von Schutzmaterialien unter *gleichzeitiger* chemischer und mechanischer Beanspruchung zu untersuchen.

3   Schutzmaterialien, Prüfmedien, Prüfverfahren

3.1   Schutzmaterialien

Für die Untersuchungen wurden handelsübliche Schutzvliese verschiedener Flächengewichte (FG) aus PEHD- und PP-Stapel- bzw. Endlosfasern verwendet. Sie sind in Tabelle 6.23 enthalten.

3.2   Prüfmedien

Für die vorliegenden Untersuchungen wurden die NRW-Medien 3, 4, 6, 7, 10 und 11 (Landesamt für Wasser und Abfall NRW 1985) und die GDA-Medien 3, 6 und 7 (Deutsche Gesellschaft für Erd- und Grundbau e.V. 1991) von vornherein ausgeschlossen, da PEHD und PP gegen Abbau durch Hydrolyse, Alkoholyse, Aminolyse und Umesterung beständig sind. Im Ergebnis systematischer Voruntersuchungen wurden die Prüfmedien für die in Frage kommenden Schädigungsarten Quellung (Q), oxidativer Abbau (A) ausgewählt und um ein spannungsrißauslösendes Prüfmedium (S) erweitert (Tabelle 6.24).

Tabelle 6.23. Schutzvliese

Bezeichnung	Schutzvlies	Flächengewicht	[g/m²]
		Nominell	Gemessen [a]
P3	PP-Endlosfaservlies	1.600	1.510
P9	PP-Endlosfaservlies	1.200	1.350
P2	PP-Endlosfaservlies	2.000	2.100
P1	PE-Stapelfaservlies	1.200	1.250
P4	PE-Stapelfaservlies	1.200	1.230
P19	PE-Stapelfaservlies	2.000	1.860
P12	PP-Stapelfaservlies	1.200	1.470
SG	Sandgefülltes PE-Gewebe, 2 cm dick		

[a] Mittelwert aus 3 Messungen

3.3 Prüfverfahren

Indexprüfverfahren wurden zur Vorauswahl und zur Untersuchung der Schädigungswirkung von Prüfmedien verwendet. Mit der Höchstzugkraft, gemessen im Streifen-Zug-Versuch nach DIN 53857/2 oder dem Faser-Zug-Versuch wurde u. a. nachgewiesen, daß zur Sicherung der Aussagen über den medienbedingten Schädigungsgrad die Referenzwertnahme an avivagefreien Proben und jede Prüfung an "nassen" Proben vorgenommen werden muß.

Der realitätsnahen Prüfung der Schutzwirksamkeit liegt das Untersuchungsprinzip zugrunde, Schutzmaterialien mechanisch und langzeitig über eine Druckplatte so zu beauflasten, daß ihre Schutzwirkung als Zahlenwert der Dehnung ε in den Einwölbungen einer KDB meßtechnisch zugänglich ist. Mit der Übernahme eines in den Teilprojekten [35] und [37] standardisierten Laborversuchs ist die Vergleichbarkeit der Ergebnisse hergestellt (nähere Einzelheiten s. Brummermann et al. 1995).

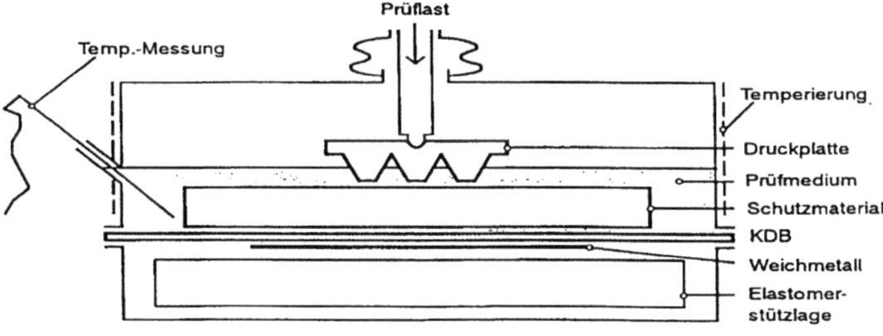

Abb. 6.111. Schematischer Versuchsaufbau zur Prüfung der Schutzwirksamkeit unter Prüfmedien

Im Rahmen dieses Vorhabens wurde in der BAM ein Versuchsstand entwickelt und in 10 Exemplaren gebaut. Gemäß Abb. 6.111 wurde die mechanische Auflasteinheit mit einem korrosionsfesten, zylindrischen und temperierbaren Gefäß so umbaut, daß sich oberhalb einer dicht eingespannten KDB die Druckplatte auf der vom Prüfmedium frei umspülten Schutzvliesprobe befindet, während unterhalb das Weichblech und die Elastomerstützschicht zu liegen kommen.

Tabelle 6.24. Prüfmedien

Bezeichnung	Stoff	Wasserlöslichkeit [mg/l]
Quellung		
Q1	Xylol	200 (30 °C)
Q2	Chlorbenzol	500 (20 °C)
Q3	Trichlorethylen	1000 (20 °C)
Q4	Isooctan/Hexadecan 80/20	< 0,1 (20 °C)
Q5	Gleiche Anteile **Q1 - Q4**	
Oxidativer Abbau		
A3	Wäßrige Pufferlösung pH 5 aus 0,7 mol/l Essigsäure 1,2 mol/l Natriumacetat 2,7 mmol/l Kupfer-II-Nitrat	
A5	A3 + 2,26 mol/l Kaliumnitrat	
A6	A3 + 1,34 mol/l Kaliumnitrat	
A4	14 Vol.-% konz. Salpetersäure	
A7	25 Vol.-% konz. Salpetersäure	
A8	50 Vol.-% konz. Salpetersäure	
A9	Konz. Salpetersäure	
Spannungsrißkorrosion		
S1	2 % Alkylphenolpolyethylen-glycolether	

4 Ergebnisse

4.1 Ergebnisse aus Indexprüfungen

Abbildung 6.112 zeigt, daß sich Schutzvliese deutlich im Verlust an Höchstzugkraft unterscheiden, den sie infolge Quellung nach achtwöchiger Lagerung in den Prüfmedien **Q1 - Q5** erleiden.

Die quellenden Schadstoffe liegen im Sickerwasser i. d. R. nicht in reiner Form, sondern wegen ihrer geringen Wasserlöslichkeit in höherer Verdünnung vor. Abbildung 6.112 zeigt, daß die gesättigten wäßrigen Lösungen in ihrer Wirkung vergleichbar sind mit der reinen konzentrierten Prüfchemikalie, d. h. auch aus hochverdünnten wäßrigen Lösungen nehmen Polyolefine, wie bekannt, quellend wirkende Schadstoffe bis zu einer Sättigungskonzentration auf.

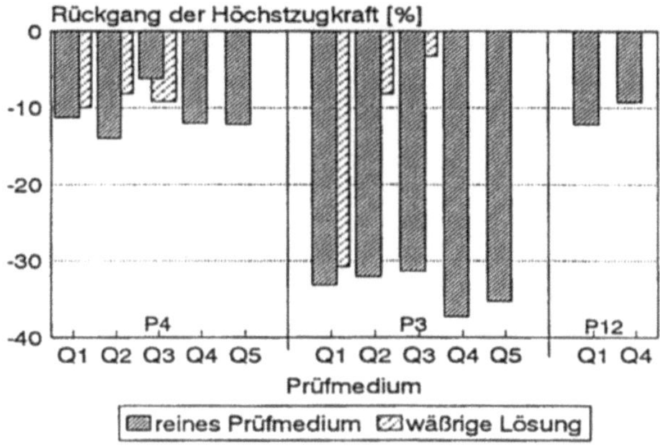

Abb. 6.112. Rückgang der Höchstzugkraft, gemessen an Vliesen aus PEHD und PP in Produktionsrichtung nach achtwöchiger Einlagerung in organischen Prüfmedien

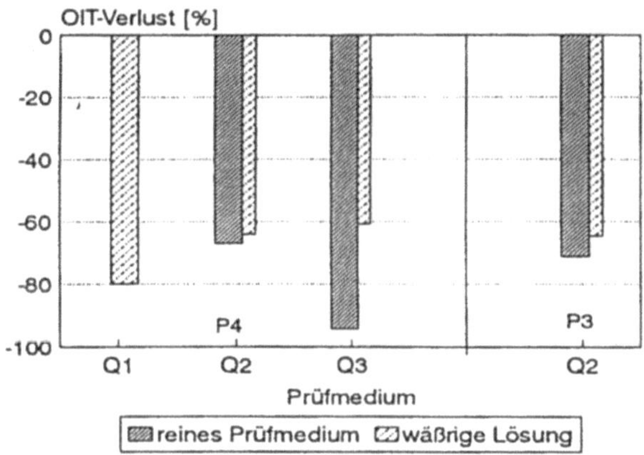

Abb. 6.113. Prozentuale Abnahme der Oxidationsstabilität nach siebenwöchiger Einlagerung in organischen Prüfmedien, gemessen als OIT-Wertänderung

Schutzmaterialien, die durch die hier betrachteten organischen Verbindungen gequollen sind, werden nicht nur in ihrer Festigkeit, sondern auch in ihrer Oxidationsstabilität geschwächt. Abbildungen 6.113 und 6.114 zeigen den gravierenden OIT-Verlust von Vliesproben nach bis zu siebenwöchiger Lagerung im jeweiligen Prüfmedium.

Obwohl das prinzipiell anaerobe Milieu an der Deponiebasis einen klassischen oxidativen Abbau von PEHD und PP nicht erwarten läßt, wurde die Wirkung von Nitraten und Kupfer-II-Ionen in überhöhter Konzentration in essigsaurer Lösung (**A3-A6**) überprüft, nachdem erste Versuche an Fasern nach 90 Tagen auf einen Festigkeitsverlust von 5 - 10 % des Referenzwertes hinwiesen.

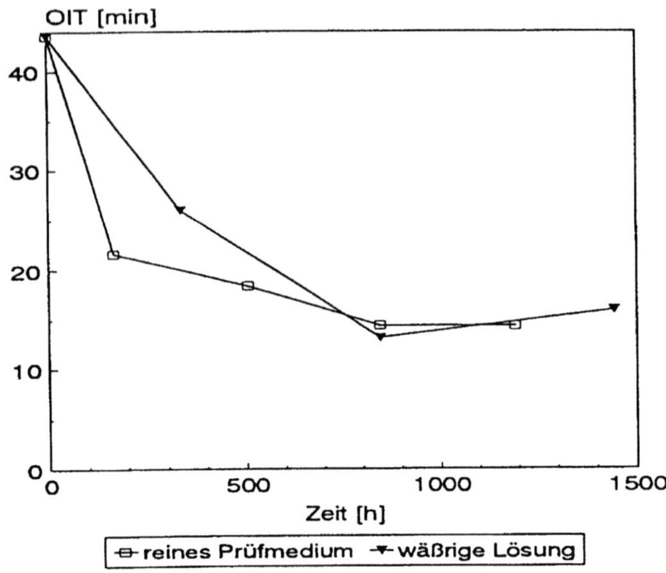

Abb. 6.114.   Abnahme der Oxidationsstabilität von **P4** nach Lagerung im Prüfmedium **Q2**

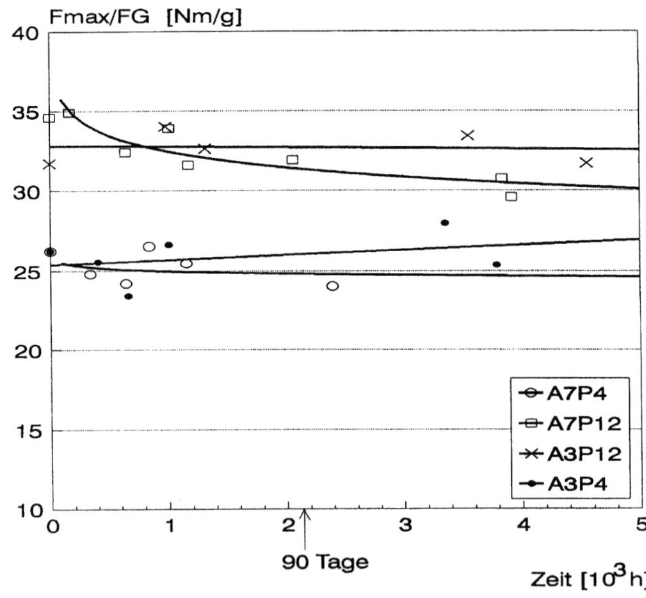

Abb. 6.115.   Höchstzugkraft (längs der Produktionsrichtung) von Vliesen aus PEHD (**P4**) und PP (**P12**) nach Lagerung bei 40 °C in Essigsäure/Kupfernitrat (**A3**) und 25 Vol.-% konz. Salpetersäure (**A7**)

Auf die Höchstzugkraft ist das das Sickerwasser simulierende Prüfmedium **A3** ohne signifikanten Einfluß. In Abb. 6.115 geht die Festigkeit nur nach Lagerung von **P9** (PP) in Salpetersäure (**A7**) zurück.

Auch mit der Erhöhung des Nitratgehaltes um mehr als 3 Zehnerpotenzen gegenüber der im Sickerwasser beobachteten Maximalkonzentration (~ 50 mg/l) konnte nach 430 Tagen kein Festigkeitsverlust nachgewiesen werden, der auf einen oxidativen Abbau schließen ließe.

4.2 Ergebnisse aus Prüfungen der Schutzwirksamkeit

Im folgenden sind die Ergebnisse der Prüfungen in den neu entwickelten Versuchsständen dargestellt.

Abbildungen 6.116 und 6.117 sowie Tabelle 6.25 geben eine Übersicht der gefundenen Dehnung ε in Wasser, **A**-, **Q**- und **S**-Medien für Schutzvliese, unterteilt nach dem Flächengewicht und der Auflast.

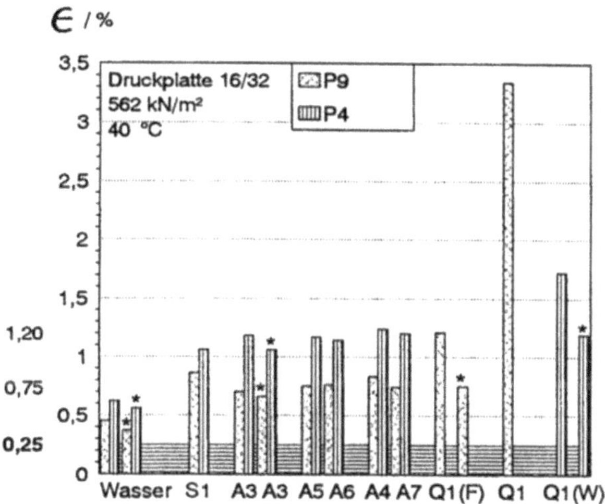

Abb. 6.116. Dehnung ε einer KDB nach 1000 h für Vliese mit FG 1200 g/m² in Prüfmedien gem. Tabelle 6.24, **P9** - PP-Endlosfaservlies, **P4** - PEHD-Stapelfaservlies
* nach 100 h; (F) mit Trennfolie (W) gemessen in Wasser, nach Quellung in **Q1**

Tabelle 6.25. Dehnungswerte ε für Schutzvliese, gemittelt aus der Häufung der Einzelwerte für **A**- und **S**-Prüfmedien nach 1000 h

Schutzmaterial	Auflast [kN/m²]	FG [g/m²]	ε [%]
P9 PP-Endlosfaservlies	562	1200	0,75
P4 PE-Stapelfaservlies	562	1200	1,20
P2 PP-Endlosfaservlies	900	2000	1,20
P19 PE-Stapelfaservlies	900	2000	2,00

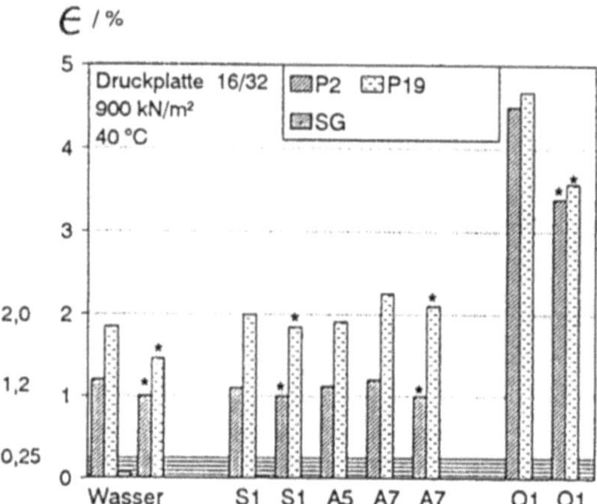

Abb. 6.117.   Dehnung ε einer KDB nach 1000 h für Vliese mit FG 2000 g/m² und **SG** in Prüfmedien gem. Tabelle 6.24, **P2** - Endlosfaservlies, **P19**- PEHD-Stapel-faservlies, **SG** - Sand-Gewebe-Schutzmatte; * nach 100 h

Unter Standardbedingungen bleibt kein rein polymeres Schutzmaterial, auch nicht unter Wasser, sondern nur eine Kombination mit mineralischem Schutzmaterial (**SG**) unter der Obergrenze von ε = 0,25 %, dem derzeit geltenden Richtwert für ausreichende Schutzwir-kung.

In quellenden Medien (**Q1**) wird stets eine deutliche Dehnungszunahme beobachtet, auch zwischen 100 und 1000 h und in Wasser, gemessen an vorgequollenen Vliesen (**Q1(W)**). Die Dehnungswerte in **A**- und **S**-Medien sind hingegen nicht mediencharakteristisch, sondern häufen sich um Mittelwerte, die von der Beschaffenheit des Schutzmaterials bestimmt sind und sich zwischen 100 und 1000 h nur noch wenig verändern.

5   Zusammenfassung

In diesem Teilprojekt [36] wurde eine Beanspruchungseinheit für ein in den Teilprojekten [35] und [37] standardisiertes Prüfverfahren entwickelt, mit der die Langzeitbeständigkeit von Schutzmaterialien unter gleichzeitiger mechanischer und chemischer Beanspruchung unter-sucht wurde.

Unter der Einwirkung von Prüfmedien, die die in Deponiesickerwässern für die Schädigung von PEHD und PP relevanten Chemikalien in überhöhter Konzentration enthielten, wurden geotextile Schutzmaterialien auf Schädigung durch Quellung, oxidativen Abbau und Span-nungsrißkorrosion und die Beständigkeit ihrer Schutzwirkung über einen Zeitraum bis zu 1000 h untersucht.

Die Untersuchungsergebnisse lassen sich in folgenden Punkten zusammenfassen:

1. Von den 3 in Betracht gezogenen Schädigungsmöglichkeiten werden Schutzvliese allein durch die Quellung in ihrer Schutzwirksamkeit, Festigkeit und Oxidationssta-bilität geschwächt, wenn sie quellendwirkenden Stoffen in Substanz oder geringer Konzentration in Wasser lange genug ausgesetzt waren. Für Schutzvliese mit einem

Flächengewicht von 1200 g/m², die sich im Quellungsgleichgewicht befinden, geht
z. B. die Schutzwirkung nach 1000 h bei 40 °C, gemessen als lokale Dehnung ε in
einer KDB unter einer 16/32er Druckplatte und 562 kN/m² um den Faktor 3 zurück

2. Für Sickerwasser in der sauren Phase simulierende Prüfmedien wurde kein charakte-
   ristischer Einfluß auf die Schutzwirkung gefunden, der auf eine Materialschädigung
   durch oxidativen Abbau oder Spannungsrißkorrosion zurückgeführt werden kann.
   Die einzelnen Dehnungen häufen sich vielmehr um Zahlenwerte, die für die Beschaffenheit des jeweiligen Schutzvlieses - PEHD oder PP; Stapel- oder Endlosfaser - und
   dessen Verhalten unter Druckbeanspruchung charakteristisch sind. Selbst die gradu-
   elle oxidative Schädigung durch 25 Vol.-% konz. Salpetersäure wirkt sich hier nicht
   aus

3. Unter Versuchsbedingungen, unter denen $\varepsilon \sim 0$ % gemessen wird, wird auch kein
   Medieneinfluß gefunden, z. B. Schutzvliese, die vor der Prüfung bis zum Gleichgewicht gequollen oder bis zum Verlust jeder mechanischen Festigkeit in Salpetersäure
   oxidativ abgebaut sind, ergeben unter Prüflasten von 900 bzw. 1300 kN/m² bei 40 °C
   auf der KDB keine meßbaren Verformungen, wenn Druckplatten der Kieskornklasse
   0/8 mm verwendet werden

   Schutzvliese, die 3 Monate bei 23 °C in konz. Salpetersäure, 2 Monate bei 40 °C in
   sickerwasserrelevanten Medien und/oder 360 h im UV-Globaltest vorbehandelt
   wurden, zeigen nach einer 1000stündigen Belastung mit 562 kN/m² in Wasser bei 40
   °C eine wiederum nicht mediencharakteristisch veränderte Schutzwirkung, wenn
   16/32er Druckplatten verwendet werden

4. Indexprüfungen geben nur dann die chemische Beanspruchung richtig wieder, wenn
   Vliesproben nach Lagerung in Prüfmedien naß, d. h. nur nach definierter Entfernung
   des oberflächlich anhaftenden Prüfmediums, z. B. im Naßstreifen-Zugversuch
   geprüft werden. In gleicher Weise muß sich die Referenzwertnahme nach Entfernung
   der Avivage gestalten

   Der mit Indexprüfungen (unter großer Verformung!) nachgewiesene Medieneinfluß
   ist mit der Dehnung aus der Schutzwirksamkeitsprüfung nur dann korrelierbar, wenn
   relativ große chemische Beanspruchungseffekte vorliegen, d. h, die Prüfung spricht,
   offenbar bedingt durch die vergleichsweise geringe Verformung, mehr auf die Beschaffenheit des Schutzmaterials an

5. Zeitraffende Versuchsbedingungen, die über Konzentrationserhöhungen hinausgehend Prüfzeiten verkürzen oder Extrapolationen auf größere Zeiträume zulassen,
   wurden experimentell nicht gefunden; die Möglichkeiten dafür nur differenziert betrachtet

6. Endlosfaservliese zeigen gegenüber Stapelfaservliesen gleichen Flächengewichts die
   um $\Delta\varepsilon \sim 0{,}25$ % (Absolutwert) bessere Schutzwirkung. Desgleichen zeichnen sich
   PP-Vliese gegenüber vergleichbaren PEHD-Vliesen durch eine graduell höhere
   Schutzwirkung aus

6   Schlußfolgerungen für den praktischen Einsatz von Schutzvliesen und ihre Zulassung zum Schutz von Basisabdichtungen

Die Schlußfolgerungen für den praktischen Einsatz von Schutzvliesen und ihre Zulassung zum Schutz von Basisabdichtungen müssen vom Stand der Technik ausgehen, der Geotextilien aus PEHD und PP wegen der hohen chemischen Beständigkeit als Schutzmaterial an der Basisabdichtung bevorzugt. Die chemische Beständigkeit sollte im Rahmen der Qualitätssicherung in solchen Prüfmedien nachgewiesen werden,

- die auf kritische Schädigungsarten gerichtet sind und

- bei denen die Schädigungsart prinzipiell auch an der Deponiebasis erwartet werden kann.

Die in den Listen der NRW-Richtlinie und der GDA-Empfehlung enthaltenen Medien können auf 1 - 2 quellend wirkende Medien reduziert, der Beständigkeitsnachweis gegenüber Salpetersäure sollte durch die thermische Oxidation im Ofentest ersetzt werden.

Für die Schutzwirkung von Schutzvliesen an der Deponiebasis muß die medienbedingte Schädigung als Parameter gelten, dessen Stellenwert langzeitig nur mit der gleichen großen Unsicherheit abgeschätzt werden kann, wie das derzeit für die Zusammensetzung von Sickerwässern möglich ist. Die chemische Beständigkeit wird erwiesenermaßen aber um so mehr zu einem Randparameter, je geringer die Verformungen der Schutzlage und der KDB unter den jeweiligen Prüfbedingungen sind. Geotextile Schutzschichten sind folglich in der Praxis so zu dimensionieren, daß eine medienbedingte Schädigung keine Auswirkung auf die Schutzwirksamkeit hat. Das ist der Fall, wenn Verformungen auf der KDB so gering sind, daß unter Standardprüfbedingungen praktisch $\varepsilon \sim 0\ \%$ gemessen wird.

Ergibt sich aus dem Zusammenhang zwischen der Beschaffenheit des Schutzmaterials und der Kieskornklasse bei der mechanischen Schutzwirksamkeitsprüfung eine Dehnung zwischen 0 und 0,25 %, ist mit der hier beschriebenen kombinierten Schutzwirksamkeitsprüfung nachzuweisen, daß auch unter chemisch-physikalischer Medienbeanspruchung die derzeit geltende Obergrenze von $\varepsilon \sim 0,25\ \%$ nicht überschritten wird.

Indexprüfungen sind u. E. für den Eignungsnachweis von Schutzschichten nicht zweckmäßig. Auch nach Überarbeitung von Standardvorschriften zur Referenzwertnahme (Avivageentfernung) und zur Konditionierung der medienbeanspruchten Proben bleibt offen, welcher Medieneffekt erfaßt wird. Insbesondere nach Einwirkung quellender Medien kann nur sehr schwer zwischen reversiblen und irreversiblen Materialschädigungen unterschieden werden. Zudem entsprechen die hohen Dehnungen bei der Prüfung nicht annähernd der Verformung von Schutzmaterialien in der Praxis.

Entscheidungen über den Einsatz von Schutzmaterialien aus PP sollten von der höheren Schutzwirkung im Vergleich zu PEHD ausgehen. Die geringere Oxidationsstabilität kann erst ins Gewicht fallen, wenn das Basismilieu einer Deponie nach Ende der Gasbildung und Verbrauch des gesamten Reduktionspotentials mit einbezogen wird. Für diese Zeiträume gibt es gegenwärtig nur Mutmaßungen in der Größenordnung von Jahrhunderten bis Jahrtausenden.

Literatur

Brummermann, K., Kohlhase, S., Saathoff, F. (1995): Kunststoffdichtungsbahnen unter Punktlasten. 3. Arbeitstagung 1995. BMBF-Verbundforschungsvorhaben 'Weiterentwicklung von Deponieabdichtungssystemen'. BAM Berlin

Deutsche Gesellschaft für Erd- und Grundbau e.V. (1991): Empfehlungen des Arbeitskreises Geotechnik der Deponien und Altlasten. Bautechnik 68, Heft 9

Knipschild, F.W.; Saathoff, F.; Bassen, R. (1988): Kunststoffdichtungsbahnen mit und ohne Schutzvliesstoffe unter Punktlasten. 1. Kongreß "Kunststoffe in der Geotechnik" K-GEO 88, Hamburg 1988

Landesamt für Wasser und Abfall NRW (1985): Richtlinie für Deponiebasisabdichtungen aus Dichtungsbahnen. (Hrsg.): Landesamt für Wasser und Abfall Nordrhein-Westfalen, Düsseldorf

Sehrbrock, U. (1989): Schutzwirkung von Geotextilien im Deponiebau. Mitteilungen des Institutes für Grundbau u. Bodenmechanik der TU Braunschweig, Heft 30

Steffen, H. (1987): Geotextilien in der Deponietechnik, Haus der Technik e.V., Essen, Februar 1987

TA Abfall (1991): Zweite Allgemeine Verwaltungsvorschrift zum Abfallgesetz, Teil 1: Techn. Anleitung zur Lagerung, chem./physikal. und biologischen Behandlung, Verbrennung und Ablagerung von besonders überwachungsbedürftigen Abfällen. In: Schmeken, W.; TA Abfall, Köln: Deutscher Gemeindeverlag, W. Kohlhammer, und in: Müll-Handbuch, Bd.1, 0670 Berlin: Erich Schmidt Verlag, S. 1-136

TA Siedlungsabfall (1993): Dritte Allgemeine Verwaltungsvorschrift zum Abfallgesetz: Technische Anleitung zur Verwertung, Behandlung u. sonstigen Entsorgung von Siedlungsabfällen. In: Schmeken, W.: TA Abfall, TA Siedlungsabfall, 3. Aufl. Köln: Deutscher Gemeindeverlag, W. Kohlhammer. und in: Müll-Handbuch, Bd. 1.0675, Berlin: Erich Schmidt Verlag, S. 1-52

Witte, R. (1990): Weiterentwicklung des Schutzwirksamkeitsnachweises für geotextile Schutzsysteme in der Deponiebasisabdichtung. Müll und Abfall 12, S. 788-789

AMTLICHE MATERIALPRÜFANSTALT
für Werkstoffe des Maschinenwesens
und Kunststoffe
beim Institut für Werkstoffkunde
der Universität Hannover

BMBF-Verbundforschungsvorhaben
Weiterentwicklung
von Deponieabdichtungssystemen

Teilprojekt 37

Praxisnahe Untersuchungen zur Weiterentwicklung von geotextilen Schutzschichtsystemen auf Kunststoffdichtungsbahnen unter dem Gesichtspunkt ihrer Langzeitschutzwirkung

Dipl.-Ing. R. Witte

Projektleitung:	Bundesanstalt für Materialforschung und -prüfung (BAM), Berlin
Projektträger:	Abfallwirtschaft und Altlastensanierung im Umweltbundesamt
Forschungsförderung:	Bundesministerium für Bildung, Wissenschaft, Forschung und Technologie
Förderkennzeichen:	1440 569 A5 - 37

Hannover, Januar 1995

Die Verwendung von Kombinationsdichtungen mit einer PEHD-Kunststoffdichtungsbahn (KDB) als einem Dichtungselement macht den Einsatz von Schutzvorkehrungen für die empfindliche KDB notwendig, da die Dehnungen der KDB infolge der unter Müllauflast stehenden Drainagekörner minimiert werden müssen. Ursächlich hierfür ist die beschränkte Langzeitfestigkeit des Grundmaterials und insbesondere der Schweißnähte bei gleichzeitigem Kontakt mit den möglichen Sickerwasserinhaltsstoffen, wobei Dehnungen der KDB von insgesamt rd. 6 % zulässig sind. Diese 6 % sind jedoch mit einem Sicherheitsfaktor von 2 abgemindert, die verbleibenden 3 % sind weitestgehend für Untergrundsetzungen vorzuhalten.

Der Nachweis der Schutzwirkung wird nach dem Stand der Technik i. d. R. im Lastplattendruckversuch durchgeführt. In diesen wird der Basisaufbau der Deponie und die Auflast der Müllaufschüttung nachgebildet (Abb. 6.118).

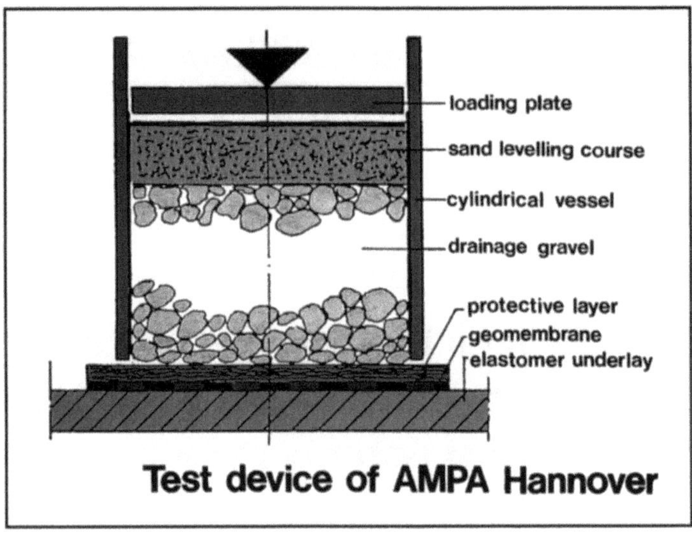

Abb. 6.118.   Lastplattendruckversuch

Zur möglichst langfristigen Vermeidung von Verockerung und unterstützt durch behördliche Vorgaben wird zur Drainage oberhalb der KDB vorwiegend ein Kies der Korngrößenfraktion 16/32 mm verwendet.

Zu Schutzzwecken werden

- rein polymere Schutzvliese aus Kurz- oder Endlosfasern, bestehend aus PP oder PEHD, teilweise mit Gewebeverstärkung mit Flächengewichten bis über 3000 g/m² oder

- Mineralstoff/Vlies-Sandwiches unterschiedlichen Aufbaues verwendet.

Als Eignungskriterium hat sich die durch das Schutzsystem zu vermindernde KDB-Dehnung auf Werte von max. 0,25 % nach 1000 h Lasteinwirkung oder aber die Vergleichbarkeit von Schutzsystemen mit der Schutzeigenschaften von sog. Regelaufbauten aus Vlies-/Feinmineral-Sandwiches mit Langzeitdehnungen deutlich unter 0,25 % weitestgehend durchgesetzt. Durch derartige, aber auch durch höhere Dehnungen werden die mechanischen Kurzzeiteigenschaften von Vlies oder KDB nur relativ geringfügig verändert. So betrug die

Festigkeitsabnahme der KDB im Kurzzeitversuch bei einer KDB-Deformation von deutlich über 1 % lediglich 11 % vom Ausgangswert.

Innerhalb der Versuchszeit von 100 h verändert sich das Angriffspotential des Drainagekieses infolge des Kornbruches nur unwesentlich (Abb. 6.119).

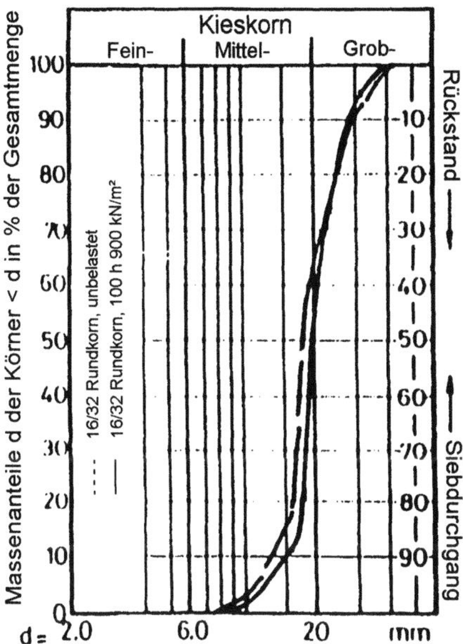

Abb. 6.119. Körnungslinie eines 16/32er Rundkornkieses vor und nach einer Belastung mit 900 kN/m², über 100 h Versuchszeit
— vor Belastung - - - nach Belastung

Perforationen und wesentliche lokale Dickenänderungen (über die Fertigungstoleranzen hinausgehend) der KDB scheiden, da sie in der Versuchspraxis auch bei als absolut unzulänglich bewerteten Schutzsystemen nicht auftreten, als Kriterien aus.

Der ausgesprochen geringe Dehnwert von 0,25 % kann vergleichbar nur mittels Messung, nicht durch alleinige Inaugenscheinnahme ermittelt werden, wobei die Vermessung von Korneindrücken in der KDB aufgrund der notwendigen Genauigkeit durch eine Schrittabtastung und nicht nach der Kugelkalottenmethode erfolgen sollte.

Der Lastplattendruckversuch hat sich als der der Praxis am nächsten kommende Versuch bewährt, wobei wegen der Reproduzierbarkeit und des geringeren Aufwandes die mineralische Dichtungskomponente als Auflager der KDB durch Elastomerlager simuliert werden kann. Gegenüber der Verwendung von Ton als Auflager werden hierdurch teilweise höhere Dehnungen der KDB erlangt. Zur Dokumentation der KDB-Deformation wird zwischen Elastomerauflager und KDB ein Weichblech, dessen Dicke 0,5 mm betragen kann, angeordnet werden. Durch die Rückfederung des elastischen Lagers bei Entlastung wird andererseits die unter Last aufgetretene KDB-Deformation um einen Faktor von bis zu 3 vermindert (Abb. 6.120 und 6.121), so daß die o. g. Sicherheit mehr als aufgewogen wird.

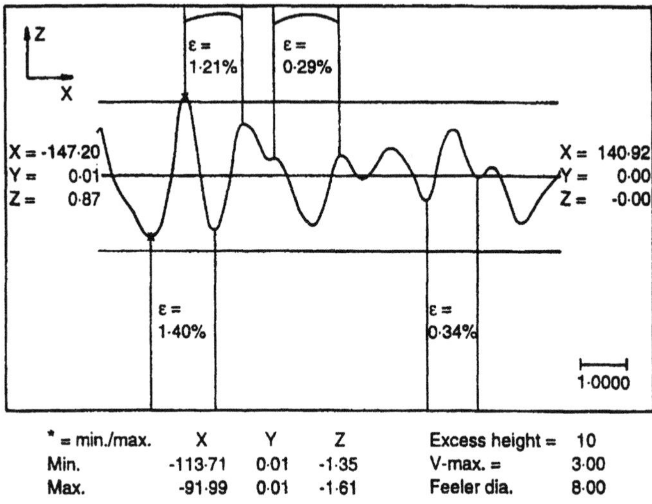

Abb. 6.120.   Deformation der Kunststoffdichtungsbahn unter Last (fixierte Kornlage)

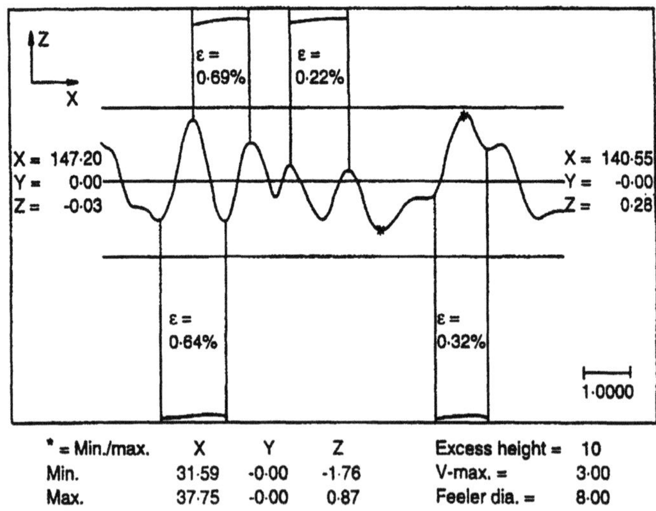

Abb. 6.121.   Deformation gemessen am Weichblech

Die Simulation der freien Kiesschüttung im Drucktopf kann durch starre Druckplatten erfolgen, führt allerdings i. d. R. bei niedrigeren Lasten zu höheren KDB-Deformationen (Tabelle 6.26).

Tabelle 6.26. Maximale Lokaldeformation in Abhängigkeit vom Druckmedium bei 600 und 900 kN/m^2, 40 °C und Elastomerunterlage, Vlies PP-Kurzf. + Gewebe, 2000 g/m^2

	Maximale lokale Deformation [%]		
Auflast [kN/m^2]	600		900
Belastungszeit [h]	10	100	1000
Druckmedium			
- Druckplatte 250 mm $\varnothing$	0,79	0,98	3,13
- Druckplatte 500 mm $\varnothing$			2,02
- 16/32 Rundkorn, frei	0,10	0,21	2,24

Verwendet wurde eine Druckplatte basierend auf einer unter Last fixierten 16/32er Kornschüttung (500 mm $\varnothing$) sowie eine auf die Analyse mehrerer fixierter Kornschüttungen basierende Modellplatte mit Berücksichtigung der als besonders kritisch erkannten Kornformen, -lagen und -zwischenräumen (250 mm $\varnothing$), s. Abb. 6.122.

Abb. 6.122. Unter Last fixierte Kornbettung

Auch bei der Kiesspezifizierung nach fester Fraktion und Geometrie (rund/gebrochen) wurde eine breite Streuung möglicher Kornformen festgestellt.

Ein deutlicher Einfluß der Auflast konnte festgestellt werden, wobei sich Auflasterhöhung und Deformationszunahme innerhalb unkritischer Lastgrenzen proportional verhalten können (Abb. 6.123).

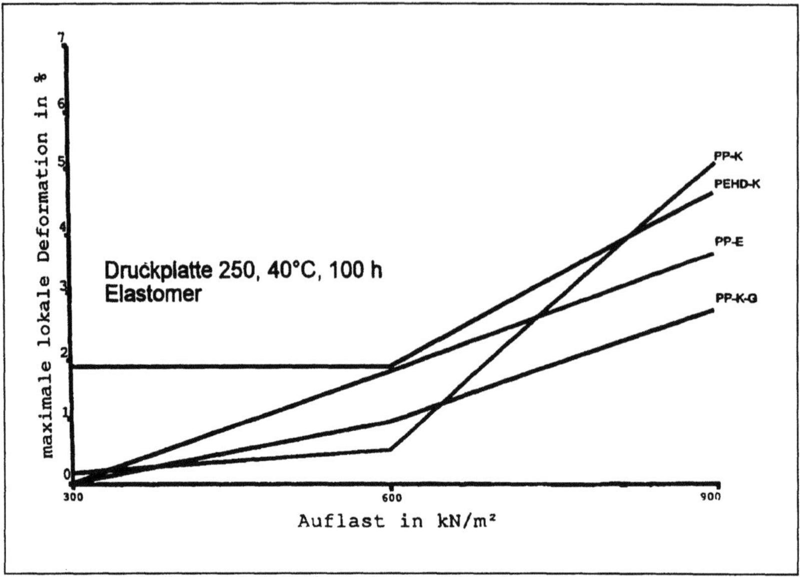

Abb. 6.123. Maximale lokale Deformation in Abhängigkeit der Auflast
Flächengewichte rd. 2000 g/m² - PP-Kurzfaser - PEHD-Kurzfaser - PP-
Endlosfaser - PP-Kurzfaser + Gewebe

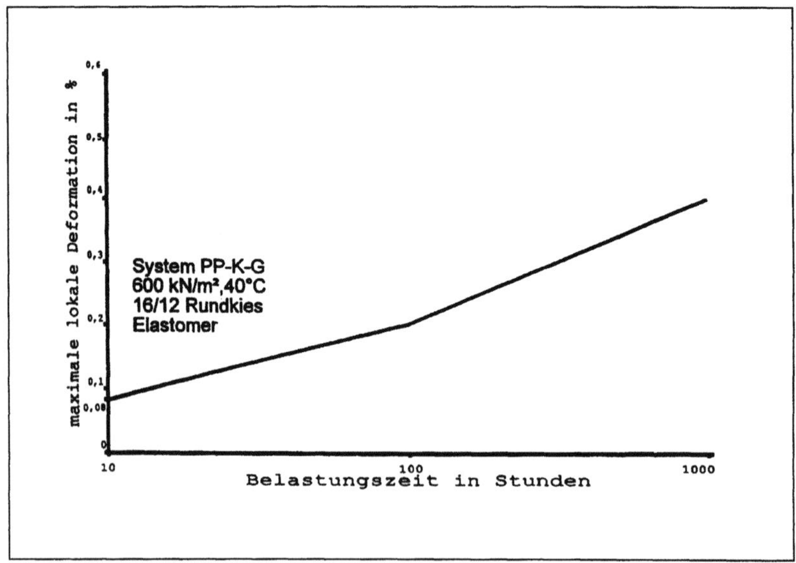

Abb. 6.124. Maximale lokale Deformation in Abhängigkeit der Belastungszeit
Flächengewicht rd. 2000 g/m² - PP-Kurzfaser + Gewebe

Gleiches gilt für die Belastungszeit, wobei die Zielsetzung einer langfristigen Verformungsabschätzung durch zeitlich gestaffelte Versuche erreicht werden kann. Allerdings wird insbesondere für rein polymere Schutzsysteme eine Grenzwertabschätzung der KDB-Dehnung nicht immer nach nur 1000 h Maximalbelastungszeit möglich sein (Abb. 6.124).

Das Flächengewicht und damit verbunden die Schichtdicke haben einen entscheidenden Einfluß auf die Schutzeignung des Vlieses.

Untersuchungen mit Variation der Korngrößen führten zu folgenden Ergebnissen:

- Bei Ansetzung einer maximal zulässigen KDB-Dehnung von wenigen 1/10 Prozent, scheidet die Kombination 16/32er Kies und Vlies mit bis zu 2000 g/m^2 incl. Gewebeverstärkung für übliche Lasten von 600 kN/m^2 und mehr aus

- Durch Herabsetzung der Korngröße von 16/32 auf 8/16 mm kann durch o. g. System die Anforderung erfüllt werden. Insbesondere können dann noch praktikabel schwere Vliese in einer Gewichtsklasse von 3000 g/m^2 und mehr für entsprechende Sicherheit sorgen. Hier ist dann auch der Zeiteinfluß zu vernachlässigen. Kombinationen von Feinmaterial und groben Körnern wie z. B. in einem 0/32er Drainagekies schneiden dagegen schlechter ab

- Systeme, bestehend aus einem auch relativ leichtem Vlies mit Sand oder Feinmineralaufschüttungen bieten i. d. R. hervorragenden Schutz auch gegen 16/32er Korn unter hohen Auflasten. Sicherlich sollte dabei die Vliesmasse mit der Korngröße abgestimmt werden, d. h. je gröber das Korn ist (2/8 mm) desto schwerer sollte das Vlies sein (z. B. kein 450 g/m^2-Vlies)

- Bei Vermengung von Feinmineral mit Grobkörnern sollte der Feinmineralanteil bei Austrocknung möglichst geringe Schrumpfneigung aufweisen

Neben der häufig guten Schutzeignung teilmineralischer Systeme liegt ein weiterer Vorteil in ihrer weitestgehenden Unabhängigkeit von der Beanspruchungstemperatur, welche im krassen Gegensatz insbesondere zu rein polymeren Schutzvliesen aus PEHD steht (Tabelle 6.27).

Tabelle 6.27. Relative prozentuale Zunahme der KDB-Dehnung als Funktion der Temperatur im Lastplattendruckversuch. Auflast 900 kN/m^2, 250 mm $\emptyset$ Druckplatte, Versuchsdauer 100 h

Versuchstemperatur	20°C	40°C	60°C
Zunahme		----->	------>
			-->
Schutzvlies PEHD-Kurzfaser 2000 g/m^2	22 %	31 %	8 %
PP-Kurzfaser 2000 g/m^2	26 %	29 %	3 %
PP-Endlosfaser 2000 g/m^2	48 %	66 %	12 %
PP-Kurzfaser + Gewebe 2000 g/m^2	40 %	40 %	0 %

Wesentliche Einflüsse der Faserlänge oder einer eingebrachten Gewebeverstärkung in das Vlies konnten nicht festgestellt werden. Ursache hierfür könnte sein, daß die in einem Beobachtungsstand erkannten Systemdehnungen zur Aktivierung der Gewebeverstärkung unzureichend sind, oder aber die Streuungen der Versuchsergebnisse hier eine quantifizierbare Aussage nicht ermöglichen (s. Abb. 6.125).

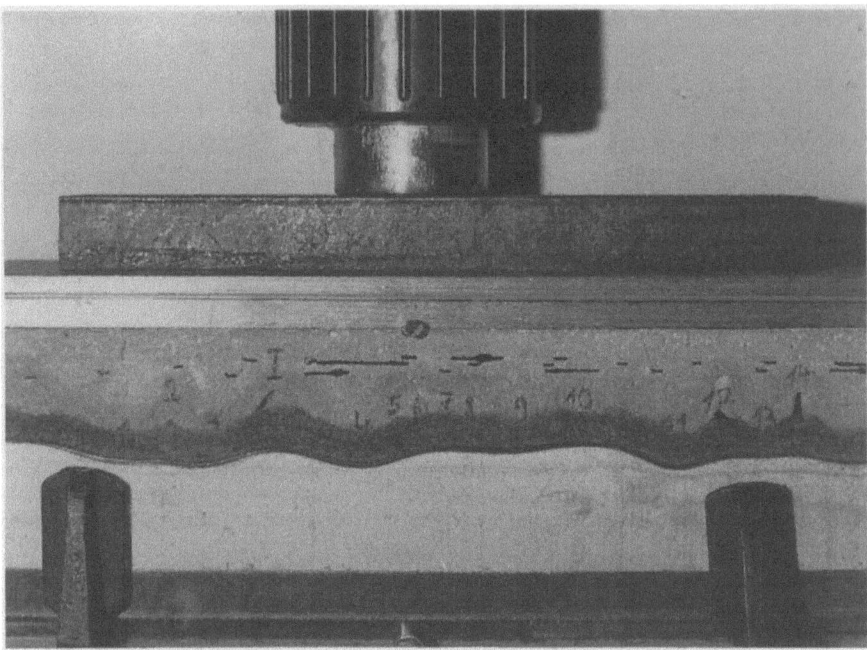

Abb. 6.125.   Beobachtungsversuchsstand bei 800 kN/m^2

Die Standardabweichung der gemessenen KDB-Dehnungen aus mehreren Versuchen mit unveränderten Belastungsbedingungen und freier Kiesschüttung ist mit Werten von etwa 30 % vom Mittelwert erheblich und im Sinne der geringen Solldehnungen wenig zweckdienlich (Tabelle 6.28).

Tabelle 6.28. Lokale Deformation bei freier 16/32er Rundkornschüttung, Vlies PP-Endlosfaser, 2000 g/m^2, 40 °C, 100 h

	Maximale lokale Deformation [%]		
Auflast [kN/m^2]	300	600	900
Versuch I	0,16	0,55	0,72
Versuch II	0,28	0,57	0,81
Versuch III	0,06	0,48	
Versuch IV		0,69	
Versuch V		0,66	
Versuch VI		0,38	
Standardabweichung	0,11	0,09	0,09
Mittel der Versuche	0,17	0,56	0,77

Die Ursache ist die im Vergleich zur notwendigen Prüffläche bei 16/32er Korn geringe Fläche des Drucktopfes. Notwendig für eine statistisch sichere Erfassung der maximal möglichen

KDB-Dehnung bei freier 16/32er Kiesschüttung sind daher mehrere Lastplattendruckversuche (z. B. 3mal mit Topfdurchmesser 500 mm) oder aber Versuche mit definierten, auf die Realbeanspruchung hin abgestimmten Druckplatten. Die Abstimmung müßte für alle Vliestypen und Auflastbereiche gültig sein. Allerdings wurden auch bei Benutzung von Druckplatten teilweise nicht tendenzielles Verhalten, z. B. mit zunehmender Auflast fallende, Verformung ermittelt. Erkennbar war jedoch die prinzipiell bessere Schutzwirkung von PP-Vliesen gegenüber PEHD-Vliesen.

Das oft vorgebrachte für den Einsatz von PEHD-Fasern sprechende Argument ihrer besseren Chemikalienbeständigkeit wurde durch Versuche mit extrem vorgealtertem Schutzvlies aus PP in teilmineralischen Schutzsystemen relativiert (Abb. 6.126). Ein Einfluß der Voralterung konnte nicht ermittelt werden, d. h. solange das Vliesmaterial in seiner Masse weitestgehend unverändert bleibt, scheint die Chemikalienbeständigkeit bzw. die mechanische Eigenschaft nicht von überragender Bedeutung zu sein.

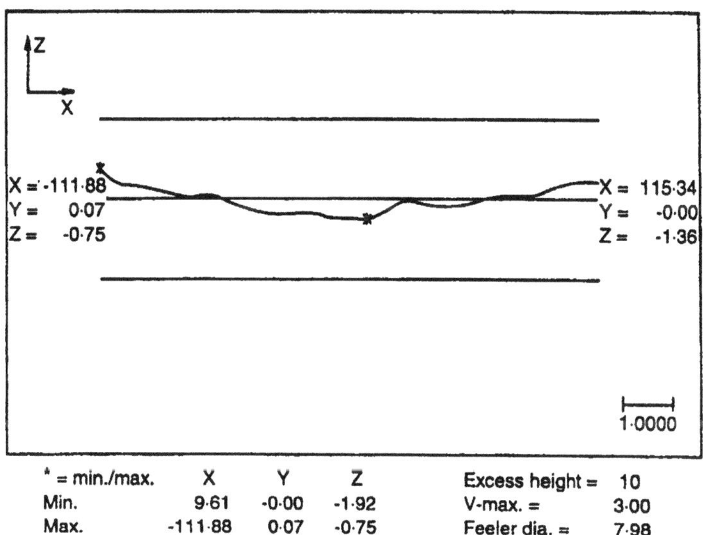

Abb. 6.126 Meßlinie des Weichblechs über gealterte und ungealterte Zonen des Schutz-vlieses hinweg, Schutzvlies PP-Endlos, 1500 g/m², 2/8 mm Brechkorn, 1300 kN/m², 40 °C, 100 h

Für die Verlegungspraxis gilt,

- daß Falten im Geotextil auch bei Regelaufbauten vermieden werden sollten (Abb. 6.127),

- daß Überlappungen aus demselben Grunde teilweise erhebliche Deformationen verursachen können, wobei deren Höhe bei Verwendung von 16/32er Drainagekorn in der Größenordnung der KDB-Dehnung infolge Korneindruck liegen,

- daß die Einbringung von Körnern zwischen KDB und Vlies aufgrund der hierdurch verursachten KDB-Deformation einhergehend mit eventueller Kerbung vermieden werden muß (Abb. 6. 128),

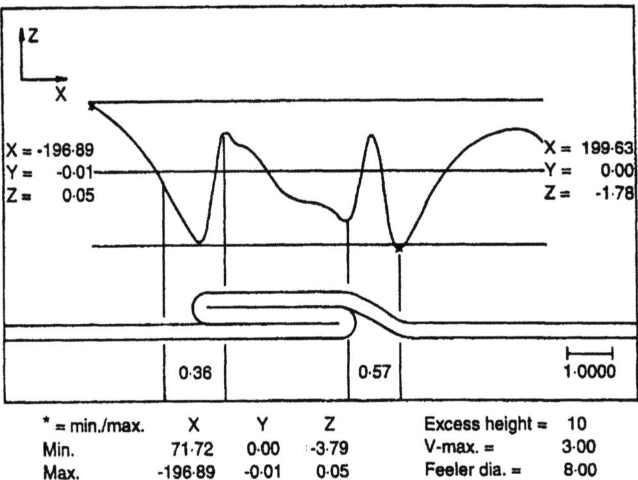

Abb. 6.127. Meßlinie der Weichblechvermessung 1200 g/m² - PP-Kurzf. + 2/8 mm Brechkorn, 900 kN/m² 40 °C 100 h

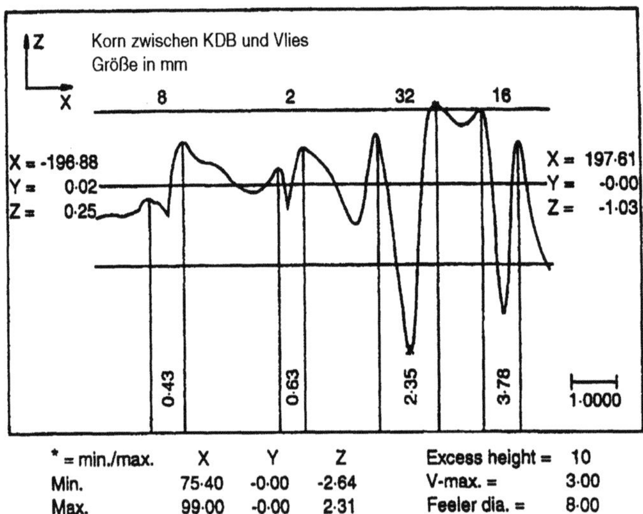

Abb. 6.128. Meßlinie der Weichblechvermessung 1200 g/m² - PP + Sand, Drainage aus 16/32 Rundkorn, 900 kN/m², 40 °C, 100 h

daß Überkorn am Schutzvlies bei teilmineralischen Schutzsystemen mit Feinkornschüttung zu kritischen Dehnungen der KDB führen kann.

Abbildungen 6.120, 6.121, 6.126, 6.127 und 6.128 sind aus dem Buch
„H. August, U. Holzlöhner, T. Meggyes (Hrsg.): Advanced landfill liner systems, Dipl.-Ing. Robert Witte, Amtliche Materialprüfanstalt Hannover: Project 37, Practice-oriented investigations to improve geotextile protective layer systems for geomembranes with regard to their long-term protective efficacy"
mit der Abdruckgenehmigung vom Verlag Thomas Telford, London, 1997 übernommen.

AMTLICHE MATERIALPRÜFANSTALT
für Werkstoffe des Maschinenwesens
und Kunststoffe
beim Institut für Werkstoffkunde
der Universität Hannover

BMBF-Verbundforschungsvorhaben
Weiterentwicklung von
Deponieabdichtungssystemen

Teilprojekt 38

Untersuchungen über den Einfluß von Drainageöffnungen an Sickerwasserrohren aus Kunststoff mit dem Ziel einer Optimierung ihrer Langzeitstandfestigkeit im Einbauzustand

Dipl.-Ing. Robert Witte

Projektleitung: Bundesanstalt für Materialforschung und -prüfung (BAM), Berlin
Projektträger: Abfallwirtschaft und Altlastensanierung im Umweltbundesamt
Forschungsförderung: Bundesministerium für Bildung, Wissenschaft, Forschung und Technologie
Förderkennzeichen: 1440 569 A5 - 38

Hannover, April 1996

1   Vorbemerkung

Mit dem o. g. Verbundforschungsvorhaben wurde zum Ziel gesetzt, die Sicherheit der Konzeptionierung von Abdichtungen in Deponiebauwerken zu erhöhen. Neben den rein abdichtenden Elementen muß der Abführung des aufgefangenen Sickerwassers an der Deponiebasis Aufmerksamkeit gewidmet werden. Diese Drainage hat über den Zeitraum, in dem Sickerwässer anfallen können, gesichert zu funktionieren. Hierbei sind durchaus Betriebszeiten von mehreren Jahrzehnten zu berücksichtigen. Die Drainagesysteme werden innerhalb dieser Zeit durch die Angriffsfaktoren

- Auflast durch den oberhalb liegenden Müll

- Temperatur durch die Zersetzung organischer Müllinhaltsstoffe

- Sickerwässer mit Kontaminationen durch Säuren, Laugen, Lösemittel etc. und

- Belastungszeit

unter Umständen nachhaltig beeinflußt (Abb. 6.129).

Die Beobachtung der Drainagesystemkomponenten über die Betriebszeit der Deponie ist relativ problematisch. Insbesondere gilt dies, wenn zwischenzeitlich Abschätzungen zum aktuellen und zukünftigen Gefährdungsgrad bzw. zur Versagenswahrscheinlichkeit getroffen werden sollen.

Sanierungen schadhafter Drainagesysteme dürften, soweit technisch überhaupt machbar, immer mit erheblichem Aufwand, einschließlich der Gefahr einer Beschädigung primärer Dichtungskomponenten verbunden sein.

2   Arbeitsziele

Basierend auf den getroffenen Überlegungen hat dieses Vorhaben die Zielsetzung, einen Beitrag zur Beurteilung der langfristigen Standsicherheit von Sickerwasserdrainagerohren an der Deponiebasis zu liefern.

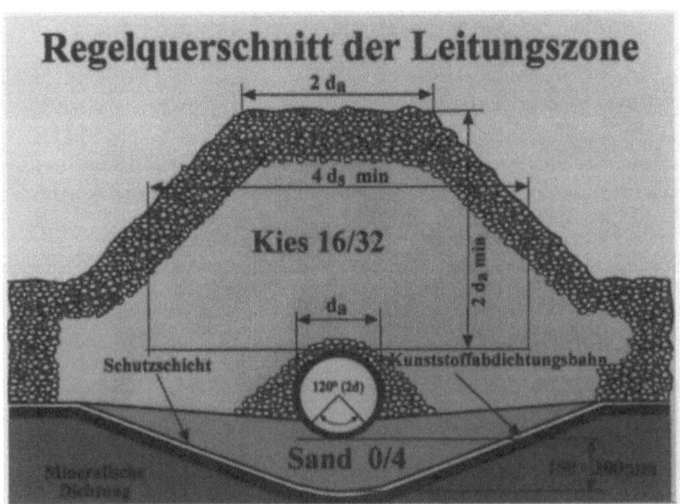

Abb. 6.129.   Regelquerschnitt der Leitungszone

Hierzu gehörte zunächst eine Abschätzung des Langzeittragverhaltens bisher üblicher Sicker-wasserdrainagerohre. In einem weiteren Schritt war ein rechnerisches Abschätzungsverfahren zum Langzeittragverhalten zu erstellen. Schließlich sollte ein Vergleich der damit gewonnenen Erkenntnisse mit großmaßstäblichen, die Bedingungen an der Deponiebasis nachvollziehenden Belastungsversuchen vorgenommen werden.

Hierzu wurde folgendes Prüfprogramm konzeptioniert:

1. Scheiteldruckversuche bei Raumtemperatur entsprechend DIN 16 961; hier wurden die Werte $S_{R,24}$ nach der zuvor genannten Norm bestimmt (Vorversuche)

2. Scheiteldruckversuche an kurzen Rohrabschnitten (ca. 300 mm) bei konstanter Last und Raumtemperatur über einen Belastungszeitraum von 1000 h

3. Scheiteldruckversuche mit zeitlich kontinuierlich steigender Belastung (10 mm/min), in der Praxis auch als "Kurzzeitverschwächungsversuch" bezeichnet
Die Versuche wurden sowohl bei Raumtemperatur (22 °C), als auch bei 40 °C durch-geführt

4. Versuche zur Abschätzung der Spannungsrißgefahr in den Zonen maximaler Kerbwir-kung scharfkantig eingebrachter Lochgeometrien. Die Rohrabschnitte unterlagen in den Versuchen einer Vorspannung entsprechend einer Ringstauchung von 25 % und waren in ein auf 40 °C temperiertem spannungsrißförderndem Medium eingelagert. Die Belastungszeiten wurden auf 1000 h befristet

5. Belastungsversuche längerer Rohrabschnitte in Großversuchsständen unter Nachvoll-ziehung der real gegebenen Einbaurandbedingungen. Die Versuche wurden bei 40 °C mit einer zeitlichen Befristung von 1000 h durchgeführt

6. Bestimmung grundsätzlicher, materialbeschreibender Kennwerte der verwendeten Rohrwerkstoffe

7. Ausarbeitung eines Berechnungsverfahrens durch die Landesgewerbeanstalt Bayern (LGA) zur Ermöglichung einer Abschätzung der Spannungsverteilung im perforiertem Drainagerohrquerschnitt und im sog. Nullrohr (Vergleichsrohr ohne Perforationen) sowie zur rechnerischen Abschätzung des Ringstauchungsverhaltens bei Lang-zeitbelastung

8. Ableitung von Korrelationen der auf der Grundlage o. g. Untersuchungsschritte ge-wonnenen Erkenntnisse mit abschließender Beurteilung des Gefährdungspotentials derzeitig eingesetzter Sickerwasserdrainagerohre, sowie wenn möglich und notwendig, die Ausarbeitung von Vorschlägen zur Optimierung von Öffnungsgeometrien und Rohrabmessungen und -werkstoffen.

3 Versuchsmaterial

3.1 Lochgeometrien

Für die Untersuchungen wurden handelsübliche Deponiesickerwasserrohre bis auf wenige Ausnahmen in der Amtlichen Materialprüfanstalt wie folgt perforiert:

- Bohrungen in radialer Richtung

- Schlitzungen in Umfangsrichtung mit einem Scheibenfräser

- Schlitzungen in Umfangsrichtung mit einem Fingerfräser

Alle verwendeten, perforierten Rohrabschnitte wiesen eine 120° nicht perforierte Fließsohle auf.

Der Umfang bzw. die flächenbezogene Häufigkeit der Perforationen wurde variiert.

Die erzielten Öffnungsflächen lagen zwischen dem in der Literatur genannten Minimalwert von 100 und 500 cm² je Rohrmeter.

3.2   Rohrmaterial

Die Untersuchungen wurden an Deponiesickerwasserrohren aus Polyethylen (PEHD) und aus Polypropylen (PP) durchgeführt.

3.3   Rohrabmessungen

Die Kurz- und Langzeitscheiteldruckversuche wurden an Rohren der Dimension

    A: 315 · 36,2 mm; Material PEHD und

    B: 315 · mm; Material PP

durchgeführt.

Die Großversuche wurden an Rohren der Dimension

    A: 315 · 36,2 mm; Material PEHD und

    B: 315 · 30,0 mm; Material PP

    C: 315 · 28,7 mm; Material PEHD

durchgeführt.

Rohrabschnitte des Typs C gingen für Vergleichsuntersuchungen an die LGA, Nürnberg.

Die Vorversuche für eine erste Abschätzung der Rohrverschwächung wurden zwecks Auswahl verschiedener Öffnungsgeometrien für die Folgeversuche zunächst an Material aus Lagerbeständen der Amtlichen Materialprüfanstalt vorgenommen. Hier kamen verschiedene Rohrabmessungen zur Geltung.

4   Untersuchungsergebnisse

4.1   Vorversuche zur Bestimmung des Verschwächungswertes $S_{R,24}$ (Abb. 6.130)

Zur ersten Abschätzung des Einflusses verschiedener Öffnungsgeometrien und -flächen wurden Verschwächungsgrade basierend auf dem Verhältnis der $S_{R,24}$-Werte des perforierten Rohres zum Nullrohr bestimmt. Hierbei wurden Öffnungsflächen zwischen 100 und 500 cm²/m, durch Bohrungen und Schlitzungen eingebracht (Scheiben- wie auch Fingerfräser) und untersucht.

Schon hier zeigte es sich, daß die Probengeometrien (Wanddicken- und Durchmesserschwankungen, Balligkeiten) einen erheblichen, die Interpretation der Ergebnisse erschwerenden Einfluß ausübten. Letztlich wurde dann in Rücksprache mit einschlägig erfahrenen Stellen eine Auswahl von Öffnungsgeometrien bei Einhaltung einer notwendigen Systematik (z. B. Verdoppelung der Öffnungsflächen) getroffen.

4.2   Langzeit-Scheiteldruck-Versuche an kurzen Rohrabschnitten

Für diesen Abschnitt des Teilprojektes wurden 5 Hebelprüfstände mit Umlenkgehänge für jeweils 3 Rohrabschnitte konstruiert und erstellt (Abb. 6.131).

Abb. 6.130. Versuchsaufbau zur Bestimmung des $S_{R,24}$-Wertes

Abb. 6.131. Prüfstand zur Durchführung der Langzeit-Scheiteldruck-Versuche

Die benötigten Rohrabschnitte von ca. 300 mm Länge wurden in der Amtlichen Materialprüfanstalt von 6 m langen Rohren abgetrennt. Hierbei zeigte sich eine erhebliche Balligkeit der Prüfabschnitte, d. h. daß ein vollständiges Linienauflager in der Belastungsphase nur bedingt erreicht werden konnte.

Die über einen Zeitraum von 1000 h durchgeführten Scheiteldruckversuche (Abb. 6.131) mit Linienauflager gemäß DIN 19 537, Teil 2 führten unter einer Linienlast von 15 kN/m zu Ringstauchungen in der Größenordnung von 3 - 4 % des Innendurchmessers.

Bei gleicher Öffnungsfläche (z. B. 100 cm²/m) waren keine nennenswerten Abhängigkeiten von der unterschiedlichen Anordnung der Drainagebohrungen erkennbar. Insgesamt ist die Langzeitverschwächung bei dieser geringen Mindestöffnungsweite so gering, daß die Meßergebnisse von der natürlichen Ringsteifigkeitsstreuung infolge Durchmesser- oder Wandstärkenschwankungen und der Balligkeiten verdeckt werden.

Bei Schlitzung des Rohres mit teilweise erheblich höheren Öffnungsflächen wurden wesentlich deutlichere Verschwächungen ermittelt.

Offensichtlich hat auch die Kantenausbildung der Schlitzöffnung einen Einfluß auf die Verschwächung, so wurden bei Schlitzungen mittels Fingerfräser (runder Schlitzauslauf) geringere Verschwächungen als bei Schlitzungen mittels Scheibenfräser (scharfkantiger Schlitzauslauf) ermittelt.

4.3   Kurzzeitverschwächung

Bei den Kurzzeitverschwächungsversuchen hat sich die Tendenz der vorangegangenen Untersuchungen bestätigt. Rohre aus PP wiesen eine deutlich höhere Ringsteifigkeit im Nullzustand wie auch im geschlitzten Zustand auf. Der Abfall der Kurzzeitringsteifigkeiten bei einer Erhöhung der Temperatur von 20 auf 40 °C lag jedoch bei beiden Materialtypen in einer vergleichbaren Größenordnung von ca. 50 % gegenüber der bei 20 °C ermittelten Kurzzeitringsteifigkeit.

4.4   Abschätzung der Spannungsrißgefahr

Die Versuche zum Spannungsrißverhalten wurden an Schlitzungen mit scharfkantigem und mit rundem Auslauf sowie an Öffnungsbohrungen durchgeführt. Die extreme Belastung des Rohres (Ringstauchung 25 % von D_i, 40 °C, 1000 h) diente der Zeitraffung. Mittels rein optischer Begutachtung mit dem Stereomikroskop und der Farbeindringprüfung unter Last konnten keine Risse festgestellt werden.

4.5   Großversuche

Im Rahmen des Teilprojektes wurden 2 Großversuchsstände konzeptioniert und errichtet (Abb. 6.132).

Wie aus den Anlagen ersichtlich, wurden unter vorgegebener Auflast von 900 kN/m² bei 40 °C und unter Nachvollziehung der realen Bettungsverhältnisse längere Rohrabschnitte im Hinblick

Abb. 6.132. Versuchsstand für Großversuche

- auf die Verschwächung durch die verschiedenen Öffnungsgeometrien

- auf den Einfluß des Rohrmaterials auf das zeitliche Verformungsverhalten und

- auf die Korrelation zwischen diesen sehr aufwendigen Versuchen und den Aussagen der wesentlich kostengünstigeren Scheiteldruckversuche sowie den Ergebnissen der kosten- und zeitsparenden Kurzzeitverschwächungsversuche

untersucht.

Insgesamt zeigte es sich, daß bei den technisch üblich eingebrachten Öffnungsflächen die Ringstauchung auch nach 1000 h noch nicht abgeklungen waren, wobei allerdings mit zunehmender Zeit einer deutliche Abflachung im Verlauf der Zeit-Ringstauchungs-Kurven auftrat. Das Niveau der erzielten Ringstauchungen lag dabei um 6 %.

Die Feststellung einer Korrelation zwischen den Langzeit-Scheiteldruck-Versuchen sowie den $S_{R,24}$-Werten, beide bei Raumtemperatur durchgeführt, und den Großversuchen im "Sandkasten" bei 40 °C ist problematisch. Bereits die bei Raumtemperatur wie auch bei 40 °C durchgeführten Kurzzeit-Scheiteldruck-Versuche zeigten den erheblichen Einfluß der Rohrtemperatur auf. Dies muß insbesondere für Langzeitbelastungen der Rohre aus diesen viskoelastischen Stoffen gelten.

4.6 Nachberechnung von Langzeit-Scheiteldruck-Versuchen an Rohren aus PE-HD

Dieses Berechnungsverfahren auf der Grundlage der Finite-Elemente-Rechnung wurde als eigenständige Leistung der Landesgewerbeanstalt Bayern (LGA) erstellt.

Statische Berechnungen für Deponiesickerwasserrohre gehen in der Regel von ebenen Modellen des Rohr- und Leitungszonenquerschnitts aus, so daß die für die Funktion der Sickerwasserrohre wesentlichen Perforationen und die sich aus Ihnen ergebenden Querschnittsverschwächungen nicht direkt erfaßt werden können.

Die Verschwächungen werden auf der Grundlage von Scheiteldruckversuchen nach DIN 16961 bzw. DIN 19537 beurteilt, wobei sich die Verfahren in der Art der Lasteintragung unterscheiden. Gemessen wird nach beiden Normen die Vertikalverformung des Rohres, woraus sich nach DIN 19537 ein Elastizitätsmodul als "Kriechmodul" zu definierten Zeiten ableitet (24, 1000, 2000 h) oder nach DIN 16961 die Ringsteifigkeit. Der als Verhältnis der Verformung, der Kriechmoduli oder der Ringsteifigkeiten von verschwächtem zu unverschwächtem Rohr bestimmte Verschwächungsbeiwert wird auch zur Berechnung von Spannungen genutzt. Damit bleiben mögliche Spannungsspitzen im Bereich der z. B. mit Scheibenfräsern hergestellten scharfkantigen Schlitze zunächst unberücksichtigt.

Die Nachrechnung von Scheiteldruckversuchen mit FE-Methode soll die Beurteilung der Ersatzsteifigkeit und der Spannungen mit Hilfe eines Verschwächungsbeiwertes verifizieren.

Gegenstand der Untersuchung ist ein Rohr 315 · 35,0 mm (PN 12,5) aus Hostalen GM 5010 T2. Die Versuche werden über 1000 h für das unverschwächte und für das durch eine Scheibenfräserschlitzung verschwächte Rohr (s. Abb. 6.133) durchgeführt. Das Verhältnis der gemessenen Verformungen beträgt 0,92.

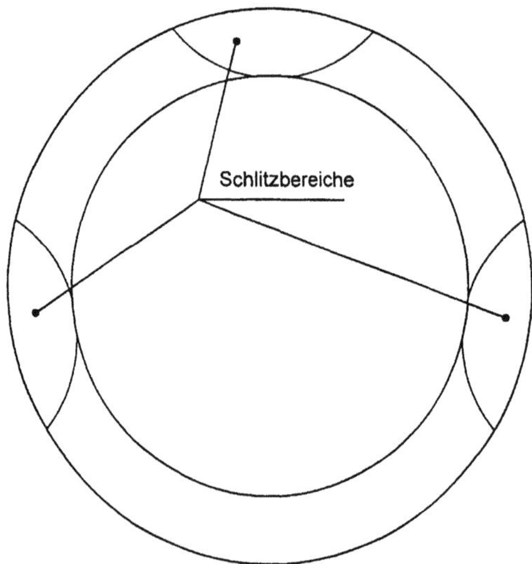

Abb. 6.133. Rohrquerschnitt mit Scheibenfräserschlitzung

Die Rechnung erfolgt unter Voraussetzung ideal-elastischen Materialverhaltens; die für das verschwächte Rohr errechneten Vorformungen sind in Abb. 6.134 dargestellt.

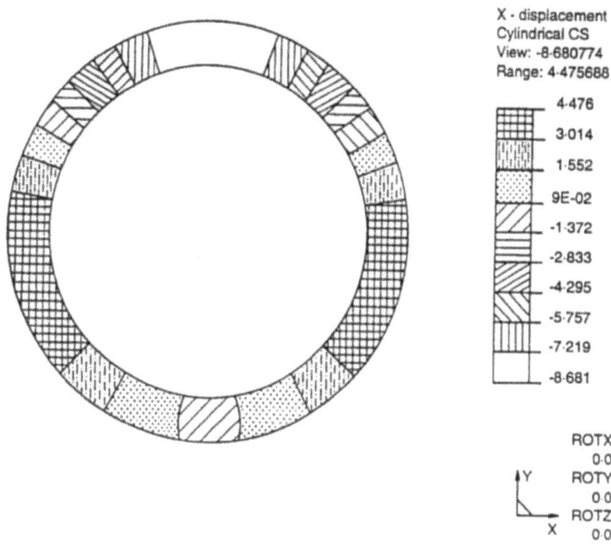

Abb. 6.134. Radialverschiebung im Scheiteldruckversuch [mm]

Nach dem ATV-Merkblatt M 127 läßt sich für den vorliegenden Fall der Verschwächungsbeiwert zu 0,76 ermitteln; für das Verhältnis der Ringsteifigkeit von perforiertem zu unper-
foriertem Rohr ergibt sich 0,84.

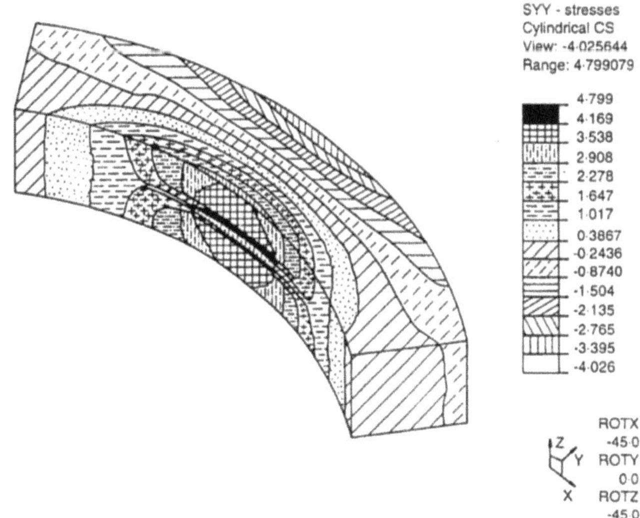

Abb. 6.135. Normalspannungen in Umfangsrichtung im Scheitelschlitzbereich [Mpa]

Die in Abb. 6.135 dargestellten Normalspannungen in Umfangsrichtung aus FE-Rechnung liegen in einem größeren Bereich ($\sigma \leq 4,17$ MPa) bis zu ca. 35 % über den Werten für das unverschwächte Rohr. Nach ATV-Merkblatt ist der Verschwächungsbeiwert 0,76 auch auf das Widerstandsmoment anzuwenden, so daß im vorliegenden Fall der kritische Spannungsbereich durch den auf der sicheren Seite liegenden Verschwächungsbeiwert weitgehend abgedeckt ist. Die Normalspannungen in Längsrichtung sind in Abb. 6.136 dargestellt.

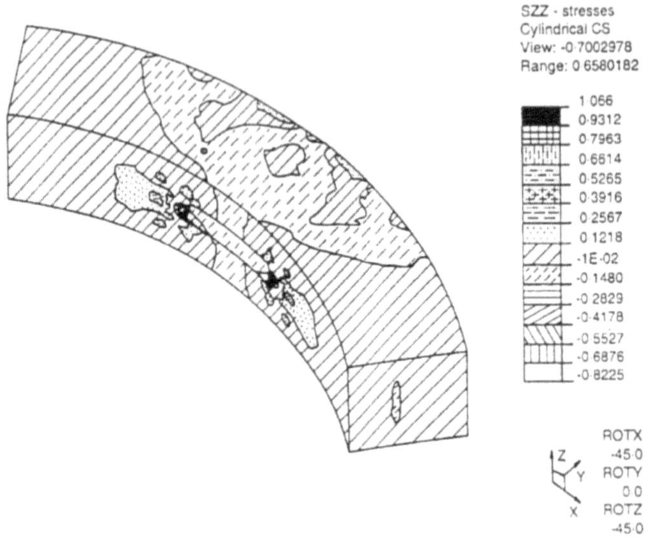

Abb. 6.136.   Normalspannungen in Längsrichtung im Scheitelschlitzbereich [MPa]

Kleinere Verschwächungsbeiwerte, z. B. entsprechend dem Verhältnis der gemessenen Verformungen angesetzt, erfordern zusätzliche Überlegungen unter Beachtung des viskoelastischen Materialverhaltens.

Literatur

Merkblatt ATV-M 127, Teil 1. Richtlinie für die statische Berechnung von Entwässerungsleitungen für Sickerwasser aus Deponien. Ergänzung zum Arbeitsblatt ATV-A 127. März 1996. ISBN 3-927729—30-2

Abbildungen 6.133 - 6.136 sind aus dem Buch
  „H. August, U. Holzlöhner, T. Meggyes (Hrsg.): Advanced landfill liner systems, Dipl.-Ing. Robert Witte, Amtliche Materialprüfanstalt Hannover: Project 38, Investigations into the influence of the drainage aperture in plastic drainage pipes to optimise their long-term stability under landfill conditions"
mit der Abdruckgenehmigung vom Verlag Thomas Telford, London, 1997 übernommen.

Universität Hamburg ° Fachbereich Geowissenschaften
Institut für Bodenkunde
Allende-Platz 2, 20146 Hamburg

BMBF-Verbundforschungsvorhaben
Weiterentwicklung
von Deponieabdichtungssystemen

Teilprojekt 39

Dimensionierung von Kapillarsperren zur Oberflächenabdichtung von Deponien und Altlasten

Wissenschaftliche
und technische
Bearbeitung:

Dipl.-Biol. Bernd Steinert
Dr. Stefan Melchior
Dipl.-Biol. Karin Burger
Dipl.-Inform. Dipl.-Geogr. Klaus Berger
Dipl.-Ing. (FH) Matthias Türk

Leitung des Teilprojektes:

Dr. Stefan Melchior
Prof. Dr. Günter Miehlich

Projektleitung:

Bundesanstalt für Materialforschung
und -prüfung (BAM), Berlin

Projektträger:

Abfallwirtschaft und Altlastensanierung
im Umweltbundesamt

Forschungsförderung:

Bundesministerium für Bildung,
Wissenschaft, Forschung und Technologie

Förderkennzeichen:

1440 569 A5 - 39

Hamburg, April 1996

1 Gegenstand und Konzept der Untersuchung

Der vorliegende Bericht dokumentiert Untersuchungen zu einer speziellen Komponente eines Oberflächenabdichtungssystems für Deponien und Altlasten: der Kapillarsperre. In diesem Forschungs- und Entwicklungsvorhaben wurde auf experimentellem Wege untersucht, welchen Einfluß unterschiedliche Randbedingungen auf die Wirksamkeit unterschiedlich aufgebauter Kapillarsperren haben. In einer gesonderten Studie wurde geprüft, inwieweit sich die Meßdaten mit einem Simulationsmodell reproduzieren lassen, so daß dieses möglicherweise für Dimensionierungsfragen eingesetzt werden könnte. Die Hauptziele des Vorhabens waren die Ermittlung der Leistungsfähigkeit und der Grenzen der Anwendbarkeit von Kapillarsperren sowie die Bereitstellung von Entscheidungshilfen für die Dimensionierung von Kapillarsperren im Anwendungsfall.

1.1 Definition und Funktion von Kapillarsperren

Dichtungen wirken in der Regel wasserstauend, indem sie den konvektiven Wassertransport entweder völlig unterbinden (Kunststoffdichtungen) oder durch eine sehr geringe Wasserleitfähigkeit zumindest stark reduzieren (bindige mineralische Dichtung). Die abdichtende Wirkung der Kapillarsperre beruht auf einem anderen Prinzip. Es werden zwei im wassergesättigten Zustand hoch durchlässige Schichten kombiniert. Eine Kapillarschicht (Fein- bis Grobsand) wird über einen Kapillarblock (Grobsand bis Kies) angeordnet. Unter wasserungesättigten Bedingungen wird von oben in die Kapillarschicht zusickerndes Wasser in dieser durch Kapillarkräfte gegen die Schwerkraft gehalten und an der vertikalen Absickerung in den an luftgefüllten Grobporen reichen Kapillarblock gehindert. Bei ausreichendem Gefälle der Grenzfläche zwischen den Schichten wird das Wasser in der Kapillarschicht lateral in Gefällerichtung oberhalb des relativ trockenen Kapillarblocks abgeleitet.

Abbildung 6.137 zeigt exemplarisch in ihrem oberen Teil die Wassergehalts-Wasserspannungs-Charakteristiken (pF-Kurven) der beiden Schichten, in ihrem unteren Teil die ungesättigten Wasserleitfähigkeitsfunktionen (ku-Kurven). Bei Sättigung ist der gesamte Porenraum wassergefüllt. Die gesättigte Wasserleitfähigkeit ist aufgrund des geringen Fließwiderstandes im Porensystem beider Schichten hoch. Im Zuge der Entwässerung (steigende Wasserspannung) kann die Kapillarschicht jedoch zunächst ihr Wasser gegen die Schwerkraft als Haftwasser halten, während der Kapillarblock sofort entwässert. Nahe der Grenzfläche herrschen in den beiden Schichten einer Kapillarsperre fast gleiche Wasserspannungen (typischerweise in einem Bereich zwischen 10 und 40 hPa), während sich die Wassergehalte beider Schichten erheblich unterscheiden. Der Sättigungsgrad der Kapillarschicht ist in diesem Wasserspannungsbereich um ein Vielfaches höher als der Sättigungsgrad des Kapillarblocks. Dieses hat zur Folge, daß in der Kapillarschicht ein deutlich größerer wassergefüllter Porenquerschnitt für die ungesättigte Wasserbewegung zur Verfügung steht als im Kapillarblock. Im Kapillarblockmaterial sind im ungesättigten Zustand nur noch sehr dünne Wasserfilme, v. a. in den Zwickeln der Kornkontaktpunkte, vorhanden. Die ungesättigte Wasserleitfähigkeit des Kapillarblockmaterials liegt bei Wasserspannungen zwischen 10 und 40 hPa um einige Zehnerpotenzen unter der des Schichtmaterials. Unter Hangbedingungen fließt das Wasser daher in der feuchten und leitfähigen Kapillarschicht oberhalb des Porensprunges an der Grenzfläche zum Kapillarblock hangparallel ab, anstatt vertikal in den trockenen und daher gering wasserleitenden Kapillarblock zu infiltrieren.

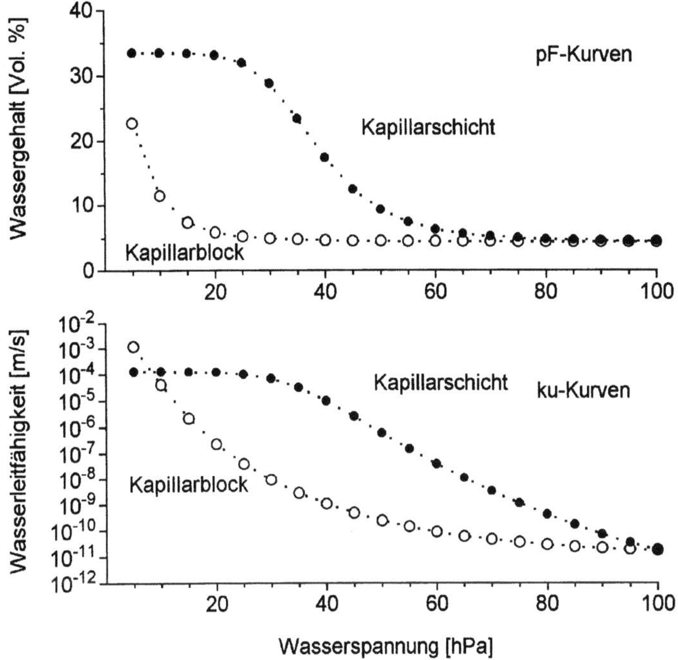

Abb. 6.137. Wassergehalts-Wasserspannungs-Charakteristiken (pF-Kurven, *oben*) und ungesättigte Wasserleitfähigkeitsfunktionen (ku-Kurven, *unten*) von Kapillarschicht
und Kapillarblock

Zur Verdeutlichung der Fließbewegung an der Grenzfläche einer Kapillarsperre ist in
Abb. 6.138 ein Farbtracerversuch skizziert (1-m-Rinne, Materialkombination: Mittelsand über
Feinkies, Neigung von 1:5, Bewässerungsrate 130 mm/d). Nach der Aufgabe des Tracers
bildeten sich um die Aufgabepunkte zunächst angefärbte Höfe mit rd. 2 cm Durchmesser. Die
Farbe wurde in der Kapillarschicht dann durch nachströmendes farbloses Wasser verdrängt
und als ca. 2 - 5 cm breite Linie hangparallel verlagert. Dargestellt sind die Farblinien nach
30, 60 und 120 min. Die Transportgeschwindigkeit ist direkt an der Grenzfläche mit
$6 \cdot 10^{-5}$ m/s am höchsten und entspricht ca. 45 % der gesättigten Wasserleitfähigkeit. Mit
zunehmender Höhe über der Grenzfläche sinkt die Geschwindigkeit. In den ersten 11 cm über
der Grenzfläche tritt der überwiegende Anteil der Wasserverlagerung auf. Im Kapillarblock ist
die Wasserbewegung minimal, die Farbhöfe verschwimmen lediglich geringfügig durch
Diffusion des Tracers.

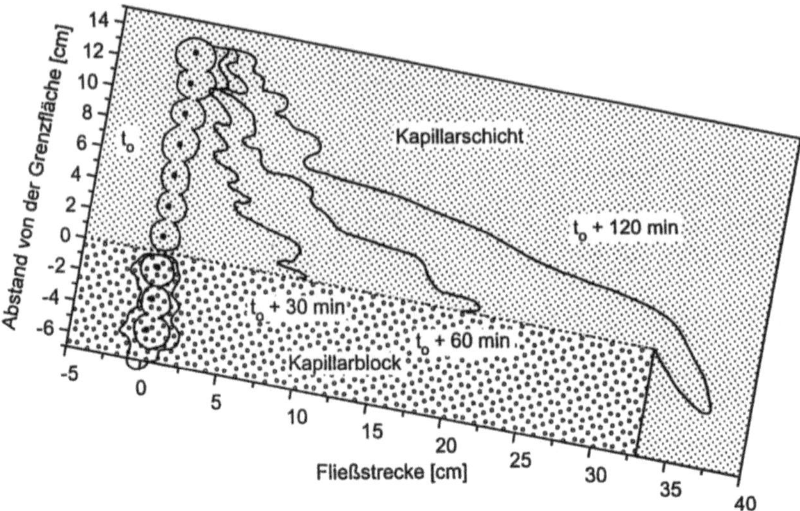

Abb. 6.138. Verlagerung eines punktförmig aufgegebenen Farbtracers bei einer Hangneigung von 1:5 (Materialkombination A: Mittelsand über Feinkies, 1-m-Rinne)

Es hängt im wesentlichen von der Hangneigung und von den ungesättigten Wasserleitfähigkeiten von Kapillarschicht und Kapillarblock ab, wieviel Wasser in einer Kapillarsperre in Hangrichtung abgeführt werden kann, bevor eine nennenswerte vertikale Absickerung von Wasser auftritt. Sickert mehr Wasser in die Kapillarsperre, so fließt weiterhin Wasser seitlich in Gefällerichtung ab (eine Restwirksamkeit bleibt also erhalten), der überschüssige Anteil der Wasserzusickerung sickert jedoch vertikal in den Kapillarblock und erhöht dessen Wassergehalt und dessen ungesättigte Wasserleitfähigkeit. Geht die Zusickerung in die Kapillarschicht nach einer solchen Überlastung dann wieder auf geringere Raten zurück, so wird die ursprüngliche Wirksamkeit der Kapillarsperre wiederhergestellt. Voraussetzung hierfür ist lediglich, daß sich das Korngerüst und mithin das Porensystem der Schichten infolge der erhöhten Wasserflüsse während der Überlastung nicht verändert hat. Kapillarsperren müssen daher filterstabil aufgebaut werden.

Folgende Faktoren bestimmen die Leistungsfähigkeit einer Kapillarsperre im Anwendungsfall:

- Rate der Zusickerung aus den Deckschichten in die Kapillarschicht (abhängig von den klimatischen Randbedingungen am Standort, von Vegetation und vom Bodenaufbau oberhalb der Kapillarschicht)

- Materialeigenschaften von Kapillarschicht und Kapillarblock

- Hangneigung (je steiler der Hang, desto schneller kann Wasser in der Kapillarschicht lateral abfließen)

- Hanglänge (je länger der Hang, desto mehr Wasser kann vom Oberhang in einen hangabwärts gelegenen Abschnitt innerhalb der Kapillarschicht zusätzlich zur Zusickerung aus den darüberliegenden Schichten zufließen)

- Hangform (konvexe Hangformen begünstigen im Gegensatz zu konkaven die Funktion der Kapillarsperre, da zum einen das Gefälle zunimmt und zum anderen das Strömungsfeld in der Kapillarschicht in Gefällerichtung divergiert)

Wie bei allen bekannten Abdichtungssystemen gibt es zahlreiche Faktoren und Einwirkungen, die die Leistungsfähigkeit der Kapillarsperre mittel- und langfristig reduzieren können: Scherbeanspruchung infolge von Setzungsdifferenzen, Kontakterosion und -suffusion an der Grenzfläche zwischen Kapillarschicht und Kapillarblock, chemische Einwirkungen aus Deponiegaskondensaten oder seitlich aus der Ablagerung aussickernder Stauflüssigkeit (Viskositätsänderungen des Bodenwassers, Fällung von Stoffen im Porensystem), Durchwurzelung und Durchwühlung.

1.2 Bisherige Untersuchungen zu Kapillarsperren

Eine Literaturübersicht über erste Versuche mit Kapillarsperren im Labormaßstab, zu Testfelduntersuchungen sowie Anwendungsfällen und Arbeiten zur numerischen Simulation der Wasserbewegung in Kapillarsperren findet sich in der Langfassung des Berichts.

Ausgangspunkt für das Projekt war der gute Abdichtungserfolg bei den Untersuchungen zur Kapillarsperre auf der Altdeponie Hamburg-Georgswerder (Melchior 1993). Das dortige Testfeld mit einer Größe von 50 m · 10 m (L · B) wurde in die Oberflächenabdichtung dieser Altlast integriert und wird noch immer betrieben. Die Kapillarsperre wird durch eine bindige mineralische Dichtung mit Entwässerungsschicht bedeckt. Weitere Kipprinnen- und Testfelduntersuchungen finden in Deutschland an der TH Darmstadt (Institut für Wasserbau) statt (von der Hude et al. 1994). In der Schweiz wurden Kapillarsperren großflächig in Deponieabdecksystemen eingebaut.

1.3 Untersuchungskonzept

Die Hauptziele des Vorhabens, die Ermittlung der Leistungsfähigkeit und der Grenzen der Anwendbarkeit von Kapillarsperren, sollten auf experimentellem Wege verfolgt werden, indem aus unterschiedlichen Materialkombinationen für Kapillarschicht und -block aufgebaute Kapillarsperren in Kipprinnen untersucht werden. Die Ergebnisse sollen in die Planung von Abdecksystemen bei der Sicherung von Deponien und Altlasten einfließen. Diese allgemeinen Untersuchungen können jedoch eine Einzelfallprüfung unter den Randbedingungen des Anwendungsfalls nicht ersetzen.

Für die Kapillarsperrenversuche wurden zwei, in ihrer Neigung variabel justierbare Rinnen konzipiert und gebaut. Die große Kipprinne hat eine Länge von 10 m, eine Breite von 0,5 m und eine Höhe von 1 m (Abb. 6.139). In diesen Versuchsbehälter wird die Kapillarsperre eingebaut. Die Kapillarschicht kann bis zu 70 cm mächtig sein. Der Kapillarblock ist 30 cm hoch. Die Rinne kann bis zu einer Neigung von 1:3 (18,4°, 33 %) mittels einer Scherenhubvorrichtung gekippt werden. Die Wasserzugabe in die Rinne ist sehr fein dosierbar. Das Wasser wird zum einen gleichmäßig auf die Oberfläche der Kapillarschicht und zum anderen an der Stirnseite des Versuchsbehälters in die Kapillarschicht zugegeben. Für die Oberflächenbewässerung wurde eigens eine aufwendige, vollautomatische Bewässerungsanlage entwickelt, die Wasserzuflüsse aus einer Schicht über der Kapillarschicht simuliert. Die Wasserzugabe an der Stirnseite simuliert Zuflüsse vom Oberhang.

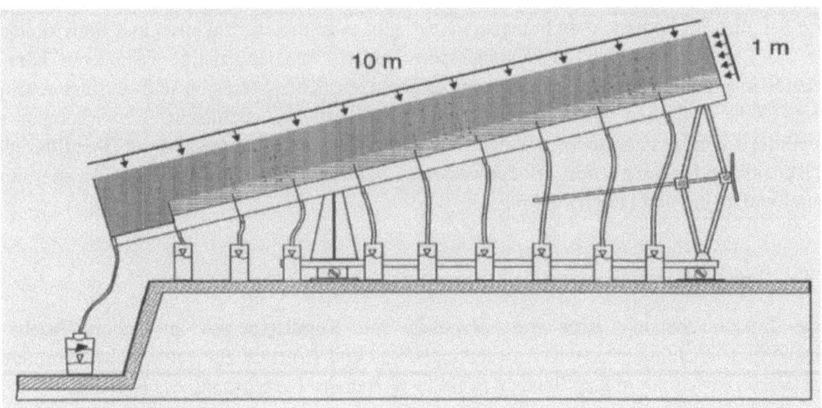

Abb. 6.139. Schematischer Aufbau der 10-m-Kipprinne

Sowohl die Wasserzugabe als auch die Abflüsse werden direkt gemessen. Der hangparallele Abfluß in der Kapillarschicht wird am Fuß der Rinne gefaßt und gemessen. Die vertikale Absickerung in den Kapillarblock gelangt auf den Boden des Versuchsbehälters. Dieser ist durch Trennbleche, die in Hangrichtung in 1 m Abstand angeordnet sind, in Meßkammern unterteilt, so daß der Abfluß aus dem Kapillarblock über den Hang aufgelöst erfaßt wird. Um die Wasserbilanz der gesamten Rinne zu ermitteln, wird außerdem die Masse der Versuchsanlage und damit die Veränderung des Wassergehalts der eingebauten Kapillarsperrenmaterialien durch 4 Wägezellen kontinuierlich bestimmt. Aus der Bilanz von Wasserzugabe, Abflüssen und der Veränderung des Wassergehalts der Materialien ergibt sich die Verdunstung an der Kapillarschichtoberfläche als Restgröße.

Um die Fließvorgänge in der Kapillarsperre besser beschreiben zu können, wird die räumliche und zeitliche Veränderung der Größen Matrixpotential und Bodentemperatur bestimmt. Zusätzlich können Wassergehaltssensoren eingebaut werden. Für die automatische Datenerfassung wurde ein dezentrales Meßdatenerfassungssystem eingesetzt, das im Projekt Georgswerder entwickelt und für dieses Projekt erweitert wurde.

Eine Längsseite der Rinne wird von Acrylglasscheiben gebildet, so daß die Fließvorgänge auch visuell verfolgt werden können. Durch Aufgabe von Farbtracern hinter der Acrylglaswand können Tiefenprofile von Fließgeschwindigkeit und Fließrichtung des Wassers in der Kapillarsperre bestimmt werden.

In der Kipprinne wurden im Verlauf des Vorhabens unterschiedliche Materialien eingebaut und auf ihre Eignung als Kapillarsperre geprüft. Die Einzelversuche zur Bestimmung der Leistungsfähigkeit einer bestimmten Materialkombination hatten folgenden prinzipiellen Ablauf:

(1)   Einstellung einer bestimmten Hangneigung

(2)   Einstellung einer definierten Wasserzugaberate an Oberfläche und/oder Stirnseite

(3)   Abwarten eines Gleichgewichtszustandes (Summe der Wasserzugabe gleich der Summe der Abflüsse)

(4)   Schrittweise Erhöhung der Wasserzugabe und Abwarten des jeweiligen
        Gleichgewichtszustandes bis zum Auftreten nennenswerter Abflüsse aus dem
        Kapillarblock

(5)   Nochmalige Erhöhung der Wasserzugabe, um die Kapillarsperre zum Versagen zu
        bringen (und Abwarten eines Gleichgewichtszustandes)

(6)   Drosselung der Wasserzugabe auf eine Intensität, die knapp unterhalb der Zugaberate
        liegt, bei der die ersten nennenswerten Abflüsse aus dem Kapillarblock auftraten, um
        zu prüfen, ob sich die Wirksamkeit der Kapillarsperre nach dem Rückgang der
        Zugaberate wieder einstellt

(7)   Wiederholung des Schrittes (5), um zu prüfen, ob das Versagen der
        Kapillarsperrenwirkung reproduziert werden kann

Nach Durchlaufen dieses Schemas wurden entweder die Rinnenneigung oder das Verhältnis
zwischen Oberflächen- und Stirnwandbewässerung verändert und anschließend die Schritte
(1) bis (7) erneut durchlaufen. Nachdem die Leistungsfähigkeit einer Materialkombination auf
diese Weise für verschiedene Gefällesituationen bekannt war, wurde eine neue
Materialkombination in die Rinne eingebaut.

Neben der 10-m-Kipprinne wurde eine 1-m-Kipprinne mit 1 m Länge, 0,2 m Breite und 1 m
Höhe betrieben. Kapillarschicht und -block werden hier mit Mächtigkeiten von 75 bzw. 25 cm
eingebaut. Auch diese Rinne ist neigbar und mit einer Oberflächen- und
Stirnwandbewässerung ausgestattet. Die Abflüsse aus Kapillarschicht und Kapillarblock
sowie an 10 Meßpunkten auch die Matrixpotentiale der Schichten werden gemessen. Auf die
Bestimmung der Gesamtmasse der Rinne wurde verzichtet, da die Bewässerung hier ohne
Verdunstungsverluste erfolgt, und die Veränderung des Bodenwassergehalts daher aus der
Bilanz der Zu- und Abflüsse hinreichend genau ermittelt werden kann. Während mit der
10-m-Rinne möglichst anwendungsnahe Bedingungen geschaffen werden sollten, wurde die
kleine Rinne v. a. für Vorversuche an neuen Materialien und zur Überprüfung von
Sonderfragen eingesetzt.

Zum Verständnis der Fließvorgänge in Kapillarsperren und für ihre Dimensionierung unter
Randbedingungen, die über die der experimentellen Untersuchungen hinausgehen, ist der
Einsatz von Simulationsmodellen wünschenswert. Daher wurde versucht, die empirischen
Ergebnisse (Abflüsse und Matrixpotentiale) mit einem Simulationsmodell zu rekonstruieren
(Abschn. 3).

Zur Langzeitbeständigkeit von Kapillarsperren wurde darüber hinaus eine Diplomarbeit über
die Bedeutung von Stoffausfällungen für die Wirksamkeit von Kapillarsperren angefertigt
(Heisterkamp 1996).

2   Versuchsergebnisse

Die Untersuchung der Kapillarsperren in der 10- und 1-m-Kipprinne erforderte zunächst eine
Suche nach Materialien, die sich für den Einsatz als Kapillarschicht bzw. Kapillarblock
eignen. Es wurden je 11 potentielle Kapillarschicht- und -blockmaterialien beprobt. Durch die
Bestimmung der Korngrößenverteilung und gesättigten Wasserleitfähigkeiten konnten mit
Hilfe von Filterkriterien sowie eigenen Filterstabilitätsuntersuchungen 5 Materialkombina-
tionen für die Versuche in den Kipprinnen ausgewählt werden (Tabelle 6.29).

Von diesen Materialien wurden bodenphysikalische Größen wie Korn-, Proctor- und
Trockendichte, Porenvolumen, Porengrößenverteilung, ungesättigte hydraulische Leitfähigkeit und kapillare Steighöhe bestimmt. Nach Vorversuchen zu den Einbauverfahren der Ma-

terialien in die Kipprinnen wurde die Funktion und näherungsweise die Leistungsfähigkeit der Materialkombinationen in der 1-m-Rinne bestimmt (Steinert 1994).

Tabelle 6.29. Materialkombinationen der Kipprinnenversuche, GW: Materialien aus dem Testfeld in Hamburg-Georgswerder (GW)

Kombination	Kapillarschicht	Kapillarblock
A	Mittelsand	Feinkies
B	Schluffiger Mittelsand	
C	Schluffiger Grobsand	
D	Grobsand	
E	Grobsand	Mittelkies
F	Feinsand (GW)	Sandiger Kies (GW)

2.1 Bodenphysikalische Eigenschaften der untersuchten Materialien

Die Anforderungen an eine Materialkombination für den Einsatz in einer Kapillarsperre sind bereits im Kap. 1.1 erläutert worden. Das Kapillarschichtmaterial sollte eine hohe ungesättigte Wasserleitfähigkeit und das Kapillarblockmaterial eine geringe ungesättigte Wasserleitfähigkeit im Bereich geringer Wasserspannungen aufweisen. Beide Bedingungen können mit enggestuften, grobkörnigen Materialien (z. B. Sande und Kiese), deren Kornsummenkurven so weit auseinander liegen, daß die Filterstabilität der Schichten noch gewährleistet ist, erreicht werden. Somit wird ein größtmöglicher Porengrößensprung zwischen Kapillarschicht und -block sichergestellt.

Tabelle 6.30 faßt einige bodenphysikalische Größen der Materialien zusammen; Abbildung 6.140 zeigt die Korngrößenverteilungen der in den Rinnenversuchen getesteten Materialien im Vergleich zu denen der Materialien im Testfeld S3 auf der Deponie Georgswerder (Melchior 1993).

Die Materialkombination A aus einem Mittelsand (Restkörnung aus der Baggergutaufbereitung des Hamburger Hafens) und einem handelsüblichen Kies (1-3 mm) war nach damaligem Kenntnisstand optimal für eine Kapillarsperre geeignet. Sie hat gegenüber der Materialkombination im Testfeld S3 auf der Deponie Hamburg-Georgswerder eine etwas gröbere Kapillarschicht und eine steilere Sieblinie des Kapillarblockmaterials. Mit den Materialkombinationen B und C sollte der Einfluß des Feinkornanteils (Schluff und Ton) in der Kapillarschicht auf die Leistungsfähigkeit von Kapillarsperren geprüft werden. In der Materialkombination D wurde ein Grobsand (handelsüblicher gewaschener Sand, 0-2 mm) als Kapillarschicht eingesetzt, um ein gröberes Material als den für optimal gehaltenen Mittelsand zu testen. Mit der Materialkombination E konnte zusätzlich der Einfluß des Kapillarblockmaterials untersucht werden. Es wurde ein gröberer Kies (2-8 mm) eingesetzt, der als Mittelkies bezeichnet wird.

Tabelle 6.30. Gesättigte Wasserleitfähigkeit, Porenvolumen und Trockendichte der Kapillarsperrenmaterialien

	ges. Wasserleitfähigkeit [m/s]	Poren- volumen [%]	Trockendichte [g/cm³]
Feinsand	$6,6 \cdot 10^{-5}$	47,0	1,405
Schluffiger Mittelsand	$2,9 \cdot 10^{-5}$	35,4	1,717
Mittelsand	$1,3 \cdot 10^{-4}$	37,8	1,654
Schluffiger Grobsand	$5,1 \cdot 10^{-5}$	38,3	1,633
Grobsand	$1,7 \cdot 10^{-4}$	42,8	1,499
Feinkies	$1,2 \cdot 10^{-2}$	41,3	1,554
Sandiger Kies	$1,8 \cdot 10^{-3}$	44,8	1,464
Mittelkies	$2,3 \cdot 10^{-2}$	41,2	1,591

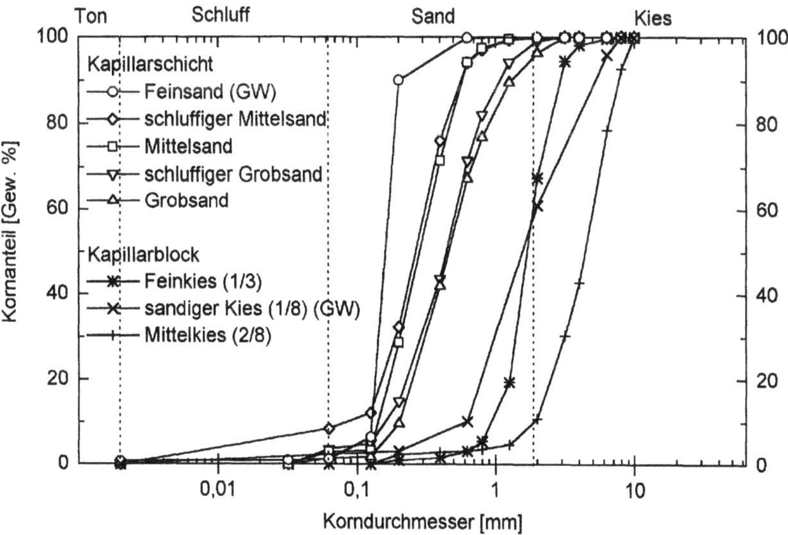

Abb. 6.140. Korngrößenverteilung der Materialien aus den Rinnenversuchen und dem Testfeld Hamburg-Georgswerder (GW)

In Abb. 6.141 sind die Wassergehalts-Wasserspannungs-Charakteristiken (pF-Kurven) dargestellt. Sie wurden an Stechzylinderproben im Labor mit der Überdruckmethode bestimmt. Die fein- und grobkörnigen Materialien unterscheiden sich deutlich. Die Kiese geben bereits bei niedrigen Wasserspannungen erhebliche Wasseranteile ab, so daß diese vormals wassergefüllten Poren für die Wasserleitung nicht mehr zur Verfügung stehen. Die ungesättigte Wasserleitfähigkeit ist im Bereich dieser Wasserspannungen bei den Kiesen daher deutlich geringer als bei den Sanden, die einen großen Anteil ihres Wassers erst bei höheren Wasserspannungen verlieren.

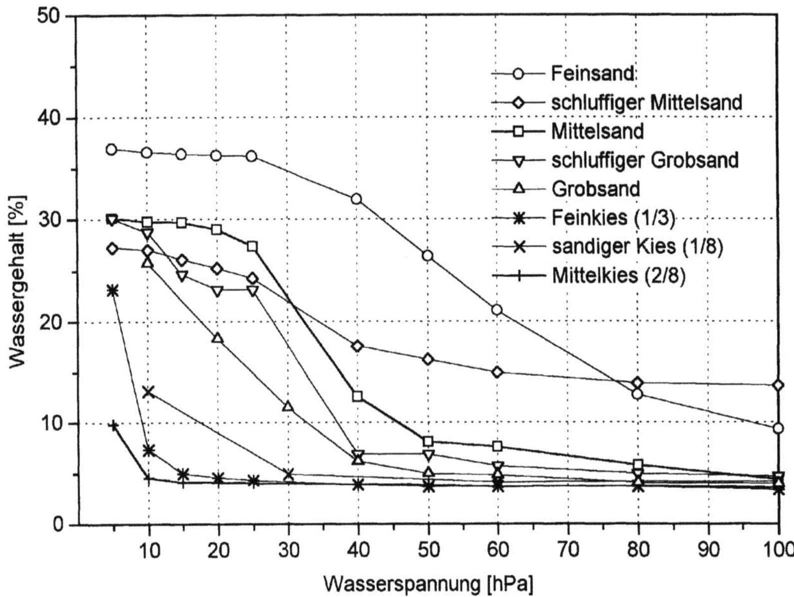

Abb. 6.141.   pF-Kurven der Kapillarsperrenmaterialien

2.2   Abflußverhalten in der Kapillarsperre bei unterschiedlichen Randbedingungen

Aus der Vielzahl von Versuchen, die in der Langfassung des Berichts dargestellt und ausgewertet wurden, werden im folgenden eine Untersuchung der Materialkombination A in der 10-m-Rinne, eine Auswertung der Leistungsfähigkeit dieser Materialkombination, die Darstellung der Kapillarsperrenabflüsse in Abhängigkeit von der Hangneigung und ein Vergleich der Leistungsfähigkeit der 5 Materialkombinationen ausgewählt.

Abbildung 6.142 zeigt den Zeitraum, in dem die Materialkombination A (Mittelsand über Feinkies) in der 10-m-Rinne untersucht wurde. Es sind der Oberflächen- und Stirnwandzufluß sowie der Kapillarschicht- und -blockabfluß in Millimeter/Tag aufgetragen. Zusätzlich sind der absolute Wassergehalt in der Kapillarsperre in Kilogramm mit in die Grafik aufgenommen und die 3 Neigungen (1:25, 1:5 und 1:10) sowie die *Gleichgewichtszeiträume* markiert worden. Ein Gleichgewicht herrscht in der Rinne, wenn die Zuflußrate der Abflußrate entspricht und sich der Wassergehalt in der Kapillarsperre nicht ändert.

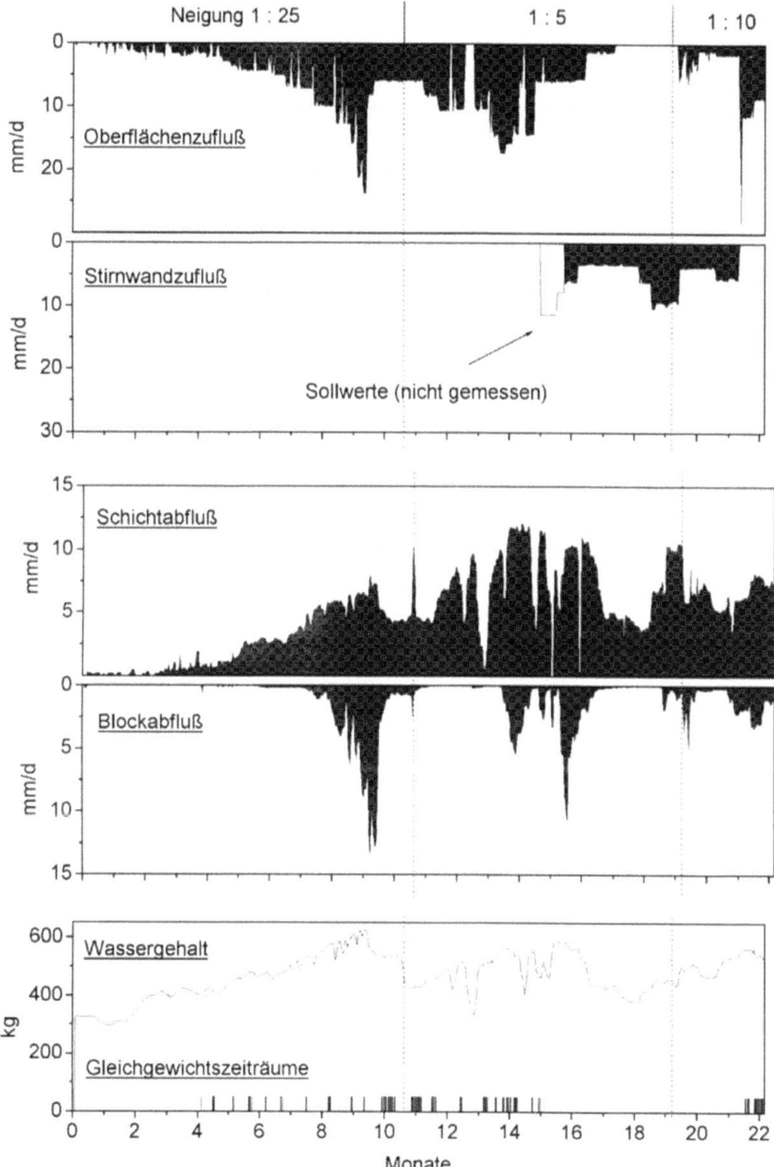

Abb. 6.142. Zu- und Abflüsse und Änderungen des Wassergehalts der Materialkombination A (Mittelsand über Feinkies) in der 10-m-Rinne (Flüsse bezogen auf die Grenzfläche)

In den ersten Monaten wurde bei einer flachen Hangneigung von 1:25 (2,3° oder 4%) der Oberflächenzufluß sehr langsam gesteigert. Die Stirnwandbewässerung wurde in dieser Phase noch nicht eingesetzt. Bis ca. 5 mm/d steigt der Kapillarschichtabfluß entsprechend dem Oberflächenzufluß, d. h. das Wasser wird vollständig lateral in der Kapillarschicht abgeführt. Bei weiter steigender Zuflußrate ist der Anstieg des Schichtabflusses nur noch gering. Die *laterale Drainkapazität der Kapillarsperre*, d. h. die maximale Schichtabflußrate, bei der noch kein Wasser in den Kapillarblock infiltriert, ist erreicht. Das überschüssige Wasser versickert im Kapillarblock.

Ähnliche Versuche wurden auch bei den beiden anderen Neigungen durchgeführt, wobei nach dem Rückgang der Überlastungssituation durch eine zu hohe Zuflußrate der Blockabfluß immer wieder zurückging und die Kapillarsperre ihre ursprüngliche Leistungsfähigkeit wiederherstellte.

In Abb. 6.143 sind die weiter aufbereiteten Flußraten der in Abb. 6.142 markierten Gleichgewichtszeiträume dargestellt. Die Skalierungen der Ordinate (Schicht- und Blockabfluß) und der Abszisse (Oberflächenbewässerung) sind gleich gewählt worden, so daß die Summen zusammengehöriger Schicht- und Blockabflüsse auf der jeweiligen Diagonalen liegen würden. Die Flüsse sind als Volumen [l] angegeben, das auf einem 1 m breiten Hang pro Tag abfließt. Der Verlauf der Kurven läßt sich für die Kapillarschicht und den -block in Abhängigkeit von der Zuflußrate in 3 Bereiche gliedern:

- Ein linearer Bereich bei geringen Zuflußraten, die vollständig in der Kapillarschicht lateral abgeführt werden (Steigung des Schichtabflusses = 1)

- Ein zweiter Bereich ist nicht linear und kann als Übergangsbereich bezeichnet werden. Mit steigender Zuflußrate steigt die Schichtabflußrate immer weniger, die Blockabflußrate dagegen zunehmend stärker. Dieser Bereich ist bei 1:25 deutlich zu erkennen und liegt ca. zwischen 35 und 70 l/m/d, bei 1:5 ist er deutlich schmaler und kaum sichtbar

- Der dritte Bereich ist wiederum linear. Die Kapillarschichtabflußrate steigt nicht mehr (Neigung 1:5) oder kaum weiter (Neigung 1:25, Steigung nahe 0), während der Blockabfluß die Ableitung der steigenden Zuflußrate übernimmt und seine Steigung (nahe) bei 1 liegt

Bei der Neigung von 1:25 ist die Kapillarschicht in der Lage, ca. 50 l/m/d lateral abzuleiten, ohne erhebliche Wassermengen in den Kapillarblock abzugeben. Die laterale Drainkapazität der Kapillarschicht liegt bei der steilen Neigung von 1:5 bei ca. 115 l/m/d. Bei der Neigung von 1:10 konnten aus Zeitgründen nur 2 Gleichgewichtszeiträume eingestellt werden, wobei versucht wurde, die beiden Übergänge zwischen dem ersten und zweiten und zwischen dem zweiten und dritten Bereich zu treffen, was nicht ganz erreicht wurde. Dennoch kann aus den Abflußraten auf eine laterale Dränkapazität der Kapillarschicht von ca. 75 l/m/d bei der Neigung 1:10 geschlossen werden.

Den Einfluß der Neigung verdeutlicht auch Abb. 6.144, in der ein Versuchsabschnitt mit 7 verschiedenen Neigungen in der 1-m-Rinne mit der Materialkombination E (Grobsand über Mittelkies) dargestellt ist. Die Zuflußrate, die in diesem Fall ausschließlich über die Stirnwandbewässerungsanlage aufgegeben wurde, ist in diesen ca. 5,5 Wochen nahezu konstant. Die Leistungsfähigkeit der Kapillarsperre ist deutlich von der Neigung abhängig. Je flacher die Neigung ist, desto weniger Wasser kann von der Kapillarschicht abgeleitet werden, und desto mehr Wasser versickert bei dieser Zuflußrate in den Kapillarblock. Eine kurzfristig eingestellte steile Neigung führt sehr schnell zum Versiegen der Blockabflüsse.

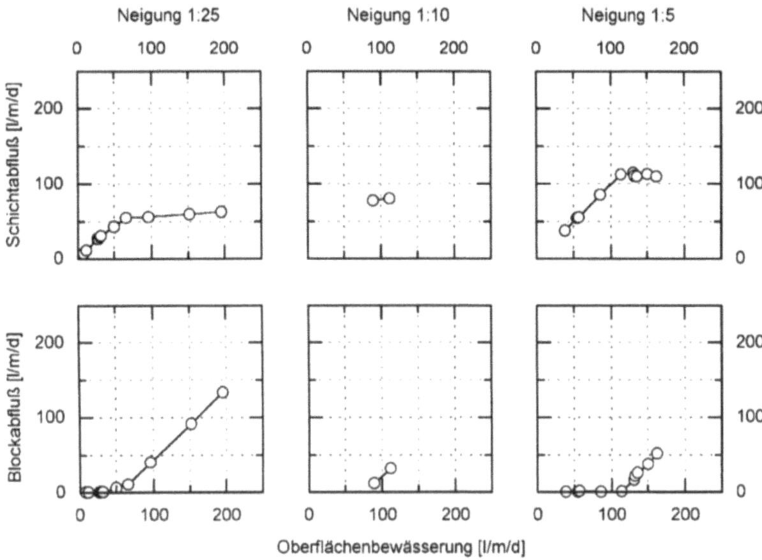

Abb. 6.143. Schicht- und Blockabflußraten ausgewählter Gleichgewichtszeiträume bei verschiedenen Neigungen der 10-m-Rinne (Mittelsand über Feinkies) und ausschließlichem Zufluß über die Oberflächenbewässerungsanlage (Flüsse bezogen auf die Breite der Rinne)

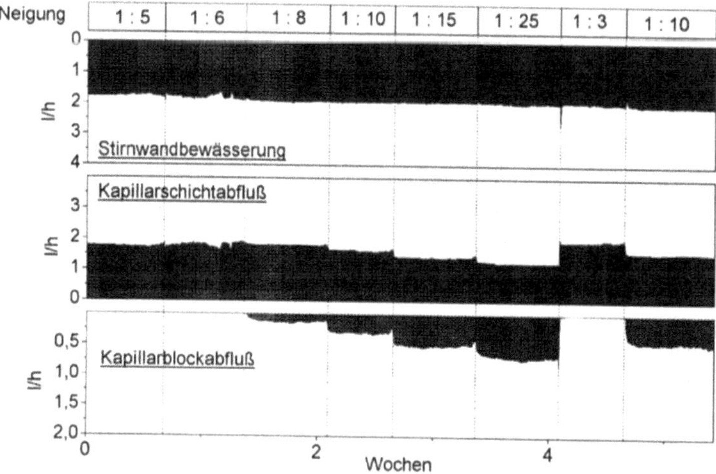

Abb. 6.144. Vergleich von Kapillarschicht- und -blockabflüssen bei verschiedenen Neigungen, aber gleicher Zuflußrate in die Kapillarsperre (Grobsand über Mittelkies) in der 1-m-Rinne

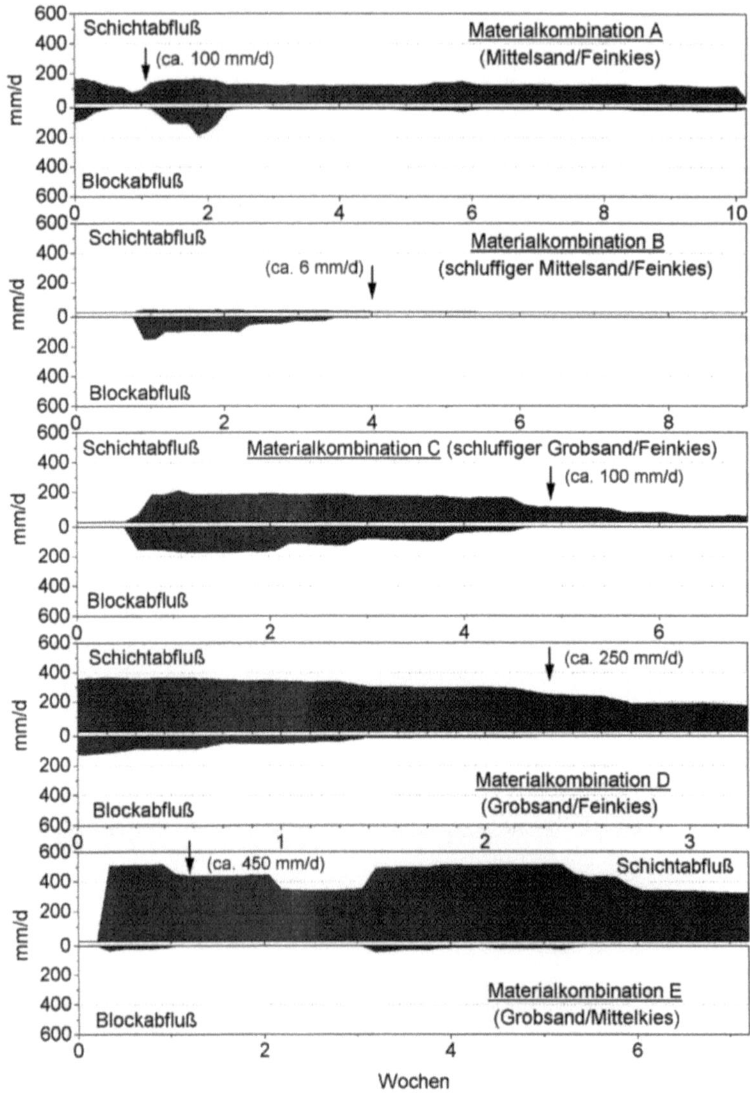

Abb. 6.145.   Vergleich der Kapillarschicht- und -blockabflüsse verschiedener Materialkombinationen in der 1-m-Rinne bei einer Neigung von 1:5 (Der *Pfeil* markiert jeweils den Zeitpunkt, an dem die laterale Drainkapazität erreicht ist; in Klammern ist deren Höhe angegeben.)

Abbildung 6.145 zeigt die Abhängigkeit der lateralen Drainkapazität der Kapillarsperre von der Materialkombination bei einer einheitlichen Neigung von 1:5. Die Kapillarschicht- und -blockabflüsse wurden in der 1-m-Rinne gemessen. Eine laterale Drainkapazität von ca. 100 mm/d der Materialkombination A (Mittelsand über Feinkies) wird durch einen ca. 5 % höheren Schluffanteil in der Kapillarschicht auf ca. 6 mm/d reduziert (Materialkombination B). Die Materialkombination C hat mit dem schluffigen Grobsand eine laterale Drainkapazität in der Höhe der Materialkombination A (100 mm/d); durch den Einsatz eines gewaschenen Grobsandes konnte diese Leistung bei gleichem Kapillarblock auf 250 mm/d gesteigert werden (Materialkombination D). Mit einem gröberen Kapillarblockmaterial (Kies, 2-8 mm, hier als Mittelkies bezeichnet) erreichte die Kapillarsperre sogar eine Drainkapazität von ca. 450 mm/d (Materialkombination E). Der Grobsand hat sich somit entgegen bisheriger Annahmen als deutlich leistungsfähigeres Kapillarschichtmaterial herausgestellt als der Mittelsand.

Ein wesentlicher Faktor für die Dimensionierung von Kapillarsperren ist die Hanglänge. Die Versuchsergebnisse legen die Hypothese nahe, daß die laterale Drainkapazität, ausgedrückt als auf die Hangbreite normierte Flußrate, z. B. in Liter/Meter/Tag, eine von der Materialkombination und Hangneigung abhängige Konstante ist. Sollte dieses zutreffen, so könnte die Eignungsprüfung von Kapillarsperrenmaterialien in kurzen Rinnen (z. B. der 1-m-Rinne) durchgeführt werden. Aus den Versuchsergebnissen ließe sich dann berechnen, wieviel Wasser bei gegebener Hangneigung und -länge maximal in die Kapillarsperre zusickern darf (oder auch wie lang der abzudichtende Hang bei gegebenem Gefälle und zu erwartender maximaler Zusickerungsrate sein darf). Solange diese Hypothese jedoch nicht bewiesen ist, kann die 1-m-Rinne nur für Vorversuche zur Abschätzung der lateralen Drainkapazität eingesetzt werden. Für die Dimensionierung einer Kapillarsperre sind Versuche in der 10-m-Rinne notwendig.

3　Simulation des Abflußverhaltens in der 10-m-Rinne mit SWMS_2D

Wesentliche Faktoren für die Funktionsfähigkeit und die Dimensionierung von Kapillarsperren sind die bodenhydrologischen Eigenschaften [gesättigte Wasserleitfähigkeit k_s, Leitfähigkeit und Wassergehalt in Abhängigkeit der Wasserspannung $k(h)$ bzw. $\theta(h)$] von Kapillarschicht- und Kapillarblockmaterial, die Hangneigung, -länge und -form sowie die Zusickerung in die Kapillarschicht in ihrer räumlichen und zeitlichen Verteilung. Zu ihrer Ermittlung hat der Einsatz von Simulationsmodellen gegenüber empirischen Untersuchungen den erheblichen Vorteil, daß in kurzer Zeit und mit geringem Aufwand eine Vielzahl von Faktorenkombinationen durchgespielt werden können. Er setzt jedoch voraus, daß das benutzte Simulationsmodell hinreichend validiert ist, insbesondere durch einen Outputvergleich mit anwendungsnah gewonnenen Meßdaten. Daher wurde eine Validierungsstudie für das Simulationsmodell SWMS_2D (Version 1.1, Šimunek et al. 1992) anhand von Meßdaten durchgeführt, die an der 10-m-Kipprinne gewonnen wurden. SWMS_2D ist ein frei verfügbares Finite-Elemente-Modell für den zweidimensionalen (un)gesättigten Wasser- und Stofftransport. Die ungesättigte Wasserleitfähigkeit wird mit einer erweiterten Variante des van-Genuchten-Mualem-Modells berechnet.

Es wurden ausschließlich Gleichgewichtszustände mit räumlich gleichverteiltem Zufluß von oben und ohne Hangzugwasser in das System für einen Hanglängsschnitt mit einer gleichförmig geneigten Grenzfläche zwischen den Schichten simuliert. Es standen Daten für die Materialkombination A zur Verfügung, bestehend aus einem Mittelsand für die Kapillarschicht ($k_s = 1,3 \cdot 10^{-4}$ m/s, Parameter des van-Genuchten-Mualem-Modells aus Wassergehalts-Wasserspannungs-Daten: $\alpha = 0,03018$ cm^{-1}, $n = 5,11346$) und einem Feinkies (1-3 mm) für den Kapillarblock (k_s = 1,2 · 10^{-2} m/s, α = 0,20576 cm^{-1}, n = 3,75010). Für die Simulation wurden beide Materialien, wie in theoretischen Untersuchungen und Simulationen üblich, als homogen und isotrop angenommen.

Die bodenhydrologischen Parameter k_s, α und n determinieren das Fließverhalten, ihre Bestimmung ist jedoch mit Unsicherheiten verbunden. Daher wurde zum einen ihr Einfluß auf die Simulationsergebnisse in Sensitivitätsstudien untersucht. Zum anderen wurden in der eigentlichen Validierungsstudie 4 Gruppen von Simulationsläufen gefahren, eine mit den Mittelwerten der bodenhydrologischen Parameter und 3 mit Extrapolationsläufen von jeweils einer an einem bestimmten Ziel ausgerichteten Kalibrierung. Dabei wurden für einen ausgewählten Gleichgewichtszeitraum die simulierten Abflußraten mit Hilfe der Parameter an die gemessenen Abflußraten angepaßt. Die Anpassung erfolgte (1) mit Hilfe der Wasserleitfähigkeit der Kapillarschicht, (2) mit der des Kapillarblocks und (3) über die hydrologische Trennung zwischen Kapillarschicht und -block. In jeder Gruppe wurden 20 Simulationsläufe gefahren, 19 für 19 Gleichgewichtszeiträume der Meßdaten bei unterschiedlichen Zuflußraten und einer zur Extrapolation der Abflußraten des Kapillarblocks entlang des Hangs. Die Simulationsläufe führten zu folgenden Ergebnissen:

(1)   Abflußraten (Abb. 6.146): Die gemessenen Abflußraten deuten auf drei von der Zuflußrate abhängige, scharf getrennte Verhaltensbereiche der Kapillarsperre bei räumlich und zeitlich konstantem Zufluß hin (s. S. 374). Gegenüber diesem sich abrupt ändernden Verhalten zeigen die Simulationsergebnisse durchgängig ein sich stetig änderndes, "rundes" Verhalten. SWMS_2D tendiert dabei dazu, den Kapillarblockabfluß mit zunehmender Neigung oder mit zunehmender Zuflußrate zunehmend stärker zu unterschätzen, mithin den Wirkungsgrad der Kapillarsperre v. a. bei höheren Hangneigungen und größeren Zuflußraten deutlich zu überschätzen, also gerade in dem Bereich, der für den Einsatz der Kapillarsperre interessant (höhere Hangneigungen) bzw. kritisch (größere Zuflußraten) ist.

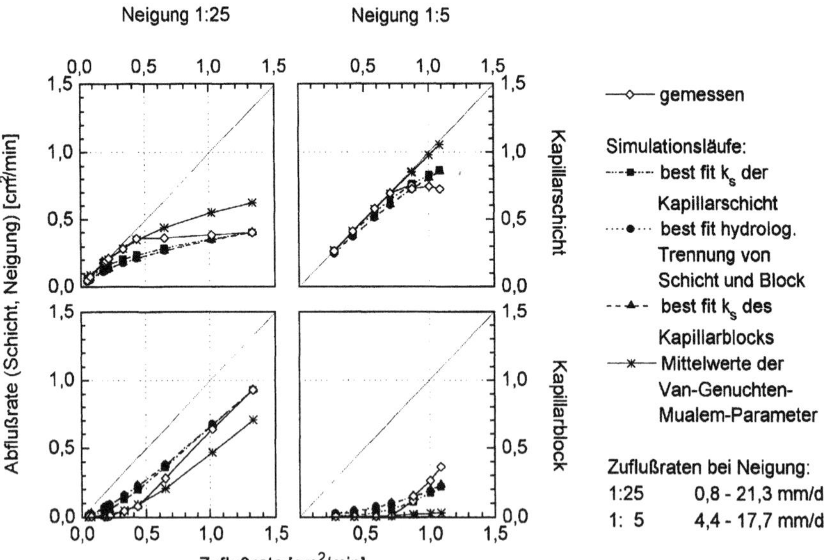

Abb. 6.146.   Vergleich der gemessenen und simulierten Abflußraten in Abhängigkeit der Zuflußraten

(2) Matrixpotentiale und Wassergehalte: In allen 4 Gruppen von Simulationsläufen unterschätzt SWMS_2D die Matrixpotentiale am Ende der Simulationsläufe im Mittel um 9 bis 13 cm Wassersäule, und zwar in der Nähe der Schichtgrenze geringfügig (um 4 - 9 cm WS), im oberen Teil der Kapillarschicht jedoch deutlich (um 12 - 20 cm WS). In Wassergehalte übersetzt zeigen die Simulationsergebnisse also gegenüber den Meßdaten einerseits einen geringeren absoluten Wassergehalt in der Kapillarsperre und andererseits eine stärkere Differenzierung in trockene und feuchte Bereiche.

(3) Abflußprofil entlang des Hangs: Die gemessene und simulierte räumliche Verteilung der Kapillarblockabflußraten in den 1-m-Abschnitten entlang der 10-m-Rinne wurden für die Neigung 1:25 und für 2 Zuflußraten verglichen. Dabei wurden zum einen die Profile der 3 Kalibrierungen (mit der höchsten Zuflußrate dieser Neigung, 21,3 mm/d), zum zweiten das Profil von einem Lauf mit den Mittelwerten der bodenhydrologischen Parameter, bei dem gemessene und simulierte Abflußraten zufällig übereinstimmten (Zuflußrate 5,3 mm/d) betrachtet. Die gemessenen Kapillarblockabflußraten entlang des Hanges zeigen in beiden Fällen ein deutliches Maximum am unteren Mittelhang und sehr geringe Werte am Ober- und Unterhang. Demgegenüber zeigt SWMS_2D ein "rundes", nur gering gekrümmtes Profil mit einem breiten, flachen Maximum im Mittelhang und nennenswerten Abflußraten am Ober- und Unterhang.

Zur Klärung der möglichen Ursachen für die Abweichungen zwischen Meß- und Simulationsergebnissen wurde eine Systematik aufgestellt, die die Klassen (1) Fehler im Simulationsmodell, (2) Fehler in der empirischen Untersuchung, (3) Fehler in der Modellanwendung und (4) Inkompatibilitäten von Modell und Empirie umfaßt. Außerdem wurden in der Literatur behandelte theoretische Ansätze zur Beschreibung und Erklärung der Funktionsweise von Kapillarsperren gesichtet und in die beiden Klassen "Kapillaritätsmodell" und "k(Ψ)-Beziehungs-Modell" (k: Wasserleitfähigkeit, Ψ: Matrixpotential) eingeteilt. Das Kapillaritätsmodell, das einen Fluß über die Schichtgrenze von der Kapillarschicht in den Kapillarblock erst ab einer bestimmten "kritischen" Aufstauhöhe in der Kapillarschicht zuläßt, beschreibt zwar die Wirkung von Kapillarkräften qualitativ richtig, quantifiziert die Flüsse jedoch falsch. Das k(Ψ)-Beziehungs-Modell geht von einem Flußmodell (Richards-Gleichung) aus, in das ein Modell der relativen Wasserleitfähigkeit in Abhängigkeit von Wasserspannung oder Wassergehalt für die Materialien von Kapillarschicht und -block eingesetzt wird. Praktisch alle Simulationsmodelle für den instationären (un)gesättigten Fluß dürften auf einem derartigen Ansatz basieren.

Beim gegenwärtigen Kenntnisstand lassen sich nur z. T. Aussagen darüber treffen, welche der möglichen Fehlerquellen in welchem Maße die Abweichungen zwischen Meß- und Simulationsergebnissen verursachen. Eine wesentliche Ursache ist wahrscheinlich das van-Genuchten-Mualem-Modell, das zumindest den Mittelsand der Kapillarschicht nicht korrekt beschreibt. Es wurden 4 Verfahren zur Berechnung der pF- und ku-Funktionen nach dem van-Genuchten-Mualem-Modell auf der Basis unterschiedlicher Meßdaten getestet. Immer mußte eine gute Beschreibung der ku-Daten mit einer schlechten Beschreibung der pF-Daten erkauft werden und umgekehrt. Für das Kapillarblockmaterial ist hierüber z. Z. keine Aussage möglich. Eine weitere Ursache für die Abweichungen von Meß- und Simulationsergebnissen kann in der Homogenitätsannahme liegen: Durch kleinräumige Inhomogenitäten könnte die Zusickerung in den Kapillarblock ungleichmäßig erfolgen (fingering).

Aus den Ergebnissen lassen sich folgende Schlußfolgerungen und weiterführende Fragestellungen ableiten:

(1)   SWMS_2D kann auf Basis dieser Validierungsstudie für die Berechnung von Flüssen in Kapillarsperren nicht als validiert gelten. Da zudem weitere Validierungsstudien für SWMS_2D aus der Literatur nicht bekannt sind, sollte das Modell zunächst nicht für Fragen der Dimensionierung von Kapillarsperren eingesetzt werden

(2)   In Simulationsmodellen genutzte und in der Literatur beschriebene Modelle der ungesättigten Wasserleitfähigkeit und ihrer Ableitung aus Wassergehalts-Wasserspannungs-Daten sollten für in Kapillarsperren einsetzbare Materialien empirisch überprüft werden

(3)   Um das Fließverhalten realitätsnäher zu erfassen, sollten bei Simulationen die Parameter für das Modell der ungesättigten Wasserleitfähigkeit möglichst anhand von deren Meßdaten und nicht anhand von Wassergehalts-Wasserspannungs-Daten bestimmt werden (auch wenn dann die simulierten Wassergehalte weniger realitätsnah sind)

(4)   Zur Prüfung der Hypothesen über die Ursachen der Abweichungen zwischen Meß- und Simulationsergebnissen und zur Verbreiterung der Basis der Validierungsstudie wird empfohlen, die bisher erhobenen Meßdaten für weitere Simulationsläufe zu nutzen

4   Empfehlungen zum Aufbau und möglichen Anwendungen von Kapillarsperren

Die Rinnenversuche zeigen, daß an die Materialien für Kapillarsperren bestimmte Anforderungen zu stellen sind. Die Kapillarschicht muß aus ausreichend wasserleitenden Sanden aufgebaut sein ($k_f \geq 1 \cdot 10^{-4}$ m/s). Sande mit Schluff- oder Tonbeimengungen oder weit gestufte Sande sind für die technische Anwendung von Kapillarschichten daher ungeeignet. Die Kapillarschicht sollte bei einer geringen Wasserspannung eine hohe ungesättigte Wasserleitfähigkeit gewährleisten. Die Kornsummenkurve des Kapillarblockmaterials sollte so verlaufen, daß ein maximaler Porensprung zur Kapillarschicht erreicht wird, die gängigen Kriterien zur Filterstabilität jedoch eingehalten werden. Weitgestufte Kapillarblockmaterialien mit hohen Sandanteilen sind daher zu meiden. Die Materialien müssen aus stabilen Einzelkörnern ohne offene Eigenporen bestehen (Materialien mit Eigenporosität wurden bisher nicht untersucht).

Die Mächtigkeiten von Kapillarschicht und -block sollten aus baupraktischen Erwägungen 40 bzw. 30 cm nicht unterschreiten. Beim Einbau der Materialien sind mechanische Einwirkungen auf die Grenzfläche zwischen Kapillarschicht und -block zu minimieren, indem die Kapillarschicht in ausreichender Mächtigkeit vor Kopf vom Hangfuß aus eingebaut wird. Die Mächtigkeit der Mindestüberdeckung der Grenzfläche vor Befahren der Kapillarschicht kann im Probefeld ermittelt werden. Der Anschluß von Baufeldern in Hangrichtung muß sorgfältig überwacht werden. Gleiches gilt für die Herstellung der Wasserfassung aus der Kapillarschicht. Der Qualitätssicherungsaufwand ist ansonsten im Vergleich zu anderen Dichtsystemen gering. Der seitliche Anschluß von Baufeldern sowie vertikale Rohrdurchdringungen sind unkritisch. Auch hinsichtlich der Standsicherheit sind bei Kapillarsperren geringere Probleme als bei einigen anderen Systemen zu erwarten.

Im Anwendungsfall kann die Vorauswahl von Materialien anhand der Kornsummen- und der pF-Kurven erfolgen. Für die weitergehende Eignungsprüfung der Materialien bieten sich Kipprinnenversuche an. Dabei sollten sich die Einstellungen der Rinnenneigungen und der Zusickerungsraten an der Geometrie der Deponie oder Altlast sowie daran orientieren, welche Zusickerungsraten in die Kapillarschicht im Jahresverlauf in Abhängigkeit von den klimatischen Randbedingungen am Standort und vom Aufbau der Schichten über der Kapillarsperre zu erwarten sind. Auf der Grundlage der Versuchsergebnisse kann dann ermittelt werden, welche Hanglängen bei gegebenem Gefälle mit den verfügbaren Kapillarsperrenmaterialien abgedichtet werden können.

Unter geeigneten Rahmenbedingungen können Kapillarsperren als *Einfachdichtung* unter einer mächtigen Rekultivierungsschicht zur Abdichtung von Deponien der Klasse I nach TA Siedlungsabfall (1993) eingesetzt werden (kein Deponiegas, kaum Setzungen). Die Hauptanwendung sehen wir jedoch, vor allem auf stärker belasteten und gasbildenden Deponien und Altlasten, als zusätzliche Dichtung unter einer gas- und wasserdichten Dichtung. Solche *Verbunddichtungen* aus beispielsweise einer PEHD-Bahn über einer Kapillarsperre weisen zahlreiche Vorzüge auf: Sie sind einfach und schnell herstellbar, redundant wirkend und durch die Wasserfassung aus der Kapillarschicht kontrollierbar.

Literatur

Heisterkamp, J. (1996): Die Bedeutung von Stoffausfällungen für die Wirksamkeit von Kapillarsperren. Diplomarbeit im Fach Geographie, Universität Hamburg, 95 S

Melchior, S. (1993): Wasserhaushalt und Wirksamkeit mehrschichtiger Abdecksysteme für Deponien und Altlasten. Dissertation, Universität Hamburg. Hamburger Bodenkundl. Arbeiten 22, 330 S. + Anhang

Šimunek, J.; Vogel, T.; van Genuchten, M.Th. (1992): The SWMS_2D Code for Simulating Water Flow and Solute Transport in Two-Dimensional Variably Saturated Media. Vs. 1.1. Res. Report No. 126, U.S. Salinity Lab., ARS, USDA, Riverside, CA

Steinert, B. (1994): Eignung von Materialien für den Einsatz in Kapillarsperren. Diplomarbeit im Fachbereich Biologie, Universität Hamburg. 77 S. + Anhang

TA Siedlungsabfall (1993): Dritte Allgemeine Verwaltungsvorschrift zum Abfallgesetz, Technische Anleitung zur Verwertung, Behandlung und sonstigen Entsorgung von Siedlungsabfällen, vom 14.05.1993. Bundesratsdrucksache 594/92

von der Hude, N.; Jelinek, D.; Kämpf, M. (1994): Kapillarsperrensysteme für die Oberflächenabdichtung von Deponien und Altlasten. Schr. Angew. Geol. Karlsruhe, 34, 125-157

BMBF-Verbundforschungsvorhaben
Weiterentwicklung von Deponieabdichtungssystemen

Teilprojekt 45

Bedeutung von Auflast und Entwässerungsgrad für die Bodenwassercharakteristik von mineralischen Abdichtungen

Prof. Dr. Rainer Horn
Dr. Brian G. Richards
Dr. Thomas Baumgartl
Dipl.-Geoökol. Werner Gräsle

Prof. Dr. Klaus Bohne
Dr. Rudolf Plagge
Dipl.-Math. Martin Schmidt

Projektleitung: Bundesanstalt für Materialforschung und -prüfung (BAM), Berlin

Projektträger: Abfallwirtschaft und Altlastensanierung im Umweltbundesamt

Forschungsförderung: Bundesministerium für Bildung, Wissenschaft, Forschung und Technologie

Förderkennzeichen: 1440 569 A5 - 45

Kiel, Oktober 1995

1 Einleitung

Die Diskussion um ein langfristig sicheres Basis- und Oberflächenabdichtungssystem für Mülldeponien wird momentan sehr kontrovers geführt, wobei gemäß den Richtlinien der TA Siedlungsabfall (1993) substratspezifische physikalische und chemische Eigenschaften definiert worden sind, die es bei der Verwendung im Deponiebau zu berücksichtigen gilt. In diesem Zusammenhang werden in der Regel für Kontrolltests auch Proben aus Testfeldern entnommen und im Labor unter Standardbedingungen überprüft. Diese Untersuchungsbedingungen beschreiben jedoch nur den einmaligen Zustand zum Zeitpunkt des Einbaus des Substrates. Die Einflußkennwerte: Auflast, mögliche Be- und Entwässerung z. B. durch Grundwasserspiegelschwankungen unter einer gegebenen Auflast, Austrocknung aufgrund von Temperaturänderungen im Deponiekörper bleiben hierbei unberücksichtigt. Die Beurteilung der Eigenschaften eines Substrates unter hydraulischen Aspekten verlangt aber Kenntnisse der Bodeneigenschaften: Porengrößenverteilung und Tortuosität, wobei in der Regel von einer mechanisch starren Bodenmatrix ausgegangen wird. Vor allem tonige Substrate unterliegen jedoch bei Be- und Entwässerung Quellungs- und Schrumpfungsvorgängen, die ebenso wie unterschiedliche mechanische Auflasten zu Volumenänderungen beitragen können. Interaktionen zwischen mechanischen und hydraulischen Prozessen können Bodenbewegungen deutlich verstärken oder sich gegenseitig in ihrer Wirkung aufheben, so daß im letzteren Fall im Endeffekt sogar mit einem scheinbar starren System gerechnet werden könnte. Darüber hinaus gilt es aber auch, thermische Prozesse in ihrer Wirkung zu berücksichtigen. Hieraus ergibt sich, daß im Hinblick auf die Beantwortung der Frage, welches Substrat für Mülldeponiebasisabdichtungen verwendet werden kann, stets auch die Wechselwirkung zwischen mechanischen, hydraulischen und thermischen Prozessen Berücksichtigung finden muß, da ansonsten nicht sichergestellt werden kann, daß das nach der TA Siedlungsabfall (1993) als Basisabdichtung eingebaute Bodensubstrat auch langfristig wasserundurchlässig, mechanisch stabil und hydraulisch nicht oder nur sehr gering leitend bleibt.

2 Allgemeine Zielsetzung des eigenen Vorhabens

Gesamtziel des Teilvorhabens ist daher die Quantifizierung der auflast- und wasserspannungsabhängigen Änderung der Porengrößenverteilung und der Wasserleitfähigkeit in Mülldeponiebasisabdichtungen, wobei auch die durch partielle Quellung und Schrumpfung unter Auflast hervorgerufenen Scher- und Dehnbrüche hinsichtlich der Bodenwassercharakteristik erfaßt werden. In diesem Zusammenhang werden sowohl Wasserspannungs-/Wassergehaltsbeziehungen als auch Wasserspannungs-/Wasserleitfähigkeitsbeziehungen unter den jeweiligen Versuchsbedingungen (bedingte Seitendehnung = K_0-Versuch) quantifiziert und mit bestehenden Modellen parametrisiert. Diese Arbeiten werden anhand von ein- und dreiaxialen Kompressionsversuchen an den normalerweise für Abdichtungen verwendeten natürlichen, nicht aufbereiteten Tonen, aber auch an künstlichen Substraten durchgeführt. Zur Risikoabschätzung von Schrumpfrißbildungen unter Auflast in Mülldeponiebasisabdichtungen liefern diese Untersuchungen somit einen wesentlichen Beitrag, selbst wenn man berücksichtigt, daß in der Deponiebasisabdichtungstechnik heute häufig eine Kombinationsdichtung aus mineralischem Material und einer kostenintensiven Polyäthylenfolie verwendet wird.

In einem weiteren Teilvorhaben (Teilprojekt Renger) werden die temperaturabhängigen, dampfförmigen Stofftransporte ebenfalls mitbetrachtet, so daß auch die hierdurch induzierte Rißbildung die Eigenschaften des Substrates als Abdichtmaterial beeinträchtigt und somit auch das mittlere Risiko einer auf solche Risse konzentrierten Fließbewegung steigt. Folglich nimmt auch die Gefahr der Grundwasserkontamination zu, wenn auch die eingebaute Folienabdichtung im Laufe der Zeit (10 - 100 Jahre theoretische Lebensdauer) ebenfalls reißt und undicht wird.

Die in dem eigenen Teilprojekt erzielten Ergebnisse stellen die Basis für die Modellbildungsgruppen (Unterauftrag Prof. Bohne, Rostock und Dr. Richards, Brisbane/Australien) dar, durch die der Wasserfluß unter Koppelung von bodenmechanischen und hydraulischen Modellen berechnet wird. Beide Modelle unterscheiden sich im wesentlichen in der Berücksichtigung der auflast- und schrumpfungsabhängigen Änderung von hydraulischen Eingangskennwerten. Außerdem werden thermische Aspekte ebenfalls mit berücksichtigt.

3 Ergebnisse und zusammenfassende Diskussion

3.1 Ermittlung von mechanischen und physikalischen Kennwerten ausgesuchter Substrate (Prof. Dr. R. Horn)

Die Untersuchungen zur Bedeutung von Auflast und Entwässerung für die Bodenwassercharakteristik von Substraten haben gezeigt, daß Wasserleitfähigkeit und Wasserhaltevermögen sowohl von der Höhe der Auflast als auch von dem Grad der Entwässerung bzw. Häufigkeit von Be- und Entwässerung abhängen. Jede Entwässerung führt zum Auftreten von Zugspannungen, die erheblich größer sein können als Auflasten, mit denen ein Substrat z. B. beim Einbau verdichtet wurde bzw. Auflasten, die durch den Müllkörper selbst später hervorgerufen werden. Zugspannungen können entgegen theoretischen Überlegungen bereits bei Saugspannungen, die kleiner sind als eine aufgebrachte Auflast, Schrumpfungen verursachen. Das Schrumpfungsvermögen wird zusätzlich dadurch intensiviert, daß das Material zuvor durch Bewässerung (z. B. Grundwasserspiegelanstieg, Niederschlagsereignisse beim Bau einer Basisabdichtung, Leckagen in einer Abdichtungsfolie, Wiederbefeuchtung während des Einbaus) in der Lage war zu quellen. In dem Maße, wie der lagenförmige Einbau des Substrates durch eine dynamische Vibration begünstigt werden soll (z. B. Einsatz von Glattmantelwalzen, Schaffußwalzen) wird das Bodenmaterial homogenisiert, das im Boden befindliche Wasser unter Porenwasserüberdruck stärker mobilisiert und somit anschließend auch die Rückführung des Bodensubstrates in den Zustand der Normalschrumpfung erreicht. Je höher die dynamische Energie während der Aufbringung des Substrates ist, um so größer ist die Wahrscheinlichkeit, daß auch das im Boden befindliche Wasser unter Porenwasserüberdruck gerät und im Anschluß an den Einbau dann durch Umorientierung von Wassermeniskenkräften (konvex/konkav) auch zu einer intensiven Schrumpfrißbildung beiträgt. Jede Quellung kann somit auch unter Last auftreten und führt ebenso wie Schrumpfungsprozesse zu einer Orientierung von Partikeln auf einen maximalen Einregelungsgrad hin. Dieser ist bestimmt durch die Kennwerte Korngrößenverteilung und Tonmineralzusammensetzung. Je heterogener die Korngrößenverteilung ist, um so stärker kann das Substrat verdichtet werden, und damit steigt ebenfalls die Lagerungsdichte. Je ungleichförmiger allerdings das Substrat ist, um so größer sind auch die an den Grenzflächen zwischen den einzelnen Partikeln auftretenen Zugkräfte, vor allem dann, wenn unterschiedliche Substrateigenschaften und Oberflächenformen miteinander in Verbindung stehen. Folglich muß auch trotz der Dichtpackung mit Rißbildung gerechnet werden (s. z. B. Substrat "Karlsruhe"). Substrate mit einem homogenen und überwiegend aus Ton bestehendem Korngerüst zeigen eine geringere Rißgefährdung, sofern eine gleichmäßige Kornverteilung und identische Tonmineralogie vorliegt. Sobald hierbei jedoch Variationen in der Verteilung und Zusammensetzung auftreten, ergeben sich ebenso an den Übergängen Schwächezonen, die dann bevorzugt reißen. Gleichmäßige Körnung und identische tonmineralogische Eigenschaften des Substrates vermindern die Schrumpfrißgefährdung und damit auch die Gefahr, daß die Wasserleitfähigkeit in solchen gerissenen Substraten steigt. Solange die Eigenfestigkeit von Rißstrukturen geringer ist als die während der Quellung auftretenden Drücke, lassen sich derartige gerissene Systeme auch wieder verschließen, doch bleibt die höhere Kontinuität der noch vorhandenen Rißstrukturen erhalten (Substrate Schönwohld und Hademarschen). Grundsätzlich führen Quellungs- und Schrumpfungsvorgänge damit zu einer Rißbildung und irreversibler Strukturbildung mit dem Gefährdungspotential einer Erhöhung der Wasserleitfähigkeiten. Diese Strukturentwicklung findet auch unter Auflast statt. Die Rißbildung erfolgt hierbei bei Entwässerungssituationen, bei denen die Matrixpotentiale betragsmäßig größer sind als die Auflast. Schrumpfungsvorgänge finden jedoch auch bei Matrixpotentialen statt, die kleiner sind als eine aufgegebene Auflast. Folglich können die untersuchten Substrate nur sehr begrenzt als positiv für die Verwendung als Deponiebasisabdichtung eingesetzt werden.

3.1.1 Zusammenfassende Bewertung der untersuchten Substrate

In der folgenden Zusammenstellung sind die Substrate nach ihren Eigenschaften bzw. ihrer Charakteristik der Änderungen der Eigenschaften mit Be- und Entwässerungszyklen und mechanischen Auflasten bewertet. Als Kriterium dient ihre Eignung zur Verwendung von Basisabdichtungen unter bodenhydraulischen und mechanischen Gesichtspunkten.

Tabelle 6.31. Zusammenfassende Bewertung der untersuchten Substrate nach Eignungskriterien (SW = Schönwohld, HA = Hademarschen, KA = Karlsruhe Lößlehm, KAO = Kaolinit)

	SW	HA	KA	KAO
Erfüllung der Vorgaben für die gesättigte Wasserleitfähigkeit der homogenen auf Proctordichte eingefüllten Substrate nach der TA Siedlungsabfall	+	++	--	-
Zunahme der gesättigten Wasserleitfähigkeit nach mehreren Be- und Entwässerungszyklen	-	--	++	+
Heterogenität der Zusammensetzung der Bodenart	+	-	++	--
Heterogenität der Tonmineralzusammensetzung	-	+	++	--
Anteil quellfähiger Tonminerale in der Feinsubstanz	-	++	+	--
Verdichtung der Substrate und Verringerung der Porenziffer durch Meniskenkräfte bzw. Zugspannungen hervorgerufen durch Austrocknung	n.b.	n.b.	+	++
Quellungsdrücke nach Aufsättigung größer als Vorbelastung	-	+	--	++
Stabilität bei Drucksetzung	++	--	+	-
Widerstand gegen Scherverformung im ungesättigten Boden	+	--	++	-
Anzahl der visuell erkennbaren Risse des vorbelasteten luftgetrockneten Bodens	++	+	--	-

++ > + > - > -- / ++: sehr hoch; --: sehr niedrig; n.b.: nicht bestimmt

Aus der Zusammenstellung läßt sich damit ableiten, daß die Substrate HA und SW für die Verwendung als Basisabdichtungsmaterial besser geeignet sind als die Substrate KA und KAO. Die Zunahme der gesättigten Wasserleitfähigkeit nach mehreren Be- und Entwässerungszyklen ist im Substrat HA am geringsten, im Substrat KA am höchsten. Ein Vergleich der Bodenarten- und Tonmineralzusammensetzungen zeigt, daß zur Aufrechterhaltung der Eignungskriterien ein gewisses Maß an heterogener Tonmineralzusammensetzung mit einem hohen Anteil quellfähiger Tonminerale notwendig ist. Sehr homogene und sehr heterogene Körnungsverteilungen sind dagegen weniger gut zur Verhinderung von Rißbildungen bei Austrocknung geeignet. Die mechanische Stabilität als alleiniges Kriterium reicht für eine eindeutige Aussage nicht aus. Während das Substrat HA gegen mechanische Verformung wenig stabil ist, zeigt das ebenfalls als geeignetes Material einzustufende Substrat SW relativ hohe mechanische Stabilität. Entscheidend ist daher neben der mechanischen Stabilität das Potential der Einregelung und Orientierung von Partikeln eines austrocknenden bzw. aufsättigenden Substrates, das wiederum von der Tonmineralzusammensetzung und Heterogenität der Zusammensetzung der Bodenart geprägt wird. Kennzeichnend hierfür ist der Quellungsdruck, der gegen eine vorgegebene Vorbelastung aufgebracht werden muß. Während das Substrat KAO aufgrund der Homogenität der Tonmineralzusammensetzung hohe Quellungsdrücke bei Aufsättigung aufbaut, ist trotz der geringeren mechanischen Stabilität keine weitere Einregelung der Partikel möglich und führt schließlich zu einer erhöhten Wasserleitfähigkeit, durch Aggregierungsprozesse ausgelöst. Trotz gegensätzlicher Ausgangsbedingungen im Substrat KA läßt sich auch hier eine Erhöhung der gesättigten Wasserleitfähigkeit nach mehreren Be- und Entwässerungszyklen nicht verhindern. Folglich läßt sich aus diesen Untersuchungen ableiten, daß das Material am besten für die Verwendung als Basisabdichtung geeignet ist, das eine mittlere Heterogenität in der Zusammensetzung der Bodenart und Tonmineralogie mit einem hohen Anteil quellfähiger Tone aufweist. Des weiteren fördert eine geringere mechanische Stabilität eine weitere Verdichtung durch Auflasten und Austrocknungsprozesse, die in erster Linie von pedogenen Prozessen geprägt wird. Allerdings muß in diesem Zusammenhang erwähnt werden, daß die Art der Kompression sicherlich bautechnisch noch einmal bedacht werden muß, da durch konvexe Wassermeniskenkräfte in dem homogenisierten Substrat mit sehr hohen nachfolgenden Schrumpfrißbildungen trotz hoher Lagerungsdichten gerechnet werden muß. Dieses ist ein prinzipieller Nachteil aller momentan eingesetzten Verfahren.

3.2 Entwicklung eines Simulationsmodelles für den Wasser- und Dampftransport in Deponiebasisabdichtungssystemen unter Berücksichtigung von Auflast- und Temperaturgradienten (Prof. Dr. K. Bohne, Dipl.-Math. M. Schmidt, Dr. R. Plagge)

3.2.1 Problem

Zur Untersuchung der langjährigen Funktion einer Deponiebasisabdichtung kommen nur Simulationsmethoden in Betracht, die anhand kurzzeitiger Messungen validiert werden müssen. Das Problem der Austrocknung einer mineralischen Deponiebasisabdichtung unter einer Kunststoffdichtung besteht aus folgenden Teilproblemen:

1. Transport flüssigen Wassers durch hydraulische Gradienten unter isothermen Bedingungen

2. Wirkung der Auflast auf die hydraulischen Gradienten

3. Transport von Wärme durch Wärmeleitung und Konvektion unter Berücksichtigung der latenten Wärme durch Verdampfung und Kondensation

4. Transport flüssigen Wassers durch hydraulische Gradienten, die durch Temperaturdifferenzen entstehen

5. Diffusion von Wasserdampf infolge von Temperaturdifferenzen

Die Simulation dieser Transportprozesse wird durch folgende Umstände erschwert:

a. Sehr geringe Leitfähigkeitswerte der Dichtungsschicht

b. Extrem große Unterschiede zwischen den hydraulischen Eigenschaften der Dichtung und des Auflagers

c. Änderung der hydraulischen Materialeigenschaften durch Schrumpfung, die durch die Austrocknung eintritt und weiterhin durch die mechanische Auflast beeinflußt wird

d. Gegenseitige Beeinflussung von Dampfdruck und Porenwasserdruck

Die Beurteilung eines unter ausgewählten Bedingungen eingetretenen Zustandes im Hinblick auf die Rißbildung wirft schließlich ein bodenmechanisches Problem auf.

Es war die Aufgabe gestellt, ein Simulationsmodell zu entwickeln, welches die genannten Transportprozesse (1 - 5) unter den aufgeführten Bedingungen (a - d) abbildet.

3.2.2 Lösung

Die Differentialgleichungen, die die genannten Transporte beschrieben, wurden der physikalischen bzw. bodenphysikalischen Literatur entnommen. Dies sind vor allem das Gesetz von Darcy sowie die Differentialgleichungen nach Fick und Fourier für Gase und Wärme. Der thermisch bedingte Wassertransport wurde auf der Basis der Theorie von Philip & de Vries (1957) abgebildet. Ausgehend von den Erfahrungen von Schumacher (1991) und Hornung wurde auf die Vereinigung der Energie- und der Massenbilanzgleichungen in Form der Rchards-Gleichung (1974) verzichtet und die Methode der sog. gemischten finiten Elemente benutzt. Man erhält dann für jeden Knoten 4 Differentialgleichungen, die simultan zu lösen sind.

Zur Darstellung der Materialeigenschaften wurden die Gleichungen von Mualem (1976) und van Genuchten (1980) benutzt. Zur Abbildung der Schrumpfung wurde die Materialkoordinate von Smiles und Rosenthal (1968) verwendet. Die Beziehungen zwischen Auflast, Wasserzahl und Porenzahl wurden auf der Basis der Theorie von Groenevelt & Kay (1974) dargestellt. Da die Parameter dieser Funktionen nicht zur Verfügung standen, wurde zunächst mit einer vereinfachten linearen Funktion gearbeitet. Es wurde weiterhin die Möglichkeit geschaffen, für Intervalle von Porenzahlen unterschiedliche van-Genuchten-Parameter zu verwenden.

Das Modell (VALTRAUDE = **V**apor **A**nd **L**iquid **T**ransport in **U**nsaturated **D**eformable **E**nvironment) wurde in TURBO-PASCAL objektorientiert programmiert und mit einer Möglichkeit zur graphischen Ergebnisdarstellung versehen. Der Quelltext umfaßt ca. 5000 Zeilen. Das Programm führt auf modernen PC zu vertretbaren Rechenzeiten.

3.2.3 Vereinfachende Annahmen

Da ausschließlich ein Austrocknungsprozeß zu untersuchen war, kann die Hysterese der hydraulischen Funktionen vernachlässigt werden. Mit Rücksicht auf die horizontale Ausdehnung von Deponien, die ein Vielfaches der Mächtigkeit der Basisabdichtung beträgt, kann das Problem vertikal eindimensional betrachtet werden. Der Einfluß der Temperatur auf die hydraulische Leitfähigkeit ergibt sich ausschließlich aus einer temperaturabhängigen Viskosität.

3.2.4 Modellvalidierung

Das Modell wurde zunächst mit Problemfällen getestet, deren Ergebnisse aus analytischen Lösungen oder anderen, bereits gesicherten numerischen Verfahren bekannt waren. Dies waren

- Gleichgewichtseinstellung des Wassers in einem Bodenprofil

- Stationärer kapillarer Wasseraufstieg aus dem Grundwasser

- Instationärer Gravitationswasserabfluß

- Infiltration

Es wurde eine gute bis sehr gute Übereinstimmung zwischen den bekannten Lösungen und den Ergebnissen des Modells VALTRAUDE festgestellt. Insbesondere die Massenbilanz war nur mit einem sehr kleinen Fehler behaftet.

Sodann wurden Daten der Deponie Aurach zum weiteren Modelltest verwendet. Wegen der sehr wenigen zur Verfügung stehenden Meßwerte war ein Modelltest nur eingeschränkt möglich. Es wurde jedoch eine befriedigende Übereinstimmung mit den Ergebnissen des Modells SUMMIT (Döll 1996) gefunden, das auf einem anderen numerischen Verfahren basiert.

Schließlich wurde das Modell verwendet, um experimentelle Ergebnisse von Alemayehu (1993), die außerhalb dieses Vorhabens erarbeitet wurden, durch Simulation zu prüfen. Hierbei handelt es sich um Versuche zur Austrocknung dünner Tonschichten über Sand infolge wirkender Temperaturgradienten an 20 cm langen Bodensäulen. Auch hier wurde eine befriedigende Übereinstimmung für die ersten 60 Tage festgestellt. Die langsame Austrocknung bei längeren Zeiten ist experimentell sehr unsicher. Die für diese Simulationen verwendeten Parameter wurden nicht an den beobachteten Austrocknungsverlauf angepaßt, sondern stammten aus unabhängigen, wenn auch etwas unsicheren Messungen. Dies macht die experimentellen Daten wertvoll und bestätigt die Richtigkeit des Simulationsmodelles.

3.2.5 Modellanwendung

Weitere Modellanwendungen gehörten nicht zum Leistungsumfang des Vertrages. Bei dem Versuch, das Modell auf praktische Fälle anzuwenden, hat sich jedoch gezeigt, daß für interessierende Substrate die erforderlichen Materialeigenschaften nicht vollständig bekannt sind. Dies sind insbesondere

- Wasserspannungskurve zwischen 0 und ca. 50000 hPa bei verschiedener Auflast

- Hydraulische Leitfähigkeit etwa im gleichen Intervall unter ähnlichen Bedingungen

- Beziehung zwischen Porenzahl, Wasserzahl und Auflast

Versuche, die entsprechenden Parameter aus der Literatur zu entnehmen, waren teilweise erfolgreich, führten jedoch zu Ergebnissen, deren Gültigkeit nicht nachprüfbar ist.

3.2.6 Schlußfolgerungen

Das Modell arbeitet nach den bisherigen Erkenntnissen zufriedenstellend. Zukünftig sollte der Ermittlung hydraulischer Bodeneigenschaften von Tonen, bei denen Volumenänderungen und Auflast zu berücksichtigen sind, verstärkte Aufmerksamkeit geschenkt werden. Hierfür sind z. T. noch methodische Voraussetzungen zu schaffen, da die vorhandenen Meßmethoden im Hinblick auf die Größe des Meßbereiches und die Volumenänderungen des Substrates noch nicht ausreichend sind.

Daneben sollte versucht werden, auf der Basis geschätzter Parameter numerische Experimente mit Hilfe des Modelles VALTRAUDE zu machen, um den Einfluß des Temperaturgradienten, des Auflagers, des Grundwasserabstandes und anderer Bedingungen zu untersuchen.

Eine weitere Möglichkeit der nutzbringenden Modellanwendung besteht in der Kontrolle und zeitlichen Extrapolation von Meßdaten, die an der Oberflächenabdichtung der Deponie Hamburg-Georgswerder erhoben worden sind. Da hierfür ggf. Modifizierungen des Modells erforderlich sind (z. B. Berücksichtigung des Tagesganges der Temperatur) und die Parameterermittlung auch hier zu Problemen führen dürfte, könnte diese Aufgabe nur im Rahmen eines neuen Auftrages bearbeitet werden.

3.3 Modellentwicklung zur Berechnung der gekoppelten Wasser-, Wärmetransporte unter Auflast

Das vorliegende zweidimensionale Finite-Elemente-Modell kombiniert ein quasi statisches, elastoplastisches, bodenmechanisches Modell mit einem instationären, hydraulischen Modell auf der Grundlage der Richards-Gleichung. Beide Teilmodelle basieren auf mechanistischen Prinzipien und verzichten, soweit möglich, auf die Verwendung des Prinzips der effektiven Spannung, d. h. totale Spannung und Wasserspannung werden als 2 unabhängige Variable betrachtet. Daran schließt das Mechanikmodell neben linearen und nichtlinearen, elastischen Prozessen auch plastische und Bruchprozesse ein, wobei die Eigenschaften strukturierter Böden besonders berücksichtigt werden. Das hydraulische Teilmodell umfaßt auch Hysterese-Effekte, die für strukturierte Medien typischen Eigenschaften multimodaler Porensysteme sind dagegen noch nicht implementiert.

Wie in den Teilmodellen so wird auch bei der Kopplung beider Modelle versucht, möglichst viele bodenphysikalisch relevante Prozesse in die Modellformulierung zu integrieren. Dies erfolgt zum einen durch die Verwendung wasserspannungsabhängiger mechanischer sowie spannungsabhängiger hydraulischer Bodenkenngrößen, zum anderen durch die Betrachtung von je 2 Zustandsvariablen an Stelle von nur einer: Bei der mechanischen Spannung wird zwischen totaler und effektiver Spannung unterschieden, und an die Stelle der Wasserspannung tritt eine Differenzierung in entlastete Saugspannung und Porenwasserdruck. Schließlich werden Quellungs- und Schrumpfungsvorgänge durch eine Technik doppelter mechanischer Berechnung mit separatem Quellungs- und Lastdurchgang unter Verwendung der Methode der "initial stresses and strains" berücksichtigt.

Die Vielzahl der integrierten Prozesse eröffnet grundsätzlich ein sehr breites Anwendungsfeld des Modells für unterschiedlichste mechanische, hydraulische und gekoppelte Probleme. Diese hohe Flexibilität bedingt jedoch eine entsprechende Komplexität, verbunden mit einem hohen Parameterbedarf, der die experimentellen Möglichkeiten zur Bereitstellung ausreichender Meßdatensätze in vielen Fällen überfordert. Daher bewegt sich die Anwendung meistens im Bereich der inversen Modellierung, was dem Einsatz des Modells für Prognosezwecke, insbesondere unter Freilandbedingungen Grenzen setzt.

Darüber hinaus hat sich die Handhabung des Modells aufgrund seiner hohen Komplexität als relativ schwierig erwiesen. So ist für den erfolgreichen Einsatz des Modells eine langwierige und umfassende Einarbeitung sowie der Erwerb hinreichender Erfahrung unerläßliche Voraussetzung.

Anhand einiger Simulationsbeispiele konnten Einsatzmöglichkeiten und Leistungsfähigkeit des Modells demonstriert werden. Dabei ist die besondere Eignung für die Modellierung von Standardlaboruntersuchungen zur Vertiefung des Verständnisses der Prozeßabläufe hervorzuheben, da in diesen Fällen eine besonders gute Kenntnis der mechanischen Randbedingungen zuverlässigere Simulationen erlaubt, als dies unter Freilandbedingungen der Fall ist. Simulation von Kastenscherversuchen sowie von Zeitsetzungen in drainierten Ödometerexperimenten zeigen gute Übereinstimmung mit experimentellen Ergebnissen. Unregelmäßigkeiten in den experimentellen Abläufen (z. B. Ausquetschen von Bodenmaterial aus dem Ödometer) führen jedoch zwangsläufig zu entsprechend fehlerhaften Modellresultaten bzw. zum völligen Scheitern der Simulation. Die Möglichkeiten, mit Hilfe des Modells differenzierte Informationen über räumliche Verteilungsmuster von Porenwasserdrücken, mechanischen Spannungen oder Verformungen und deren zeitliche Entwicklung zu gewinnen, konnte anhand der Simulationsbeispiele aufgezeigt werden.

Als weiteres Einsatzfeld wurde die Anwendung des Modells auf Fragestellungen demonstriert, deren theoretisch-physikalische Grundlagen zwar gut verstanden sind, so daß der Einsatz des Modells begründbar ist, die sich einer meßtechnischen Erfassung jedoch (noch) weitgehend entziehen. So wurde für den Einsatz von Sensoren für mechanische Spannungszustände in Böden die Beeinflussung der Messung durch das Meßgerät und die Einbaugegebenheiten simuliert und daraus abgeleitete Konsequenzen für die Gestaltung des Meßgerätes aufgezeigt.

Zusammenfassend ist festzuhalten, daß die Bereitstellung genügend umfangreicher und geeignet strukturierter Meßdatensätze das zentrale Problem für den Einsatz derart breit angelegter Bodenmodelle darstellt. Insofern demonstriert das Modell die Tatsache, daß unser theoretisches Verständnis des komplexen Systems Boden deutlich weiter entwickelt ist als unsere meßtechnischen Möglichkeiten, die mechanischen und hydraulischen Bodeneigenschaften hinreichend genau und möglichst simultan zu erfassen. Sind ausreichende Datengrundlagen vorhanden, so ist - genügende Erfahrung des Anwenders vorausgesetzt - ein erfolgreicher Modelleinsatz möglich und bietet die Möglichkeit einer detaillierten Prozeßanalyse. Wie die Konzipierung von Modellrechnungen erfordert auch die Interpretation der Resultate einige Erfahrung sowie fundiertes Wissen sowohl über die zugrunde liegenden physikalischen Prozesse als auch über mögliche oder unvermeidbare numerische Störungen in den Simulationen.

4   Schlußbemerkungen

Im Abschlußbericht des Teilvorhabens 45 sind die Untersuchungen und ihre Ergebnisse ausführlich beschrieben, die Ergebnisse sollten bei der Überarbeitung von Vorschriften und Empfehlungen in die Diskussion eingebracht werden.

Das Teilprojekt [45] wurde betreut und/oder bearbeitet durch:

1.   Dr. rer. nat. T. Baumgartl, ehemals Institut für Pflanzenernährung und Bodenkunde, Universität Kiel, jetzt University of Queensland/Brisbane, Australien

2.   Dipl.-Geoökol. W. Gräsle, Institut für Pflanzenernährung und Bodenkunde, Universität Kiel

3.   Dipl.-Math. M. Schmidt, Institut für Bodenkunde, Universität Rostock

4.   Dr. R. Plagge, Institut für Bodenkunde, Universität Rostock

5.   Prof. Dr. R. Horn, Pflanzenernährung und Bodenkunde, Universität Kiel

6.   Dr. K. Bohne, Institut für Bodenkunde, Universität Rostock

7.   Dr. B.G. Richards, ehemals CSIRO, Qucat, Brisbane/Queensland, Australien

Literatur

Alemayehu (1993): Personal communication

Döll, P. (1996): Modelling of moisture movement under the influence of temperature gradients: Desiccation of mineral liners below landfills. Dissertation TU Berlin, Schriftenreihe Bodenökologie und Bodengenese der Fachgebiete Bodenkunde und Regionale Bodenkunde der TU Berlin, 20. 232 S.

Groenevelt, P. H.; Kay, B. D. (1974): On the interaction of water and heat transport in frozen and unfrozen soils: II. The liquid phase. Soil. Sci. Soc. Amer. Proc. 38. S. 400-404

Mualem, Y. (1976): A new model for predicting the hydraulic conductivity of unsaturated porous media. Water Resour. Res. 12, S. 513-522

Philip, J.R.; de Vries, D.A. (1957): Moisture movement in porous materials under temperature gradients. AGU Transactions 38, S. 222-232

Richards, B. G. (1974): The use of finite element method in the solution of the flow equations in soils. Proc. Int. Conf. on Finite Element Methods in Engineering. S. 533-547. Univ. of NSW, Sydney

Schumacher, S. (1991): Berechnung von Wasser- und Wärmeströmen in porösen Medien mit der Methode der gemischten finiten Elemente. Dissertation, Neubiberg

Smiles, D. E.; Rosenthal, M. J. (1968): The movement of water in swelling materials. Aus. J. Soil Res. S. 237-248

van Genuchten, M. Th. (1980): A closed-form equation for predicting the hydraulic conductivity of unsaturated soils. Soil Sci. Soc. Am. J. 44, S. 892-898

Der Abschlußbericht enthält ausführliche Literaturangaben, die jeweils im Anhang der Teilkapitel nachzuschlagen sind.

INSTITUT FÜR GRUNDBAU UND BODENMECHANIK

TECHNISCHE UNIVERSITÄT BRAUNSCHWEIG · PROF. DR.-ING. WALTER RODATZ

IGB·TUBS · Gaußstraße 2 · 38106 Braunschweig · Telefon (0531) 391-2730 · Telefax (0531) 391-4574

BMBF-Verbundforschungsvorhaben
Weiterentwicklung
von Deponieabdichtungssystemen

Teilprojekt 47

Spannungs-Verformungs-Verhalten feststoffreicher Dichtwandmassen für den Grundwasserschutz bei Deponien und Altlasten, Erarbeitung praxisnaher Prüfmethoden und Bewertungskriterien

Prof. Dr.-Ing. Walter Rodatz
Dipl.-Ing. Jan Kayser

Projektleitung:	Bundesanstalt für Materialforschung und -prüfung (BAM), Berlin
Projektträger:	Abfallwirtschaft und Altlastensanierung im Umweltbundesamt
Forschungsförderung:	Bundesministerium für Bildung, Wissenschaft, Forschung und Technologie
Förderkennzeichen:	1440 569 A5 - 47

Braunschweig, August 1993

1 Aufgabenstellung

Dichtwände dienen im Grundbau und Umweltschutz der Verringerung von Grundwasserströmungen. Ein besonders wirtschaftliches Herstellungsverfahren für Dichtwände ist das Einphasenverfahren, bei dem die frische Dichtwandmasse zunächst den offenen Schlitz stützt und nach dem Abbinden des Zementanteils ein festes, geringdurchlässiges Material bildet.

Innerhalb des im vorliegenden Abschlußbericht erläuterten Forschungsvorhabens war das Spannungs-Verformungs-Verhalten von Dichtwandmassen für das Einphasenverfahren, insbesondere mit erhöhtem Feststoffanteil, anhand der in der Bodenmechanik üblichen Versuchstechniken zu untersuchen. Hierbei waren in Anlehnung an die Betontechnologie und die Bodenmechanik grundlegende Erkenntnisse über das Spannungs-Verformungs-Verhalten der DWM zu gewinnen und daraus praxisnahe Prüfmethoden und Bewertungskriterien zu erarbeiten.

2 Untersuchungsprogramm

2.1 Versuchstechniken

Das mechanische Verhalten der Dichtwandmasse wird durch die Festigkeitseigenschaften und die Last-Setzungs-Eigenschaften bestimmt.

Aus der Bodenmechanik wurden in das Untersuchungsprogramm zur Ermittlung der Festigkeitseigenschaften triaxiale und direkte Scherversuche so wie einaxiale Druckversuche übernommen, wobei der einaxiale Druckversuch ebenfalls in der Dichtwandmassentechnologie angewandt wird und so als Referenzversuch zur Verbindung von Bodenmechanik und DWM-Technologie dient.

Das Last-Setzungs-Verhalten wurde anhand von KD-Versuchen entsprechend der Bodenmechanik untersucht. Ebenso wurden die Festigkeitsuntersuchungen unter dem Gesichtspunkt des Last-Setzungs-Verhaltens ausgewertet.

2.2 Materialien und Probekörper

Untersucht wurden konventionelle und feststoffreiche Dichtwandmassen für das Einphasenverfahren. Die konventionellen DWM wurden entsprechend den gängigen Normen und Empfehlungen auf der Grundlage von Natrium-(Na-)Bentonit bzw. Calcium-(Ca-)-Bentonit hergestellt. An feststoffreichen Dichtwandmassen wurden Rezepturen z. T. mit Verflüssigerzugabe (wie sie in den Schlitz eingefüllt werden können) und konventionellen DWM mit Feststoffanreicherung (wie sie im Schlitz infolge Sandeintrag entstehen) untersucht.

Für die Herstellung der DWM wurden 2 verschiedene Ca-Bentonite und ein Na-Bentonit verwandt. Alle Bentonite sind bereits mehrfach beim Bau von Dichtwänden eingesetzt worden. Als hydraulisches Bindemittel wurde ein im Dichtwandbau üblicher HOZ 35 L NW HS NA der Firma Teutonia Zementwerke, Hannover, verwandt. Als Füllmaterial kam für die feststoffangereicherten DWM ein Quarzsand und für die feststoffreichen DWM ein Opalinustonmehl zum Einsatz.

Die feststoffreichen DWM wurden mit dem Produkt "Dynagrout DWR-C" der Hüls Troisdorf AG hergestellt. Das "DWR-C" wirkt als Verflüssiger.

Für die Herstellung der DWM wurde Braunschweiger Leitungswasser verwendet.

Im Anschluß an die DWM-Herstellung wurden die Suspensionskennwerte Dichte, Fließgrenze, Auslaufzeit und Filtratwasserabgabe bestimmt und die Proben für die Untersuchungen zum Spannungs-Verformungs-Verhalten der DWM hergestellt.

Die ermittelten Suspensionskennwerte, Durchlässigkeitsbeiwerte und Dichten der Probekörper zeigen, daß die auf ihr Spannungs-Verformungs-Verhalten geprüften DWM den gängigen Anforderungen bez. Verarbeitbarkeit und Durchlässigkeit entsprechen.

3 Festigkeitsuntersuchungen

3.1 Direkte Scherversuche

Für die direkten Scherversuche an DWM wurden Probekörper mit den Abmessungen $h = 4$ cm, $d = 8$ cm nach dem Einbau in das Kastenschergerät mit der jeweils vorgesehenen Auflast $\sigma_V = 100$, 200 oder 300 kPa 24 h lang belastet und danach mit einer Schergeschwindigkeit $v = 0{,}005$ mm/min bis zu einem Scherweg von mindestens 8 mm (= 20 %) abgeschert.

Direkte Scherversuche mit konventionellen DWM wurden im Probenalter von 7 - 198 Tagen (jeweils Beginn des Abschervorgangs) durchgeführt.

Die nach Mohr-Coulomb ermittelten Scherparameter stehen in keiner Beziehung zum Probenalter. Teilweise ergeben die Versuchsauswertungen unplausible Ergebnisse, z. B. negative Kohäsion oder negative Reibungswinkel. Ursache hierfür ist die sich im direkten Scherversuch sehr unregelmäßig ausbildende Scherfuge. Die tatsächliche Scherfläche reicht bis zu 5 mm über die durch das Kastenschergerät eigentlich vorgegebene Scherfuge hinaus.

Eine Festigkeitssteigerung mit zunehmendem Alter der DWM ist anhand der maximalen Schubspannungen in den einzelnen Teilversuchen der Scherversuche feststellbar. Es zeigte sich weiter, daß die maximalen Schubspannungen bei den unterschiedlichen Vertikallasten relativ nah zusammenliegen, d. h. die Festigkeit der DWM im direkten Scherversuch ist größtenteils unabhängig von der aufgebrachten Vertikallast.

Die Festigkeit der Ca-DWM liegt ca. 50 % über der Festigkeit der Na-DWM. Wesentliche Festigkeitssteigerungen sind nur bis zum Probenalter von ca. 120 Tagen erkennbar. Das Bruchverhalten der DWM ist i. d. R. spröde.

Bei den feststoffreichen DWM wurden in den direkten Scherversuchen wie schon bei den konventionellen DWM Ergebnisse ermittelt, die nur geringfügige Systematik erkennen lassen.

Die Versuchsergebnisse mit feststoffreichen DWM zeigen, daß bei Verwendung eines Verflüssigers eine leichte Verringerung der Kohäsion gegenüber der gleichen, ohne Verflüssiger hergestellten DWM eintritt. Die ermittelten Reibungswinkel streuen systemlos. Abhängigkeiten der Festigkeitsparameter von einer weiteren Feststoffanreicherung sind im direkten Scherversuch nicht erkennbar.

3.2 Triaxialversuche

Für die Triaxialversuche mit DWM wurden Probekörper mit den Abmessungen $h = 72$ mm und $d = 36$ mm hergestellt und im Alter zwischen 17 und 111 Tagen unter unkonsolidierten und undrainierten Bedingungen geprüft (UU-Versuche). Die σ_3-Spannungen betrugen in den jeweils 3 durchgeführten Teilversuchen $\sigma_3 = 100$, 200 und 300 kPa.

Ähnlich wie bei dem direkten Scherversuch waren die Streuungen auch zwischen den Teilversuchen der Triaxialversuche relativ groß. Abhängigkeiten zwischen der Festigkeit und der σ_3-Spannung konnten nicht festgestellt werden bzw. werden von Versuchsungenauigkeiten überlagert. Die Ca-DWM besitzen eine um ca. den Faktor 1,5 größere Festigkeit als die Na-DWM.

Versuche unter konsolidierten und drainierten Bedingungen waren zunächst geplant, konnten aber wegen eines Anlagendefektes im zur Verfügung stehenden Zeitrahmen, ebenso wie Versuche an den feststoffreichen DWM, nicht durchgeführt werden.

3.3 Einaxiale Druckversuche

In den Vorversuchen für die einaxialen Druckversuche ergaben sich keine signifikanten Abhängigkeiten zwischen den Versuchsergebnissen und der Versuchsgeschwindigkeit im Bereich zwischen 0,4 - 2,0 mm/min. Die Prüfkörper für die einaxialen Druckversuche besaßen die Abmessungen h = 20 cm und d = 10 cm. Diese Prüfkörper wurden in die Prüfpresse eingebaut und mit konstanter Vorschubgeschwindigkeit von v = 2,0 mm/min = 1 % je min. belastet.

An den konventionellen DWM wurden einaxiale Druckversuche im Probenalter zwischen 7 und 196 Tagen durchgeführt. Die Entwicklung der Druckfestigkeit q_u über der Zeit zeigt Abb. 6.147.

Deutlich erkennbar ist die um ca. den Faktor 2 größere Festigkeit der Ca-DWM gegenüber der Na-DWM. Die Festigkeitsentwicklung ist nach ca. 100 Tagen nahezu abgeschlossen.

Die Bruchstauchung lag bei der Ca-DWM und der Na-DWM unabhängig vom Probenalter zwischen 0,4 und 0,7 %.

An den feststoffreichen DWM wurden einaxiale Druckversuche im Probenalter von 7, 14 und 28 Tagen durchgeführt. Hierbei zeigte sich deutlich die Wirkung des Verflüssigers. Gegenüber der Grundmischung ohne Verflüssiger besitzen die Mischungen mit Verflüssiger eine um ca. 150 kPa niedrigere Festigkeit, was in einer verzögerten Festigkeitsentwicklung oder in einer absoluten Festigkeitsverringerung begründet sein kann.

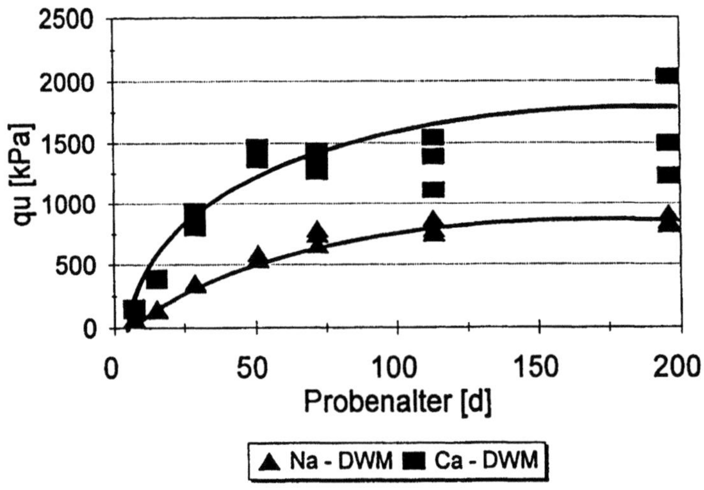

Abb. 6.147. Einaxiale Druckfestigkeit q_u konventioneller DWM über der Zeit

Insgesamt ist für die Druckfestigkeit die Bentonitart von größerer Bedeutung als der Feststoffgehalt. Die Ca-DWM liegen in den Druckfestigkeiten bei gleichen Feststoffgehalten deutlich 3- bis 4fach über den Werten der Na-DWM.

3.4 Zusammenfassung der Festigkeitsuntersuchungen

Die Triaxialversuche mit unterschiedlichen Horizontalspannungen und die Einaxialversuche mit freier Seitenausdehnung zeigen, daß die undrainierten Festigkeiten von DWM unabhängig vom Horizontaldruck und somit unabhängig von der Dichtwandtiefe sind. Die Ergebnisse zeigten zwischen c_u und q_u einen linearen Zusammenhang in der Form $q_u = 1,8\ c_u$.

Die direkten Scherversuche erwiesen sich bei einer Auswertung nach Mohr-Coulomb als relativ ungenau zur Beschreibung des Festigkeitsverhaltens der DWM. Trotzdem wird hier offensichtlich, daß es sich bei den DWM um Materialien mit metallischen Festigkeitseigenschaften handelt. Eine weitere Untersuchung dieses Phänomens sollte in Triaxial-Scherversuchen durchgeführt werden, bei denen sich die Scherfuge frei ausbilden kann.

Bei allen Versuchen zur Festigkeit von DWM zeigte sich der bedeutende Einfluß der Bentonitart auf das Festigkeitsverhalten. Die Ca-DWM haben deutlich höhere Festigkeiten als die Na-DWM. Ein erhöhter Sandgehalt in den DWM wirkt sich kaum auf die Festigkeit aus.

Die Festigkeitsentwicklung von DWM ist nach 100 Tagen i. d. R. nahezu abgeschlossen.

4 Untersuchungen zum Last-Setzungs-Verhalten

4.1 Kompressions-Versuche

Kompressions (KD)-Versuche werden im Ödometer durchgeführt. Die Schalkörper, die gleichzeitig als Ödometerring dienen, wurden in den Abmessungen h = 3,0 cm und d = 10,0 cm hergestellt. Die Wandstärke von 12 mm verhindert eine Seitenausdehnung der DWM-Probe unter hohen Lasten.

Die für DWM charakteristische Last-Setzungs-Linie aus dem KD-Versuch zeigt in den unteren Laststufen bodenähnliches Verhalten mit geringen elastischen Verformungen [10 - 20 % der Gesamtsetzung (s. ausf. Bericht)] und mit zunehmender Last ein Ansteigen des E-Moduls. Ab einer Grenzlast kommt es jedoch zu plötzlich stark ansteigenden Setzungen, die sich in einem überproportionalen Gefälleanstieg der Last-Setzungs-Linie zeigen. Die großen Setzungen resultieren aus einem Zusammenbruch der inneren Strukturen der DWM beim Überschreiten der Grenzlast ("Strukturzusammenbruch").

Verdeutlicht werden die überproportional hohen Setzungen beim linearen Auftrag der Setzungen über der Auflast in Abb. 6.148. Nach anfangs parabelförmigem Verlauf der Kurve war der Setzungsbetrag oberhalb einer Grenzspannung deutlich größer.

Bei den Na-DWM wurde die Grenzspannung in allen Versuchen erreicht, während bei den Ca-DWM die Grenzspannung ab 4 Wochen Probenalter über der von der Belastungseinheit maximal aufbringbaren Vertikallast lag. Für die Probenalter von 4 - 10 Wochen konnte extrapoliert werden.

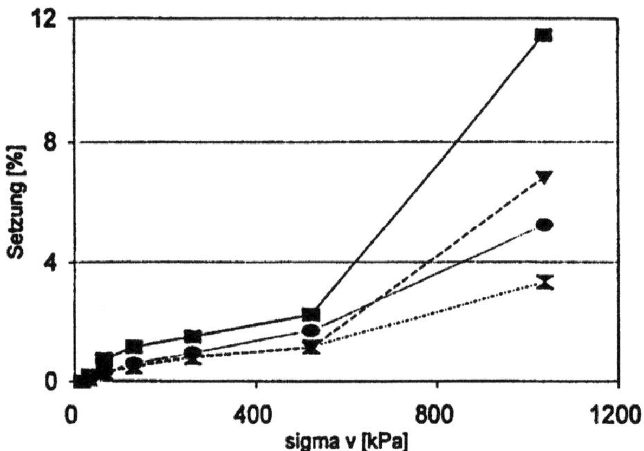

Abb. 6.148.   Setzungen in Abhängigkeit von der Auflast (hier: Na-DWM). Probenalter:
□: 7 Wochen, ∇: 10 Wochen, O: 16 Wochen, x: 28 Wochen

In Abb. 6.149 sind die für die unterschiedlichen Probenalter ermittelten Grenzspannungen
aufgetragen.

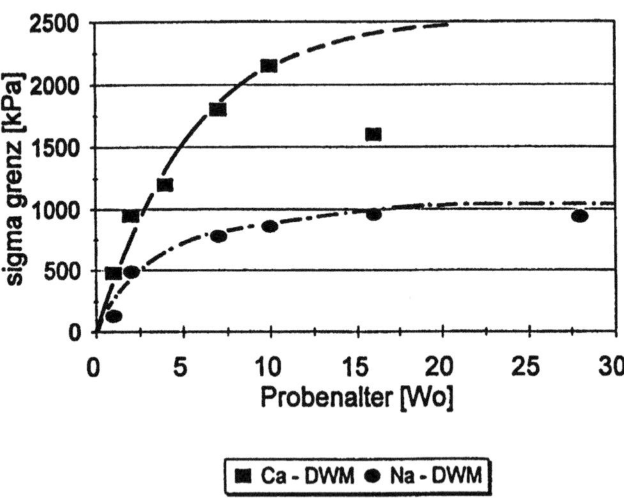

Abb. 6.149.   Grenzspannungen für die unterschiedlichen Probenalter

Die Darstellung zeigt, daß die Grenzspannung der Ca-DWM deutlich (ca. Faktor 3) höher
liegt als die Grenzspannung der Na-DWM. Die innere Struktur der Ca-DWM ist also wesentlich stabiler als die Struktur der Na-DWM.

Das Zeit-Setzungs-Verhalten der konventionellen DWM zeigt bei allen Versuchen ein schnelles Abklingen der Setzungen nach ca. 5 min. mit anschließend lange anhaltenden Kriechsetzungen.

An den feststoffreichen DWM wurden KD-Versuche im Probenalter von 7 - 28 Tagen durchgeführt. Hierbei wurden die Grenzspannungen i. d. R. nicht erreicht, was in dem hohen Feststoffanteil und der verwendeten Bentonitart (Ca-Bentonit) begründet ist. Die Steifigkeit der DWM steigt hier mit wachsendem Feststoffanteil. Offensichtlich kann hier durch den hohen Feststoffanteil ein engeres und somit steiferes Korngerüst aufgebaut werden als bei den feststoffärmeren Mischungen.

Die Verwendung eines Verflüssigers hat offensichtlich keinen wesentlichen Einfluß auf das Last-Setzungs-Verhalten der DWM bei verhinderter Seitenausdehnung.

Bei den einaxialen Druckversuchen wurden neben der einaxialen Druckfestigkeit q_u der Elastizitätsmodul E als Sekantenmodul zwischen 30 und 70 % der Druckfestigkeit ermittelt. Die Entwicklung des E-Moduls im Verlauf der Zeit entspricht qualitativ dem Verlauf der einaxialen Druckfestigkeit (vgl. Abb. 6.147). Die Ca-DWM sind deutlich steifer als die Na-DWM. Die Steifigkeitsentwicklung infolge fortschreitender Hydratation ist wie die Druckfestigkeitsentwicklung nach ca. 100 Tagen nahezu abgeschlossen.

An den feststoffreichen DWM zeigt sich parallel zur Druckfestigkeit die Wirkung des Verflüssigers in einer Verringerung des E-Moduls. Eine Sandanreicherung hat weder bei den feststoffreichen DWM noch bei den feststoffangereicherten, konventionellen DWM einen Einfluß auf die Elastizität.

Bei freier Seitenausdehnung hat die Bentonitart größeren Einfluß auf die elastischen Eigenschaften der DWM als der Feststoffgehalt in der Dichtwandmasse.

4.2   Zusammenfassung des Last-Setzungs-Verhaltens von DWM

Entscheidenden Einfluß auf das Last-Setzungs-Verhalten von DWM hat die verwendete Bentonitart. In allen Untersuchungen zeigte sich bei den Ca-DWM eine wesentlich größere Steifigkeit als bei den Na-DWM.

Bei freier Seitenausdehnung ist der Feststoffanteil der DWM ohne Einfluß auf das Last-Setzungs-Verhalten.

Bei verhinderter Seitenausdehnung konnte eine Grenzspannung nachgewiesen werden, bei der es zum Zusammenbruch der inneren Struktur der DWM kommt. Die Größe dieser Grenzspannung wird wesentlich von der verwendeten Bentonitart beeinflußt.

Ein anhand der Größenordnungen zu vermutender Zusammenhang zwischen der einaxialen Druckfestigkeit und der Grenzspannung im KD-Versuch konnte innerhalb des Untersuchungsprogramms nicht nachgewiesen werden.

Das Last-Setzungs-Verhalten der DWM erfuhr nach ca. 100 Tagen Hydratation keine wesentlichen Änderungen mehr.

5   Untersuchungen an DWM aus einer hergestellten Dichtwand

Im Rahmen von Bauarbeiten bei einer Deponie wurde der obere Teil einer Dichtwand freigelegt. Aus dem freigelegten Teil der 5 Jahre alten Dichtwand wurden Proben entnommen und in direkten Scherversuchen und in KD-Versuchen untersucht. Die Versuchsergebnisse bestätigen die Kennwerte der im Labor hergestellten DWM. Über lange Zeiträume ist also nicht mit grundsätzlichen Strukturänderungen in der Dichtwand zu rechnen.

6   Abschlußbetrachtungen

6.1   Zusammenfassung der Untersuchungen

Die Festigkeitsuntersuchungen an DWM zeigen, daß es sich bei DWM offensichtlich um rein kohäsives Material mit mehr metallischen Festigkeitseigenschaften handelt. Dies hat zur Folge, daß in hohen Spannungsbereichen die Dichtwand geringere Festigkeiten hat als ein auf Reibung tragendes Lockergestein.

Das Spannungs-Verformungs-Verhalten der DWM wird wesentlich von der verwendeten Bentonitart beeinflußt. Die Ca-DWM sind deutlich fester und steifer als die Na-DWM.

Bei verhinderter Seitendehnung besitzen DWM eine Grenzspannung, oberhalb derer es zu einem plötzlichen Zusammenbruch der inneren Struktur kommt. Sowohl vor als auch nach dem Strukturzusammenbruch waren deutliche Kriecherscheinungen feststellbar.

Die Hydratation der DWM ist nach 100 Tagen so weit abgeschlossen, daß danach keine wesentlichen Änderungen des Spannungs-Verformungs-Verhaltens mehr auftreten.

Insgesamt zeigen die Untersuchungsergebnisse sehr deutlich, daß die häufig gestellte Forderung nach gleichem Spannungs-Verformungs-Verhalten von Dichtwandmasse und umgebenden Boden von zementgebundenen DWM i. d. R. nicht erfüllt wird. Hieraus ist zu folgern, daß bei möglichen Bewegungen des umgebenden Bodens die Gefährdung der Dichtwand auch mechanische Überbeanspruchung, z. B. mit Hilfe von FE-Berechnungen abgeschätzt werden muß.

Die Erarbeitung konkreter Prüfmethoden und Prüfkriterien zur Erfassung des Spannungs-Verformungs-Verhaltens von DWM anhand der durchgeführten bodenmechanischen Untersuchungen erweist sich aufgrund der so ermittelten Kennwerte wegen der großen Ergebnisstreuungen, die in den für kohäsive Materialien letztendlich als unzulänglich zu beurteilenden direkten Scherversuchen begründet sind, als z. Z. nicht durchführbar. Tendenziell konnten jedoch Korrelationen zwischen den Ergebnissen der direkten Scherversuche und den einaxialen Druckversuchen festgestellt werden.

6.2   Ausblick

Die Ergebnisse der Festigkeitsuntersuchungen zeigen, daß die bodenmechanischen Untersuchungsmethoden zur Prüfung des Spannungs-Verformungs-Verhaltens von DWM nur bedingt geeignet sind. Hier sollten andere Untersuchungsmethoden, z. B. in Anlehnung an die Bau- und Werkstofftechnologie, den speziellen Gegebenheiten von DWM angepaßt angewandt werden. Insbesondere das bei den Last-Setzungs-Versuchen im Ödometer festgestellte Kriechverhalten sollte hier genauer ins Auge gefaßt werden.

Weiterhin könnte der Zusammenhang zwischen auflastabhängigen Festigkeiten und einaxialen Druckversuchen genauer untersucht werden. Erfolgversprechend sind hier wahrscheinlich triaxiale Scherversuche, bei denen sich die Scherfläche frei ausbilden kann.

Fachhochschule Rheinland-Pfalz, Abteilung Trier,

Fachgebiet Bauverfahrenstechnik und Bauwirtschaft

Prof. Dr.-Ing. Harald Beitzel

BMBF-Verbundforschungsvorhaben
Weiterentwicklung von
Deponieabdichtungssystemen

Teilprojekt 48

Verfahrenstechnische Optimierung des Herstellungsprozesses mineralischer Abdichtungssysteme im Deponiebau

Prof. Dr.-Ing. Harald Beitzel
Dipl.-Geol. Momir Bjelanovic

Projektleitung:	Bundesanstalt für Materialforschung und -prüfung (BAM), Berlin
Projektträger:	Abfallwirtschaft und Altlastensanierung im Umweltbundesamt
Forschungsförderung:	Bundesministerium für Bildung, Wissenschaft, Forschung und Technologie
Förderkennzeichen:	1440 569 A5 - 48

Trier, Dezember 1992

1 Einleitung

Das wichtigste Ziel der Weiterentwicklung von Deponieabdichtungssystemen ist es, eine wirksamere Abdichtung von Deponien und dadurch einen besseren Schutz der Umwelt zu erreichen. Das Forschungsprojekt "Verfahrenstechnische Optimierung des Herstellungsprozesses mineralischer Abdichtungssysteme im Deponiebau" hat zu diesem Ziel einen wesentlichen Beitrag geleistet: Das Mischen des mineralischen Abdichtungsmaterials direkt am Einbauort ermöglicht einen höheren Homogenisierungsgrad und dadurch einen geringeren Schadstoffaustrag aus der Deponie. Die Forschungsergebnisse lassen sich für kornabgestufte Mineralgemische und schluffige Materialien unmittelbar in die Praxis umsetzen, für Tone bedarf die Anwendung weiterer Forschungsarbeit.

2 Aufbau des Mischsystems

Ziel des Forschungsprojektes war es, den Einsatz eines mobilen Mischsystems zur Herstellung mineralischer Abdichtungen zu untersuchen. Als Mischsystem wurde ein Gegenstrommischer eingesetzt. Abweichend vom im Transportbetonbau benutzten Fahrmischer ist hier die Mischtrommel mit einer Außen- und Innenwendel ausgerüstet. Das Mischgut wird mittels Außenwendel zum Trommelboden und mittels gegenläufiger Innenwendel kontinuierlich in Richtung Trommelöffnung gefördert. Dieses Prinzip ermöglicht die Homogenisierung der Materialien. Die Wasserzugabe erfolgt über einen zentralen Drehverteiler, Wasserkanäle und eine Vielzahl von Düsen an der Innenwendel. Die Betriebsparameter werden über eine Rechnereinheit gesteuert. Das Fahrzeug ist mit einem Wassertank ausgerüstet, die Beschickung erfolgt über eine Dosiereinrichtung. Das Gerät kann die Materialien trocken zur Einbaustelle transportieren, was weite Transportwege ermöglicht. Der größte Vorteil des mobilen Mischsystems ist es, daß die Homogenisierung direkt am Einbauort erfolgt.

3 Bodenmechanische Untersuchungen

Drei Abdichtungsmaterialarten wurden untersucht:

- Kornabgestuftes Mineralgemisch mit 5 Gew.-% Bentonitzugabe

- Toniger Schluff mit 2 Gew.-% Bentonitzugabe

- Schluffiger Ton (ohne Bentonitvergütung)

Die wichtigsten Ergebnisse der bodenmechanischen Untersuchungen können wie folgt in Tabelle 6.32 zusammengefaßt werden:

Tabelle 6.32. Bodenmechanische Parameter der untersuchten Abdichtungsmaterialien

Parameter	Kornabgestuftes Mineralgemisch	Toniger Schluff	Schluffiger Ton
Proctordichte g/cm^3	2,00 - 1,87	1,79 - 1,67	1,78 - 1,67
Einbauwassergehalt, Gew.-%	10 - 14	17,9 - 19,8	18,2 - 23,2
Fließgrenze w_L, %		40 - 44,7	47,8 - 53,2
Ausrollgrenze w_P, %		16 - 20	22,6 - 26,6
Plastizitätszahl I_P, %		20,0 - 28,7	25,0 - 30,6
k-Wert, m/s	$5 \cdot 10^{-11}$	$(4\text{-}6) \cdot 10^{-11}$	$< 3 \cdot 10^{-11}$

4   Kleinmaßstäbliche Untersuchungen

Im Rahmen von kleinmaßstäblichen Mischversuchen wurden Grundlagen über die Einflüsse der betrieblichen Parameter des Mischsystems auf den Mischprozeß erarbeitet. Die den Mischprozeß beeinflussenden Parameter sind:

- Systemspezifische Parameter

    Geometrie des Mischraumes

    Geometrie der Mischwerkzeuge

- Stoffspezifische (bodenmechanische) Parameter

    Körnungslinie

    Kornform

    Wassergehalt

    Plastizität

    Kohäsion

- Periphere Parameter

    Periphere Geräte

    Wirtschaftlichkeit

- Betriebsspezifische Parameter

    Füllhöhe

    Mischzeit

    Reihenfolge der Beschickung

    Zeitpunkt der Wasserzugabe

    Umdrehungsgeschwindigkeit

In den kleinmaßstäblichen Versuchen wurden v. a. die betriebsspezifischen Parameter variiert. Des weiteren wurden folgende Analysen durchgeführt:

- Erfassung von Schwankungen im Einbauwassergehalt

- Ermittlung der stofflichen Homogenität durch ein Auszählverfahren

- Darstellung der stofflichen Homogenität in Abhängigkeit von betrieblichen Parametern

- Erfassung von Adhäsionsproblemen in Abhängigkeit der stofflichen und betrieblichen Parameter

- Ermittlung der Entleergeschwindigkeiten in Abhängigkeit der stofflichen und betrieblichen Parameter

Die kleinmaßstäblichen Mischversuche haben folgende Ergebnisse geliefert (die Angaben für Adhäsion bedeuten den in der Mischtrommel bleibenden Restanteil des Mischgutes nach Abschluß des Entleerprozesses):

a)   Kornabgestuftes Mineralgemisch

Schwankung des Wassergehaltes: < 3 Gew.-%

Homogenität: 80 - 91 %

Optimale Beschickungsfolge: Sand / toniger Schluff / Bentonit / Wasser

Füllgrad des Mischraumes: 75 %

Adhäsion bei optimaler Beschickungsfolge: 1 - 5 Gew.-%

Entleergeschwindigkeit: 150 - 800 kg/min

b) Toniger Schluff

Schwankung des Wassergehaltes: < 3 Gew.-%

Homogenität: > 88 %

Optimale Beschickungsfolge: Bentonit / Wasser / Schluff

Adhäsion: im ungünstigsten Fall: 87 Gew.-%

bei optimaler Beschickungsfolge: 6 Gew.-%

Entleergeschwindigkeit: 340 - 420 kg/min

c) Schluffiger Ton

Schwankung des Wassergehaltes: 6 Gew.-%

Homogenität: 81 bis 93 % - eine Aufbereitung ist notwendig

Adhäsion: 20 - 92 Gew.-%

Entleergeschwindigkeit: 112 - 487 kg/min

5 Mischversuche im Baustellenmaßstab

Im Rahmen der Mischversuche im Baustellenmaßstab wurden zahlreiche Mischungen herge-stellt. Aus diesen Mischungen wurden Abdichtungen im Versuchsfeld eingebaut und deren Güte ermittelt. Die Verdichtung erfolgte mit einer Stampffußwalze. Die Dichte der eingebau-ten Abdichtung wurde sowohl über direkte Volumenbestimmung mit dem Ausstechzylinder als auch mit dem Densitometer bestimmt. Die Durchlässigkeit wurde im Labor und parallel im Feld mittels Standrohre gemessen.

Aufgrund des Maßes der Adhäsion beim schluffigen Ton wurden baustellenmaßstäbliche Mischversuche nur mit den ersten beiden Materialien durchgeführt. Aus kornabgestuftem Mi-neralgemisch wurden 50 m^3 hergestellt, eingebaut und verdichtet. Mit zunehmender Anzahl von Mischungen nähert sich der Restinhalt der Trommel asymptotisch dem Grenzwert 20 Gew.-%. Die aus Ausstechzylinder ermittelten Trockendichten lagen zwischen 2,0 und 1,87 g/cm^3 bei 10 - 14 % Wassergehalt. Die k-Werte betrugen 4,1 - 4,5 · 10^{-11} m/s. Aus toni-gem Schluff wurden 40 m^3 hergestellt und eingebaut. Der Restinhalt in der Mischtrommel stieg mit zunehmender Anzahl von Mischungen auf 48 % an. Die anhand von Ausstechzylin-der-Proben ermittelte Trockendichte betrug 1,79 - 1,67 g/cm^3 bei 17,9 - 20,0 % Wassergehalt.

6 Bauwirtschaftliche Untersuchung

Das mobile Mischsystem (mixed in mobile plant) wurde in einer bauwirtschaftlichen Studie anhand dreier Baumaßnahmen mit dem "Mixed-in-plant"- und dem "Mixed-in-place" -Verfahren verglichen:

- Sanierung: Bauzeit: 1 Monat,   Volumen: 5.250 m³, Leistung: 30 m³/h

- Erweiterung: Bauzeit: 3 Monate,   Volumen: 31.500 m³, Leistung: 60 m³/h

- Neubau: Bauzeit: 3 Monate,   Volumen: 50.400 m³, Leistung: 100 m³/h

Die Gesamtkosten setzen sich wie folgt zusammen:

- Installation

    Auf- und Abbau der Anlagen

    Transport zur Baustelle

    Vorhaltekosten der Maschinen und Geräte während Auf- und Abbau sowie Transport

    Kosten für Fundamente usw.

- Geräteeinsatz

    Vorhaltung

    Betriebsstoffe

    Löhne für Bedienung

Unberücksichtigt blieben die Material- und Transportkosten für das Mineralgemisch und den Bentonit, Gewinnungs- und Aufbereitungskosten und die Kosten für die Qualitätskontrolle.

Die Ergebnisse der Kostenanalyse sind in Tabelle 6.33 aufgeführt:

Tabelle 6.33. Kostenvergleich verschiedener Einbaumethoden für die mineralische Schicht

	Gesamtkosten (TDM)		
	Sanierung	Erweiterung	Neubau
Mixed in plant	179	458	656
Mixed in mobile plant	117	517	856
Mixed in place	76	366	437

Das Mixed-in-place-Verfahren ist die billigste Methode, liefert aber keine gleichbleibende Qualität. Die Installationskosten der Geräte beim Mixed-in-mobile-plant-Verfahren sind sehr gering, sein Einsatz ist besonders bei kleinen Baumaßnahmen günstig.

7 Empfehlungen für die Praxis

- Wasserzuleitung durch den Mischerboden

- Erhöhung der Entleergeschwindigkeit durch eine regulierbare Trommelachse

- Minderung der Adhäsion durch gleitfähigere Werkstoffe für die Wandung und Mischwendel

- Erhöhung der Geländegängigkeit des Mischers durch Änderung des Fahrwerks

- Einsatz bei kleineren Baumaßnahmen im Deponiebau und Altlastensanierung

Zusammenfassend kann festgestellt werden: Kornabgestufte Mineralgemische ließen sich besonders gut, schluffige Materialien unter Einhaltung bestimmter Beschickungsreihenfolgen gut homogenisieren. Tonige Materialien konnten bei Wassergehalten unter 20 Gew.-% homogenisiert werden, bei höheren Wassergehalten traten Adhäsionsprobleme auf. Versuche im Baustellenbetrieb bestätigten die gute Homogenisierbarkeit von kornabgestuften Mineralgemischen. Zur Behebung der Adhäsionsprobleme bei tonigen Materialien sind maschinentechnische und werkstofftechnologische Änderungen notwendig. Bauwirtschaftliche Untersuchungen zeigen, daß die Installationskosten des mobilen Mischsystems gering sind, die Anlage arbeitet besonders bei kleineren Baumaßnahmen kostengünstig. Das eingesetzte Mischsystem stellt eine modifizierte Version eines im Betonbau üblichen Mischsystems dar. Durch Anwendung der Ergebnisse des Forschungsvorhabens kann das neue Mischsystem im Deponiebau Anwendung finden, so daß mittelständige Unternehmen ein neues Einsatzfeld für ihre Maschinen finden können.

INSTITUT FÜR GRUNDBAU UND BODENMECHANIK
TECHNISCHE UNIVERSITÄT BRAUNSCHWEIG · PROF. DR.-ING. WALTER RODATZ · IGB·TUBS

IGB·TUBS · Gaußstraße 2 · 38106 Braunschweig · Telefon (0531) 391-2730 · Telefax (0531) 391-4574

BMBF-Verbundforschungsvorhaben
Weiterentwicklung
von Deponieabdichtungssystemen

Teilprojekt 51

Durchlässigkeit und Spannungs-Verformungs-Verhalten faserbewehrter Böden für Deponieabdichtungssysteme

Prof. Dr.-Ing. Walter Rodatz
Dipl.-Ing. Wolfgang Oltmanns

Projektleitung: Bundesanstalt für Materialforschung
                           und -prüfung (BAM), Berlin
Projektträger: Abfallwirtschaft und Altlastensanierung
                           im Umweltbundesamt
Forschungsförderung: Bundesministerium für Bildung,
                           Wissenschaft, Forschung und Technologie
Förderkennzeichen: 1440 569 A5 - 51

Braunschweig, April 1994

1 Einleitung

Nach dem aktuellen Stand der Deponietechnik wird insbesondere mineralischen Schichten in Deponieabdichtungssystemen die Funktion der dauerhaften Sicherung der Deponieinhaltsstoffe zugewiesen. Damit mineralische Abdichtungen diese Sicherung gewährleisten, muß die Barriere langfristig wirksam sein. Weder aus der Wechselwirkung zwischen Dichtungsmaterial und Deponieinhaltsstoffen noch aus Verformungen oder mechanischen und temperaturbedingten Beanspruchungen dürfen unzulässige Durchlässigkeiten für Deponiesickerwässer oder -gase entstehen.

Beispielsweise können jedoch, bevorzugt bei feinkörnigen Böden und geringen Auflasten, temperaturbedingte Feuchteänderungen des mineralischen Dichtungsmaterials zu einer Verminderung der plastischen Verformbarkeit und zu Schrumpfrissen führen. Infolge ungleichförmiger Verformungseinwirkungen auf Abdichtungsschichten durch Last- bzw. Eigensetzungen im Untergrund oder im Deponiekörper bilden sich, abhängig vom Spannungsniveau und von der Konsistenz des Materials, Zugrisse oder Scherzonen aus, wobei vornehmlich bei Rißversagen ein unkontrollierter Durchtritt zu besorgen ist. Weiterhin können Festigkeitsüberschreitungen des Abdichtungsmaterials, z. B. in steilen Deponiebasis- oder Oberflächenböschungen, die Standsicherheit und damit die Funktiontüchtigkeit des Dichtungssystems insgesamt gefährden.

Ziel des Vorhabens war es deshalb zu untersuchen, ob z. B. durch kurze, isotrop eingebettete Faserbewehrungen mineralische Dichtungsmaterialien so zu vergüten sind, daß nach Erfordernis eine ausreichend rissefreie Verformbarkeit bzw. Festigkeitserhöhung ohne Beeinträchtigung der Durchlässigkeit zu erreichen ist.

2 Untersuchungsmaterialien

2.1 Böden

Die Wahl der Bodenmaterialien wurde nach der Vorgabe getroffen, daß hinsichtlich ihrer Charakteristik unterschiedliche und für mineralische Dichtungen im Deponiebau relevante Böden untersucht werden sollten (Abb. 6.150).

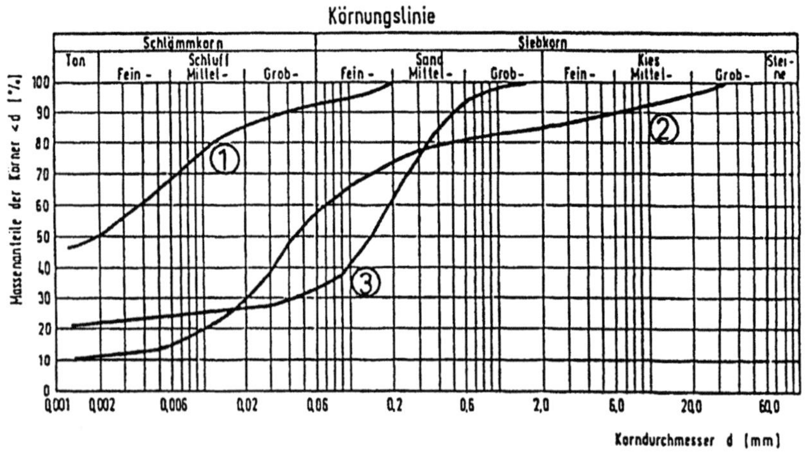

Abb. 6.150. Kornverteilungen der untersuchten Böden

Nach der Bodenklassifikation ist der Boden 1 als ausgeprägt plastischer Ton anzusprechen. Im folgenden sind Versuche mit diesem Boden mit "Ton" bzw. "TA" nach DIN 18 196 benannt. Entsprechend sind die Untersuchungen mit dem Boden 2 mit "Lehm" bzw. "TL/UL" gekennzeichnet. Der Boden 3 ist ein mit 6 Gew.-% Tonmehl vergüteter Sand, für den nachfolgend die verkürzte Schreibweise "Sand" und "ST/SU" verwendet wird.

2.2 Bewehrungen

Für die Erhöhung der Festigkeit und der rissefreien Verformbarkeit mineralischen Dichtungsmaterials wurden im Rahmen des Vorhabens ausschließlich Faserbewehrungen berücksichtigt. Die Länge der Fasern war durch die Versuchsgeräte und der Bewehrungsanteil durch die Herstellbarkeit (s. Kap. 3.1) begrenzt. Bei der Auswahl der Fasermaterialien waren die geometrischen und mechanischen Eigenschaften sowie deren Wasseraufnahmevermögen ausschlaggebend.

Nach Voruntersuchungen mit verschiedenen Fasern wurden schließlich für systematische Untersuchungen 8 unterschiedliche Bewehrungselemente ausgewählt (Tabelle 6.34). Die Bewehrungselemente wurden so gewählt, daß längere, glatte, weiche Fasern mit hoher Wasseraufnahme (Polyamid 6) und ohne Wasseraufnahme (Polypropylen), längere, rauhe, steife Fasern (PASIC) und kurze, starre Fasern (Glas) Berücksichtigung fanden. Im folgenden werden die Faserbewehrungen nach den angeschriebenen Kurzzeichen benannt.

Tabelle 6.34. Zusammenstellung der Bewehrungselemente

	Bewehrung	Dichte [g/cm^3]	Wasseraufnahme [%]
PA 25/0,2	Polyamid 6, glatt Länge 25 mm Durchmesser 0,2 mm	1,12 - 1,14	≈ 10
PA 50/0,2	Polyamid 6, glatt Länge 50 mm Durchmesser 0,2 mm	1,12 - 1,14	≈ 10
PASIC 25/2	Polyamid 6.12 mit Siliciumcarbid, Korn 80 Länge 25 mm Durchmesser 2 mm		≈ 1
PASIC 50/2	Polyamid 6.12 mit Siliciumcarbid, Korn 80 Länge 50 mm Durchmesser 2 mm		≈ 1
PP 25/0,2	Polypropylen, glatt Länge 25 mm Durchmesser 0,2 mm	0,92	≈ 0
PP 50/0,2	Polypropylen, glatt Länge 50 mm Durchmesser 0,2 mm	0,92	≈ 0
TG 6/0,014	Textilglas Länge 6 mm Durchmesser 0,014 mm	2,6	≈ 0
TG 12/0,014	Textilglas Länge 12 mm Durchmesser 0,014 mm	2,6	≈ 0

3 Bodenaufbereitung

3.1 Homogenisierung

Bei dem Ton und bei dem Lehm konnten optimale Verteilungen der Faserbewehrungen erreicht werden, wenn das Material zuerst getrocknet wurde (w ≈ 0,5 w_{Pr}), dann die Fasern eingestreut wurden und schließlich die Wasserzugabe bis zum jeweiligen optimalen Wassergehalt w_{Pr} erfolgte. Nach diesem Verfahren klebten die Fasern an den Konglomeraten, so daß bei der anschließenden Durchmischung in einer Labormischanlage und der Probenherstellung im Proctorgerät keine Bewehrungsnester entstanden. Der Sand konnte ohne Trocknung beim optimalen Wassergehalt bewehrt werden. Besonders gleichmäßig verteilt war die Bewehrung bei den Glasfasern und den kurzen Polyamidfasern.

Schwieriger herzustellen waren die Bewehrungen mit langen Kunststoffasern und mit Polypropylenfasern. Bei längeren Fasern traten eher Bewehrungsnester auf. Die Polypropylenfasern schmiegten sich weniger an die Bodenstruktur an als die übrigen Fasern.

Generell waren bei den 3 untersuchten Böden (Ton, Lehm und Sand) nach entsprechender Aufbereitung keine wesentlichen Unterschiede bezüglich der Verarbeitbarkeit, d. h. der Herstellung homogener Proben, feststellbar. Allerdings gestaltete sich die Aufbereitung der bindigen Böden aufgrund der erforderlichen Zerkleinerung und Trocknung mit anschließender Wasserzugabe aufwendiger. Die Homogenität und Verarbeitbarkeit wurde organoleptisch beurteilt. Nach den Untersuchungen liegt der praktikable Bewehrungsanteil bei 0,5- bis 1,5 %-Bew. (bezogen auf die Trockenmasse des Bodens) für Kunststoffasern und bei 0,5 - 3,0 %. für Glasfasern. Bewehrungsanteile unter 0,5 %-Bew. veränderten das Spannungs-Verformungs-Verhalten nicht nachweisbar und Anteile über 1,5 %-Bew. waren nur bei sehr sorgfältiger Bearbeitung (unter Laborverhältnissen) herstellbar. Mit der Faserzugabe zu trockenem Boden konnten homogene Proben nicht realisiert werden.

3.2 Probenherstellung

Zur Feststellung der erreichbaren Dichte als Funktion des Wassergehaltes wurden Proctorversuche jeweils mit unbewehrtem Boden und mit 8 Bewehrungsarten mit 0,5 und 1,5 % Bewehrung durchgeführt.

Die Ergebnisse der Proctorversuche zeigen, daß die Proctorkurven - besonders markant bei dem Boden TA - der faserbewehrten Böden in den Diagrammen bei den Kunststoffasern nach rechts unten und bei den Glasfasern nach links oben parallel verschoben sind. Die unterschiedlichen Verdichtungsgrade D_{Pr}* (bezogen auf die Proctordichte des unbewehrten Bodens) sind in den Dichteunterschieden zwischen Bewehrung und Boden - die sich auf den Verdichtungsgrad D_{Pr}* in der Größenordnung von ± 1 % auswirken - und auf die Verspannung der längeren Fasern im Boden, welche die Verdichtung behindert, zurückzuführen. Damit ist die erreichbare Trockendichte der mit Kunststoffasern bewehrten Böden generell niedriger als die der unbewehrten Böden. Bei Bewehrungen mit PASIC und TG sind die Dichten regelmäßig größer.

Für ausführliche Untersuchungen im Rahmen des Vorhabens wurden ausschließlich Rezepturen gewählt, deren optimale Trockendichte mindestens 95 % der Proctordichte des nicht bewehrten Bodens betrug. Aus Gründen der Vergleichbarkeit wurden die Proben für die einzelnen Untersuchungen jeweils mit dem individuellen optimalen Wassergehalt (max. Δw ≈ 1 %) und mit Proctordichte (max. $\Delta\rho_d$ ≈ 0,05 t/m^3) im motorbetriebenen Proctorgerät hergestellt. Die volumenbezogene Verdichtungsarbeit betrug w ≈ 0,6 MNm/m^3.

Bedingt durch die zur Verfügung stehenden Versuchsgeräte wurden für die Durchlässigkeitsuntersuchungen bei isotropen Spannungszuständen Probekörper mit h/d = 120/100 mm und für die Triaxialversuche, die einaxialen Druckversuche, die Spaltzugversuche und die Durchlässigkeitsversuche bei anisotropen Spannungszuständen Probekörper mit h/d = 180/100 mm hergestellt. Die Proben wurden unter Vakuum (1 bar) in diffusionsdichte Kunststoffbeutel eingeschweißt und mindestens 3 Tage gelagert, bevor sie für Untersuchungen verwendet wurden. Für die Untersuchungen an Proben mit reduziertem Wassergehalt wurden die Probekörper in einem Trockenofen (60 °C) so lange getrocknet, bis der Wassergehalt etwa 50 % des optimalen Wassergehaltes betrug. Für einen möglichst gleichmäßigen Wassergehalt im Probenvolumen wurden auch diese Proben mindestens 3 Tage eingelagert.

4   Untersuchungsprogramm

Das Untersuchungsprogramm zur Erforschung der Durchlässigkeit und des Spannungs-Verformungs-Verhaltens faserbewehrter Böden für Deponieabdichtungssysteme wurde so gestaltet, daß im Rahmen dieses Vorhabens zunächst anhand von Elementversuchen erste Materialkennwerte des "neuen" Verbundbaustoffes gewonnen werden konnten. Angestrebt wurde dabei ein möglichst breites Spektrum verschiedener Böden und Bewehrungen, um für die spätere Anwendung eine gezielte Optimierung und detaillierte Prüfungen zu ermöglichen. Es erschien nicht sinnvoll, in diesem frühen Untersuchungsstadium Standardmethoden hinsichtlich der Bewehrung oder der Bemessung zu entwickeln, da u. a. der individuelle Charakter des Einzelfalls (Boden, Beanspruchung) zu verschieden ist. Im einzelnen werden die Untersuchungen in Auszügen in den Kap. 5 und 6 vorgestellt.

5   Bodenmechanische Untersuchungen

5.1   Einaxiale Druckversuche

Nach der Homogenität wurde als zweites Kriterium neben den Durchlässigkeitsversuchen für die Wahl der Bewehrungsgehalte bei weiteren Untersuchungen (Triaxialversuche, direkte Scherversuche, Durchlässigkeitsuntersuchungen an gestauchten Proben etc.) der einaxiale Druckversuch gewählt. Dabei wurden Prctorproben (ρ_{Pr}, w_{Pr}, h/d = 180/100 mm) mit einer Verformungsgeschwindigkeit v_1 = 1,25 mm/min bis max. ε_1 = 15 % gestaucht und deren Spannungs-Verformungs-Kennwerte sowie deren Bruchverhalten (Rißbildungen, plastisches Versagen) notiert. Diese Untersuchungen wurden mit den 8 Bewehrungselementen bei Ton und Sand mit Bewehrungsgehalten von 0,5-, 1,0-, 1,5-, 2,0- und 3,0 Gew.-% sowie bei Lehm mit Anteilen von 0,5 % und 1,5 % durchgeführt.

Die Ergebnisse der einaxialen Druckversuche mit dem Ton zeigen (Abb. 6.151), daß durch die Faserbewehrung generell etwa 2- bis 3fache Druckfestigkeiten und E-Moduli im Vergleich zum unbewehrten Boden erreicht werden können, wobei sich ein optimaler Bewehrungsgrad um 1,5 % und höhere Festigkeiten bei kurzen Fasern abzeichnen. Bei den starren, oberflächenrauhen Fasern (PASIC) sind die längeren Fasern vorteilhafter. Die Bruchstauchungen sind überwiegend geringer als bei dem unbewehrten Boden. Die Spannungs-Verformungs-Kurven zeigten jedoch bei keinem Versuch ein ausgeprägtes Maximum, d. h. das hohe Spannungsniveau blieb praktisch bis zur maximalen Stauchung von 15 % erhalten, ohne daß Scherfugen bzw. Risse auftraten. Demnach sind für die Aktivierung der Faserbewehrung Verformungen in der Größenordnung der Bruchstauchung des unbewehrten Bodens erforderlich. Dieser Effekt zeigte sich entsprechend bei den Untersuchungen mit Lehm und bedingt auch bei den Untersuchungen mit dem Sand.

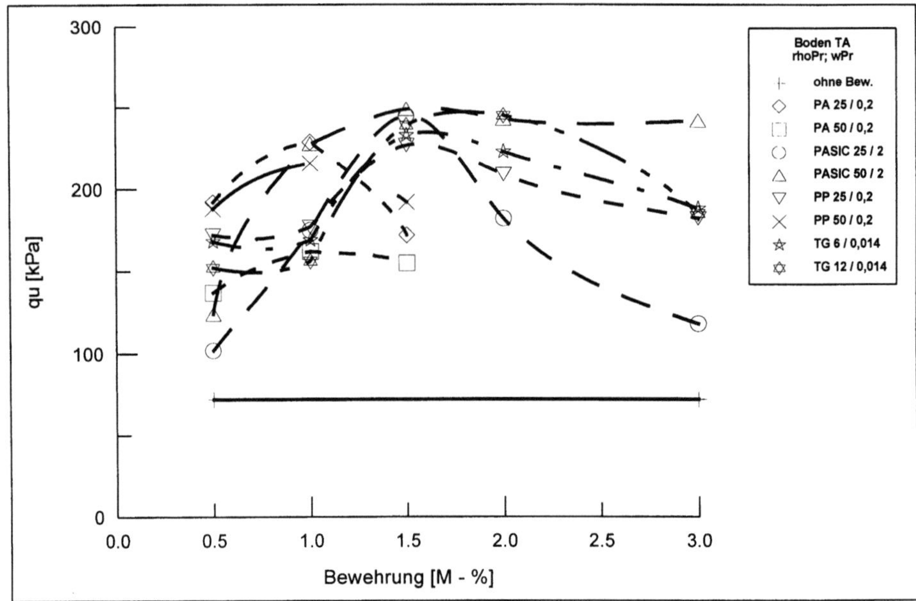

Abb. 6.151. Druckfestigkeiten bei einaxialen Druckversuchen mit Boden TA (Proben mit ρ_{Pr} und w_{Pr})

Die Ergebnisse mit dem Lehm zeigen, daß bei 0,5 %-Bew. die Druckfestigkeit generell geringer als beim Ton zunimmt und der E-Modul kleiner als bei dem unbewehrten Boden ist. Entsprechend sind die Bruchstauchungen dabei größer. Bei 1,5 %-Bew. steigt die Festigkeit bei zunehmenden Bruchstauchungen deutlich an. Obwohl die Maxima der Festigkeiten ausgeprägter sind als beim Ton, zeichnen sich bis zur maximalen Stauchung von 15 % nur kurze Risse im Bereich gröberer Einschlüsse oder starrer Bewehrungselemente ab.

Besonders günstig wirkt beim Lehm die Glasfaserbewehrung. Der erwartete Vorteil langer, oberflächenrauher Fasern konnte, vermutlich herstellungsbedingt, nicht festgestellt werden.

Die Ergebnisse der einaxialen Druckversuche mit dem Sand zeigen, daß für die Kunststoffbewehrungen - ähnlich wie bei dem Ton, jedoch mit kleinerer Steigerungsrate - der optimale Bewehrungsgrad bei etwa 1,0 - 1,5 % liegt. Die E-Moduli liegen auf dem Niveau des unbewehrten Bodens, wobei die Bruchstauchungen - mit erkennbaren Rissen bei zunehmenden Verformungen - deutlich größer sind. Wesentliche Festigkeitserhöhungen und gleichzeitig größere Bruchstauchungen waren - praktisch unabhängig von dem Bewehrungsgrad - bei den Proben mit Glasfasern zu verzeichnen.

Aufgrund der Ergebnisse der einaxialen Druckversuche insgesamt und der parallel dazu durchgeführten Durchlässigkeitsversuche sowie unter Berücksichtigung der Herstellbarkeit wurden für weitere systematische Untersuchungen Proben mit Bewehrungsgehalten von 0,5 und 1,5 % für die 8 Bewehrungselemente und die 3 Böden hergestellt.

5.2 Direkte Scherversuche

Für die Bestimmung der Festigkeitsparameter φ' und c' wurden die Böden jeweils mit den 8 Bewehrungselementen (und ohne Bewehrung) mit Bewehrungsgehalten von 0,5 % und 1,5 % mit Proctordichte und optimalem Wassergehalt in ein Kastenschergerät 30 cm $\cdot$ 30 cm mit einer Probenhöhe von 10 cm eingebaut. Nach der Konsolidation der Proben bei Vertikalspannungen von 50 - 200 kPa wurden sie unter konstanter Last mit einer Verformungsgeschwindigkeit v = 0,02 mm/min abgeschert. Die Auswertungen der Versuche erfolgten jeweils nach DIN 18 137.

Für den Boden TA zeigen die Ergebnisdarstellungen in τ-σ-Diagrammen, daß die Festigkeit der bewehrten Böden i. M. ab einem Spannungsniveau von etwa 100 kPa größer ist als die des unbewehrten Bodens. Außer bei PA 50/0,2 und PP 25/0,2 liegt die Kohäsion bei 0,5 %-Bew. in der Größenordnung des unbewehrten Bodens und bei 1,5 %-Bew. etwa 20 % niedriger. Die geringeren Festigkeiten bei kleinen Spannungen sind, insbesondere bei 1,5 %-Bew., auf die niedrigeren Einbaudichten und unvollständige Einbettung (Verankerung der Fasern) zurückzuführen. Sowohl mit 0,5 %-Bew. als auch mit 1,5 %-Bew. ist der Reibungswinkel φ' größer als bei dem nichtbewehrten Boden. Im τ-ε-Diagramm streben die Festigkeiten bei allen Teilversuchen bis 10 % Verschiebung asymptotisch einem Maximalwert entgegen. An die Stelle einer deutlichen Scherfuge bei unbewehrten Proben trat bei Bewehrungen eine über mehrere Zentimeter Höhe reichende, verformte Scherzone auf.

Die Ergebnisse der konsolidierten, drainierten Scherversuche mit 0,5 % faserbewehrtem Lehm zeigen, praktisch unabhängig von der Bewehrungsart, eine 2- bis 3fache Kohäsion bei etwa gleichem Reibungswinkel im Vergleich zu dem nicht bewehrten Boden. Eine (versuchsbedingte?) Ausnahme zeigt die PA 25/0,2-Bewehrung mit c' = 47 kPa und φ' = 15,3°. Der faserbewehrte Lehm hat im gesamten untersuchten Spannungsbereich eine größere Festigkeit als der unbewehrte Boden. Analog zu dem untersuchten Ton, jedoch bei kleineren Verschiebungen, streben die Festigkeiten im τ-σ-Diagramm asymptotisch den Maximalwerten entgegen.

Die konsolidierten, drainierten Scherversuche mit Sand mit Bewehrungsgehalten von 0,5 und 1,5 % ergaben, analog zu den Untersuchungen mit Lehm, eine etwa 3- bis 4fache Kohäsion und gleiche (bei 0,5 %-Bew.) bzw. rd. 10 % größere (bei 1,5 %-Bew.) Reibungswinkel im Vergleich zu dem nicht bewehrten Boden. Wesentliche Unterschiede zwischen den einzelnen Bewehrungsarten waren nicht erkennbar.

Sowohl bei dem Lehm als auch bei dem Sand deutet sich anhand der einzelnen Teilversuche quasi eine bilineare Schergerade mit steilerem Verlauf bis zu einem Spannungsniveau von etwa 100 kPa und anschließender Abflachung an. Eine genaue Quantifizierung kann mangels entsprechender Anzahl an Teilversuchen hier jedoch noch nicht erfolgen.

5.3 Triaxialversuche

Für die Bestimmung der Festigkeitsparameter φ_u und c_u wurden Proctorproben (h/d = 180/100 mm) jeweils mit den 8 Bewehrungselementen (und ohne Bewehrung) mit Bewehrungsgehalten von 0,5 und 1,5 % (Boden TL/UL nur mit 0,5 %) mit Proctordichte und optimalem Wassergehalt in Triaxialgeräte eingebaut und undrainiert bei Horizontalspannungen von 50 - 200 kPa bis maximal 15 % der Probenhöhe vertikal mit v = 0,5 mm/min gestaucht. Die Auswertungen der Versuche erfolgte jeweils nach DIN 18 137.

Die Ergebnisse der undrainierten Scherversuche mit Ton (unbewehrt, mit 0,5 und 1,5 % Bewehrung) zeigen zunächst größere Festigkeiten bei dem höheren Bewehrungsgehalt und zunehmenden Festigkeiten mit steigendem Spannungsniveau. Der Festigkeitszuwachs ist auf die Teilsättigung der Proben und der demzufolge möglichen Kompression des Bodens und Verspannung der Faserbewehrungen zurückzuführen. Vergleichsweise hohe Festigkeiten wurden bei 0,5 %-Bew. mit PP 25/0,2 und PP 50/0,2 erzielt, während die übrigen Schergeraden eng zusammenliegen. Bei 1,5 %-Bewehrung waren die Proben mit oberflächenrauhen Fasern (PASIC) vergleichsweise fester. Anhand der undrainierten Festigkeiten können noch keine bestimmten Fasern bevorzugt werden.

Die Ergebnisse der undrainierten Scherversuche mit Lehm und Bewehrungsgehalten von 0,5 % ergaben regelmäßig größere und mit höherem Spannungsniveau stärker zunehmende Festigkeiten als bei dem unbewehrten Boden. Die Festigkeitszunahme war bei den Bewehrungen TG und PASIC ausgeprägter als bei PA und PP.

Analog zu den Versuchen mit Lehm zeigen die undrainierten Scherversuche mit Sand regelmäßig höhere und mit zunehmendem Spannungsniveau stärker zunehmende Festigkeiten als das unbewehrte Material. Besonders festigkeitserhöhend wirken bei beiden Bewehrungsgehalten die oberflächenrauhen Fasern (PASIC) und die Glasfasern (TG).

5.4 Kompressionsversuche

Für die Bestimmung der Steifemoduli und des Quellverhaltens der faserbewehrten Böden mit 0,5- und 1,5 %-Bewehrungsgehalt wurden parallel zu den übrigen Untersuchungen Kompressionsversuche durchgeführt. Dazu wurden die Proben im 1. Belastungszyklus bis $\sigma = 0,125$ MPa belastet, im 1. Entlastungszyklus bis $\sigma = 0,015$ MPa entlastet, im 2. Belastungszyklus bis $\sigma = 1,0$ MPa belastet und im 2. Entlastungszyklus bis $\sigma = 0,015$ MPa entlastet. Für die Ermittlung der Quellhebungen bei abnehmender Last wurden die Proben zunächst in einem 3. Belastungszyklus bis $\sigma = 1,0$ MPa belastet, gewässert und anschließend in einem 3. Entlastungszyklus entlastet.

Die Ergebnisse der Kompressions- und Quellversuche zeigen, daß (erwartungsgemäß) die Unterschiede der Steifemoduli bei kunststoffbewehrten und unbewehrten Proben im Rahmen der Versuchsgenauigkeit liegen und daß die Quellhebungen bei bewehrten Proben weder durch die Materialeigenschaften selbst noch durch mögliche Verspannungen in der Bodenmatrix wesentlich beeinflußt werden. Die teilweise geringeren Einbaudichten waren nicht nachteilig. Tendenziell zeichnet sich bei Proben mit Bewehrungen, die selbst Wasser aufnehmen, eine etwas größere Quellhebung und bei den glasfaserbewehrten Proben aufgrund der höheren Dichte eine geringere Kompressibilität ab.

5.5 Spaltzugversuche

Die Bestimmung der Zugfestigkeit von Bodenproben ist technisch aufwendig und in der Bodenmechanik nicht üblich, weil Lockergesteine keine nennenswerte Zugfestigkeit aufweisen und sie als solche bei erdstatischen Berechnungen i. allg. auch nicht in Ansatz gebracht wird. Um dennoch diese Festigkeitsgröße bei den faserbewehrten Böden mit vertretbarem Aufwand abschätzen zu können, wurde eine Prüfpresse so modifiziert, daß Spaltzugversuche durchgeführt werden konnten. Für die Spaltzugversuche wurden Proctorproben (ρ_{Pr}/w_{Pr}) mit h/d = 180/100 mm und Bewehrungsgehalten von 0,5 % und 1,5 % verwendet.

Die Spaltzugversuche zeigten, daß tendenziell die Spaltzugfestigkeiten vom Ton über Lehm zu Sand abnehmen und daß mit längeren Fasern geringfügig höhere Festigkeiten erzielt werden. Insgesamt haben die Spaltzugfestigkeiten etwa die Größenordnung von 10 - 20 % der Anfangsfestigkeit c_u. Bei unbewehrten Proben konnte keine Spaltzugfestigkeit festgestellt werden.

6   Durchlässigkeitsversuche

6.1   Durchlässigkeitsversuche bei verschiedenen Bewehrungen

Für die Bestimmung des Durchlässigkeitsbeiwertes k wurden jeweils 3 unbewehrte Referenzproben und mit den 8 Bewehrungsarten mit verschiedenen Bewehrungsgehalten gem.
Kap. 3 hergestellten Proben (h/d = 120/100 mm) in Triaxialzellen eingebaut. Die Untersuchungen erfolgten an Proctorproben mit Proctordichte und optimalem Wassergehalt bei
isotroper statischer Belastung (Zelldruck 0,9 bar) und einem hydraulischen Gefälle i = 50 entsprechend DIN 18 130.

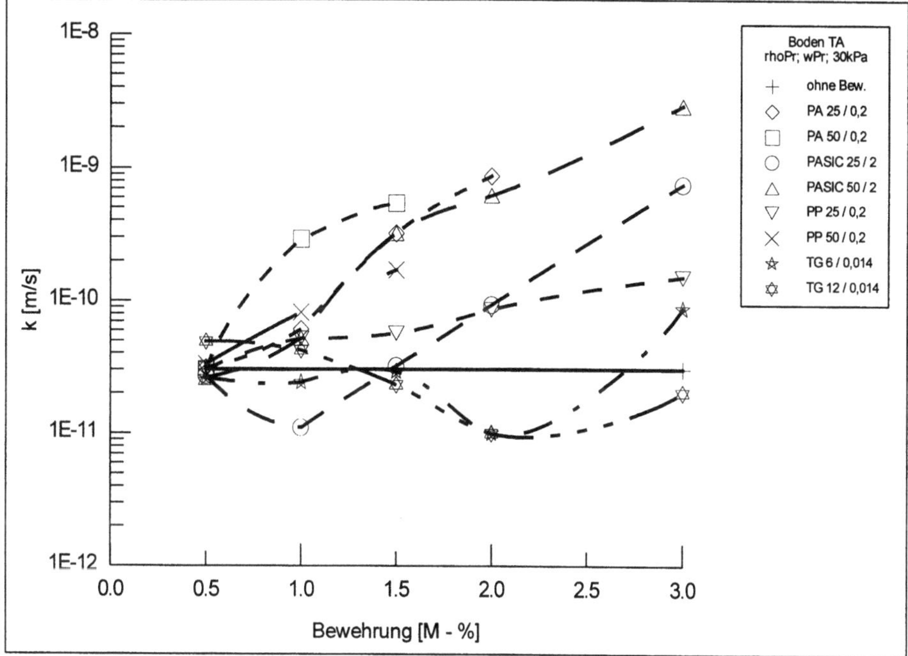

Abb. 6.152 Ergebnisse der Durchlässigkeitsversuche mit Boden TA
             (Einbau mit ρ_{Pr} und w_{Pr})

Die Ergebnisse der Durchlässigkeitsversuche mit dem Ton zeigen (Abb. 6.152), daß bis zu
einem Bewehrungsgehalt von 1,0 % bei allen Proben, außer bei PA 50/0,2, praktisch die
Durchlässigkeit im Vergleich zu den Referenzproben (k = 3,0 · 10^{-11} m/s) unverändert ist. Bei
Bewehrungsgehalten ab 1,5 bzw. 2,0 % steigen die Durchlässigkeiten bei den mit
Kunststoffasern bewehrten Proben deutlich an. Bei den mit kurzen Glasfasern bewehrten
Proben ist eine erhöhte Durchlässigkeit bis zum maximalen Bewehrungsgehalt von 3 % nicht
erkennbar.

Die Ergebnisse der Durchlässigkeitsversuche mit dem Lehm zeigen, daß die mit Glasfasern
bewehrten Proben geringfügig unter und die mit Kunststoffasern bewehrten Proben geringfügig über dem mittleren Wert der Referenzproben liegen. Unter Berücksichtigung der Versuchsgenauigkeit ist bis zu dem geprüften Bewehrungsgehalt von 1,5 % praktisch keine Beeinflussung der Durchlässigkeit durch die Faserbewehrung erkennbar.

Die Ergebnisse der Durchlässigkeitsuntersuchungen mit dem Sand zeigen analog zu den Versuchen mit Ton generell zunehmende Durchlässigkeiten mit höheren Bewehrungsgehalten. Bis etwa 1,5 %-Bew. liegen die Durchlässigkeitsbeiwerte der bewehrten Proben auf dem Niveau des nicht bewehrten Materials und darüber hinaus bei Bewehrungsgehalten bis 3 % um etwa eine Zehnerpotenz höher.

Im Unterschied zu den beiden anderen Böden steigen auch bei dem mit Glasfasern bewehrten Sand die Durchlässigkeiten an.

Insgesamt ist zu den Durchlässigkeitsversuchen bei verschiedenen Bewehrungsgehalten anzumerken, daß sich die Durchlässigkeitsbeiwerte bis etwa 1,5 %-Bew. auf dem Niveau der Referenzproben bewegen. Obwohl die Ergebnisse - außer bei den unbewehrten Proben - jeweils an einer Probe ermittelt wurden, konnten anhand systematischer Untersuchungen diese Tendenzen ermittelt werden ohne jedoch wesentliche Unterschiede zwischen den einzelnen Kunststoffbewehrungen festzustellen. Markanter ist der Unterschied zwischen Kunststoff- und Glasfasern.

6.2 Durchlässigkeit gestauchter Proben mit optimalem Wassergehalt

Ein Bearbeitungsschwerpunkt des Vorhabens war die Prüfung der plastischen, d. h. rissefreien, Verformbarkeit faserbewehrter Böden, um auch nach einer Verformungsbeanspruchung ausreichend kleine Durchlässigkeiten zu erhalten. Dazu wurden Triaxialzellen für Durchlässigkeitsversuche so modifiziert, daß Proben vertikal gestaucht und diese Verformungen fixiert werden konnten.

Bei diesen Untersuchungen wurden jeweils unbewehrte und mit den 8 Bewehrungselementen mit 0,5- und 1,5 %-Bew. gem. Abschn. 3 hergestellten Proben (h/d = 180/100 mm) verwendet. Bei optimalem Wassergehalt und Proctordichte wurden die Proben bei Zelldrücken von 1,2 bar und 2,9 bar stufenweise bis 2,5, 5 und 10 % der Probenhöhe gestaucht und danach jeweils die Durchlässigkeitsbeiwerte bestimmt. Das hydraulische Gefälle betrug i = 50. Die effektiven Vertikalspannungen wurden nicht explizit ermittelt.

Die Ergebnisse der Durchlässigkeitsuntersuchungen an gestauchten Tonproben zeigen bei Bewehrungsgehalten von 0,5 % und 1,5 % und der kleineren Horizontalspannung (σ_3' = 30 kPa) im Vergleich zu der unbewehrten Probe größere Durchlässigkeiten bei langen Kunststofffaserbewehrungen (Abb. 6.153). Bei kurzen Fasern sind die Durchlässigkeiten etwa gleich und bei Glasfasern bei Stauchungen ε_1 > 5 % kleiner als bei der Referenzprobe. Bei der höheren Horizontalspannung (σ_3' = 200 kPa) liegen die Durchlässigkeitsbeiwerte bei allen Bewehrungsarten bis zur maximalen Stauchung von ε_1 = 10 % auf dem Niveau der nicht bewehrten Probe. Nach diesen Untersuchungen ist festzustellen, daß der ausgeprägt plastische Ton bei optimalem Wassergehalt bereits bei geringen Horizontalspannungen erhebliche Verformungen rissefrei, d. h. ohne Erhöhung der Durchlässigkeit, aufnimmt. Die Faserbewehrungen bewirken, außer bei Glasfasern, praktisch keine Verbesserungen. Bei einigen Kunststoffasern ist der Durchlässigkeitsbeiwert bei kleinen Horizontalspannungen größer als bei der nicht bewehrten Probe, was möglicherweise auf ein Ablösen der Fasern von der Bodenmatrix zurückzuführen ist. Risse in den Proben waren nach dem Ausbau aus den Triaxialzellen jedoch nicht erkennbar.

Die Ergebnisse der Durchlässigkeitsuntersuchungen an gestauchten, unbewehrten Sandproben zeigen bei Zelldrücken von 1,2 bar und 2,9 bar eine etwa um eine halbe Zehnerpotenz größere Durchlässigkeit bei einer vertikalen Stauchung ε_1 = 10 %. Mit Bewehrungsgehalten von 0,5 und 1,5 % sind die Durchlässigkeitsbeiwerte der PASIC- und TG-bewehrten Proben bei den induzierten Verformungen z. T. deutlich geringer. Wie bereits bei den Ton- und Lehmproben ist auch bei dem Sand eine Beeinträchtigung der Durchlässigkeit infolge vertikaler Verformungen bei Seitendrücken $\sigma_3' = 200$ kPa nicht erkennbar.

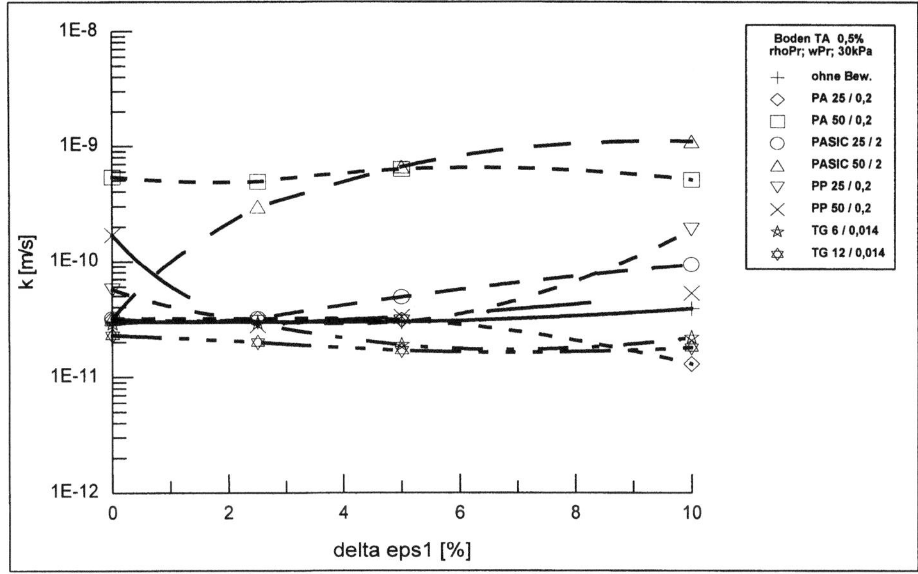

Abb. 6.153. Durchlässigkeitsuntersuchungen mit Boden TA bei 0,5 %-Bew. und $\sigma_3' = 30$ kPa

Insgesamt ist für die 3 untersuchten Böden festzustellen, daß der ausgeprägt plastische Ton bei Proctordichte und optimalem Wassergehalt hinsichtlich der Durchlässigkeit auf vertikale Verformungen nicht empfindlich reagiert und diesbezüglich durch Faserbewehrungen auch nicht zu vergüten ist. Eine merkliche Beeinträchtigung der Durchlässigkeit infolge der aufgebrachten Verformungen bei kleinen Horizontalspannungen zeigen die Lehm- und Sandproben. Bei diesen Materialien ist insbesondere mit TG- und PASIC-Bewehrungen eine Verbesserung des Durchlässigkeitsverhaltens bei Verformungen zu verzeichnen.

Bei Horizontalspannungen $\sigma_3' = 200$ kPa ist bei keinem Boden eine signifikante Erhöhung der Durchlässigkeit nach vertikalen Verformungen bis $\varepsilon_1 = 10$ % feststellbar. Offensichtlich ist dieses Spannungsniveau geeignet, die Bodenmatrix (mit den eingebrachten Fasern) bei Verformungen so zu verdichten, daß keine zusätzlichen Wasserwegsamkeiten entstehen.

6.3   Durchlässigkeit gestauchter Proben mit reduziertem Wassergehalt

Für die Beurteilung der Durchlässigkeit des (faserbewehrten) Dichtungsmaterials bei Verformungsbeanspruchungen nach teilweiser Austrocknung wurden von den 3 Böden jeweils Proben ohne und mit 0,5- und 1,5 %-Bew. mit den 8 Bewehrungselementen untersucht. Nach Probenherstellung mit Proctordichte und optimalem Wassergehalt (s. Abschn. 3) wurde jeweils der Wassergehalt vor dem Einbau in die Triaxialzelle bis auf etwa 50 % des optimalen Wassergehaltes reduziert. Analog zu Abschn. 6.2 wurden dann Durchlässigkeitsversuche an Proben mit 2,5, 5 und 10 % vertikaler Stauchung durchgeführt. Das hydraulische Gefälle betrug i = 50. Diese Untersuchungen wurden mit Zelldrücken von jeweils 1,2 bar ($\sigma_3' = 30$ kPa) durchgeführt.

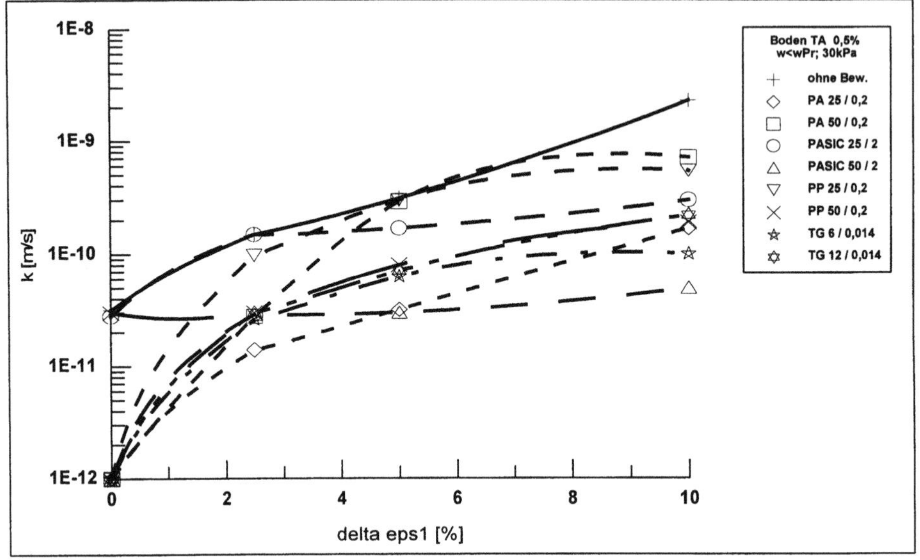

Abb. 6.154. Ergebnisse der Durchlässigkeitsuntersuchungen mit Boden TA 0,5 %-Bew., $w \approx 0,5$ w_{Pr}

Die Durchlässigkeitsuntersuchungen an getrockneten und gestauchten Tonproben zeigen bei dem eingestellten Seitendruck $\sigma_3' = 30$ kPa für den unbewehrten Boden einen Anstieg des Durchlässigkeitsbeiwertes um zwei Zehnerpotenzen bei einer Stauchung von $\varepsilon_1 = 10$ %. Im Vergleich dazu war bei allen faserbewehrten Proben ein wesentlich geringerer Anstieg der Durchlässigkeiten mit zunehmender Verformung zu verzeichnen. Angegeben sind hier jeweils die Durchlässigkeitsbeiwerte nach etwa einer Woche Versuchsdauer (Abb. 6.154). Inwieweit die Wasserwegsamkeiten nach einer längeren Versuchsdauer wieder "zuwachsen", konnte im Rahmen des Vorhabens nicht untersucht werden.

Die Ergebnisse der Durchlässigkeitsuntersuchungen an getrockneten und gestauchten Lehmproben zeigten generell einen im Vergleich zu den Tonproben deutlich geringeren Einfluß des reduzierten Wassergehaltes auf das Durchlässigkeits-Verformungs-Verhalten. Dennoch steigt der Durchlässigkeitsbeiwert sowohl der unbewehrten Probe als auch der mit Kunststoffasern bewehrten Proben bei maximaler Stauchung $\varepsilon_1 = 10$ % um etwa eine Zehnerpotenz. Lediglich die mit TG bewehrten Proben wiesen bei diesen Verformungen erkennbar kleinere Durchlässigkeiten auf.

Die Durchlässigkeitsuntersuchungen an getrockneten und gestauchten Sandproben bei kleinen Horizontalspannungen ergaben analog zu den Versuchen mit Lehm bei 10 % Stauchung eine um etwa eine Zehnerpotenz größere Durchlässigkeit und entsprechend geringere Durchlässigkeiten bei den TG bewehrten Proben. Die übrigen faserbewehrten Proben zeigen lediglich bei Verformungen bis 5 % geringere Durchlässigkeiten und erreichten bei maximaler Stauchung etwa das Niveau der nicht bewehrten Probe. Insgesamt zeigten die Durchlässigkeits-

Verformungs-Untersuchungen, daß mineralisches Dichtungsmaterial mit reduziertem Wassergehalt, insbesondere bei geringen Horizontalspannungen, hinsichtlich der Durchlässigkeit deutlich sensibler auf Verformungen reagiert als das entsprechende Material mit optimalem Wassergehalt. Dieser negative Einfluß, d. h. die Erhöhung der Durchlässigkeit bei zunehmenden Verformungen, kann nach den durchgeführten Untersuchungen durch Faserbewehrung gemildert werden.

7 Zusammenfassung

Nach dem aktuellen Stand der Deponietechnik wird insbesondere mineralischen Schichten in Deponieabdichtungssystemen eine Barrierefunktion gegen umweltgefährdende Sickerwasser- und Gasemissionen zugewiesen. Diese mineralischen Barrieren können jedoch in Deponiebauwerken, z. B. in steilen Deponiebasisabdichtungen oder in Oberflächenabdeckungen, durch Temperaturdifferenzen, Verformungen oder Spannungen so beansprucht werden, daß ihre Funktion beeinträchtigt wird. Ziel des Vorhabens war es, zunächst auf breiter Basis anhand von Elementversuchen für diese Beanspruchungen einen geeigneten Verbundbaustoff aus faserbewehrtem mineralischem Dichtungsmaterial zu untersuchen. Die Herstellbarkeit in situ wird parallel zu diesem Vorhaben an anderer Stelle geprüft.

Für die Untersuchungen der Durchlässigkeit und des Spannungs-Verformungs-Verhaltens faserbewehrter Böden für Deponieabdichtungssysteme wurden als Bodenmaterial ein Ton (Bodengruppe TA nach DIN 18 196), ein Lehm (TL/UL) und ein mit Tonmehl vergüteter Sand (ST/SU) ausgewählt. Als Bewehrungselemente kamen 6 hinsichtlich ihrer physikalischen Eigenschaften und ihrer Geometrie verschiedene Kunststoffasern sowie 2 Glasfasern zum Einsatz.

Nach Prüfung der Mischbarkeit wurden mit den 3 Böden und 8 Bewehrungselementen zunächst mit Bewehrungsgehalten (bezogen auf die Trockenmasse des Bodens) von 0,5, 1, 1,5, 2 und 3 % einaxiale Druckversuche und Durchlässigkeitsversuche bei isotropen Spannungszuständen durchgeführt. Daraufhin folgten mit Bewehrungsgehalten von 0,5 und 1,5 % Proctorversuche, Triaxialversuche (UU), direkte Scherversuche (CD), Spaltzugversuche, Kompressions-/Quellversuche und Durchlässigkeitsversuche bei anisotropen Spannungszuständen (induzierte vertikale Verformungen) bei verschiedenen Horizontalspannungen an Proben mit Proctordichte und optimalem Wassergehalt. An Proben mit reduziertem Wassergehalt (w $\approx$ 0,5 w_{Pr}) wurden bei Bewehrungsgehalten von 0,5 und 1,5 % Durchlässigkeitsversuche bei anisotropen Spannungszuständen (Verformungen bis max. ε_1 = 10 %) durchgeführt.

Die Untersuchungen ergaben, daß mit entsprechenden Aufbereitungsverfahren bindige und gemischtkörnige kunststoffaserbewehrte Böden mit Bewehrungsgehalten bis etwa 1,5 % und glasfaserbewehrte Böden bis 3 %-Bew. (im Labor) herstellbar sind. Die Bewehrungselemente prägen die Verdichtungscharakteristik: Bei Glasfasern und Polyamidfasern mit Siliciumcarbidbeschichtung wurden im Proctorversuch regelmäßig größere Proctordichten bei niedrigeren Wassergehalten und bei den übrigen Kunststoffasern kleinere Dichten bei höheren Wassergehalten als bei den unbewehrten Böden erzielt. Jeweils im Vergleich zu dem nicht bewehrten Referenzboden konnte bei den mit Kunststoffasern bewehrten Proben bis zu Bewehrungsgehalten von 1,0 - 1,5 % die Größenordnung des Durchlässigkeitsbeiwertes eingehalten und bei den mit Glasfasern bewehrten Proben teilweise unterschritten werden.

Die drainierte und undrainierte Festigkeit der faserbewehrten Böden war signifikant größer als bei den nicht bewehrten Böden. Die maximale Festigkeit wurde bei Verformungen in der Größenordnung der jeweiligen Bruchstauchungen der unbewehrten Proben mobilisiert. Bezüglich der Kompressibilität und des Quellverhaltens wurden keine markanten Unterschiede festgestellt.

Bei den Durchlässigkeitsversuchen in Triaxialzellen an gestauchten Proben (max. $\varepsilon_1 = 10\ \%$) mit Proctordichte und optimalem Wassergehalt war bei Horizontalspannungen von $\sigma_3' = 200$ kPa bereits bei den nicht bewehrten Proben keine Beeinträchtigung der Durchlässigkeit erkennbar. Unter diesen Bedingungen wurde mit faserbewehrten Proben folglich keine Verbesserung - allerdings auch keine Verschlechterung - erreicht. Die Vorteile der Faserbewehrungen zeigten sich bei entsprechenden Durchlässigkeitsversuchen mit Horizontalspannungen von $\sigma_3' = 30$ kPa. Während bei Proben mit optimalem Wassergehalt bei Stauchungen bis $\varepsilon_1 = 10\ \%$ der im Verhältnis zu dem nicht bewehrten Material geringeren Durchlässigkeitsbeiwert weniger ausgeprägt war, konnten bei Proben mit reduzierten Wassergehalten ($w \approx 0,5\ w_{Pr}$) z. T. deutlich kleinere Durchlässigkeiten erzielt werden.

Insgesamt zeigten die Durchlässigkeits- und Spannungs-Verformungs-Untersuchungen faserbewehrter Böden für Deponieabdichtungssysteme, daß dieser Verbundbaustoff herstellbar ist und daß damit höhere Festigkeiten und größere rissefreie Verformbarkeiten bei gleicher bzw. geringerer Durchlässigkeit als bei unbewehrten Böden erreichbar sind. Deshalb ist der Einsatz dieses neuen Verbundbaustoffes, insbesondere in mechanisch und thermisch hoch beanspruchten Abdichtungssystemen, bei Deponiebauwerken für die Gewährleistung einer standsicheren und damit funktionstüchtigen Barriere von Vorteil. Soweit die Beanspruchungen formuliert werden können, kann der Verbundbaustoff individuell im Einzelfall dimensioniert werden.

Für die Anwendung in der Praxis erscheinen über die vorliegenden phänomenologischen Ergebnisse aus Elementversuchen hinausgehende Forschungen aussichtsreich und notwendig. Interessant wären u. a. großmaßstäbliche weiterführende Durchlässigkeits-Biegezug-Versuche mit faserbewehrten Böden bei reduzierten Wassergehalten und generell Untersuchungen zur Herstellbarkeit in situ sowie zur Beständigkeit der in die Bodenmatrix eingebetteten Fasern. Diese Versuche konnten im Rahmen des Vorhabens nicht bearbeitet werden.

Nach den hier erzielten Ergebnissen sollten weiterführende Forschungen auf Bewehrungen mit kurzen Fasern konzentriert werden. Diese Rezepturen erwiesen sich hinsichtlich der Verarbeitbarkeit, Festigkeit, Duktilität und Durchlässigkeit als besonders günstig.

INSTITUT FÜR GRUNDBAU UND BODENMECHANIK

TECHNISCHE UNIVERSITÄT BRAUNSCHWEIG · PROF. DR.-ING. WALTER RODATZ

IGB·TUBS · Gaußstraße 2 · 38106 Braunschweig · Telefon (0531) 391-2730 · Telefax (0531) 391-4574

BMBF-Verbundforschungsvorhaben
Weiterentwicklung
von Deponieabdichtungssystemen

Teilprojekt 52

Untersuchungen zur Frostempfindlichkeit mineralischer Deponieabdichtungen, möglicher Standsicherheitsprobleme und Schutzmaßnahmen

Prof. Dr.-Ing. Walter Rodatz
Dr.-Ing. Thomas Voigt

Projektleitung: Bundesanstalt für Materialforschung
                                und -prüfung (BAM), Berlin
Projektträger: Abfallwirtschaft und Altlastensanierung
                                im Umweltbundesamt
Forschungsförderung: Bundesministerium für Bildung,
                                Wissenschaft, Forschung und Technologie
Förderkennzeichen: 1440 569 A5 - 52

Braunschweig, Dezember 1994

1   Veranlassung

Im Deponiebau kann es vorkommen, daß ganz oder teilweise hergestellte Dichtungssysteme von Deponien zeitweise dem Frost ausgesetzt werden. Dieser zu vermeidende Sonderfall, der eigentlich durch eine gute Bauplanung nicht eintreten sollte, kommt jedoch in der Praxis aus den unterschiedlichsten Gründen immer wieder vor.

Die als mineralische Dichtungsmaterialien eingesetzten Böden sind dabei nach den Erfahrungen u. a. aus dem Straßenbau als grundsätzlich frostgefährdet einzuordnen. Genauere Aussagen über die Größe der möglichen Veränderungen in den bodenmechanischen Eigenschaften in Abhängigkeit von den jeweiligen Frostbelastungen und damit über die verbleibende Qualität der mineralischen Dichtung waren zu Beginn der vorliegenden Arbeit jedoch nicht nachweisbar, widersprüchlich oder nur qualitativer Natur. In diesem Vorhaben sollte daher grundsätzlich die Art und Größe der Auswirkungen von Frostbelastungen in einer mineralischen Dichtungsschicht untersucht werden.

2   Arbeitsprogramm

Das Arbeitsprogramm gliederte sich nach der Zusammenstellung einiger Grundlagen über die theoretischen thermophysikalischen Vorgänge und zur speziellen Situation der Deponieabdichtung in vier Schwerpunkte:

1. Sichtung der einschlägigen, veröffentlichten Untersuchungsergebnisse und Theorien

2. Experimentelle Ermittlung der Materialveränderungen in situ und im Labor

3. Ermittlung der zu erwartenden Temperaturbelastungen und einflußnehmenden Randbedingungen

4. Mögliche Schutzmaßnahmen

3   Untersuchungen

Durchgeführt wurden Materialuntersuchungen im Labor und in situ hinsichtlich der Veränderungen der deponietechnisch relevanten Parameter Trockendichte, Wassergehalt, Scherfestigkeit, Durchlässigkeit, zur Gefügeausbildung und zur Tonmineralogie.

3.1   Verwendete Materialien

Verwendet wurden in den Feld- und Laborversuchen insgesamt sechs in aktuellen Deponiebauvorhaben verwendete Böden vom ausgeprägt plastischen Ton bis zum Geschiebemergel und aufbereiteten Tonstein (Tabelle 6.35).

Obwohl diese Böden nicht immer allen Anforderungen der verschiedenen Vorschriften für mineralische Dichtungsmaterialien entsprachen [TA Abfall (1991), LWA-Richtlinie (1993), Niedersachsenrichtlinie (1988)], wurden sie außer in den Feldversuchen auf laufenden Deponiebaustellen auch in den Laborversuchen eingesetzt, um nach Möglichkeit eine weitgehende Rückkopplung zu den Feldversuchen zu gestatten. Die zur Klassifizierung erforderlichen   tonmineralogischen   Untersuchungen   wurden   vom   Institut   für Geowissenschaften der TU Braunschweig durchgeführt.

3.2   Feldversuche

In den Feldversuchen wurden sowohl die resultierend einwirkenden Temperaturen in Abhängigkeit des Systemaufbaus zur Abschätzung des Gefährdungspotentials als auch der Einfluß des Frostes auf die bodenmechanischen Eigenschaften in situ untersucht. Bei der Kombinationsabdichtung sind für die hier betrachteten Zeiträume weniger Monate oder Winterzeiträume gegenüber ähnlichen Situationen im Straßenbau oder der Landwirtschaft zwei Besonderheiten zu verzeichnen:

- Die fragliche Bodenschicht liegt durch den Einbau hinsichtlich Wassergehalt, Verdichtung, Partikelorientierung usw. in einem frisch aufgeprägten künstlichen Zustand vor, der erhalten werden soll, bei dem aber das Gleichgewicht zu den neuen (z. T. klimabedingten) Umgebungsbedingungen noch nicht wieder hergestellt worden ist

- Die fragliche Bodenschicht besitzt in der KDB eine nach oben wirksame Abschottung gegen Feuchtigkeitseinträge oder -abtransporte mit allen Konsequenzen für den Feuchtigkeits- und Wärmehaushalt

Tabelle 6.35. Gekürzte Zusammenstellung der wichtigsten Materialparameter der verwendeten Böden

Parameter			Feld 1 Ton	Feld 2 Geschiebe-lehm	Feld 3 Geschiebe-mergel	Feld 4 Aufbereit. Tonstein	Labor Boden 1 Ton	Labor Boden 2 Ton
Interne Nomenklatur			I	WO	PS	PT	A	W
Bodengruppe n. DIN 18 196			TA	UL - UM	TM - TL	TL	TA	TM
Proctordichte	ρ_{pr}	[g/cm³]	1,565	2,030	1,830	2,045	1,606	1,640
Opt. Wassergehalt	w_{opt}	[-]	0,24	0,105	0,155	0,120	0,243	0,205
95% Proctordichte	ρ_{95}	[g/cm³]	1,487	1,929	1,739	1,943	1,526	1,558
Wasserg. bei	w_{95}	[-]	0,302	0,135	0,200	0,152	0,285	0,248
Fließgrenze	w_l	[-]	0,669	0,236	0,353	0,320	0,592	0,490
Ausrollgrenze	w_p	[-]	0,259	0,125	0,109	0,143	0,236	0,185
Wasseraufnahme	w_h	[%]	81,0	58,6	69,0	63,5	86,0	73,0
Tonmineralogische Zusammensetzung [Gew.-%] bezogen auf die Gesamtprobe								
Tonmineralanteil ges.			**56**	**15**	**26**	**38**	**58**	**28**
Montmorillonit und offener Illit			26,4	3,0	9,0	0,5	11,6	14,2
Illit			10,0	8,0	12,0	11,2	14,3	6,1
Kaolinit			19,6	4,0	5,0	24,3	32,1	7,7
Chlorit			-	-	-	2,0	-	-
Kalkanteil (Carbonat C)			1,7	4,8	20,9	4,0	3,1	8,4

Untersucht wurden mit eingebauten Temperaturfühlern und aufgestellten Wetterstationen gemäß Abb. 6.155 in 5 Materialien mit insgesamt 10 Meßquerschnitten bei unterschiedlichen Beobachtungszeiten und Systemaufbauten die verschiedenen Bauzustände:

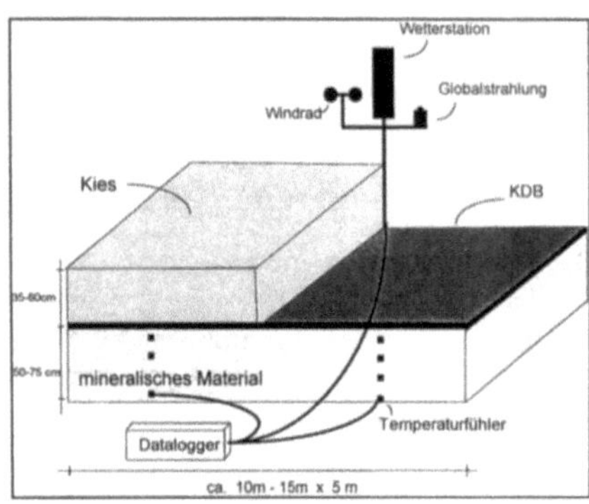

Abb. 6.155. Prinzipskizze der angelegten
Versuchsfelder

- Offene mineralische Oberfläche
- Aufgelegte KDB
- Aufgelegte KDB + Schutzvlies
- Aufgelegte KDB + Drainschicht
- Aufgelegte KDB + Schutzvlies + Drainschicht in unterschiedlichen Mächtigkeiten

Dabei wurden im halbstündlichen Rhythmus die Klimaelemente Lufttemperatur, -feuchte, Windgeschwindigkeit und Globalstrahlung sowie die Bodentemperaturen über einen Zeitraum von bis zu 2 Jahren gemessen und gespeichert.

Vor und nach den Winterzeiträumen wurden aus den Feldern Proben mit Ausstechzylindern entnommen und im Labor untersucht.

3.3 Laborversuche

Unter Berücksichtigung der zahlreichen Randbedingungen, die bei der Durchführung von Laborversuchen beachtet werden müssen (z. B. Richtung der Frosteindringung, Güte des Temperaturregimes, Art des Bewässerungssystems, Modellfaktoren und Probenhandling) wurden 2 verschiedene Gefrierversuchstypen angewandt (Abb. 6.156 und 6.157).

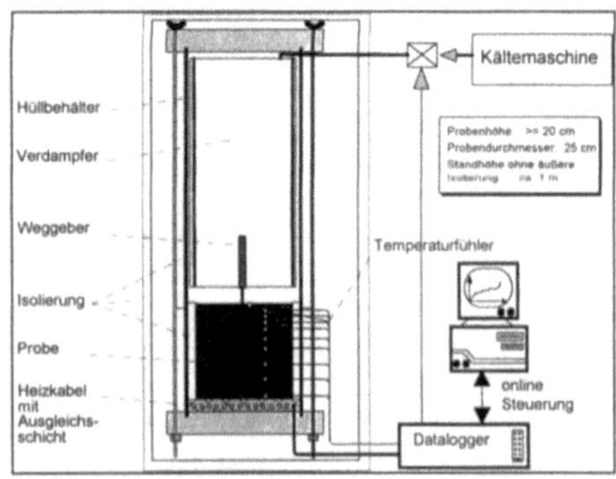

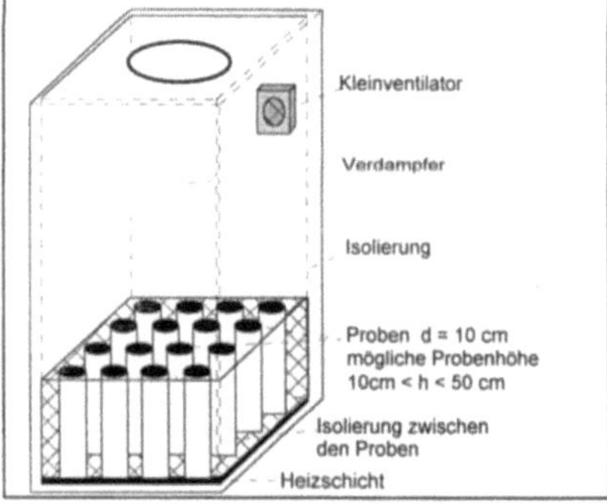

Abb. 6.156. Großmaßstäbliche Proben mit
der Gewinnung von Einzelproben mit Ausstechzylindern
aus einem Materialblock
analog den Verhältnissen in situ.
Probengröße   ca. d ≈ 25 cm,
h ≈ 20 cm

Abb. 6.157. Kleinmaßstäbliche Einzelproben
in Form von Normproctorproben,
die z. T. ohne größere Störungen
des Materialgefüges in anderen
Versuchsgeräten weiter verwendet werden können (d ≈ 10 cm;
h ≈ 12 cm)

4 Ergebnisse

4.1 Theoretische Vorgänge zur Bodengefrierung

Entsprechend dem Grundprinzip, daß jedes System dem energieärmsten Zustand zustrebt, wird Energie immer von den energiereicheren Zonen (hier wärmer) zu den energieärmeren Zonen (hier kälter) transportiert. Trifft also eine kältere Temperatur auf eine warme Bodenoberfläche, so wird unter isobaren Randbedingungen ein Wärmestrom von warm nach kalt in Gang gesetzt, der aus den Mechanismen Wärmeleitung, Konvektion und Strahlung besteht. Die summarischen Auswirkungen aller Vorgänge, die aufgrund dieser Mechanismen während eines Gefriervorganges Wasser transportieren, werden in der Literatur unter dem Begriff "cryosuction" ("Gefriersog") zusammengefaßt.

Das Gefrieren von Porenwasser in einem Bodenmaterial geschieht nicht schlagartig bei der Unterschreitung der 0 °C-Grenze, sondern ist ein langsam fortschreitender Prozeß, der vor allem von den Einflüssen Kapillarität, Salzgehalt, Druck, freiwerdender latenter Wärmeenergie und Mineralart (Größe und Festigkeit der Hydrathülle) abhängig ist. Die Umwandlung zu Eis erfolgt zunächst bei dem freien Porenwasser in den größten Poren und erfaßt mit sinkender Temperatur immer kleinere Porenräume und größere Teile der Hydrathülle. Letztendlich sind bei sehr tiefen Temperaturen nur noch wenige Moleküllagen der Hydrathüllen und später innermolekulare Wasseranlagerungen ungefroren.

Der Übergangsbereich zwischen der 0 °C-Isotherme und der Isotherme, an der die wärmste Eislinse entsteht, wird als Frostzone oder Frostsaum ("*frozen fringe*") bezeichnet. In diesem werden die Durchlässigkeit und der Gehalt an ungefrorenem Wasser in Richtung zum kalten Ende durch das zunehmende Gefrieren von freien und später gebundenen Wasseranteilen drastisch vermindert. Gleichzeitig steigen durch die Volumenausdehnung von Wasser zu Eis und das thermische Gefälle der Porenwasserunterdruck und durch das angezogene Wasser der Gesamtwassergehalt in diesem Bereich an (Abb. 6.158).

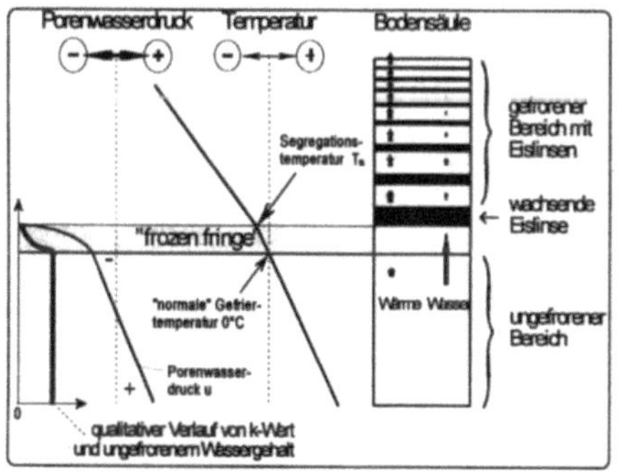

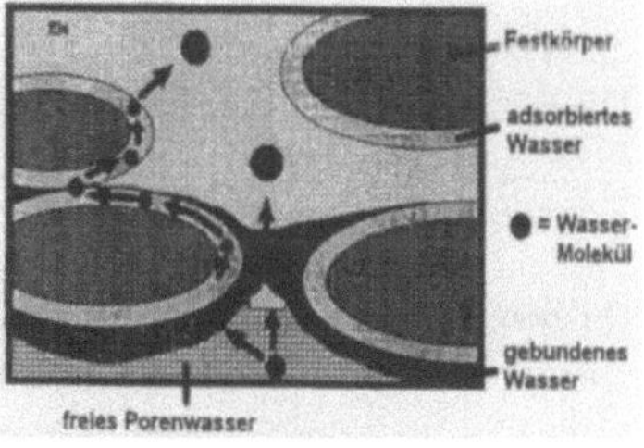

Abb 6.158. Prinzip der Bodengefrierung im geschlossenen System (ergänzt nach Konrad & Morgenstern 1980; Benson & Othman 1993)

Abb. 6.159. Schemaskizze über die möglichen Pfade der Wasserwanderung bei der Bodengefrierung

Das Vorhandensein der ungefrorenen Wasserfilme an den Feststoffteilchen bewirkt, daß auch im gefrorenen Boden bei entsprechend hohen Gradienten noch Wasserbewegungen stattfinden können (Abb. 6.159). Sie nehmen mit sinkender Temperatur ab. Die Anteile an ungefrorenem

Wasser in einem gefrorenen Boden sind wegen der Abhängigkeit von der Mineralart und der Porenraumgröße charakteristisch für ein Material und dessen augenblicklichen Verdichtungszustand.

Einmal initiiert, wachsen die Eiskristalle im Boden hauptsächlich in der Richtung des Wärmeflusses (hier normalerweise aus dem Erdinneren an die Erdoberfläche) und bilden bei laufendem Wassernachschub die sog. Eislinsen. Steht nicht mehr genügend Nachschub an Wasser und damit an latenter Umwandlungsenergie zur Erhaltung des thermischen Gleichgewichtes zur Verfügung, dringt die Frostfront bei andauerndem Temperaturgefälle tiefer in den Boden ein, bis sich ein neues thermodynamisches Gleichgewicht ausgebildet hat und der Zyklus von vorne beginnt. Diesen Vorgang nennt man rhythmische Eislinsenbildung (s. a. Abb. 6.158). Die Mächtigkeit von Eislinsen kann je nach Boden, Wassernachschubmöglichkeit und thermischer Randbedingung mehrere Dezimeter betragen. Die Bereiche um die Eislinse werden dabei durch den Wasserentzug ausgetrocknet und schrumpfen zum Teil, sobald durch den entstehenden Porenwasserunterdruck kein Wasser mehr über offene Pfade auch aus weiter entfernt liegenden Bereichen antransportiert werden kann. Die so ausgetrockneten Bereiche weisen oft dünne Schrumpfrisse und Fissuren auf, die sich bei tieferen Temperaturen mit entstehendem Resteis aus den Hydrathüllen füllen können. Es entsteht somit um die Eislinse ein in viele Einzelaggregate zergliedertes Bodengefüge, das über den Faktor Hydrathülle maßgeblich von der Tonmineralart bestimmt wird (s. auch Abb. 6.160).

Die Orientierung der entstehenden Eislinsen erfolgt in erster Linie normal zur Richtung des gekoppelten Wärme- und Massenflusses (in der Natur bei ebener Geländeoberfläche also i. d. R. angenähert waagerecht). Sind im Boden jedoch bereits Inhomogenitäten vorhanden, z. B. aus der Stratigraphie, Einschlüsse (Kiese, Klumpen bei aufbereitetem Material) oder alte Scherfugen (auch Schichtgrenzen beim Einbau), so werden entstehende Eislinsen diese Strukturen benutzen, sofern sie einen geringeren Widerstand gegen eine Aufweitung besitzen, bereits vorher größere Wasserwegsamkeiten oder -ansammlungen dargestellt haben und nicht mehr als etwa 30° von der bevorzugten Richtung abweichen. Dies bedeutet auch, daß bei einem erneuten Gefrieren eines Bodens vornehmlich alte Fissuren verwendet werden, da diese Schwachstellen darstellen und relativ zur Umgebung gesehen meist größere Durchlässigkeiten aufweisen.

Die Entstehung des für jeden Bodentyp charakteristischen polyedrischen Frostgefüges mit der Erzeugung von Makroporen und Fissuren wird teilweise von der Entstehung einer virtuellen Körnungslinie begleitet. Durch den Entzug von Wasser entstehen unter gleichzeitigem hohem lokalem Eisdruck durch Überkonsolidierung u. U. stabile Kornzusammenballungen (Mikroaggregate), die auch nach dem Auftauen stabil bleiben und nur durch mechanische Arbeit oder sehr langes Wässern getrennt werden können, was sich in einer kleineren meßbaren spezifischen Oberfläche und einer verkleinerten Plastizität (i. d. R. Verkleinerung der Fließgrenze) äußern kann. Gleichzeitig findet durch den Gefrierdruck eine Einregelung der Tonpartikel statt.

4.2   Einwirkende Parameter in situ

Bei der Untersuchung einer mineralischen Abdichtung hinsichtlich der Frosteinwirkung muß eine Vielzahl von Randbedingungen berücksichtigt werden, von denen die wichtigsten in Tabelle 6.36 zusammengestellt sind.

Während der Bereich "Material" durch Versuche mit definierten Randbedingungen untersucht werden kann, ist der Energie- oder Wärmehaushalt an der Bodenoberfläche in situ durch das Gleichgewicht zwischen Strahlenhaushalt, Wind, Verdunstung, Konvektion, Eisbildung, Sublimation, Kondensation, Schneeschmelze, Niederschlagsabfluß und Wärmeleitung in die oder aus der Tiefe bestimmt und damit vielfältigen, in ihrer Gesamtheit nicht exakt berechenbaren Einflüssen unterworfen.

Eine Bestimmung der Frosteindringung und eine Bewertung der thermischen Belastung des Bodens kann daher nur über Messungen in situ oder näherungsweise über Berechnungen mit Summenparametern vorgenommen werden.

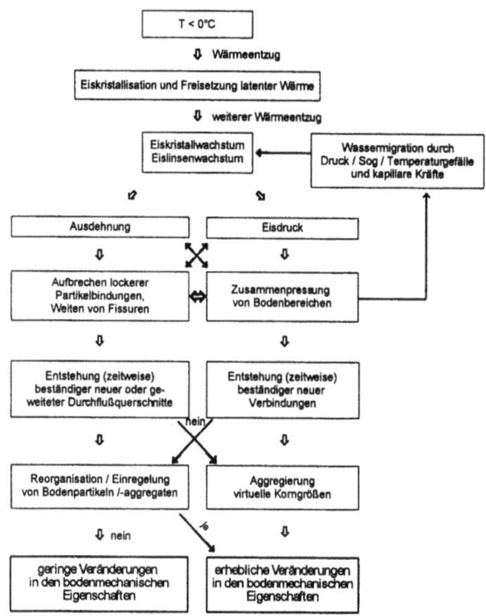

Abb 6.160. Ablaufschema zur prinzipiellen Wirkungsweise von negativen Temperaturen in bindigen Böden

Tabelle 6.36 Zusammenstellung der wichtigsten Einflußfaktoren bei der Untersuchung und Beurteilung der Frosteinwirkung auf eine mineralische Abdichtung

Innere Einflüsse	Äußere Einflüsse	
Bereich Material	**Bereich Klima**	**Bereich Örtlichkeit**
• Körnungslinie	• Lufttemperatur	• Thermisch wirksame Schutzschichten (Kies/Schnee/Müll o.ä.)
• (Ton-)Mineralarten	• Solare Strahlung	• Oberflächenexposition
• Durchlässigkeit [a]	• Terrestrische Strahlung	• Oberflächenbeschaffenheit
• Plastizität	• Bewölkung	• Umgebungsmorphologie
• Kapillarität	• Niederschlag	• Untergrundaufbau mit
• Spez. Oberfläche	• Verdunstung	➢ Grundwasserstand
• Kationenaustauschfähigkeit	• {Luftfeuchte}	➢ Wassergehalt
• Quellfähigkeit	• Luftbewegung	➢ Kapillarität
• Einbauwassergehalt	(Wind und Konvektion)	➢ Wärmeleitfähigkeit [a]
• Ionengehalt der Porenlösung	• {Luftdruck}	➢ Wärmespeicherfähigkeit [a]
• Verdichtungsgrad	• Übergangsfaktoren	• Ausgangsbodentemperatur
• (Luft-)Porengehalt		• Auflast
• Wärmeleitfähigkeit [a]	⇧	
• Wärmespeicherfähigkeit [a]	⇐ Zeit ⇒	
[a] = in Abhängigkeit von der Temperatur; { } = hier nur geringer oder mittelbarer Einfluß		

4.3   Ergebnisse der Frostversuche

Die Auswirkungen von Frostdurchgängen in mineralischen Dichtungsmaterialien lassen sich aufgrund der eigenen Labor- und In-situ-Untersuchungen sowie der eingesehenen Literatur verallgemeinert wie folgt zusammenfassen:

1. In den von Frostdurchgängen betroffenen Bereichen steigt der globale Wassergehalt durch den induzierten Gefriersog an. Er steigt mit zunehmendem Temperaturgradienten, höherem Ausgangswassergehalt, größerer Trockendichte, durchlässigerem Material, kleinerer Frosteindringgeschwindigkeit und der Gefrierzeit (Abb. 6.161)

2. Die globale Trockendichte wird durch die Volumenausdehnung bei der Kristallisation des Wassers zu Eis und durch die Erhöhung des Wassergehaltes durch das antransportierte Wasser herabgesetzt

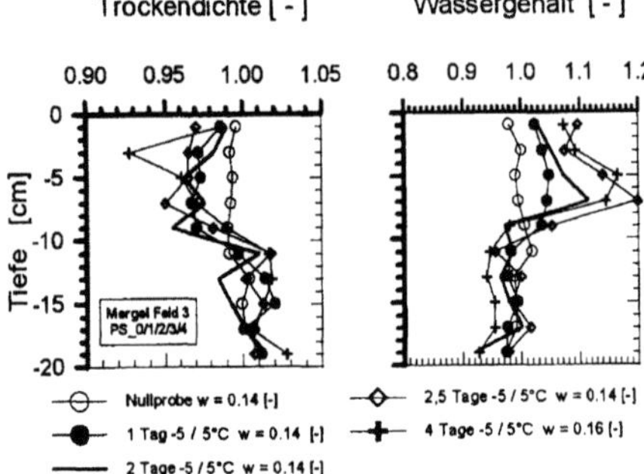

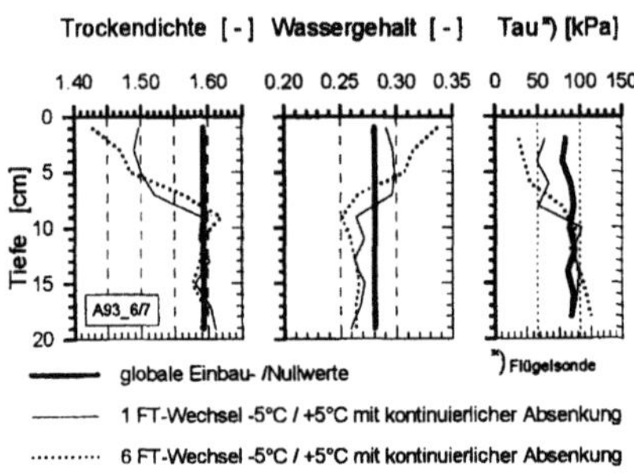

Abb. 6.161. Auf die globalen Nullprobenwerte bezogene Trockendichte- und Wassergehaltsverteilung in Abhängigkeit von der Gefrierdauer bei Großproben (Material Feld 3)

Abb. 6.162. Trockendichte-, Wassergehalts- und Schubspannungsverteilung in Abhängigkeit von der Anzahl der FT-Wechsel (Laborboden 1, Ton, w ≈ 0,28)

3. Es entsteht ein material- und randbedingungsspezifisches Frostgefüge, bei dem sowohl eine virtuelle Kornverteilung durch Zusammenballung zu größeren Materialeinheiten (Aggregierung) und/oder Zerfrostung in kleinere Bestandteile entstehen als auch lediglich eine veränderte (eislinsenparallele) Einregelung der Bodenpartikel stattfinden kann. Die einzelnen Aggregate weisen durch den Wasserentzug eine vergrößerte Trockendichte auf und werden von den Eislinsen und -filmen in den entstehenden Fissuren eingehüllt. Die Aggregierung wird i. d. R. ausgeprägter mit höherer Frosteindringgeschwindigkeit, tieferen Temperaturen, höherem Ausgangswassergehalt, kleinerer Durchlässigkeit und damit plastischeren Böden sowie zunehmender F-T-Wechselanzahl (Abb. 6.162)

4. Die tiefer liegenden ungefrorenen Schichten werden durch den Gefriersog entwässert, weisen dadurch eine größere Trockendichte (Abb. 6.162) und unter Umständen Schrumpfrisse auf

5. Durch das Frostgefüge und die zahlreichen entstehenden Fissuren kann die in der Triaxialzelle bestimmte Durchlässigkeit um bis zu einer halben Zehnerpotenz, in Ausnahmefällen bis zu einer ganzen Zehnerpotenz, erhöht werden. Extreme Durchlässigkeitssteigerungen von bis zu 3 Zehnerpotenzen, wie sie z. T. in der Literatur berichtet werden, konnten nicht beobachtet werden. Die Steigerungen werden größer bei weniger plastischen Böden, höheren Ausgangswassergehalten, tieferen Temperaturen und zunehmender Frost-Tau-Wechselanzahl

6. Die beobachteten Veränderungen der Scherfestigkeiten (Abb. 6.162) sind umgekehrt proportional an die Entwicklungen des Wassergehaltes gekoppelt und daher in den gefrorenen Bereichen kleiner werdend. Die in der Literatur beschriebene Abhängigkeit von dem sich einstellenden Aggregatgefüge (Dilatationseffekte bei den virtuellen Korngrößen) bzw. von dem Fissurengeflecht konnte nicht nachgewiesen werden

Bei den insgesamt 4 eigens angelegten Versuchsfeldern in situ und den 2 verwendeten Versuchsflächen auf Deponiebaustellen konnten folgende Ergebnisse ermittelt werden:

1. In Bereichen ohne jede Abdeckung und damit möglichem Niederschlagswasserzutritt waren im Bereich der Frosteindringung erhebliche Veränderungen der Wassergehalte und Trockendichten über die geforderten Einbaugrenzen hinaus zu verzeichnen (Abb. 6.163). Die wiederholten Frost- und Niederschlagsereignisse führten hier durch die entstehenden Eissprengrisse zu immer neuen Wasserwegsamkeiten und damit tiefergreifenden Vernässungen, als es bei einer normalen Wasserbeaufschlagung zu erwarten wäre. Dies betrifft v. a. Materialien mit hohen Tongehalten. Schluffgemische mit Feinsand- und geringen Tonbestandteilen wiesen langfristig ein relativ unempfindliches Verhalten auf

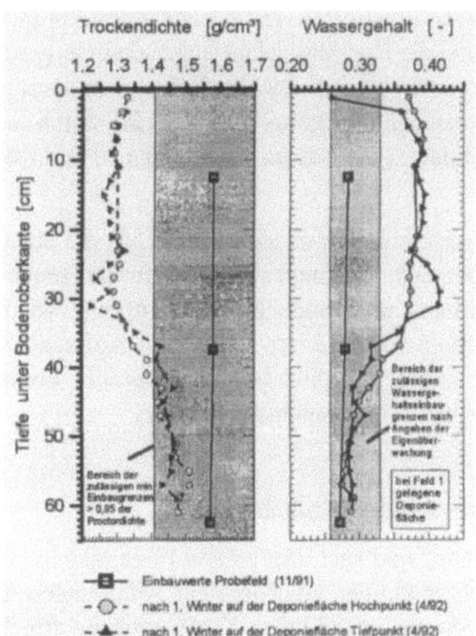

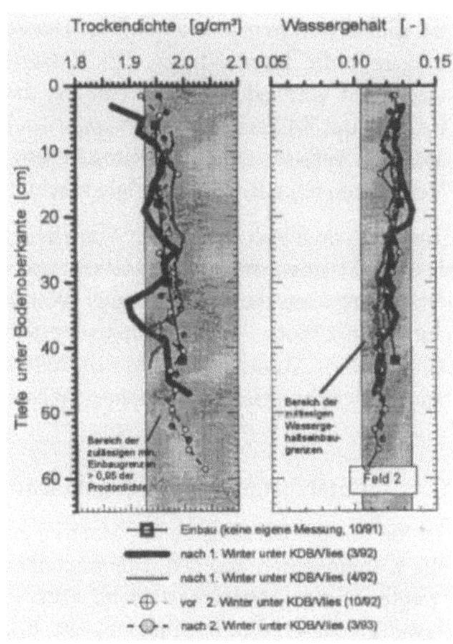

<table>
<tr><td>

Abb. 6.163. Trockendichte und Wassergehalt über die Tiefe der mineralischen Schicht bei einer offenen Tonfläche (Material Feld 1)

</td><td>

Abb. 6.164. Trockendichte und Wassergehalt über die Tiefe der mineralischen Schicht bei einer abgedeckten Fläche (Feld 2 mit KDB/Vlies)

</td></tr>
</table>

2. In den nur mit einer KDB oder KDB/Vlies abgedeckten Bereichen wurden in den beiden relativ milden Wintern 1991/92 und 1992/93 Eindringungen der 0 °C-Grenze von bis zu ca. 30 cm in das mineralische Material gemessen (Abb. 6.164). Die Beprobung der Felder in diesen Bereichen vor und nach den Winterzeiträumen ergab nur geringe Veränderungen

der wesentlichen Qualitätsparameter Trockendichte und Durchlässigkeit, v. a. in den obersten ca. 5 Zentimetern

3. Bei den mit Drainagekies belegten Flächen konnte ab einer Kiesmächtigkeit von mehr als 40 cm in den beiden Winterzeiträumen eine Eindringung der 0 °C-Grenze unter die KDB verhindert werden. Hier wurden keine signifikanten Unterschiede in den bodenmechanischen Kennwerten festgestellt. Auch bei dem nur mit einer KDB belegten und ca. 35 cm Kies überschütteten Geschiebemergel, bei dem ein einmaliger Frostdurchschlag bis ca. 8 cm Tiefe zu verzeichnen war, konnten keine signifikanten Unterschiede zu den Einbaukennwerten ermittelt werden.

Insgesamt kann festgestellt werden, daß nach einem Frostdurchgang eine Veränderung der deponietechnisch relevanten Bodeneigenschaften der mineralischen Materialien stattfindet, dann besonders ausgeprägt, wenn gleichzeitig ein Wasserzutritt, z. B. wegen des Fehlens einer KDB, möglich ist. Das Ausmaß der Veränderung hängt jedoch stark von den jeweiligen Randbedingungen, v. a. aber der mineralogischen Zusammensetzung ab und kann wegen der Vielzahl der Einflüsse bei den vorliegenden Ergebnissen zur Zeit noch nicht allgemeingültig für alle Böden und Temperaturbelastungen beschrieben werden.

Bei einigen Materialien, insbesondere bei ausgeprägt plastischen Tonen, werden die geforderten Einbauwertgrenzen während der Herstellung weit übertroffen. Die beobachteten Veränderungen für die Trockendichte, den Wassergehalt und die Durchlässigkeit liegen dann teilweise wegen der vorhandenen Übererfüllung der Grenzwerte bei nur leichter Befrostung noch im Rahmen des Zulässigen. Zudem konnte in Laborversuchen festgestellt werden, daß durch eine spätere Auflast eine Rekonsolidierung stattfindet, die einen erheblichen Teil der Veränderungen wieder rückgängig macht.

Trotzdem muß auch bei diesen Materialien ein Frosteintrag vermieden werden, da die entstehenden Fissuren eingeprägt bleiben und sich bei evtl. Setzungen und Verformungen des Dichtungspakets bei gleichzeitiger Wärmeeinwirkung und möglicher Schrumpfung wieder aufweiten können. An Böschungen besteht außerdem während bzw. nach dem Auftauen die Gefahr eines Abrutschens in den entstehenden Trennfugen der sich böschungsparallel, normal zur Frosteindringrichtung bildenden Wasserlinsen bzw. aufgeweichten Bereiche.

4.4 Untersuchung der Frostgefährdung mineralischer Abdichtungen

Ist die Frostgefährdung für ein Material zu ermitteln, sind nach den groben Einteilungen über die Körnungslinie und den Tonmineralbestandteil sowie den Rückgriff auf Erfahrungen mit vergleichbaren Materialien über Laborversuche die zu erwartenden Veränderungen für das jeweilige Material zu bestimmen (Abb. 6.165). Da es für Frostversuche noch keine genormten Ansätze gibt, werden im Rahmen dieser Arbeit Durchführungsvorschläge gemacht. Die anzulegenden Stagnationsgradienten können den durchgeführten Temperaturmessungen zufolge zu $\Delta t \leq 0{,}25$ °C/cm bei geringen Überdeckungen < ca. 30 cm und $\Delta t \leq 0{,}15$ °C/cm bei Überdeckung mit Kies > 30 cm oder thermisch gleichwertigen Materialien gewählt werden. Bei der Bewertung der Laborergebnisse ist zu berücksichtigen, daß die Veränderungen in den Laborversuchen i. d. R. größer sind als die bei den mit mindestens einer Kunststoffdichtungsbahn abgedeckten und so vor einem Feuchtigkeitseintrag geschützten Materialien in situ. Die Gründe hierfür liegen v. a. in der Temperaturbelastung und dem Probenhandling. Laborversuche liegen damit hinsichtlich einer Frostschadensbeurteilung normalerweise auf der sicheren Seite.

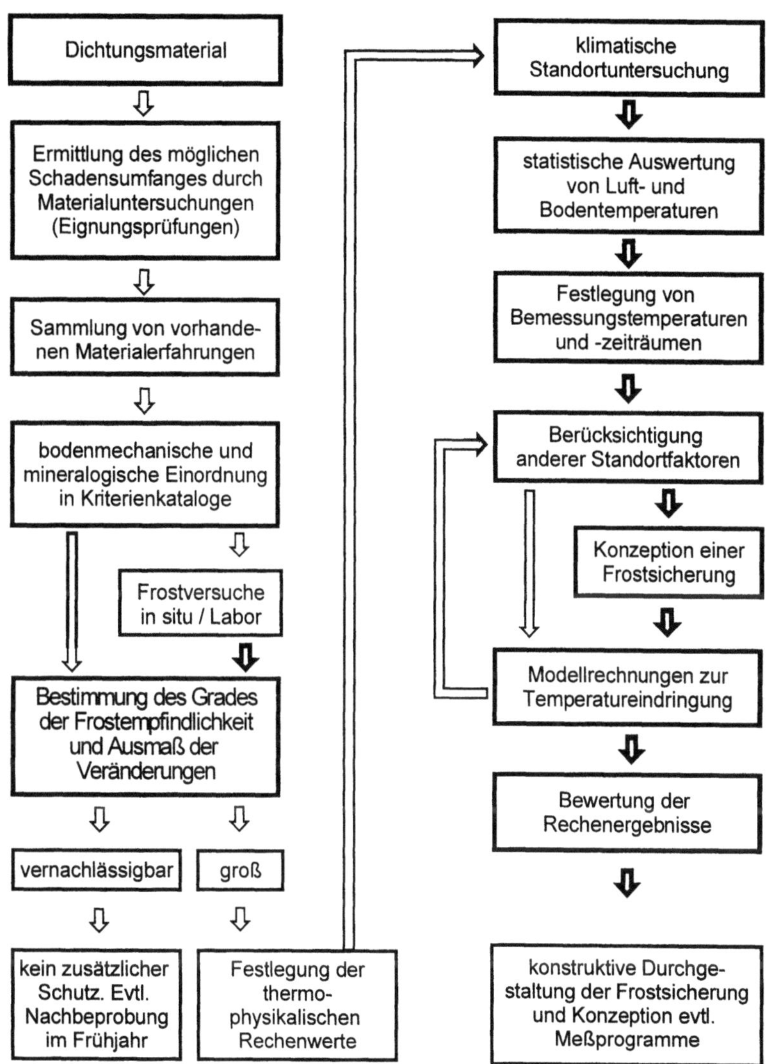

Abb. 6.165. Allgemeines Ablaufdiagramm bei der Untersuchung der Frostgefährdung bzw. der Frostsicherheit von mineralischen Deponieabdichtungen

4.5 Ergebnisse der Feldversuche zu thermischen Schutzlagen

Bei den Kiesdrainageschichten konnten ab ca. 40 cm Mächtigkeit in den beiden Wintern 1991/92 und 1992/93 keine Frostdurchschläge unter die KDB mehr gemessen werden (Tabelle 6.37). Der Temperaturunterschied gegenüber einer Abdeckung nur mit einer KDB bzw. KDB/Vlies betrug nahezu unabhängig von der Frostsumme (max. 70 °C·d) und der erreichten niedrigsten Lufttemperatur ca. 4°C; bei einer Kiesmächtigkeit von 35 cm über einer KDB ohne weitere mechanische Schutzschicht betrug dieser Unterschied noch ca. 2 °C.

Tabelle 6.37. Zusammenstellung der interpolierten 0 °C-Eindringtiefen der Tagesmittel-, der tiefsten Tagesmitteltemperaturen an der Oberkante des mineralischen Materials und der zugehörigen Frostsummen bei den Versuchsfeldern in situ mit und ohne Drainageschichten

Bereich	Zeitraum [Jahr]	Aufbau über min. Material	Tiefe 0°C [cm]	Tiefste Temp. OK min. Material [°C]	Δt bei ±0cm [°C]	Tiefste Lufttemperatur [°C]	Frostsumme Σ der Tage Σ °Cd / Σ d < 0°C [°C-d] / [d]	Mittl. FS / d [b] [°C/d]
Feld 1	91/92	KDB/Vlies	-22	-1,9			58,8 / 15	3,9
		+60 cm Kies	-	1,7	3,6	-7,6	66,3 / 18	3,7
		Σ Winter					70,8 / 25	2,8
	92/93	KDB/Vlies	-21	-3,5			64,4 / 13	4,9
		+50 cm Kies	-	0,4	3,9	-12,3	70,1 / 14	5,0
		Σ Winter					132,1 / 43	3,0
Feld 2	91/92	KDB/Vlies	-25	-2,4			49,9 / 11	4,5
		+50 cm Kies	-	1,6	4,0	-7,7	55,5 / 13	4,3
		Σ Winter					59,7 / 18	3,3
	92/93	KDB/Vlies	-27	-2,6			60,9 / 12	5,1
		+50 cm Kies	-	1,4	4,0	-11,8	66,3 / 14	4,7
		Σ Winter					107,5 / 40	2,7
Feld 3	91/92	KDB	-23	-1,6			8,8 / 8	1,1
		+35 cm Kies	-	0,3	1,9	-4,8	8,8 / 8	1,1
		Σ Winter					40,4 / 21	1,9
	92/93	KDB	-24	-2,7			45,8 / 11	4,2
		+35 cm Kies	-8	-0,5	2,2	-9,5	45,8 / 11	4,2
		Σ Winter					90,8 / 36	2,5
Feld 4	91/92	KDB	-21	-3,3			28,9 / 15	1,9
		+40 cm Kies	-	1,1	4,4	-4,8	8,8 / 8	1,1
		Σ Winter					40,4 / 21	1,9
	92/93	KDB	-29	-4,8			37,9 / 10	3,8
		+40 cm Kies	-	0,1	4,9	-9,5	48,5 / 12	4,0
		Σ Winter					90,8 / 36	2,5
Fläche 1	91/92	offen	-26	[a]				
		+30 cm Kies	-	0,7	[a]	-5,8	42,6 / 19	2,2

Kies / Geotextil / KDB / min. Material   ±0

[a] nicht gemessen, Lufttemperatur -5,8 °C

[b] mittlere Frostsumme pro Tag bis zum Erreichen der minimalen Temperatur

"-" 0 °C-Grenze hat das mineralische Material nicht erreicht

Eine Verallgemeinerung hinsichtlich eines immer ausreichenden Schutzes vor Frost bei einer Drainageschichtmächtigkeit über 40 cm ist jedoch wegen der unterschiedlichen (nicht vorhersagbaren) Frostereignisse nicht möglich. Die Notwendigkeit und die Wirkung verschiedener Frostschutzmaßnahmen können jedoch in Wärmehaushaltsberechnungen ermittelt werden, die beispielhaft an 2 Aufbauvarianten in Abhängigkeit von der Oberflächentemperatur durchgeführt wurden. Hinsichtlich der Bewertung der erhaltenen Rechenergebnisse sind die Klimadaten von nahegelegenen Stationen des Deutschen Wetterdienstes statistisch zu analysieren und einzuordnen.

Mögliche Schutzlagen können vorzeitig aufgebrachte Schichtpakete sein, insbesondere die mechanische Schutzlage und die Drainageschicht. Nach Möglichkeit sollte anschließend eine Feinmüllmächtigkeit von ca. 1 m aufgebracht werden, die in unseren Breitengraden in Normalverhältnissen eine ausreichende Sicherheit gegen einen Frostdurchschlag bedeutet. Zusätzliche verbleibende oder temporäre thermische Schutzschichten können aus Kies, Stroh, Erde, Kompost, Rindenmulch, Vliesen, Folien, Verbundmatten, Kunstschnee, Hartschaumplatten etc. bestehen. Die wichtigsten Kriterien für die Auswahl einer passenden Schutzlage sind in Tabelle 6.38 aufgeführt.

Tabelle 6.38. Zusammenstellung der zu berücksichtigenden Einflußfaktoren bei der Untersuchung der Notwendigkeit, der Konstruktion und der Dimensionierung einer Frostschutzmaßnahme

Einflußfaktoren bei der Untersuchung einer Frostschutzmaßnahme für die Bereiche				
Dichtungsmaterial	**Schutzmaterial**	**Konstruktion**	**Wirtschaftlichkeit**	**Standort**

• Thermophysikalische Kennwerte
  - Wärmeleitfähigkeit
  - Wärmekapazität
• Zu erwartender Schadensumfang durch Frost
  - Durchlässigkeit
  - Standsicherheit
• Tolerierbare Veränderungen in den Materialparametern
	• Thermophysikalische Kennwerte
	  - Wärmeleitfähigkeit
	  - Wärmekapazität
	• Frostbeständigkeit
	• Wärmebeständigkeit
	• UV-Beständigkeit
	• Verrottungsfestigkeit
	• Nagetiersicherheit
	• Brennbarkeit
	• Feuchtigkeitsaufnahme
	• Innere Stabilität (Begehbarkeit)
	• Verfügbarkeit
	• Darf die Drainageschicht zumindest im Endzustand nicht beeinflussen
		• Wirksamkeit (thermische Bemessung)
		• Lagesicherheit
		  - Wind
		  - Niederschläge
		  - Thermisch induzierte Verformungen
		  - Hangneigung
		  - Auflasten
		  - Erdbeben
		• Böschungsstabilität
		• Übergangsfaktoren
		• Auftriebssicherheit bei Wanneneinstau durch Niederschläge und Versagen der Drainage
		• u. U. Demontierbarkeit
			• Größe der Fläche
			• Risikobereitschaft ⇔ evtl. Sanierungskosten
			• Evtl. Sanierungszeit
			• Materialkosten
			• Verlegekosten
			• Verlegezeit
			• Einsatzdauer
			• Wiederverwendbarkeit
			• Evtl. Rückbaukosten
			• Evtl. Rückbauzeit
			• Deponieraumverlust bei liegenbleibender extra Frostschutzschicht (geringe Konstruktionshöhe gefordert)
			• Vorhalte- und Wartungskosten bei temporären Maßnahmen (Schneekanonen, Heizeinrichtungen)
				• Mikroklima
				• Klimastatistik
				• Untergrundtemperaturen
				• Umgebungsmorphologie

Möglich sind auch Sonderkonstruktionen, z. B. die temporäre Flutung noch nicht verfüllter Wannenpolder (Bild rechts) oder ein Schutz durch versetzbare, mit inertem Abfall gefüllte Big Bags (Abb. 6.166).

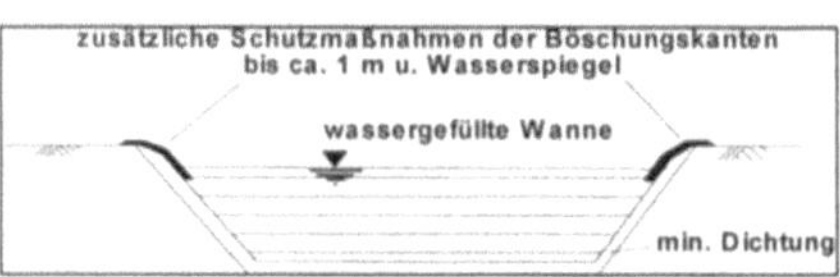

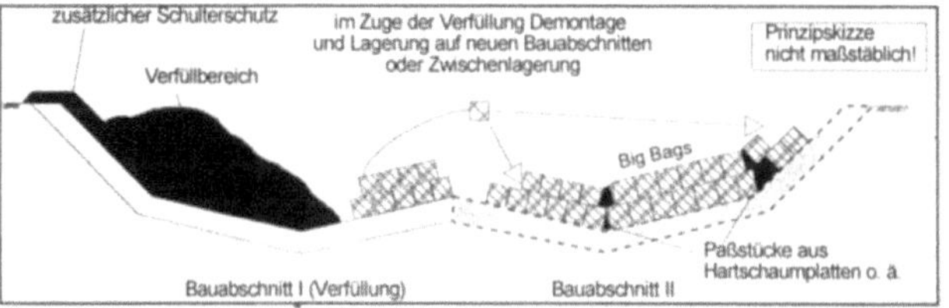

Abb. 6.166. Schutz vor Frost durch wiederverwendbare, versetzbare Big Bags

5 Zusammenfassung und praktische Bedeutung

In gefrorenen Bereichen von mineralischen Deponieabdichtungen entsteht ein material- und randbedingungsspezifisches Frostgefüge mit Fissuren (Zerfrostung), einem erhöhten Wassergehalt (Gefriersog) und einer verkleinerten Trockendichte (Auflockerung, Frostgare) und i. d. R. mit einer verminderten Scherfestigkeit. Die hydraulischen Leitfähigkeiten (Durchlässigkeiten bestimmt in der Triaxialzelle) im wieder getauten Zustand sind um bis zu einer halben Zehnerpotenz, in Ausnahmefällen bis zu einer Zehnerpotenz erhöht. Die Scherfestigkeiten sind reziprok eng an die Entwicklungen des Wassergehaltes gekoppelt. Die Veränderungen sind durch eine anschließende Auflast in Abhängigkeit der Materialzusammensetzung teilweise reversibel, jedoch bleibt das Frostgefüge eingeprägt, so daß kein homogenes Material mehr vorliegt.

In Abhängigkeit des Materials, des Abstandes der erzielten Einbaukennwerte im Einzelfall gegenüber den Anforderungen (bei vielen Materialien liegt eine weitgehende Übererfüllung der Einbauanforderungen vor), der Frostbelastung und den Lagerungsbedingungen nach dem Auftauen können auch nach einem Frostdurchgang die wesentlichen Anforderungen an eine mineralische Dichtung noch erfüllbar sein. Generell sollte jedoch nach Möglichkeit wegen der quantitativ ohne Versuche nicht genau vorhersagbaren Größe der Auswirkungen ein Frosteintrag vermieden werden.

Weiter zu berücksichtigende Probleme sind: temporärer Verlust der Tragfähigkeit in der Fuge Kunststoffdichtungsbahn / mineralisches Material direkt nach dem Auftauen durch den erhöhten Wassergehalt infolge Gefriersog auch bei ansonsten nicht wesentlichen Veränderungen und nur kurzen und flachen Frosteindringungen. Folgen: potentielle Rutschungsgefahr an den Böschungen.

Kiesdrainagen in den üblichen Mächtigkeiten von bis zu ca. 50 cm können in gemäßigten Wintern mit jahreszeitlich nicht allzu späten Frostereignissen das mineralische Material vor Frost (und den gravierenderen Veränderungen durch die Wärme im Sommer) schützen. Absolute Sicherheit bieten sie alleine nicht. Ist es absehbar, daß die Fläche mehrere Jahre nicht mit Abfall belegt werden kann, ist eine zusätzliche thermische Schutzschicht anzuordnen.

6 Ausblick

Im Bereich des mineralischen Materials sind eingehendere Untersuchungen insbesondere zu den Zusammenhängen zwischen der mineralogischen Zusammensetzung und den Frostauswirkungen erforderlich. Auch die Auswirkung von höheren Temperaturen auf zuvor gefrorene Materialien und deren Spannungs-Verformungs-Verhalten sowie die Durchlässigkeit unter Schubbeanspruchungen bei verschiedenen Auflasten sollten Bestandteile weiterer Untersuchungen sein. Die Einrichtung eines zentralen Registers für die verstreut vorliegenden Ergebnisse von Untersuchungen gefrorener Deponieabdichtungen oder von Wintermeßprogrammen wäre vor dem Hintergrund des Variantenreichtums zwar sinnvoll, ist aber wahrscheinlich nicht zuletzt aus finanziellen Gründen nicht durchführbar.

Literatur

Benson, C. H.; Othman, M. A. (1993): Hydraulic conductivity of compacted clay frozen and thawed in situ. Journal of Geotechnical Engineering. Vol. 119, Nr. 2, S. 276-294

Broms, B. B.; Yao, L. Y. C. (1964): Shear strength of a soil after freezing and thawing. Journal of the Soil Mechanics and Foundations Division. Proceedings of the American Society of Civil Engineers. Vol. 90, SM 4, S. 1-25

Chamberlain, E. J. (1981): Frost susceptibility of soil, review of index tests. US Army Cold Regions Research and Engineering Laboratory. CRREL Report 81-2

Chamberlain, E. J. (1986): Evaluation of selected frost susceptibility test method. US Army Cold Regions Research and Engineering Laboratory. CRREL Report 86-14

Fukuda, M.; Ishizaki, T. (1991): General report on heat and mass transfer. In: Ground Freezing 91 (1991). Vol. II, S. 409-415

Gaskin, P. (1981): Review of frost susceptibility classification. Frost i Jord. Nr. 22, S. 3-10

Hunsicker, S. E. (1987): The effect of freeze/thaw cycles on the permeability and macrostructure of Fort Edwards clay. Master of Engineering Thesis. Dartmouth College, Hanover, NH

ISSMFE Technical Committee on Frost, TC8 (1989): Work report 1985 - 1989 [mit Appendices A - F]. In: Frost in Geotechnical Engineering (1989). Vol. 1, S. 15-70

Jessberger, H. L.; Jagow, R. (1989): Determination of frost susceptibility of soils. In: Frost in Geotechnical Engineering (1989). Vol. 2, S. 449-469

Kim, W.-H.; Daniel, D. E. (1992): Effects of freezing on hydraulic conductivity of compacted clay. Journal of Geotechnical Engineering. Vol. 118, Nr. 7, S. 1083-1097

Konrad, J.-M.; Morgenstern, N. R. (1980): A mechanistic theory of ice lens formation in fine-grained soils. Canadian Geotechnical Journal. Vol. 17, S. 473-486

Ludwig, S. (1993): Frostgefährdung toniger Deponiebarrieren - Gefrierverhalten, bodenmechanische Eigenschaften, Mikrogefüge -. Dissertation. Universität Karlsruhe, Schriftenreihe Angewandte Geologie Karlsruhe. Nr. 26

LWA-Richtlinie (1993): Landesamt für Wasser und Abfall (LWA) Nordrhein-Westfalen (NRW), Richtlinie Nr. 18, "Mineralische Deponieabdichtungen". Schriftenreihe des Landesumweltamtes Nordrhein-Westfalen, Düsseldorf

Niedersachsenrichtlinie (1988): Durchfühung des Abfallgesetzes; Abdichtung von Deponien für Siedlungsabfälle RdErl. d. MU v. 24.6.1988 - 207-62812/21 - GültL 30/36-3

Ogata, N.; Kataoka, T.; Komiya, A. (1985): Effect of freezing-thawing on the mechanical properties of soil. In: Ground Freezing (1985). Vol. 1, S. 201-207

Paruvakat, N. (1993): Effects of freezing on hydraulic conductivity of compacted clay. Discussion. Journal of Geotechnical Engineering. Vol. 119, Nr. 11, S. 1862-1864

Stepkowska, E. T.; Skarzynska, K. M. (1989): Microstructural changes in clays due to freezing. In: Frost in Geotechnical Engineering (1989). Vol. 2, S. 573-582

TA Abfall (1991): Zweite Allgemeine Verwaltungsvorschrift zum Abfallgesetz, Teil 1: Techn. Anleitung zur Lagerung, chem./physikal. und biologischen Behandlung, Verbrennung und Ablagerung von besonders überwachungsbedürftigen Abfällen. In: Schmeken, W.; TA Abfall, Köln: Deutscher Gemeindeverlag, W. Kohlhammer, und in: Müll-Handbuch, Bd.1, 0670 Berlin: Erich Schmidt Verlag, S. 1-136

Yong, R. N.; Boonsinsuk, P.; Yin, C. W. P. (1985): Alteration of soil behaviour after cyclic freezing and thawing. In: Ground Freezing (1985). Vol. 1, S. 187-195

Zimmie, T. F.; La Plante, C. (1990): The effect of freeze/thaw cycles on the permeability of a fine-grained soil. Hazardous and Industrial Waste. Proceedings 22nd Mid-Atlantic Industrial Waste Conference. Philadelphia, Pennsylvania, S. 580-593

Universität Hannover

Institut für Grundbau, Bodenmechanik und Energiewasserbau (IGBE)

Prof. Dr.-Ing. Hanno Müller-Kirchenbauer

BMBF-Verbundforschungsvorhaben
Weiterentwicklung von
Deponieabdichtungssystemen

Teilprojekt 59

Einfluß von Filtratwachstum und Feststoffverlagerungen auf die Qualität, die Herstellbarkeit und die Kosten von Dichtungsschlitzwänden

Prof. Dr.-Ing. Hanno Müller-Kirchenbauer
Dipl.-Ing. Carsten Schlötzer
Dr.-Ing. Jürgen Rogner

Projektleitung:	Bundesanstalt für Materialforschung und -prüfung (BAM), Berlin
Projektträger:	Abfallwirtschaft und Altlastensanierung im Umweltbundesamt
Forschungsförderung:	Bundesministerium für Bildung, Wissenschaft, Forschung und Technologie
Förderkennzeichen:	1440 569 A5 - 59

Hannover, Februar 1994

1   Problemstellung

Die ungeordnete Ablagerung von Abfällen und ein sorgloser Umgang mit chemischen Stoffen haben zu einer Vielzahl von Altlasten in der Bundesrepublik Deutschland geführt. Aufgrund der davon möglicherweise ausgehenden Umweltgefährdung besteht oftmals ein akuter Handlungsbedarf zur Sanierung mit dem Ziel einer Dekontamination oder der Sicherung dieser Standorte.

Eine Möglichkeit zur Sicherung eines unterirdischen Schadstoffvorkommens ist dessen allseitige Einkapselung. Dazu wird aus verschiedenen Dichtelementen ein Dichtungstopf hergestellt. Zur seitlichen Umschließung werden vertikale Dichtelemente angeordnet, die in eine natürliche oder künstlich hergestellte Basisabdichtung einbinden und an die Oberflächenabdeckung anschließen.

Zur Herstellung der vertikalen Dichtelemente haben sich in letzter Zeit die spezialtiefbaulichen Verfahrenstechniken mit Flüssigkeitsstützung, speziell die als Einphasensysteme nur mit einer Suspension arbeitenden Schlitz- und Schmalwandtechniken durchgesetzt. Für den Einsatz im Rahmen von Altlastensicherungen war das Anforderungsspektrum an die verwendeten Dichtsuspensionen im Vergleich zu deren konventioneller Anwendung (z. B. hydraulische Wirksamkeit und Beständigkeit) auszuweiten. Die wesentlichen Mischungskomponenten der Suspensionen sind Wasser, hydraulische Bindemittel, Bentonit, Tone und ggf. Füller und chemische Additive.

Während des gegriffenen oder gefrästen Aushubs einzelner Schlitzwandlamellen werden die aufgehenden Erdwände des Hohlraumes durch eine Suspension gestützt. Bei Einphasensystemen bindet diese im Vergleich zu reinen Stützsuspensionen feststoffreichere Dichtsuspension im Schlitz zur eigentlichen Dichtmasse ab. Während der Herstellung der Dichtwand und in den sich anschließenden weiteren Abbindephasen der Dichtsuspensionen können verschiedene Feststoffverlagerungen auftreten. Zu diesen Mechanismen, die sich in ihren Wirkungsweisen z. T. auch überlagern können, gehören neben Sedimentationsvorgängen von Feststoffen der Dichtmassen sowie von aushubbedingt eingearbeiteten Bodenpartikeln die Penetration der Suspension in den Porenraum des anstehenden Erdstoffs und die Filtration an den Grenzflächen zum anstehenden Boden. Die Feststoffverlagerungen können einerseits den Baubetrieb, andererseits die Feststoffverteilung über den Querschnitt und die Höhe der Dichtwand beeinflussen. Diese inhomogene Feststoffverteilung wird bei den Untersuchungen zur Festlegung der Dichtsuspensionsrezeptur und ihrer Charakterisierung im Hinblick auf die späteren abdichtungstechnischen Eigenschaften derzeit nicht berücksichtigt. Entsprechende Feststoffverlagerungen können grundsätzlich auch bei der Herstellung von Dichtungsschmalwänden auftreten.

Aufgabenstellung des mit Mitteln des Bundesministers für Forschung und Technologie unter dem Förderkennzeichen 1440 569 A5 - 59 geförderten Forschungsvorhabens war es, die verschiedenen Bewegungsmechanismen von Feststoffpartikeln durch geeignete labormaßstäbliche Versuchsmethoden abzubilden. Dazu waren zunächst geeignete Versuchsmethoden zu entwickeln, um die Feststoffverlagerungen qualitativ beschreiben und um Kennwerte für quantitative Auswertungen gewinnen zu können. Durch die Bestimmung abdichtungstechnisch relevanter Parameter sollte in nachgeordneten Untersuchungen abgeschätzt werden, inwieweit solche Feststoffverlagerungen innerhalb eines Dichtsystems zu Qualitätsbeeinflussungen führen können.

Auf der Basis der Ergebnisse dieser labormaßstäblichen Untersuchungen sollte abgeschätzt werden, inwieweit technische Grundsätze für die Festlegung von Dichtsuspensionsrezepturen zu modifizieren sind. Dabei stehen die Fragestellungen im Vordergrund, ob entsprechende Bewegungsmechanismen berücksichtigt werden müssen und ob sich die Auswahl der

Dichtsuspensionsrezeptur durch Berücksichtigung von Feststoffverlagerungen eventuell optimieren läßt. Neben der Herstellbarkeit der Dichtelemente und ihrer abdichtungstechnischen Wirksamkeit sind dabei auch die Kosten zur Kompensation von Suspensionsverlusten, die sich als Folge der Feststoffverlagerungen ergeben, von Bedeutung.

2   Feststoffverlagerungen

2.1   Sedimentation von Feststoffpartikeln

Unter Sedimentation wird das gravitationsbedingte Absinken der gesamten suspendierten Feststoffmatrix oder einzelner Feststofffraktionen verstanden. Darüber hinaus können auch durch den Aushub in die Suspension eingearbeitete Bodenpartikel sedimentieren. Bei der Sedimentation wird in der Regel Wasser nach oben verdrängt, so daß sich auf dem Suspensionsspiegel ein Volumen aus abgeklärtem Wasser ausbilden kann. Unter besonderen Bedingungen kann es aber auch zu Platzwechselvorgängen zwischen einzelnen Feststofffraktionen kommen. Hierbei werden durch das Sedimentieren spezifisch schwerer Feststoffpartikel die leichteren nach oben verdrängt. Die Feststoffe bleiben aber weiterhin im Dispersionsmittel suspendiert, ein Wasservolumen bildet sich nicht aus.

2.2   Penetration

Eine Suspension kann in die Porenmatrix eines Korngerüstes eindringen, wenn dessen durchströmbares Porensystem geometrisch so ausgebildet ist, daß sämtliche Porenengstellen größer sind als die größten Feststoffpartikel bzw. Feststoffagglomerationen der Suspension. Der Mechanismus tritt meist bei Kiesen und Grobsanden auf. Auslösender Faktor für diese Penetration (Abb. 6.167b) ist die für die Standsicherheit des Hohlraums erforderliche hydraulische Druckdifferenz Δp zwischen der Suspension im Schlitz und dem anstehenden Grundwasser (Abb. 6.167a).

Die Bewegung einer in ein Porensystem eindringenden Suspension kommt zum Stillstand, wenn sich ein Kräftegleichgewicht zwischen den aufgrund der rheologischen Eigenschaften der Suspension auf die benetzten Kornoberflächen des Erdstoffs über den Penetrationsweg s_p übertragbaren Schubspannugen τ und der äußeren Druckdifferenz Δp ausbilden kann (Abb. 6.167b).

2.3   Filtration

Für den Fall, daß sämtliche Poren des Erdstoffs kleiner als die kleinsten Feststoffpartikel der Suspension sind, können diese aufgrund der Druckdifferenz Δp nicht in den Porenraum eindringen. Es kommt an der Grenzfläche zwischen dem Schlitz und den aufgehenden Erdwänden zur Filtration (Abb. 6.167c). Bei dieser Phasentrennung werden die Feststoffe der Suspension zurückgehalten und das Dispersionsmittel in das Porensystem abgepreßt. Durch die Feststoffanreicherung im Bereich der Grenzfläche entsteht ein in den Schlitz hineinwachsender Filterkuchen der Höhe s_f. Die Druckdifferenz Δp wird über Strömungskräfte zunächst auf die Feststoffpartikel des Filterkuchens und im weiteren über eine sog. Membranwirkung durch Korn-zu-Korn-Druck auf die Kornmatrix des Boden übertragen (Abb. 6.167c).

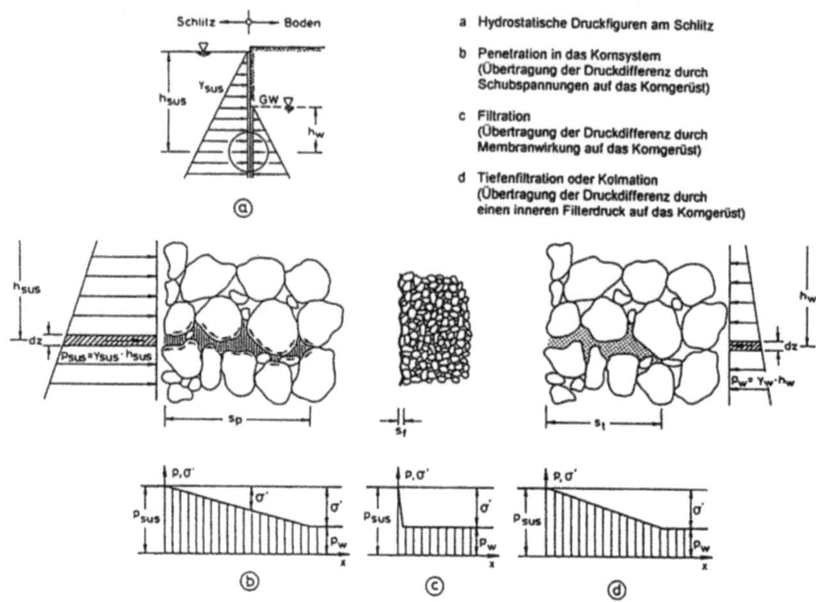

Abb. 6.167.   Schematische Darstellung der Druckverhältnisse **a** sowie der Feststoffverlagerungen Penetration **b**, Filtration **c** und Tiefenfiltration **d**

2.4   Tiefenfiltration

Werden in ein Porensystem penetrierende gröbere Feststoffpartikel zunächst im Bereich von Porenengstellen zurückgehalten, liegt als weitere Feststoffverlagerung die Tiefenfiltration oder Kolmation (Abb. 6.167d) vor. Hierbei dringen Partikel der Dichtsuspension anfänglich in das Porensystem ein, die Bewegung kommt jedoch nach einer Strecke $s_t < s_p$ zum Stillstand. Im weiteren Verlauf setzt sich das Porensystem mehr und mehr zu, bis nur noch Wasser abgepreßt wird. Der in Abschn. 2.3 als sog. Oberflächenfiltration an der Grenzfläche beschriebene Filtrationsprozeß läuft hier im Innern des Porensystems ab. Die Druckdifferenz Δp wird über Strömungskräfte auf die filtrierten Partikel der Suspension und dann über Kornzu-Korn-Druck auf das Korngerüst des Bodens übertragen (Abb. 6.167d).

3   Auswirkungen von Feststoffverlagerungen

Die im Abschnitt 2 erläuterten Bewegungen einzelner Feststoffpartikel bzw. von Feststofffraktionen werden derzeit bei den labormaßstäblichen Untersuchungen zur Festlegung der Rezepturen von Dichtsuspensionen nicht planmäßig berücksichtigt.

Für Dichtsuspensionen wird in aktuellen Richtlinien und Empfehlungen das Sedimentationsmaß als Absetzmaß auf eine Größenordnung zwischen 1 und 3 % begrenzt. Diese Partikelbewegung kann somit in der Regel bei den für Dichtwände im Rahmen von Altlastensicherungen üblicherweise verwendeten Rezepturen und Aufbereitungstechniken vernachlässigt werden, da diese Größenordnungen für das Absetzmaß weitgehend eingehalten werden.

Sowohl die Penetration von Dichtsuspensionen in ein Hohlraumsystem des anstehenden Bodens als auch die Filtration an der Grenzfläche zum anstehenden Boden können auf nicht unerhebliche Suspensionsverluste führen. Diese sind bisher in ihrer Größenordnung sowie in ihrer Abhängigkeit von bodenmechanischen oder hydrogeologischen Randbedingungen weitgehend unbekannt. Sie sind aber den aushubbedingten Suspensionsverlusten zuzurechnen, für die bisher, je nach bodenmechanischen Verhältnissen, bei gegriffenen Schlitzwänden eine Größenordnung zwischen 40 und 100 % der planerischen Nennkubatur der Wand angesetzt wird. Zusätzlich kommt es durch die Filtration zu einem Filterkuchenwachstum.

Zur prinzipiellen Darstellung von Feststoffverlagerungen sowie zur Abschätzung der zusätzlich zu berücksichtigenden Suspensionsverluste und der Auswirkungen dieser Mechanismen auf die Eigenschaften der abgebundenen Dichtmassen wurden labormaßstäbliche Versuchstechniken entwickelt und entsprechende Parameterstudien durchgeführt.

4 Verwendete Materialien

Die Rezepturen der Dichtsuspensionen sowie deren Aufbereitungsart und -abfolgen sind in Tabelle 6.39 zusammengestellt. In die Untersuchungen wurden neben Rezepturen für eine Natrium- (Masse A) und eine Calcium-Bentonit-Suspension (Masse B), die aus dem allgemeinen Dichtungsschlitzwandbau zur Abdichtung gegenüber nichtkontaminierten Wasserzutritten abgeleitet waren, eine hochfeststoffreiche, besonders chemisch resistente Calcium-Bentonit-Suspension (Masse C), eine Schmalwandmasse (Masse D) sowie eine Fertigmischung auf Natrium-Bentonit-Basis für Einphasenschlitzwände (Masse E) ausgewählt. Zur Begrenzung des Aufwandes wurden die Untersuchungen schwerpunktmäßig mit der Masse C durchgeführt.

Als Filtrations- (Sand I und II) und als Penetrationsmedien (Sand III) wurden Korngerüste aus der Gegend von Helmstedt/Niedersachsen verwendet (Abb. 6.168). Dabei handelt es sich um Korngerüste mit einer gedrungenen bis prismatischen Kornform und einer rundkantigen Kornrauhigkeit.

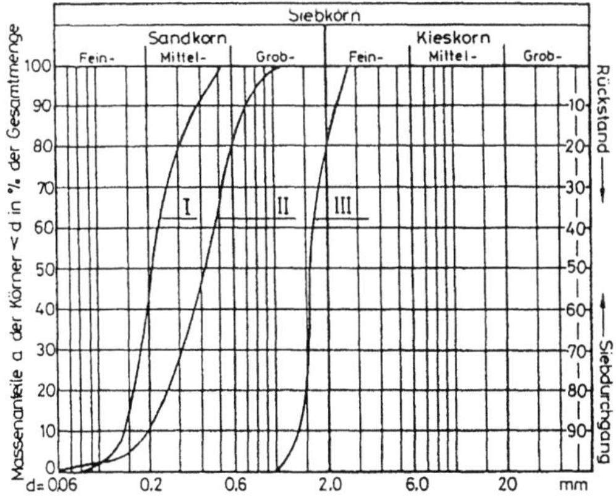

Abb. 6.168. Kornverteilungslinien der verwendeten Filtrations- (Sand I und II) und Penetrationsmedien (Sand III)

Tabelle 6.39. Rezepturen der in die Untersuchungen einbezogenen Dichtsuspensionen

| Mischungs-komponenten | Dichtsuspensionen | | | | | | | | | | Aufbereitungsart | | Baustoffe |
| | A | | B | | C | | D | | E | | | | |
	[a]	kg/m³	[a]	kg/m³	[a]	kg/m³	[a]	kg/m³	[a]	kg/m³	Methode[b]	Zeit min	
Na-Bentonit Tixoton CV 15	1	40,0		-		-		-		-	k	10	Aktivierter Natrium-bentonit Süd-Chemie AG, München
Ca-Bentonit Calcigel		-	1	220,0	1	91,8	1	120,2		-	nk	10	Calciumbentonit Süd-Chemie AG, München
Cebo Cal		-		-	2	61,2		-		-	nk	10	Calciumbentonit Cebo Holland BV, Heemstede
Tonmehl G3		-		-	3	153,1		-		-	nk	3	Stephan Schmidt KG, Dornburg
Hydr. Bindemittel													Dyckerhoff-Zement-werk AG
Aquadur AO	2	200,0	2	200,0		-	2	144,3		-	nk	3	Hoz 35 L Hs Werk: Amöneburg
Solidur 1039		-		-	4	183,8		-		-	nk	3	Hydraul. Bindemittel Werk: Amöneburg
Füller Hehlen Kalkstein-mehl		-		-		-	3	602,2		-	nk	10	Kalkmergel & Stein-werke GmbH, Hehlen
Additiv Dwr-C		-		-	5	2,5		-		-	nk	10	Hüls AG, Werk Rheinfelden
Fertigmischung Protomix		-		-		-		-	1	240,0	k	5	Heidelberger Ze-ment AG, Heidelberg
Wasser		917,0		850,3		817,4		674,3		905,0			Leitungswasser Hannover

[a] Aufbereitungsabfolge
[b] k: kolloidal
   nk: nicht kolloidal

5   Experimentelle Untersuchungen

5.1   Penetrationsversuche

5.1.1   Versuchsmethoden

Zur Durchführung der Penetrationsversuche wurden in koppelbaren Druckzylindern aus dem Sand III sog. Penetrationssäulen unterschiedlicher Länge hergestellt. Eine Außenhülle zwischen der Sandsäule und der Zylinderwandung, hergestellt aus der Dichtmasse B, sollte dabei Umläufigkeiten vermeiden. In einem darüber angeordneten Acrylglaszylinder wurde die im Anschluß an die Aufbereitung 24 h gerührte Dichtsuspension über eine Druckvorlage unter Druck gesetzt, so daß die Penetration erfolgen konnte. Der im Rahmen dieses Vorhabens entwickelte Versuchsaufbau ist schematisch in Abb. 6.169 dargestellt.

5.1.2 Versuchsergebnisse

Die Penetrationsversuche wurden mit Beaufschlagungsdrücken σ von 50 und von 200 kPa durchgeführt. In die bis zu 975 mm hohen Penetrationssäulen drang die Suspension, unabhängig von den Druckverhältnissen, über die gesamte Länge ein. Nach einer Versuchslaufzeit von maximal 3 min. trat am Ende der Penetrationssäulen Dichtsuspension aus. Eine Stagnation der Dichtsuspension im Porensystem wurde unter den gewählten Randbedingungen nicht erreicht, es kam auch nicht zu Kolmationseffekten. Die Ergebnisse charakterisieren v. a. jedoch die möglichen, nicht unerheblichen Suspensionsverluste, die in Größenordnungen liegen können, die der planerischen Nennkubatur der Wand entsprechen.

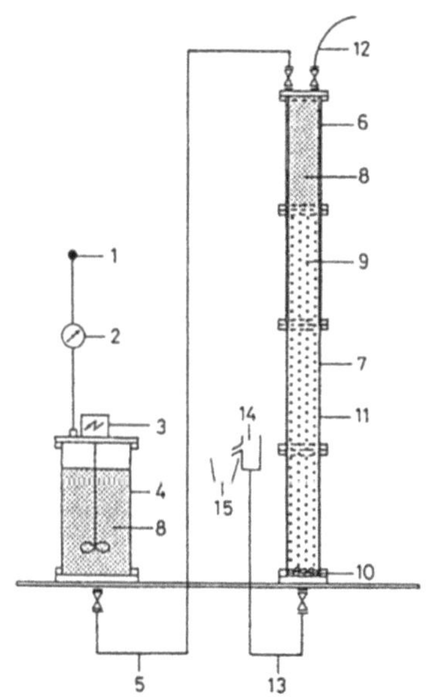

1	Luftdruckanschluß mit Druckregler
2	Manometer
3	Laborrührwerk mit Propellerrührer
4	Druckvorlage
5	Suspensionsförderleitung
6	Acrylglaszylinder
7	Messingzylinder
8	Suspension (Rezepturen Tabelle 6.39)
9	Penetrationsmedium Sand III (Abb. 6.168)
10	Filtersand
11	Außenhülle (Masse B, Tabelle 6.39)
12	Entlüftungsleitung
13	Filtratwasserförderleitung
14	Überlaufgefäß
15	Auffanggefäß

Abb. 6.169. Schematische Darstellung des Versuchsaufbaus für Penetrationsuntersuchungen

5.2 Filtrationsversuche

5.2.1 Versuchsmethodik

Für Filtrationsversuche wurde ebenfalls ein Versuchsaufbau aus rotationssymmetrischen, koppelbaren Druckzylindern entwickelt, dessen Aufbau in Abb. 6.170 schematisch dargestellt ist.

Im unteren Bereich des Zylinders wurde das Filtrationsmedium (Sand I oder II) aus einem wassergesättigten Korngerüst eingebaut. Diese im Versuch horizontale und kreisförmige

Filtrationsfläche bildete die in situ vertikalen und horizontalen Grenzflächen zwischen der Dichtsuspension und dem Erdstoff ab. Gestützt wurde das Filtrationsmedium durch eine darunter eingebaute filterfeste Stützschicht. Nach dem Einfüllen der Suspension und dem Aufbringen des über die Filtrationszeit konstanten Filtrationsdruckes σ_f wurde an der Grenzfläche die Oberflächenfiltration eingeleitet. Als wesentliche Meßgröße wurde die zeitliche Entwicklung der Filtratwasserabgaben erfaßt.

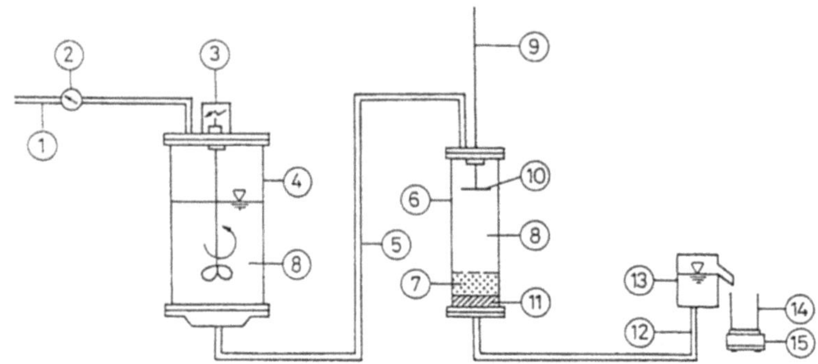

1	Luftdruckanschluß mit Druckregler	9	Meßeinrichtung für
2	Manometer		Filterkuchenhöhenentwicklung mit
3	Laborrührwerk mit Propellerrührer	10	Lochplatte
4	Druckvorlage	11	Stützschicht
5	Suspensionsförderleitung	12	Filtratwasserförderleitung
6	Acrylglaszylinder	13	Überlaufgefäß
7	Filtrationsmedium	14	Auffanggefäß
8	Suspension	15	Waage

Abb. 6.170.   Schematische Darstellung des Versuchsaufbaus für Filtrationsuntersuchungen

5.2.2 Ergebnisse der Filtrationsuntersuchungen

Diese Untersuchungen wurden ebenfalls an 24 h gerührten Dichtsuspensionen durchgeführt. Dabei wurden die Filtrationsdrücke σ_f zwischen 50 und 200 kPa in Stufen von 50 kPa variiert.

Der charakteristische Verlauf der zeitlichen Entwicklung der flächenbezogenen Filtratwasserabgaben war für alle Parametervariationen affin. Die zeitlichen Zuwächse der Filtratwasserabgaben verhielten sich degressiv, d. h. mit zeitlich abnehmender Tendenz. In Abb. 6.171 ist beispielhaft der Verlauf der auf die Filtrationsfläche bezogenen Filtratwasserabgaben f bei unterschiedlichen Filtrationsdrücken σ_f für die Dichtmasse C dargestellt. Die Druckabhängigkeit mit der Tendenz höherer Filtratwasserabgaben bei höheren Filtrationsdrücken ist erkennbar.

Die Filtratwasserabgaben der Dichtmassen A, B und E liegen aufgrund ihres geringeren Feststoffgehaltes im Vergleich zur Calcium-Bentonit-Suspension C auf höherem Niveau. Eine Reduktion der Filtratwasserabgabe ist bei der Schmalwandmasse D aufgrund ihres für diese Verfahrenstechnik eingestellten besonders hohen Feststoffgehalts zu beobachten. Die zeitlichen Entwicklungen der Filtratwasserabgaben charakterisieren die aus diesen Feststoffverlagerungen resultierenden Suspensionsverluste, die den Verlusten aus einer eventuell möglichen, dem Filtrationsvorgang zeitlich vorgeschalteten Penetration zuzurechnen sind. Gleichzeitig konnte die Entwicklung des Filterkuchens bei einem ungestört ablaufenden Filtrationsversuch abgeschätzt werden.

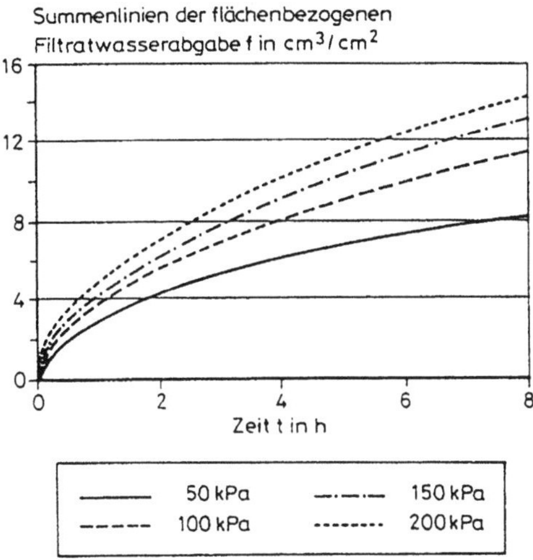

Abb. 6.171. Summenlinie flächenbezogener Filtratwasserabgaben der Dichtmasse C bei variiertem Filtrationsdruck σ_f

Die Summenlinien der flächenbezogenen Filtratwasserabgaben können durch eine einparametrige Wurzelfunktion angenähert werden, die physikalisch unter der Annahme eines inkompressiblen Filterkuchens eine Oberflächenfiltration beschreibt. Wird die Versuchslaufzeit auf $\sqrt{t}$ transformiert, läßt sich die flächenbezogene Filtratwasserabgabe f (t) als Summenlinie in Abhängigkeit der Zeit nach folgender Beziehung rechnerisch annähern:

$$f(t) = a \cdot \sqrt{t}.$$

Der Freiheitsgrad a des funktionalen Ansatzes ist dabei als Summenparameter einerseits von suspensionsspezifischen Kennwerten und andererseits von den Eigenschaften des sich bereits ausgebildeten Filterkuchens abhängig.

Mit dem Ansatz für die Entwicklung der Filtratwasserabgabe wird auch eine rechnerische Abschätzung des filtrationsbedingten Suspensionsverlustes möglich.

5.3 Nachgeordnete Untersuchungen

5.3.1 Allgemeines

In nachgeordneten Untersuchungen wurden an Probekörpern aus dem penetrierten Bereich sowie aus dem Bereich des feststoffreichen Filterkuchens weitere bodenmechanische und abdichtungstechnische Kennwerte bestimmt. Zu den bodenmechanischen Kennwerten gehören neben Festigkeitsparametern beispielsweise die mittels Tauchwägung erhaltene Verteilung der Wichte $\gamma(z)$ und die zugehörigen Wassergehaltsverteilungen $w(z)$. Zur Ermittlung abdichtungstechnisch relevanter Parameter können Durchlässigkeitsuntersuchungen in

Triaxialzellen und Untersuchungen zur chemischen Beständigkeit in Form von freien und modifizierten Lagerungsversuchen durchgeführt werden.

5.3.2 Ergebnisse nachgeordneter Untersuchungen

Die Penetration von Dichtsuspensionen in ein Porensystem führt zu einer teilweisen Verdrängung des Porenwassers und zu einer teilweisen Verfüllung bzw. Abdichtung des Porenraums außerhalb des eigentlichen Dichtwandquerschnitts. Dabei liegen die Wichten der partiell verfüllten Systeme leicht unterhalb des rechnerischen Wertes für eine 100 %ige Verfüllung des Porenraums, die sich jedoch u. a. wegen des nicht ohne weiteres verdrängbaren Haftwassers an den Kornoberflächen auch nicht erzielen läßt. Durch die penetrationsbedingte Verfüllung der Porensysteme wurde deren Durchlässigkeit um ca. 3 - 4 Zehnerpotenzen reduziert.

In freien Lagerungsversuchen konnte eine weitgehende chemische Beständigkeit v. a. von Porensystemen, die mit der Dichtmasse C teilweise verfüllt waren, unter den vergleichsweise ungünstigen Randbedingungen dieses Versuchstyps nachgewiesen werden. Damit stellt die Penetrationszone einen Bereich einer zusätzlichen, weitgehend beständigen hydraulischen Barriere dar. Gleichzeitig wird durch die Verdrängung von möglicherweise bereits kontaminiertem Porenwasser der Schadstoffangriff im Bereich des eigentlichen Wandquerschnitts zumindest verzögert.

Die Feststoffverlagerung der Filtration führt zu einem vergleichsweise feststoffreichen, in den Schlitz wachsenden Filterkuchen. Im Bereich der Grenzfläche kommt es zu einer Erhöhung der Wichte zwischen ca. 10 und ca. 30 % bezogen auf die Wichte abgebundener Suspensionsproben. Werden die Ergebnisse der Durchlässigkeitsuntersuchungen und der Untersuchungen zur chemischen Beständigkeit zwischen Proben aus dem Bereich von Filtrationszonen und abgebundenen Suspensionsproben, die ohne den planmäßigen Einfluß von Feststoffverlagerungen hergestellt wurden, miteinander verglichen, ergibt sich für Probekörper aus Filtrationszonen eine deutlich erhöhte hydraulische Wirksamkeit sowie, zumindest bei bestimmten Angriffsarten, eine verbesserte chemische Beständigkeit aufgrund ihres höheren Diffusionswiderstands.

6 Größermaßstäbliche Untersuchungen

Zur anschaulichen Darstellung von Feststoffverlagerungen sowie deren gegenseitiger Überlagerung wurden in einer hydraulischen Rinne (L = 1750 mm, B = 300 mm, h = 600 mm) entsprechende größermaßstäbliche Untersuchungen durchgeführt. Die Erdkörper wurden sowohl als homogenes penetrierbares Porensystem als auch als geschichtetes System aus penetrierbaren Schichten mit einer dazwischenliegenden Filtrationsschicht aufgebaut.

Ergebnisse dieser Untersuchungen sind neben der Ermittlung des zeitlichen Fortschreitens der Penetrationsfront v. a. die Bilddokumentation dieser Feststoffverlagerungen und deren zeitliche Entwicklung.

Darüber hinaus wurden auch bei diesen Untersuchungen nach dem Abbinden der Dichtmassen im Porensystem Proben entnommen und anschließend untersucht. Die Ergebnisse dieser nachgeordneten Versuche lagen in den Größenordnungen, wie sie für kleinmaßstäblich hergestellte Proben aus den verschiedenen Bereichen der Feststoffverlagerungen ermittelt wurden. Somit kann davon ausgegangen werden, daß die Untersuchungsergebnisse jeweils übertragbar sind.

7   Zusammenfassung

Die wesentlichen Feststoffverlagerungen, die bei der Herstellung von Dichtungsschlitz- und -schmalwänden und zu Beginn der anschließend ablaufenden Abbindephase bis zur Strukturbildung der Dichtmassen auftreten können, sind die Penetration und die Filtration. Für die labormaßstäbliche Abbildung dieser Partikelbewegungen wurden vergleichsweise einfache und damit praxisrelevante Versuchsmethoden entwickelt. Die Ergebnisse der durchgeführten Parameterstudien hinsichtlich der Feststoffverlagerungen selbst bzw. ihrer Auswirkungen auf die späteren Eigenschaften des herzustellenden Dichtelementes lassen sich wie folgt zusammenfassen:

- Die gesamten Suspensionsverluste aus der Penetration und einer möglicherweise nachgeschalteten Filtration können in ihrer Größenordnung den aushubbedingten Suspensionsverlusten entsprechen. Dabei kann als Verlustvolumen aus den Feststoffverlagerungen eine Suspensionsmenge auftreten, die in ihrer Größenordnung der planerischen Nennkubatur der herzustellenden Wand entsprechen, evtl. sogar, insbesondere bei längeren Filtrationszeiten, noch darüber liegen kann.

- Durch die Penetration des Porensystems wird der in der Umgebung einer Dichtwand anstehende Porenraum infolge der teilweisen Porenverfüllung abgedichtet. Diese Abdichtung führt auf eine Reduktion der hydraulischen Durchlässigkeit im Vergleich zum unverfüllten Porensystem in einer Größenordnung von mindestens 3 Zehnerpotenzen.

- Die teilweise verfüllten Porensysteme können bei einer auf das vorhandene Schadstoffpotential projektspezifisch abgestimmten Suspensionsrezeptur als weitgehend resistent angesehen werden. Damit stellt die Verfüllung des Porensystems durch die Penetration eine zusätzliche Sicherheit gegenüber chemischen Beanspruchungen der eigentlichen Dichtwand dar. Des weiteren wird durch die penetrationsbedingte Verdrängung von Kontaminaten von der Dichtwandoberfläche weg zumindest ein zeitlich verzögerter Angriff erfolgen.

- Parallel zur Filtration kann sich ein in Richtung der Schlitzmitte wachsender feststoffreicher Filterkuchen ausbilden. Dieser Filterkuchen kann zu einer erheblichen Erhöhung der Aushubwiderstände bei der Wandherstellung führen.

- Die filtrationsbedingte Phasentrennung verbunden mit einem Wasserverlust kann dazu führen, daß insbesondere oberhalb des Grundwasserspiegels der im Filterkuchen verbliebene Wasseranteil möglicherweise nicht mehr ausreicht, den Wasserbedarf der hydraulisch aktiven Komponenten der Dichtsuspension aus dem System heraus zu befriedigen. Hier ist zu empfehlen, z. B. durch einen Wasserüberstau im Bereich des Dichtwandkopfes, für ein zusätzliches Wasserangebot zu sorgen, um eine integre, d. h. allen Anforderungen entsprechende Wand sicherzustellen.

- Die ermittelte verbesserte hydraulische Wirksamkeit und die vergleichsweise zu abgebundenen Suspensionsproben allgemein auch höhere chemische Beanspruchbarkeit der feststoffreichen Zonen des Filterkuchens weisen darauf hin, daß durch diese Feststoffverlagerungen eine zusätzliche Sicherheit für das Dichtungsbauwerk entstehen kann.

- Überlagerungen zwischen verschiedenen, parallel ablaufenden Feststoffverlagerungen können, insbesondere bei geschichteten Bodenfolgen, evtl. zu feststoffarmen Bereichen in einer Dichtwand führen. Es ist denkbar, daß Volumenverluste im unteren Bereich einer Wand möglicherweise nicht mehr durch von oben nachfließende frische Suspension ausgeglichen werden können, da der Fließweg nach unten, z. B. als Folge einer ausgeprägten Filtration, bereits blockiert sein kann.

Die Untersuchungsergebnisse zeigen, daß die genannten Feststoffverlagerungen bei Untersuchungen zur Festlegung von Dichtsuspensionsrezepturen unter projektspezifischen Randbedingungen sowie bei der Erarbeitung des Qualitätssicherungsplans berücksichtigt werden sollten. Darüber hinaus ist für die Wandherstellung zu empfehlen, den Suspensionsspiegel laufend zu beobachten und im Bereich des Dichtwandkopfes ein Suspensionsreservoir vorzuhalten, um die auftretenden gesamten Suspensionsverluste kontinuierlich kompensieren zu können. Die Beobachtung und die Kompensation der Suspensionsverluste sind bis zu einer Strukturbildung infolge der Hydratation der Dichtsuspension aufrechtzuhalten. Bei ausgeprägten Filtrationserscheinungen kann es möglicherweise, insbesondere oberhalb des Grundwasserspiegels, zu einer Unterversorgung der hydraulisch aktiven Komponenten in der Dichtsuspension mit Hydratwasser kommen. Hier sollte während der Abbindephase der Dichtmassen von außen Wasser zugeführt werden, um spätere Desintegritäten innerhalb der Wand zu vermeiden. Dazu kann z. B. innerhalb der Leitwände ein Wasserüberstau vorgehalten werden. Die Zeitdauer dieser Maßnahme sollte sich an der Festigkeitsentwicklung der Dichtmassen orientieren, das heißt, wenn keine signifikanten Festigkeitszuwächse mehr auftreten, kann davon ausgegangen werden, daß die Hydratation der Feststoffpartikel ebenfalls weitgehend abgeschlossen ist und der weitere Wasserbedarf vergleichsweise gering bleibt.

8   Ausblick

Neben den dargestellten Ergebnissen zur grundlegenden Beschreibung von Feststoffverlagerungen und deren Auswirkungen ergibt sich aus diesen Phänomenen ein weiterer innovativer Forschungsbedarf. Dabei sind u. a. folgende Gesichtspunkte zu berücksichtigen:

- Weitere Abklärung von Feststoffverlagerungen unter verschiedenen praxisrelevanten Randbedingungen sowie deren funktionale Beschreibung, insbesondere im Hinblick auf eine weitgehend ungestörte Wandherstellung

- Abschätzung der hydraulischen Wirksamkeit eines Gesamtsystems aus der eigentlichen Dichtwand sowie den verschiedenen Bereichen von Feststoffverlagerungen mit unterschiedlichen Dichtmassenqualitäten innerhalb bzw. außerhalb des planmäßigen Dichtwandquerschnitts

- Weitere Entwicklung bzw. Modifikation der Untersuchungs- und Auswertungsmethoden zur Abschätzung der chemischen Beständigkeit von Proben aus den Bereichen der Penetrations- sowie der Filtrationszonen

Die Entwicklung von Lösungsansätzen zu diesen Fragestellungen ist z. Z. Gegenstand von experimentellen und theoretischen Forschungsarbeiten am IGBE der Universität Hannover, über deren Ergebnisse zu einem späteren Zeitpunkt umfassend berichtet werden soll.

Technische Universität Hamburg-Harburg
Arbeitsbereich Umweltschutztechnik

*BÜRO und LABOR
DR. R. WIENBERG*

BMBF-Verbundforschungsvorhaben
Weiterentwicklung von
Deponieabdichtungssystemen

Teilprojekt 60

Biochemische Dauerbeständigkeit und Schadstofftransport bei innovativen Baustoffen für die Altlastensanierung

Prof. Dr. U. Förstner
Dr. R. Wienberg
Dr. J. Gerth

Projektleitung:	Bundesanstalt für Materialforschung und -prüfung (BAM), Berlin
Projektträger:	Abfallwirtschaft und Altlastensanierung im Umweltbundesamt
Forschungsförderung:	Bundesministerium für Bildung, Wissenschaft, Forschung und Technologie
Förderkennzeichen:	1440 569 A5 - 60

Hamburg, Dezember 1995

1   Einleitung

Für Sohldichtungen, Injektionsgele, Dichtwandsuspensionen, Austauschmassen für Dichtwände im Zweimassenverfahren, Bodenmörtel und Deponieabdeckungen sowie für die Neuanlage von Deponien werden als Modifizierungsmittel Organosilan-Hydrogele sowie mit quarternären Ammoniumalkylverbindungen belegte Bentonite eingesetzt. Durch Zusatz dieser organischen Komponenten sollen die chemische und physikalische Beständigkeit der Baustoffe sowie deren Sorptionsvermögen und Undurchlässigkeit für organische Schadstoffe verbessert werden. Der organische Charakter der Zusatzstoffe birgt jedoch die Möglichkeit des biochemischen Abbaus.

Dieses Vorhaben hatte folgende Ziele: Zum einen war die Beständigkeit der organischen Modifizierungsmittel gegenüber biochemischem Abbau unter extremen und praxisrelevanten Bedingungen zu untersuchen. Die Ergebnisse sollten Prognosen für die Langzeitstabilität der organischen Zusatzstoffe ermöglichen. Zum anderen war es das Ziel, den Einfluß von Sorption und Tortuosität auf die Schadstoffretardation beim diffusiven Stofftransport in organisch modifizierten Baustoffen zu kennzeichnen. Insbesondere der Tortuosität (geometrische Behinderung bei der Diffusion, "Umwegfaktor") kommt für die "Dichtigkeit" von Baustoffen eine herausragende Bedeutung zu.

Um diesen Fragen nachzugehen, wurden neben Reaktorversuchen zum biochemischen Stoffabbau Sorptions- und Diffusionsuntersuchungen durchgeführt.

2   Materialien zur Versuchsdurchführung

Für die Sorptions-, Diffusions- und Abbauversuche wurden die in Tabelle 6.40 angegebenen *Dichtwandformulierungen* eingesetzt. Von diesen Baustoffen wurden für Abbauversuche z. T. auch deren Einzelkomponenten (Bentonit bzw. Wasserglas) verwendet. Als *Trägermaterialien* für Abbauversuche fanden Normsand, Quarzsand und Kompost aus Laubstreu Verwendung.

Für den überwiegenden Teil der Untersuchungen wurden *radioaktiv markierte Stoffe* eingesetzt, was ein Arbeiten bei sehr niedrigen Konzentrationen und gleichzeitig hoher analytischer Genauigkeit erlaubt. Sorptions- und Diffusionsversuche wurden mit den ^{14}C-markierten Substanzen 2,4-Dichlorphenoxyessigsäure, Toluol, 1,1,2-Trichlorethan, 1,2-Dichlorbenzol und Anthracen durchgeführt; zur Ermittlung der Tortuosität wurde mit Bromid (als LiBr) und mit Chlorid in Form von ^{36}Cl gearbeitet.

Neben der hohen Nachweisempfindlichkeit ermöglicht der Einsatz ^{14}C-markierter Verbindungen auch eine vollständige Bilanzierung des biochemischen Stoffabbaus. Außerdem können mit dieser Methode auch geringe Anteile an Abbauprodukten in zeitlich begrenzten Versuchsreihen nachgewiesen werden. Die in Baustoffen (KT 3, KT 3A, s. Tabelle 6.40) verwendete Alkylammoniumverbindung ist das Distearyldimethylammonium-Kation (DSDMA), das aus einem zentralen Stickstoffatom mit 2 C_{18}-Ketten und 2 Methylgruppen besteht. Als Tracer für den Alkylkettenabbau wurde endständig ^{14}C-markiertes Hexadecan eingesetzt, nachdem mit Hilfe von Röntgenstrukturanalysen gezeigt werden konnte, daß sich dieser Stoff an die Alkylketten des DSDMA anlagert und mit diesen zusammen in die Zwischenschichten aufweitbarer Tonminerale (organisch belegter Bentonit) eingelagert wird. Zum Nachweis des Methylgruppenabbaus wurde entsprechend Methyl-^{14}C-markiertes DSDMA verwendet.

Das in den Baustoffen KT 7 und KT 7A enthaltene Organosilan ist Propylsilan, das der Wasserglaskomponente als Trimethoxypropylsilan zugesetzt und unter Abspaltung von Methanol in die Wasserglasmatrix eingebunden wird. Für die Untersuchungen zum biochemischen Abbau wurde ein ^{14}C-Propylsilan verwendet, dessen Markierung an der Si-C-Bindung eingebaut war.

Tabelle 6.40. Bezeichnung und Kurzbeschreibung der Dichtwandmassen.

Masse	Kurzbeschreibung der Masse
KT1	Feststoffangereicherte <u>Einphasenmasse</u> mit Organosilan zur Steuerung der Rheologie (Typ Gerolsheim GH 79C)
KT2	Konventionelle Einphasenmasse, Na-Bentonit-Zement
KT3	Wie KT2, jedoch 3 % des Na-Bentonits durch einen organisch modifizierten Bentonit substituiert
KT3A	Wie KT2, jedoch 30 % des Na-Bentonits durch einen organisch modifizierten Bentonit substituiert
KT4	Feststoffangereicherte Einphasenmasse, Fertigmischung I
KT5	Einphasenmasse auf Na-Bentonitbasis, Fertigmischung II
KT6	Betonähnliche <u>Zweitmasse</u> mit Kalksplitt und -mehl als Zuschlag
KT7	Zementfreie Zweitmasse mit Organosilan-Hydrogel als Bindemittel
KT7A	Wie KT7, jedoch Sand und Kies durch Feinsand ersetzt
KT7B	Wie KT7A, jedoch geringerer Feststoffanteil

3 Methoden

3.1 Biochemische Dauerbeständigkeit

3.1.1 Reaktorsysteme

Der Stoffabbau wird durch Auffangen der bei Mikroorganismentätigkeit entstehenden Gase in einem geschlossenen Reaktorsystem ermittelt, das aus dem Reaktorgefäß, einem Gasvorratsbehälter, mehreren Gaswaschflaschen und einer Schlauchpumpe besteht, die das Gasvolumen ständig umwälzt. Beim aeroben Abbau des Testsubstrats im Reaktorgefäß entsteht CO_2, das in mit Natronlauge gefüllten Gaswaschflaschen als $^{14}C\text{-}CO_2$ gebunden und anschließend durch β-Flüssigszintillationsmessung quantitativ erfaßt wird. Zwei zusätzliche Gaswaschflaschen enthalten Paraffin, um eventuell entstehende flüchtige organische Stoffe zu binden und zu quantifizieren (Abb. 6.172).

Bei Abbauversuchen unter anaeroben und stark reduzierenden Bedingungen entsteht Methan, das sich in keine Flüssigkeit wirksam einbinden läßt und daher nur durch direkte Beprobung der Gasphase mit Hilfe eines zusätzlich in den Kreislauf eingebundenen und abkoppelbaren Gasgefäßes (Gasmaus) bestimmt werden kann.

Unter bestimmten Voraussetzungen können Abbauversuche auch mit einem stark vereinfachten Reaktorsystem durchgeführt werden, das lediglich aus einem Reaktorgefäß mit darin enthaltenem Substrat und einem Innengefäß zur Aufnahme der CO_2-Absorptionsflüssigkeit besteht. Zusätzlich wird unter dem Gefäßdeckel eine Falle für flüchtige organische Stoffe in Form eines mit Paraffin getränkten Wattebausches miteingebaut. Dieses System ist v. a. dann gut einsetzbar, wenn geringe Abbauraten gemessen werden und eine Beprobung der Absorptionsflüssigkeit nur in mehrtägigen oder mehrwöchigen Intervallen erforderlich ist. Dies ist hauptsächlich bei Abbauversuchen mit integren Probekörpern der Fall, die, sofern sie alkalische Bindemittel enthalten, den größten Teil des entstehenden CO_2 als Carbonat binden und insgesamt nur relativ geringe Abbauraten aufweisen.

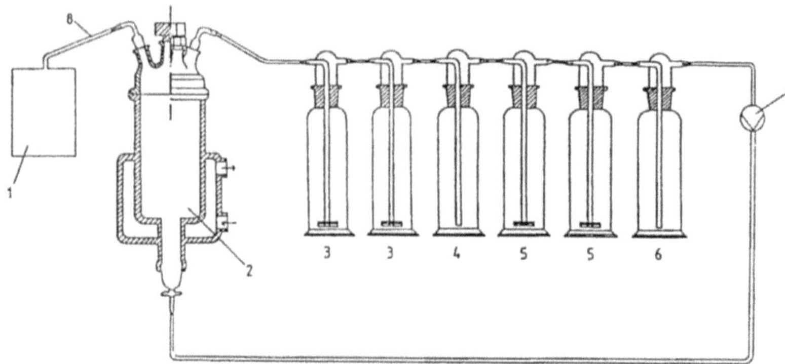

Abb. 6.172. Reaktorlinie für biologische Abbauversuche

3.1.2 Untersuchungsschritte

Zur Beurteilung der Dauerbeständigkeit gegenüber mikrobiellem Abbau ist zunächst zu prüfen, ob die zu testende *Substanz in reiner Form* abbaubar ist. Andernfalls kann entweder durch die Molekülstruktur eine Abbauresistenz vorliegen, oder die Substanzen sind bei Überschreiten bestimmter Konzentrationen selbst bakterientoxisch.

Liegt eine Abbaubarkeit vor, wird in weiteren Schritten geprüft, welche Bedeutung der *Assoziation mit einzelnen Baustoffkomponenten* für die Dauerbeständigkeit zukommt. So ist z. B. DSDMA in den Zwischenschichten von aufweitbaren Tonmineralen eingelagert und damit vor mikrobiellem Angriff abgeschirmt. In zementhaltigen Baustoffmischungen (z. B. Masse KT 3A) wird die mikrobielle Aktivität durch das alkalische Bindemittel beeinflußt. Das Organosilan ist dagegen in Form eines Blockpolymerisates mit Wasserglas als Gelbildner und mit einer Phosphatkomponente gebunden. Dieses Gemisch ist Bestandteil von bindemittelfreien Baustoffen, die außerdem Kies, Tonmehl und Flugasche enthalten (Masse KT 7).

Schließlich ist die Abbaubarkeit der organischen Komponente als Bestandteil der *gesamten Baustoffmischung* zu prüfen. Bei integren Probekörpern ist während des Versuchs nur eine Stirnfläche exponiert, während die übrigen Flächen des Körpers durch die Gießform bedeckt sind. Nach Versuchsablauf wird der Inhalt in Intervallen (2 mm) in Scheiben zerlegt. Jedes Segment wird mit Salzsäure behandelt, um das carbonatisch gebundene CO_2 zu erfassen. Zusätzlich zu den Versuchen mit unzerkleinerten Probekörpern wird zur Bestimmung des zeitlichen Abbauverlaufs vorzugsweise zerkleinertes Baustoffmaterial (Aggregatgröße < 2 mm) verwendet, dem zu beliebigen Zeitpunkten Teilproben entnommen werden können.

3.1.3 Versuchsansätze

Ohne Substratkonkurrenz: Das Testsubstrat (organische Komponente allein, mit Teilkomponenten oder als Teil der vollständigen Baustoffmischung) wird in zerkleinerter Form mit Sand vermischt und mit einer wäßrigen Lösung bis zur maximalen Wasserhaltekapazität versetzt. Integre Probekörper werden analog dazu mit Sand überschichtet. Die Lösung enthält Nährsalze sowie aus Bodenextrakten unspezifisch gewonnene Animpfbakterien. Das Gemisch aus

Testsubstrat und Trägermaterial ist luftdurchlässig, so daß ein ungehinderter Gasaustausch gewährleistet ist.

Mit Substratkonkurrenz: Das Testsubstrat (organische Komponente allein, mit Teilkomponenten oder als Teil der vollständigen Baustoffmischung) wird in zerkleinerter Form mit Kompost aus Laubstreu und Gartenabfällen versetzt und mit Wasser bis zur maximalen Wasserhaltekapazität befeuchtet. Integre Probekörper werden analog dazu mit Kompost überschichtet. Nährstoffe und Animpfbakterien sind im Kompost im Überschuß vorhanden und werden nicht zugesetzt. Das Gemisch aus Testsubstrat und Trägermaterial ist ebenfalls gut luftdurchlässig, so daß auch bei dieser Variante ein ungehinderter Gasaustausch gewährleistet ist. Dieser Ansatz simuliert nährstoffreiche Verhältnisse und die Gegenwart anderer gut abbaubarer organischer Stoffe.

Oxidierende und reduzierende Verhältnisse: Unter Deponiebedingungen herrschen meist reduzierende Verhältnisse vor, unter denen mikrobielle Abbauvorgänge in der Regel weitaus weniger intensiv ablaufen als im belüfteten Milieu. Die Untersuchungen zum Abbau von DSDMA und Organosilan sind daher zur Simulation besonders ungünstiger Bedingungen für die Baustoffbeständigkeit, d. h. bei oxidierenden Bedingungen durchgeführt worden. Zu Vergleichszwecken wurden jedoch auch Abbautests unter reduzierenden Bedingungen (< -200 mV) vorgenommen.

3.2 Sorptionsversuche

Die Bestimmung von Sorptionsparametern von 2,4-Dichlorphenoxyessigsäure, Toluol, 1,1,2-Trichlorethan, 1,2-Dichlorbenzol, Anthracen und Chlorid erfolgte durch Batchversuche nach der OECD-Norm 106 "Adsorption/Desorption" mit zermörsertem, zuvor 28 Tage ausgehärtetem Baustoffmaterial. Ein bis vier Gramm des so aufbereiteten Dichtwandmaterials wurden mit 20 ml einer wäßrigen Schadstofflösung bekannter Konzentration und Aktivität durch Schütteln ins Gleichgewicht gebracht. Durch Zentrifugation wurden Feststoff und Schadstofflösung getrennt und die Konzentrationsänderung in der Lösung bestimmt. Nach dem letzten Sorptions- bzw. Desorptionsschritt wurden die Proben dekantiert und mit Ethanol in einem Ultraschallbad extrahiert. Gelegentlich erfolgte die Bestimmung des sorbierten Anteils durch Probenverbrennung bei 1000 °C im Sauerstoffstrom. Das entstandene CO_2 wurde in Carbosorb aufgefangen und szintillometrisch bestimmt.

Zunächst wurden die *Sorptionskinetiken* aufgenommen. Dazu wurden die Sorptionsgleichgewichte nach folgenden Zeiten bestimmt: 2, 4, 8 h, 1, 2, 4, 7, 14, z. T. auch 28 Tage. Zur graphischen Darstellung der Sorptionskinetik wird der lineare Verteilungskoeffizient Kp gegen die Sorptionszeit t aufgetragen. Ändern sich die Kp-Werte bei zunehmender Zeit nicht mehr, so ist das Sorptionsgleichgewicht erreicht. Die Aufnahme der *Sorptions- und Desorptionsisothermen* erfolgte zunächst ebenso wie bei den Versuchen zur Sorptionskinetik. Allerdings wurden hier 4 verschiedene Konzentrationen (z. B. 0,03, 0,3, 3 und 30 mg/l) je Schadstofflösung eingesetzt und die Proben in der Regel 20 h (mindestens bis zum Zeitpunkt der Gleichgewichtseinstellung) geschüttelt. Zur *konsekutiven Desorption* wurde nach einem Sorptionsschritt und der wie oben erfolgten Zentrifugation die überstehende Schadstofflösung bis auf ein Restvolumen von etwa 2 ml abdekantiert und mit 20 ml deionisiertem Wasser wieder aufgefüllt. Die Proben wurden dann erneut geschüttelt und zentrifugiert. Dieser Vorgang wurde für insgesamt 3 Desorptionsschritte noch zweimal wiederholt. Nach dem dritten Desorptionsschritt wurden die Proben mit Ethanol extrahiert.

3.3 Diffusionsversuche

Die Untersuchungen wurden mit den o. g. ^{14}C-markierten organischen Substanzen nach 3 Methoden durchgeführt:

1. *Diffusionsversuche nach der amerikanischen Norm ANS-16.01.* Diese Norm erfordert eine Bestimmung der "out-Diffusion" bereits mit dem Anmachwasser kontaminierter zylindrischer Probekörper (ANS 1984; US EPA 1982). Für die Bestimmung des apparenten (scheinbaren) Diffusionskoeffizienten wurde der Schadstoff mit dem Anmachwasser in die Dichtwandmasse eingemischt. Aus frischen Dichtwandsuspensionen wurden zylindrische Probekörper hergestellt und 28 Tage feucht gelagert, anschließend ausgeschaltet und in ein mit deionisiertem Wasser gefülltes Drahtbügelglas gelegt. Das Wasser wurde regelmäßig gewechselt und die Aktivität bestimmt. Zur Bestimmung des Restschadstoffgehaltes wurden die Probekörper aufgemörsert und jeweils 0,5 g der Probe bei 1000 °C im Sauerstoffstrom verbrannt, das entstehende ^{14}C-CO_2 aufgefangen und die Aktivität bestimmt. Die Diffusionskoeffizienten berechnen sich nach einem von der Norm ANS-16.01 vorgegebenen Rechenweg

2. *Diffusion in ummantelten Probekörpern (in-Diffusion).* Ein unkontaminierter zylindrischer, lediglich an einer Stirnseite offener Probekörper wurde in einer schadstoffhaltigen wäßrigen Lösung gelagert (in-Diffusion) und anschließend millimeterweise stratigraphiert. Die effektiven Diffusivitäten wurden mit Hilfe einer analytischen Lösung der Diffusionsgleichung ermittelt, indem die Diffusionskoeffizienten so lange iterativ variiert wurden, bis die Summe der Abweichungsquadrate der Meßwerte von den Erwartungswerten ein Minimum erreichte

3. *Diffusionsversuche nach der Halbzellenmethode.* Ein an der Stirnseite offener Probekörper, der den Schadstoff bereits enthielt, wurde unter leichtem Druck gegen einen gleichen, schadstofffreien Probekörper gesetzt. Nach der erforderlichen Lagerungszeit wurden die Halbzellen wieder getrennt, stratigraphiert und vermessen. Die Berechnung erfolgte wie bei 2., wobei berücksichtigt wurde, daß beide Halbzellen unterschiedliche Diffusionskoeffizienten besitzen können und zwischen ihnen ein Diffusionswiderstand bestehen kann

Verwendet man einen Diffusionstracer, der nicht sorbiert wird oder reaktiv ist, so erhält man aus dem Verhältnis der effektiven Diffusionskoeffizienten zu den Diffusionskoeffizienten in reinem Wasser die sog. Impedanz, die im wesentlichen geometrische Faktoren, die Umwegigkeit des diffusiven Transports im Porensystem, daneben weitere Effekte wie z. B. Ionenausschluß enthält. Zur Bestimmung der Impedanzfaktoren wurden Diffusionsversuche nach allen 3 Methoden mit Hilfe von inaktivem Bromid, ^{36}Chlor oder mit tritiiertem Wasser durchgeführt.

4 Versuchsergebnisse

4.1 Versuche zum mikrobiellen Abbau

4.1.1 Abbau von DSDMA in Assoziation mit Bentonit

Der Abbau des DSDMA-Moleküls ist von den Milieubedingungen abhängig und findet bevorzugt an den *Alkylketten* statt (Abb. 6.173a). Das für diese Testreihe verwendete ^{14}C-Hexadecan lagert sich, wie in Röntgenstrukturanalysen nachgewiesen werden konnte, an die C_{18}-Ketten des DSDMA-Moleküls an und ist damit als Tracer für den Alkylkettenabbau einsetzbar. So sind nach einer Testdauer von 140 Tagen bei 50 %iger Bentonitbelegung (d. h. 50 % der Kationenaustauschkapazität mit dem DSDMA-Kation belegt) im System "Normsand" 6 %, im System "Kompost" dagegen 20 % der eingesetzten Aktivität umgesetzt. Wird der Belegungsgrad durch Halbierung des Bentonitanteils verdoppelt, beträgt der Abbau nach dieser Versuchsdauer 15 % ("Normsand") bzw. 27 % ("Kompost").

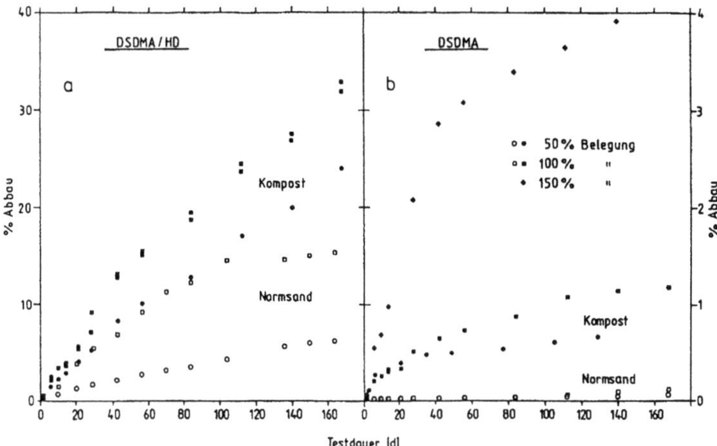

Abb. 6.173a, b. Versuch zum Abbau von DSDMA in Assoziation mit Bentonit bei unter
schiedlichem Belegungsgrad in den Systemen "Normsand" und "Kompost":
a Abbau der Alkylketten; **b** Abbau der Methylgruppen

Im Gegensatz dazu ist der Abbau der *Methylgruppen* (Abb. 6.173b) deutlich geringer. Im
System "Normsand" wurden selbst nach 140 Tagen kaum meßbare Abbauwerte von
0,05 (50 %ige) bzw. 0,1 % (100 %ige Belegung) der eingesetzten Aktivität ermittelt.
Demgegenüber wurde im System "Kompost" ein Abbau von 0,7 und 1,1 % (50 bzw. 100 %ige
Belegung) gemessen, der eine relativ starke Zunahme darstellt, aber im Vergleich zum Abbau
der Alkylketten unter vergleichbaren Bedingungen (20 und 27 %) als unbedeutend erscheint.
Bedingt durch ihre Anordnung zwischen N-Atom und der Silicatschicht sind damit die Methylgruppen besonders gut gegen mikrobiellen Angriff geschützt. Die Schutzfunktion der
Silicatpartikel entfällt jedoch zunehmend, wenn der Bentonit mit mehr DSDMA-Kationen
belegt wird als seiner Kationenaustauschkapazität entspricht. Wenn sämtliche Ladungen
abgesättigt sind, lagern sich zusätzliche DSDMA-Ionen mit ihren hydrophoben Alkylketten an
die bereits sorbierten Alkylketten an, so daß die Methylgruppen mit dem Stickstoffatom eine
neue, sekundäre Oberfläche mit positiven Ladungen bilden. Die Methylgruppen sind unter
diesen Bedingungen besonders exponiert und müßten relativ gut abbaubar sein. Entsprechend
nimmt die Abbaubarkeit nach 140 Tagen mit dem Belegungsgrad von 100 auf 150 % unverhält-
nismäßig stark zu (von 1,1 auf 3,9 %, s. Abb. 6.173b) gegenüber der Veränderung zwischen 50
und 100 %iger Belegung (von 0,7 auf 1,1 %).

4.1.2 Abbau von DSDMA im Baustoff

Baustoffmischung KT 3A wurde zu zylindrischen Probekörpern (Durchmesser 46 mm, Höhe
20 mm) verarbeitet. Das ausgehärtete Material wurde a) als integrer Probekörper und b) als
zerkleinertes Material auf die Abbaubarkeit der Alkylketten hin untersucht, wobei die Versuchsvariante "mit Substratkonkurrenz" (Kompostzugabe) gewählt wurde (Abb. 6.174). Der Abbau
der Alkylketten stabilisiert sich bei etwas über 6 % nach ca. 100 Tagen, wobei dieser Wert auch
im obersten Segment des ungestörten Probekörpers (0-2 mm) gefunden wird. Im Probekörper
nehmen die abgebauten Anteile mit der Tiefe stark ab, sind aber bis 10 mm nachweisbar. Mit
dem Abbau geht eine Erniedrigung des pH-Wertes einher, die wahrscheinlich auf eindringendes

CO_2 aus den Umsetzungsvorgängen im Kompost zurückzuführen ist und auf eine Carbonatisierung des Bindemittels hindeutet. Die Umsetzung von DSDMA kann die pH-Erniedrigung wegen zu geringer Mengenanteile nicht bewirken und wird umgekehrt durch sie wahrscheinlich erst ermöglicht.

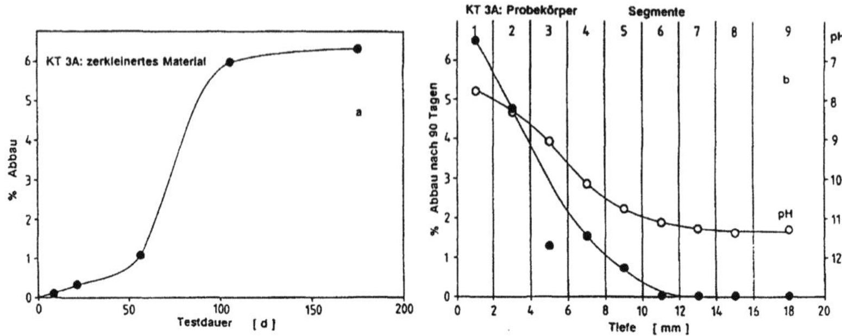

Abb. 6.174. Versuch zum Abbau von DSDMA (Alkylketten) bei Einbindung in bindemittelhaltige Baustoffmischung im System "Kompost": **a** Zeitabhängigkeit des Abbaus in zerkleinertem Material, **b** Tiefenabhängigkeit des Abbaus und des pH-Wertes im Probekörper nach 90tägiger Inkubation

4.1.3 Abbau von Propylsilan

Als Prüfkriterium für die biochemische Dauerbeständigkeit des Propylsilans wurde durch entsprechende ^{14}C-Markierung die Stabilität der Si-C-Bindung gewählt. Die relativ hohe Festigkeit dieser Bindung führt dazu, daß die Abbauraten deutlich geringer sind als bei den endständig ^{14}C-markierten Alkylketten des DSDMA. Bei letzterem ist ein Abbau lediglich ein Beleg für eine Verkürzung der Kette, wobei ein weitgehender Funktionserhalt des Moleküls durchaus gegeben sein kann. Demgegenüber zeigt der Abbau von Propylsilan unter den gewählten Voraussetzungen einen vollständigen Funktionsverlust bei dem jeweiligen Molekül an. Der wahrscheinlich ebenfalls stattfindende Abbau des randständigen nicht Si-gebundenen sowie des mittleren C-Atoms der Propylgruppe wird bei diesem Verfahren nicht detektiert.

Der mikrobielle Abbau des Propylsilans ist erwartungsgemäß gering. Mit verschiedenen Teilkomponenten sowie in der vollständigen Baustoffmischung (KT 7A) liegt der Abbau nach ca. 50tägiger Inkubation bei deutlich unter 1 %. Lediglich beim Propylsilan in Formulierung mit polyphosphathaltigem Wasser werden im System "Kompost" 1,7 % Abbau erzielt. Dagegen werden bei Einbindung in die Dichtwandmasse im System "Kompost" 0,3 % und im "Sand" ohne Substratkonkurrenz nur < 0,1 % der Si-C-Bindungen abgebaut. Insgesamt kann die Si-C-Bindung als sehr abbauresistent bewertet werden.

4.1.4 Abbau unter reduzierenden Bedingungen

Abbauversuche ohne Substratkonkurrenz ergaben einen gegenüber aeroben Bedingungen stark reduzierten Stoffumsatz. So war beim DSDMA als Bestandteil der Mischung KT 3A nach 30 Tagen kein Abbau der Alkylketten feststellbar gegenüber 0,3 % unter belüfteten Verhältnissen. Für den anaeroben Abbau des Propylsilans ergaben sich ähnlich niedrige Werte.

Der anaerobe Abbau des Propylsilans umfaßte 0,3 % nach 30 Tagen und entsprach damit den unter belüfteten Verhältnissen gemessenen Werten.

Möglicherweise handelt es sich bei den geringen Abbauraten des Propylsilans lediglich um den Abbau von Verunreinigungen des Radiotracers (radiochemische Reinheit 97,8 %). Der gemessene Abbau (maximal 1,7 %) war in keinem Fall höher als der Anteil an Fremdbestandteilen (2,2 %). Die Abbaubarkeit des Propylsilans ist damit wahrscheinlich als noch geringer einzustufen ist als durch die Ergebnisse bereits belegt.

4.1.5 Abschließende Bewertung

Die biochemische Dauerbeständigkeit der in den geprüften Deponiedichtwandbaustoffen eingesetzten organischen Zusatzstoffe Distearyldimethylammonium (DSDMA) und Propylsilan ist sowohl unter belüfteten als auch unter unbelüfteten Bedingungen gewährleistet. Die mikrobielle Abbaubarkeit stellt keinen begrenzenden Faktor für den Einsatz dieser Verbindungen in den jeweiligen Baustoffmischungen dar. Ein Abbau ist erst dann zu erwarten, wenn der Baustoff durch chemischen Angriff bereits destabilisiert und in seiner Substanz verändert wurde. So wird DSDMA erst dann zu größeren Anteilen abgebaut, wenn das alkalische Bindemittel carbonatisiert ist und der Baustoff zerfällt. Durch Einbau in Tonmineralzwischenschichten ist DSDMA zusätzlich vor mikrobiellem Abbau geschützt, insbesondere bei dem auch praxisüblichen Belegungsgrad von 50 % der Austauschkapazität. Die Si-C-Bindung von Propylsilan ist weitgehend abbauresistent, so daß diese Komponente in einer chemisch stabilen Wasserglas-/Polyphosphat-Matrix auch bei hoher mikrobieller Aktivität als langzeitbeständig angesehen werden kann.

4.2 Sorption und diffusiver Transport von Schadstoffen

4.2.1 Ergebnisse der Sorptionsversuche

In Tabelle 6.41 sind die Ergebnisse der Untersuchungen als Freundlich-Koeffizienten K_f und $1/n$ für die *Sorptionsisothermen* der geprüften Schadstoffe an den Dichtwandmischungen wiedergegeben. Es zeigte sich, daß die Sorption von 2,4-D und Toluol bei allen Dichtwandbaustoffen nur sehr schwach ist und als retardierendes Moment für die Schadstoffrückhaltung ohne wesentliche Auswirkung ist. Auch bei 1,2-Dichlorbenzol ist die Sorptivität mit Feststoff-/Wasser-Verteilungskoeffizienten um zwei bis vier gering, allerdings ergibt der Ersatz von 2 bis 30 % des Na-Bentonits durch Organoton eine deutliche Steigerung ca. um den Faktor zehn. Anthracen wird von allen Massen wesentlich stärker sorbiert, auch hier mit einer etwa 10fachen Steigerung der Sorptivität durch Zugabe von Organoton. Ebenfalls erheblich erhöhte Sorptivität zeigte sich bei der mit dem Organosilan-Hydrogel-System gebundenen Zweitmasse.

In der überwiegenden Zahl untersuchter Fälle führten die konsekutiven *Desorption*sschritte zu etwa den gleichen Verteilungskoeffizienten wie die zugehörigen Sorptionsschritte, d. h. in der Regel findet keine resistierende Sorption statt, allerdings sind deutliche Hystereseerscheinungen zu beobachten. In einigen Fällen waren jedoch eindeutig resistierende Anteile der Sorption festzustellen. Dies betrifft v. a. den besonders sorptiven lipophilen Schadstoff Anthracen und die mit Organosilanen modifizierten Massen KT 1 (Geroldsheim GH 79 C) und KT 7 (zementfreie Zweitmasse mit Organosilan-Hydrogelsystem als Bindemittel). In letzterem Fall wird praktisch der gesamte sorbierte Schadstoffanteil resistierend gebunden und nach erfolgter Sorption nicht wieder remobilisiert. In diesen Fällen wirkt die Dichtwand als Schadstoffsenke.

Tabelle 6.41. Freundlich-Koeffizienten K_f und $1/n$ für verschiedene Dichtwandmischungen

Dichtwand-Masse	2,4-D		Toluol		1,1,2-Tri-chlorethan		1,2-Dichlor-benzol		Anthracen	
	K_f	$1/n$	K_f	$1/n$	K_f	$1/n$	K_f	$1/n$	K_f	$1/n$
KT 1	0,65	1,01	0,16	0,94	0,84	1,01	3,61	1,00	21,9	0,89
KT 2	0,93	1,02	0,41	1,00	1,05	0,96	3,41	1,01	14,1	0,81
KT 3	1,18	0,95	1,61	0,86			18,1	1,06	34,2	0,87
KT 3A			1,33	1,02	1,88	1,04	22,8	1,00	244,7	1,00
KT 4	0,58	1,02	0,10	1,04	0,62	1,06	3,17	0,96	39,6	0,90
KT 5	0,57	0,97	0,14	0,84	0,78	0,98	2,35	1,01	16,0	0,89
KT 6			0,07	1,11	1,31	1,00	3,70	0,96	67,3	0,71
KT 7	0,10	1,41	0,63	0,90			1,57	0,95	91,2	0,93

Solange ein Schadstoff sich in Lösung und nicht in Phase ausbreitet, ergibt sich die *maximale Sorptionskapazität* der Abdichtungsmaterialien als Produkt der Wasserlöslichkeit und des Verteilungskoeffizienten bei eben dieser Konzentration. Diese maximalen Kapazitäten der Dichtwandmassen für organische Schadstoffe sind insgesamt nur gering. Sie liegen für 2,4-D, Toluol und Dichlorbenzol überwiegend im Bereich 100 - 1000 mg/kg Dichtwandbaustoff, bei Anthracen sogar nur um 1 - 10 mg/kg. Es zeigt sich also, daß ausgerechnet die sorptiven lipophilen Schadstoffe wegen ihrer geringen Wasserlöslichkeit die geringsten Sorptionskapazitäten besitzen. Letztere Schadstoffgruppe beinhaltet z. T. Substanzen, die - wie z. B. die PCB oder die Dibenzo-p-dioxine und Dibenzofurane - ökotoxikologisch von besonderer Bedeutung sind. Trotz der Tatsache, daß bei ihnen z. T. resistierende Anteile der Sorption zu erwarten sind (s. o.), sind die Kapazitäten zu gering, um eine wesentliche zusätzliche Sicherheit bei der Einkapselung von Altlasten darzustellen. Allerdings bedeutet hohe Sorptivität immer auch erhöhte Retardation und somit bezüglich der Schadstoffausbreitung einen Zeitgewinn.

4.2.2 Ergebnisse der Diffusionsversuche

Die Ergebnisse der *Diffusionsversuche* nach der Norm ANS-16.01 finden sich in Tabelle 6.42. Es ergaben sich durchweg sehr niedrige Diffusionskoeffizienten, die in der Regel mindestens 3 Zehnerpotenzen unter denjenigen in reinem Wasser lagen. Erwartungsgemäß fand sich noch die höchste Diffusivität bei 2,4-D und Toluol; bei 1,1,2-Trichlorethan waren die Diffusionskoeffizienten dagegen wesentlich geringer als bei den Erstgenannten obwohl 1,1,2-Trichlorethan aufgrund seiner Sorptivität eher dem Toluol vergleichbar sein sollte, was auf spezifische Interaktionen mit den Baustoffen hinweist. Da in die apparenten Diffusivitäten umgekehrt proportional die Retardation und somit auch die Sorptivität mit eingeht, ist dementsprechend die Diffusivität von Dichlorbenzol wesentlich geringer und von Anthracen am geringsten.

Für die Bestimmung der *Impedanz* (im wesentlichen = *Tortuosität*) wurden nach den verschiedenen o. g. Methoden Diffusionsversuche mit Bromid bzw. Chlorid durchgeführt. In Tabelle 6.43 finden sich die entsprechenden Ergebnisse. Die Tortuositäten waren unerwartet gering; sie lagen bei feststoffangereicherten Massen um 0,01, bei Na-Bentonit-haltigen Massen um 0,03; in natürlichen Lockergesteinen findet man dagegen Tortuositäten um 0,3 - 0,5, bei dicht gelagerten Tonen um 0,1. Alle für die Dichtwandmassen ermittelten Impedanzfaktoren liegen somit deutlich niedriger. Diese extrem niedrigen Impedanzen wurden bei weiteren Versuchen, bei denen statt mit den genannten Anionen mit tritiiertem Wasser gearbeitet wurde, bestätigt. Bei letzteren Versuchen zeigte sich außerdem, daß offensichtlich bezüglich der diffusiven Ausbreitung 2 unterschiedliche Porensysteme unterschieden werden konnten. Demnach existieren gröbere Poren, in denen ein diffusives Vorauseilen zu beobachten ist, und feinere Poren, in denen eine zweite Diffusionsfront der ersten zeitverzögert nachfolgt.

Tabelle 6.42. Apparente Diffusionskoeffizienten D_a für verschiedene gebräuchliche Dichtwandmischungen. Jeweils Mittelwerte aus 2 Versuchsparallelen

Dichtwand-Masse	Diffusionskoeffizienten D_a [m²/s]					
	2,4-D	Toluol	1,1,2-Tri-chlorethan	1,2-Dichlor-benzol	Anthracen	Bromid
KT 1	$2,6 \cdot 10^{-13}$	$2,7 \cdot 10^{-12}$	$1,7 \cdot 10^{-14}$	$6,7 \cdot 10^{-15}$	$3,1 \cdot 10^{-15}$	$1,6 \cdot 10^{-11}$
KT 2	$5,0 \cdot 10^{-12}$	$1,6 \cdot 10^{-11}$	$2,6 \cdot 10^{-13}$	$9,2 \cdot 10^{-14}$	$2,9 \cdot 10^{-14}$	$4,0 \cdot 10^{-11}$
KT 3	$3,6 \cdot 10^{-12}$	$2,3 \cdot 10^{-11}$	$1,6 \cdot 10^{-12}$	$1,6 \cdot 10^{-12}$	$1,5 \cdot 10^{-14}$	$8,7 \cdot 10^{-12}$
KT 3A	$1,7 \cdot 10^{-12}$	$3,0 \cdot 10^{-11}$	$1,5 \cdot 10^{-13}$	$1,1 \cdot 10^{-13}$	$1,7 \cdot 10^{-14}$	$2,6 \cdot 10^{-11}$
KT 4	$2,3 \cdot 10^{-13}$	$1,8 \cdot 10^{-13}$	$9,3 \cdot 10^{-15\,a)}$	$2,1 \cdot 10^{-14}$	$2.1 \cdot 10^{-14}$	$4,3 \cdot 10^{-12}$
KT 5	$4,6 \cdot 10^{-13}$	$5,5 \cdot 10^{-13}$	$7,2 \cdot 10^{-13}$	$1,9 \cdot 10^{-14}$	$9,4 \cdot 10^{-14}$	$4,5 \cdot 10^{-11}$
KT 6	$1,0 \cdot 10^{-12}$	$1,5 \cdot 10^{-13}$	$1,3 \cdot 10^{-14}$	$1,1 \cdot 10^{-14}$	$9,8 \cdot 10^{-15}$	$6,0 \cdot 10^{-12}$

[a)] Der Tendenzparameter nach ANS-Kriterien ist für diesen Wert zu hoch.

In den Baustoffen sind niedrige Tortuositäten plausibel. Ein Dichtwandgefüge besteht aus Subsystemen verschiedener Ordnung, wobei die Zwischenräume gröberer Partikel mit feinerem Material gefüllt sind, dessen Zwischenräume wieder feineres Material enthält usw. Auf diese Weise entstehen besonders dichte Matrices. Bei einem System n-ter Ordnung muß auch die Tortuosität in ca. n-ter Potenz abnehmen. Dabei können Impedanzen in der Größenordnung der von uns gemessenen Werte errechnet werden. Es ist somit festzustellen, daß der diffusive Transport der Schadstoffe bei der gewählten Versuchsanordnung wesentlich stärker behindert wird, als allein aus den Sorptionskoeffizienten abzuleiten ist. Anhand dieser Ergebnisse wird deutlich, daß die Tortuosität von unerwartet starker Bedeutung ist und sich als retardierender Faktor voll auf den Schadstofftransport auswirkt.

Tabelle 6.43. In den verschiedenen Diffusions-Versuchs-Ansätzen gewonnene Impedanzfaktoren

Versuchstyp/-methode	KT 1	KT 2	KT 3	KT 3A
ANS-16.01, unkorrigiert	0,008	0,02	0,004	0,01
ANS-16.01, korrigiert	0,02	0,03	0,02	0,02
In-Diffusion, ^{35}Cl⁻, 0 mg/l inakt. Cl⁻	0,003	0,02	0,02	0,02
In-Diffusion, ^{35}Cl⁻, 1 mg/l inakt. Cl⁻	0,003	0,02	0,01	0,01
In-Diffusion, ^{3}H₂O, nur Grobporen	0,005	0,01	0,02	0,02
In-Diffusion, ^{3}H₂O, Feinporen	--	0,005	0,007	0,005
Halbzellen, nach van der Sloot	0,03	0,03		
Halbzellen, ausgehärtetes Material	0,0007	0,03	0,02	
Wahrscheinlichster Wert, ohne Sorption	0,005	0,02	0,02	0,02
unter Berücksichtigung der Sorption	0,01	0,03	0,03	0,03

4.2.3 Schadstofftransport

Zur Verdeutlichung des Einflusses der einzelnen Faktoren wurden einfache *Ausbreitungsberechnungen* durch eine Dichtwand mit und ohne hydraulische Gradienten bzw. einem Gegengradienten auf der Grundlage einer analytischen Lösung der Transportgleichung durchgeführt. In Abb. 6.175 ist das Ergebnis für Toluol als Schadstoff und die Dichtwandmassen KT 1 bis KT 6 dargestellt. Bei den Berechnungen wurden die ermittelten Sorptivitäten und effektiven Diffusivitäten für Toluol zugrunde gelegt. Als Tortuositäten wurden die aus den Versuchen nach ANS-16.01 mit Bromid ermittelten Impedanzen verwandt. Die Porosität wurde dem volumetrischen Wassergehalt gleichgesetzt, die Trockendichten waren bekannt. Die Durchlässigkeiten wurden von dritter Seite mit Hilfe von Triaxial-Durchlässigkeits-Meßzellen ermittelt (IGH und Wienberg 1993). Es wurde angenommen, daß kein Abbau stattfindet. Der hydraulische Gradient betrug bei der Modellrechnung 1, 0 und -1.

Bei einem Gradienten von **i=1** zeigen sich deutlich 2 verschiedene Gruppen von Baustoffen. Die beiden Na-Bentonit-haltigen Massen KT 2 und KT 3A ergeben bereits in der ersten Dekade einen vollständigen Schadstoffdurchbruch. Bei der Masse KT 3A war ein Teil des Bentonits (30 %) mit dem Organoton ausgetauscht worden, um die Schadstoffretardation zu erhöhen. Dies ist aber offensichtlich ohne Erfolg geblieben. Die übrigen Massen ergeben rechnerische Durchbruchzeiten um 10^2 (KT 6) bis 10^3 Jahre (KT 1, KT 4, KT 5). Bei den letzten 3 Massen ist der Schadstofftransport offensichtlich stärker diffusionsgeprägt als bei den übrigen.

Bei einem hydraulischen Gradienten von **i=0** sind die Unterschiede nicht so stark ausgeprägt. Der Durchbruch beginnt nach ca. 10^2 - 10^3 Jahren. 50 % der Schadstoffkonzentration erscheinen außerhalb der Umschließung erst nach 10^3 - 10^4 Jahren. Die Durchbruchzeiten ergeben folgende Rangfolge: KT 5 < KT 2 < KT 3A < KT 1 < KT 6 < KT 4, d. h. zunächst brechen die Schadstoffe bei den 3 Massen auf Na-Bentonit-Basis durch, die feststoffreicheren Massen wirken stärker retardierend.

Bei der Wirkung eines Gegengradienten, **i=-1**, ist ein Transport nur für die beiden Massen KT 5 und KT 1 rechnerisch festzustellen. Im ersten Fall wird ein $[C/C_o]_{max}$ von 0,53, im zweiten Fall von nur noch 0,016 erreicht. Hier wird deutlich, daß bei gering durchlässigen Dichtwandbaustoffen der diffusive Transport nur noch schwer durch einen hydraulischen Gegengradienten überdrückt werden kann.

Als Fazit kann festgestellt werden, daß bei den Massen KT 2 und KT 3 im Fall des Versagens der Wasserhaltung bei einem Gradienten von i=1 vergleichsweise rasch ein Schadstoffdurchbruch zu erwarten wäre. Die dritte Masse auf Na-Bentonit-Basis, KT 5, fällt durch relativ hohe Durchbruchkonzentrationen bei einem Gegengradienten von i=-1 auf. Bei den übrigen, feststoffreicheren Massen KT 1, KT 4 und KT 6 ergeben sich dagegen sehr lange Durchbruchzeiten und bei inversem Gradienten geringe bis nicht mehr rechnerisch erfaßbare maximale Schadstoffkonzentrationen. Der Effekt erhöhter Sorptivität ist im Vergleich zu den großen Unterschieden in der hydraulischen Wirksamkeit der Dichtwandbaustoffe von untergeordneter Bedeutung, d. h. die im Vergleich zu den feststoffangereicherten Massen wesentlich durchlässigeren Massen auf Na-Bentonit-Basis besitzen auch bei erheblicher Zudosierung von Organoton das geringste Schadstoffrückhaltevermögen für organische Schadstoffe. Dagegen ist die Schadstoffretardation bei den feststoffangereicherten Massen mit geringer Tortuosität besonders hoch. Bei inversem Gradienten findet gerade bei denjenigen Massen mit der geringsten Durchlässigkeit der stärkste diffusive Gegentransport statt, da die Ausbreitung nicht durch die entgegengesetzte konvektive Wasserbewegung überdrückt werden kann.

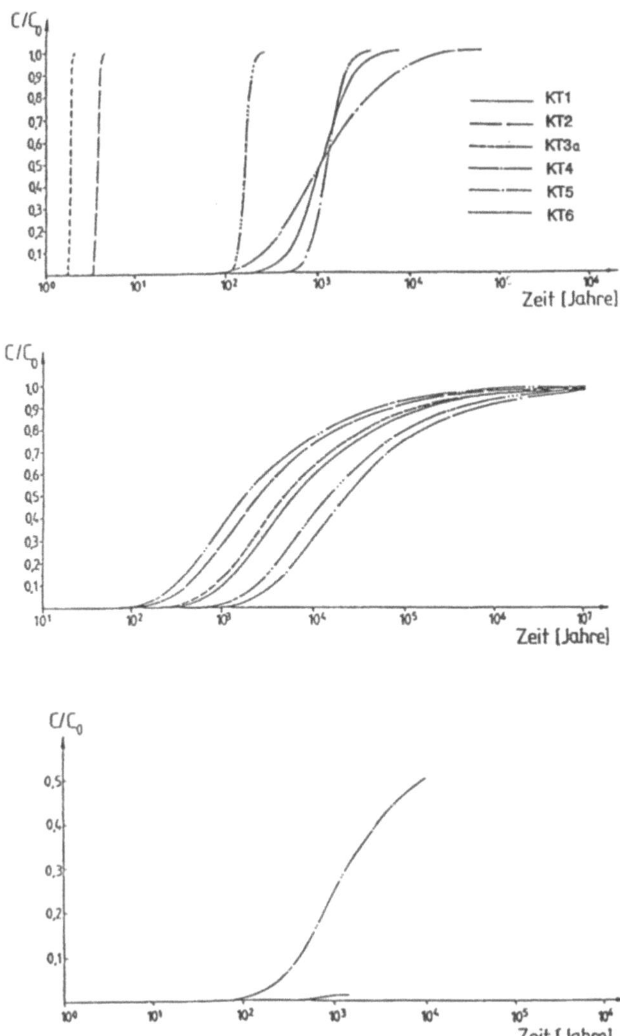

Abb. 6.175. Modellmäßig berechneter Transport von Toluol durch Dichtwände aus den Dichtwandmassen *KT 1 bis KT 6* bei hydraulischen Gradienten von 1 (*oben*), 0 (*Mitte*) sowie -1 (*unten*). Angegeben wird C/C$_o$, der Anteil der Schadstoffkonzentration C an der Außenseite von der Konzentration C$_o$ an der Innenseite der Umschließung, in Abhängigkeit von der Zeit in Jahren

5 Zusammenfassung

Die *biochemische Dauerbeständigkeit* der in den geprüften Deponiedichtwandbaustoffen eingesetzten organischen Zusatzstoffe Distearyldimethylammonium (DSDMA) und Propylsilan ist sowohl unter belüfteten als auch unter unbelüfteten Bedingungen gewährleistet. Die mikrobielle Abbaubarkeit stellt keinen begrenzenden Faktor für den Einsatz dieser Verbindungen in den jeweiligen Baustoffmischungen dar. DSDMA wird erst dann zu größeren Anteilen abgebaut, wenn das alkalische Bindemittel teilweise oder vollständig aufgelöst ist und der Baustoff desintegriert. Durch Einbau in Tonmineralzwischenschichten ist DSDMA zusätzlich vor mikrobiellem Abbau geschützt, insbesondere bei dem auch praxisüblichen Belegungsgrad von 50 % der Austauschkapazität. Die Si-C-Bindung von Propylsilan ist weitgehend abbauresistent, so daß diese Komponente in einer Wasserglas-/Polyphosphat-Matrix auch bei hoher mikrobieller Aktivität als langzeitstabil angesehen werden kann.

Es zeigte sich, daß die *Sorption* von 2,4-D und Toluol bei allen Dichtwandbaustoffen nur sehr schwach ist und als retardierendes Moment für die Schadstoffrückhaltung ohne wesentliche Auswirkung ist. Auch bei 1,2-Dichlorbenzol ist die Sorptivität mit Feststoff-/Wasser-Verteilungskoeffizienten um 2-4 gering, allerdings ergibt der Ersatz von 2 - 30 % des Na-Bentonits durch Organoton eine deutliche Steigerung ca. um den Faktor zehn. Anthracen wird von allen Massen wesentlich stärker sorbiert, auch hier mit einer etwa 10fachen Steigerung der Sorptivität durch Zugabe von Organoton. Ebenfalls erheblich erhöhte Sorptivität zeigte sich bei der mit dem Organosilan-Hydrogel-System gebundenen Zweitmasse. In letzterem Fall war die Sorption weitgehend "irreversibel", d. h. der sorptiv gebundene Schadstoff ließ sich durch konsekutive Desorptionsversuche praktisch nicht mehr mobilisieren.

Die *Diffusionsversuche* ergaben durchweg sehr niedrige Diffusionskoeffizienten, die in der Regel mindestens 3 Zehnerpotenzen unter denjenigen in reinem Wasser lagen. Erwartungsgemäß fand sich noch die höchste Diffusivität bei 2,4-D und Toluol; bei 1,1,2-Trichlorethan waren die Diffusionskoeffizienten dagegen wesentlich geringer als bei den Erstgenannten, was auf spezifische Interaktionen mit den Baustoffen hinweist. Da in die apparenten Diffusivitäten auch die Sorptivität miteingeht, ist dementsprechend die Diffusivität von Dichlorbenzol wesentlich geringer und die von Anthracen am geringsten.

Für die Bestimmung der *Impedanz* (im wesentlichen = *Tortuosität*) wurden nach verschiedenen Methoden Diffusionsversuche mit Bromid bzw. Chlorid durchgeführt. Die Tortuositäten waren unerwartet gering; sie lagen bei feststoffangereicherten Massen um 0,01, bei Na-Bentonithaltigen Massen um 0,03; in natürlichen Lockergesteinen findet man dagegen Tortuositäten um 0,3, bei dicht gelagerten Tonen um 0,1. Diese extrem niedrigen Impedanzen wurden bei weiteren Versuchen, bei denen statt mit den genannten Anionen mit tritiiertem Wasser gearbeitet wurde, bestätigt.

Zur Verdeutlichung des Einflusses der einzelnen Faktoren wurden einfache *Ausbreitungsberechnungen* durch eine Dichtwand mit und ohne hydraulische Gradienten bzw. einem Gegengradienten auf der Grundlage einer analytischen Lösung der Transportgleichung durchgeführt. Beim Vergleich der einzelnen Massen zeigt sich, daß die Modifizierung durch Organoton und somit die erhöhte Sorptivität nur von geringer Relevanz ist. Dagegen ist die Schadstoffretardation bei den Massen mit geringer Tortuosität auch besonders hoch. Der Effekt erhöhter Sorptivität ist im Vergleich zu den großen Unterschieden allein in der unterschiedlichen hydraulischen Wirksamkeit der Dichtwandbaustoffe von untergeordneter Bedeutung; d. h., die im Vergleich zu den feststoffangereicherten Massen wesentlich durchlässigeren Massen auf Na-Bentonit-Basis besitzen auch bei erheblicher Zudosierung von Organoton das geringste Schadstoffrückhaltevermögen für organische Schadstoffe. Andererseits findet bei inversem Gradienten gerade bei denjenigen Massen mit der geringsten Durchlässigkeit der stärkste diffusive Gegentransport statt, da die Ausbreitung nicht durch die entgegengesetzte konvektive Wasserbewegung überdrückt werden kann.

Literatur

ANS (American Nuclear Society): Measurement of the Leachability of Solidified Low-Level Radioactive Wastes (ANS-16.01). La Grange Park, Illinois (1984) (Draft) und 1986

Crank, J. (1975): The mathematics of Diffusion. 2nd ed. Clarendon Press, Oxford, 414 S

Friedrich, W.; Müller-Kirchenbauer, H. (1988): Diffusiver Schadstofftransport bei Einkapselungen und dessen Retardierung oder Unterbrechung durch eine Inversionsströmung. In: K. Wolf, W.J. van den Brink, F.J. Colon (Hrsg.). Altlastensanierung '88. Dordrecht, Boston, London: Kluwer

Gerth, J. (1991): Diffusionsversuche. In: Schneider, W.: Prognosen des Schadstofftransports im Deponieuntergrund. BMFT-Forschungsbericht, Hamburg. 146 S

Hass, H.-J.; Orlia, W. (1992): Das Dynagrout-System. In: Thomé-Kozmiensky, K. J. (Hrsg.): Abdichtung von Deponien und Altlasten. 203-226. EF-Verlag, Berlin

Heinen, W. (1978): Biodegradation of silicon-oxygen-carbon and silicon-carbon bonds by bacteria. A reflection on the basic mechanisms for the biointegration of silicon. In: Bendz, G.; Lindquist, I. (Hrsg.): Biochemistry of silicon and related problems. Plenum Publ. 129-147

IGH Ingenieurgesellschaft Grundbauinstitut Hannover, Dr.-Ing. Karl Weseloh - Prof. Dr.-Ing. Hanno Müller-Kirchenbauer mbH gemeinsam mit Chemie und Biologie der Altlasten, Büro und Labor Dr. R. Wienberg (1993): Kertess-Gelände / Hannover Südstadt - Vorabuntersuchungen an mineralischen Baustoffen für eine Einkapselungsmaßnahme - Laborversuchsbericht. Im Auftrag der Bundesbahndirektion Hannover. 106 S. und Anlagen.

Kästner, M.; Mahro, B.; Wienberg, R. (1993): Biologischer Schadstoffabbau in kontaminierten Böden unter besonderer Berücksichtigung der Polyzyklischen Aromatischen Kohlenwasserstoffe. Economica Verlag, Bonn. 180 S

OECD (Organisation for Economic Cooperation and Development) (1981): OECD-Guideline for Testing Chemicals 106 Adsorption - Desorption

Rogner, J. (1993): Modelle zur Beständigkeitsbewertung von Dichtwandmassen auf der Basis von Lagerungsversuchen. Diss. Univ. Hannover

Swisher, R.D. (1987): Surfactant Biodegradation. 2nd Ed. revised and expanded. Marcel Dekker, New York, Basel. 1085 S

US EPA (1982): Guide to the disposal of chemically stabilised and solidified waste. Cincinnati, OH, US EPA.

van der Sloot H. A.; de Groot, G. J. (1988): Mobility of trace elements derived from combustion residues and products containing these residues in soil and groundwater. Report, Commission of the EC, Directorate-General for Science, Research and Development XII/E-6. Petten, 99 S.

Wagner, J.-F. (1992): Verlagerung und Festlegung von Schwermetallen in tonigen Deponieabdichtungen. Ein Vergleich von Labor- und Geländestudien. Schr. Angew. Geol. Karlsruhe. (22), 246 S. Karlsruhe

Wiedemann, H.U. (1995): Organo-Tone in der Abfalltechnik. Literaturbericht. Berichte 4/95. Umweltbundesamt. Erich Schmidt, Berlin. 197 S

Wienberg, R. (1990): Zum Einfluß organischer Schadstoffe auf Deponietone. Teil 1: Unspezifische Interaktionen. Abfallwirtschaftsjournal **2** (4), 222-230 (1990) und Teil 2: Spezifische Interaktionen. Abfallwirtschaftsjournal **2** (6), 393-403 (1990)

Wienberg, R.; Heinze, E.; Förstner, U. (1985): Experiments on specific retardation of some organic contaminants by slurry trench materials. In: Assink, J.W. & van den Brink, J.W. (Hrsg.). Contaminated soil. 849-857. Dordrecht: Martinus Nijhoff

BMBF-Verbundforschungsvorhaben
Weiterentwicklung von
Deponieabdichtungssystemen

Teilprojekt 61

Entwicklung eines Verfahrens zur Leckdetektion und -ortung an Deponieabdichtungen

Dr. Herbert Hahn
Dipl.-Ing. Andreas Rödel

Projektleitung:	Bundesanstalt für Materialforschung und -prüfung (BAM), Berlin
Projektträger:	Abfallwirtschaft und Altlastensanierung im Umweltbundesamt
Forschungsförderung:	Bundesministerium für Bildung, Wissenschaft, Forschung und Technologie
Förderkennzeichen:	1440 569 A5 - 61

Essen, November 1995

1   Einleitung

In der Fachdiskussion über die Sicherheitskonzeption von Deponien gewinnt die Forderung nach einer durchgängigen und flächendeckenden Kontrolle der Deponieabdichtungssysteme auch während der Betriebs- und Nachsorgephase immer stärker an Bedeutung (Egloffstein 1994).

Die TA Abfall fordert in Anhang G, Abs. 3.2.1.: "Die Funktion des Deponieoberflächen-abdichtungssystems ist regelmäßig zu kontrollieren. Bei festgestellten Leckagen sind diese unverzüglich zu reparieren" (TA Abfall). Durch Rückbezug auf die TA Abfall gilt diese Anforderung auch für Deponien, die der Deponieklasse 2 der TA Siedlungsabfall (1993) unterliegen. Hierbei hat der Gesetzgeber die Forderung nach einer Kontrolle der Deponieabdichtung zunächst auf die Oberflächenabdichtung beschränkt, da hier eine Beseitigung festgestellter Leckagen im Schadensfall mit vergleichsweise niedrigem Aufwand technisch möglich ist.

Die gesetzliche Forderung nach einer Überwachung des Deponieabdichtungssystems wird dabei durch die folgende Argumentation getragen (Rödel 1993a):

- Verbesserung der Sicherheit des Abdichtungssystems
- Verbesserung des Kenntnisstands über die Wirksamkeit der Abdichtungssysteme
- Umsetzung des Besorgnisgrundsatzes des WHG
- Beweissicherung bei festgestellten Umweltschäden
- Akzeptanz bei der betroffenen Bevölkerung

Ziel des über 3 Jahre dauernden Forschungs- und Entwicklungsvorhabens war es, ein Meß-system zur flächendeckenden Überwachung von Abdichtungssystemen sowie zur Ortung von Schadstellen in der Kunststoffdichtung von Kombinationsabdichtungssystemen anwendungs-reif zu entwickeln und in praxisrelevantem Maßstab zu erproben.

Tabelle 6.44. Anforderungsmatrix für ein Kontrollsystem

Funktional	Konstruktiv	Organisatorisch
• Überwachung des inneren Rückhaltesystems	• Mechanisch beständig	• In Planungs- und Bauablauf integrierbar
• Permanente Kontrolle	• Chemisch beständig	• Einbau im Zusammenhang mit dem Einbau der Kunststoffdichtungsbahn
• Anzeige des ordnungsgemäßen Zustands der Abdichtung	• Keine Inanspruchnahme Deponievolumen	
	• Keine Rückwirkung auf die Dichtung	• Erweiterbarkeit mit Erweiterung der Dichtung
• Selbsttest	• Unempfindlichkeit gegen Störeinflüsse	
• Hohe Ortungsgenauigkeit		
• Hohe Ansprechempfindlichkeit	• Integrierbarkeit	
	• Vertretbare Kosten	
• Redundanz	• Hohe Lebensdauer	

Soll die Kontrolle des Abdichtungssystems sinnvoll durchgeführt werden, so sind an das ein-zusetzende Kontrollsystem umfangreiche Anforderungen zu stellen (Rödel 1993b). Die erforderlichen Eigenschaften des zu entwickelnden Meßsystems sind dabei aus einer Anforderungsmatrix unter Berücksichtigung der Grundsatzanforderungen hergeleitet und als Eingangsbedingungen dem konzeptionellen Ansatz des Systems zugrundegelegt worden (s. Tabelle 6.44).

2 Systembeschreibung

Die Umsetzung der vorgenannten Systemanforderungen erfolgt unter Anwendung eines elektrischen Meßverfahrens. Das Verfahren basiert auf der Ermittlung der örtlichen Widerstandsverteilung der Kunststoffdichtung mittels einer speziellen Anordnung von Elektroden in Verbindung mit der elektrischen Leitfähigkeit der die Abdichtung unter- sowie überlagernden Schichten. Hierbei nutzt das Meßsystem die um mehrere Zehnerpotenzen unterschiedlichen spezifischen Widerstände zwischen der elektrisch nichtleitenden Kunststoffdichtungsbahn (10^{13} - 10^{16} Ωm) und der feuchten und damit leitfähigen Umgebung (z. B. Grundwasser 10 - 100 Ωm), um Beschädigungen in der Abdichtung eindeutig detektieren und lokalisieren zu können (v. Witzke GmbH 1991).

Spezialelektroden werden mit einem parallelen Abstand von ca. 5 m zueinander unterhalb und rechtwinklig hierzu verlaufend oberhalb der Kunststoffdichtung angeordnet und an ihren Enden an sog. Busleitungen angeschlossen. Die Elektroden sind über ihre gesamte Länge elektrisch leitend und koppeln dementsprechend über ihre gesamte Länge an den umgebenden, aufgrund der Eigenfeuchte elektrisch leitenden Dichtstoff unterhalb der Kunststoffdichtungsbahn (KDB) bzw. die feuchte, elektrisch leitende Schutzlage oberhalb der Abdichtung an.

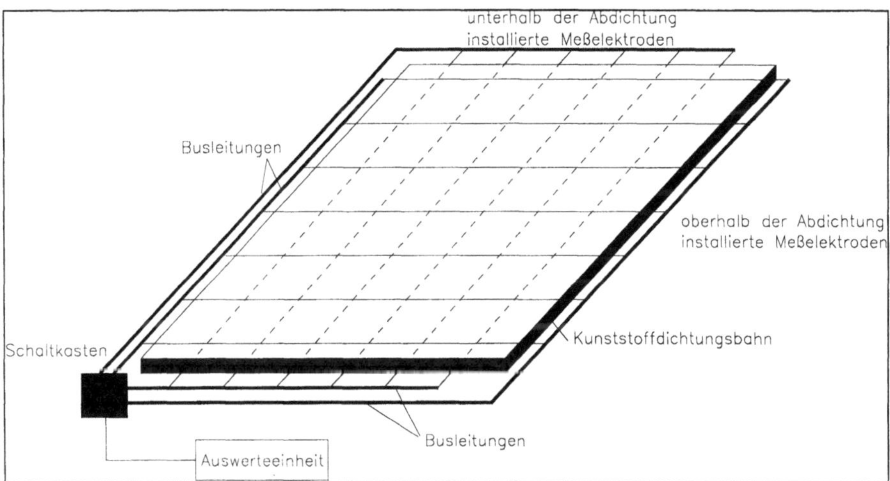

Abb. 6.176. Entwurf eines Leckortungssystems auf Basis elektrischer Widerstandsmessung, schematisiert

Bei Anlegen einer Spannung zwischen jeweils einer Elektrode ober- und unterhalb der KDB wirkt die Anordnung in Verbindung mit der feuchten Umgebung der Elektroden wie 2 Plattenelektroden, die durch einen Isolator in Form der KDB getrennt sind. Den schematischen Aufbau des Systems in Verbindung mit einem Abdichtungssystem zeigt Abb. 6.176.

Nun wird der elektrische Widerstand zwischen den oberen und unteren Elektroden gemessen, wobei sukzessive jede obere gegen jede untere Elektrode je einmal aufgeschaltet und dem Schnittpunkt der beiden ein Widerstandswert zugeordnet wird. Da die Lage der einzelnen Elektroden und somit auch die der Schnittpunkte bekannt ist, kann die Widerstandsverteilung über der KDB dargestellt werden.

Ist die KDB unbeschädigt, so fließt in dem beschriebenen Kreis ein Strom, der in seiner Größe durch die Leitfähigkeit des Erdreichs im Bereich der Randeinbindung der KDB begrenzt wird. Kommt es zu einer Beschädigung, so geht der elektrische Widerstand an der Schadstelle gegen null. Der Fluß im Stromkreis ist jetzt zusätzlich abhängig von den in Reihe liegenden Einzelwiderständen der unteren Elektrode, der mineralischen Abdichtung auf der Strecke von der Elektrode bis zur Schadstelle, der Schutzlage oberhalb der KDB von der Schadstelle bis zur oberen Elektrode sowie der oberen Elektrode.

Da die Elektroden oberhalb der KDB rechtwinklig zu den Elektroden unterhalb der KDB verlaufen und die elektrische Leitfähigkeit der Elektroden selbst gegenüber einer feuchten Umgebung gut ist, ist der zu messende Gesamtwiderstand der beschriebenen Reihenschaltung dann minimal, wenn die durch die feuchte Umgebung der Elektroden zu überbrückenden Strecken möglichst kurz sind. Diese Situation ist dann gegeben, wenn gerade die Elektroden aufgeschaltet sind, deren Schnittpunkt der Schadensstelle am nächsten liegt.

3 Meßtechnik und Steuerungssoftware

3.1 Prinzip

Die Meßtechnik des Leckortungssystems schaltet mittels verschiedener Verknüpfungsvarianten die Anschlüsse der Elektroden ober- und unterhalb der Kunststoffdichtungsbahn paarweise mit der Auswerteeinheit zu Meßkreisen zusammen, wobei folgende 3 Schaltungsmodi eingesetzt werden:

I: **Leckortung**: Im ersten Modus wird einzeln jede obere Elektrode sukzessive mit jeder einzelnen unteren Elektrode verknüpft und der dem Kreuzungspunkt zugehörige Meßwert gespeichert

II: **Feuchtigkeitsgehalt**: Im zweiten Modus wird der Parallelwiderstand von jeweils benachbarten Elektroden sowohl unterhalb als auch oberhalb der Kunststoffbahn gemessen und gespeichert

III: **Selbsttest**: Im dritten Modus werden beide Anschlüsse jeder einzelnen Elektrode miteinander verknüpft; damit ist die Ermittlung des Widerstandes jeder Elektrode möglich

Der erste Modus ermöglicht die Messung der Widerstandsverteilung einer Abdichtung. Im Falle einer Beschädigung der Abdichtung verringert sich der elektrische Widerstand der Stromkreise über die oberen Elektroden, die KDB und die unteren Elektroden signifikant. Hierbei ist über die Elektroden, die der Leckage am nächsten sind, der höchste Stromfluß zu registrieren. Den Schnittpunkten der beschalteten Elektroden ober- und unterhalb der Kunststoffdichtungsbahn werden die entsprechenden Meßwerte zugeordnet und über die Einbeziehung der geographischen Position der einzelnen Elektroden wird der Leckage eine geographische Koordinate zugewiesen.

Im zweiten Modus der Verknüpfungsschaltungen wird der Parallelwiderstand der Elektroden, der durch die Leitfähigkeit des zwischen den Elektroden befindlichen Materials bestimmt wird, gemessen. Auftretende Veränderungen, die aus Flüssigkeitsdurchtritten aufgrund von Beschädigungen der Abdichtung resultieren könnten, werden damit frühzeitig erkannt und die Ausbreitung kann überwacht und verfolgt werden. Darüber hinaus ist durch diese Messung eine Aussage bezüglich des Sickerwasserhaushaltes eines Deponiekörpers und über den Feuchtigkeitsgehalt der mineralischen Dichtungsschicht möglich.

Der dritte Modus bietet in Verbindung mit den beiden anderen Modi eine Selbstkontrolle der Funktionsfähigkeit des Überwachungssystems. Durch einen Vergleich der Ergebnisse der Messungen nach den 3 Modi läßt sich leicht ein eventuell ausgefallenes Element des Systems ermitteln. Beschädigungen oder Ausfälle von Komponenten des Systems lassen sich in der Regel als Kurzschlüsse oder Unterbrechungen über die Widerstandsmessungen eindeutig erkennen.

3.2   System

In der Meßeinheit des Überwachungssystems (Abb. 6.177) wird ein Meßsignal generiert und auf die Elektroden geschaltet, so daß das Signal jeweils an mindestens 2 Elektrodenanschlüssen anliegt. Als Meßsignal wird eine niederfrequente Wechselspannung eingesetzt, um die Ausbildung, einerseits von Polarisationseffekten und andererseits von kapazitiven Effekten, zu minimieren.

Eine Multiplexereinheit ermöglicht als Meßstellenumschalter beliebige Verknüpfungen von Elektroden, Meßsignalquelle und der Auswerteeinheit. Die Multiplexereinheit besteht aus einem rechnergesteuerten Anschlußpaneel, das von einer Multifunktionskarte angesteuert wird und über digitale Ausgänge verfügt, die unabhängig voneinander schaltbar sind. Im niederohmigen Zustand schaltet jeder digitale Ausgang jeweils ein elektrisches Relais, das mit einer Elektrode verknüpft ist.

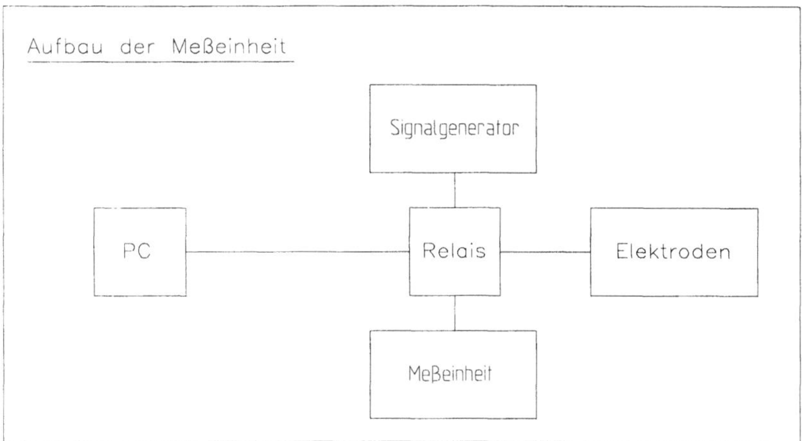

Abb. 6.177.   Aufbau der Meß- und Auswerteeinheit

3.3   Software und Datenverwaltung

Alle Daten, die den Deponieaufbau und -betrieb betreffen, werden archiviert, um für spätere Auswertungen zur Verfügung zu stehen. Die technischen Daten über die Erstellung der Abdichtung und später den Betrieb der Deponie sowie Art und Menge des gelagerten Abfalls werden ortsbezogen aufgezeichnet und ermöglichen eine detaillierte Zustandsanalyse des Abdichtungssystems.

Die geographische Lage aller Komponenten des Leckortungssystems wird eingemessen. Der Plan der Deponie und des Leckortungssystems wird graphisch dargestellt und mit einem Koordinatensystem unterlegt. Den vom Kontrollsystem erzeugten Meßdaten können so die entsprechenden geographischen Koordinaten zugewiesen werden.

Durch das Meßprogramm wird die automatische Messung und Übertragung von Meßdaten gesteuert. Das Meßsystem kann über Modem mit einem Servicecomputer verbunden werden und überträgt an diesen dann regelmäßig die aktuellen Meßdaten. Im Falle einer Leckage meldet sich das System bei dem Servicecomputer außerplanmäßig. Diese Alarmmeldung wird durch den Vergleich einer Messung mit der jeweils letzten und einer vorher definierten Schaltschwelle ausgelöst.

4   Auswahl und Untersuchung der Elektroden

Wesentliches Kriterium für eine Langzeitfunktionsfähigkeit des Leckortungssystems ist die mechanische, chemische und biologische Stabilität der erdgebundenen Komponenten des Meßsystems. Anhand einer Vorbewertung wurden zunächst verschiedene mögliche Werkstoffe diskutiert, von denen 2 Elektrodenwerkstoffe in Abstimmung mit der Projektleitung als mögliche Elektrodenmaterialien ausgewählt worden sind. Bei dem einen Elektrodenmaterial handelt es sich um ein durch metallfreie Zusatzstoffe modifiziertes Polymer, das als Elektrode bei der Firma Elcopol GmbH zur Mauertrocknung eingesetzt wird. Das zweite in der Vorbewertung ausgewählten Material ist Carbon. Als Elektrode kommt es hier als zu einem Schlauch gewebte Faser zum Einsatz.

Zum Nachweis der geforderten Eigenschaften wurden beide Materialien in einem mehrstufigen Versuchsprogramm über die Laufzeit des FE-Vorhabens untersucht. Schwerpunkt der Untersuchung war dabei die Ermittlung der mechanischen und elektrischen Eigenschaften unter Einwirkung künstlich hergestellter Sickerwässer sowie unter dem Einfluß des Sickerwassers einer Deponie.

Die Bewertung der Eigenschaften der Elektrodenwerkstoffe für den Einsatz als Elektroden des Meßsystems basiert auf folgenden Kriterien:

a)   Leitfähigkeit

b)   Ankopplung der Elektroden an das Erdreich

c)   Oxidationsstabilität

d)   Beständigkeit gegen organische Medien

e)   Beständigkeit gegen biologische Einwirkungen

f)   mechanische Festigkeit

g)   Rückwirkungen auf das Abdichtungssystem

Bei dem Versuch mit künstlich hergestelltem Sickerwasser mit einem pH-Wert = 5 unterscheiden sich die elektrischen Eigenschaften der beiden geprüften Materialien erheblich. In Abb. 6.178 wird das Ergebnis dieses Versuchs dargestellt.

Es zeigt sich, daß die Elcopol-Elektroden bei Einwirkung der sauren Pufferlösung eine deutliche Zunahme des elektrischen Widerstandes auf nahezu den 10fachen Wert des Ausgangswiderstandes aufweisen. Die im gleichen Medium eingesetzten Carbonfaserelektroden lassen keine signifikante Erhöhung ihres elektrischen Widerstandes während des Untersuchungszeitraumes erkennen.

Für die Carbonelektrode, die sich auch in anderen aggressiven Medien bereits bewährt hat (z. B. Akkumulatoren) liegt eine umfangreiche Beständigkeitsliste vor (s. Forschungsbericht). Da dieses Material als Carbonfaserschlauch auch alle anderen Kriterien erfüllt, wird es als Elektrodenwerkstoff gewählt.

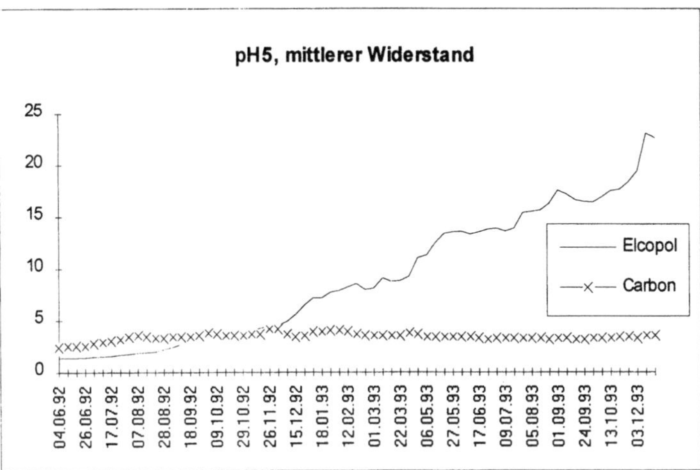

Abb. 6.178. Widerstandswerte der Elektroden in einer pH 5-Lösung

5 Elektrodenanschluß an die Busleitung

Die Elektroden werden im Randbereich einer Abdichtungsfläche oder eines Meßabschnittes mittels eines speziellen Anschlußelementes (Anschlußmanschette) selektiv an eine Ader einer Busleitung angeschlossen und feuchtigkeitsdicht und chemikalienbeständig eingekapselt. Diese Verbindungstechnik erfordert einen dauerhaften und elektrisch sicheren Anschluß der Elektrode an die Busleitung.

Es ist daher eine sichere Fixierung des feinfaserigen Carbonfaserschlauchgewebes zu konzipieren, die einen definierten elektrischen Anschluß mit der Busleitung ermöglicht und den Einflüssen der Umgebung in einem Deponiebauwerk mit den chemisch aggressiven Sickerwässern und seinen Auflasten langzeitig standhält. Darüber hinaus müssen die erforderlichen Montagearbeiten für die Verbindung der Elektroden an die Busleitungen möglichst zügig durchführbar sein, um den Bauablauf so wenig wie möglich zu beeinflussen.

Für die Abdichtung des Anschlußbereiches wurden zahlreiche Möglichkeiten diskutiert und von den 2 aussichtsreichsten Varianten für Untersuchungen an der TU Berlin in einem Druckbehälter Modelle gebaut. Im Ergebnis der Versuche wurde eine Anschlußvariante so weiterentwickelt, daß sie die oben genannten Kriterien erfüllt. In Abb. 6.179 ist diese mit einem Schrumpfschlauch abgedichtete Anschlußvariante dargestellt.

Als Busleitung wird ein 18adriges Flachbandkabel mit einer Dicke von 6 und einer Breite von 70 mm eingesetzt. Der Nennquerschnitt der Cu-Adern beträgt 1,5 mm². Zusätzlich verfügt dieses Kabel über einen Blitzschutzleiter mit einem Querschnitt von 8 · 3 mm². Die Busleitungen sind mit einer Isolierung aus HDPE ummantelt, wobei die Dicke der Isolierung an jeder Stelle mindestens 2 mm beträgt.

Entsprechend der Form der Busleitung und dem Aderabstand wurde eine Anschlußmanschette entworfen. Die Fertigung der Manschette erfolgt CNC-gesteuert aus säure- und basenbeständigem Edelstahl, um der korrosionsfördernden Wirkung des Deponiesickerwassers entgegenzuwirken. Das Kontaktelement für den Anschluß der Manschette an eine Ader der Busleitung (Stift und Federkappe) besteht aus gehärtetem Stahl.

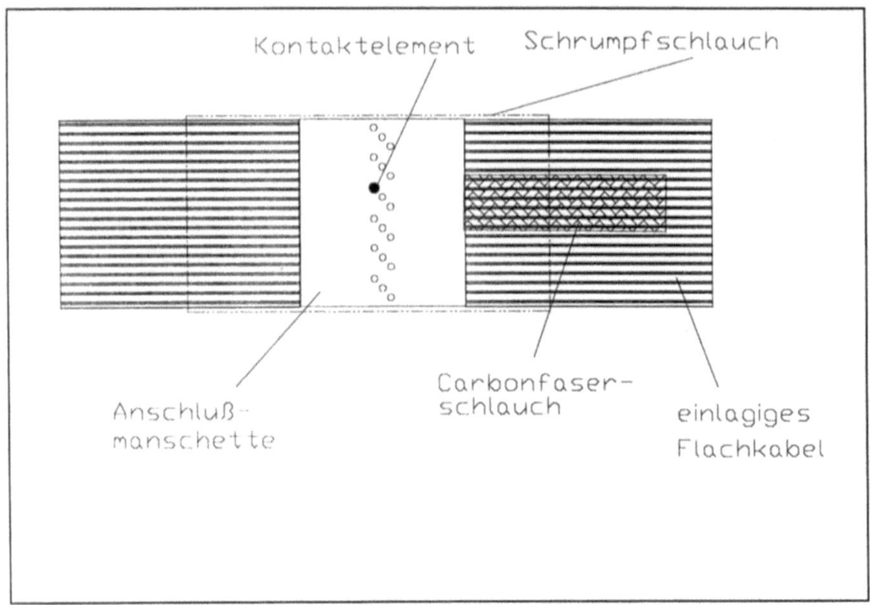

Abb. 6.179. Anschluß einer Elektrode an eine Busleitung durch einen Schrumpfschlauch abgedichtet

6 Einbau und Verlegetechnik

Das konzipierte Meßsystem stellt eine neue Komponente des Abdichtungssystems dar, für die es nach dem derzeitigen Stand der Technik keine Entsprechung gibt. Um eine funktionssichere Einbindung des Meßsystems in den Herstellungsprozeß einer Deponie zu gewährleisten, muß das System bereits bei der Planung in den Systementwurf und in alle aufbauenden Planungs- und Ausführungsphasen integriert werden.

Voraussetzung hierfür ist, daß sämtliche für die Herstellung des Überwachungssystems erforderlichen Arbeitsschritte erfaßt und in ihrer Durchführung beschrieben werden. Aufbauend auf der Kenntnis der einzelnen Tätigkeiten des Herstellungsprozesses, können die Wechselwirkungen zu anderen Gewerken beim Herstellen des Abdichtungssystems ermittelt sowie ein optimaler Arbeitsablauf der ineinandergreifenden Arbeitsschritte festgelegt werden.

Die relevanten Arbeiten für die Einbindung des Meßsystems in den Herstellungsprozeß einer Deponie sind die Verlegung der Elektroden und der Busleitungen unter der KDB und auf der KDB, die Vermessungsarbeiten zur Dokumentation der Lage der Elektroden und der Busleitungen sowie die Ausführung objektspezifischer Details wie z. B. die Verlegung von Busleitungen auf der mineralischen Abdichtung zur meßtechnischen Erschließung von Teilabschnitten der Deponie.

Für die Vermessungsarbeiten entsteht eine Reihe objektspezifischer Probleme. Dazu gehört, daß die Vermessungsarbeiten für die Verlegung der Elektroden auf der mineralischen Abdichtung in eine zeitkritische Phase der Deponieerrichtung fallen, weil ein zügiges Verschließen der mineralischen Abdichtung mit der KDB notwendig ist. Weiterhin gehört dazu, daß zur Verlegung der Elektroden und der Busleitungen und zur Dokumentation ihrer Lage im Deponiebauwerk eine große Anzahl von Einzelpunkten eingemessen werden muß. Vor der Verlegung der Busleitungen und der Elektroden sind einige Punkte abzustecken. Es ist also ein Vermessungssystem notwendig, welches nicht nur ein schnelles Einmessen vorhandener Punkte ermöglicht, sondern auch für das Abstecken von Vermessungspunkten zur Verfügung steht. Diese Anforderungen erfüllt ein tachymetrisches Vermessungssystem, und es ist festgelegt worden, ein Vermessungssystem dieser Art oder eines mit vergleichbaren Leistungsmerkmalen einzusetzen.

Für die Verlegung der Elektroden auf der mineralischen Abdichtung und auf der KDB sind verschiedene Arten der Verlegung denkbar, die unter Berücksichtigung verschiedener Kriterien auszuwählen sind. Diese Kriterien sind:

1. Technische Aspekte: Schutz der Elektrode und Funktionssicherheit

2. Zeitkriterien: Zeitaufwand bei Vorbereitung und Verlegung

3. Materialkriterien: Materialkosten und Materialverfügbarkeit

4. Kostenkriterien: Gerätefixkosten und variable Gerätekosten

Die verschiedenen Arten der Verlegung sind anhand der aufgeführten Kriterien bewertet worden. Dabei wurde festgelegt, daß ein Verlegeverfahren zur Anwendung kommt, welches vorsieht, die unter der KDB liegenden Elektroden um ca. 15 mm in die mineralische Abdichtung einzuarbeiten. Für die Verlegung auf der KDB ist eine punktuelle Fixierung der Elektroden vorgesehen.

Für die Einbindung des Meßsystems in den Planungsablauf einer Deponie sind Pflichtenhefte zu erstellen, die es dem Planer einer Deponie in jeder Planungsphase ermöglichen, die für die Einbindung des Meßsystems in ein Deponiebauwerk relevanten Sachverhalte zu berücksichtigen. Bei der Einbindung des Meßsystems in Planung und Bauablauf eines Deponiebauwerks müssen die Abhängigkeiten einzelner Arbeitsschritte bei der Herstellung des Meßsystems von Arbeitsschritten anderer Gewerke berücksichtigt werden. Innerhalb der Ausführungsplanung wird die Aufteilung und Erschließung der Meßabschnitte vorgenommen. Es handelt sich dabei um ein Optimierungsproblem, welches unter Beachtung der objektspezifischen Randbedingungen gelöst werden muß. Die Optimierungsgrößen sind hier der Zeitbedarf und die Kosten. Die Aufteilung in kleine Meßabschnitte führt jeweils zu einer geringen zeitlichen Beanspruchung beim Einbau bei insgesamt höheren Materialkosten.

7 Versuchsfeld Lemförde

Das Meßsystem ist zunächst im Labormaßstab mit einer Größe von ca. 1 m² und später einem Technikumsaufbau von ca. 100 m² Größe untersucht worden. Hierbei wurden die verschiedenen Meßalgorithmen in ihrer grundsätzlichen Wirkungsweise erprobt. Anschließend wurden die Algorithmen für die computergestützte Anwendung implementiert.

Um das System unter realitätsnahen Bedingungen zu erproben und damit den Nachweis einer Maßstabsübertragung auf die Bedingungen der Großflächenabdichtung, insbesondere der Parameter Elektrodenabstand und Schichtmächtigkeiten zu erbringen, wurde in Zusammenarbeit mit der Firma NAUE SEALING GmbH & Co. KG, Lemförde, und der Firma PROGEO Geotechnologiegesellschaft mbH, Berlin, ein Testfeld geplant und auf dem Gelände der Firma Naue in Lemförde errichtet.

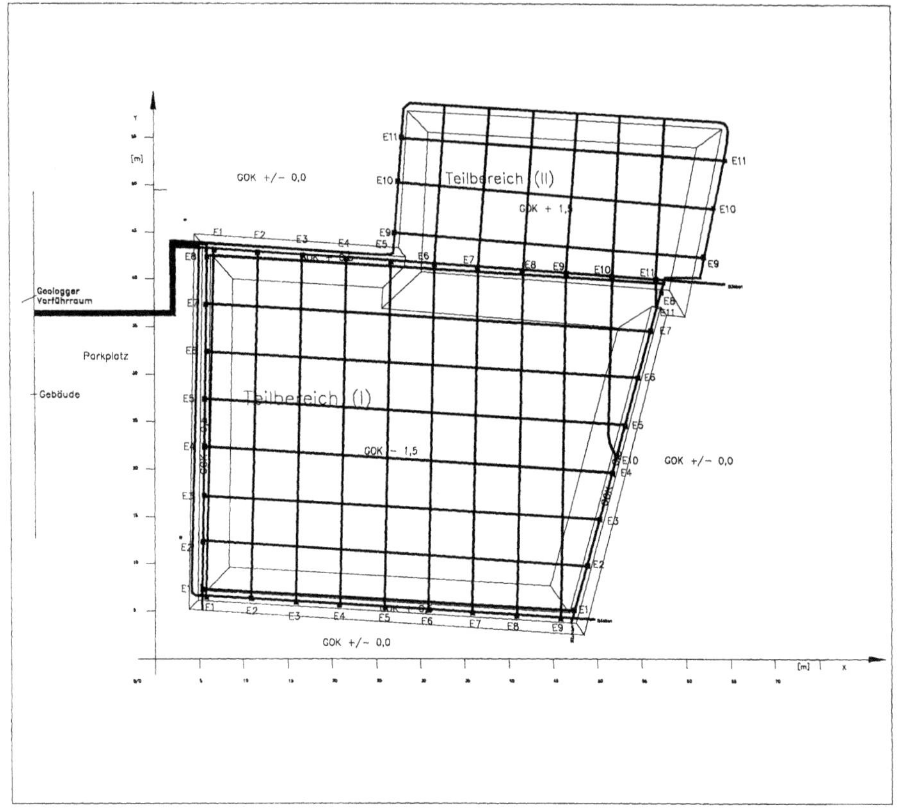

Abb. 6.180.   Grundriß Testfeld Lemförde

Mit dem Bau dieses Testfeldes sollten darüber hinaus Erkenntnisse und Erfahrungen in der Bauphase, v. a. beim Einbau der Elektroden und Busleitungen des Systems sowie hinsichtlich der Integration dieser Arbeiten in den Arbeitsablauf beim Verlegen der KDB gesammelt werden.

Das Testfeld hat eine Gesamtfläche von ca. 2500 m² und ist in 2 Bereiche unterteilt. Der eine, ca. 1600 m² große Teilbereich (I) ist als Teich konzipiert, um den Bedingungen einer Basisabdichtung zu entsprechen. Der andere, ca. 900 m² große Teilbereich (II) ist als Hügel angelegt, um den Bedingungen einer Oberflächenabdichtung zu entsprechen (Abb. 6.180). Beide Teilbereiche sind durchgehend mit Kunststoffdichtungsbahnen (KDB) abgedichtet und mit dem Leckortungssystem ausgestattet.

In dieses Testfeld wurden elektrische Leckagen zur Simulation von Beschädigungen der Kunststoffdichtungsbahn eingebaut. Abbildung 6.181 zeigt die Ortung einer dieser Leckagen. Die Meßwerte sind für diese Darstellung mathematisch bearbeitet worden. Die Ortung der Leckage ist mit einer Genauigkeit von ca. 1 m in X- und Y-Richtung gegeben.

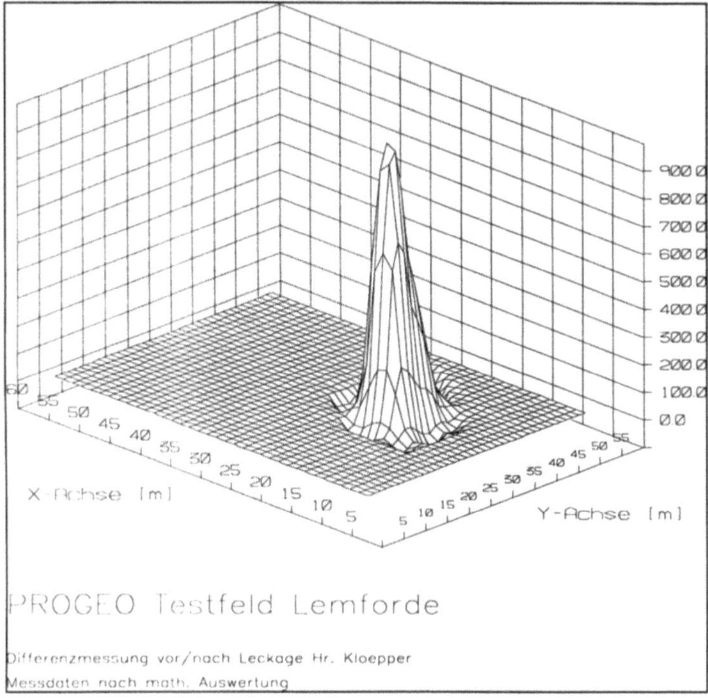

Abb. 6.181. Ortungsmessung nach mathematischer Datenaufbereitung

8 Wirtschaftlichkeitsbetrachtung

Die Wirtschaftlichkeitsbetrachtung beschäftigt sich mit dem Kosten-Nutzen-Verhältnis des Kontrollsystems. Nach einer Erörterung des Nutzens von Kontrollsystemen im allgemeinen und dem hier untersuchten System im besonderen, werden die Kosten des Systems für den "Benutzer" betrachtet. Aus diesen Größen wird die Kosten-Nutzen-Relation des Systems abgeleitet und mit alternativen Systemen verglichen.

Einige der Nutzenaspekte können relativ einfach in Geldgrößen umgesetzt werden. Ein Beispiel sind die unterschiedlich hohen Sanierungskosten aufgrund unterschiedlicher Ortungsgenauigkeiten von Kontrollsystemen. Andere Nutzenaspekte, wie z. B. ein sichereres Gefühl bei den Menschen im Umfeld einer Deponie, sind finanziell kaum zu bewerten. Es kann aber die Frage gestellt werden, wieviel den betroffenen Personen und Institutionen der durch ein Kontrollsystem erzielte Nutzen wert ist. Man kann wohl davon ausgehen, daß eine Erhöhung der Entsorgungsgebühren (aus Investitionskosten für GEOLOGGER) in Höhe von ca. 1 DM/m^3 ohne Probleme umzusetzen wäre, wenn der betroffenen Bevölkerung der Gegenwert entsprechend verdeutlicht werden könnte.

Für die per Verordnung oder Vernunft zum Einsatz von Kontrollsystemen motivierten Betreiber von Anlagen spielen weitere Nutzenaspekte eine Rolle. Folgende Kriterien sollten zur Beurteilung des Nutzens verschiedener Systeme herangezogen werden:

1. Die Geschwindigkeit, mit der Leckagen nach ihrem Entstehen festgestellt werden können, bestimmt die Möglichkeit, Gefahren für die Umwelt rechtzeitig abwenden zu können

2. Die Sicherheit, mit der festgestellt wird, ob es sich bei einem beobachteten Phänomen tatsächlich um eine Leckage handelt, und die Fähigkeit des Systems, die Gefahr, die von einer Leckage ausgeht, zu beurteilen, bestimmen die Notwendigkeit von Sanierungsmaßnahmen

3. Die Ortungsgenauigkeit des Kontrollsystems bestimmt den Umfang der Sanierungsmaßnahmen und damit deren Kosten

4. Die Ausfallsicherheit und Eigenkontrollierbarkeit des Kontrollsystems bestimmen den Grad an Vertrauen in die vorgenannten Nutzen

5. Der Umfang und die Komplexität der Maßnahmen vor und beim Einsatz des Systems bestimmen die Akzeptanz des Systems bei seinen Betreibern und den am Einbau des Systems betroffenen Institutionen und Unternehmen

6. Die Möglichkeit von Kontrollsystemen, Kostensenkungen, z. B. bei Versicherungsprämien, oder geringeren Rückstellungen für Instandhaltungen zu bewirken

Für den Entscheider beim Kauf eines Kontrollsystems gilt es nun, konkrete Vergleiche anzustellen. Legt man die oben genannten Nutzenaspekte als Anforderungen an ein System zugrunde, so weisen die meisten verfügbaren und zugelassenen Systeme z. T. deutliche Mängel bei der Erfüllung einzelner Anforderungen auf:

- Am gravierendsten sind diese Mängel beim Einsatz von Pegelbrunnen, bei denen die oben aufgeführten Kriterien 1. und 3. so mangelhaft ausgeprägt sind , daß ein alleiniger Einsatz dieses Instruments nicht mehr in Frage kommt. Pegelbrunnen alleine sind allerdings das vermutlich kostengünstigste Kontrollinstrument

- Beim Einsatz von Kontrolldrainschichten sind die Kriterien 3. bis 5. so schwach ausgeprägt, daß das Preis-Leistungs-Verhältnis bei Preisen von, je nach Ausführung ca. DM 20 bis DM 40 pro m^2 im Vergleich zum hier untersuchten System als deutlich schlechter zu bezeichnen ist

- Bei herkömmlichen Sensorsystemen liegen die Schwächen bei der Erfüllung der Kriterien 2., 4. und 5. Dies führt, auch wenn die Preise pro m^2 unter DM 20 liegen, zu einem schlechteren Preis-Leistungs-Verhältnis als bei dem hier vorgestellten System

Die inzwischen vorhandenen Erfahrungen im Vertrieb des Systems zeigen, daß die Vorteile im Preis-Leistungs-Verhältnis des Systems von potentiellen Kunden, Planern und Genehmigungsbehörden erkannt und in ihren Dispositionen umgesetzt werden. Die zukünftige Umsetzung der gestiegenen Anforderungen an Kontrollsysteme wird den Markt für das System weiter öffnen.

Mit der Förderung der Entwicklung des Systems durch das BMBF wurde ein wesentlicher Beitrag zur Verbesserung der Deponietechnik und zur Stärkung der beteiligten technologieorientierten, mittelständischen Unternehmen der gewerblichen Wirtschaft geleistet. Mit den Erlösen aus dem Verkauf des Systems soll die Weiterentwicklung und damit der Vorsprung im Preis-Leistungs-Verhältnis gesichert werden.

Literatur

Egloffstein, Th; Burkhardt, G. (1994) (Hrsg.): Oberflächenabdichtungssysteme für Deponien und Altlasten. Schriftenreihe Angewandte Geologie. Karlsruhe 1994. S. 59-101

Rödel, A. (1993a): Kontrollierbarkeit von Deponieabdichtungen. Wasser, Luft und Boden. Heft 11-12

Rödel, A. (1993b): Entwicklung eines Verfahrens für die Dichtigkeitsüberwachung und Leckortung an Deponieabdichtungen. Floss, R. (Hrsg.): Geotechnik. Sonderheft 1993. Deutsche Gesellschaft für Geotechnik e.V., Essen

TA Abfall, Teil 1 (1991): Technische Anleitung zur Lagerung, chemisch/physikalischen, biologischen Behandlung, Verbrennung und Ablagerung von besonders überwachungsbedürftigen Abfällen vom 12.03.1991. Der Bundesminister für Umwelt, Naturschutz und Reaktorsicherheit

TA Siedlungsabfall (1993): Technische Anleitung zur Verwertung, Behandlung und sonstigen Entsorgung von Siedlungsabfällen, vom 14.05.1993. Der Bundesminister für Umwelt, Naturschutz und Reaktorsicherheit

v. Witzke GmbH & Co. KG (1991): Abdichtungsfolie mit Meßeinrichtung. EP 91 902 102.2

Anhang

Gesetze und Normen

Abfallgesetz, AbfG: Gesetz über die Vermeidung und Entsorgung von Abfällen. 27.8.1986. Müll-Handbuch. Band 1, **0510**. E. Schmidt, Berlin. S. 1-21

Abfallverbringungsgesetz, AbfVerbrG: Gesetz über die Überwachung und Kontrolle der grenzüberschreitenden Verbringung von Abfällen vom 30. September 1994. Abfallgesetz. Deutscher Taschenbuch Verlag. ISBN 3 423 05569 3 (dtv)

Gesetz zur Vermeidung, Verwertung und Beseitigung von Abfällen vom 17. September 1994. Bundesgesetzblatt, Teil 1. 1994. Nr. 66

Kreislaufwirtschafts- und Abfallgesetz, KrW-/AbfG: Gesetz zur Förderung der Kreislaufwirtschaft und Sicherung der umweltverträglichen Beseitigung von Abfällen vom 27. September 1994. Abfallgesetz. Deutscher Taschenbuch Verlag. ISBN 3 423 05569 3 (dtv)

TA Abfall, Zweite Allgemeine Verwaltungsvorschrift zum Abfallgesetz, Teil 1: Technische Anleitung zur Lagerung, chemisch/physikalischen, biologischen Behandlung, Verbrennung und Ablagerung besonders überwachungsbedürftigen Abfällen. Müll-Handbuch. E. Schmidt, Berlin. Band 1, **0670**. pp 1-136

TA Siedlungsabfall, Dritte Allgemeine Verwaltungsvorschrift zum Abfallgesetz: Technische Anleitung zur Verwertung, Behandlung und sonstigen Entsorgung von Siedlungsabfällen. Müll-Handbuch. E. Schmidt, Berlin. Band 1, **0675**. pp 1-52

DIN 16961-1	Rohre und Formstücke aus thermoplastischen Kunststoffen mit profilierter Wandung und glatter Rohrinnenfläche; Masse
DIN 16961-2	Rohre und Formstücke aus thermoplastischen Kunststoffen mit profilierter Wandung und glatter Rohrinnenfläche; Technische Lieferbedingungen
DIN 18130-1	Baugrund, Versuche und Versuchsgeräte; Bestimmung des Wasserdurchlässigkeitsbeiwerts; Laborversuche
DIN 18136	Ermittlung der Druckfestigkeit von Bodenproben
DIN 18137-1	Baugrund, Versuche und Versuchsgeräte; Bestimmung der Scherfestigkeit; Begriffe und grundsätzliche Versuchsbedingungen
DIN 18137-2	Baugrund, Versuche und Versuchsgeräte; Bestimmung der Scherfestigkeit; Triaxialversuch
DIN 18196	Erd- und Grundbau; Bodenklassifikation für bautechnische Zwecke
DIN 19537-1	Rohre und Formstücke aus Polyethylen hoher Dichte (HDPE) für Abwasserkanäle und -leitungen; Masse

DIN 19537-2   Rohre und Formstücke aus Polyethylen hoher Dichte (PE-HD) für Abwasserkanäle und -leitungen; Technische Lieferbindungen

DIN 19666   Sickerrohr- und Vesickerrohrleitungen; Allgemeine Anforderungen

DIN 19667   Drainung von Deponien; Technische Regeln für Bemessung, Bauausführung und Betrieb / Gilt in Verbindung mit DIN 19666

DIN 4022-1   Baugrund und Grundwasser; Benennen und Beschreiben von Boden und Fels; Schichtenverzeichnis für Bohrungen ohne durchgehende Gewinnung von gekernten Proben im Boden und im Fels

DIN 4266-1   Sickerrohre für Deponien aus PVC-U, PE-HD und PP; Anforderungen, Prüfungen und Überwachung

DIN 53857-1   Prüfung von Textilien; Einfacher Streifen-Zug-Versuch an textilen Flächengebilden, Gewebe und Webbänder

DIN ISO 9000   Qualitätsmanagement- und Qualitätssicherungsnormen - Leitfaden zur Auswahl und Anwendung

OECD (Organisation for Economic Cooperation and Development) - Guidelines for Testing Chemicals. 106 Adsorption - Desorption (1981).